Rhinoceros

3D 造型建模實務

序

數位化是當今產業上最重要的進程項目，3D 曲面造型與數位製造亦是設計領域最炙手可熱的浪潮之一，同時鑒於建築相關領域在數位設計上可用的教學與參考書籍較少，因此國立聯合大學建築學系 D&A Lab 團隊方起心動念決定投入資源撰寫相關教學書籍，D&A Lab 期望透過計畫性且持續性的進行相關教材開發及教科書的撰寫與發行，用以協助相關領域學子及讀者得以最輕鬆的方式跨入此領域。因此，本書為「從零開始！手把手學好 3D 參數化建模軟體系列」專書之第一部，本書提供有興趣於工業化 3D 設計領域發展相關特殊造型技巧的讀者有效自學方案之教材專書，以提升讀者們在工業化設計上輕巧簡易的入門參考書籍，同時希望藉由專書之發行提升相關領域從業人員在數位化領域之入門與專業，並藉此推廣國內 3D 參數化建模設計學習之廣度與深度。

國立聯合大學建築學系 D&A Lab 實驗室 (Digital Design of Art and Architecture Laboratory) 是一個專注於「數位、設計與建築及藝術混合式跨領域發展的實驗室，團隊並不局限於單一領域的發展，反而是專注於尋求跨領域的合作項目，同時推廣參數化設計並且發展新媒體與機械手臂於工程上之應用，但我們依然強調手繪與純藝術創作對於創造力思考上所具備的意義與奠基效益。因此我們深信，本書將替實驗室發揮教育啟程的角色，在未來亦將結合各式相關專業書籍的推出，協助社會大眾深入淺出的學習，輕鬆理解其背後的意涵，發揮出自我創意的價值。

最後，感謝所有 D&A Lab 團隊裡的成員在本書籌劃、企劃、撰寫、編輯、排版、推行與發行過程中的努力及付出，本書絕對不會只是僅靠單一人就能完成的成果，亦感謝學生們在課程中學習過程的意見與反饋，讓本書得以順利修正完成。更重要的是此類書籍有賴大量的圖說及繁雜的圖面擷取及編排，工程相當浩大繁雜，編輯人員特別是在這本書裡扮演了舉足輕重的角色，在次次的編校過程裡，每次的內容修正都需要她花費大量的時間重新調整與編排，因此，儘管我們在出版前已盡力降低了圖面錯誤發生的可能性，但難保仍有疏漏，若有發現相關問題還請各位讀者不嗇來信指教。

D&A Lab 主持人 吳細顏

CONTENTS 目錄

Chapter0 / Rhino 下載

0.0 下載與安裝 3

Chapter1 / Rhino 概觀

1.1 Rhino 是什麼？ 11
1.2 物件類型 11
1.2.1 曲面 11
1.2.2 多重曲面 12
1.2.3 實體 12
1.2.4 輕量擠出物件 13
1.2.5 曲線 14
1.2.6 網格 14

Chapter2 / Rhino 介面介紹

2.1 Rhino 視窗 17
2.1.1 功能表 22
2.1.2 工具列 22
2.2 滑鼠 23
2.3 指令 25
2.3.1 輸入指令 25
2.3.2 自動完成指令名稱 25
2.3.3 重複執行指令 25
2.3.4 取消指令 25

2.4 繪圖區 26
2.4.1 工作平面 26
2.4.2 設定視圖 27
2.4.3 顯示 29
2.4.4 作業視窗配置 31

Chapter3 / Rhino 的基本操作

3.1 建立物件 35
3.1.1 建立曲線 35
3.1.2 建立曲面 41
3.1.3 建立實體 43
3.2 變動物件 51
3.2.1 複製物件 51
3.2.2 移動物件 52
3.3 以操作軸編輯 53
3.3.1 操作軸 53
3.3.2 移動 XYZ 54
3.3.3 旋轉 XYZ 55
3.3.4 縮放 XYZ 56
3.4 選取 57
3.5 可見性 59
3.6 圖層 61
3.7 建模輔助 63
3.7.1 選取過濾器 63
3.7.2 物件鎖點 64
3.7.3 智慧軌跡 67
3.7.4 平面模式 68

ter4 / Rhino 曲線與曲面工具

曲線工具 71

4.1.1 曲線階數 71

4.1.2 曲線圓角與曲線斜角 73

4.1.3 連接曲線 77

4.2 曲面工具 79

4.2.1 用曲線建立曲面 79

4.2.2 擠出曲線與曲面 85

4.2.3 偏移 89

4.2.4 單、雙軌掃掠 93

4.2.5 放樣 101

4.2.6 重建曲面與控制點練習 105

4.2.7 分割與分割控制點 107

案例 - 蛇型藝廊 2009 110

4.2.8 抽離框架與結構線 125

4.2.9 混接曲線與曲面 129

案例 - 都市陽傘 140

Chapter5 / Rhino 實體工具與變動

5.1 實體工具 167

5.1.1 實體編輯 167

5.1.2 布林運算 171

案例 - 勞力士學習中心 176

案例 - 樂高博物館 192

5.2 變動 213

5.2.1 矩形陣列 213

5.2.2 環形陣列 215

案例 - 夢露大廈 218

5.2.3 扭轉 229

案例 - 挪威 Kistefos 博物館 232

5.2.4 旋轉成形 247

案例 - 聖瑪莉艾克斯 30 號大樓 250

5.2.5 沿著曲線流動 265

5.2.6 沿著曲面流動 267

5.2.7 變形控制器編輯 269

案例 - 拉赫塔中心 274

綜合練習案例 - 阿斯塔納圖書館 288

Chapter0 / Rhino 下載

0.0 下載與安裝

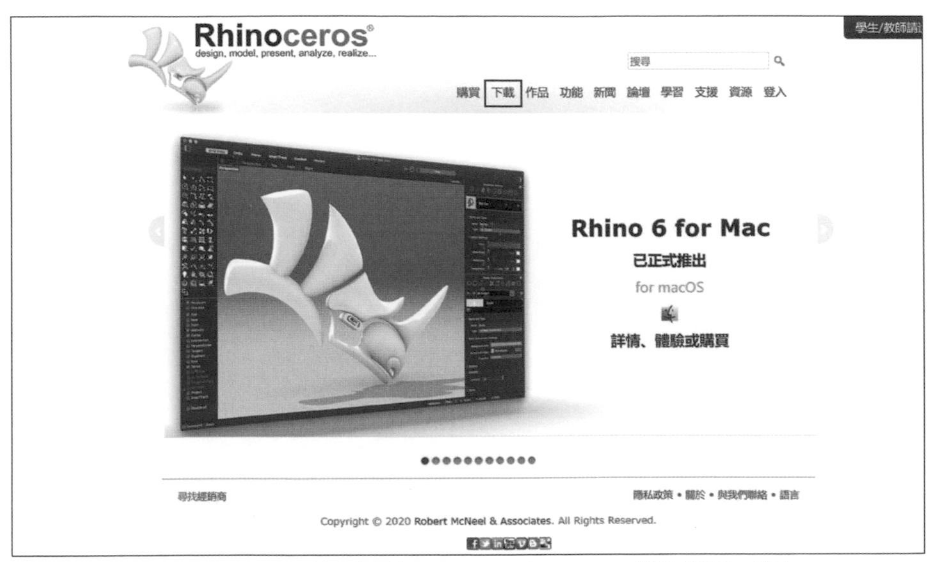

01. 開啟網頁瀏覽器至 Rhinoceros 的官方網站 www.rhino3d.com/tw/，點選「下載」連結

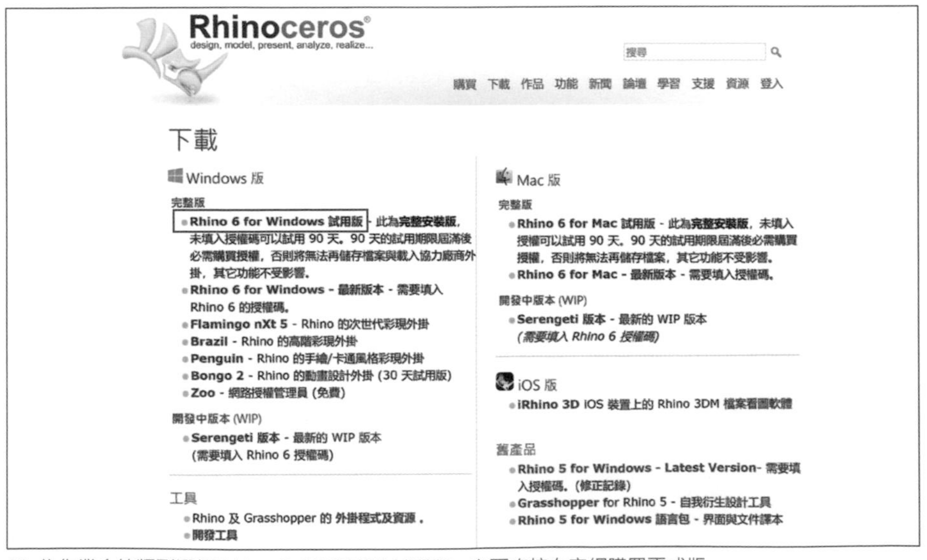

02. 依作業系統類型選擇 Rhino 6 或更新版的試用版，亦可直接在官網購買正式版

03. 輸入電子郵件地址進行下載，輸入完畢之後點選「下一步 > 」

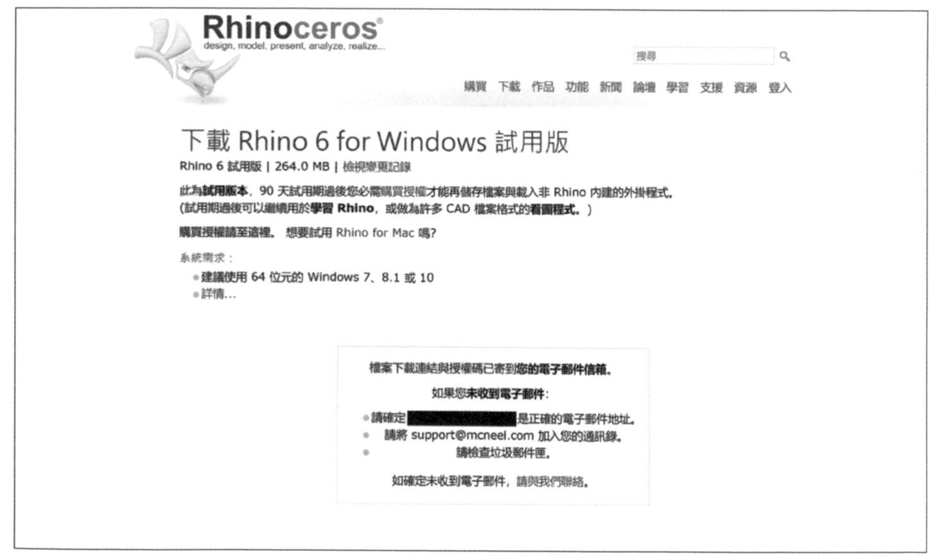

04. 檔案下載連結與授權碼會寄到前一個步驟輸入的電子郵件地址

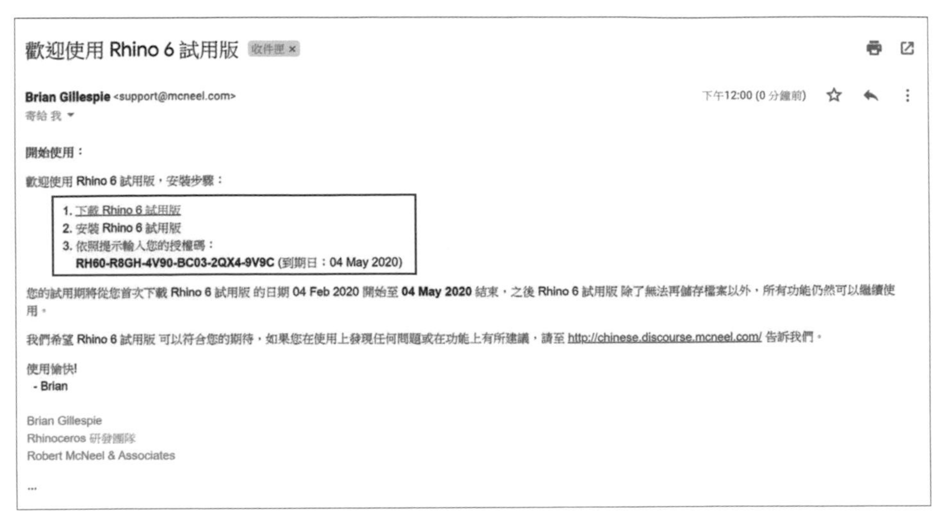

05. 至電子信箱收取信件，並且點選「1. 下載 Rhino6 試用版」下載安裝檔案

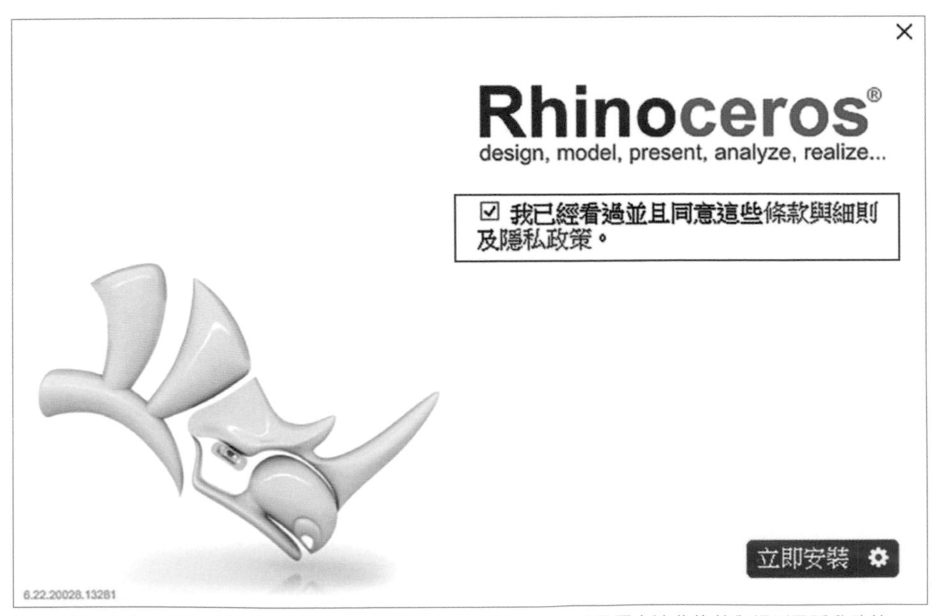

06. 開啟安裝檔案後會出現準備安裝的視窗，請勾選「我已經看過並且同意這些條款與細則及隱私政策」，並點選「立即安裝」

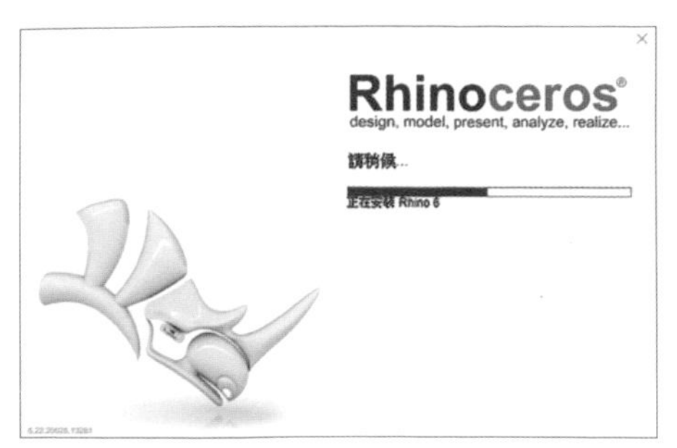

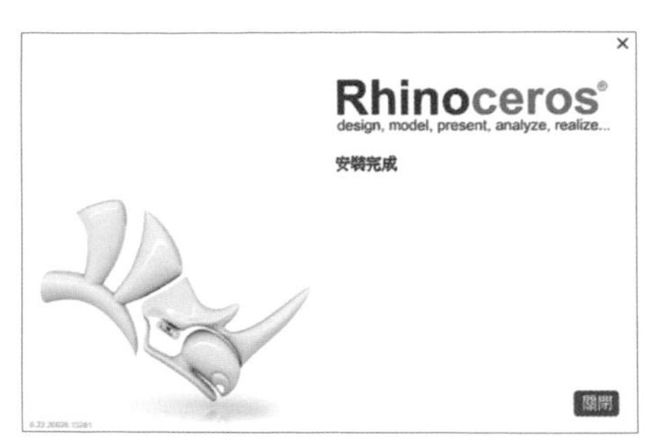

07. 等待 Rhino 安裝完成，完成後按下「關閉」

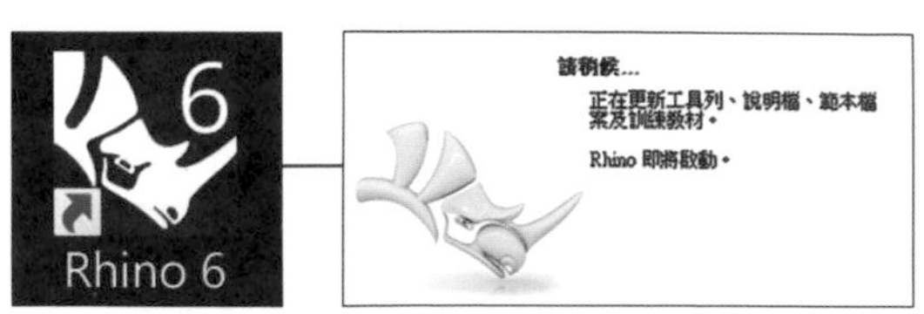

08. 至桌面開啟 Rhino 6

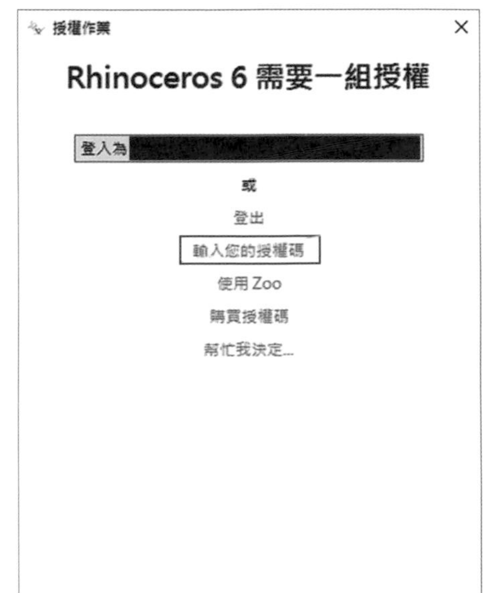

09. 在授權作業視窗，點選「輸入您的授權碼」，並複製電子郵件中的授權碼至視窗內，點選「繼續」

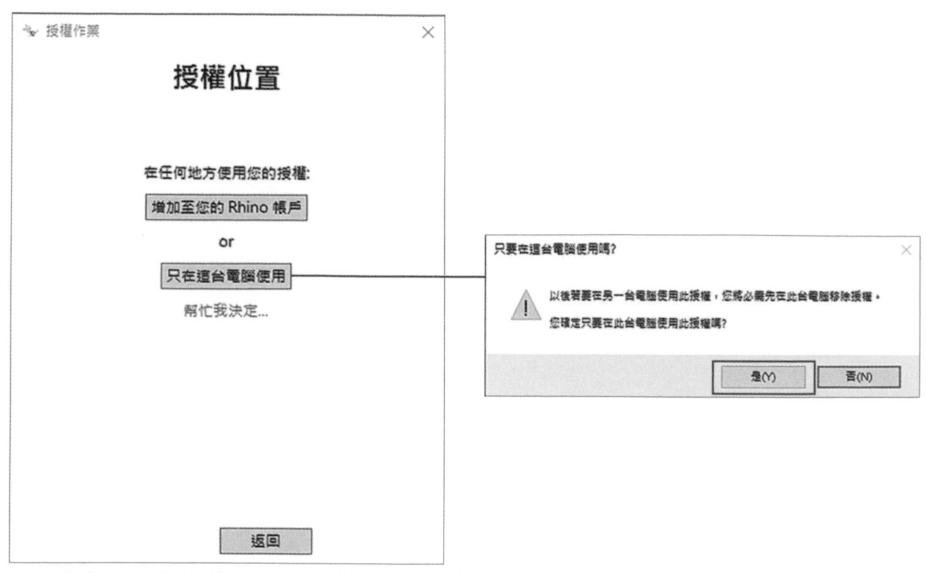

10. 選取「只在這台電腦使用」，出現視窗後按下「是 (Y)」

11. 輸入電子郵件、以及驗證您的 Rhinoceros 6 授權的資訊（名稱、地址、城市、國家 / 地區、電話為必填選項），確認後點選「繼續」

12. 選取您的行業與興趣，點選「繼續」後則授權驗證完成，點選「結束」

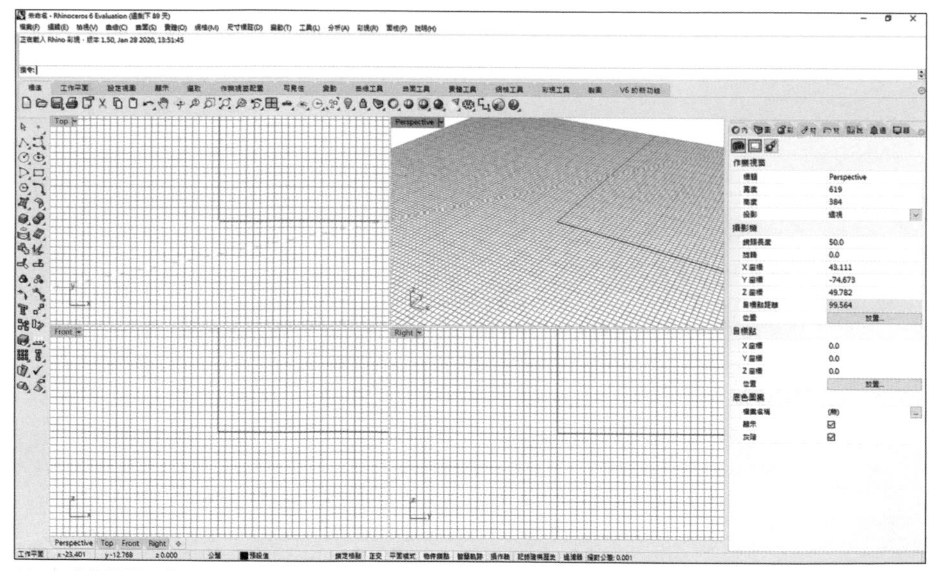

13. 完成後便可開始使用 Rhino 6 試用版（標題列會出現剩餘可使用的天數）

Chapter1 / Rhino 概觀

1.1 Rhino 是什麼？

Rhinoceros 3D 是一套專業的 3D 立體模型製作軟體，簡稱 Rhino 3D，可應用在工業設計、產品設計、建築、室內設計等許多不同領域與產業，它主要是經由曲面 (NURBS) 建構模型的軟體，與傳統網格 (MESH) 建模不同，曲面 (NURBS) 建模是運用數學公式去做出連續的結構物件，網格 (MESH) 建模則是使用點、線、面去拼接構成，曲面建模會比網格建模更加平滑精準，在 Rhino 軟體中也可以將曲面轉換成網格，但轉成網格之後再編輯時會變得較不易修改。

1.2 物件類型

1.2.1 曲面

Rhino 的曲面是以數學去定義，它沒有厚度，並且具有高度的可塑性。曲面是由曲線去建構出來的，所以曲面的外觀會有邊界，這個邊界也就是曲面的邊緣，是由曲線構成的。而曲面中間存在許多交織的線段，則稱為結構線。結構線也是曲線的一種，只是在沒有抽離出結構線的情況下無法選取，曲面結構線可以調整密度，也可以將它關閉顯示狀態。

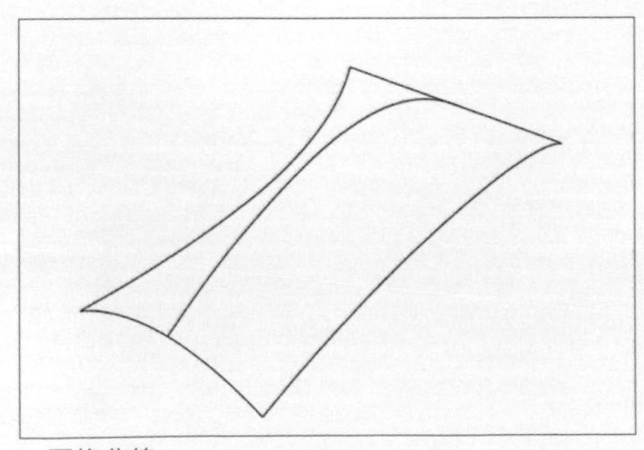
· 五條曲線

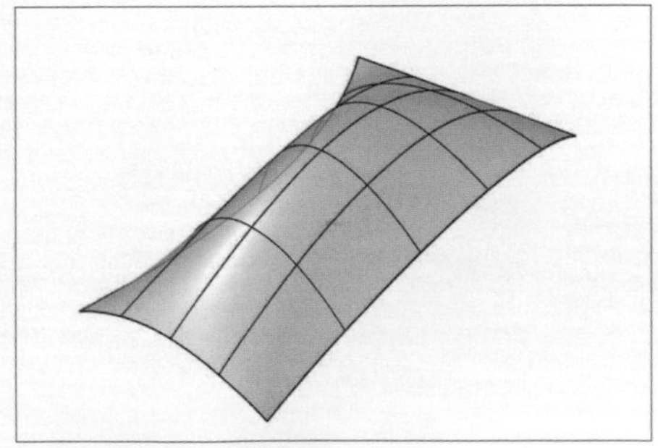
· 由五條曲線生成的曲面

1.2.2 多重曲面

簡單來說，許多個不同的曲面組合在一起稱為多重曲面，而多重曲面的編輯存在比較多的限制，可以先將多重曲面分離後 (例如使用 Explode 指令將其炸開)，將曲面編輯完成，再將曲面進行組合 (Join) 成為多重曲面。

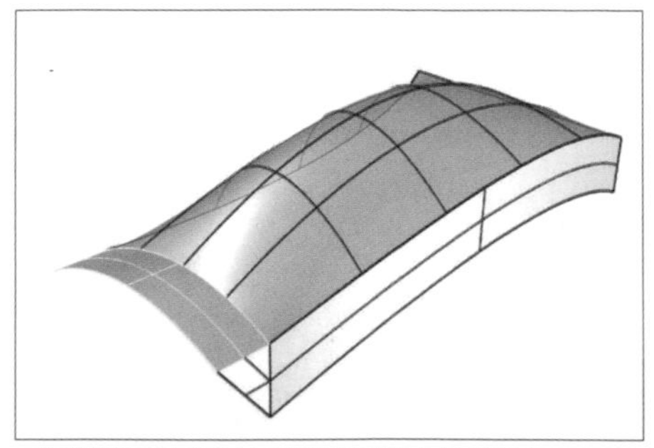

· 四個不同的曲面 (黃色為點選中的曲面)

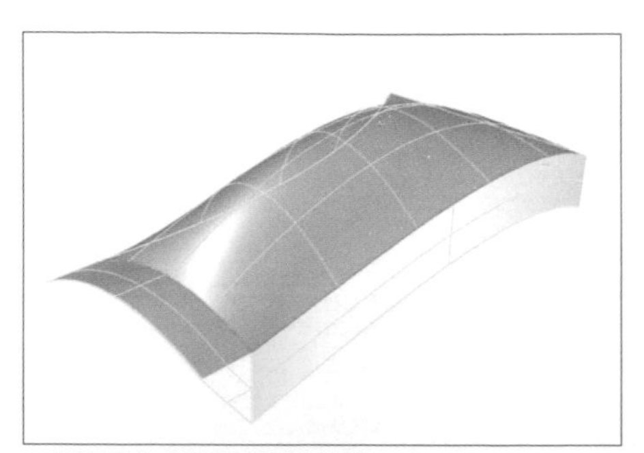

· 曲面組合成多重曲面的狀態

1.2.3 實體

由於曲面並沒有厚度，所以如果要在 Rhino 中建立有厚度或是有體積的曲面物件，存在兩種方式：第一種方式是使用單一曲面去包圍一個封閉空間，使這個空間沒有任何的開口，例如球體、橢圓體或是水滴形狀的物件，只要是對外沒有任何開口的單一曲面，這些物件類型都稱作「封閉的曲面」，也是實體的一種。

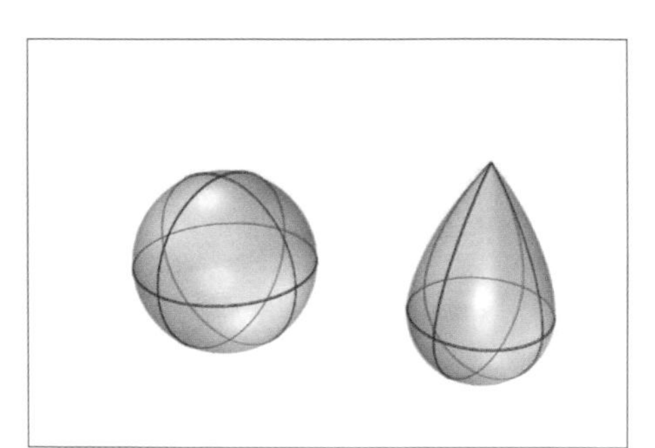

· 四個不同的曲面

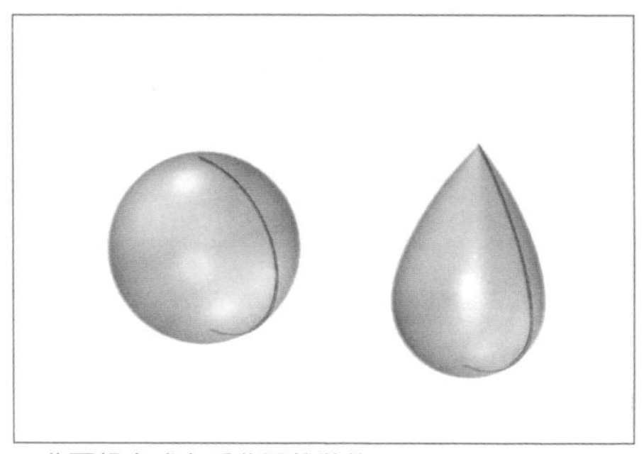

· 曲面組合成多重曲面的狀態

第二個方式是以許多不同的曲面組合，去包圍一個封閉的空間 (不能有開口)，這種物件稱為「封閉的實體多重曲面」，也是實體的一種。但必須注意的一點是，立方體由六個面組合 (Join) 構成，點選的時候可以一起選取，假如此六個面只有五個面組合一起，一面是可以自由移動的，則組合在一起的五個面稱為「開放的多重曲面」，而不是實體。

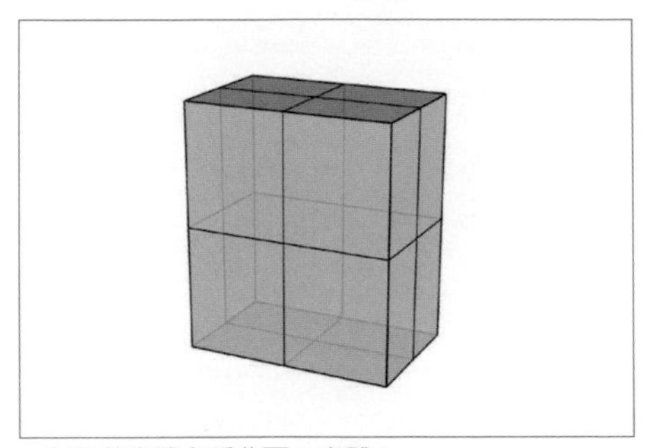

・封閉的實體多重曲面 (實體)

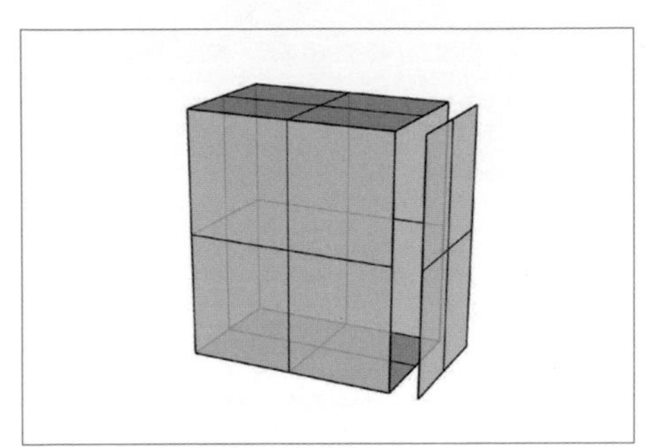

・開放的多重曲面與一個曲面

1.2.4 輕量擠出物件

擠出物件是由曲線增加高度去生成類似多重曲面與實體的物件，差別是擠出物件所占用的記憶體比較少，儲存空間的使用量也比多重曲面少，使用擠出物件可以提高建模的效率，並且空出更多的記憶體空間。而大部分的物件都能以曲線所擠出的物件來表示，但如果將它們炸開再組合，物件則會由擠出物件變成多重曲面。

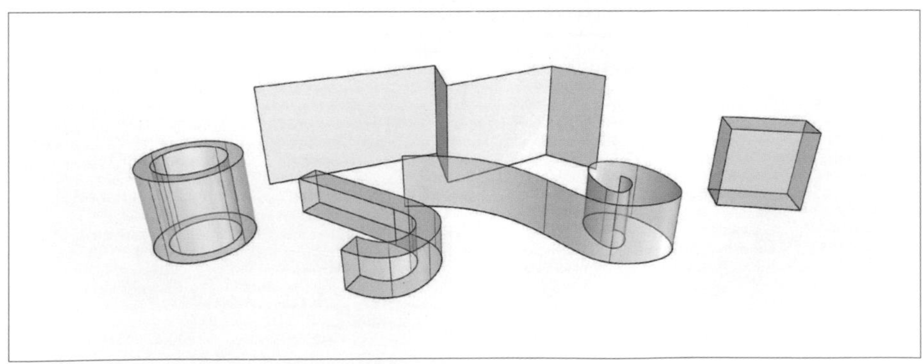

・紅色線為曲線，灰色物件為輕量化擠出物件

1.2.5 曲線

曲 Rhino 裡的直線、多重直線、多重曲線 、圓弧、圓、橢圓或自由造型曲線，皆稱為曲線，多重直線與多重曲線可以使用炸開指令，使之成為數條直線或曲線。曲線是建模中最基本的構成物件，曲面、多重曲面、擠出物件都是由曲線去構成的，所以曲線可以說是建模的根源。

．曲線類型

1.2.6 網格

Rhino 可以建立或編輯網格。雖然網格 (MESH) 可以用來呈現曲面 (NURBS) 的形狀，但本質上網格與曲面是完全不同的。網格是由許多的點構成，每三個點能形成一個網格面，許多的網格面可以組成網格。網格比較像是面狀去拼接出來的物件，曲面建模比起網格能更加精準與滑順，因此接下來的教學並不會使用到網格建模的部份。

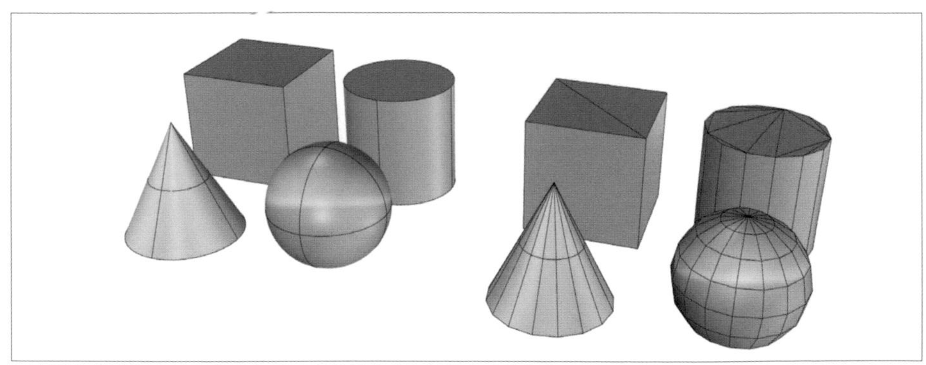

．左邊的物件為實體與擠出物件，右邊的物件為網格組成的物件

Chapter2 / Rhino 介面介紹

2.1 Rhino 視窗

1. 功能表 : 執行指令、開啓檔案、以及許多與檢視、設定相關選項的區塊

2. 指令區 : 可輸入指令，並顯示指令資訊及相關選項

3. 歷史視窗 : 會顯示指令的歷史訊息，約可顯示 500 行

4. 工具列標籤 : 多數指令均顯示在工具列標籤內，此處可切換工具列標籤尋找指令

5. 繪圖區 : 模型繪製的區域，可使用作業視窗來顯示不同方向的模型，Top、Front、Right、 Perspective 是預設的四個作業視窗的配置。作業視窗裡有面、格線 (使用 F7 開始與關閉)、格線軸與世界座標軸圖示

6. 作業視窗標籤 : 可以切換作業視窗的不同視角

7. 狀態列 : 狀態列會顯示滑鼠游標目前的座標狀態、單位、目前的圖層與設定等

8. 物件鎖點列 : 物件鎖點列可以開關物件鎖點的選項

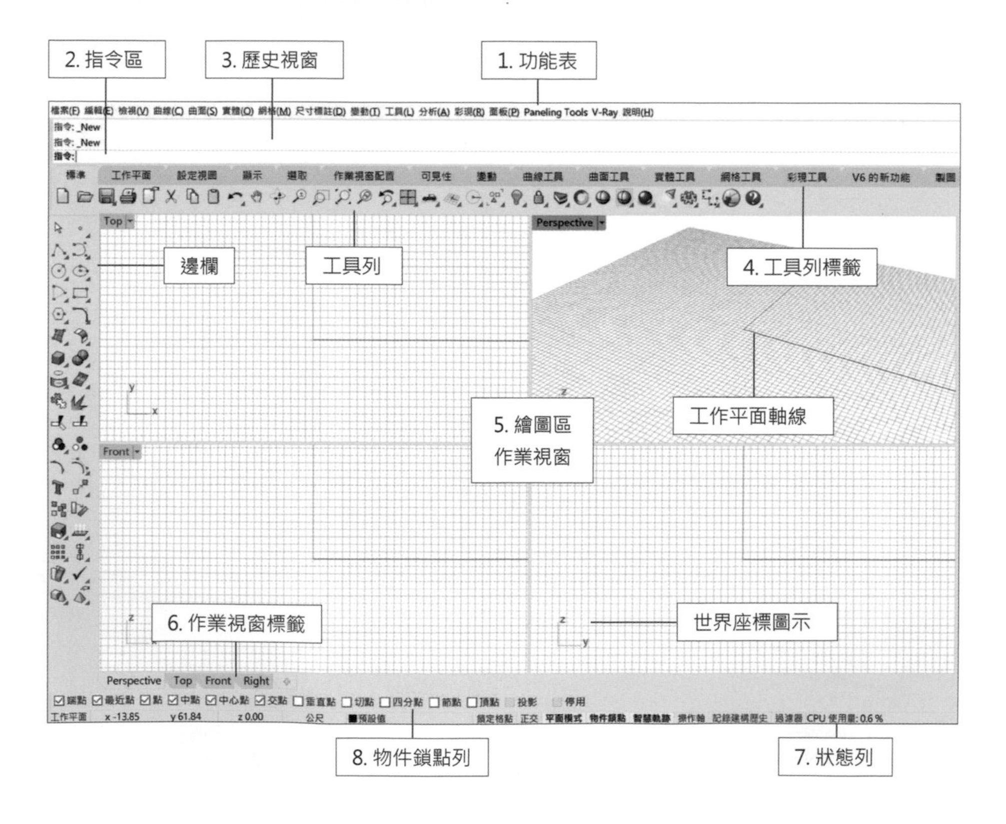

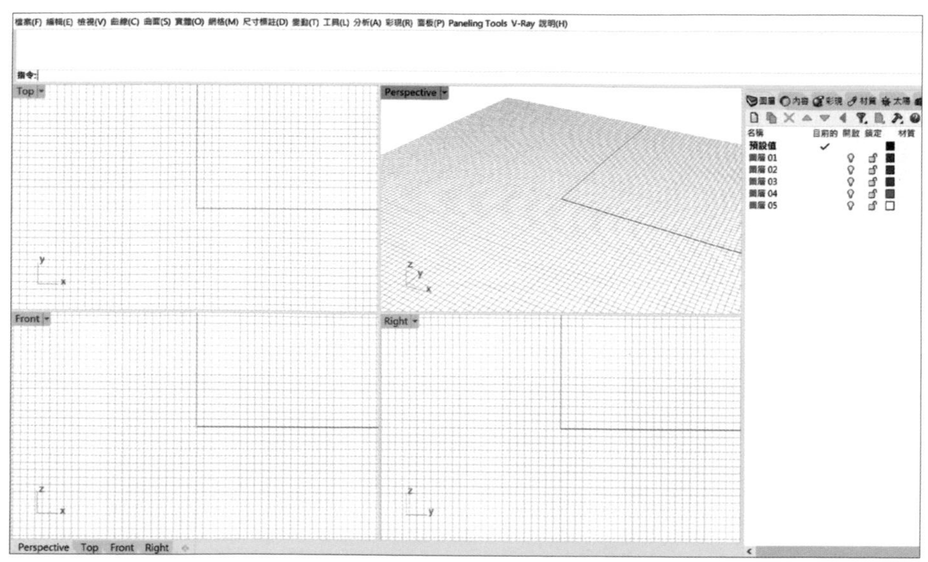

01. 開啟 Rhino 介面，畫面為邊欄與工具列尚未被開啟的狀態，正常應已開啟，下列步驟為基礎工具與介面啟動教學，若工具介面或項目遺失時可以參照下列步驟進行設定

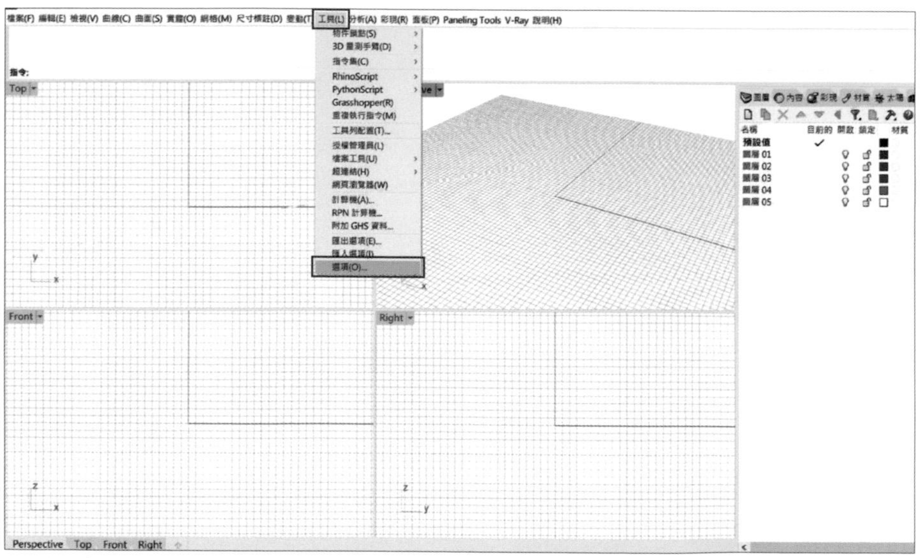

02. 點選功能表的「工具 (L)」，並找到「選項 (O)」點選。（或是在指令欄輸入 Options）

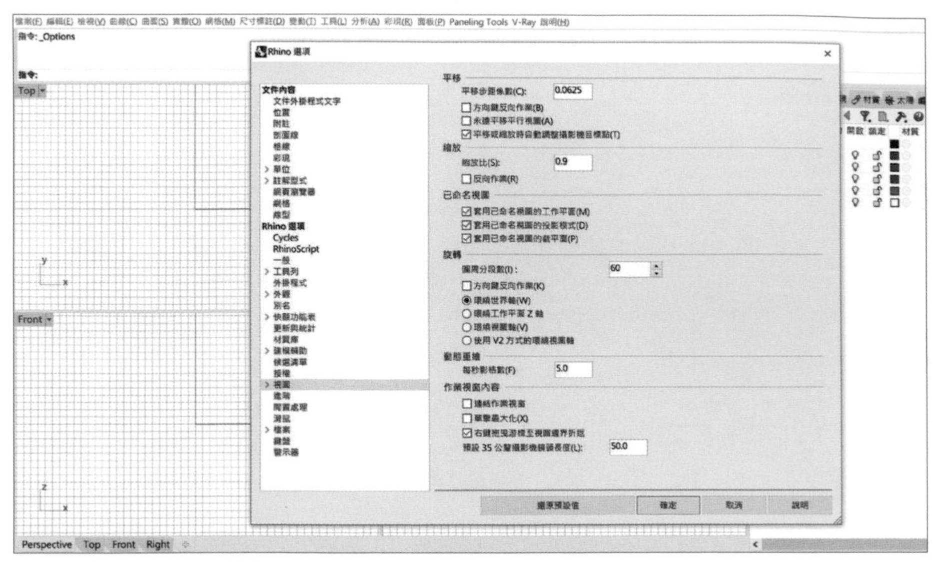

03. 此時會顯示出 Rhino 選項

04. 點選左邊的「工具列」，在右邊「檔案」下選取「default」，工具列勾選「標準工具列群組 (17 個標籤)」

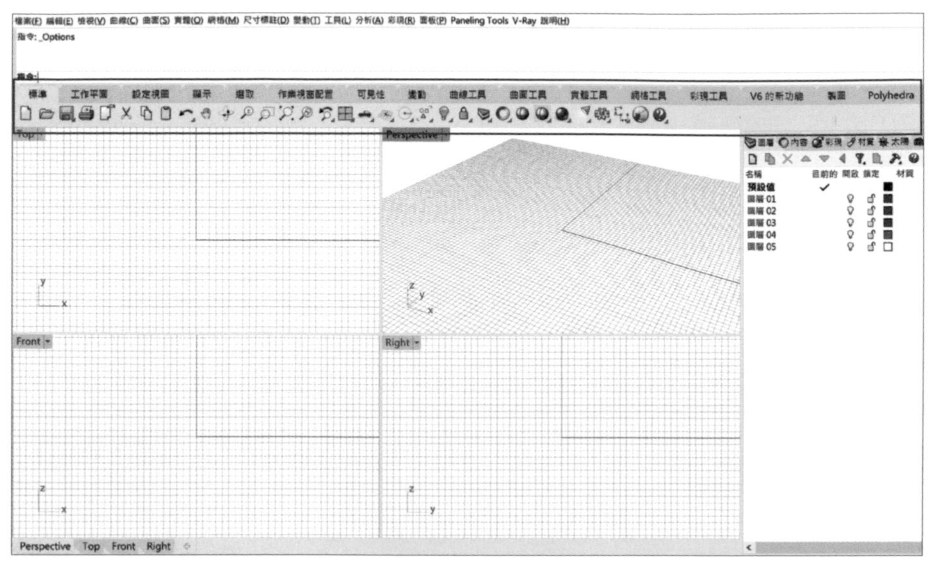

05. 按下確定後會視窗會出現「標準工具列群組」

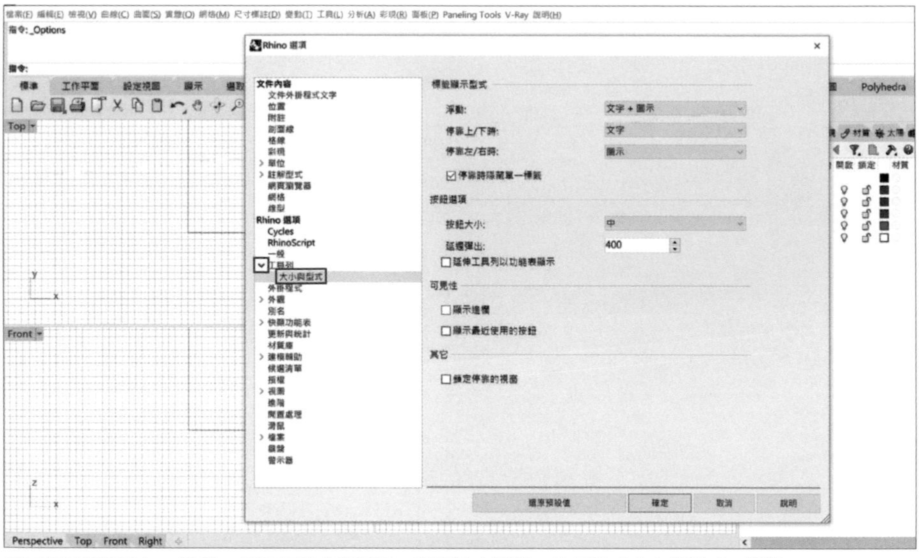

06. 再次回到 Rhino 選項，按下左邊「工具列」前面的小箭頭，會出現「大小與型式」選項

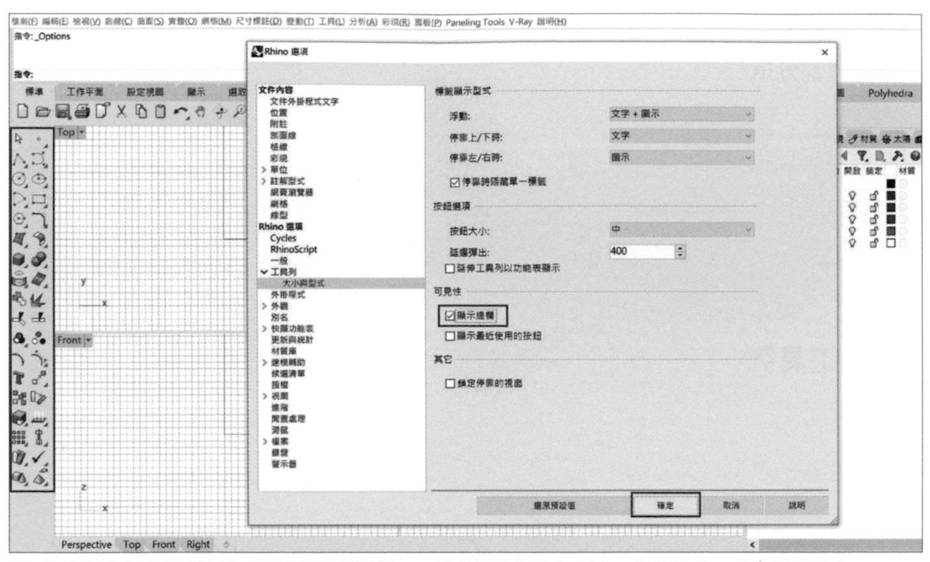

07. 此時勾選右邊「可見性」下的「顯示邊欄」，邊欄便會出現在 Rhino 的視窗中，最後按下確定

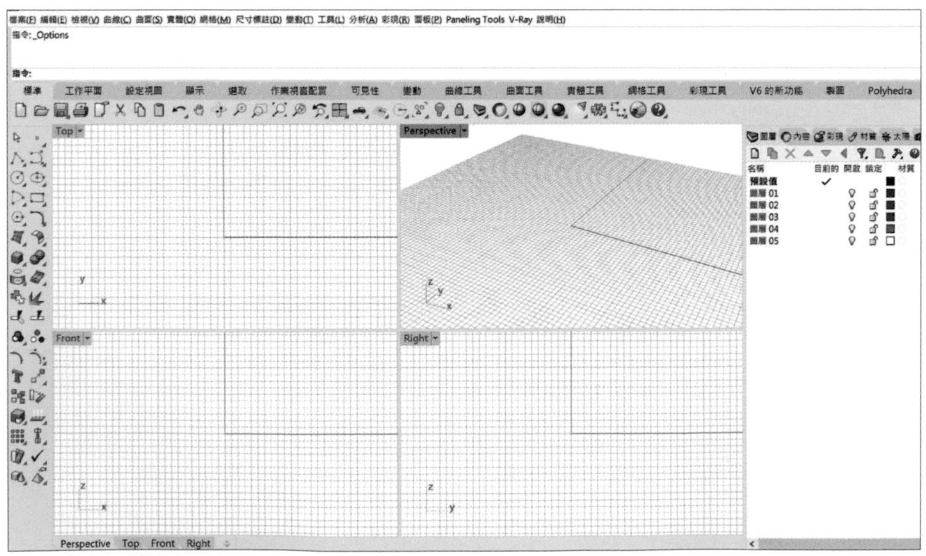

08. 結束設定後邊欄與標籤工具列都會出現在 Rhino 的視窗中

2.1.1 功能表

檔案、編輯、檢視、曲線、曲面 ... 等 Rhino 大部分指令與設定均可在功能表中找到。如右圖為 Rhino 的檢視功能表，裡面會有所有與檢視相關的指令設定，以及快捷鍵的提示。

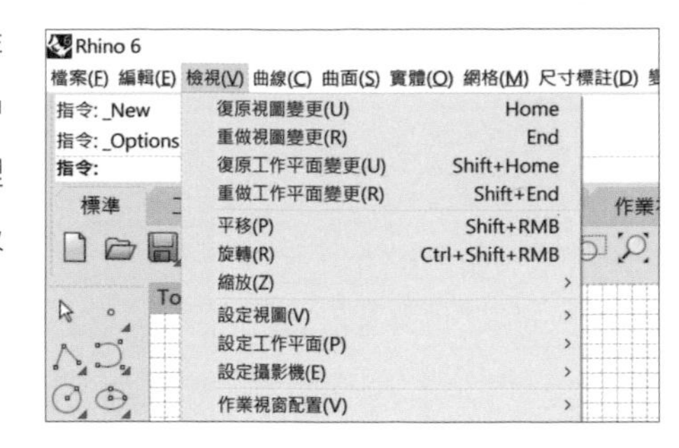

2.1.2 工具列

程式預設將標準工具列安排在繪圖區上方，在左側的邊欄則為主要工具列。若將滑鼠游標停留在按鈕上，稍作停留則會出現含有指令名稱的小標籤，此為工具提示，游標會提示每個按鈕的作用。

許多按鈕可以執行兩個指令，如圖 1 的按鈕按滑鼠左鍵可以使用「控制點曲線」指令，按滑鼠右鍵可以使用「通過數個點的曲線」指令。含有延伸工具列的按鈕在右下角會顯示一個黑色的三角形，按下工具列上的圖示會跳出延伸的工具列，通常是指令衍生出來的各種變化指令，將滑鼠游標停滯在黑色三角形上會顯示出該延伸工具列的名稱 (如圖 2 顯示彈出 " 曲線 ")，按下滑鼠左鍵便會彈出延伸工具列。圖 3 為滑鼠左鍵按下黑色三角形之後彈出的曲線工具列 (按右鍵會另外跳出該工具視窗)。

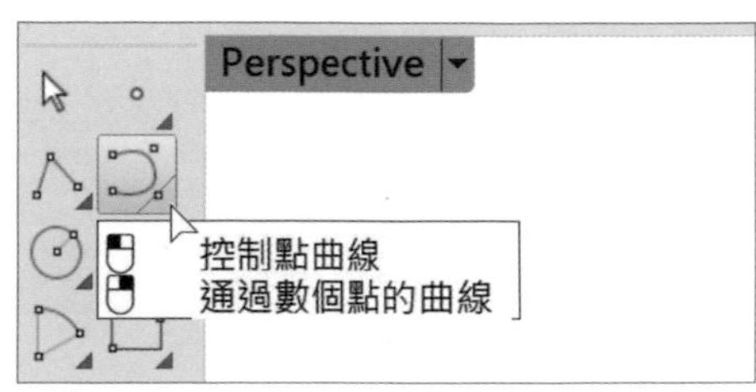

· 圖 1

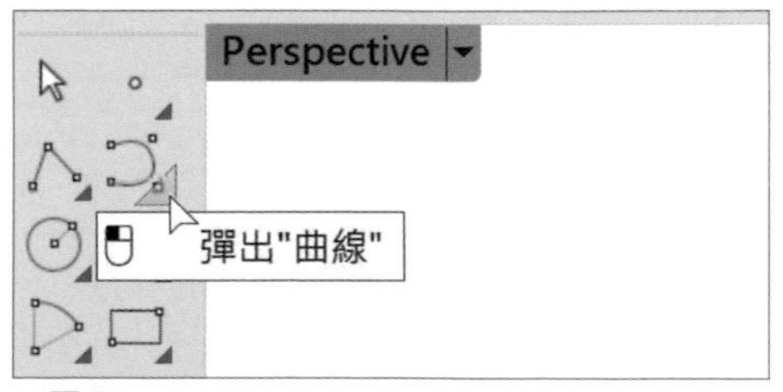

· 圖 2

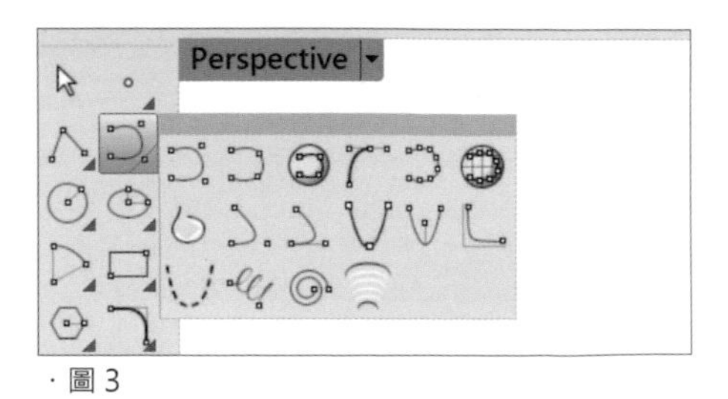

· 圖 3

2.2 滑鼠

在 Rhino 中，滑鼠左鍵可以用於「選取物件」與「指定位置」，而滑鼠右鍵則可以額外設定許多功能，例如平移、縮放、彈出快顯功能表或 Enter。

滑鼠左鍵最常用來選取模型裡的物件，還有選取指令的按鈕或是設定許多跟勾選有關的選項。而使用滑鼠右鍵可以結束指令完成指令的步驟（像是按下 Enter 的功能），在指令結束後，如果想重複執行上一個指令，也可以使用滑鼠右鍵。 按住滑鼠右鍵不放進行拖曳可以旋轉作業視窗，按 Shift 鍵 + 滑鼠右鍵不放進行拖曳，可以平移作業視窗，若使用滑鼠滾輪則可另外放大與縮小作業視窗中的視圖。

在指令欄輸入 Options 並按下 Enter（Mac 版本在指令欄不會自動出現字母，所以必需直接輸入 Options 後按下 Enter）或是按下 設定 (Options)，在設定視窗的左側中找到「滑鼠」選項，並將「滑鼠中鍵」設定為「最近使用的指令彈出式功能表」，之後按下滑鼠中鍵時會自動跳出最近使用的命令，預設 20 個，可在「一般」中調整指令數量。

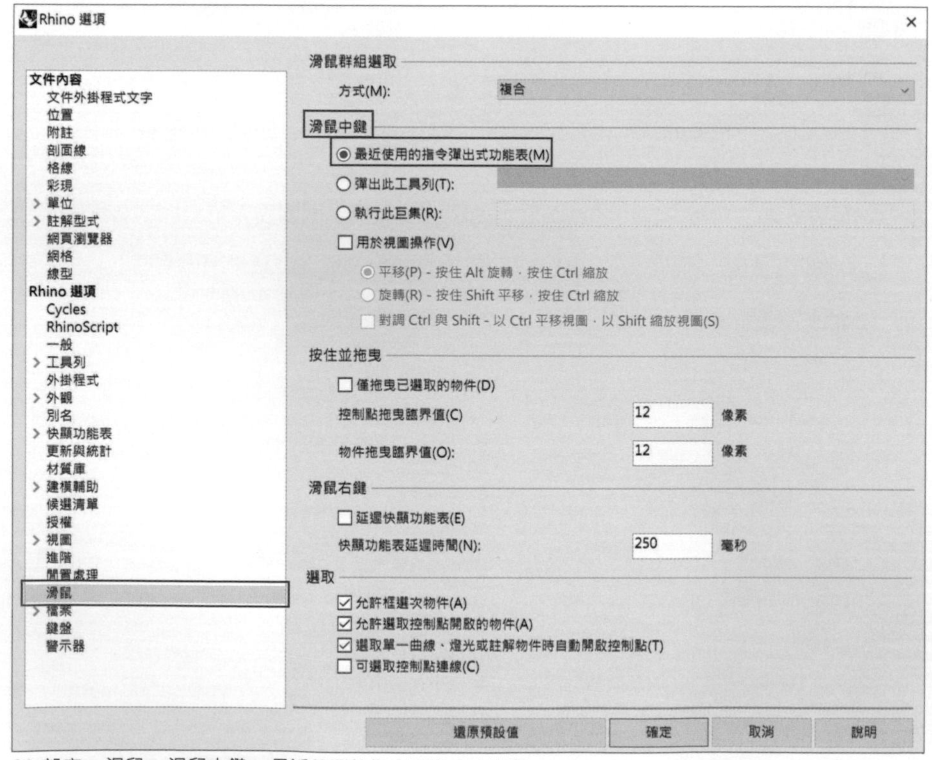

01. 設定 > 滑鼠 > 滑鼠中鍵 > 最近使用的指令彈出式功能表

02. 設定 > 一般 > 最近使用的指令彈出式功能表 > 設定最多指令的數量

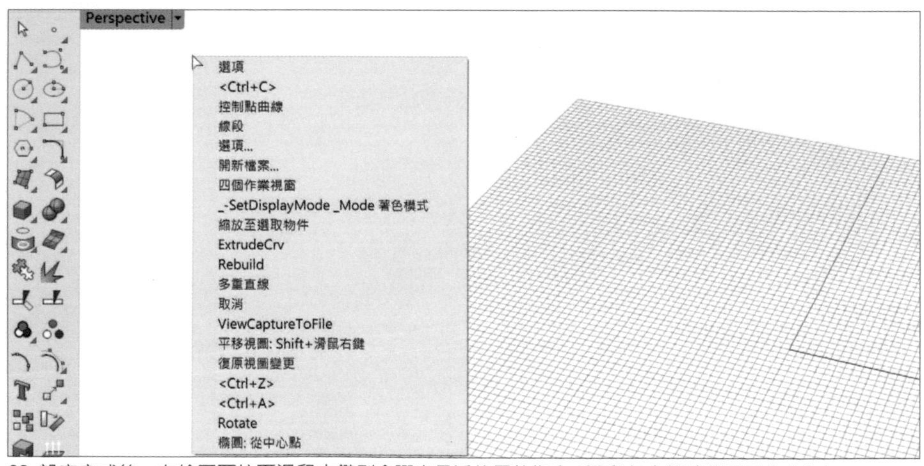

03. 設定完成後，在繪圖區按下滑鼠中鍵則會彈出最近使用的指令 (滑鼠無中鍵時將不具此功能)

2.3 指令

2.3.1 輸入指令

在不用選取按鈕的方式使用指令時，則需在指令行輸入指令，指令輸入後則能選擇指令選項，同時經由不同的指令提示將會有不同的動作顯示（例如指定軸、輸入距離、半徑 ... 等等）按下 Enter、空白鍵或按滑鼠右鍵都能結束並完成指令。

2.3.2 自動完成指令名稱

在指令行輸入指令名稱時，依序所輸入的英文字母將由系統自動辨識並出現與所輸入字母相關的指令選項，自動列出相關清單（如圖 1），藉此來過濾出使用者可能想執行的指令。使用者可直接用滑鼠左鍵點選指令，或是當完整的指令出現時用鍵盤上下鍵選取後按下 Enter 執行指令。

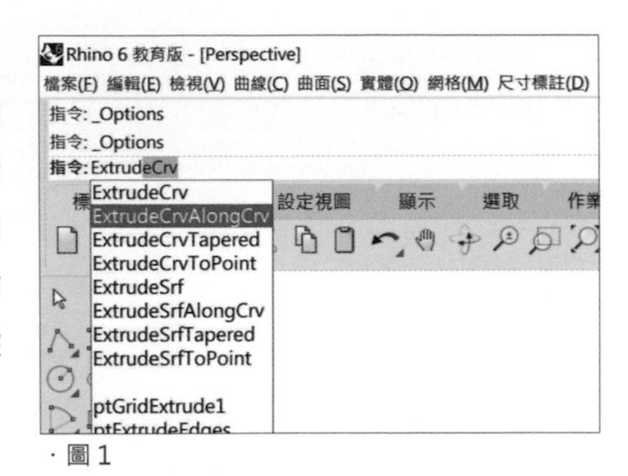

· 圖 1

2.3.3 重複執行指令

在作業視窗裡按下滑鼠右鍵、Enter 或是空白鍵，都可以重複執行上一次曾執行的指令。在指令視窗按下滑鼠右鍵（如圖 2），或是按滑鼠中鍵 (2.2 設定的方法)，便會彈出最近使用的指令的功能表，從清單選擇指令，即可快速執行前幾次使用過的指令。

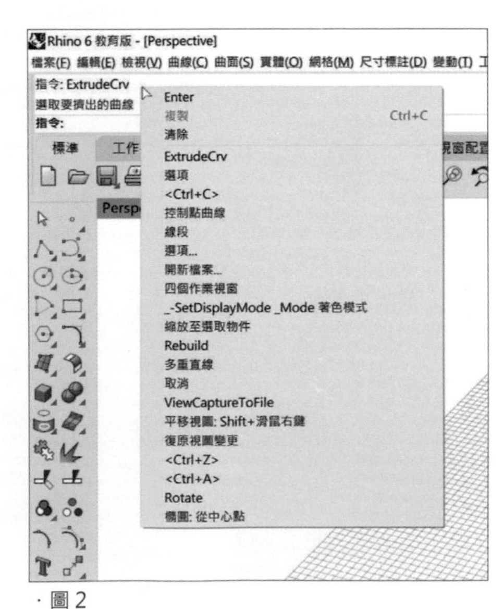

· 圖 2

2.3.4 取消指令

按下 Esc 或是去執行另一個指令動作，都可以取消目前正在執行的指令。

2.4 繪圖區

2.4.1 工作平面

工作平面上有原點、XY 軸及格線，其位置可以任意變動，在不同作業視窗的工作平面是各自獨立的，並不會相互影響。而工作平面也可與世界座標不同。

在工作平面的工具列可以看到許多與工作平面相關的設定：

使用工作平面 (Cplane) 指令後，便可開始指定新工作平面的原點，或是選擇指令欄中的選項。

工作平面原點 <0.00,0.00,0.00> (全部 (A)= 否 曲線 (C) 垂直高度 (L) 操作軸 (G) 物件 (O) 旋轉 (R) 曲面 (S) 通過 (T) 視圖 (V) 世界 (W) 三點 (P) 復原 (U) 重做 (D))

例如：先隨意繪製一個方體後，此時我們以選取「曲線 (C)」為例，可以用滑鼠左鍵按下「曲線 (C)」選項，或是在指令欄輸入 C 之後按下 Enter，便能選取一條用來定位工作平面的曲線。(圖 1)

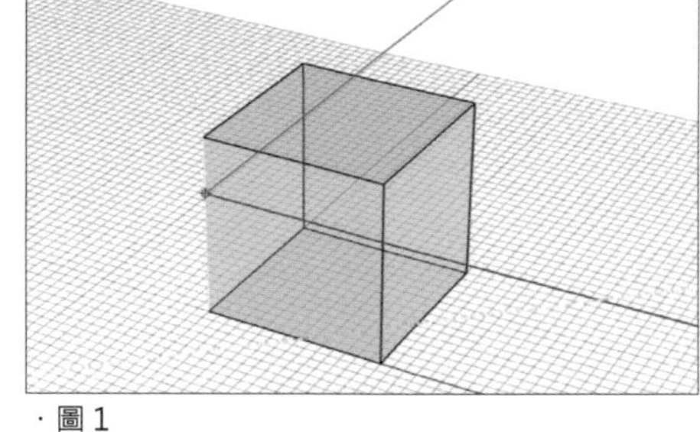

· 圖 1

接著沿著曲線移動工作平面至新的位置，按下 Enter 之後即設定完成新的工作平面。(圖 2)

同理，我們可以在選項中 (垂直高度、操作軸、物件、旋轉、曲面 ... 等) 去選擇適合的方式設定工作平面。

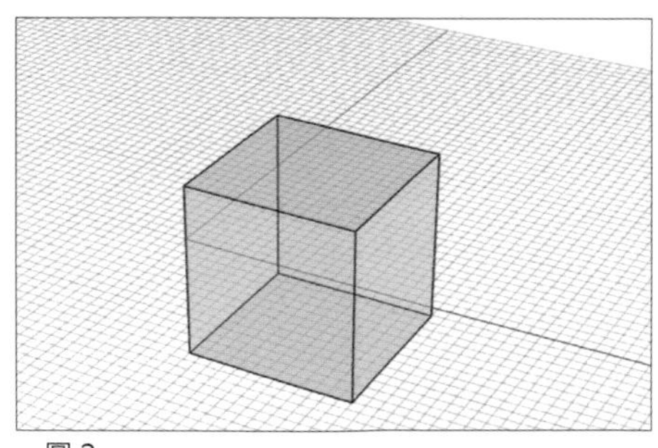

· 圖 2

2.4.2 設定視圖

在 (設定視圖) 工具列可以找到跟模型瀏覽有關的功能，以下介紹幾個比較常用的功能：

平移視圖：Shift + 滑鼠右鍵拖曳

旋轉視圖：Ctrl + Shift + 滑鼠右鍵　旋轉攝影機：Ctrl + Alt + 滑鼠右鍵

動態縮放：Ctrl + 滑鼠右鍵

滑鼠右鍵：縮放至最大範圍　滑鼠左鍵：縮放至最大範圍 (全部作業視窗)

滑鼠右鍵：縮放至選取物件　滑鼠左鍵：縮放至選取物件 (全部作業視窗)

滑鼠右鍵：復原視圖變更　滑鼠左鍵：重作視圖變更

平移視圖

在 Perspective 視窗按住 Shift，再以滑鼠右鍵拖曳平移視圖。(圖 1)

Top、Front、Right 作業視窗預設使用平行投影，所以在平行作業視窗平移視圖不需按住 Shift，直接以滑鼠右鍵就能平移視圖。(圖 2)

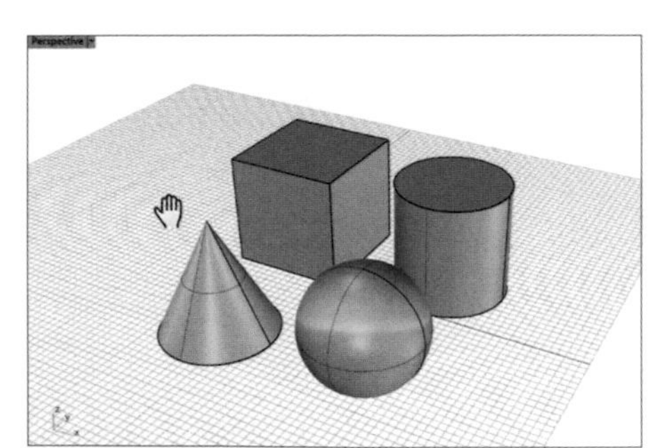

· 圖 1

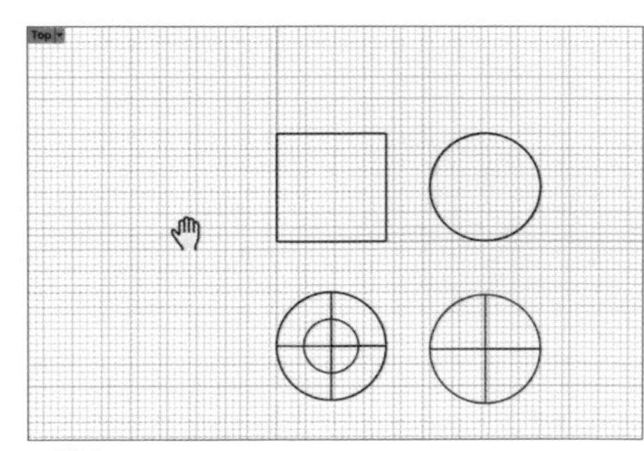

· 圖 2

縮放視圖

在建模的時候，經常會有需要靠近物件做細部檢視，或是遠離物件觀看整體的情況，這種放大與縮小繪圖區視圖的過程，稱之為縮放視圖。我們可以使用許多方式來縮放視圖，通常都是直接使用滑鼠滾輪去進行縮放，或是在作業視窗裡按住 Ctrl + 滑鼠右鍵上下拖曳。圖 3 便是在 Perspective 視窗按住 Ctrl + 滑鼠右鍵再向上拖曳，物件會逐漸放大，如圖 4。

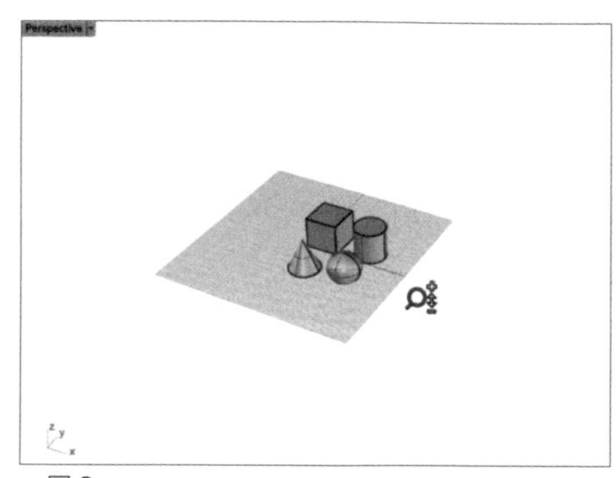

· 圖 3

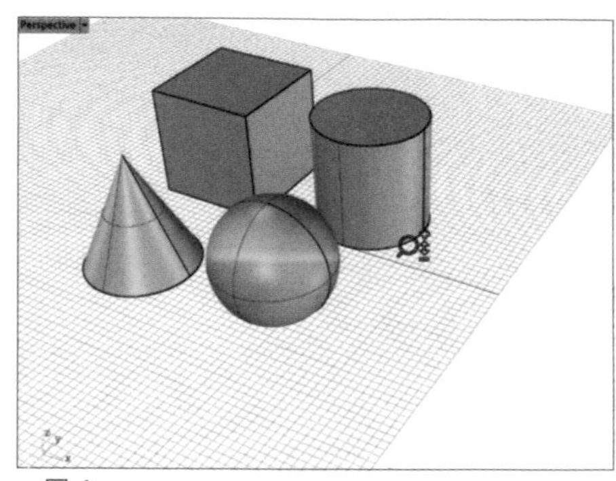

· 圖 4

縮放至最大範圍

使用滑鼠右鍵按下 圖示（縮放至最大範圍指令）可以縮放視圖使所有的物件填滿作業視窗 (圖 5)，使用滑鼠左鍵按下 圖示可以將所有物件顯示於作業視窗裡。(圖 6)

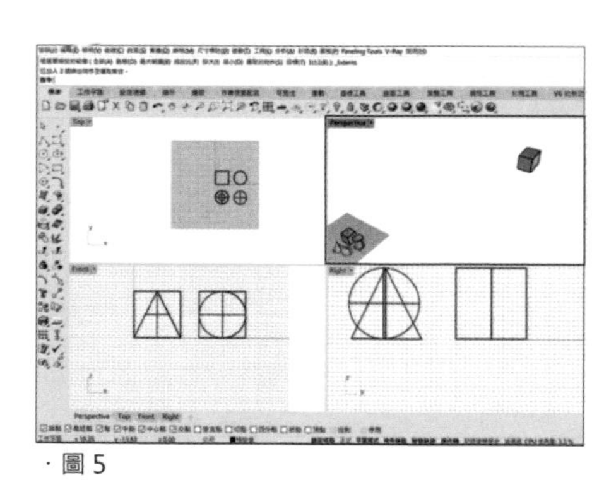

· 圖 5

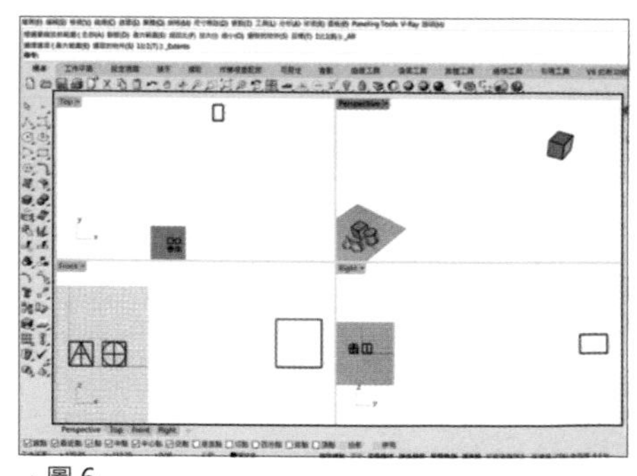

· 圖 6

2.4.3 顯示

顯示工具列的按鈕可以改變顯示模式，但較齊全的顯示模式會出現在作業視窗標題底下所彈出的選項，點選便能選擇不同的顯示模式。物件通常以著色顯示，著色模式較能呈現物件的真正形狀；而框架模式經常用在平面圖的顯示上；彩現模式適合觀看物件材質與其光影變化。半透明模式和 X 光模式適合在建模時使用，因為我們經常會需要選擇到物件背後的物件；工程圖、藝術風格與鋼筆模式常用在出圖或是要有特定風格時使用。北極模式與彩現模式很類似，但北極模式會讓物件變成白色的素模，XY 平面上會顯示一層地面；光線追蹤模式則是一種新的互動光線追蹤模式，比較像是即時彩現的功能。

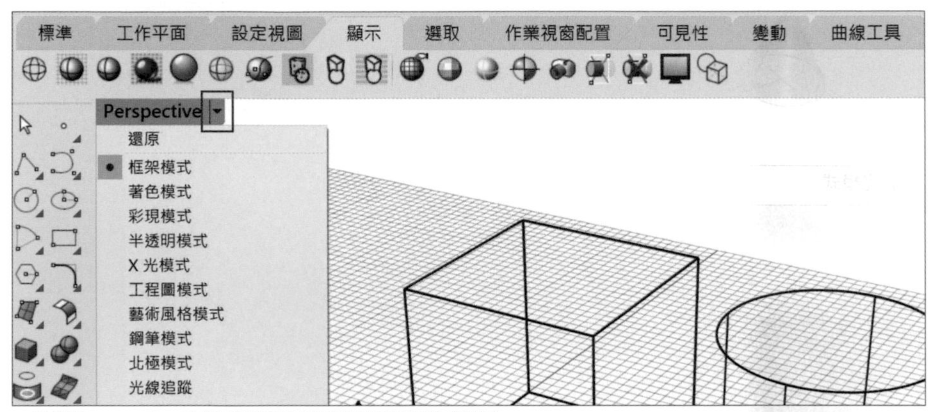

‧點選 Perspective 右邊的倒三角形會彈出不同模式選項

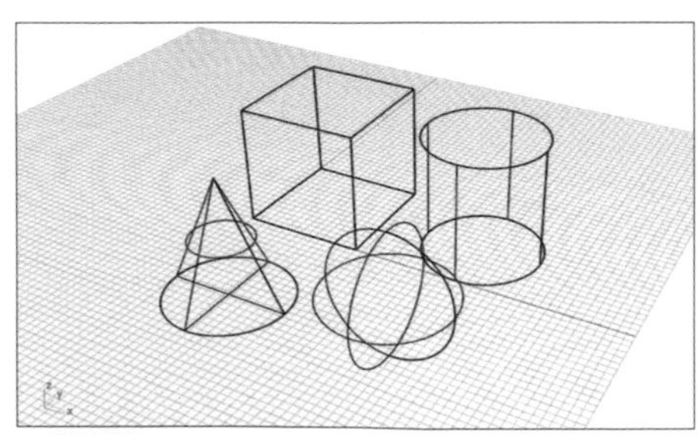
‧框線模式

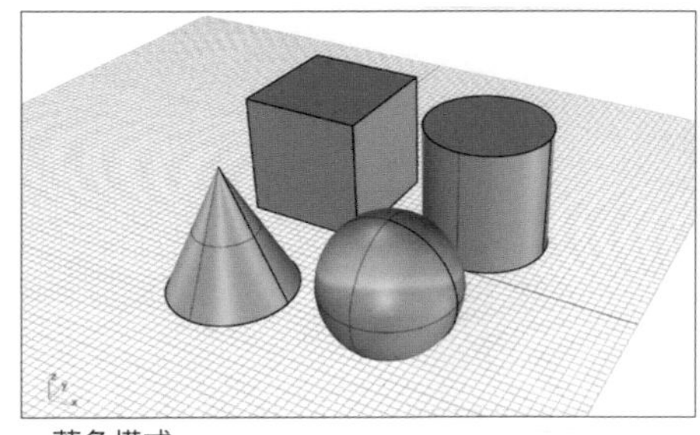
‧著色模式

· 彩現模式

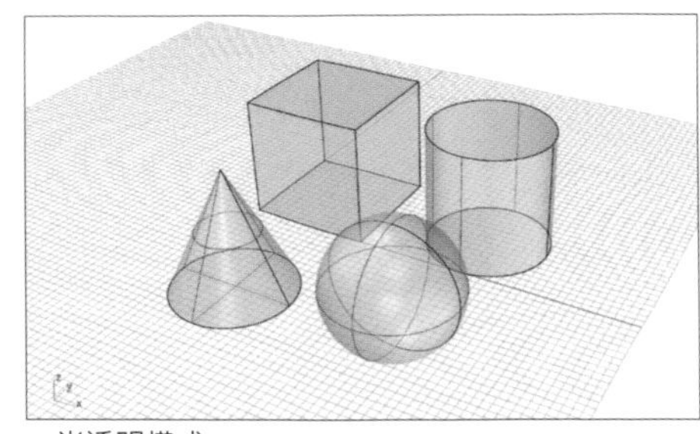

· 半透明模式

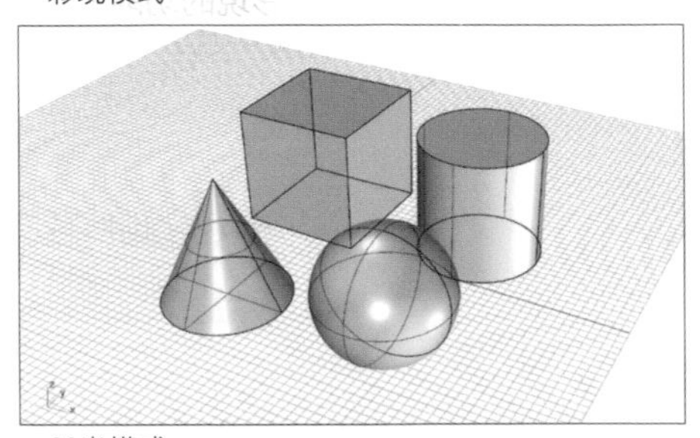

· X 光模式

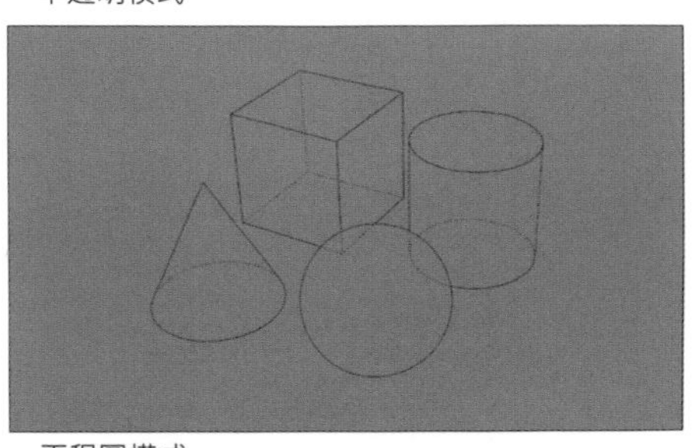

· 工程圖模式

· 藝術風格模式

· 鋼筆模式

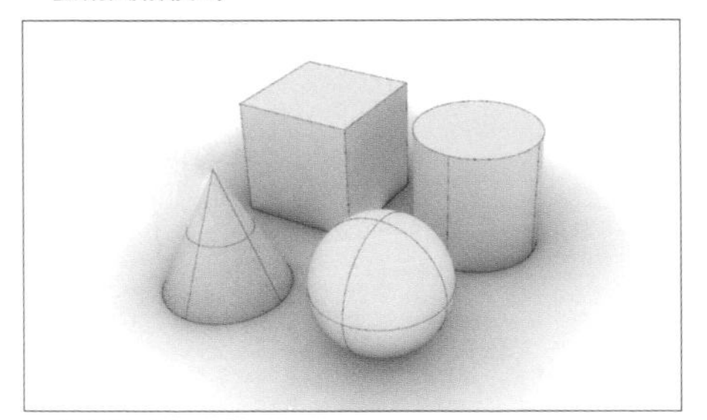

· 北極模式

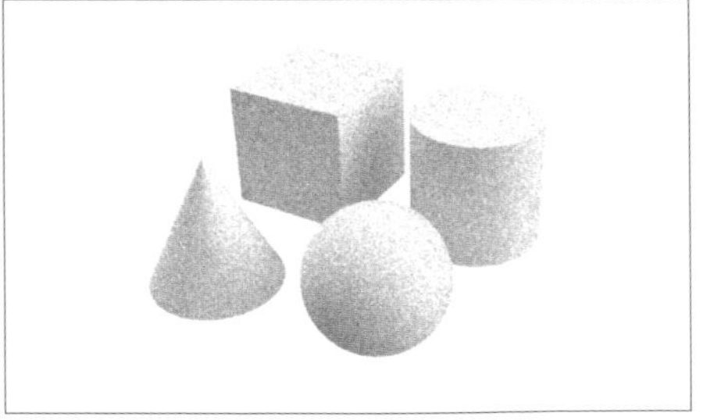

· 光線追蹤模式

2.4.4 作業視窗配置

作業視窗是繪圖區裡的分隔視窗，可從不同的方向顯示模型。Rhino 中可以擁有多個作業視窗，每個作業視窗都會有自己的視圖方向、投影模式與工作平面。拖曳作業視窗邊界可以移動作業視窗或改變大小，滑鼠左鍵雙擊作業視窗的標題可以將視窗放大填滿整個繪圖區或還原繪圖區視窗大小。而在作業視窗標題的倒三角形按滑鼠左鍵可以彈出作業視窗功能表，可以選擇不同的視角。

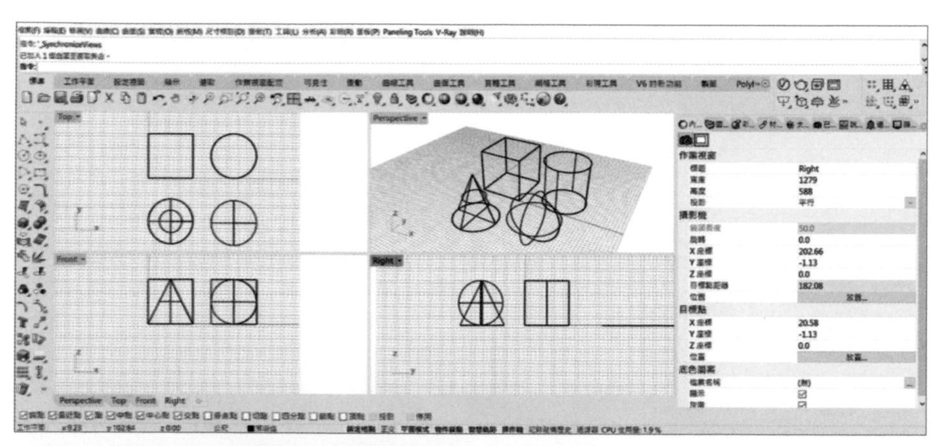

· Rhino 中可以擁有多個作業視窗，每個作業視窗都有自己的視圖方向、投影模式與工作平面

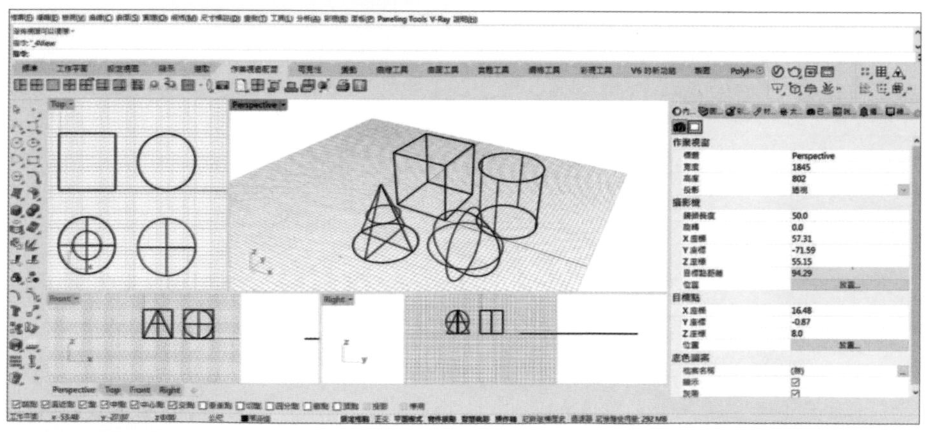

· 拖曳作業視窗邊界可以移動作業視窗或改變大小

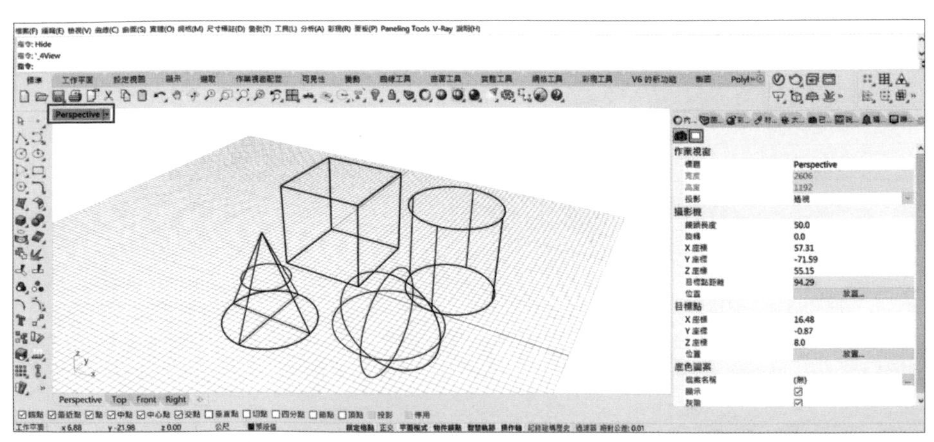

‧雙擊作業視窗的標題可以將視窗放大填滿整個繪圖區

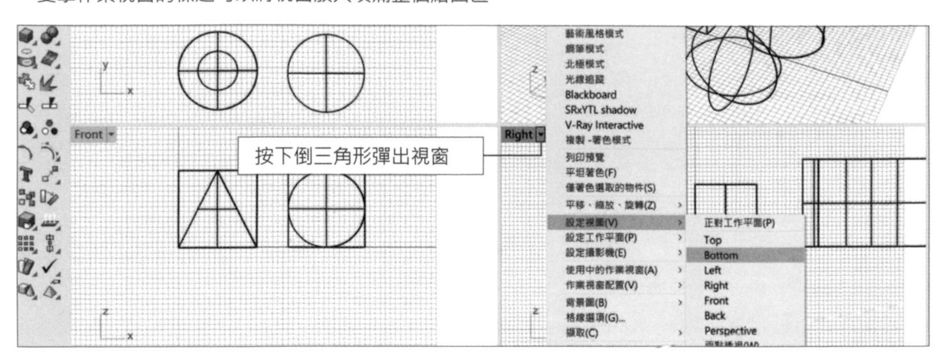

‧在作業視窗標題的倒三角形按滑鼠左鍵可以彈出作業視窗功能表

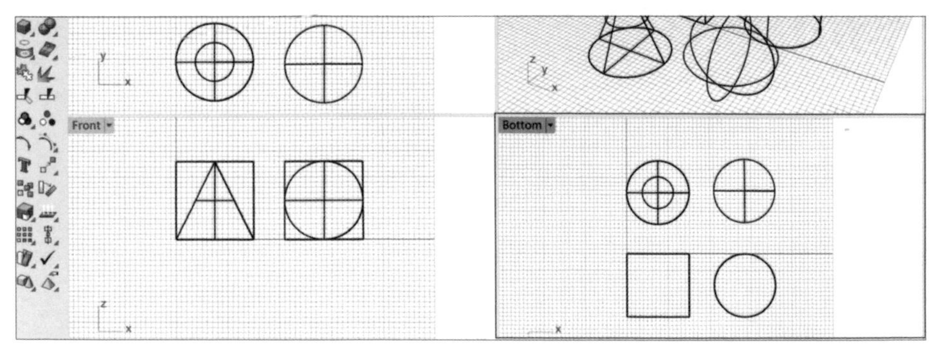

‧選取後右下的窗格會從 Right 視角變為 Bottom 視角

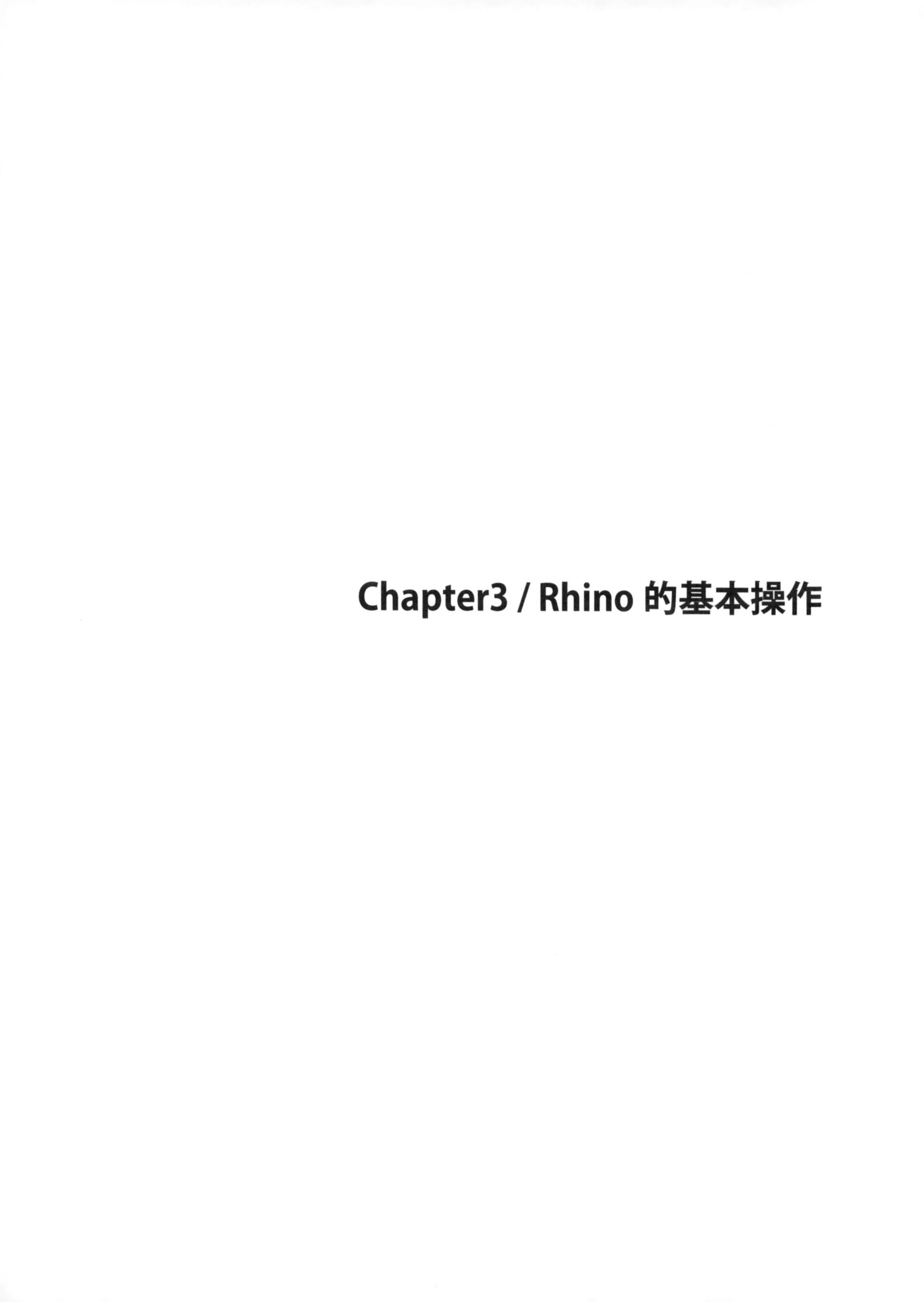

Chapter3 / Rhino 的基本操作

3.1 建立物件

3.1.1 建立曲線

建立數條直線

從邊欄工具使用滑鼠右鍵按下 線段 (Lines) 指令，或是從曲線功能表選擇直線，再選擇線段。在作業視窗裡指定一點，接著指定另一點， 兩點之間便會建立一條直線。繼續指定其它點就會建立更多的直線，按 Enter 結束指令。

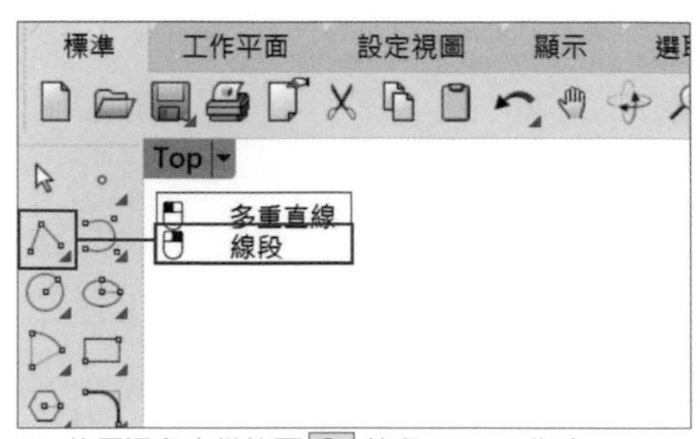

01. 使用滑鼠右鍵按下 線段 (Lines) 指令

02. 使用 Lines 指令繪製出指定的點會出現線段

假如我們在畫線時在指令行使用滑鼠游標點選「封閉 (C)」，在最後指定的點與起點之間會自動連在一起。

直線起點

直線終點 (復原 (U))

直線終點，按 Enter 完成 (復原 (U))

直線終點，按 Enter 完成 (封閉 (C) 復原 (U))

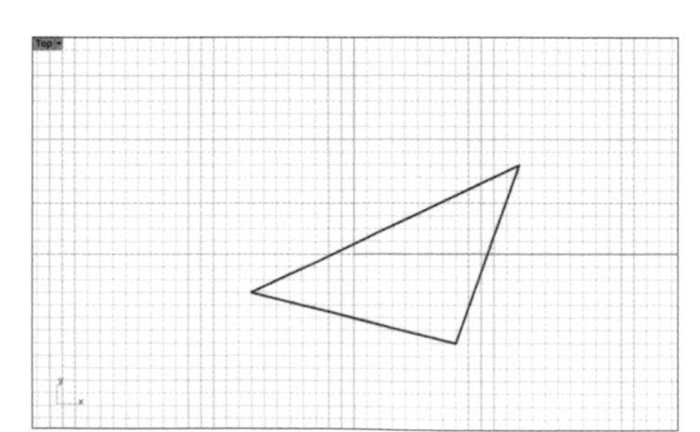

03. 按下封閉 (C) 選項後，線段自動連接在一起

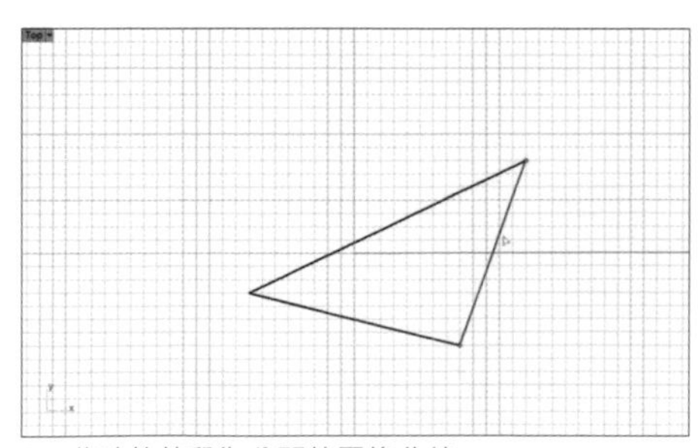

04. 此時的線段為分開的三條曲線

建立多重直線

從邊欄工具中用滑鼠左鍵按下 多重直線 (Polyline) 指令，或是從曲線功能表選擇，執行多重直線指令。指定起點後再指定三或四個點並且按下 Enter 結束指令 ，這樣會建立一條開放的多重直線。

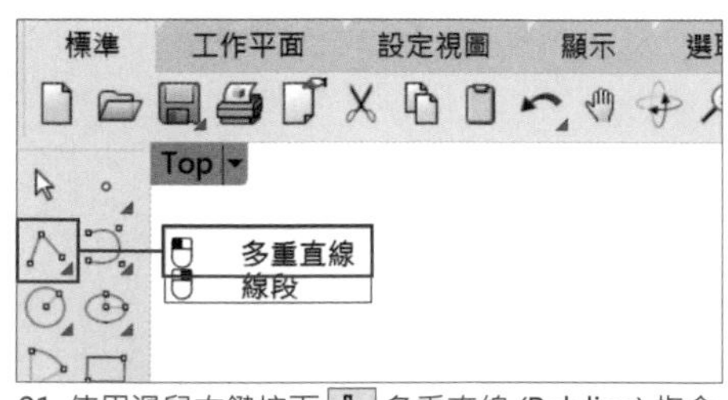

01. 使用滑鼠右鍵按下 多重直線 (Polyline) 指令

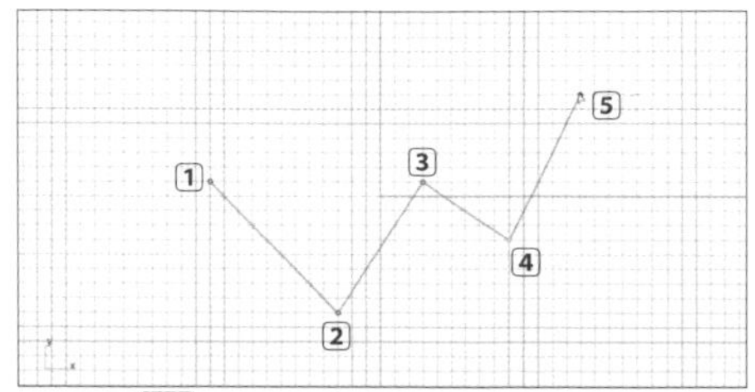

02. 使用 Polyline 指令繪製出指定的點

假若我們在畫線時於指令行使用滑鼠游標點選「持續封閉 (P)」，將選項更改為「是」，在繪圖的過程中，尚未結束的點與終點之間會自動出現相連的線。

多重直線起點 (持續封閉 (P)= 否): 持續封閉 = 是

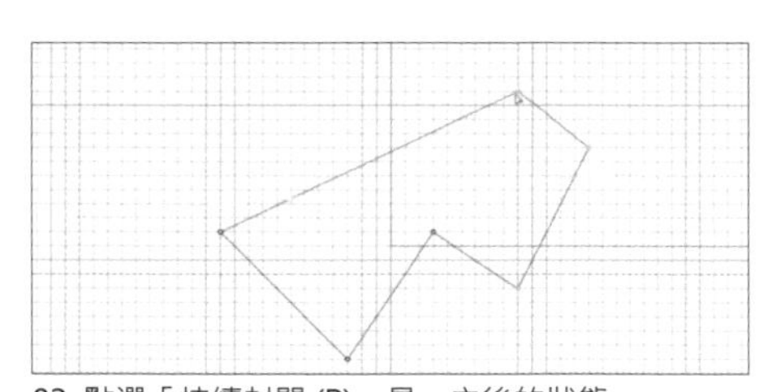
03. 點選「持續封閉 (P)= 是」之後的狀態

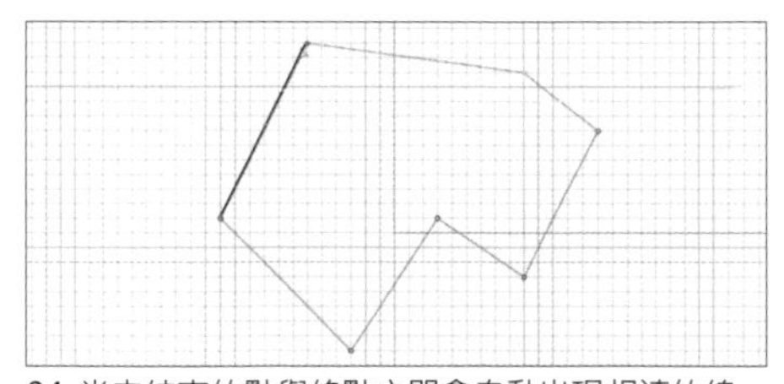
04. 尚未結束的點與終點之間會自動出現相連的線

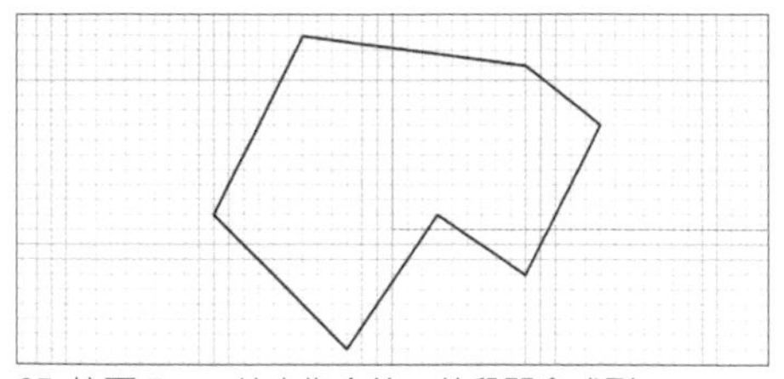
05. 按下 Enter 結束指令後，線段即會成形

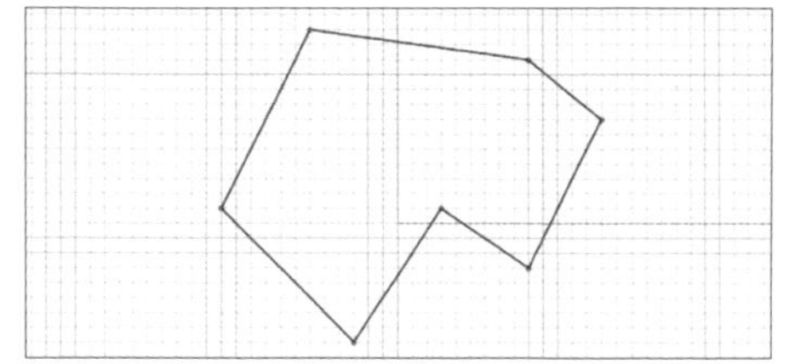
06. 選取時會是由數條直線組合而成的單一物件

建立控制點曲線

從邊欄工具使用滑鼠左鍵按下 控制點曲線 (Curve) 指令，也可以選擇曲線工具表中的 自由造型 > 控制點，或是直接輸入 Curve 指令按下 Enter，便可開始指定起點，繼續指定幾個點，這些指定的點不會落在曲線上，而是會成為曲線的控制點。

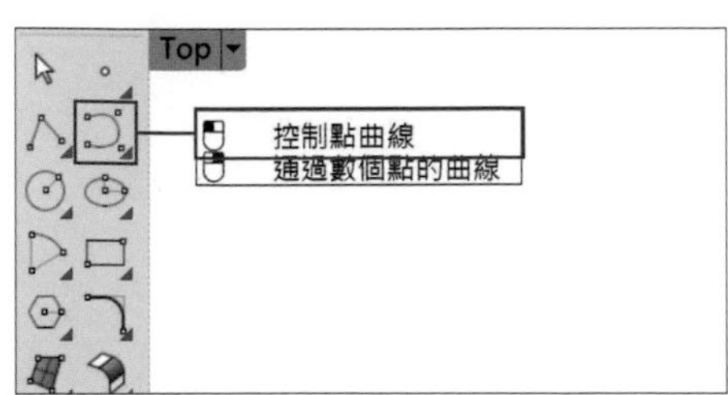

01. 使用滑鼠右鍵按下 控制點曲線 (Curve) 指令

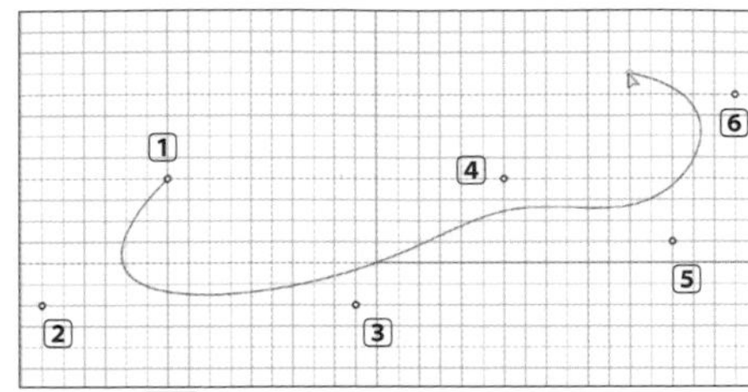

02. 使用 Curve 指令繪製出指定的點

假如在畫線時於指令行使用滑鼠游標點選「階數 (D)」，將可改變在繪製曲線時的階數。

曲線起點 (階數 (D)=3 持續封閉 (P)= 否)

曲線階數 <3>: 1

曲線起點 (階數 (D)=1 持續封閉 (P)= 否)

點選「階數 (D)」之後，直接在指令欄輸入要改變的階數，並按下 Enter。

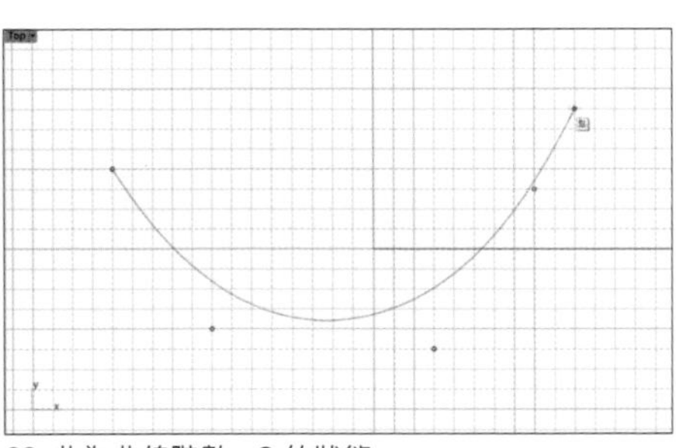

03. 此為曲線階數 =3 的狀態

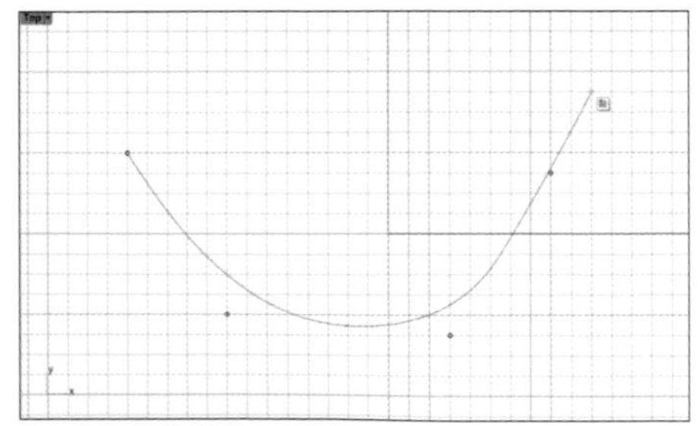

04. 此為曲線階數 =2 的狀態

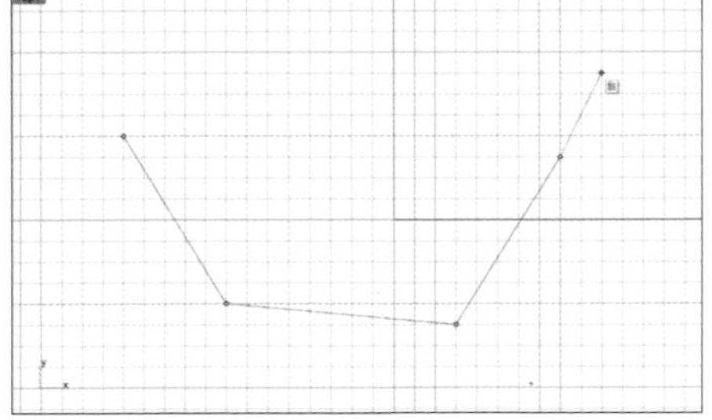

05. 此為曲線階數 =1 的狀態

畫線時在指令行使用滑鼠游標點選「持續封閉 (P)」，並將選項更改為「是」，在繪圖的過程中尚未結束的點與終點之間會自動出現相連的線。

下一點，按 Enter 完成 (階數 (D)=3 持續封閉 (P)= 是 封閉 (C) 尖銳封閉 (S)= 否 復原 (U))

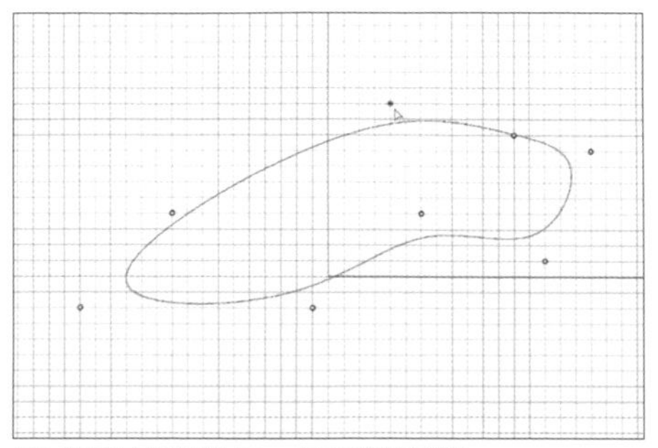

06. 點選持續封閉 (P)= 是之後的狀態

07. 尚未結束的點與終點之間會自動出現相連的線

假如我們畫線時在指令行使用滑鼠游標點選「封閉 (C)」，則尚未結束的點與終點之間會自動連接，變成一條封閉的曲線。

下一點，按 Enter 完成 (階數 (D)=3 持續封閉 (P)= 否 封閉 (C) 尖銳封閉 (S)= 否 復原 (U))

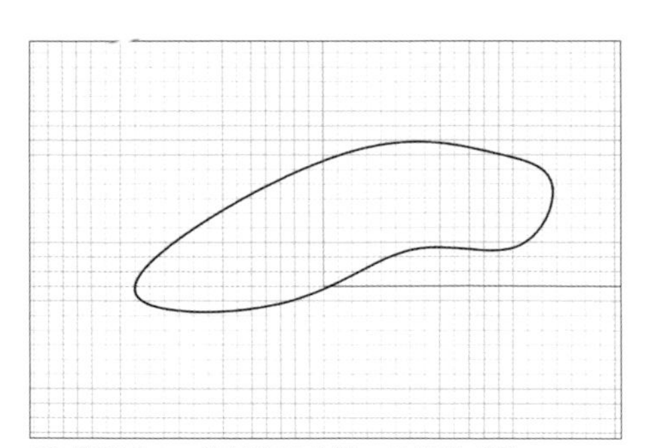

08. 按下 Enter 後結束指令後，曲線即成形

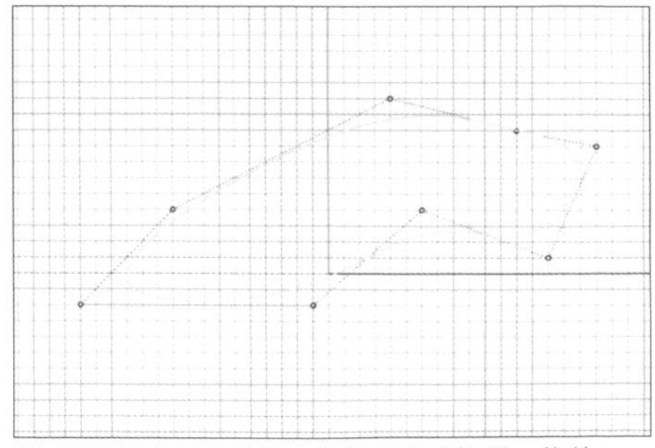

09. 選取時會是由數條直線組合而成的單一物件

建立內插點曲線

按下邊欄工具 按鈕右下角的小三角形，再選擇 內插點曲線 (InterpCrv) 指令。也可以選擇曲線工具表中的自由造型 > 內插點，或是直接輸入 InterpCrv 指令按下 Enter，便可以開始指定起點與接下來的幾個點， 按 Enter 結束指令。這些建立的曲線會通過指定的點（控制點會另外出現），跟用控制點曲線建立的方法不同。

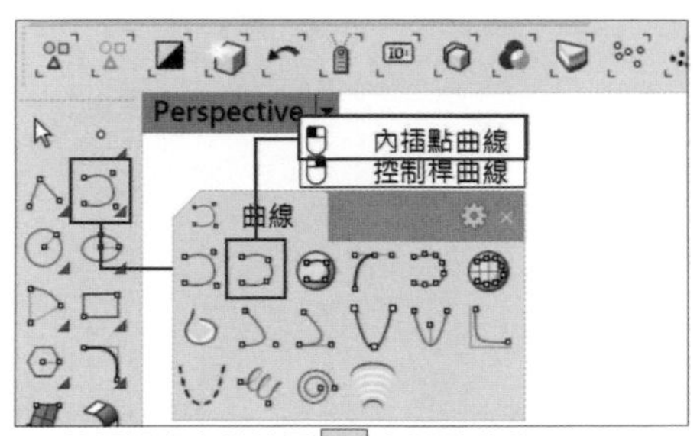

01. 使用滑鼠左鍵按下 內插點曲線 (InterpCrv) 指令

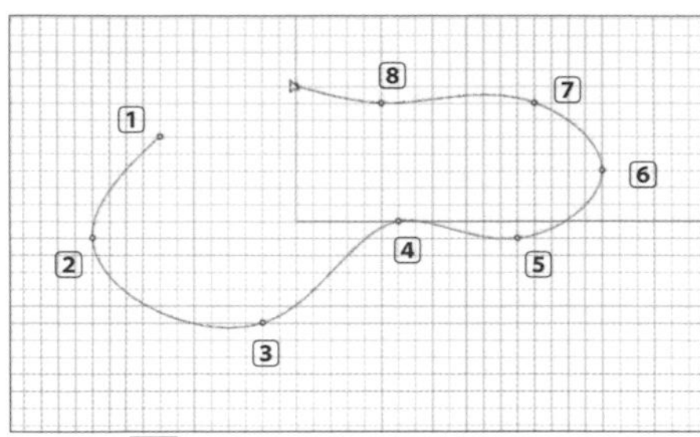

02. 使用 InterpCrv 指令繪製出曲線

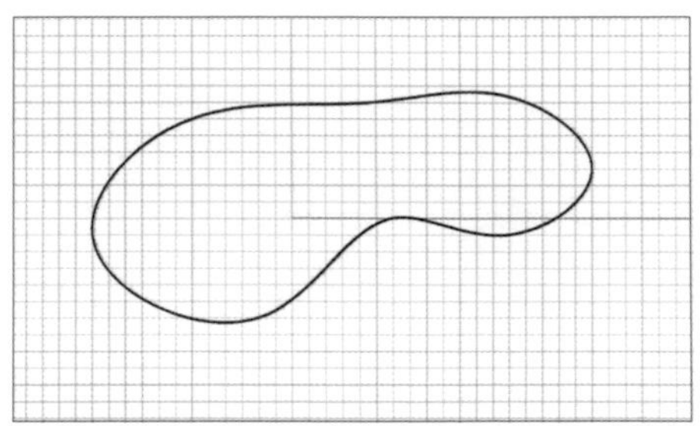

03. 按下 Enter 後結束指令，曲線成形

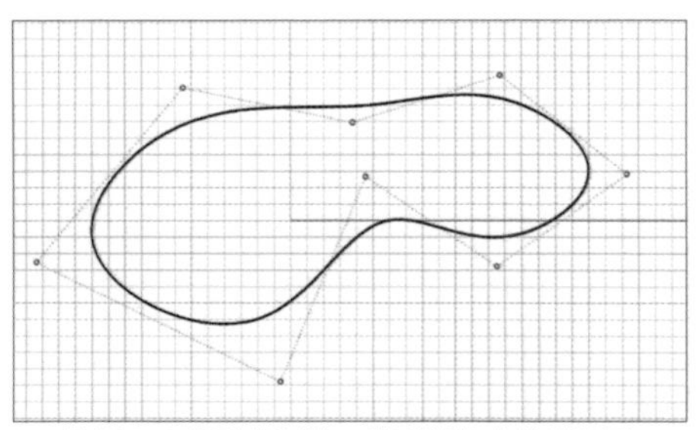

04. 使用 F10 開啟控制點，發現與指定的點不同

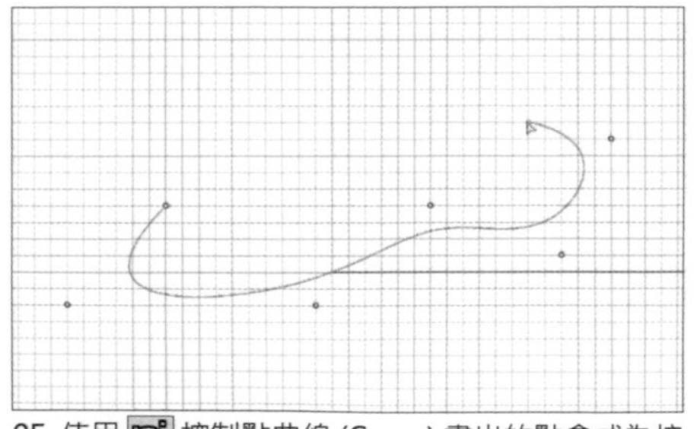

05. 使用 控制點曲線 (Curve) 畫出的點會成為控制點

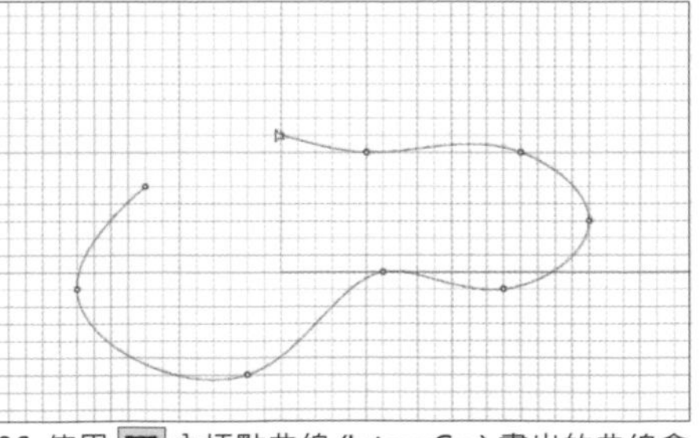

06. 使用 內插點曲線 (InterpCrv) 畫出的曲線會通過指定點

假如畫線時在指令行使用滑鼠游標點選「節點 (K)」，會出現選項：一致 (U)、弦長 (C)、弦長平方根 (S)，使用者可以更改為其中一項，在尚未結束的點與終點的連接方式會有所不同。

曲線起點 (階數 (D)=3 節點 (K)= 弦長 持續封閉 (P)= 否 起點正切 (S)): 節點
節點 < 弦長 > (一致 (U) ❶ 弦長 (C) ❷ 弦長平方根 (S) ❸)

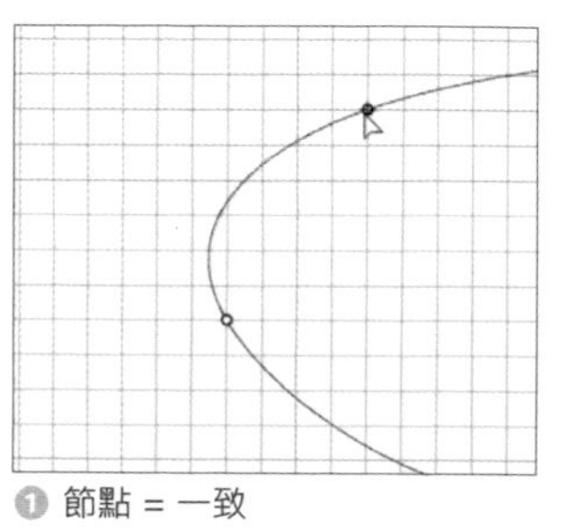
❶ 節點 = 一致

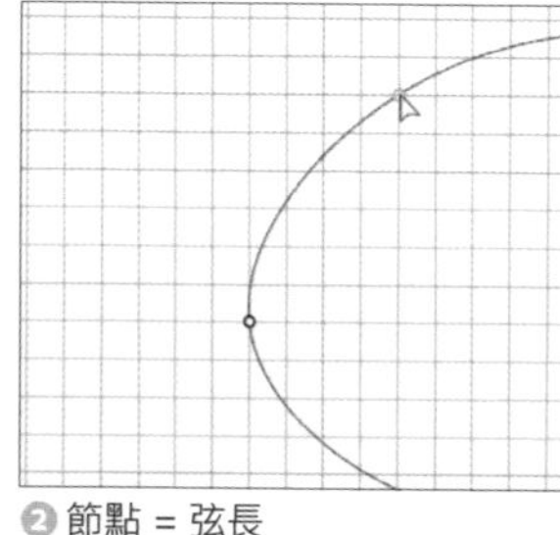
❷ 節點 = 弦長

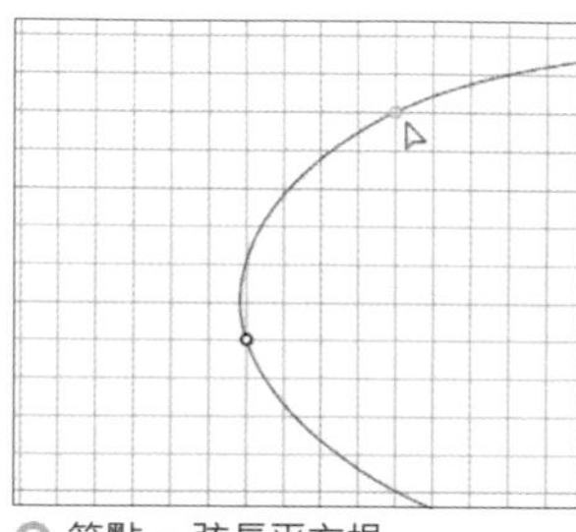
❸ 節點 = 弦長平方根

終點正切 (N) ❹ 封閉 (C) 尖銳封閉 (S)= 否 ❺

在指令行選擇「終點正切 (N)」，尚未連接的點與終點的連接方式會變成正切方向的曲線。選項更改為「尖銳封閉 (S)= 是」，則終點的連接會變成一個尖銳的狀態。

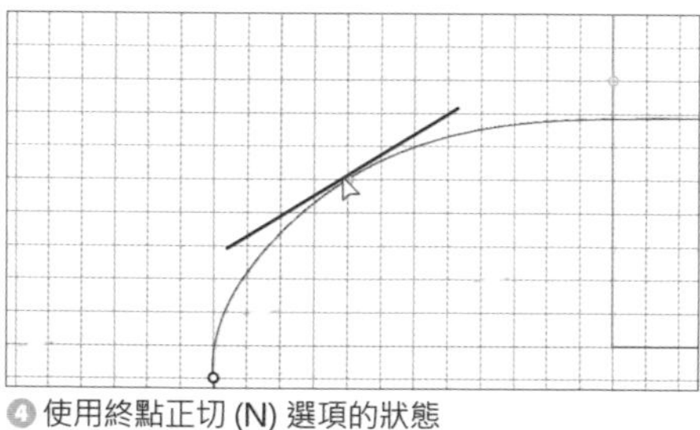
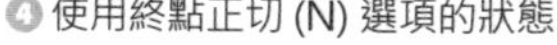
❹ 使用終點正切 (N) 選項的狀態

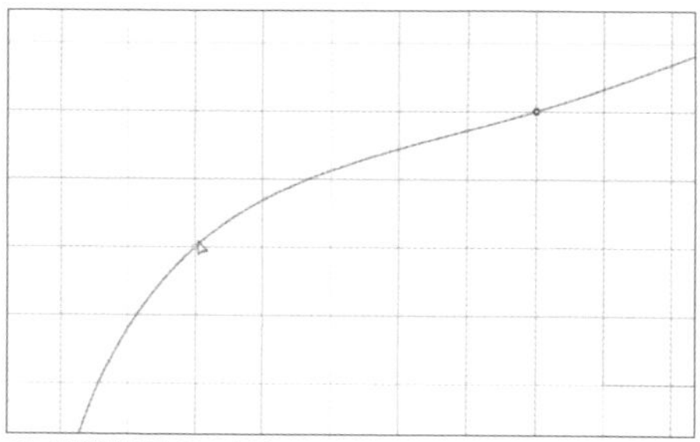
❺ 尖銳封閉 (S)= 否

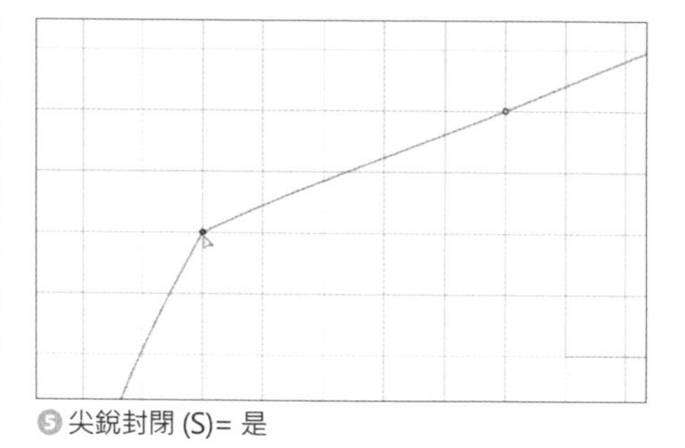
❺ 尖銳封閉 (S)= 是

3.1.2 建立曲面

建立矩形曲面最快的方法，可以使用 指定三或四個角建立曲面 (SrfPt) 指令，或是使用 矩形平面 (Plane) 指令。Plane 指令在開始指定平面的第一角時會出現許多選項，每個選項都是不同建立矩形平面的方式，使用者可依情況自行選擇不同選項。

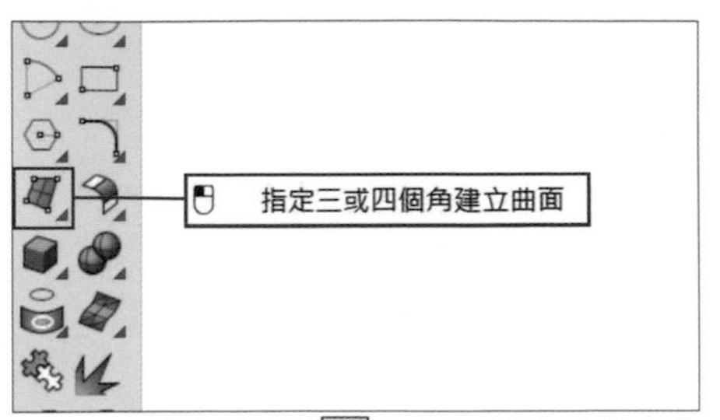

01. 使用滑鼠左鍵按下 指定三或四個角建立曲面 (SrfPt) 指令

02. 指定三或四個角建立曲面

指令 : Plane

平面的第一角 (❶三點 (P) ❷垂直 (V) ❸中心點 (C) ❹環繞曲線 (A) 可塑形的 (D))

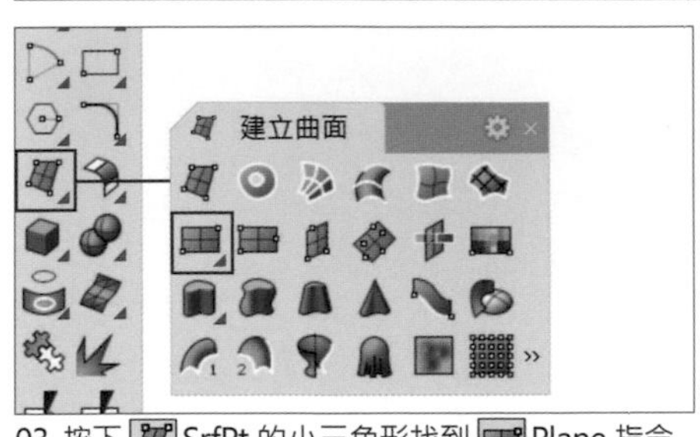

03. 按下 SrfPt 的小三角形找到 Plane 指令

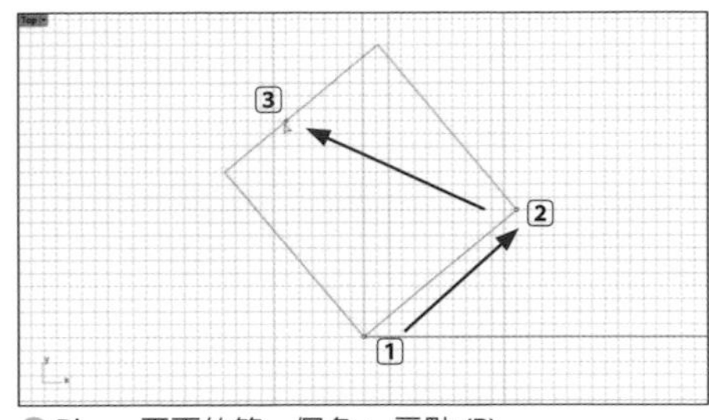

❶ Plane 平面的第一個角 > 三點 (P)

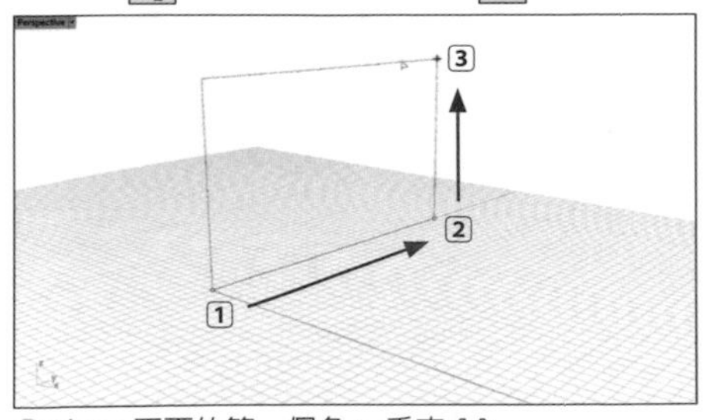

❷ Plane 平面的第一個角 > 垂直 (V)

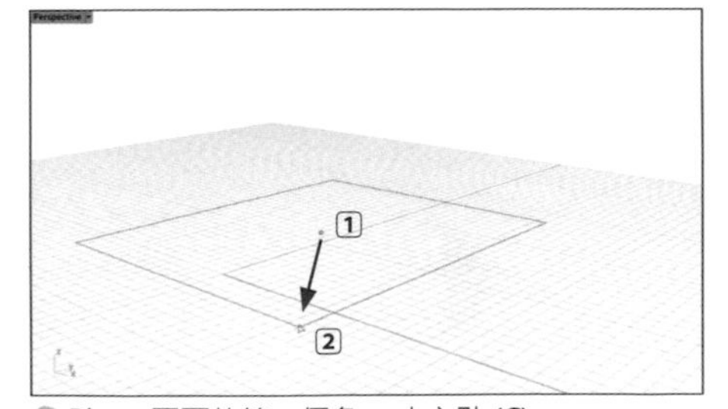

❸ Plane 平面的第一個角 > 中心點 (C)

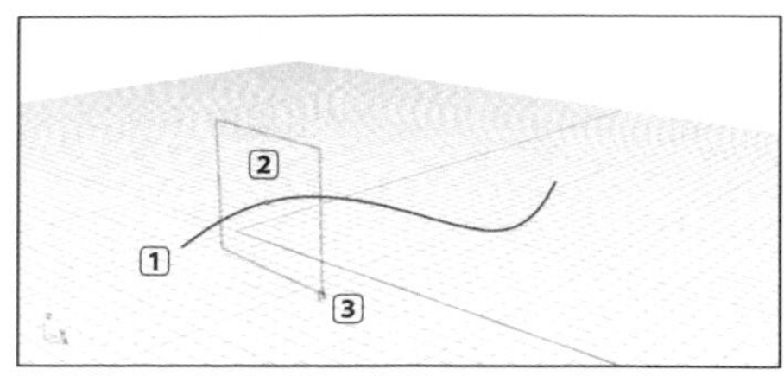

❹ 先建立一個曲線後，使用 Plane> 環繞曲線 (A)

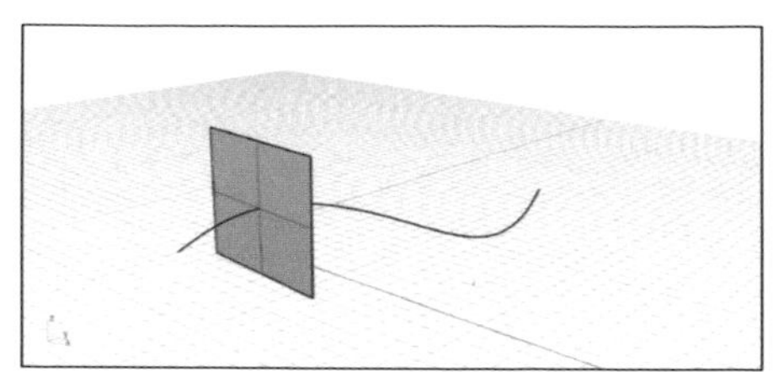
．曲面會在剛才曲線上建立一個曲面

平面的第一角 (三點 (P) 垂直 (V) 中心點 (C) 環繞曲線 (A) 可塑形的 (D)): 可塑形的
平面的第一角 (三點 (P) 垂直 (V) 中心點 (C) 環繞曲線 (A) U 階數 (U)=3 V 階數 (D)=3 U 點數 (O)=10 V 點數 (I)=10)

選項「可塑形的 (D)」，它能設定平面 UV 方向的階數與點數 (UV 指的是面上交錯的網狀格線) 。點選曲面後按下 F10 (開啓物件的控制點) ，物件便會出現許多控制點，與剛才設定 UV 方向的點數相同，此時便可以拖曳各個控制點將曲面變形。

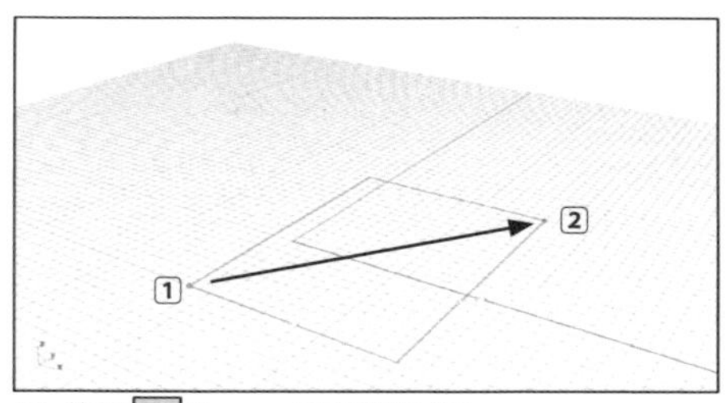

01. 使用 Plane> 可塑形的 (D)

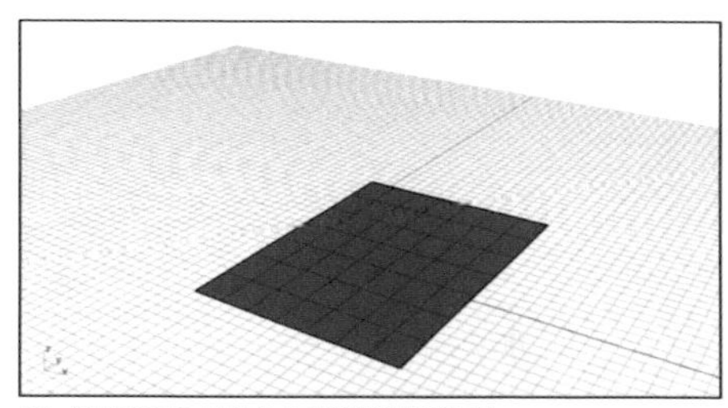
02. 設定平面 UV 方向的階數與點數

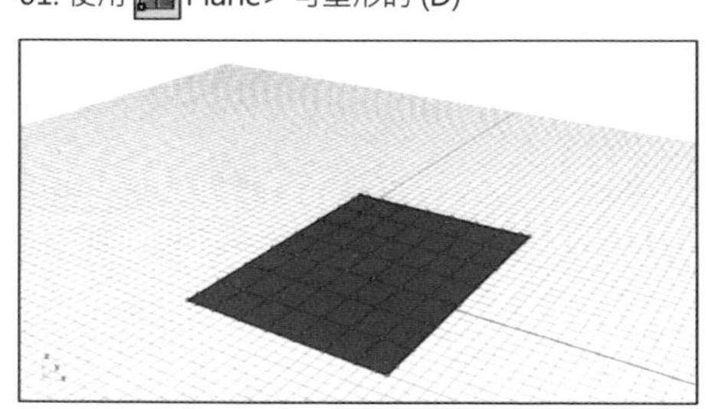
03. 建立曲面後，開啟控制點 (按下 F10)

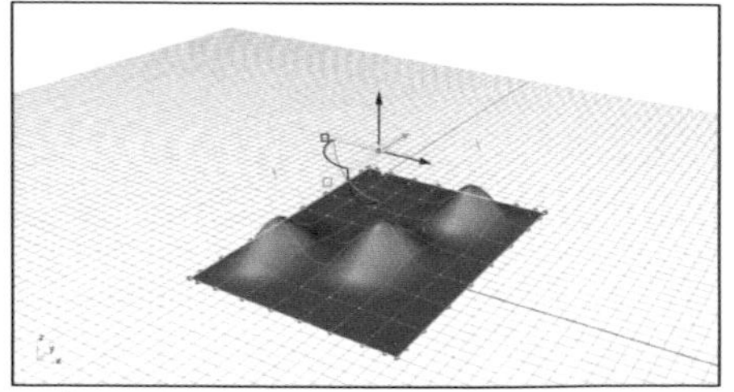
04. 拖曳控制點將曲面變形

3.1.3 建立實體

從邊欄工具中找尋 立方體 (Box): 角對角、高度指令 (實體工具列 > 立方體) ，而 Box 指令可以建立一個立方體。

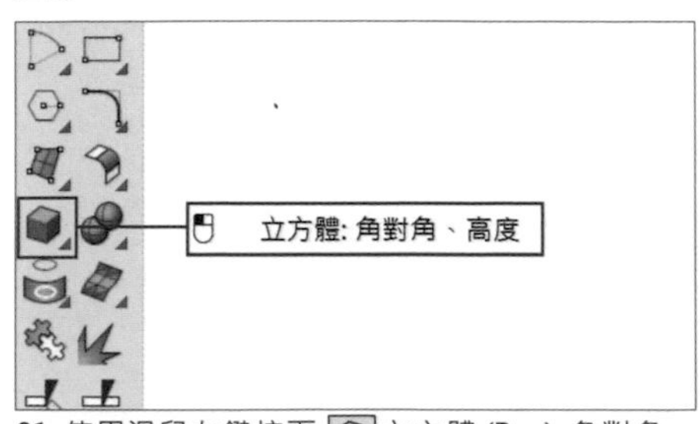

01. 使用滑鼠左鍵按下 立方體 (Box): 角對角、高度指令

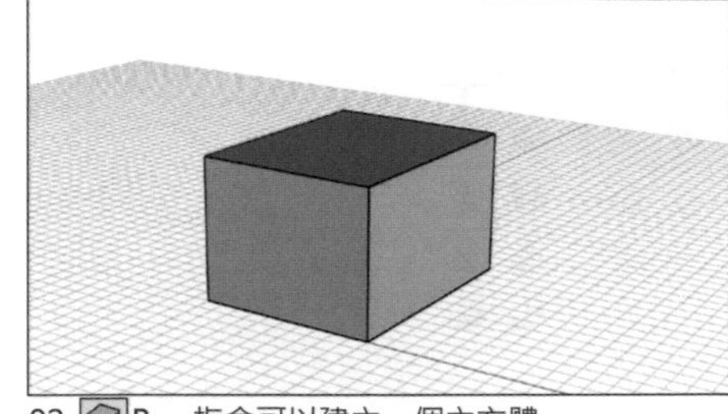

02. Box 指令可以建立一個立方體

在指令行可以指定底面的第一個角是用對角線、三點、垂直或是中心點的方式製作底面，底面製作完畢後，再去指定立方體的高度或是直接輸入高度，立方體便可以成形。

底面的第一角 (❶對角線 (D) ❷三點 (P) ❸垂直 (V) ❹中心點 (C))

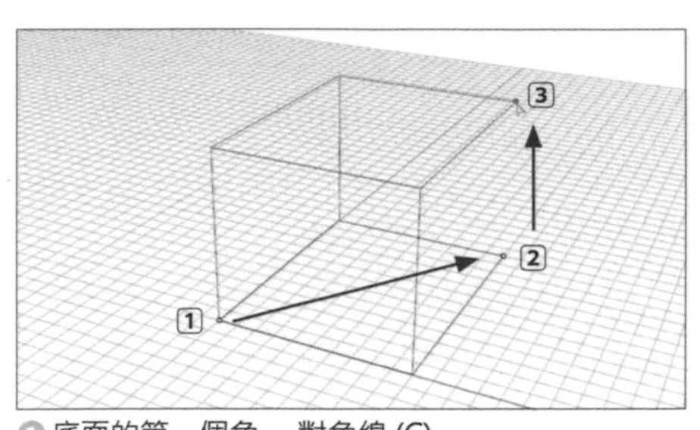

❶ 底面的第一個角 = 對角線 (C)

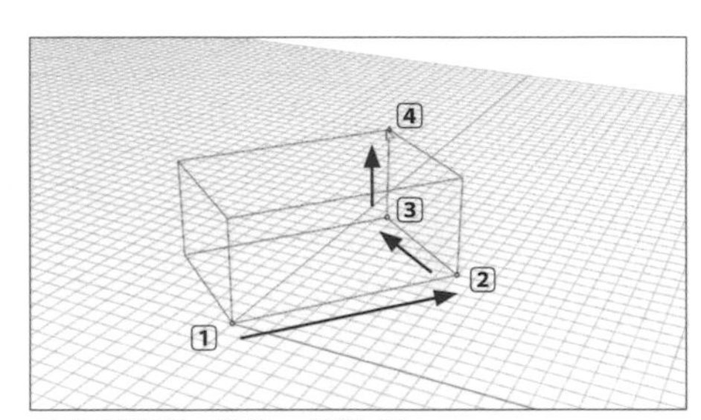

❷ 底面的第一個角 = 三點 (P)

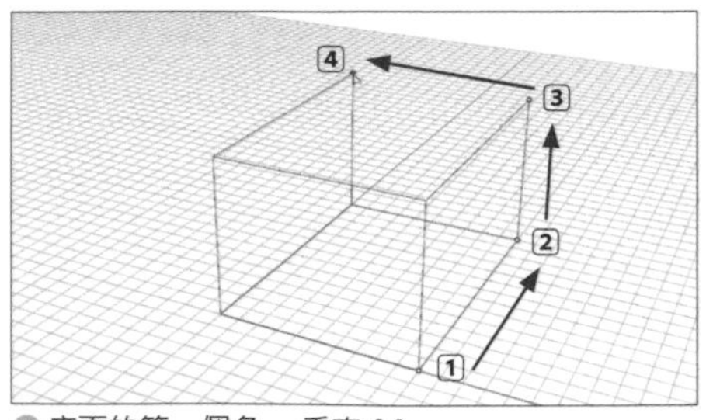

❸ 底面的第一個角 = 垂直 (V)

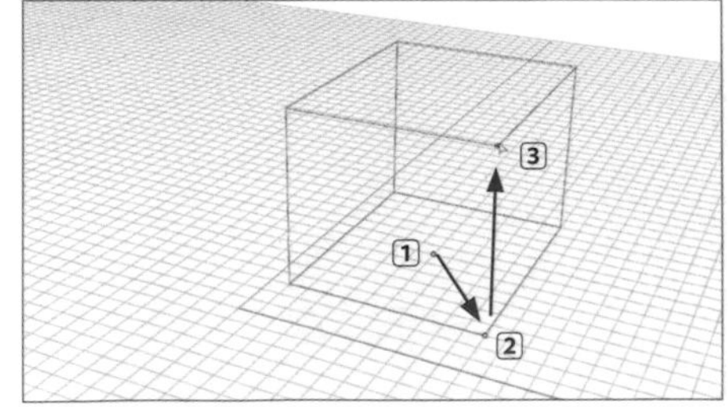

❹ 底面的第一個角 = 中心點 (C)

按下 立方體右下角的小三角形 (彈出建立實體) ，再用滑鼠左鍵按下 圓柱體 (Cylinder) 指令，(實體工具列 > 圓柱體) Cylinder 指令便可建立一個圓柱體。

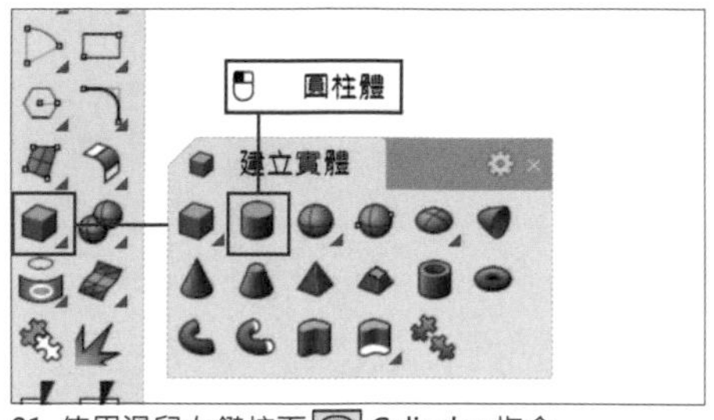

01. 使用滑鼠左鍵按下 Cylinder 指令

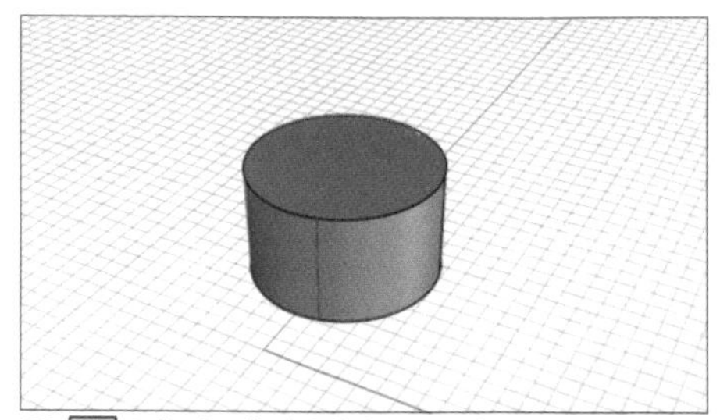

02. Cylinder 指令可以建立一個圓柱體， 此為「實體 = 是」的狀態

在指令行可以設定圓柱體底面建立的方式，最簡單的方式是直接指定一個點後輸入半徑或直徑，最後輸入高度或是指定高度的位置，圓柱體即可成形。

圓柱體底面 (方向限制 (D)= 垂直 ❶ 實體 (S)= 是 ❷ 兩點 (P) ❸ 三點 (O) 正切 (T) 逼近數個點 (F))

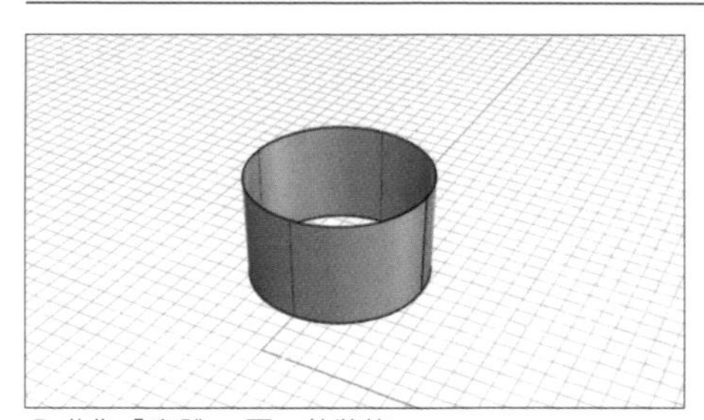

❶ 此為「實體 = 否」的狀態

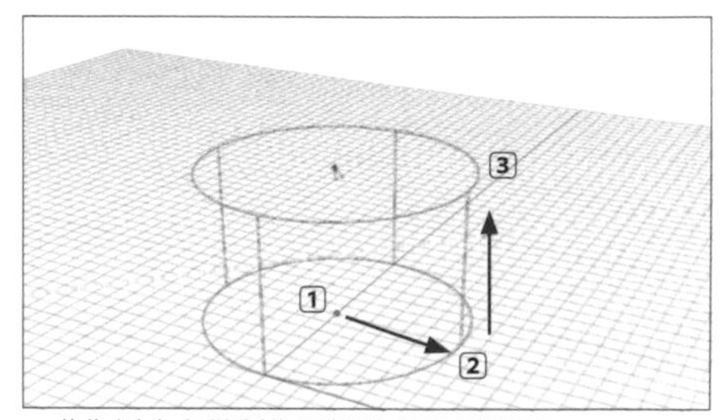

．此為以中心點製作圓柱體底面 (預設)

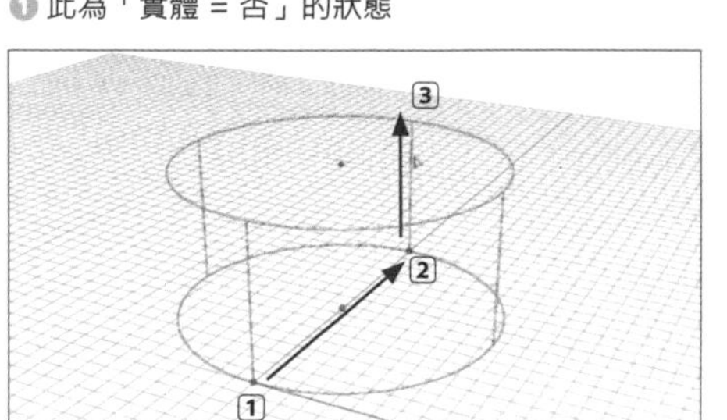

❷ 圓柱體底面 = 兩點 (P)

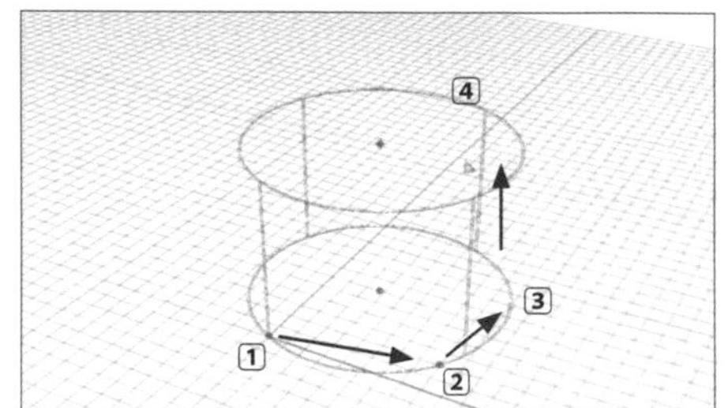

❸ 圓柱體底面 = 三點 (O)

圓柱體底面 (方向限制 (D)= 垂直 實體 (S)= 是 兩點 (P) 三點 (O) ❹ 正切 (T) ❺ 逼近數個點 (F))

在指令行選擇「正切 (T)」，則圓柱體的底面會使用正切畫圓的方式建立，先繪製出三條曲線，就可以指定用正切的方式畫出圓柱體的底部。在指令行選擇「逼近數個點 (F)」，則圓柱體的底面會建立逼近選取的點物件或曲面控制點的圓。選取至少三個點物件或控制點，按下 Enter 之後，會自動產生逼近數個點的圓形，再指定高度即可完成。

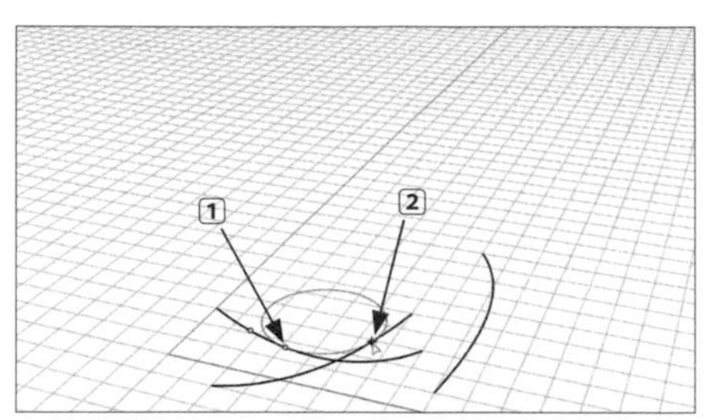

❹ 點選「正切 (T)」，建立第一與第二條正切曲線

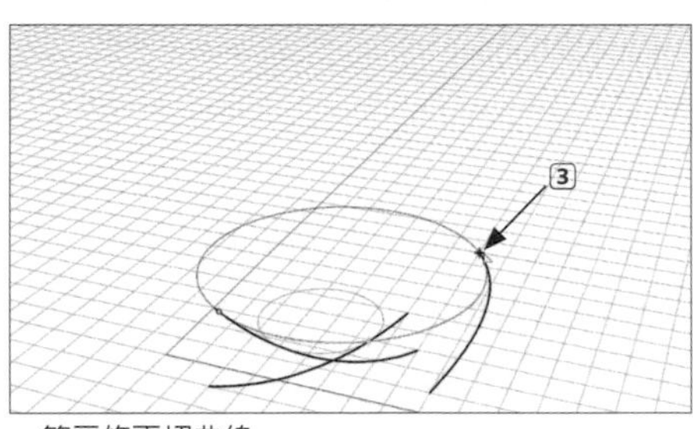

・第三條正切曲線

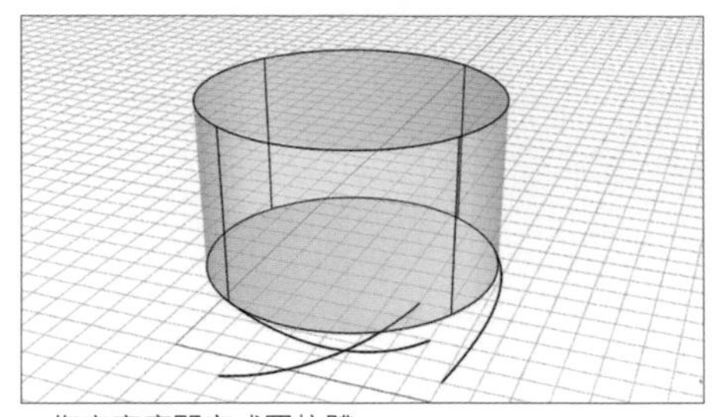

・指定高度即完成圓柱體

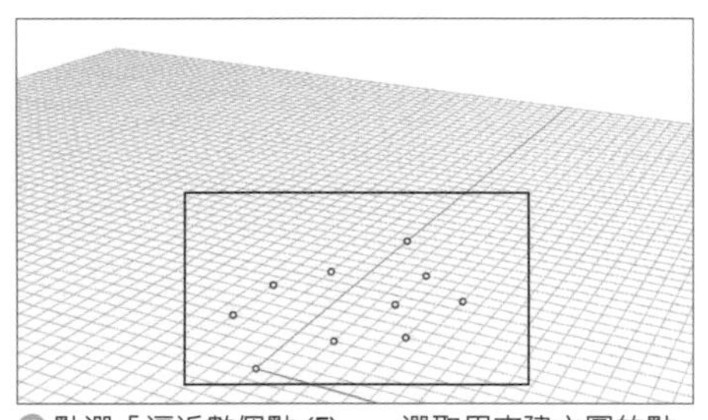

❺ 點選「逼近數個點 (F)」，選取用來建立圓的點

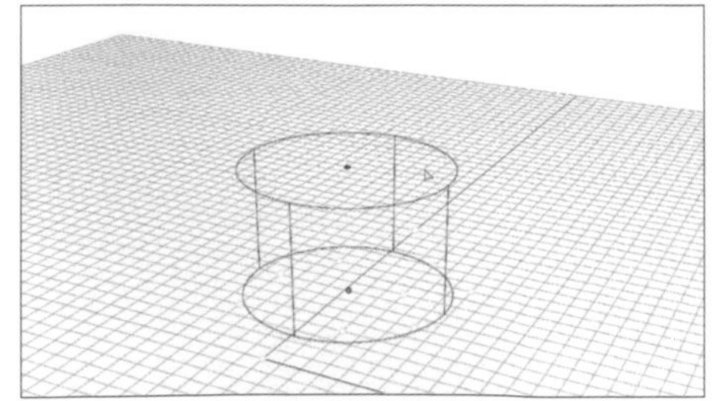

・按下 Enter 後就會自動產生逼近的圓形

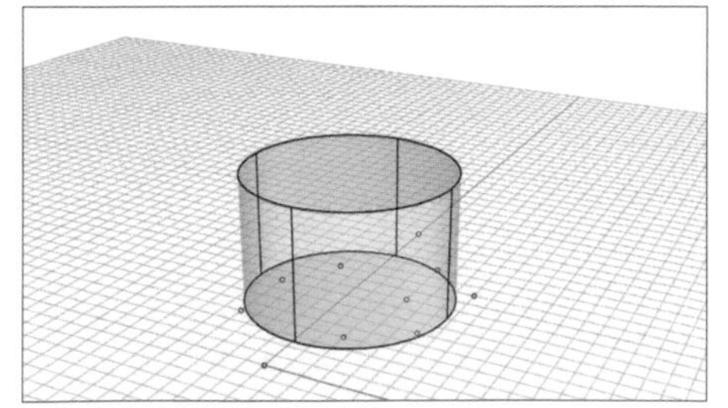

・指定高度即可完成圓柱體

前面畫圓柱體底面的方法都是建立在「方向限制 (D)= 垂直」的時候，假如將指令更改為「方向限制 = 環繞曲線 (A)」的話，那圓柱體的底面就不會以 XY 平面去生成，會直接出現與曲線垂直的圓形。

圓柱體底面 (方向限制 (D)= 垂直 實體 (S)= 是 兩點 (P) 三點 (O) 正切 (T) 逼近數個點 (F))
方向限制 < 垂直 > (無 (N) 垂直 (V) 環繞曲線 (A)):
圓柱體底面 (方向限制 (D)= 環繞曲線 實體 (S)= 是 兩點 (P) 三點 (O) 正切 (T) 逼近數個點 (F))
直徑 <10.00> (半徑 (R) 周長 (C) 面積 (A) 投影物件鎖點 (P)= 是)
圓柱體端點 <6.00> (兩側 (B)= 否)

先繪製出一條曲線，再輸入 Cylinder 指令並按下 Enter，選取「方向限制 = 環繞曲線 (A)」的選項。然後選取曲線，並且在曲線上指定圓的中心點，接著便可輸入直徑或半徑，也可以使用周長或面積去指定圓柱體底面大小。最後設定圓柱體的端點，或直接輸入圓柱體的高度 (此時可以選擇是否往兩側生成) 就能生成圓柱體。

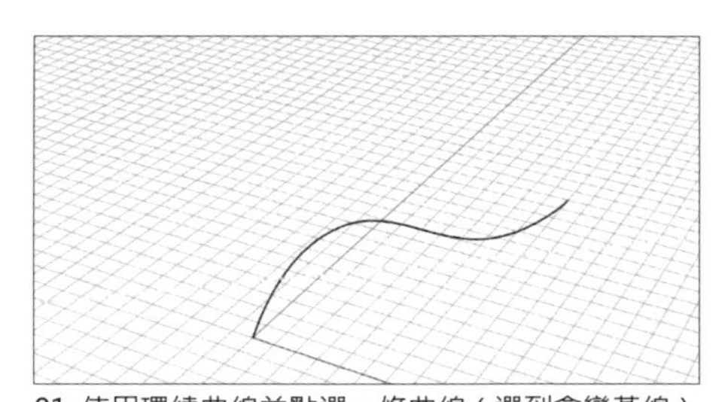

01. 使用環繞曲線並點選一條曲線 (選到會變黃線)

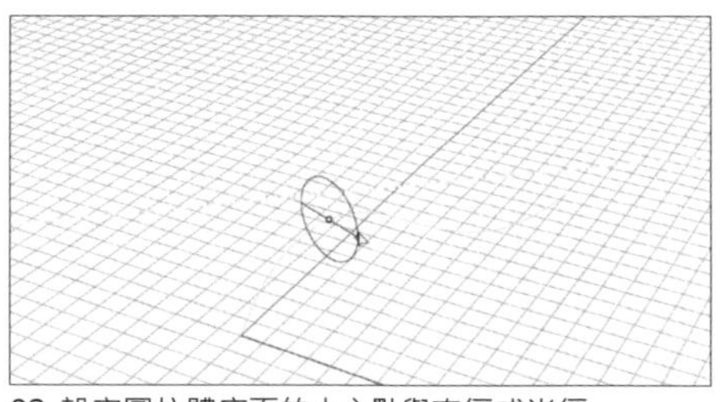

02. 設定圓柱體底面的中心點與直徑或半徑

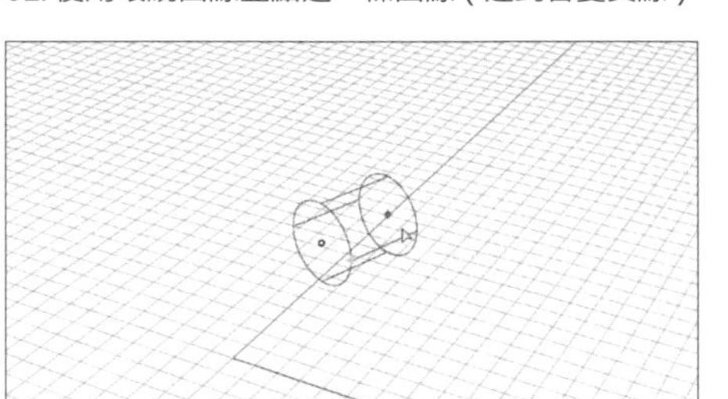

03. 設定圓柱體端點，或直接輸入長度

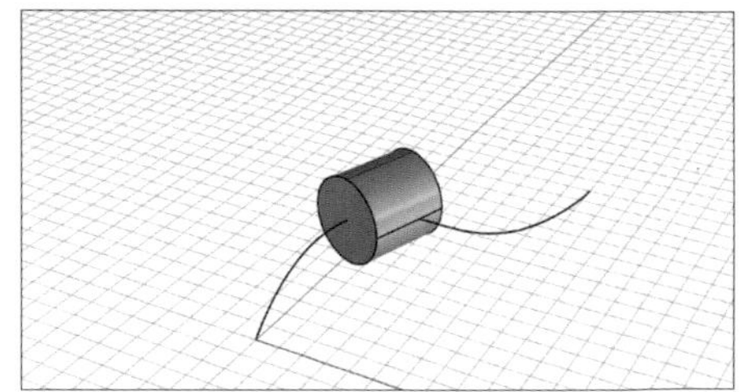

04. 輸入完畢後圓柱體成形。

按下 立方體右下角的小三角形(彈出建立實體)，用滑鼠左鍵按下 球體 (Sphere): 中心點、半徑指令，(實體工具列 > 球體) Sphere 指令可以建立一個球體。

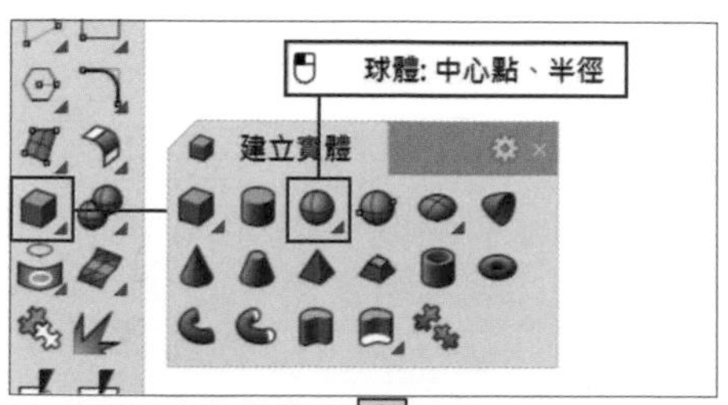

01. 使用滑鼠左鍵按下 球體：中心點、半徑 (Sphere) 指令

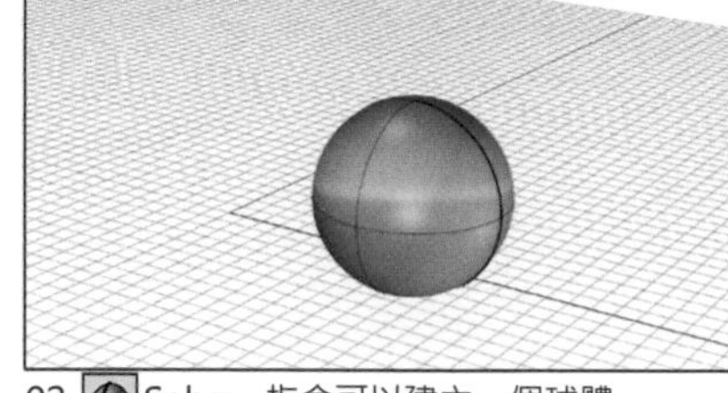

02. Sphere 指令可以建立一個球體

輸入 Sphere 指令後，指令行會問球體的中心點，不點選任何選項，直接在畫面中指定一點為中心點後，指令行會出現許多選項，會有不同生成圓形的方式。最基本的是設定半徑或是直徑，也可以使用周長或是面積去設定圓形。

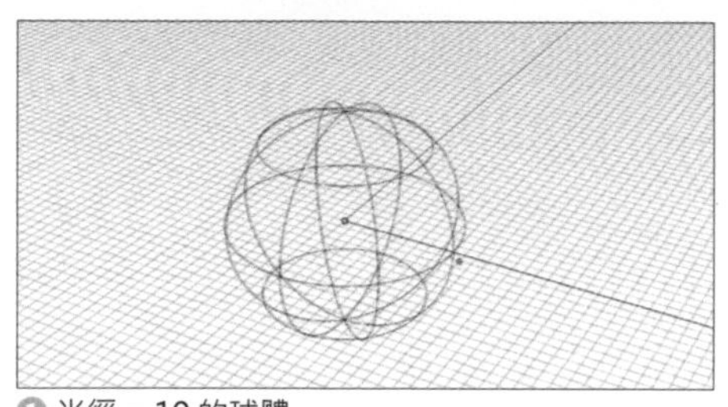

❶ 半徑 = 10 的球體

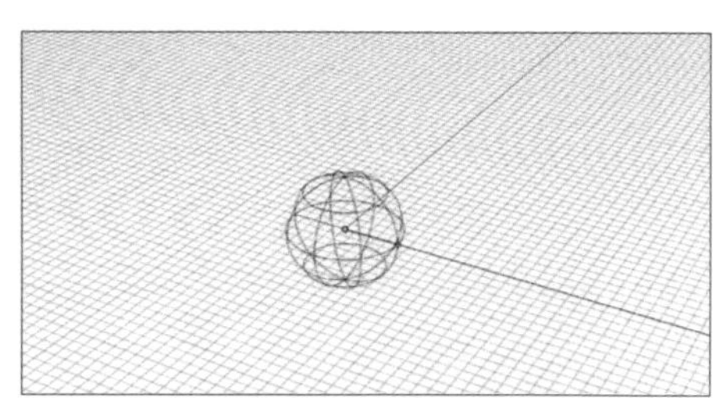

❷ 直徑 = 10 的球體

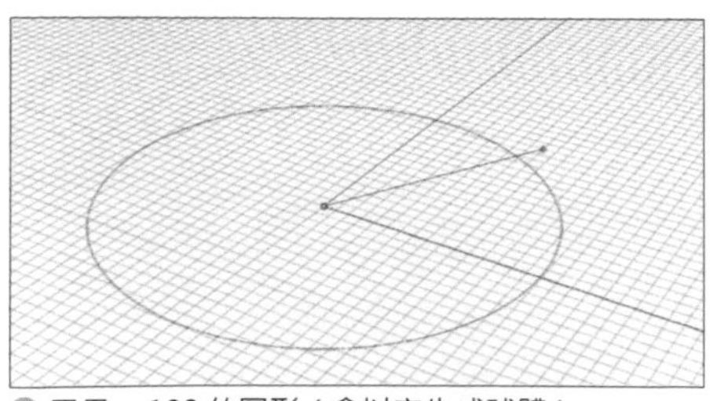

❸ 周長 = 100 的圓形(會以它生成球體)

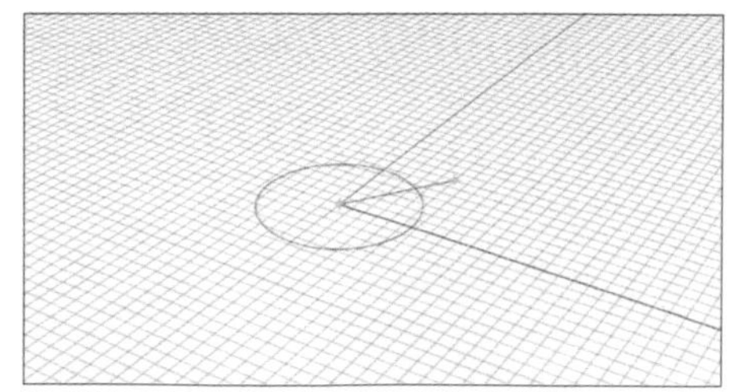

❹ 面積 = 100 的圓形(會以它生成球體)

指定半徑時也可選擇定位 (O)，可以指定圓形平面的法線方向。也可以指定是否開啓投影物件鎖點 (P)，如果為是，指定半徑時的點會在 Z 為 0 的平面上移動。

半徑 <10.00> (直徑 (D) ❺定位 (O) 周長 (C) 面積 (A) ❻投影物件鎖點 (P)= 否)

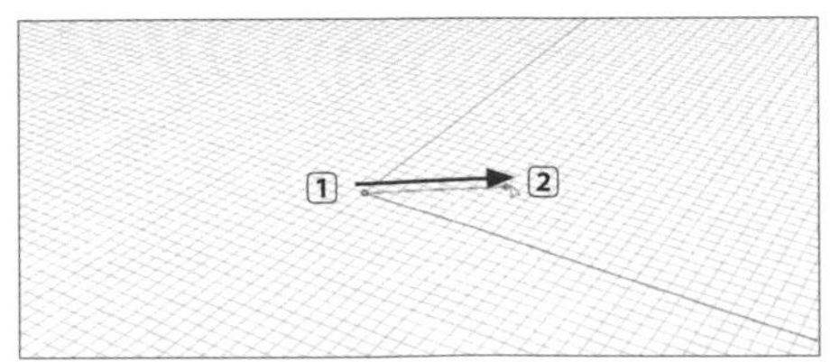

❺ 選擇定位 (O)，指定圓形平面的法線方向

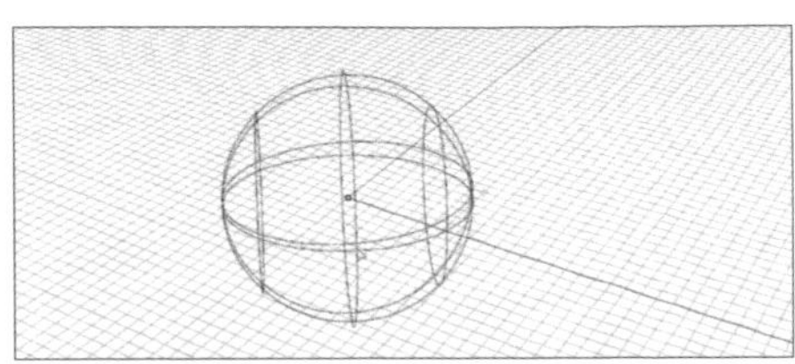

．球體軸線改變

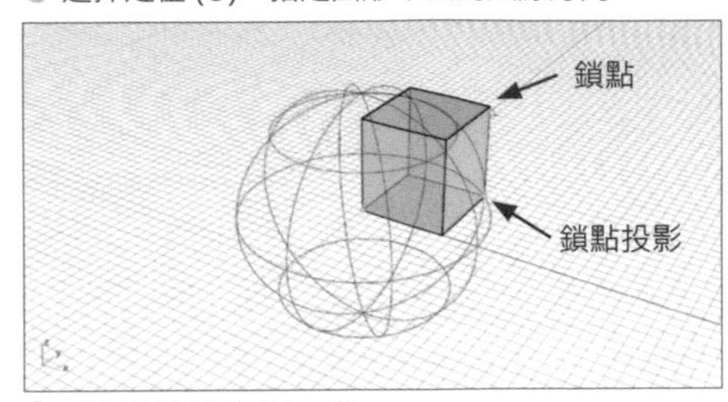

❻ 投影物件鎖點 (P)= 是

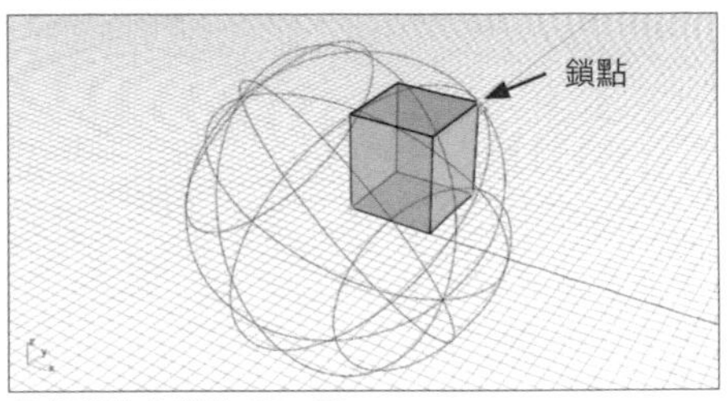

❻ 投影物件鎖點 (P)= 否

球體中心點生成球體的方法大部分類似於前面圓柱體底面生成方法，比較不同的方式為「四點 (I)」，指定三個點或兩個點與半徑畫出位於球體上的圓，在沒有使用半徑選項的時候，會再要求指定第四個點來決定建立球體的大小。

球體中心點 (兩點 (P) 三點 (O) 正切 (T) 環繞曲線 (A) ❼四點 (I) 逼近數個點 (F))

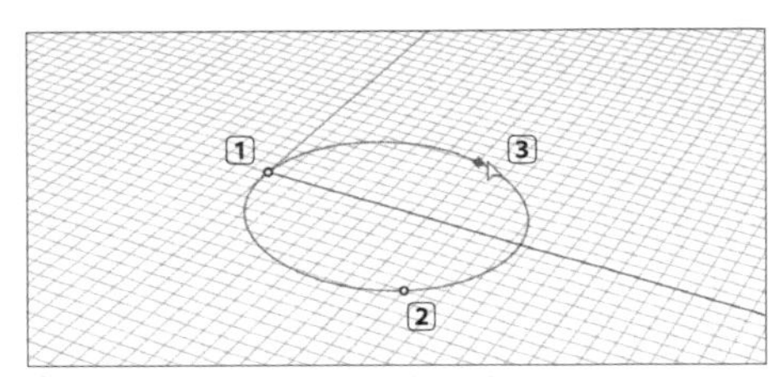

❼ 先使用二到三個點繪製出圓形

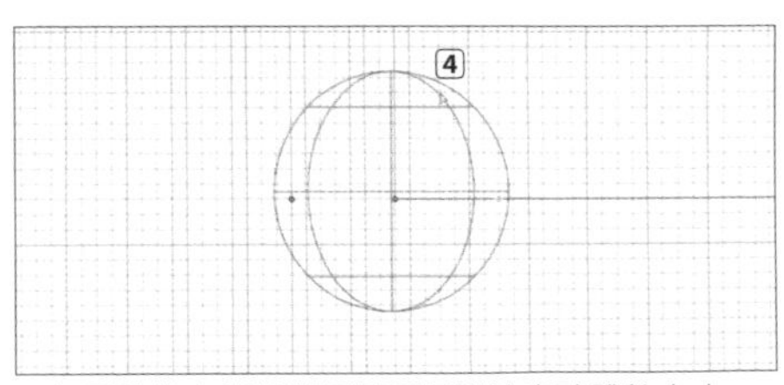

．如果沒指定半徑就用第四個點決定球體的大小

按下 立方體右下角的小三角形（彈出建立實體），用滑鼠左鍵按下 橢圓體 (Ellipsoid)：從中心點指令，（實體工具列 > 橢圓體）Ellipsoid 指令可以建立一個橢圓體。

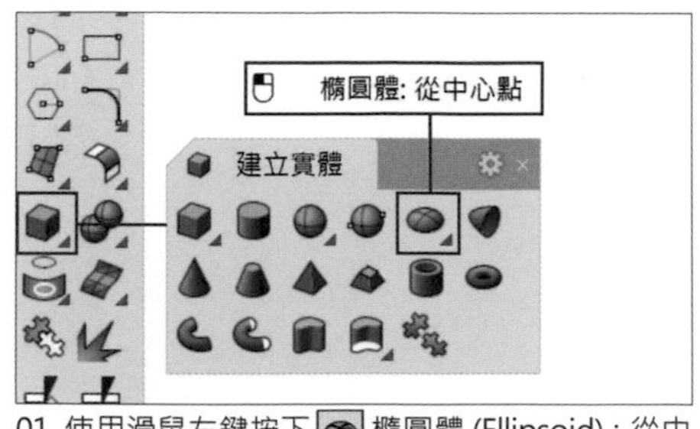

01. 使用滑鼠左鍵按下 橢圓體 (Ellipsoid)：從中心點指令

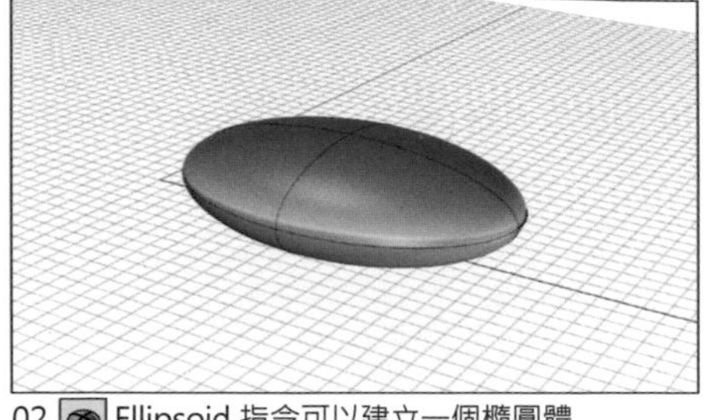

02. Ellipsoid 指令可以建立一個橢圓體

輸入 Ellipsoid 指令後，指令行會問橢圓形體的中心點，不點選任何選項，直接在畫面中指定一點為中心點，然後再指定第一軸終點、第二軸終點，可以繪製出一個橢圓形。指定第三軸終點可以繪製出橢圓形的厚度。

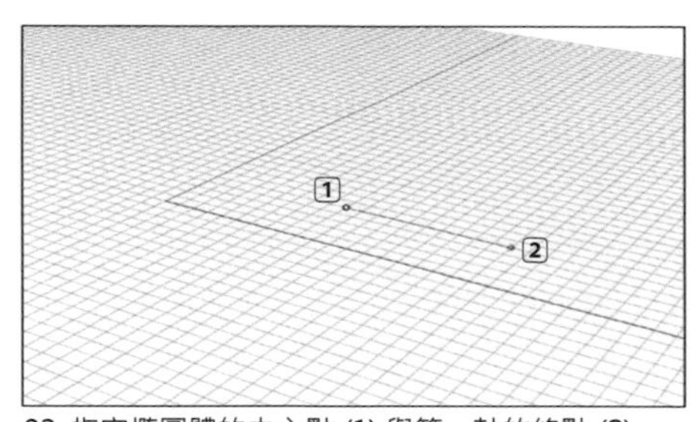

03. 指定橢圓體的中心點 (1) 與第一軸的終點 (2)

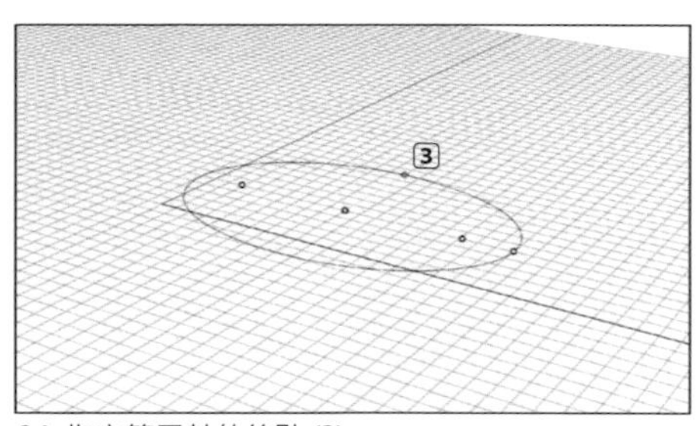

04. 指定第二軸的終點 (3)

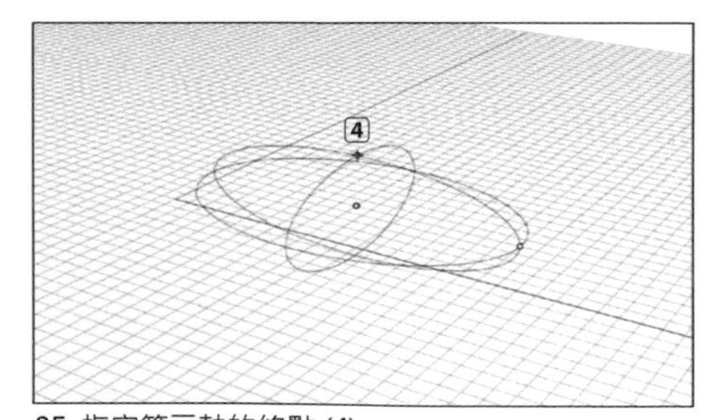

05. 指定第三軸的終點 (4)

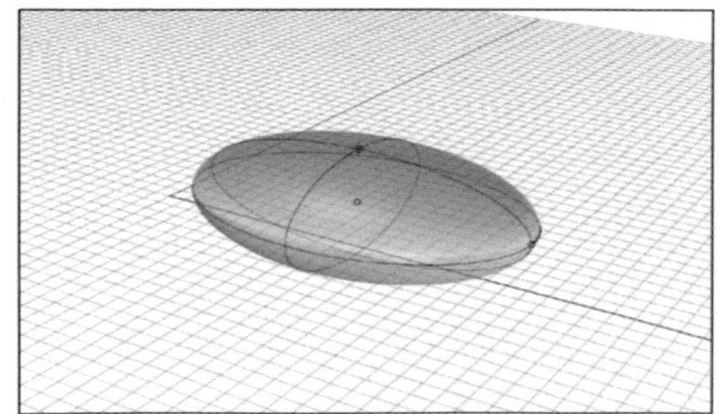

06. 點選完第三軸的終點後橢圓形體便會成形

在指令行出現橢圓形體中心點的選項時，可以選擇使用「角 (C)、直徑 (D)、從焦點 (F)、環繞曲線 (A)」的方式繪製，以下有前三種的示範（環繞曲線請參考章節 3.1.3 圓柱體部分）。

橢圓體中心點 (❶角 (C) ❷直徑 (D) ❸從焦點 (F) 環繞曲線 (A))

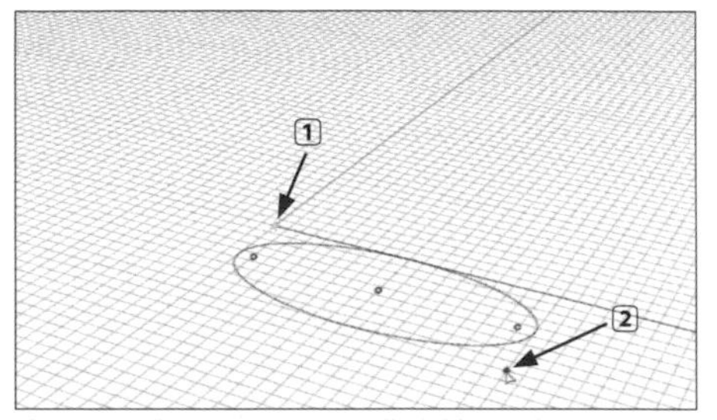

❶ 橢圓體中心點 > 角 (C)，指定橢圓體的兩個角點

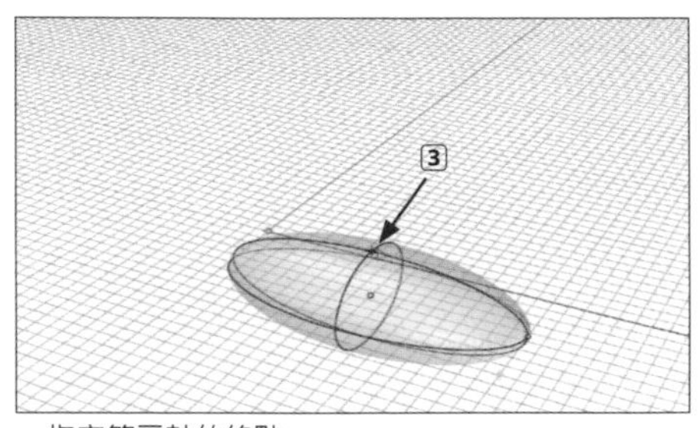

．指定第三軸的終點

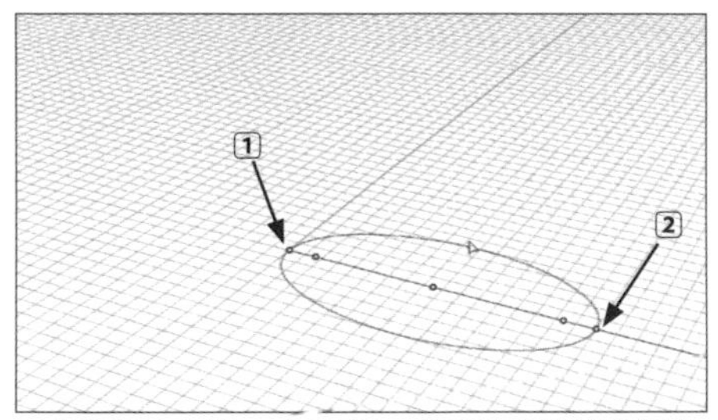

❷ 橢圓體中心點 > 直徑 (D)，指定直徑起點與終點

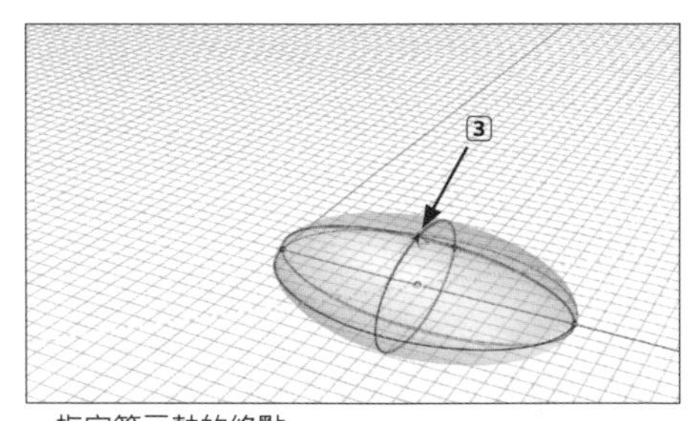

．指定第三軸的終點

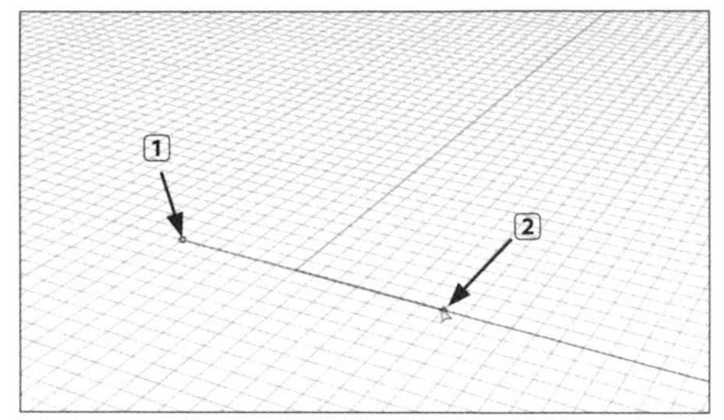

❸ 橢圓體中心點 > 從焦點 (F) ，指定兩個焦點

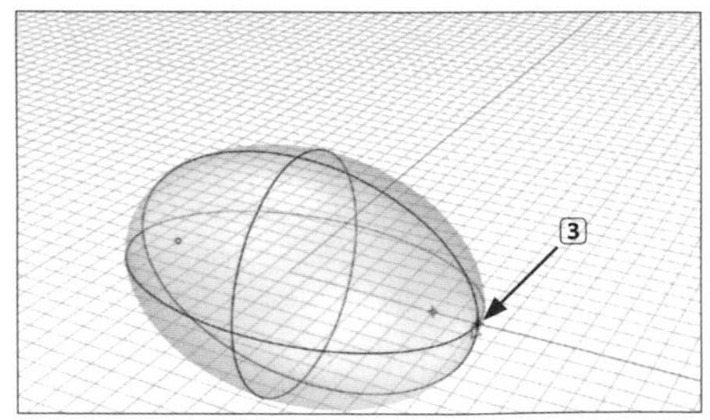

．指定橢圓體上的點

3.2 變動物件

3.2.1 複製物件

使用 立方體 (Box) 建立出基本的立方體形體。使用 複製 (Copy)，在立方體上按滑鼠左鍵將它選取後並按下 Enter。

01. 使用滑鼠左鍵按下 複製 (Copy) 指令

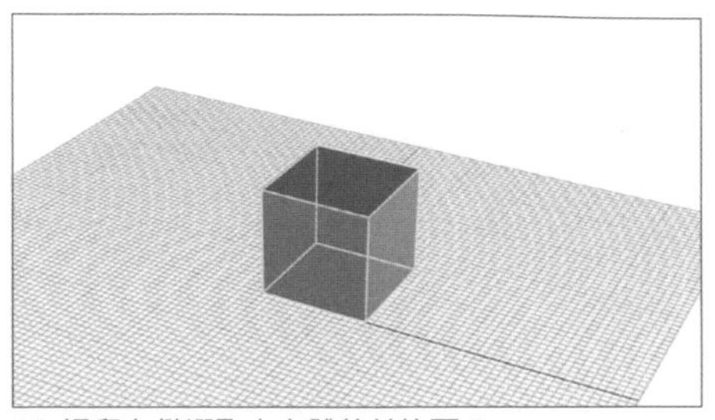
02. 滑鼠左鍵選取立方體後並按下 Enter

在 Top 作業視窗使用滑鼠左鍵指定複製的起點，通常會選擇物件的端點，會比較方便操作。在欲放置第一個複本的位置按下滑鼠左鍵，同時也可縮放視圖。在其它位置按滑鼠左鍵，可複製出多個立方體，在建立所需複本數量後按下 Enter 完成。

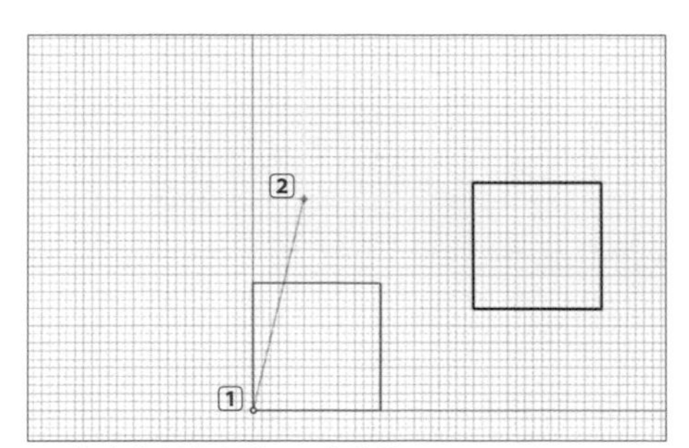

03. 指定複製的起點 (1) 與終點 (2) (Top View)

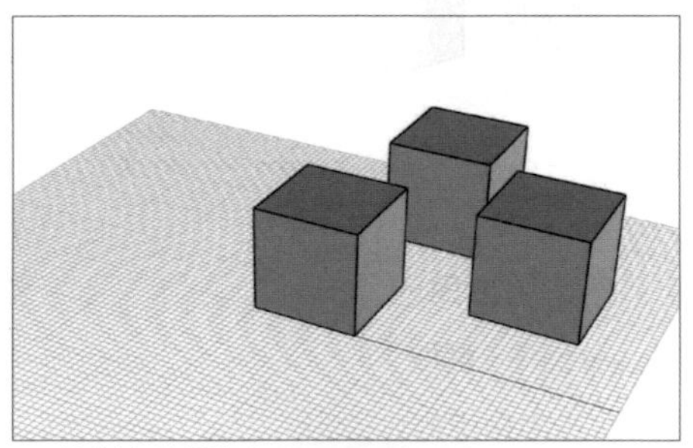
04. 複製出數個複本 (Perspective View)

假若在選取要複製的物件後，點選指令行選項的「垂直 = 是」，則選取的物件會往目前工作平面垂直 Z 軸的方向複製物件。而如果選取「原地複製」則會在與選取物件同樣的位置複製物件。

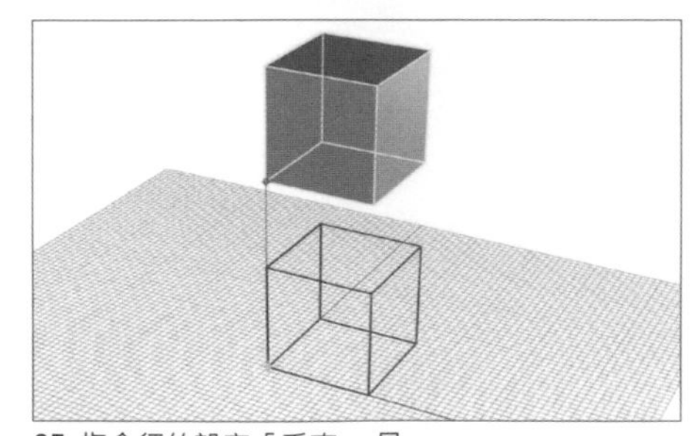
05. 指令行的設定「垂直 = 是」

3.2.2 移動物件

若狀態列上的（操作軸）以粗體字顯示，請先用滑鼠左鍵雙擊將操作軸的選項關閉 ❶，下一章將再另外討論操作軸的使用方法。

❷ 鎖定格點 | 正交 | 平面模式 | 物件鎖點 | 智慧軌跡 | ❶ 操作軸 | 記錄建構歷史 | 過濾器 | 絕對公差: 0.01

拖曳物件時，物件會在使用中的作業視窗工作平面上移動，例如：在立方體上按住滑鼠左鍵並拖曳，可以移動到任何位置，但這並非一個精準的移動方式。

假如我們將鎖定格點開啓（雙擊使之以粗體字顯示）❷ 後在作業視窗上拖曳立方體，則會有對齊格點的效果，立方體會在格線構成的平面上移動。

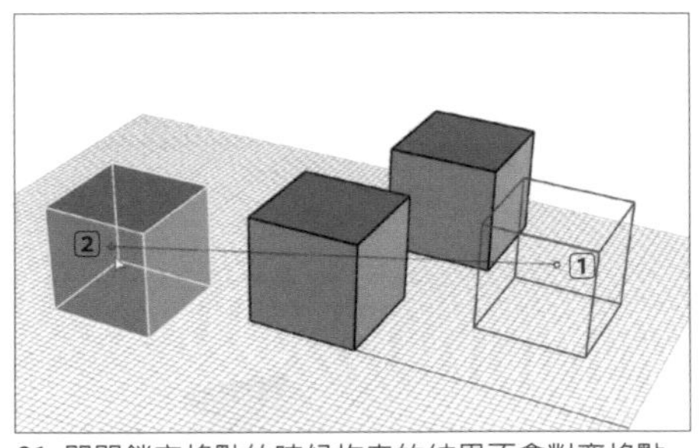

01. 關閉鎖定格點的時候拖曳的結果不會對齊格點

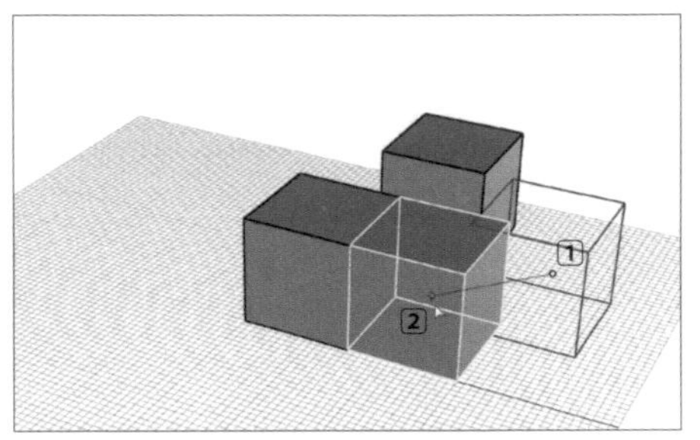

02. 開啟鎖定格點時拖曳的結果會對齊格點

除了直接用拖曳的方法移動物件之外，比較精確移動物件的方式就是使用 移動 (Move) 指令，選取要移動的立方體，輸入 Move 後按下 Enter，再選取移動的起點與終點，物件便會由指定的位置移動到另一個指定的位置。

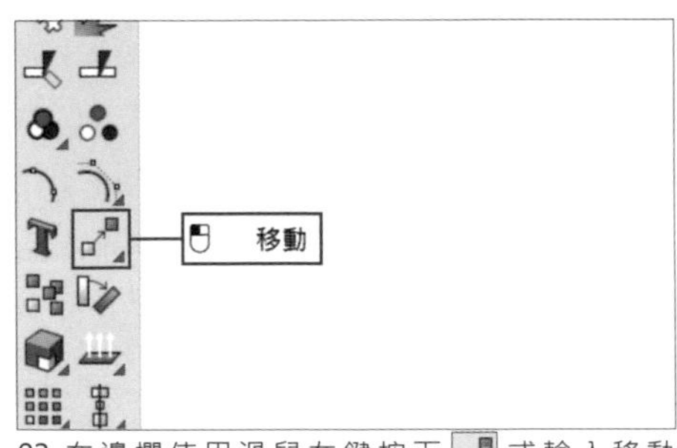

03. 在邊欄使用滑鼠左鍵按下 或輸入移動 (Move) 指令

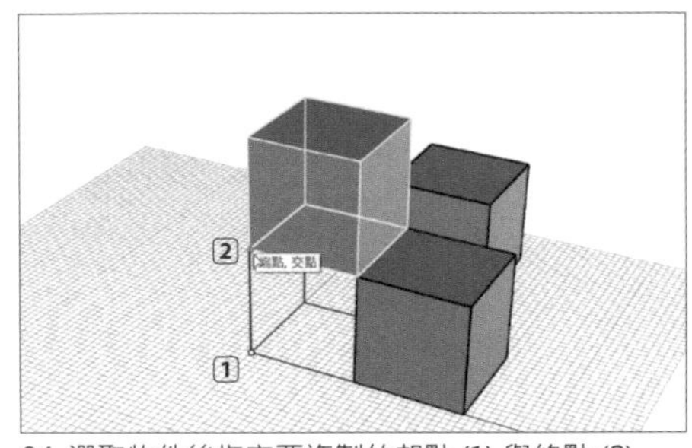

04. 選取物件後指定要複製的起點 (1) 與終點 (2)

3.3 以操作軸編輯

3.3.1 操作軸

操作軸在物件上顯示時，可以對物件做移動、縮放、旋轉等控制。在狀態列的操作軸面板上按滑鼠左鍵，使其以粗體字顯示。

鎖定格點 正交 **平面模式** **物件鎖點** 智慧軌跡 **操作軸** 記錄建構歷史 過濾器 絕對公差: 0.01

按狀態列的操作軸按鈕

操作軸的基本用法：

- 拖曳操作軸的箭頭可以移動物件
- 拖曳操作軸的小矩形可以縮放物件
- 拖曳操作軸的圓弧可以旋轉物件
- 拖曳中按住 Alt 可以複製物件
- 點擊操作軸的控制選項 (圓弧、箭頭、小矩形) 可以輸入數。
- 縮放時按住 Shift 可以做三軸縮放

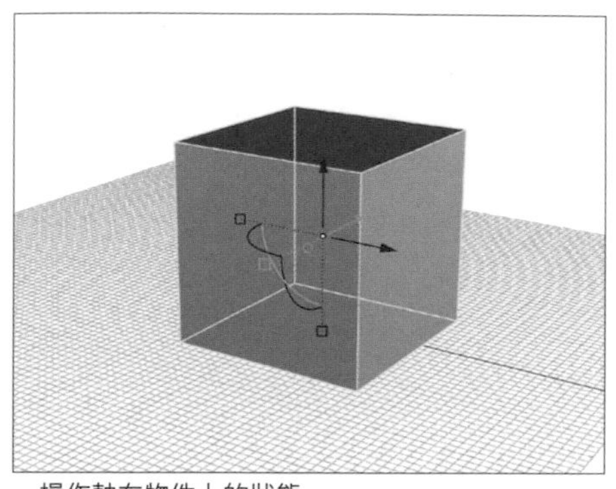

· 操作軸在物件上的狀態

1 自由移動的原點
2 移動 X 軸
3 移動 Y 軸
4 移動 Z 軸
5 旋轉 X 軸
6 旋轉 Y 軸
7 旋轉 Z 軸
8 縮放 X 軸
9 縮放 Y 軸
10 縮放 Z 軸

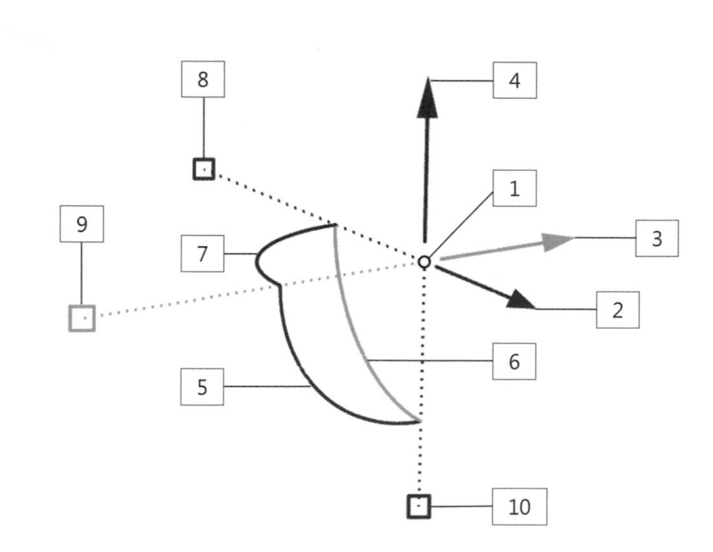

3.3.2 移動 XYZ

拖曳操作軸的箭頭可以移動物件，三個箭頭分別為 X (紅色)、Y (綠色)、Z (藍色) 軸。物件上的操作軸可以方便隨意拖曳三個方向的箭頭到所想要移動的位置，下圖為拖曳綠色箭頭將立方體在 Y 軸方向任意移動的狀態。

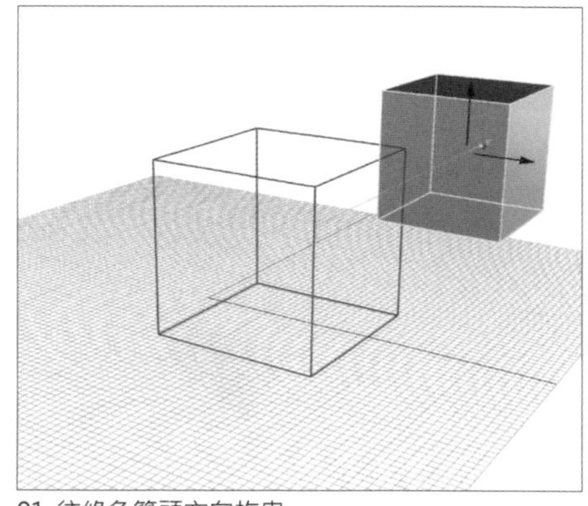

01. 往綠色箭頭方向拖曳

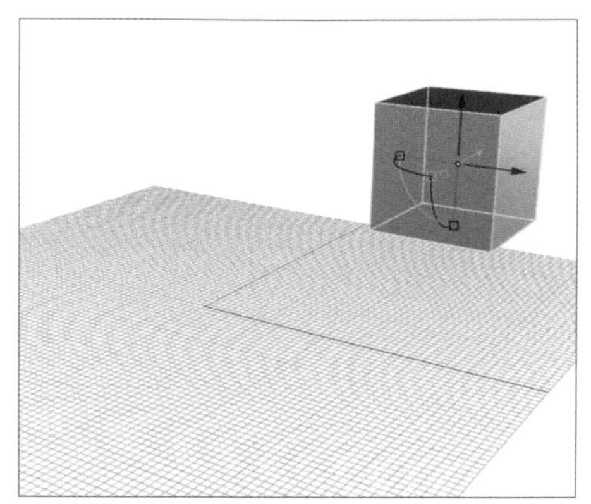

02. 放開滑鼠左鍵後停止移動

如果想要精準的移動某段距離，可以點擊箭頭，此時在箭頭的右方會出現一個小方塊，輸入想要移動的距離後按下 Enter， 物件便會往箭頭的方向移動所輸入單位的距離。

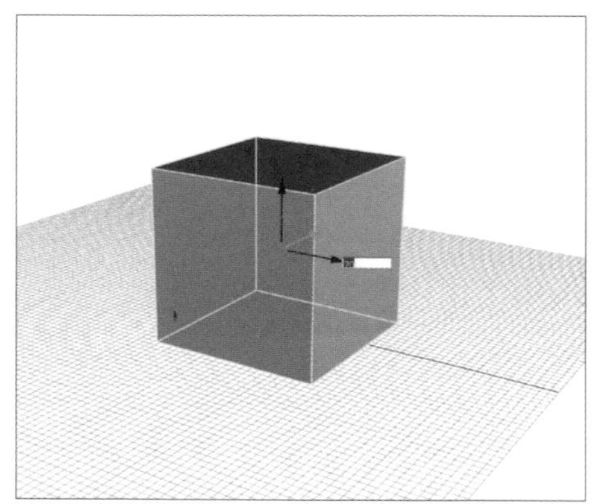

03. 點擊 X 軸箭頭 (紅色)，輸入 20 按下 Enter

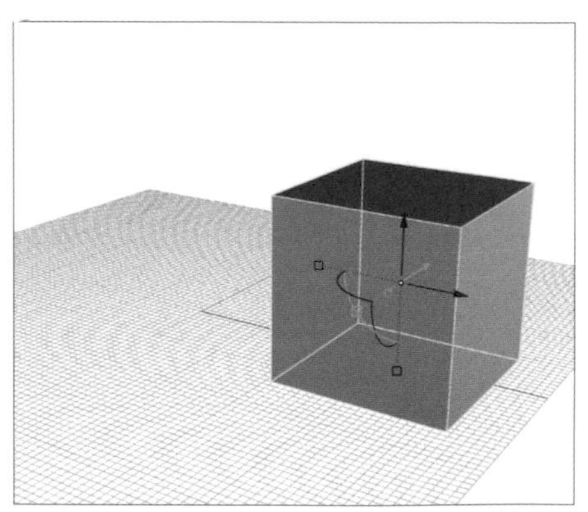

04. 立方體往 X 軸方向移動了 20 個單位的距離

3.3.3 旋轉 XYZ

拖曳操作軸的圓弧可以旋轉物件 ，三個圓弧分別為 X (紅色)、Y (綠色)、Z (藍色)。
物件上的操作軸可以隨意旋轉三個方向的圓弧使物件轉動至不同角度，下圖為旋轉綠色圓弧將立方體在 Y 軸方向任意旋轉的狀態。

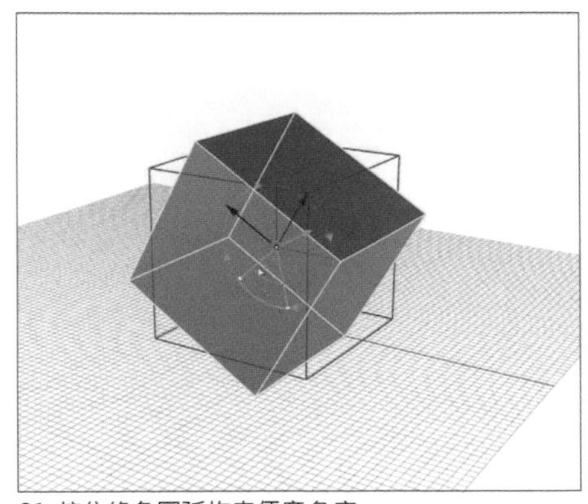

01. 按住綠色圓弧拖曳任意角度

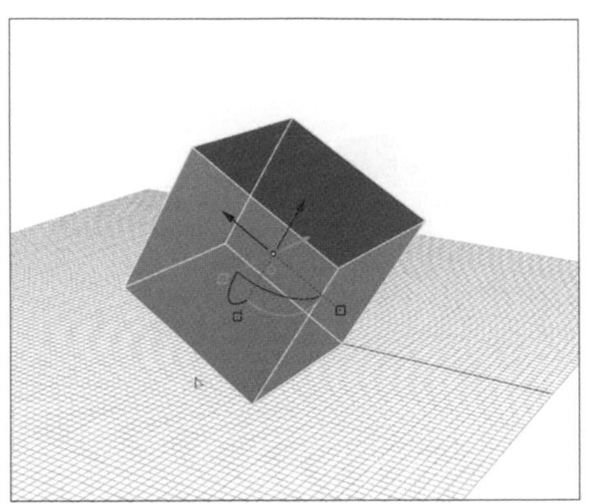

02. 放開滑鼠左鍵後停止旋轉

如果想要精準的旋轉某個距離，點擊藍色圓弧，在彈出的小方塊欄位中輸入精確的旋轉角度數值，此時物件便會往藍色圓弧箭頭的方向 (逆時針) 旋轉輸入單位的角度。

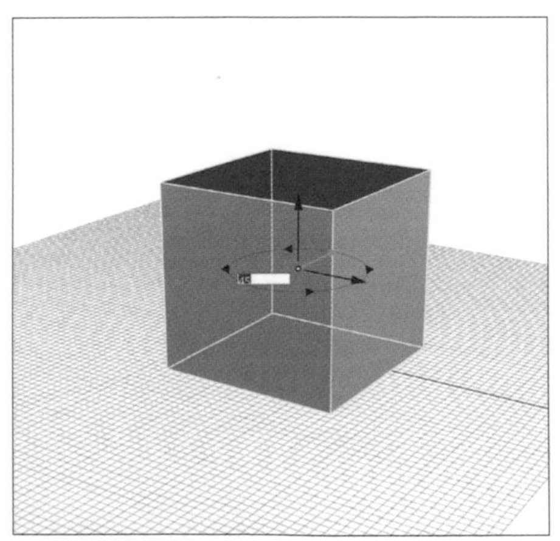

03. 點擊藍色圓弧，在小方塊中輸入 45 度。

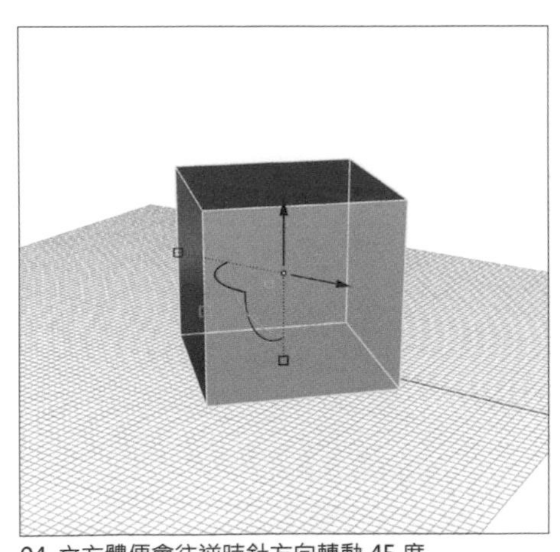

04. 立方體便會往逆時針方向轉動 45 度

3.3.4 縮放 XYZ

拖曳操作軸的小矩形可以縮放物件。三個小矩形分別為 X (紅色)、Y (綠色)、Z (藍色) 軸。拖曳小矩形能將物件縮放，放開滑鼠左鍵完成縮放。如在拖曳小矩形縮放時，同時按住 Shift，可以做三軸縮放。

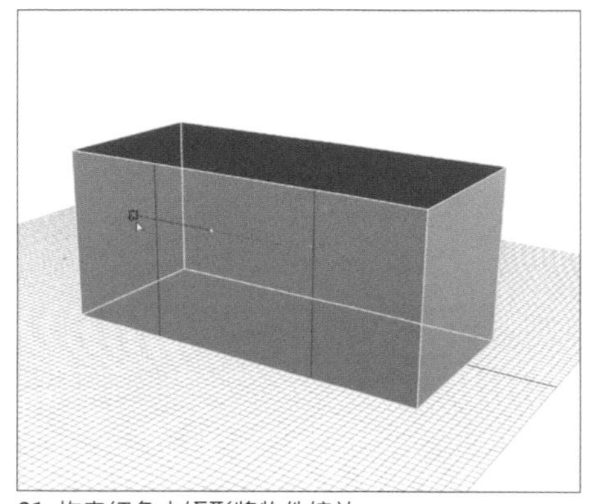

01. 拖曳紅色小矩形將物件縮放

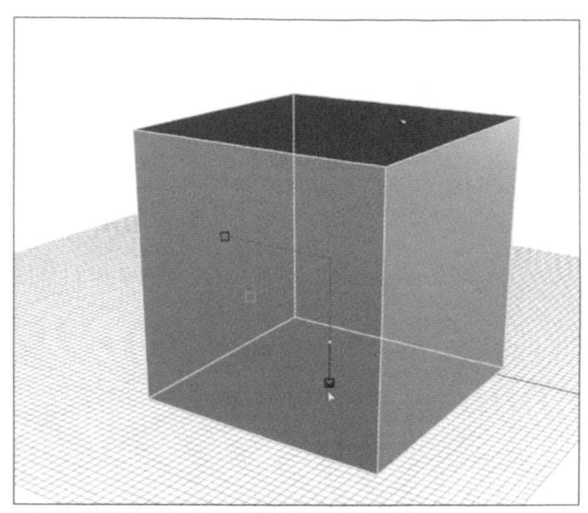

02. 縮放時按住 Shift 可以做三軸縮放

如果想要精準的縮放某個數值，點擊操作軸的小矩形可以輸入數值，輸入數值後會往小矩形兩側的方向縮放距離。

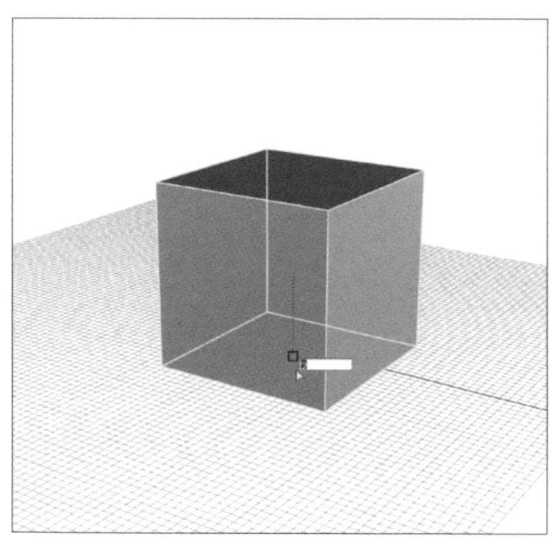

03. 點擊藍色小矩形，輸入 2 下按 Enter

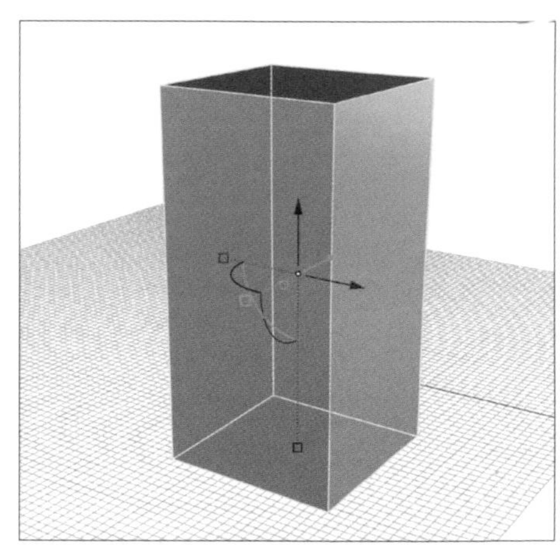

04. 立方體往藍色矩形兩側方向增加倍數 2

3.4 選取

使用者可以直接在選取工具列看到許多與選取有關的按鈕，它們能幫助使用者更快速地去選取或是過濾想要選取的物件。

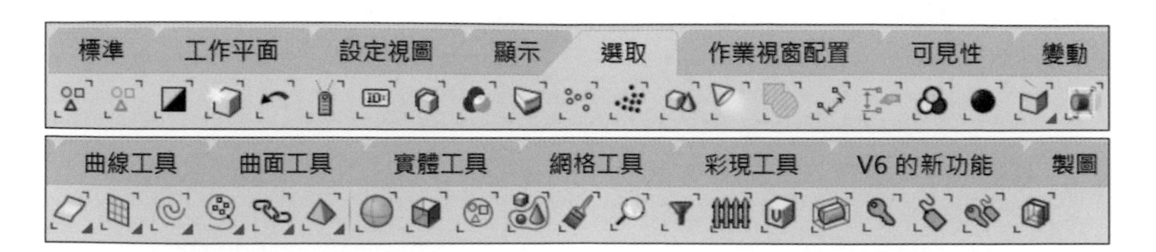

以下介紹一些比較常用的選取工具指令：

指令	說明
SelAll	選取全部物件
SelNone	將已選取的物件全部取消選取
Invert	取消選取目前選取的物件，並反向選取目前未選取的物件
SelLast	選取最後變更的物件，包括匯入的物件
SelPrev	重新選取上一次選取的物件
SelDup	選取幾何資料完全相同，可見且位於相同位置的物件
SelLayer	選取一個圖層上的所有物件
SelPt	選取所有的點
SelSrf	選取所有的曲面
SelCrv	選取所有的曲線
SelPolyline	選取所有的多重直線
SelPolysrf	選取所有的多重曲面

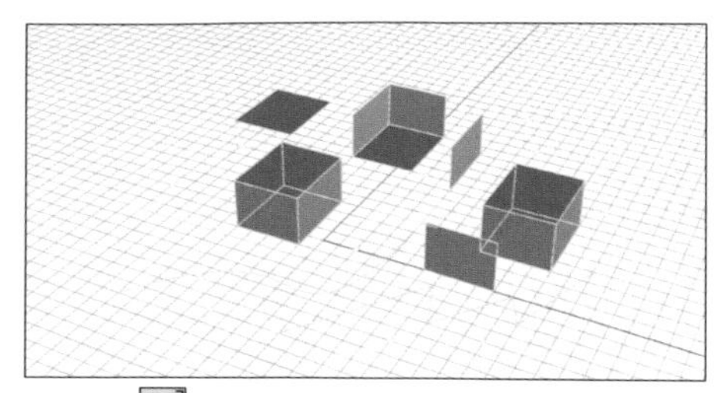

01. 點擊 (SelAll) 後，全部物件都會被選擇

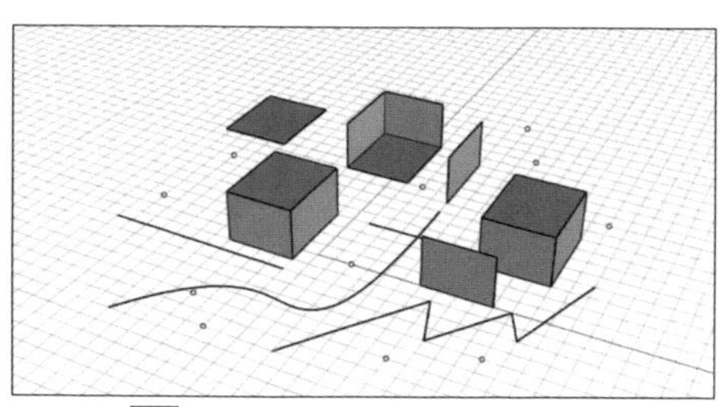

02. 點擊 (SelNone) 後，全部物件會取消選取

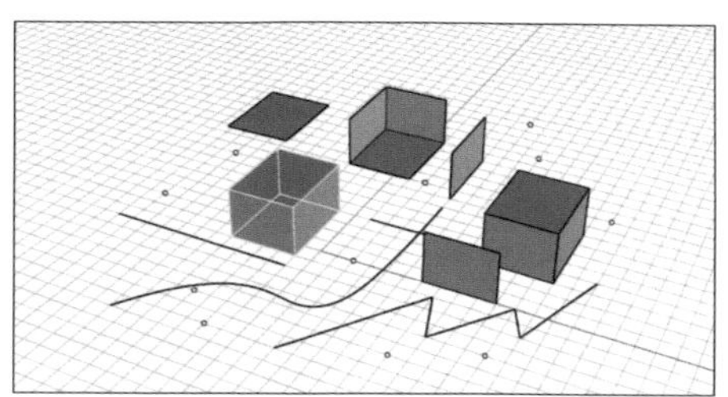

03. 先選擇一個方塊

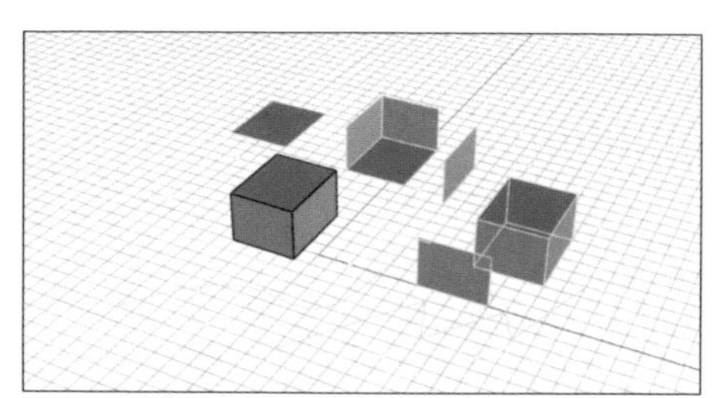

04. 點擊 (Invert) 後除了方塊其他會反轉選取

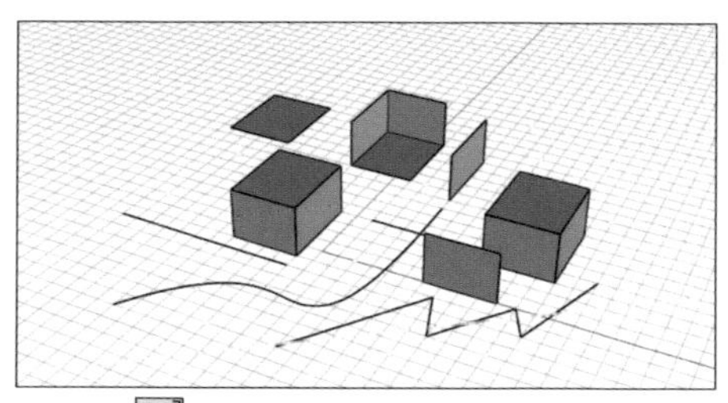

05. 點擊 (SelPt) 所有的點會被選取

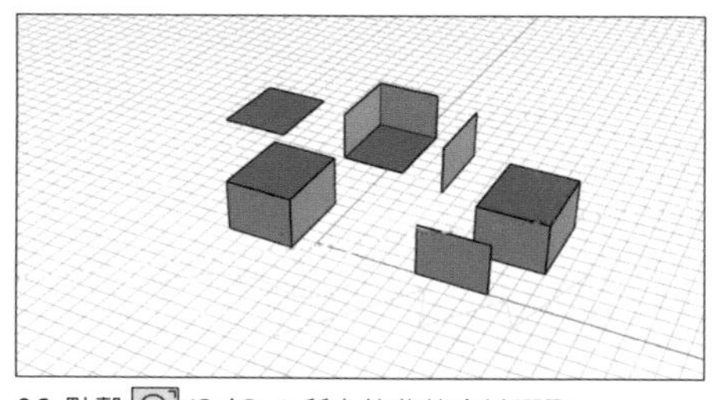

06. 點擊 (SelCrv) 所有的曲線會被選取

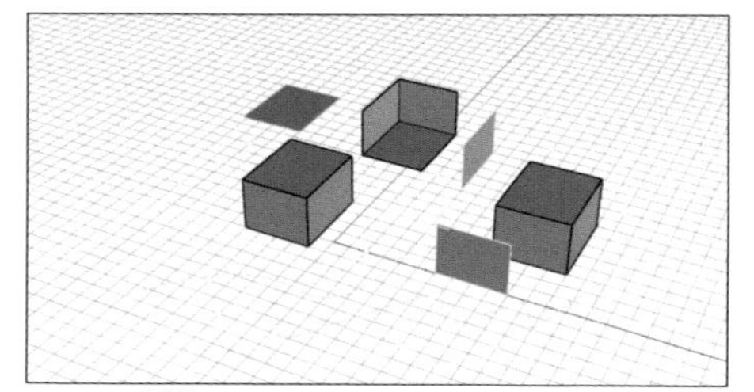

07. 點擊 (SelSrf) 所有曲面會被選取

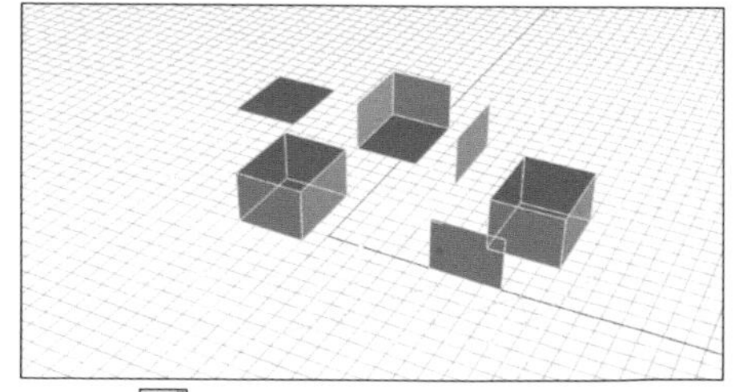

08. 點擊 (SelPolysrf) 所有多重曲面會被選取

3.5 可見性

可見性工具列可以處理有關顯示、隱藏、鎖定物件等功能，如果運用熟練的時候就能在模型間快速切換顯示與隱藏、鎖定與非鎖定的物件。

以下介紹一些比較常用的選取工具指令：

	Hide	將選取的物件在視圖裡隱藏
	Show	將所有隱藏的物件解除隱藏
	ShowSelected	將選取的隱藏物件解除隱藏
	Isolate	將目前選取物件以外的所有物件隱藏起來
	HideSwap	隱藏所有可見的物件，並重新顯示所有之前被隱藏的物件
	Lock	設定選取物件的狀態為可見、可鎖點但無法選取或編輯
	Unlock	解除所有物件的鎖定狀態
	UnlockSelected	解除已選取物件的鎖定狀態
	IsolateLock	將目前已選取物件以外的所有物件鎖定
	LockSwap	對調所有鎖定與未鎖定的物件

先使用選取工具 點選要隱藏的物件，再按下 (Hide) ，物件就會被隱藏。

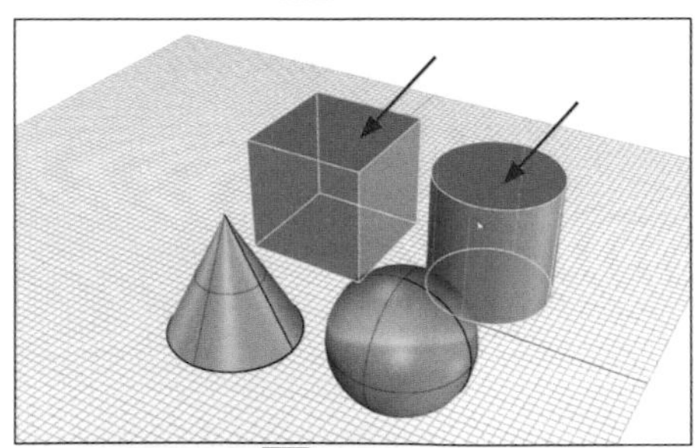

01. 使用選取工具 點選立方體與圓柱體，並輸入 Hide 再按下 Enter

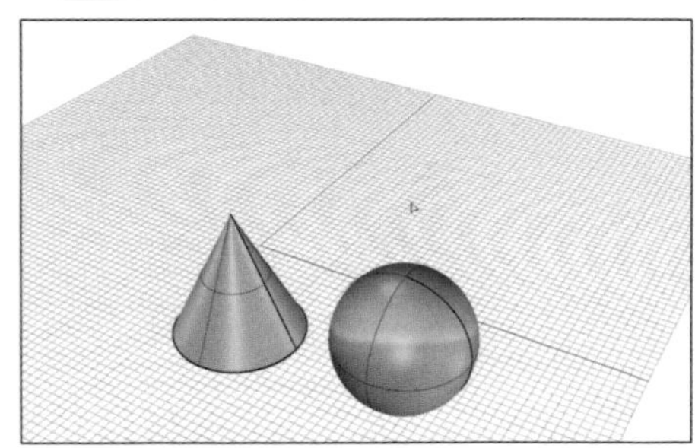

02. 立方體與圓柱體被隱藏

再按下 (ShowSelected) 剛才被隱藏的物件會全部出現，而沒有被隱藏的物件暫時會消失，此時選定好想要出現的物件後按下 Enter，則物件與被選擇的隱藏物件將同時出現。

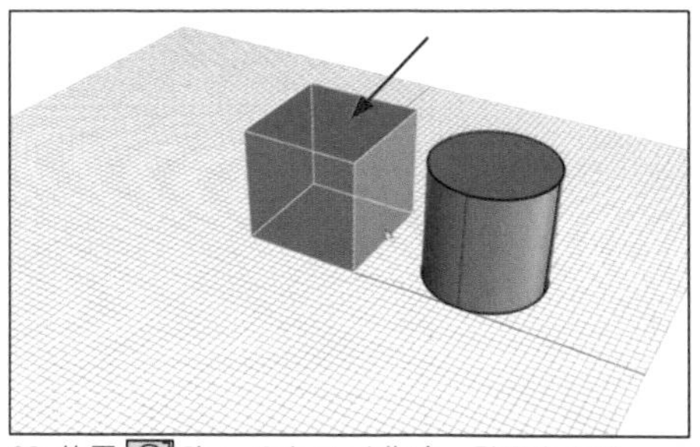

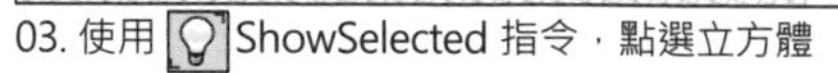

03. 使用 ShowSelected 指令，點選立方體

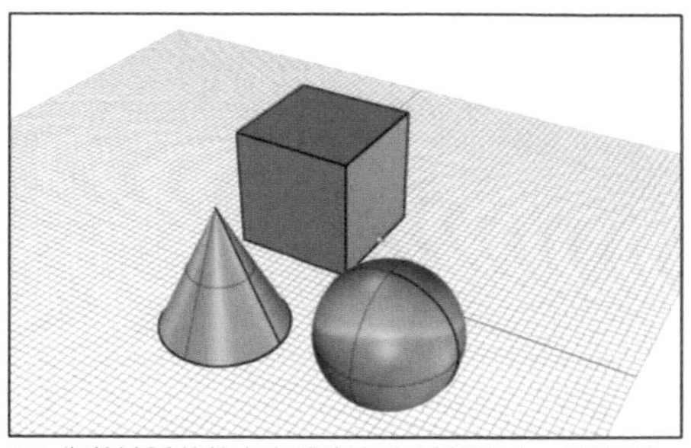

04. 先前被隱藏的立方體會與未隱藏物件一起出現

使用選取工具 選取球體，再按下 (Isolate)，除了球體以外的物件都會被隱藏。這個功能讓我們能快速隔離其他物件，方便我們只專注在目前的球體。

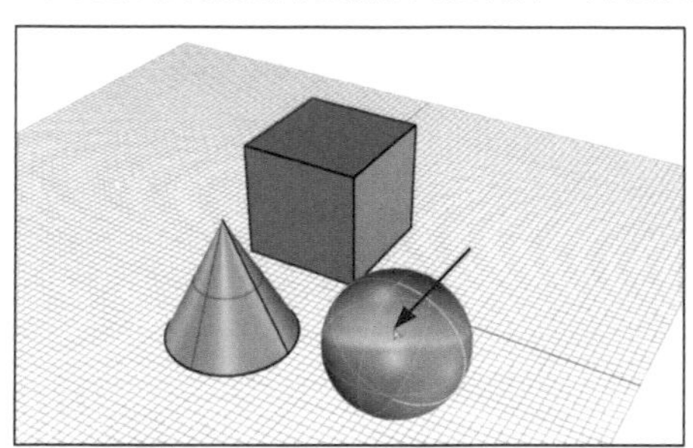

05. 使用 Isolate 指令，選取球體

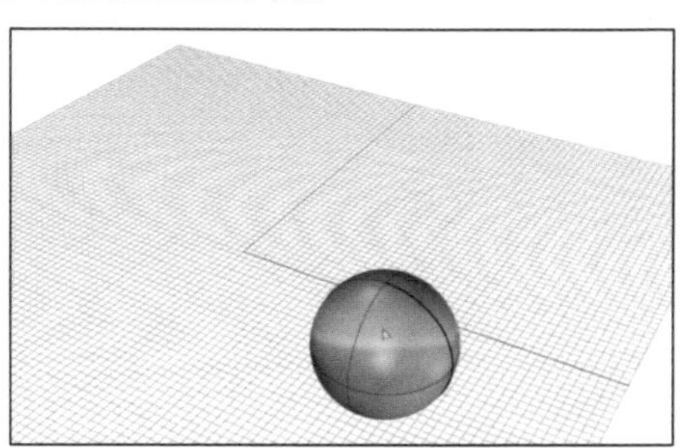

06. 球體則會被隔離，其他物件會隱藏

按下 (HideSwap) 後，隱藏與顯示的物件會交換，除了球形以外的物件會被出現。按下 (Show) 按鈕後，全部的物件都會出現。鎖定按鈕的使用方法也是以此類推。

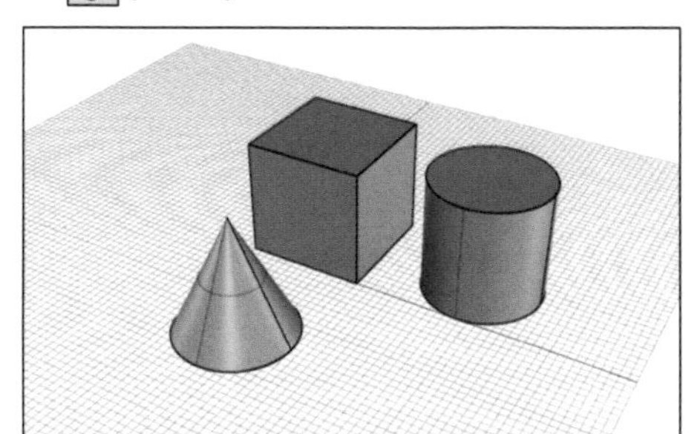

07. 使用 HideSwap 指令可以互換隱藏與顯示的物件

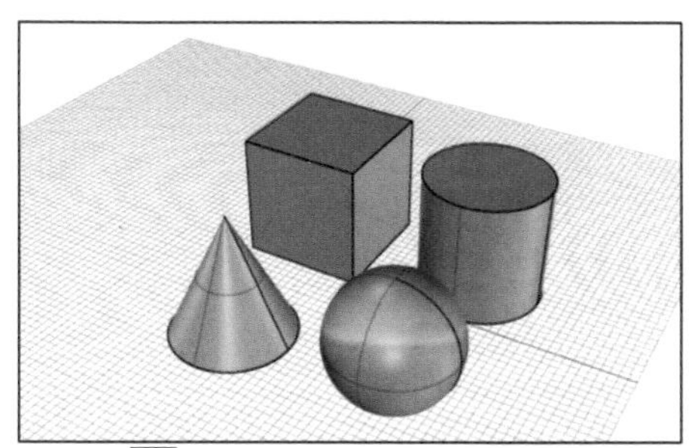

08. 使用 Show 指令，全部被隱藏的物件會出現

3.6 圖層

圖層的概念類似於將物件建立在不同的資料夾中，圖層可以分別編輯或檢視模型的部分或整體。我們可以同時顯示、關閉任何圖層或是將圖層鎖定，已鎖定圖層上的物件可見但無法選取。

每個圖層都有自己的顏色，可以在圖層列上看到有顏色的小方塊，滑鼠左鍵雙擊後，選擇圖層顏色的面板將會開啟。此時就可以選擇想要改變的圖層顏色（通常不會將圖層改為黃色，因為黃色是物件被選到時的預設顏色，圖層改為黃色會造成混淆）。另外將圖層重新命名，亦可方便使用者做物件管理。不同的圖層也可以分別調整線型、列印顏色以及列印線寬。

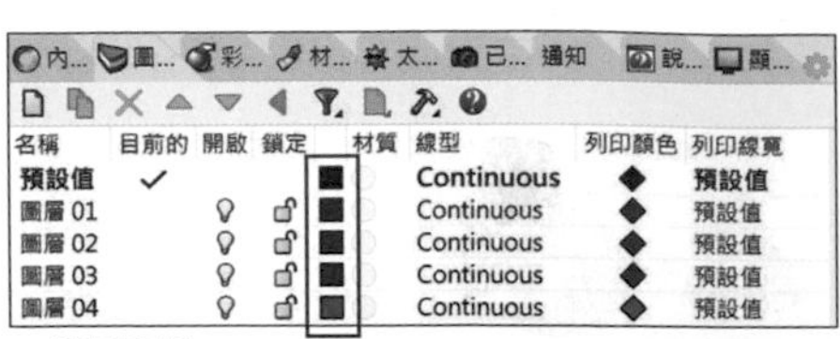

・圖層面板

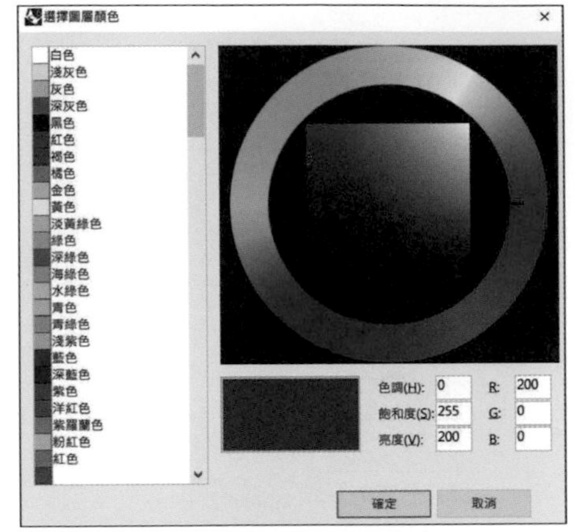

・雙擊圖層上的小方塊可以選擇圖層顏色

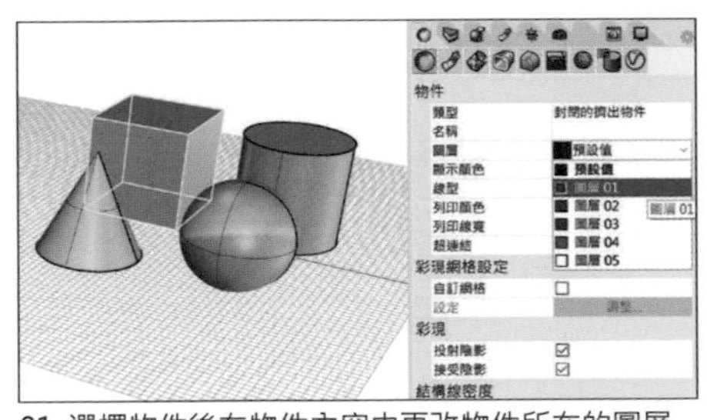

01. 選擇物件後在物件內容中更改物件所在的圖層

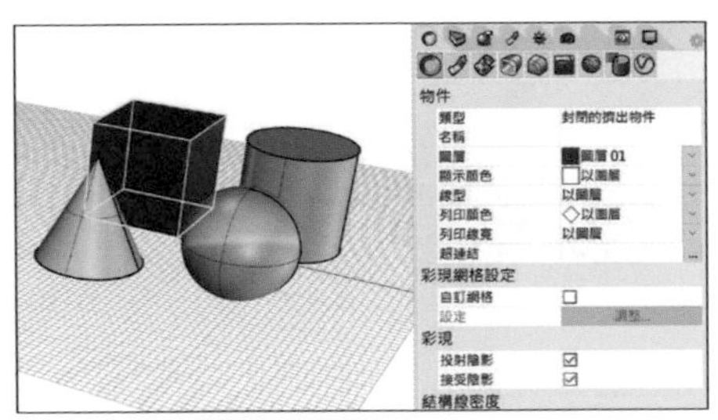

02. 正方體被放置到圖層 01 中

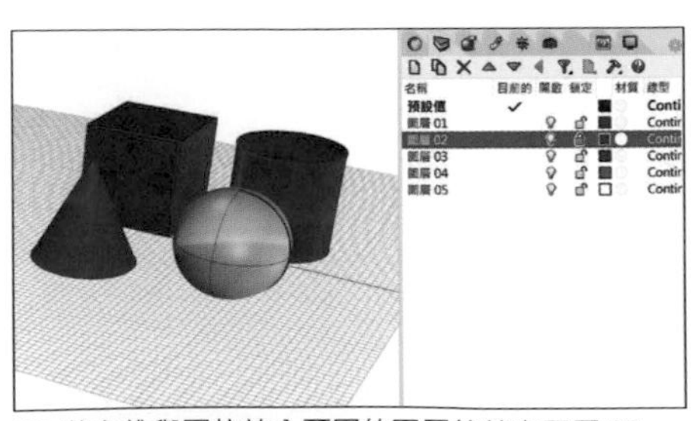

03. 將角椎與圓柱放入不同的圖層後鎖定圖層 02

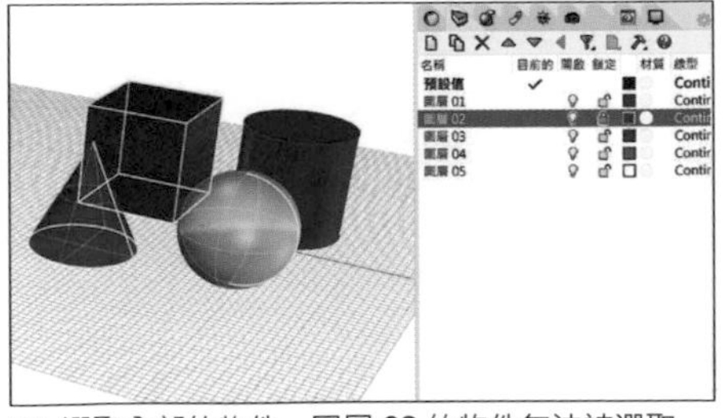

04. 選取全部的物件，圖層 02 的物件無法被選取

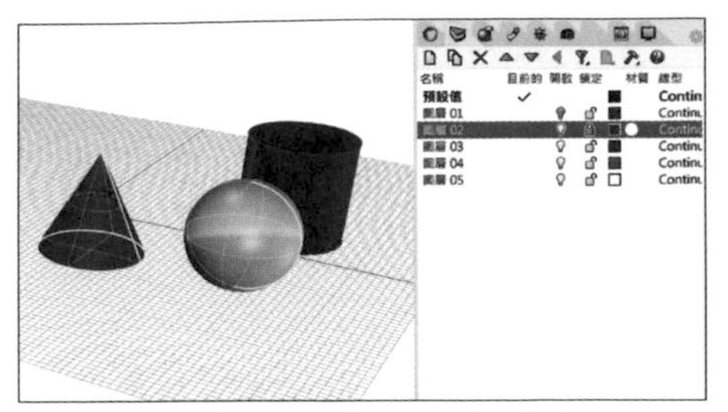

05. 將圖層 01 的燈泡關閉，正方體即消失

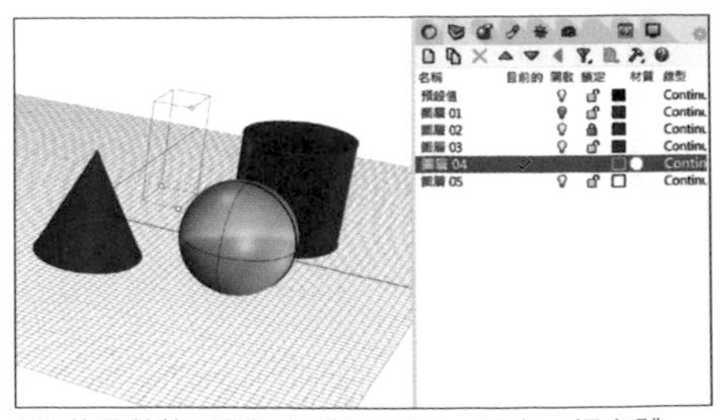

06. 將目前的圖層設定到圖層 04，並畫一個實體

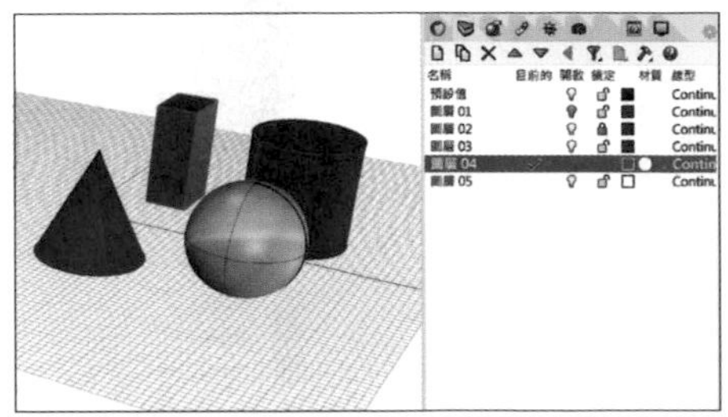

07. 此時實體所在的圖層將會是圖層 04

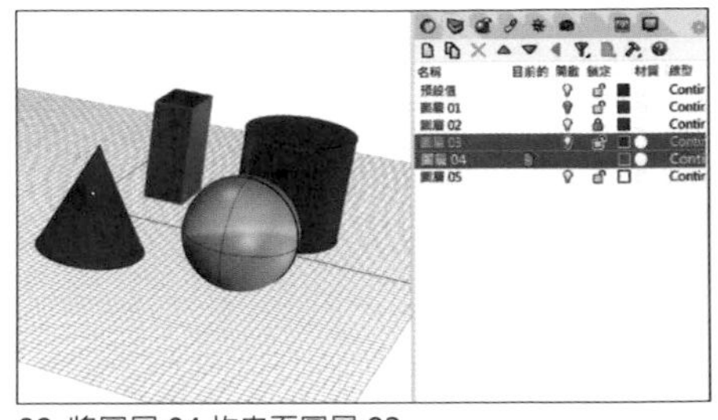

08. 將圖層 04 拖曳至圖層 03

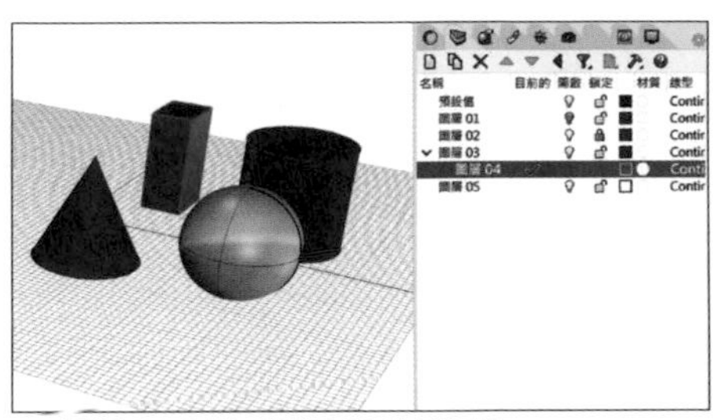

09. 圖層 04 會變成圖層 03 的子圖層

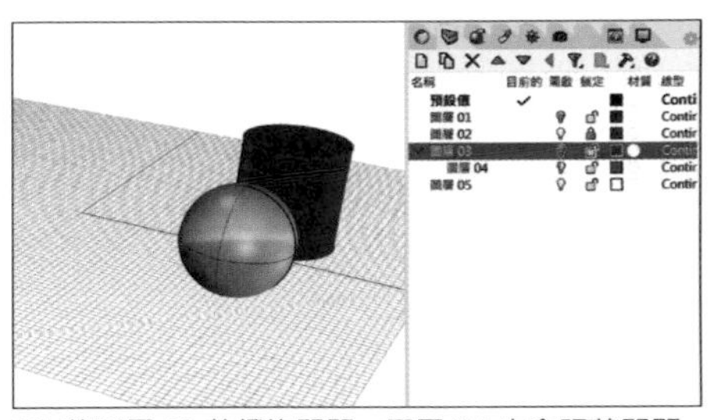

10. 將圖層 03 的燈泡關閉，圖層 04 也會跟著關閉

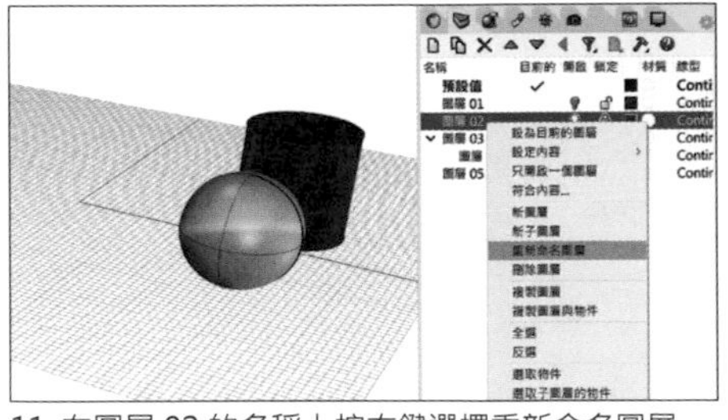

11. 在圖層 02 的名稱上按右鍵選擇重新命名圖層

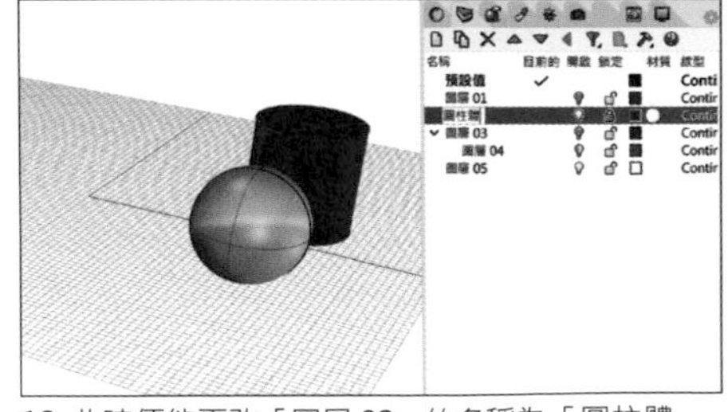

12. 此時便能更改「圖層 02」的名稱為「圓柱體」

3.7 建模輔助

3.7.1 選取過濾器

選取過濾器可以設定的物件類型有：點物件、曲線、曲面、多重曲面、網格、註解、燈光、圖塊、控制點、點雲、剖面線、其它。首先我們點選狀態列的過濾器按鈕，此時會出現選取過濾器的選項。(**Mac 版無選取過濾器，選取次物件請使用 Command + Shift。**)

鎖定格點 | 正交 | 平面模式 | 物件鎖點 | 智慧軌跡 | 操作軸 | 記錄建構歷史 | 過濾器

使用按滑鼠右鍵，取消點物件、曲線、曲面的核取方塊，接著嘗試選取物件。

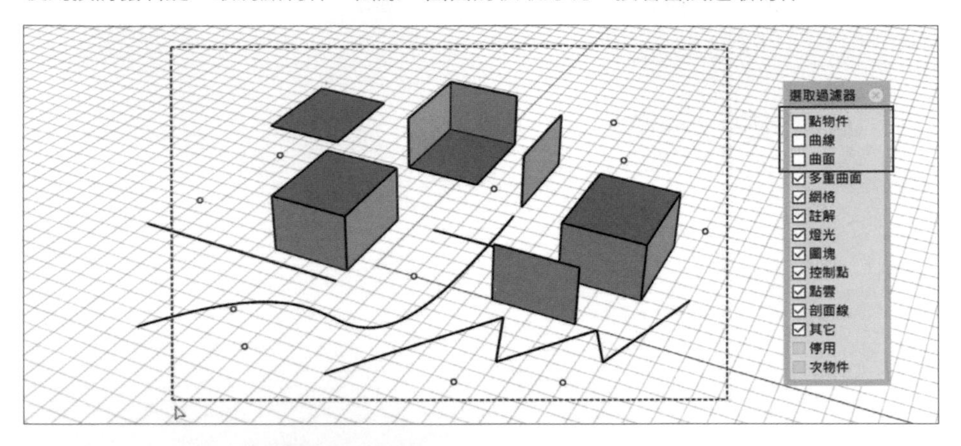

此時會發現除了多重曲面外，其他的點物件、曲線、曲面都無法選取。若想再次選取它們，只需再使用滑鼠右鍵點選那些核取方塊，便能再一次選取想要的類型物件。

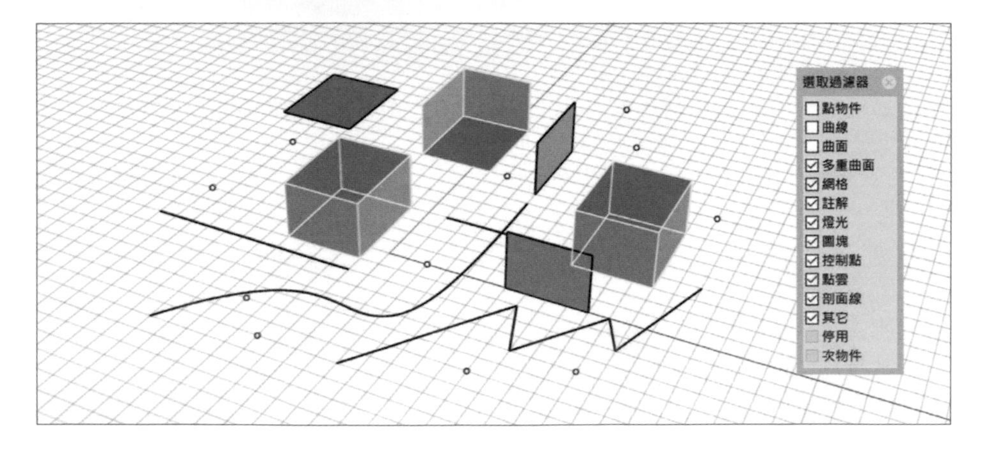

3.7.2 物件鎖點

物件鎖點列可以設定持續性的物件鎖點，我們可以在狀態列雙擊物件鎖點按鈕，使其變成粗體，此時代表物件鎖點已開啓。

要啓用物件鎖點，就以滑鼠左鍵點擊物件鎖點的核取方塊，便可啓用或是停用物件鎖點。當物件鎖點啓用時，滑鼠游標移至物件上可以鎖定的位置附近，滑鼠游標會吸附至該點並出現鎖點的提示 (Mac 版物件鎖點功能會直接出現在畫面左側工具列下方)。

☑端點 ☑最近點 ☑點 ☑中點 ☑中心點 ☑交點 ☑垂直點 ☐切點 ☐四分點 ☐節點 ☐頂點 投影 停用

鎖定格點 | 正交 | 平面模式 | **物件鎖點** | 智慧軌跡 | 操作軸 | 記錄建構歷史 | 過濾器

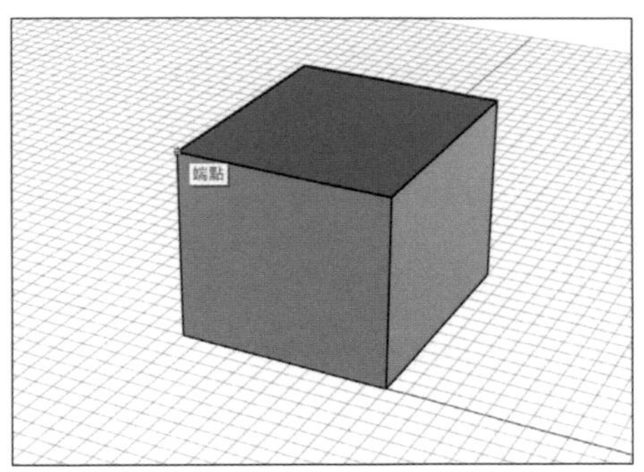

・端點：鎖定曲線的端點、多重曲線的線段端點

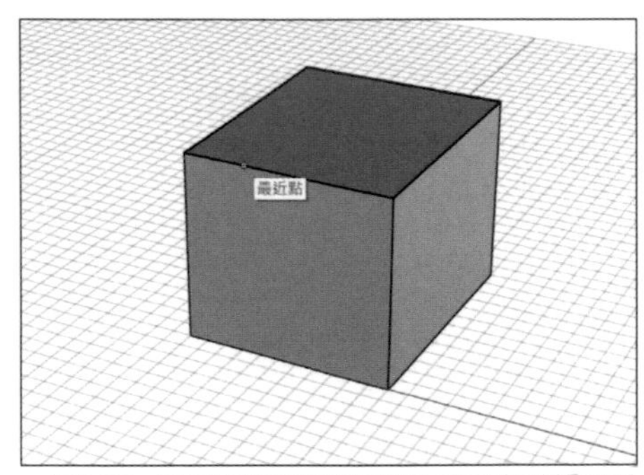

・最近點：鎖定曲線或曲面邊緣距離滑鼠游標最近的點

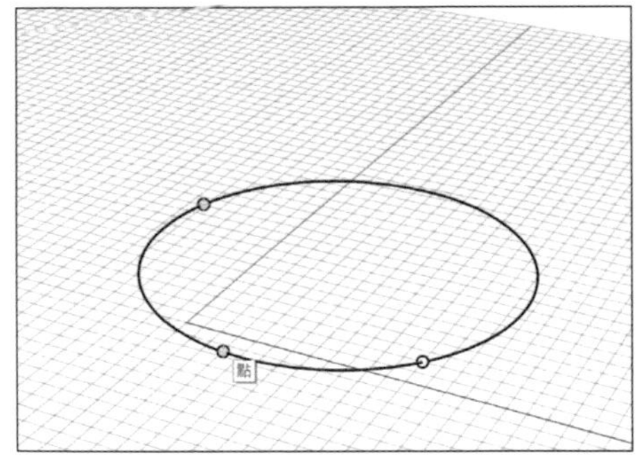

・點：鎖定控制點、編輯點或點物件

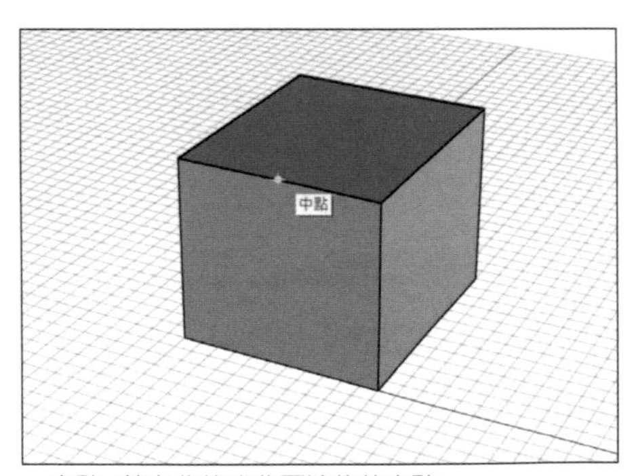

・中點：鎖定曲線或曲面邊緣的中點

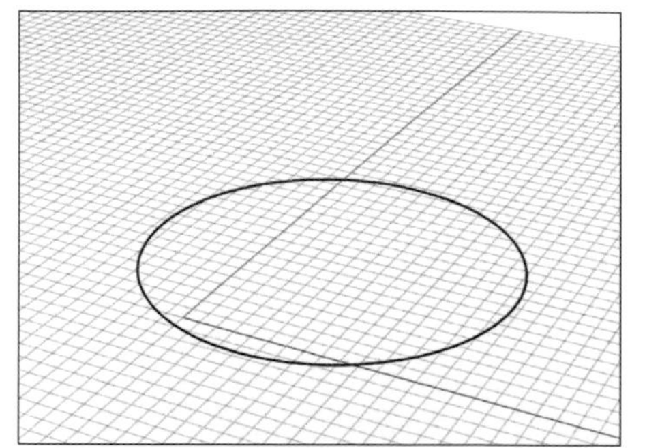

· 中心點：鎖定曲線的中心點，通常用於圓與圓弧。繪製出一個圓形再移游標至任一圓弧附近。

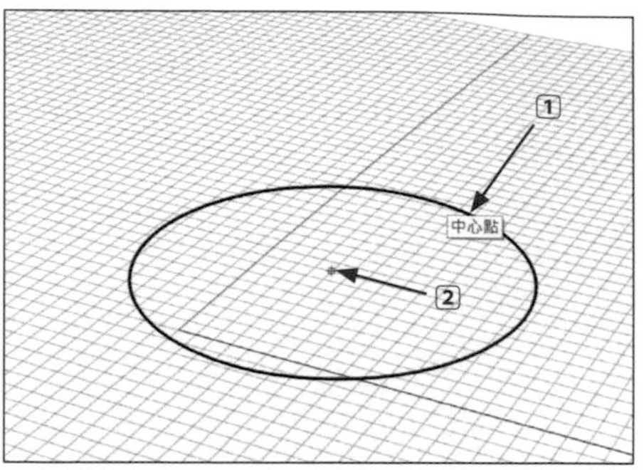

· 當鎖定中心點時，將滑鼠游標 1 靠近圓形曲線時，鎖點會自動出現圓形的中心點 2。

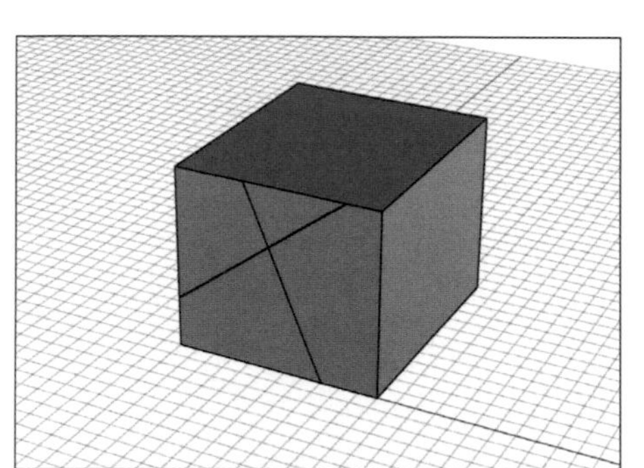

· 交點：鎖定兩條曲線的交點。先在曲面上繪製兩條交叉的曲線。

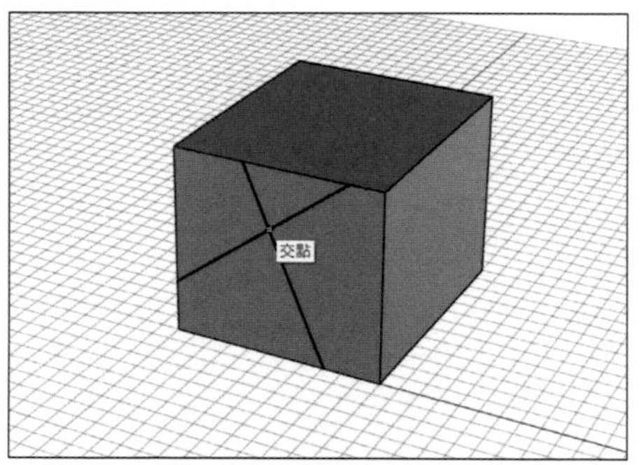

· 當鎖定交點時，將滑鼠游標靠近鎖定兩條曲線時，鎖點會自動出現於兩條線的交點上

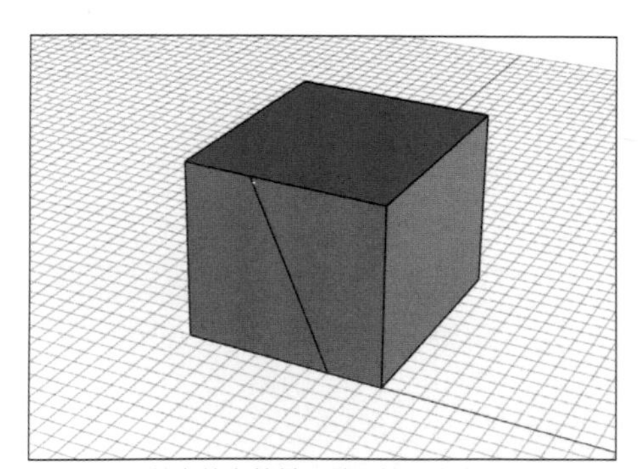

· 垂直點：鎖定線上的某一點，該點與上一點形成的方向與線垂直。此範例先在面上繪製一條線段。

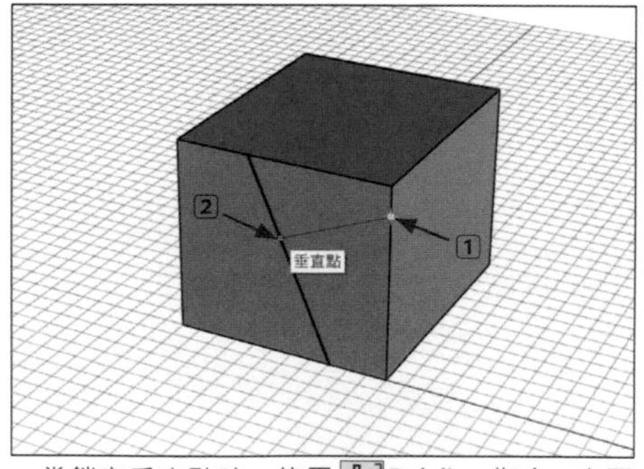

· 當鎖定垂直點時，使用 Polyline 指令，在面邊緣指定一點 1，再將滑鼠游標靠近剛才的線，即可找到與第一點 1 方向垂直的垂直點 2。

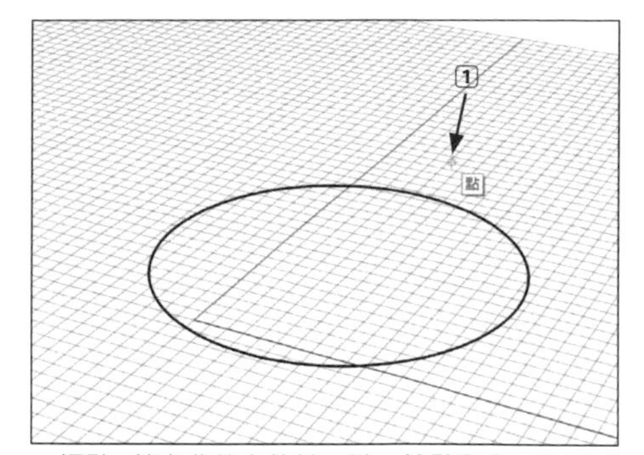

· 切點：鎖定曲線上的某一點，該點與上一點形成的方向與曲線正切。繪製一條圓形曲線，並且使用 Polyline 指令在圓形外指定第一點 1。

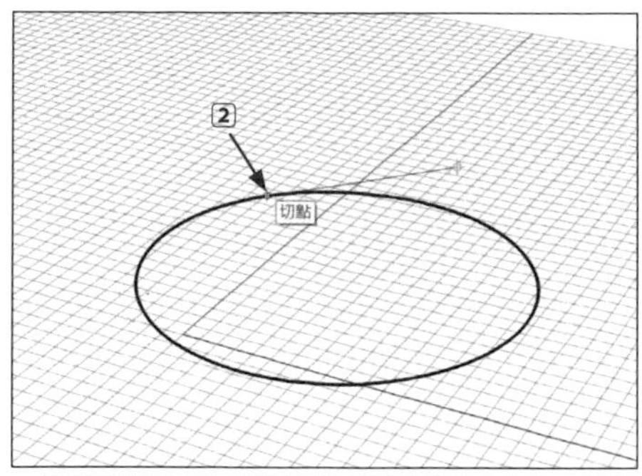

· 當鎖定切點時，將滑鼠游標靠近圓形曲線，並能找到與上圖第一點 1 形成曲線正切的切點 2。

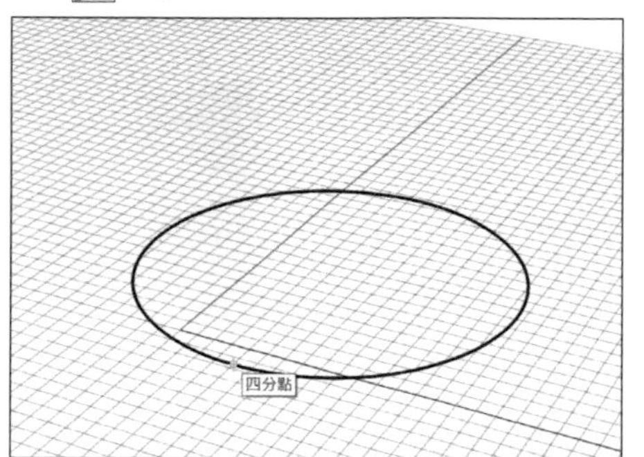

· 四分點：一條曲線在工作平面 X 或 Y 軸座標最大值或最小值的點。鎖定四分點，滑鼠游標靠近圓形偏 X 軸底部時會找到 X 最小值的四分點。

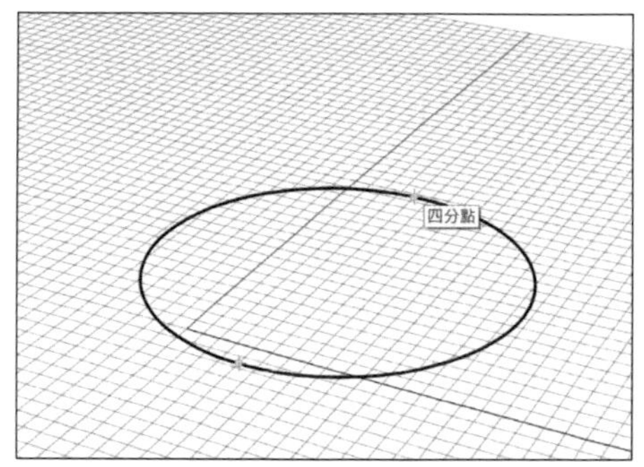

· 滑鼠游標靠近圓形偏 X 軸上半部時會找到 X 最大值的四分點。

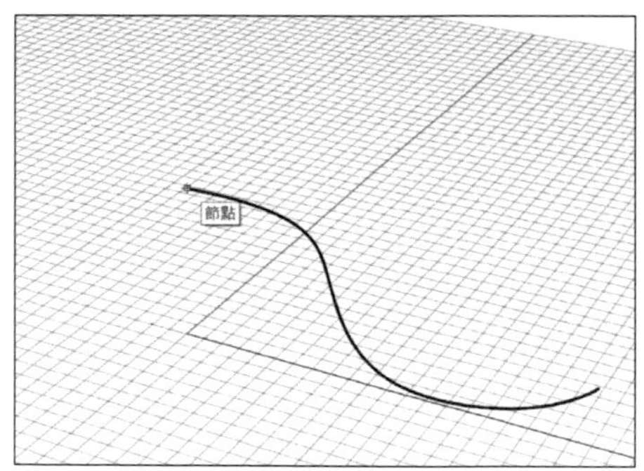

· 節點：物件鎖點鎖定曲線或曲面邊緣上的節點

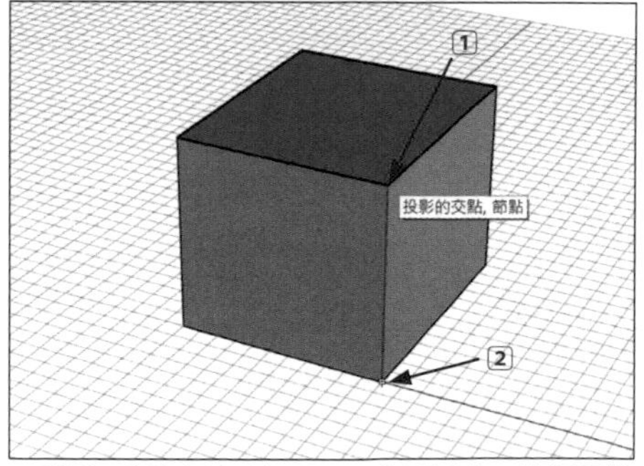

· 投影：將鎖定的點投影至工作平面上。將滑鼠游標移置立方體的上端 1，鎖定投影，則鎖點會鎖定在平面 2 上。

3.7.3 智慧軌跡

智慧軌跡可以建立暫時性的參考線和參考點，物件鎖點可以鎖定這些參考線與點，減少手動建立參考線與點的麻煩。開啟智慧軌跡與物件鎖點（勾選下列選項）

☑端點 ☑最近點 ☑點 ☑中點 ☐中心點 ☑交點 ☐垂直點 ☐切點 ☐四分點 ☐節點 ☐頂點 投影 停用

鎖定格點 | 正交 | 平面模式 | 物件鎖點 | 智慧軌跡 | 操作軸 | 記錄建構歷史 | 過濾器

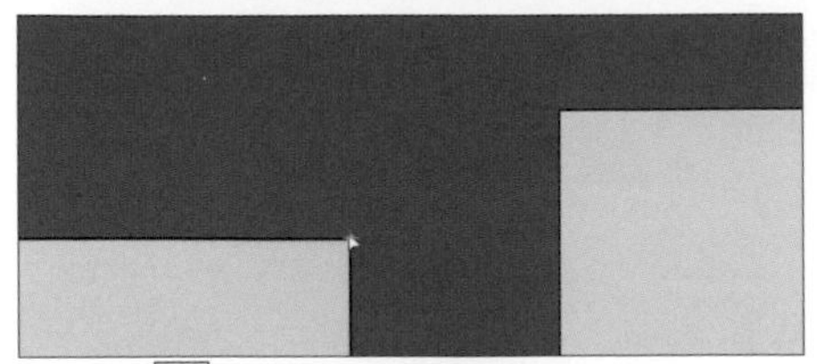

01. 使用 Pt 指令，將游標移到第一個物件端點

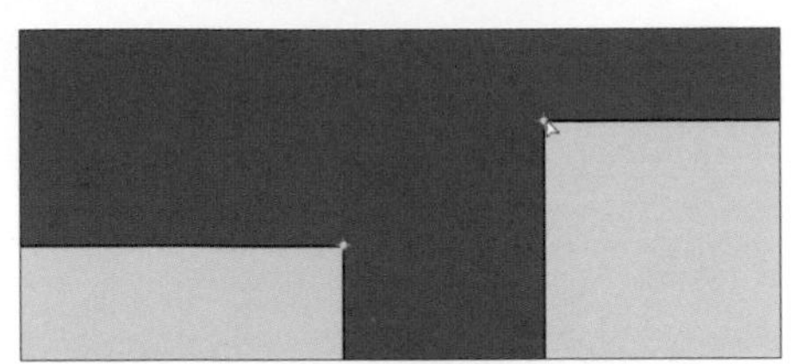

02. 在物件端點等待一下，會出現灰色的智慧點，將游標移到另一物件端點並放置智慧點

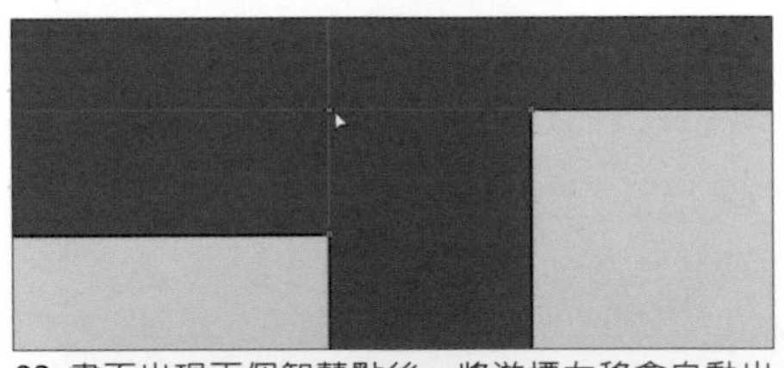

03. 畫面出現兩個智慧點後，將游標左移會自動出現暫時的建構線，即可找到兩個智慧點之交點

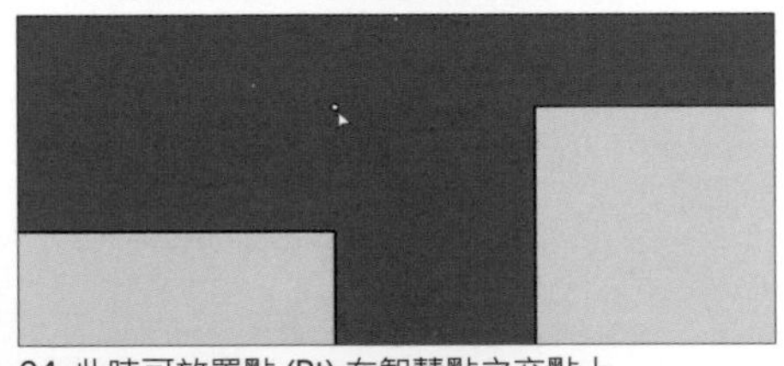

04. 此時可放置點 (Pt) 在智慧點之交點上

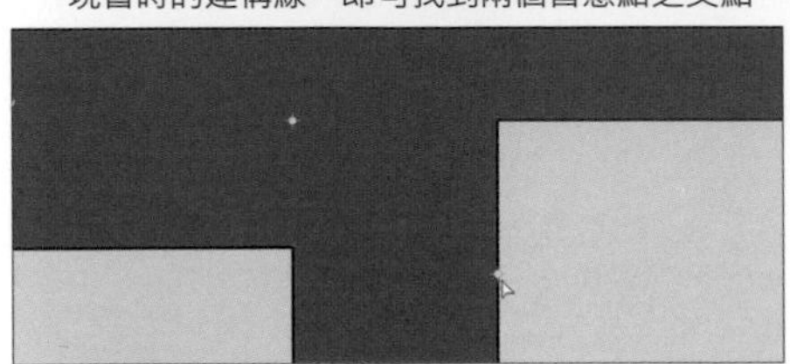

05. 使用 Line 指令，在右邊的物件邊緣隨機找一個起始點

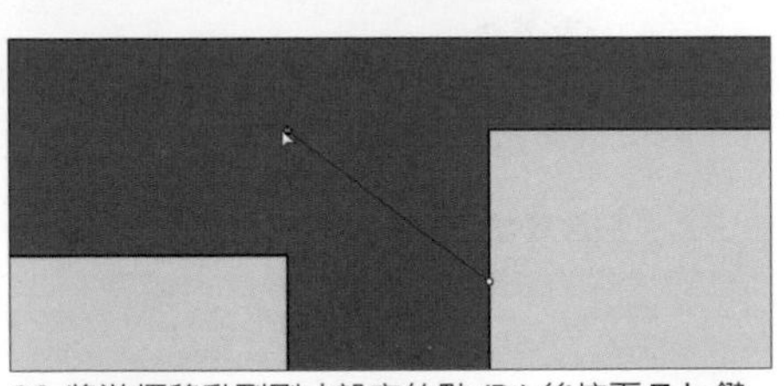

06. 將游標移動到剛才設定的點 (Pt) 後按下 Tab 鍵

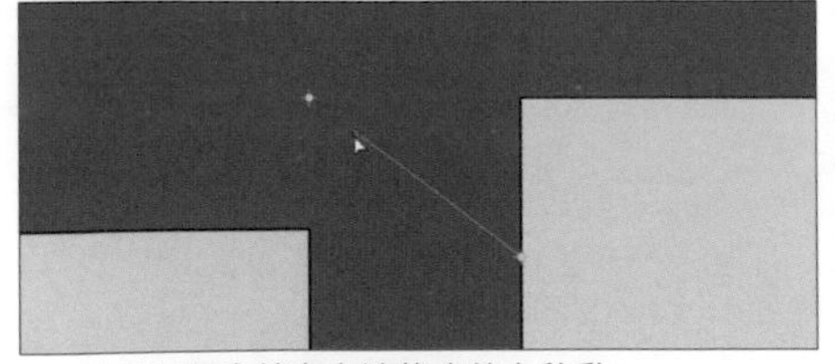

07. 此時游標會鎖定在這條直線上移動

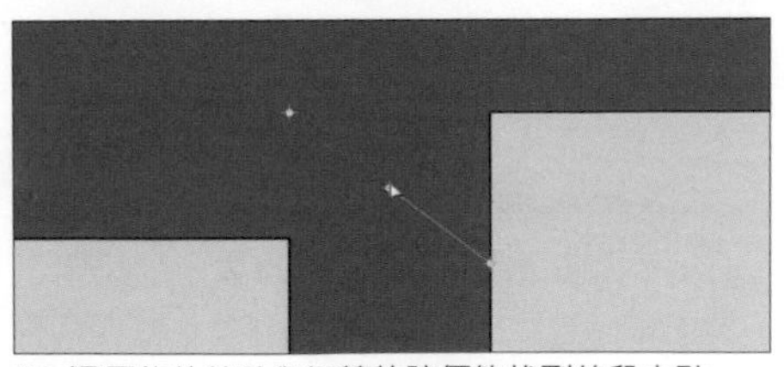

08. 運用物件鎖點與智慧軌跡便能找到線段中點

3.7.4 平面模式

平面模式開啓時，創建的線段會落在同一個平面上，當我們希望創建的線段能在同一個平面上的時候便可開啓平面模式。

鎖定格點 正交 **平面模式** **物件鎖點** 智慧軌跡 操作軸 記錄建構歷史 過濾器

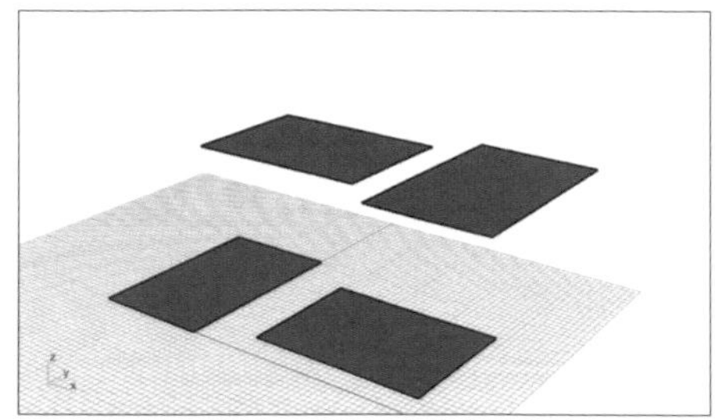

01. 創建出四個矩形，將其中兩個矩形置於 Z = 0 另外兩個矩形置於 Z = 25

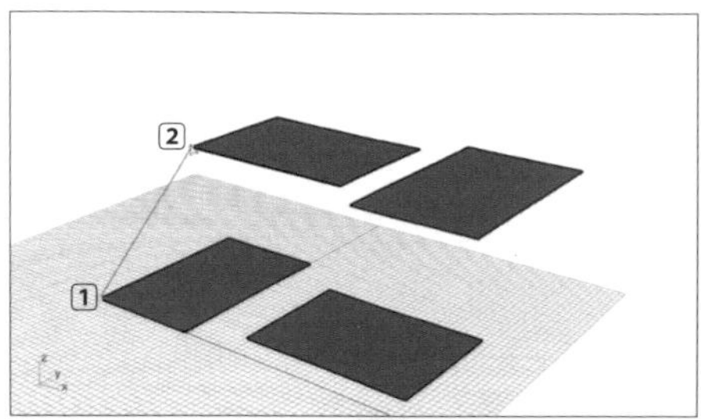

02. 開啓平面模式，使用 PolyLine 指令，將第一點設置於 Z=0 左邊矩形的端點

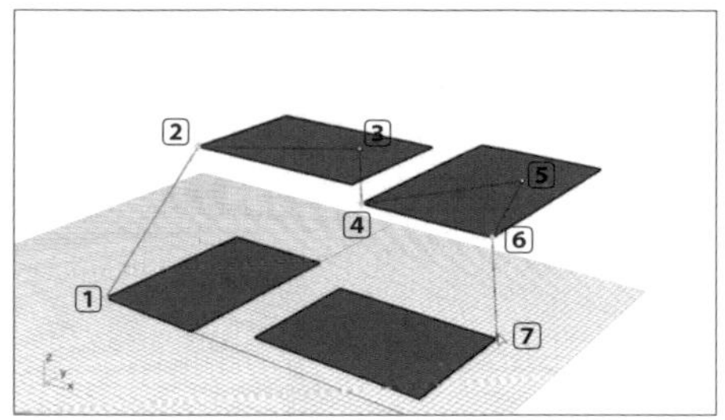

03. 將第二點放置於 Z=25 的端點，其餘如圖繪製（因為有開啓鎖點模式，第二點是不受平面模式影響的）

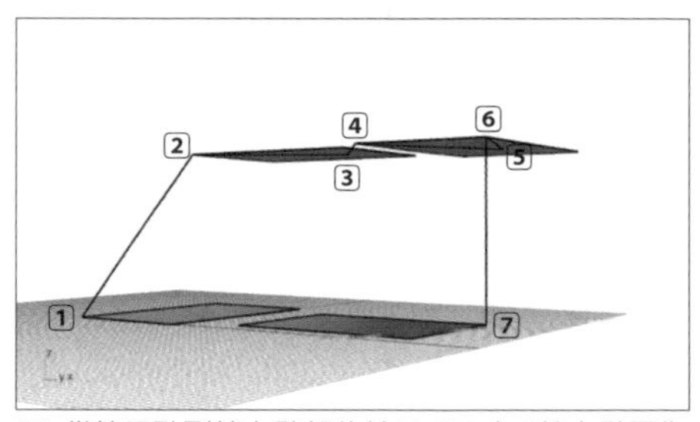

04. 從第二點到第六點都位於 Z=25 上（第七點因為鎖點模式又回到了 Z=0 的平面）

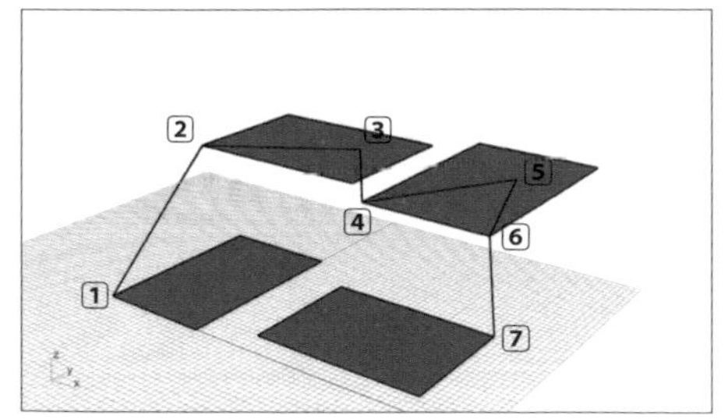

05. 刪除多重曲線，關閉平面模式，再次重新繪製

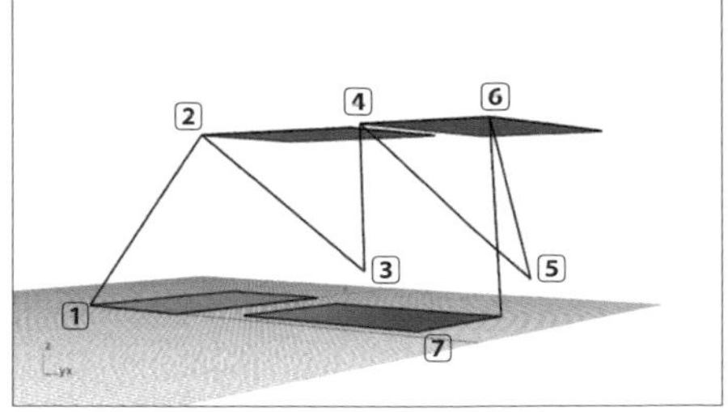

06. 第三點與第五點會落在 Z=0 上（此為啟閉差異）

Chapter4 / Rhino 曲線與曲面工具

4.1 曲線工具

4.1.1 曲線階數

Rhino 裡的曲線階數，是描述曲線方程式組的最高指數。圓的方程式是 $(x-a)^2+(y-b)^2=r^2$，最高指數 2，所以標準圓的階數為 2。而點數就是曲線控制點的數目，點數 = 階數 +1，也就是說 2 階曲線需要的控制點數目至少是 3 個，3 階曲線需要 4 個以上的控制點。在 Rhino 能使用的階數為 1 至 32。在兩個相同的幾何物件中，點數越少則越能保持滑順。點數越多則越不容易控制，曲率的部分容易出現不連續的狀態；但假如點數過少時，也會產生有無法達到某些局部細節的部份，此時就需要增加點數去進行操作。

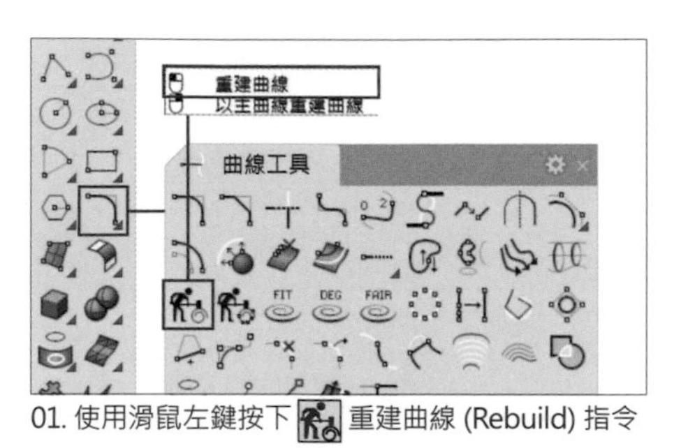

01. 使用滑鼠左鍵按下 重建曲線 (Rebuild) 指令

02. 點選繪製好的曲線，按下 Enter 或右鍵

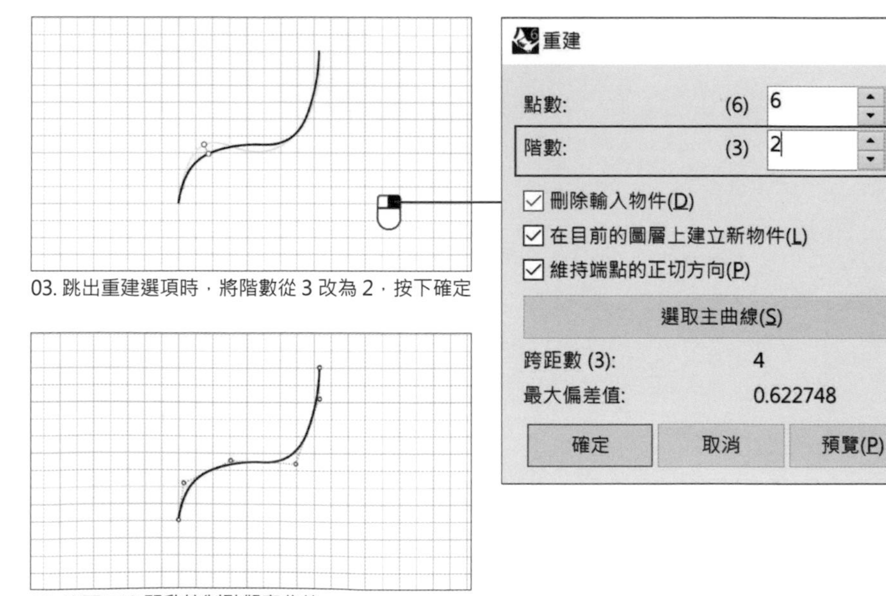

03. 跳出重建選項時，將階數從 3 改為 2，按下確定

04. 按下 F10 開啟控制點觀察曲線

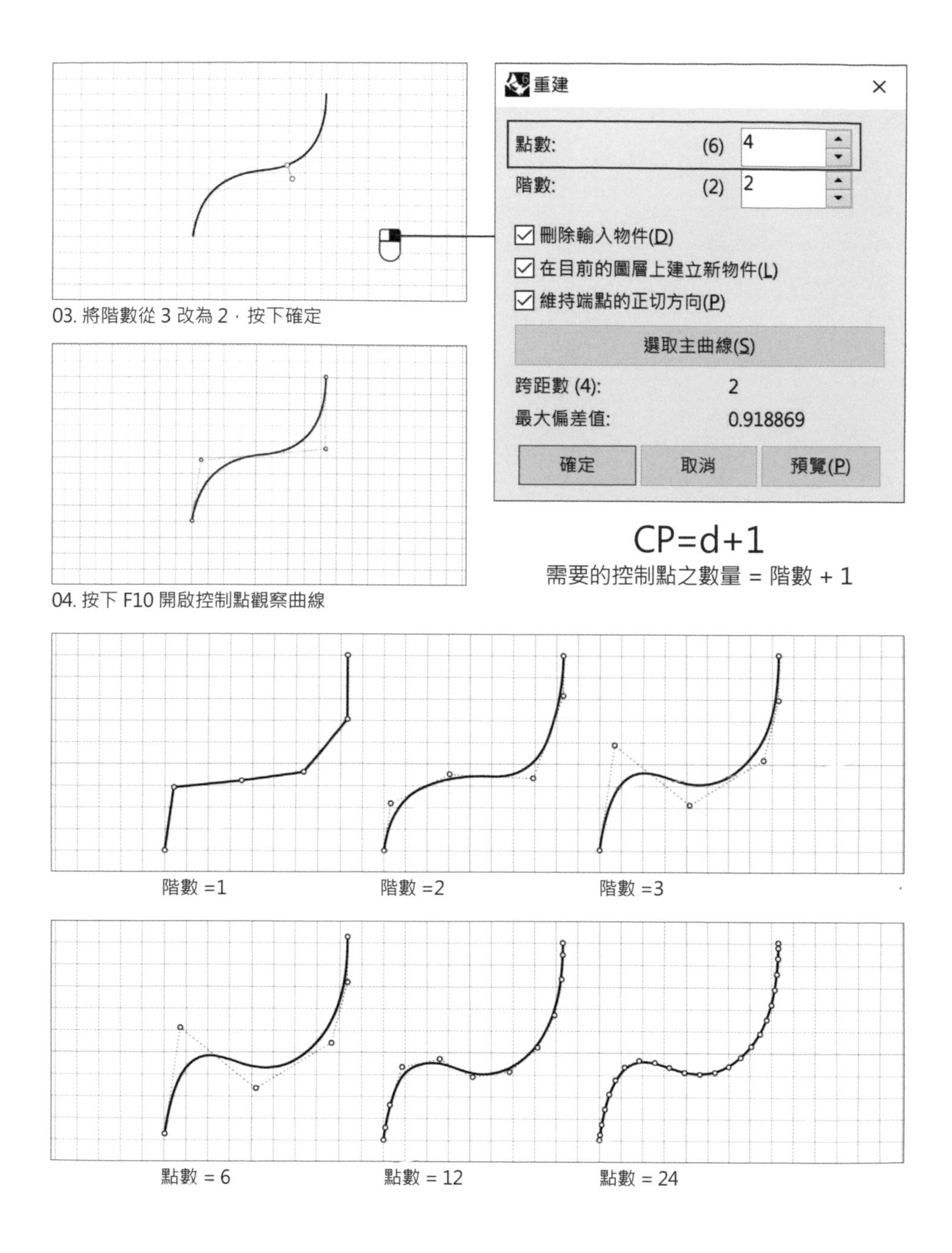

03. 將階數從 3 改為 2，按下確定

04. 按下 F10 開啟控制點觀察曲線

$$CP=d+1$$

需要的控制點之數量 = 階數 + 1

4.1.2 曲線圓角與曲線斜角

曲線圓角 (Fillet) 指令可修剪或延伸兩條曲線的端點，再以一個正切的圓弧連接兩條曲線的端點。輸入 曲線圓角 (Fillet) 指令後按下 Enter，可以在指令行調整要製作曲線圓角的半徑、是否為組合的線段以及是否要修剪選項。

選取要建立圓角的第一條曲線 (半徑 (R)=3 ❶ 組合 (J)= 是 ❷ 修剪 (T)= 是 ❸ 圓弧延伸方式 (E)= 圓弧)

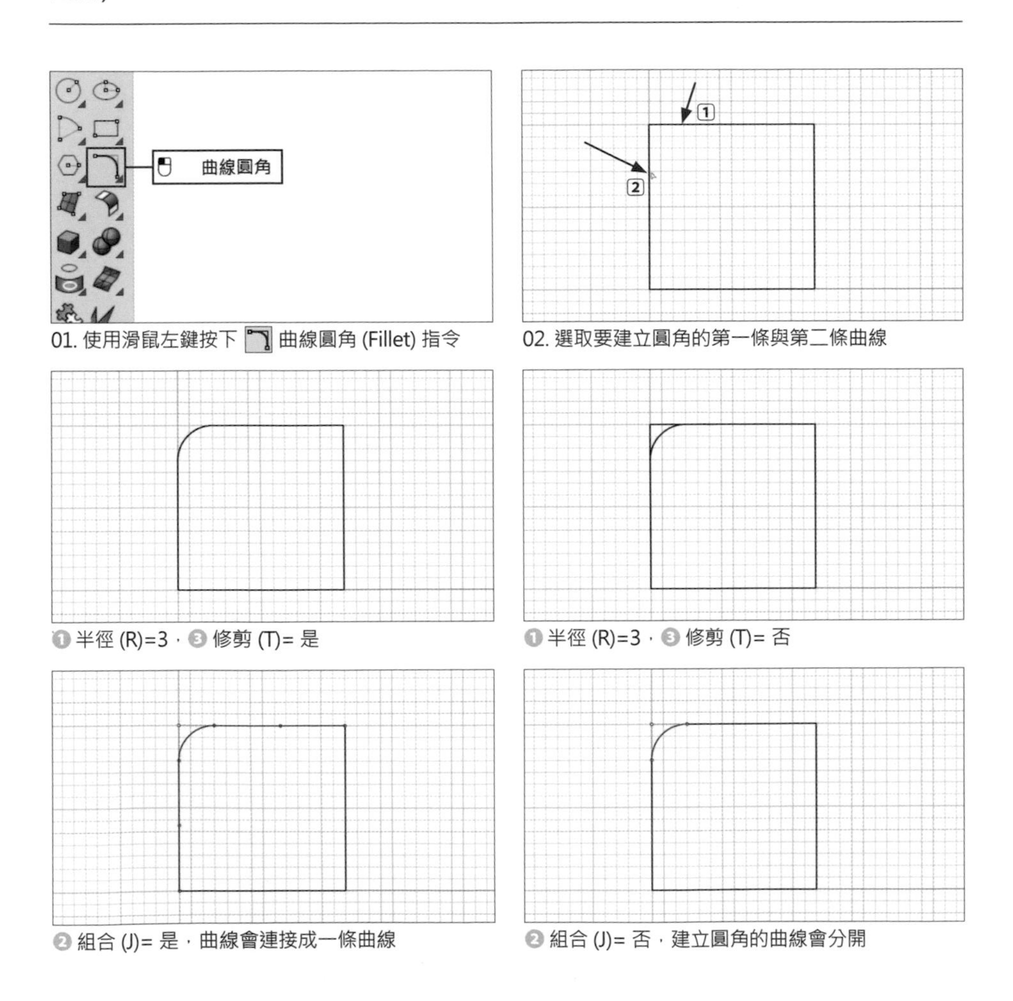

01. 使用滑鼠左鍵按下 曲線圓角 (Fillet) 指令

02. 選取要建立圓角的第一條與第二條曲線

❶ 半徑 (R)=3，❸ 修剪 (T)= 是

❶ 半徑 (R)=3，❸ 修剪 (T)= 否

❷ 組合 (J)= 是，曲線會連接成一條曲線

❷ 組合 (J)= 否，建立圓角的曲線會分開

如果兩條線是分開的情況下，輸入 Fillet 並按下 Enter，然後選取要建立圓角的第一條與第二條線，兩條線的端點即會延伸，再以一個正切的圓弧將兩條線連接起來。

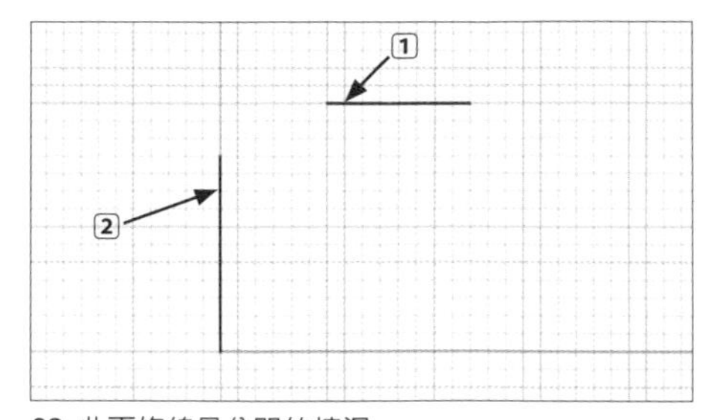

03. 此兩條線是分開的情況

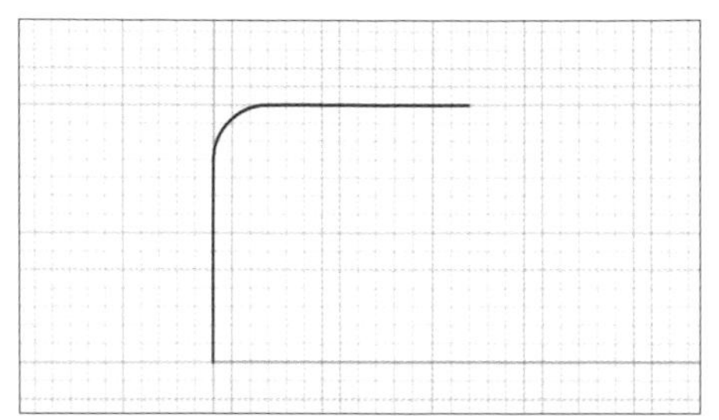
04. 兩條線的端點會延伸並以圓角的方式連接

選取要建立圓角的第一條曲線 (半徑 (R)=3 修剪 (T)= 否 圓弧延伸方式 (E)= 圓弧):

當用來建立圓角（或斜角）的曲線其中之一有一條圓弧，而且無法直接與圓角（或斜角）曲線相接時，「圓弧延伸方式」可以直線或圓弧延伸原來的曲線。選擇「圓弧」則會以同樣的半徑延伸圓弧，選擇「直線」則會以正切直線延伸圓弧並組合成為多重曲線。

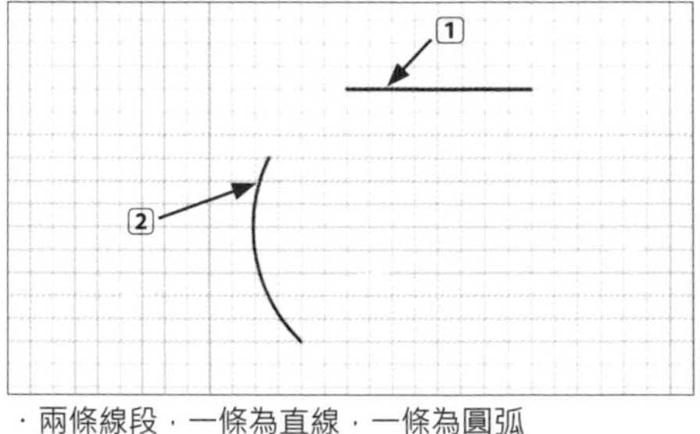

．兩條線段，一條為直線，一條為圓弧

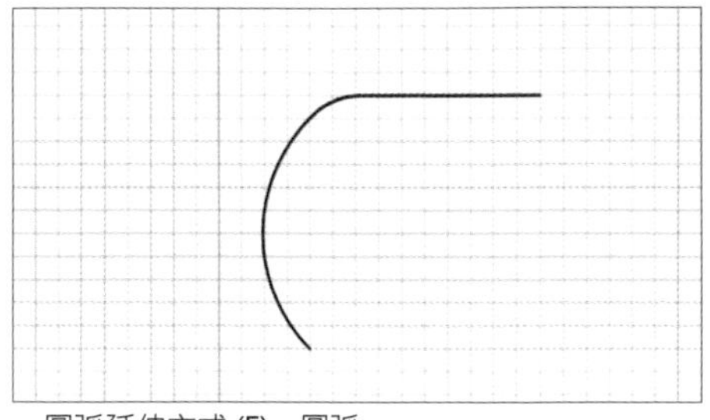
．圓弧延伸方式 (E)= 圓弧

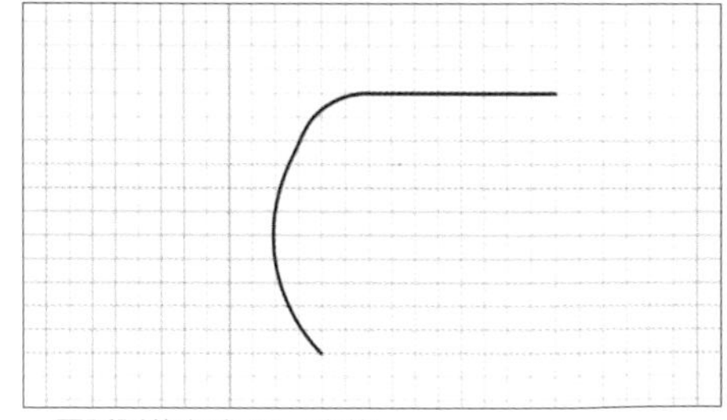
．圓弧延伸方式 (E)= 直線

曲線工具 > 曲線斜角 (Chamfer) 指令可修剪或延伸兩條曲線的端點，再以一條直線連接兩條曲線的端點。輸入 曲線斜角 (Chamfer) 指令，可以在指令行調整要製作曲線倒角的距離、是否為組合的線段以及是否要修剪的選項。

選取要建立斜角的第一條曲線 (距離 (D)=2,2 ❶ 組合 (J)= 是 ❷ 修剪 (T)= 是 ❸ 圓弧延伸方式 (E)= 圓弧)

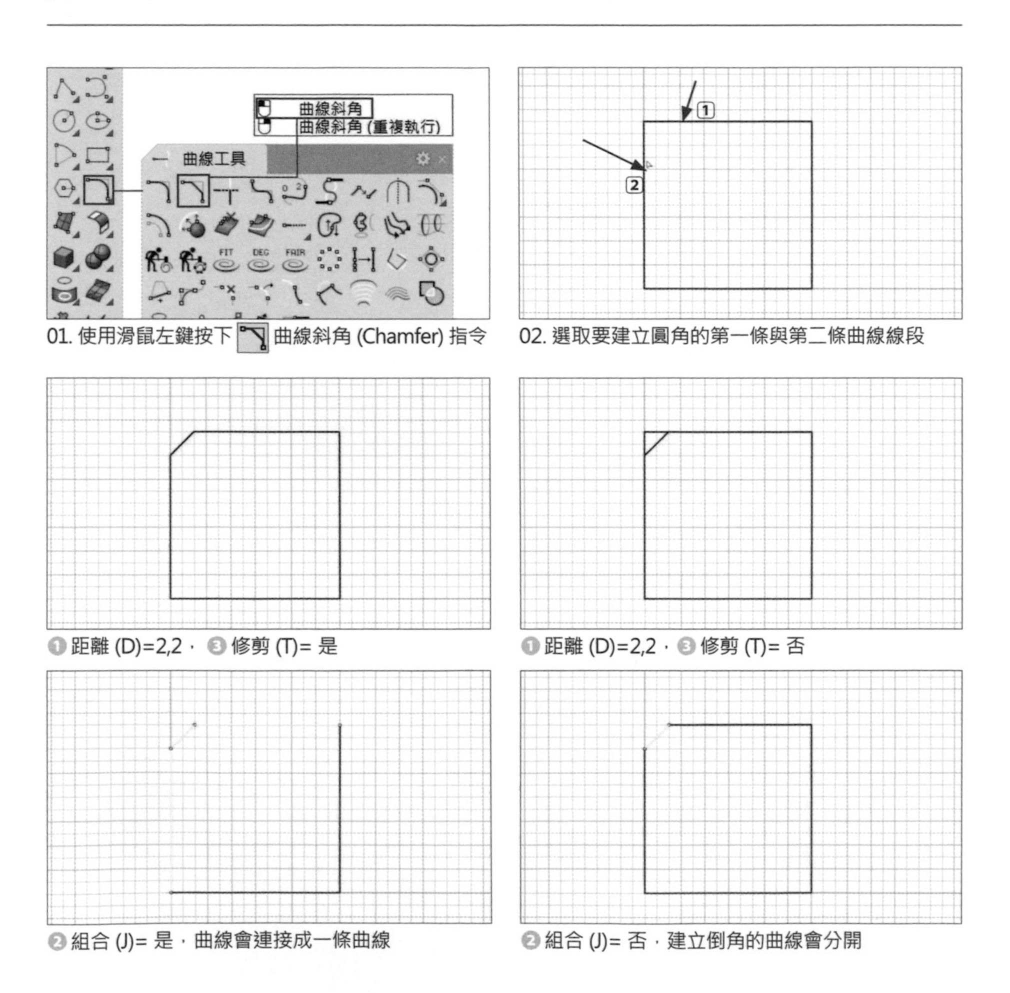

01. 使用滑鼠左鍵按下 曲線斜角 (Chamfer) 指令

02. 選取要建立圓角的第一條與第二條曲線線段

❶ 距離 (D)=2,2，❸ 修剪 (T)= 是

❶ 距離 (D)=2,2，❸ 修剪 (T)= 否

❷ 組合 (J)= 是，曲線會連接成一條曲線

❷ 組合 (J)= 否，建立倒角的曲線會分開

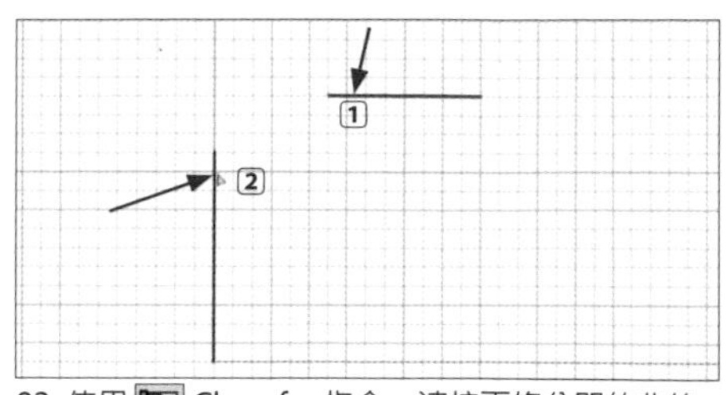

03. 使用 Chamfer 指令，連接兩條分開的曲線

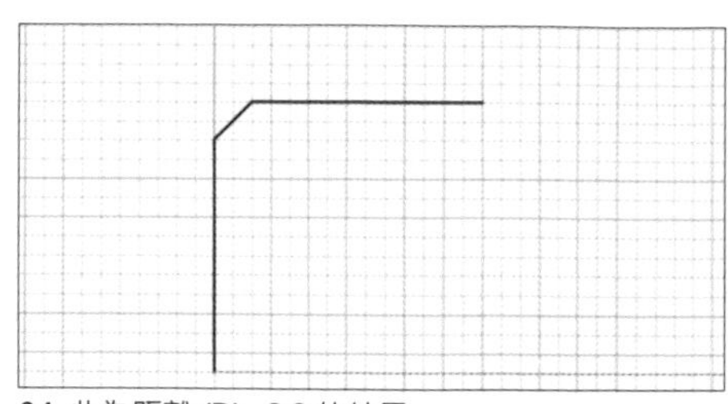

04. 此為距離 (D)=2,2 的結果

選取要建立斜角的第一條曲線 (距離 (D)=2,2 修剪 (T)= 否 圓弧延伸方式 (E)= 圓弧)

第一斜角距離 <2.00>: 5

第二斜角距離 <5.00>: 2

選取要建立斜角的第一條曲線 (距離 (D)=5,2 修剪 (T)= 否 圓弧延伸方式 (E)= 圓弧)

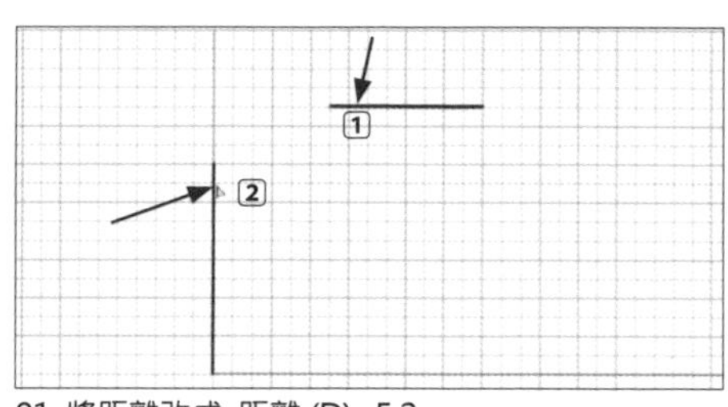

01. 將距離改成 距離 (D)=5,2

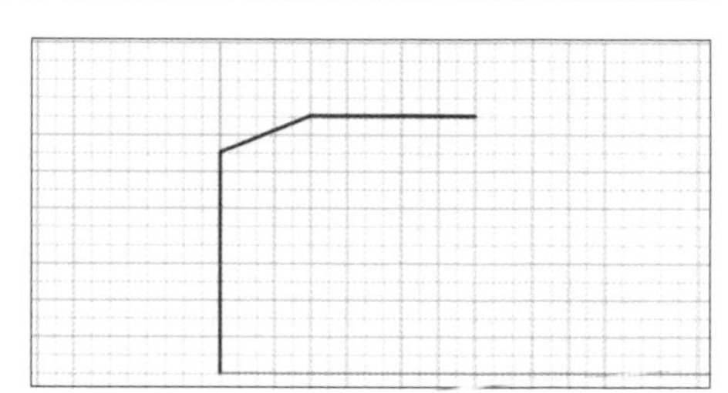

02. 此為距離 (D)=5,2 的結果

選取要建立斜角的第一條曲線 (距離 (D)=2,2 修剪 (T)= 否 圓弧延伸方式 (E)= 圓弧)

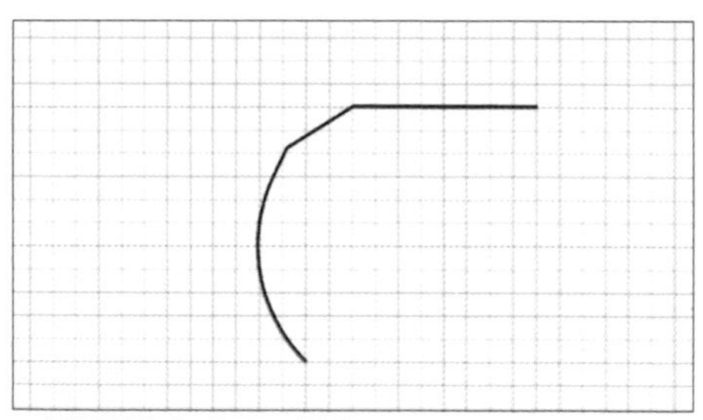

· 圓弧延伸方式 (E)= 圓弧

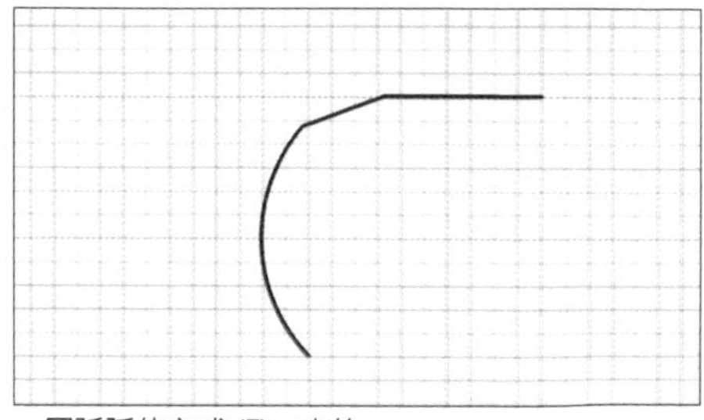

· 圓弧延伸方式 (E)= 直線

4.1.3 連接曲線

曲線工具 > 連接 (Connect) 指令可以延伸或修剪兩條曲線，使兩條曲線的端點相接。運用這個指令就不用再特別輸入 Trim 指令去修剪曲線，延伸功能也很方便，不需要另繪製曲線之後再將其組合， Connect 指令運用熟練可以增快建模的速度。

選取要延伸交集的第一條曲線 (組合 (J)= 是 圓弧延伸方式 (E)= 圓弧)

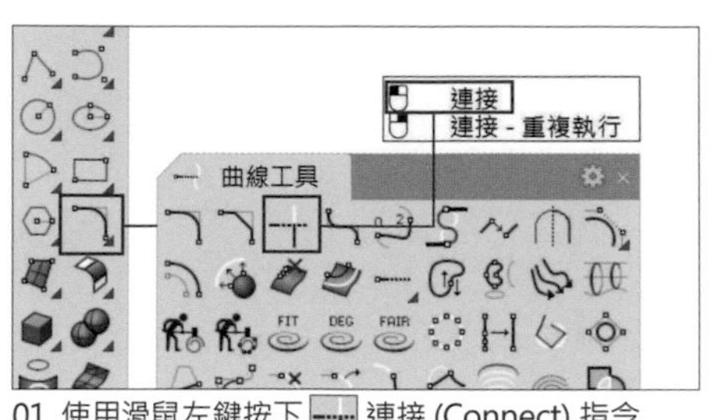

01. 使用滑鼠左鍵按下 連接 (Connect) 指令

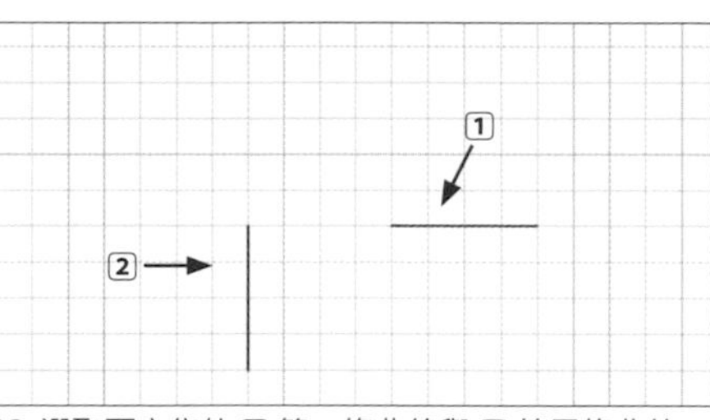

02. 選取要交集的 1 第一條曲線與 2 第二條曲線

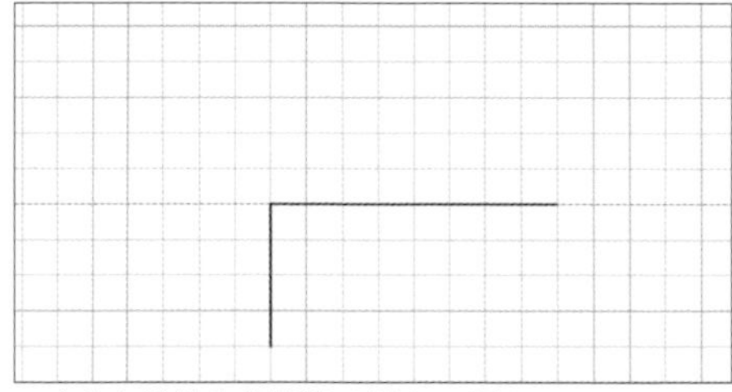

・交集之後的曲線狀態 (組合 = 否)

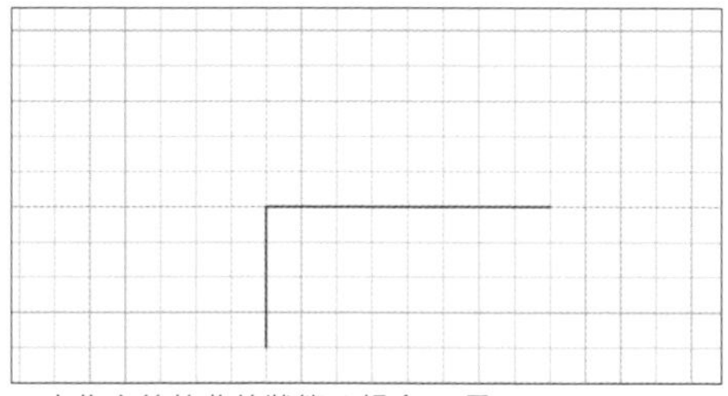

・交集之後的曲線狀態 (組合 = 是)

Connect 指令需要選擇要交集或是延伸的兩條曲線，而曲線的選擇方式、順序與靠近的邊緣都會影響最後交集或是延伸的結果。

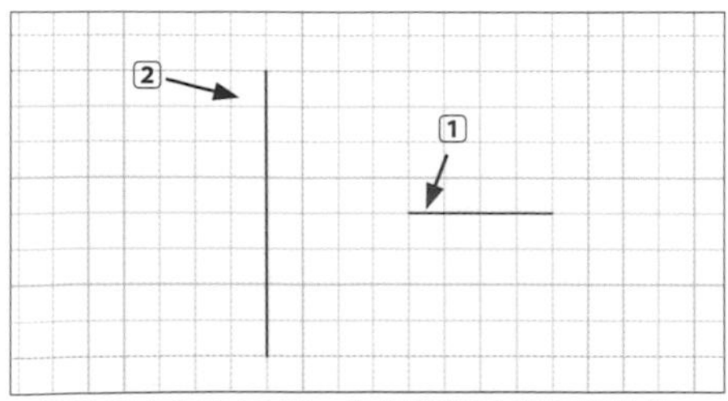

・選取要交集的 1 第一條曲線與 2 第二條曲線

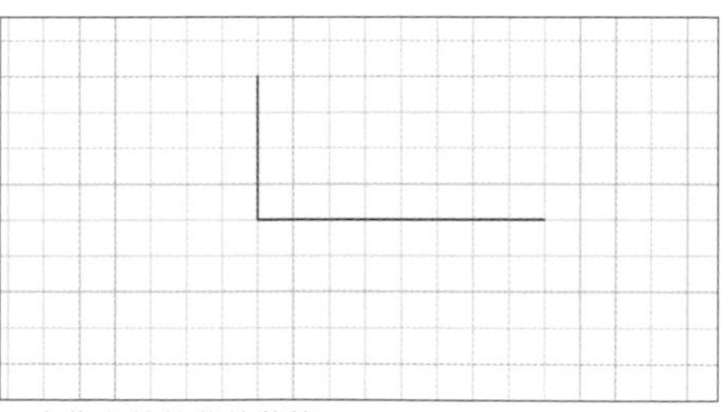

・交集之後的曲線狀態

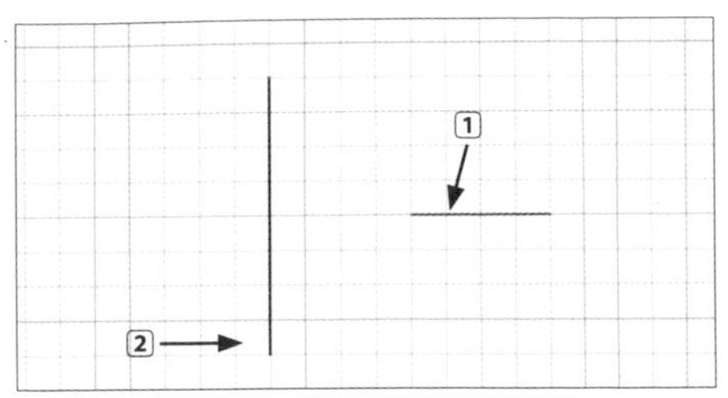

· 選取要交集的第一條曲線與第二條曲線

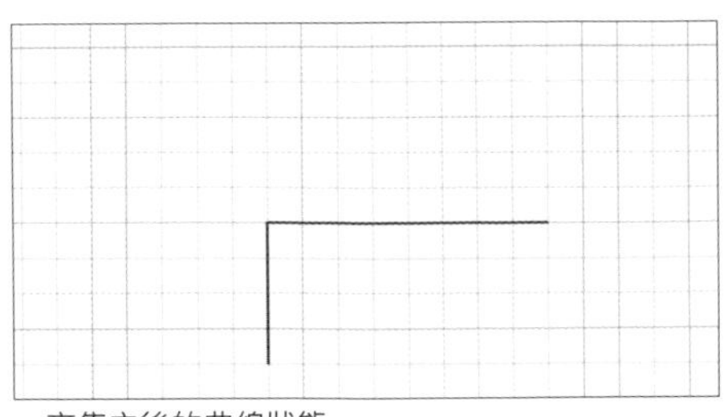

· 交集之後的曲線狀態

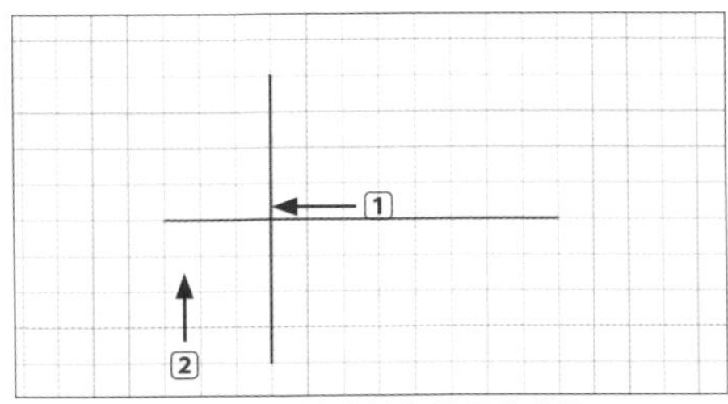

· 選取要交集的第一條曲線與第二條曲線

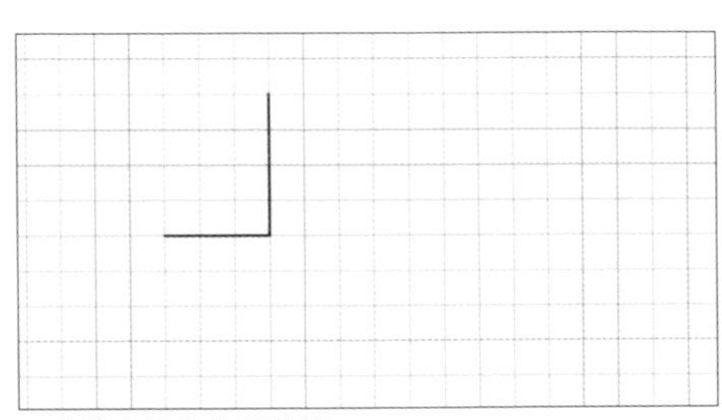

· 交集之後的曲線狀態

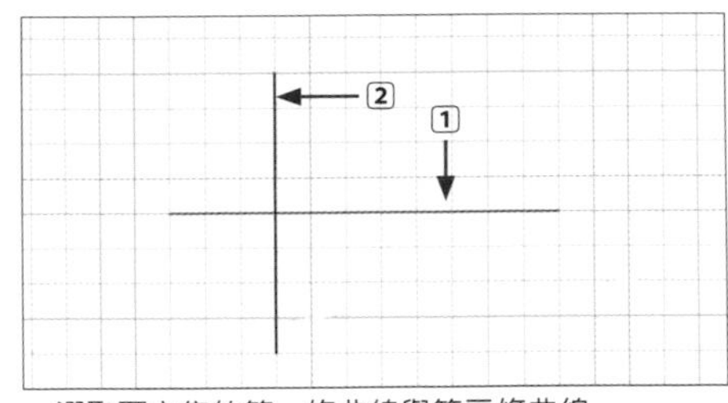

· 選取要交集的第一條曲線與第二條曲線

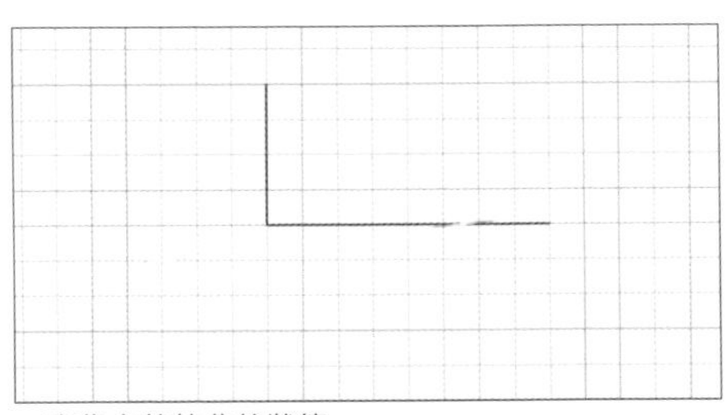

· 交集之後的曲線狀態

選取要延伸交集的第一條曲線 (組合 (J)= 是 圓弧延伸方式 (E)= 圓弧)

最後「圓弧延伸方式 (E)」的選項指令，可參考前面章節「4.1.2 曲線圓角與曲線斜角」，該選項的使用方法有類似的效果。

4.2 曲面工具

4.2.1 用曲線建立曲面

建立曲面 > 以平面曲線建立曲面 (PlanarSrf) 指令能以一條或數條可形成封閉平面區域的曲線為邊界來建立平面。如果有一條封閉曲線完全位於另一條封閉曲線內，這個指令則會建立一個中間有洞的平面。

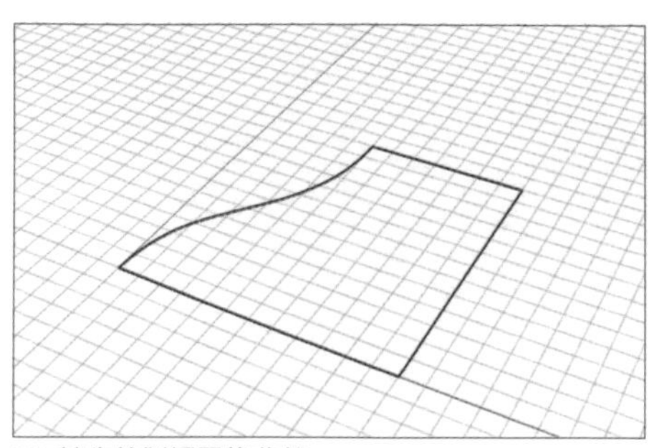

01. 請先繪製好四條曲線

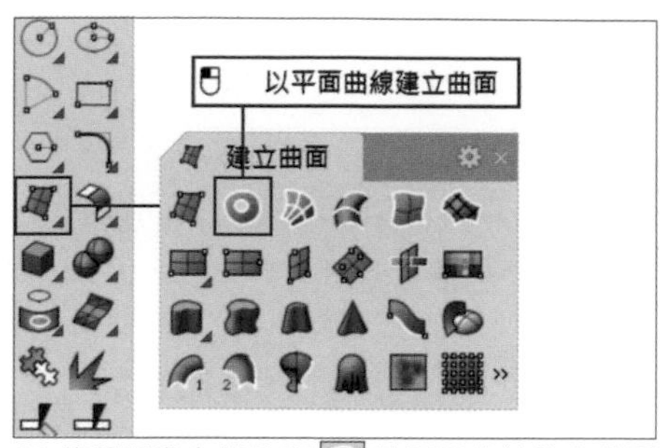

02. 使用滑鼠左鍵按下 以平面曲線建立曲面 (PlanarSrf) 指令

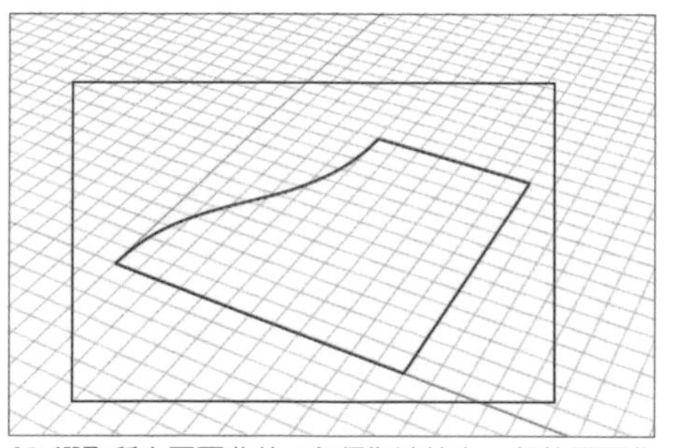

03. 選取所有平面曲線 (必須為連接在一起的平面曲線) 選取結束後按下 Enter

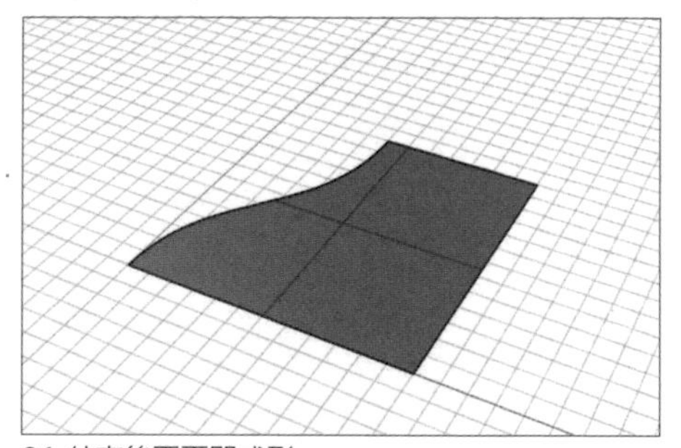

04. 結束後平面即成形

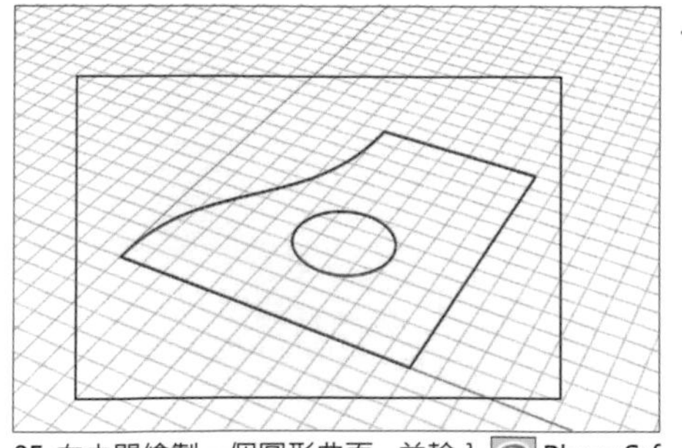

05. 在中間繪製一個圓形曲面，並輸入 PlanarSrf 按下 Enter 後選取所有平面曲線

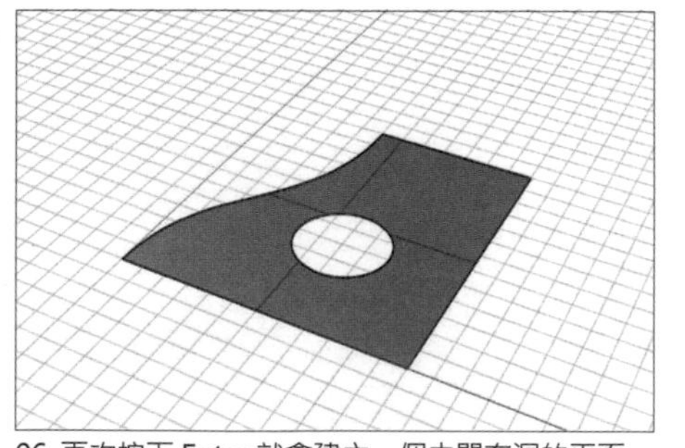

06. 再次按下 Enter 就會建立一個中間有洞的平面

建立曲面 > 以二、三或四個邊緣曲線建立曲面 (EdgeSrf) 指令可以選擇二條、三條或四條曲線建立曲面。輸入指令後依序選取想要建成曲線的邊緣便可成形，也能使用曲面的邊緣作為曲線來建立曲面。

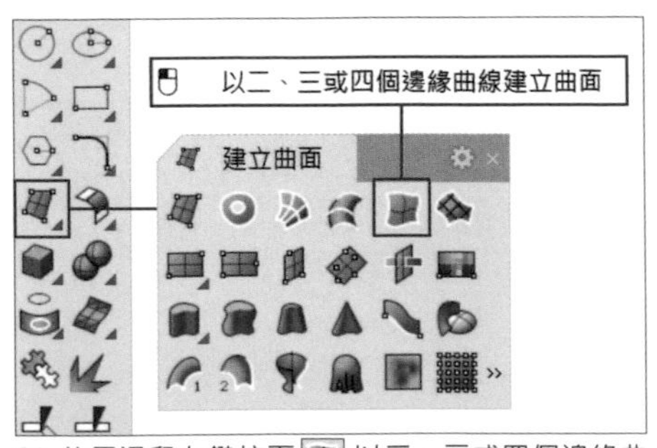

01. 使用滑鼠左鍵按下 以二、三或四個邊緣曲線建立曲面 (EdgeSrf) 指令

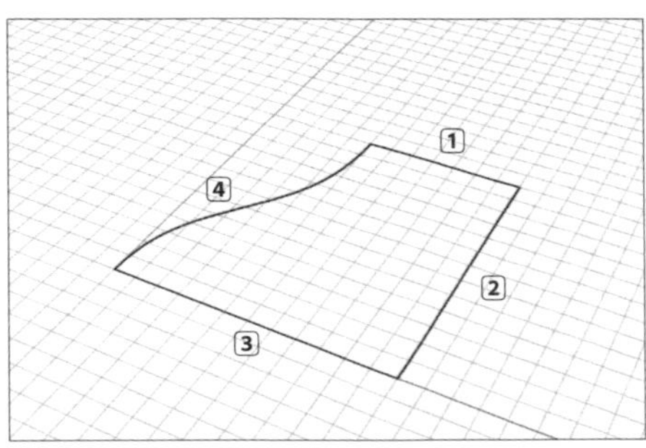

02. 依序選取四條曲線

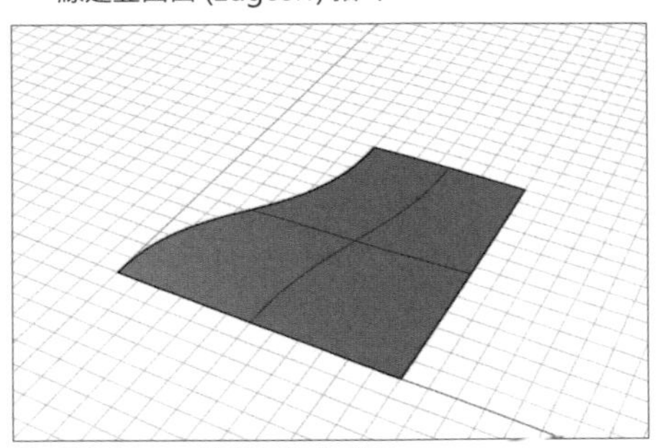

03. 按下 Enter 後曲面便會成形

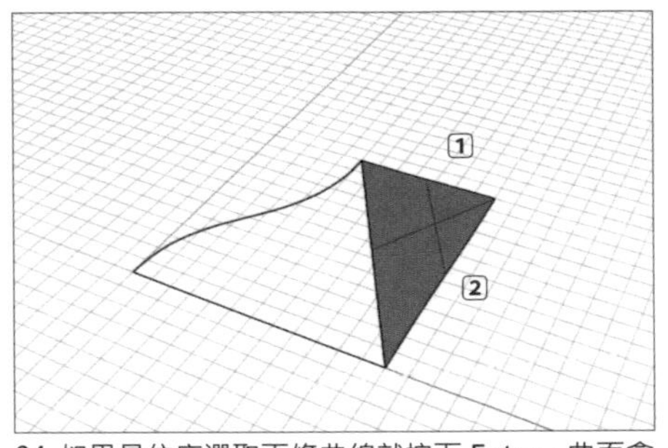

04. 如果是依序選取兩條曲線就按下 Enter，曲面會呈現如圖所示的狀態

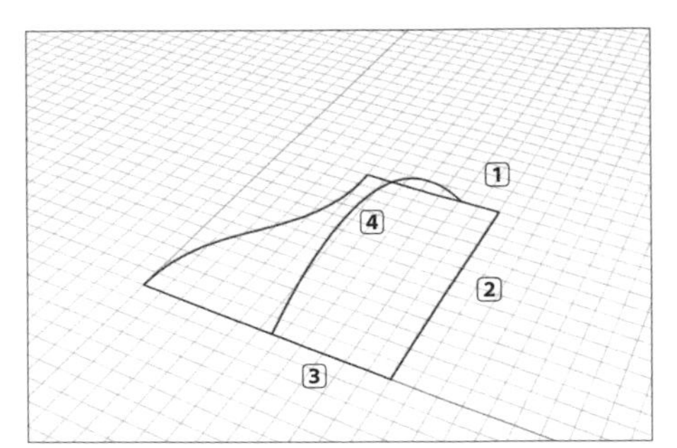

05. 在中間繪製一調有 Z 軸方向的曲線，輸入 EdgeSrf 後按下 Enter，並依序選取四條曲線

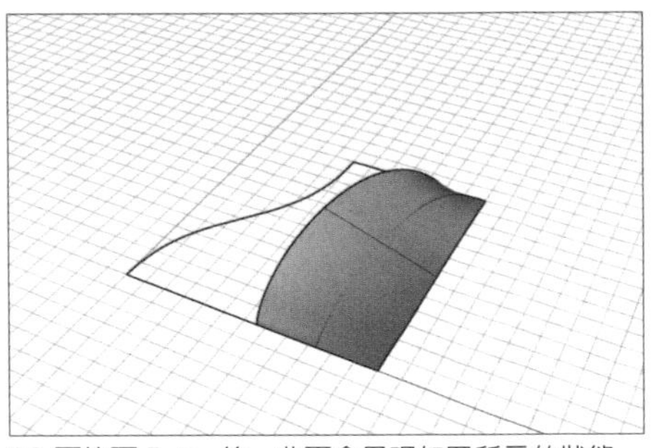

06. 再按下 Enter 後，曲面會呈現如圖所示的狀態

建立曲面 > 從網線建立曲面 (NetworkSrf) 指令可以從網狀交織的曲線來建立曲面，這種建構曲線的方式，其中一個方向的曲線必需跨越另一個方向的曲線，而且同一個方向的曲線不可相互跨越。

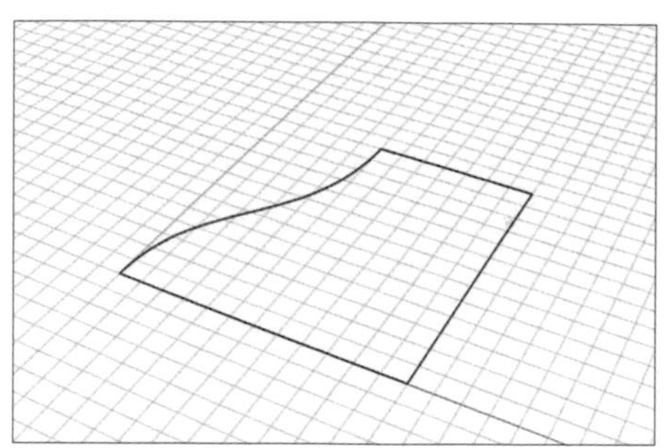

01. 繪製好四條曲線，並將曲線全選

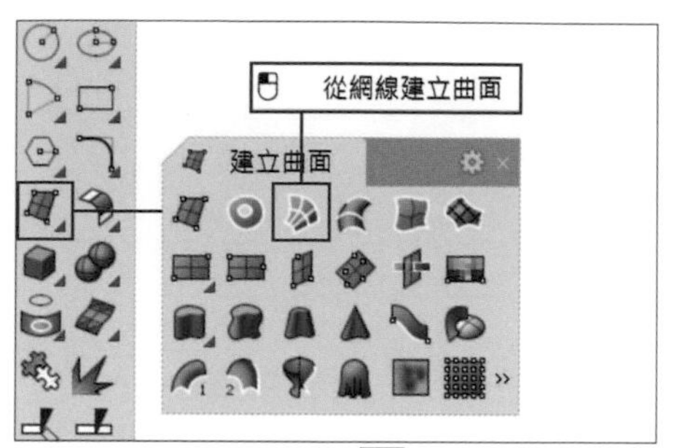

02. 使用滑鼠左鍵按下 從網線建立曲面 (NetworkSrf) 指令後，按下 Enter 或右鍵

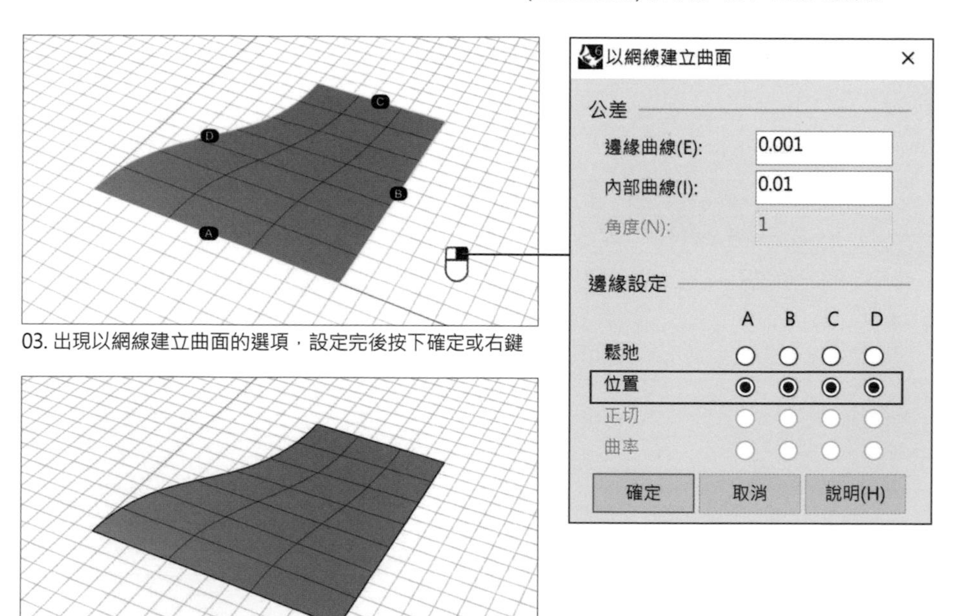

03. 出現以網線建立曲面的選項，設定完後按下確定或右鍵

04. 曲面建立完畢的狀態

建立曲面 > 嵌面 (Patch) 指令可以建立逼近曲線、網格、點物件或點雲的曲面，而當選取的曲線形成一個封閉邊界時曲面才能自動修剪，使用開放曲線進行 嵌面 (Patch) 指令則會成形一個較大的曲面並且無法自動修剪。

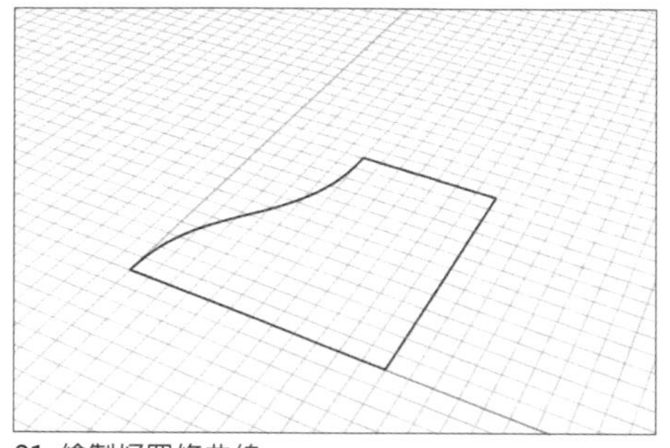

01. 繪製好四條曲線

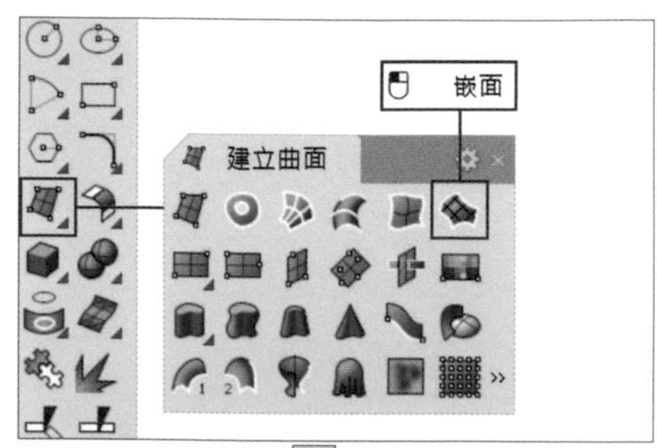

02. 使用滑鼠左鍵按下 嵌面 (Patch) 指令，並將曲線全選按下 Enter 或右鍵

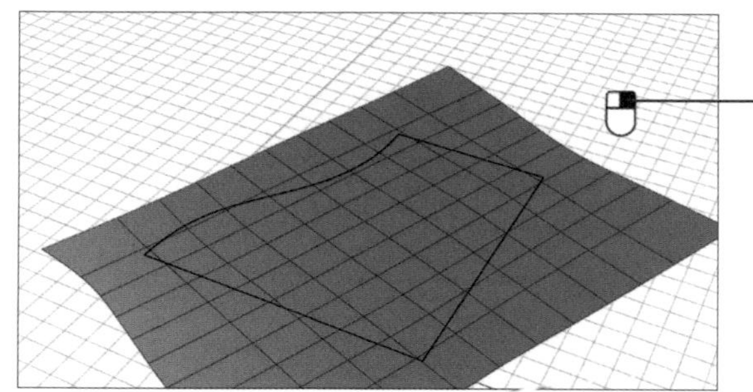

03. 會出現嵌面曲面選項，可以調整 U 跟 V 方向的跨距數，按下確定或右鍵之後形成一個尚未修剪的曲面

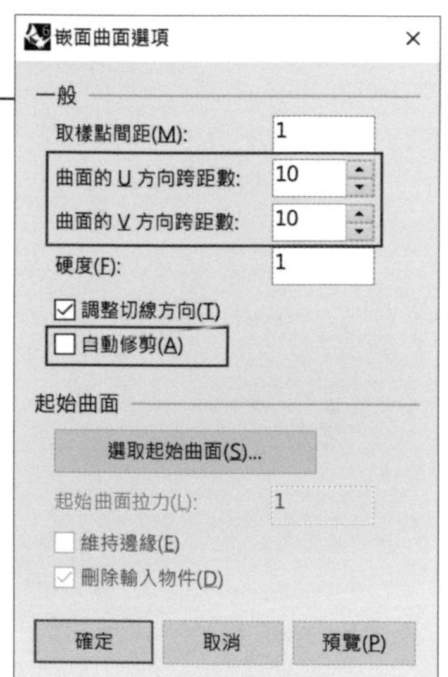

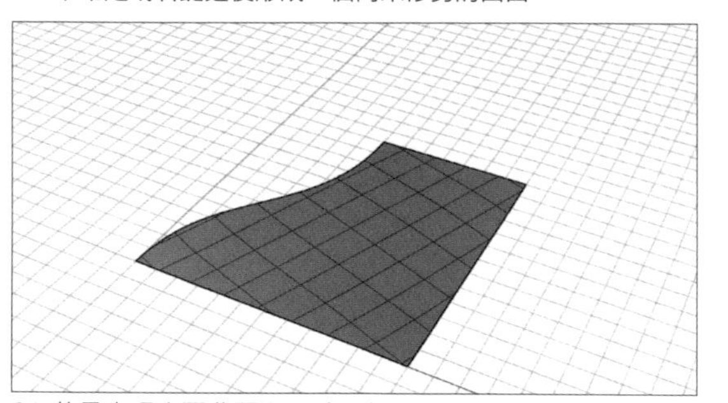

04. 若是出現嵌面曲面選項時，勾選自動修剪，按下確定之後曲面便會被修剪完畢

PlanarSrf、EdgeSrf、NetworkSrf、Patch 的比較

以上四種指令都是由曲線去建立曲面，它們在重建曲面後會有不同的狀態：

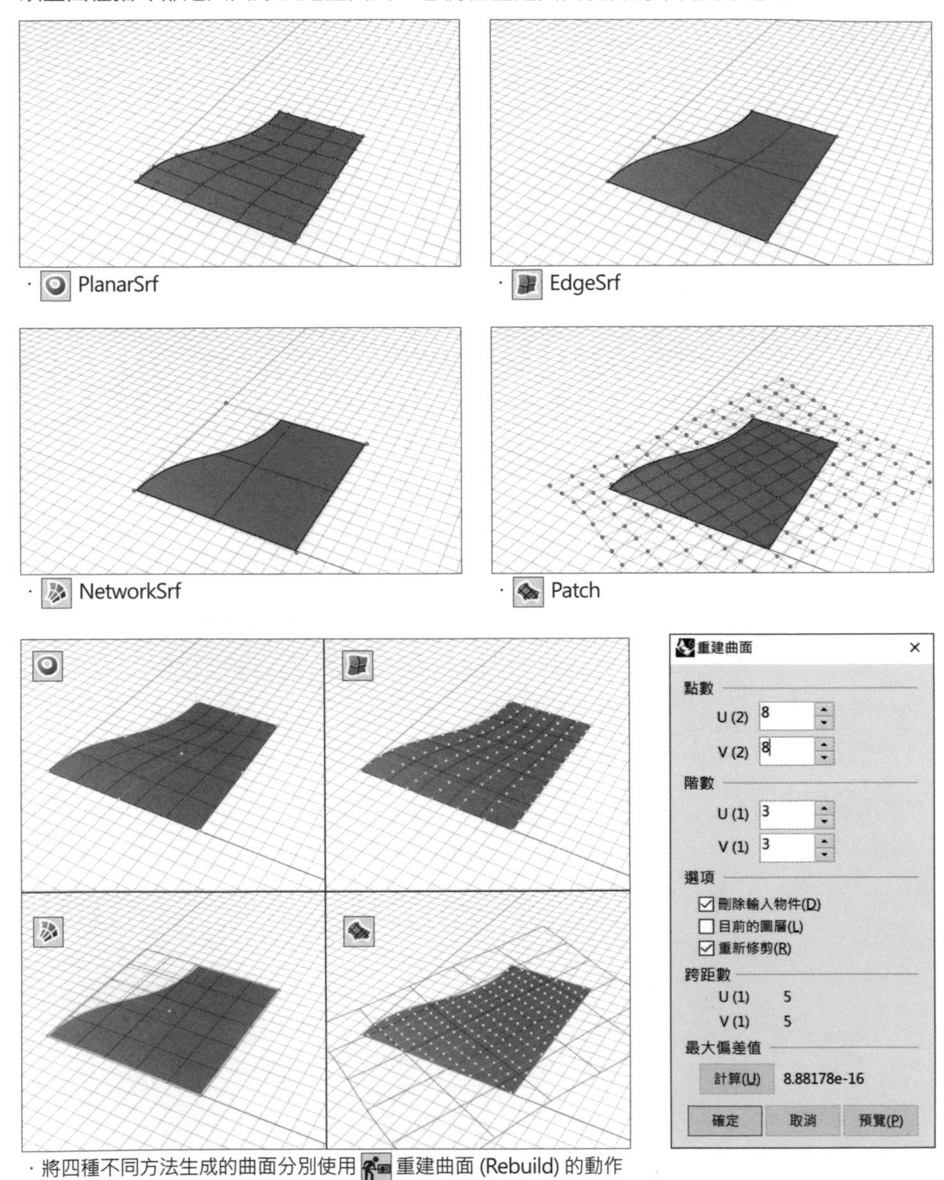

· 將四種不同方法生成的曲面分別使用 重建曲面 (Rebuild) 的動作

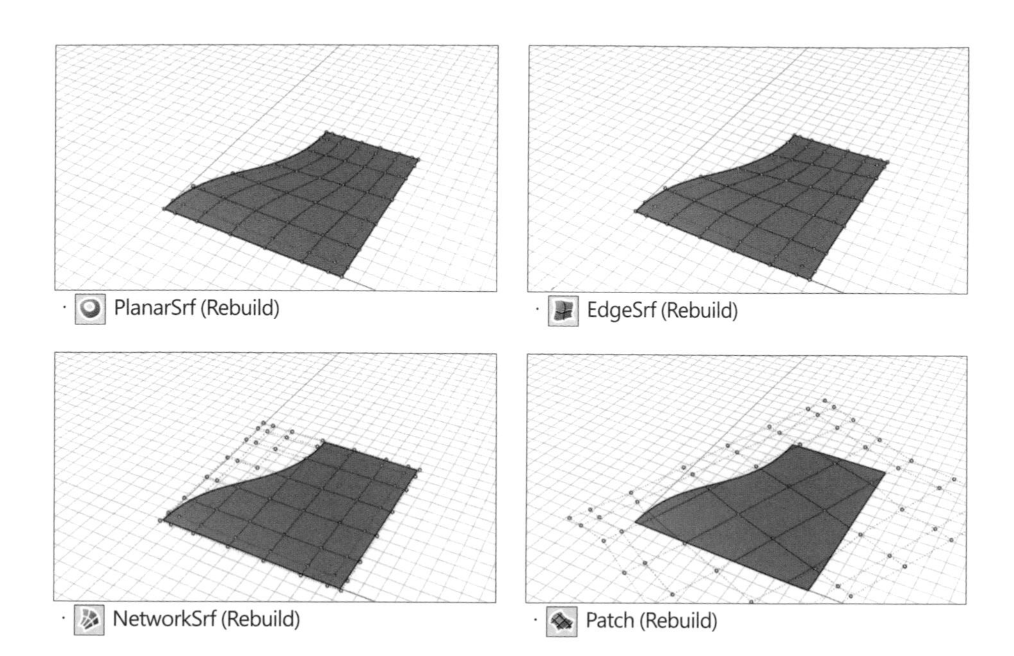

· PlanarSrf (Rebuild)　· EdgeSrf (Rebuild)

· NetworkSrf (Rebuild)　· Patch (Rebuild)

使用 PlanarSrf 創建的曲面與使用 EdgeSrf 創建的曲面，在 重建曲面（Rebuild）過後的狀態會是相同的，控制點皆落在曲面上。（重建曲面可以重新改變曲面的點數與階數，方便編輯曲面。詳細教學可以參考 4.2.6 重建曲面與控制點練習）。因為沒有在外面的控制點，所以 PlanarSrf 只能建立平面的曲面，立體的曲面是無法建立的。 EdgeSrf 可以建立立體的曲面，但是限制在於只能選取最多四個邊緣去建立曲面。 NetworkSrf 可以選取較多的曲線去建立曲面，但要注意的是 NetworkSrf 在曲線的建構上也會受到限制，同方向的曲線不能跨越彼此，且需要有兩個方向的曲線才能生成。使用 Patch 創建的曲面看似是一種最沒有限制的曲面建成方法，因為它可以選取曲線、網格、點物件或點雲去生成曲面，但這種方式生成的曲面會處在較不規則的狀態下，控制點通常比較不受控制。 Patch 生成的曲面通常都是由一大張曲面再去修剪而成，控制點就會是以原本的曲面生成，如果想要縮減控制點就需要用到 縮回已修剪曲面 (ShrinkTrimmedSrf) 的指令（詳細教學可以參考 4.2.7 分割與分割控制點練習）。

4.2.2 擠出曲線與曲面

建立實體 > 擠出封閉的平面曲線 (ExtrudeCrv) 指令可以將曲線往單一方向擠出建立曲面。如果使用開放的曲線去擠出物件，通常是用在製做出牆面或是板片的面狀物，如果使用封閉的曲線去擠出物件，則比較像是去建立有厚度的實體。

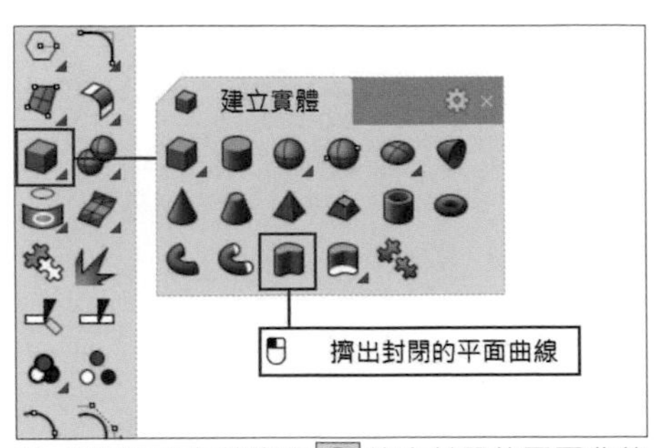

01. 使用滑鼠左鍵按下 擠出封閉的平面曲線 (ExtrudeCrv) 指令

02. 選取繪製好的曲線，並按下 Enter

輸入完 ExtrudeCrv 指令後按下 Enter，在指令提示下輸入擠出的距離 (數字)，或是指定兩個點設定距離。使用物件鎖點，就可以鎖定其它物件的某個位置，便可以精確地指定一點。

---

❶擠出距離 <2> (方向 (D) ❷兩側 (B)= 是 實體 (S)= 否 刪除輸入物件 (L)= 否 至邊界 (T) 設定基準點 (A))

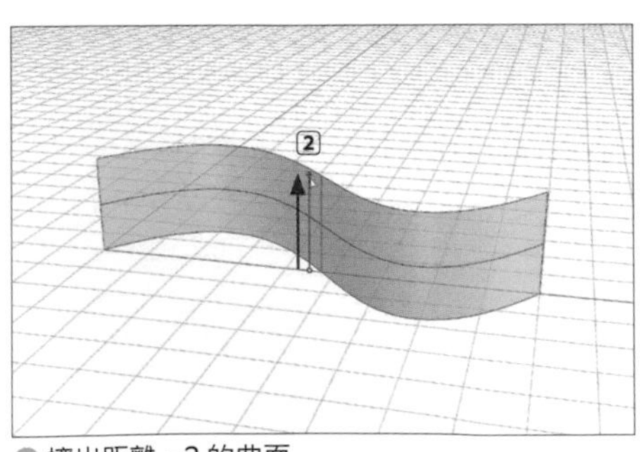

❶ 擠出距離 =2 的曲面

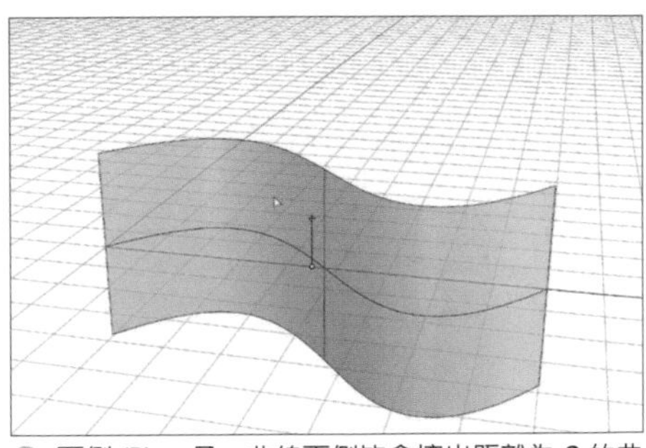

❷ 兩側 (B) = 是，曲線兩側皆會擠出距離為 2 的曲面

假如在輸入完 ExtrudeCrv 指令後，發現擠出方向不是我們想要的方向，可以使用指令行的「方向 (D)」去更改擠出方向，點選此選項後指定兩個點設定方向。先指定基準點後，再去指定第二點決定方向角度。

擠出距離 <2> (方向 (D) 兩側 (B)= 否 實體 (S)= 否 刪除輸入物件 (L)= 否 至邊界 (T) 設定基準點 (A))

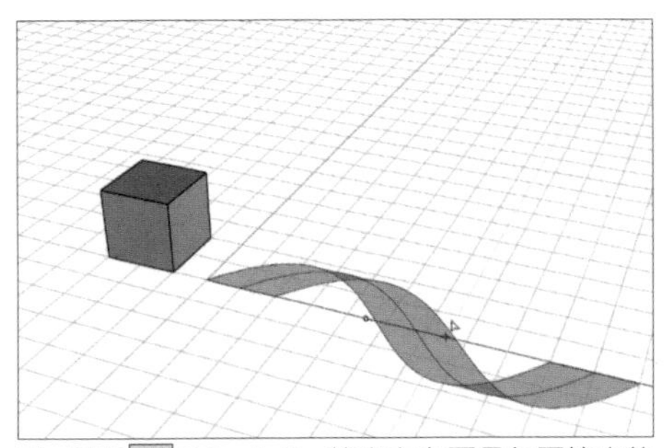

01. 假如 ExtrudeCrv 擠出方向不是想要擠出的方向，可用 Box 繪製立方體來定義方向

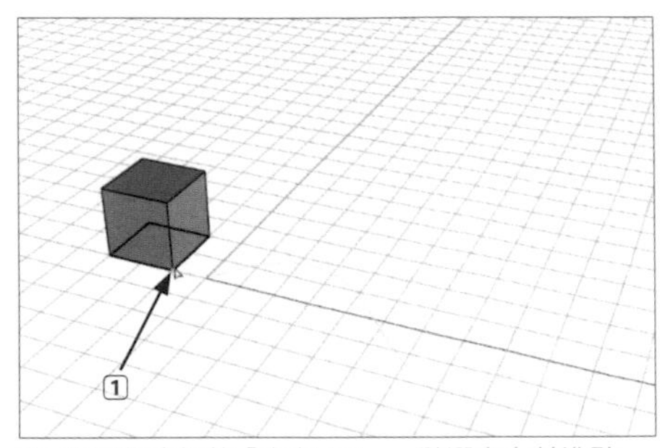

02. 選取指令欄的「方向 (D)」，點選方向基準點

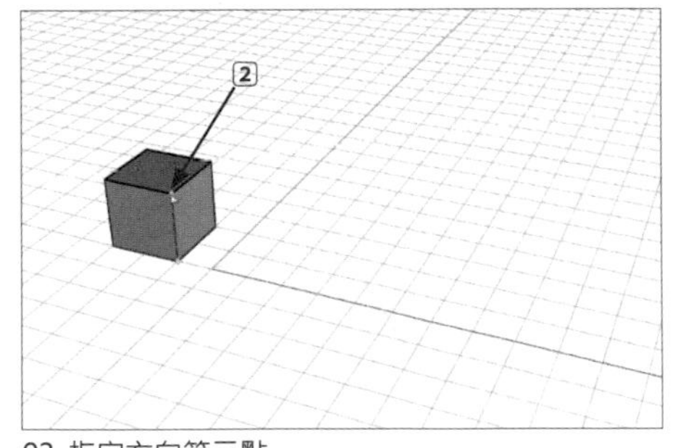

03. 指定方向第二點

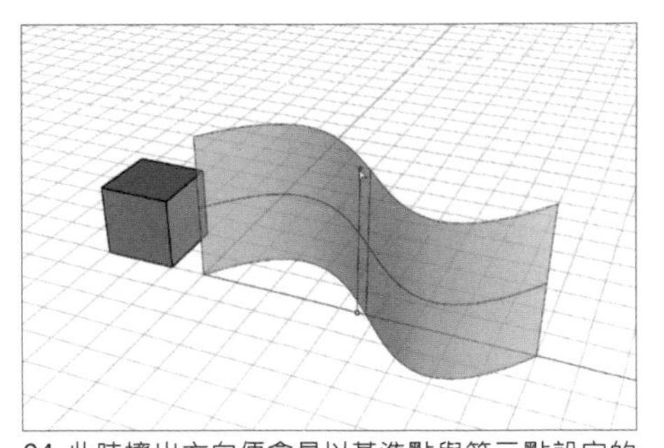

04. 此時擠出方向便會是以基準點與第二點設定的方向為準

非平面的曲線 - 使用中作業視窗的工作平面 Z 軸為預設的擠出方向。

平面曲線 - 與曲線平面垂直的方向為預設的擠出方向。

在擠出封閉曲線（或是曲面）的時候，可以將要擠出的封閉曲線設定成是否為實體，假如設定是「實體 (S)= 否 」時，曲線擠出時只會擠出邊界，會呈現一個空心的狀態；而假如設定是「實體 (S)= 是 」時，曲線擠出後上下會出現曲面，整體變成一個實體的狀態，（要注意，如果擠出的是開放的曲線，就算選擇「實體 (S)= 是」也不會成為一個實體。）假如我們選擇一條曲線後，點選「至邊界 (T)」選項，指令欄會出現「選取邊界曲面 」，此時選取一個邊界曲面，點選完畢後，曲線會自動擠出至曲面的邊界。

擠出距離 <2> (方向 (D) 兩側 (B)= 否 ❸ 實體 (S)= 否 刪除輸入物件 (L)= 否 ❹ 至邊界 (T) 設定基準點 (A))

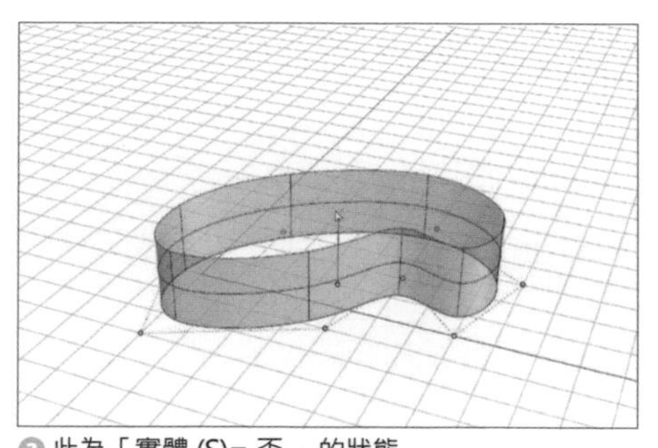

❸ 此為「實體 (S)= 否 」的狀態

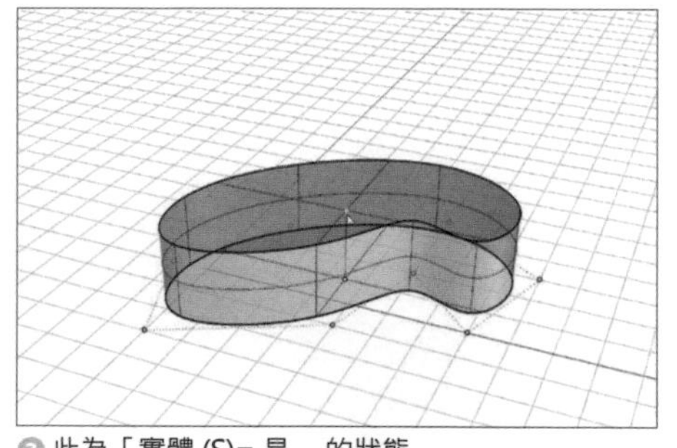

❸ 此為「實體 (S)= 是 」的狀態

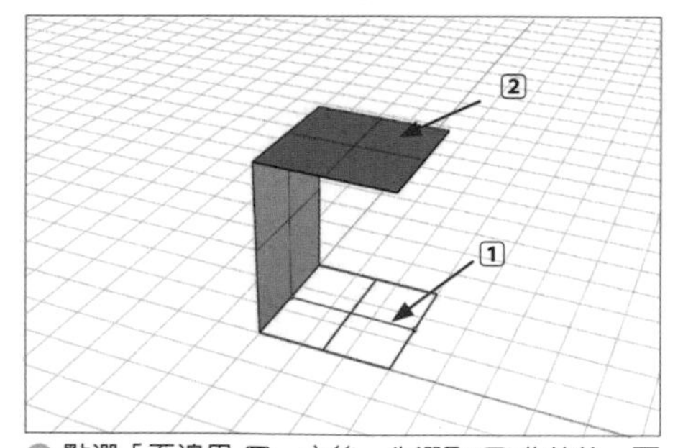

❹ 點選「至邊界 (T)」之後，先選取 1 曲線後，再選取 2 邊界曲面

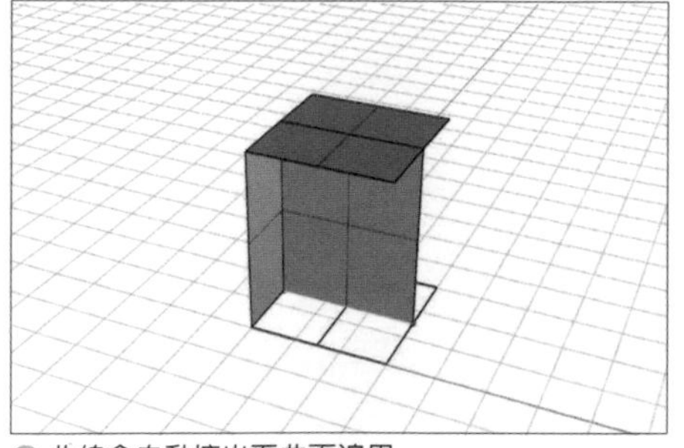

❹ 曲線會自動擠出至曲面邊界

建立實體 > 擠出曲面 (ExtrudeSrf) 可將曲面往單一方向擠出建立實體。

曲面工具 > 偏移曲面 (OffsetSrf) 可以等距偏移一個曲面。

ExtrudeSrf 指令擠出的實體是只有單一方向的實體，而 OffsetSrf 偏移的多重曲面是往曲面的法向量（垂直於平面的直線所表示的向量）偏移。

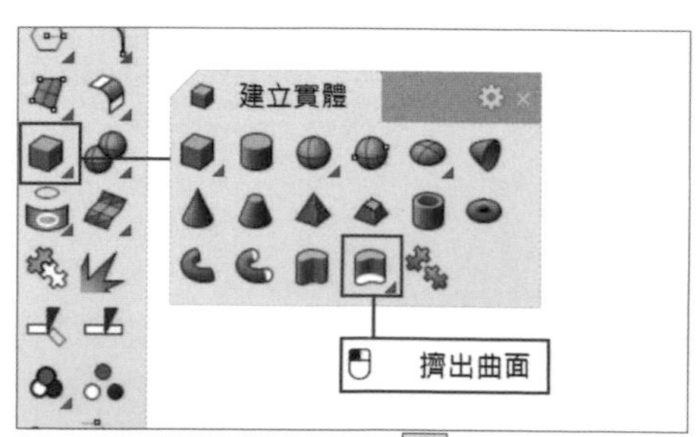

01. 在邊欄使用滑鼠左鍵按下 ExtrudeSrf 指令

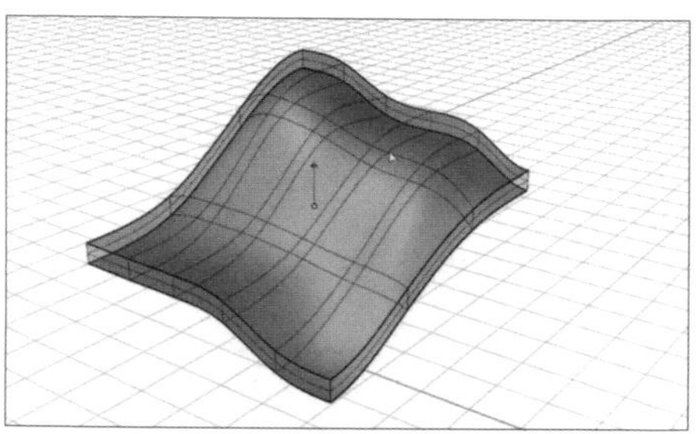

02. 按下 Enter 後選取曲面，輸入擠出距離

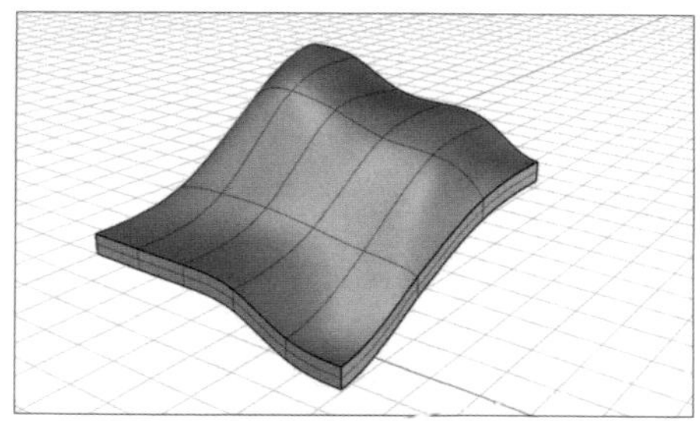

03. 按下 Enter 後擠出的實體是單一方向的實體

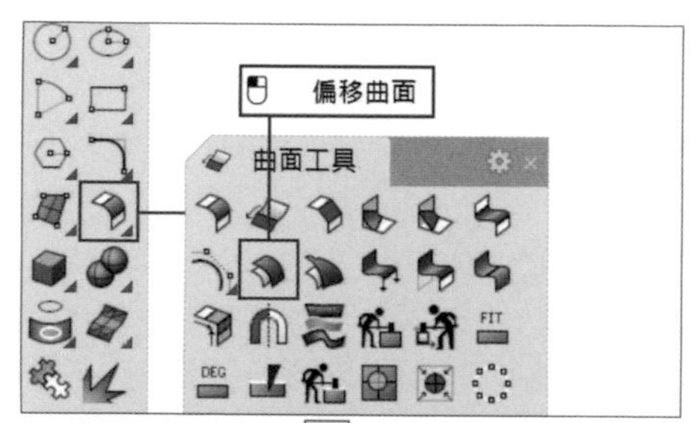

04. 使用滑鼠左鍵按下 偏移曲面 (OffsetSrf) 指令

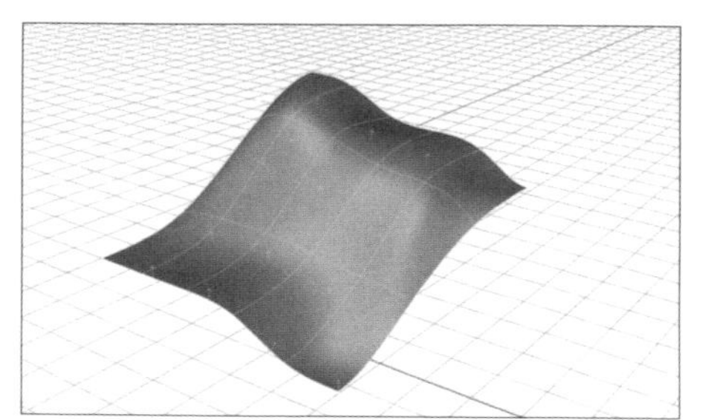

05. 選取要偏移的曲面並輸入距離

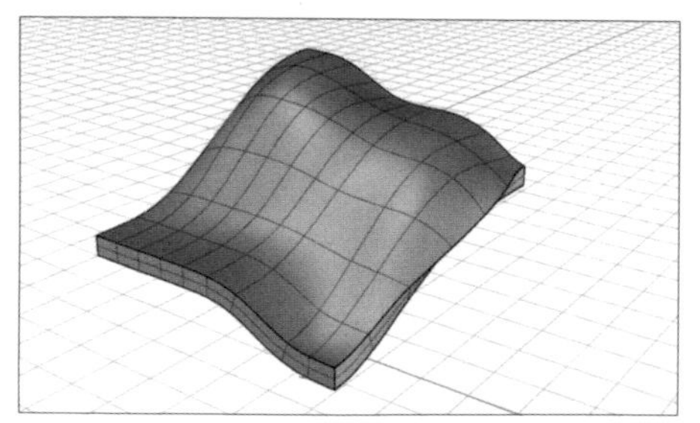

06. 按下 Enter 後曲面往法向量偏移成為多重曲面

4.2.3 偏移

曲線工具 > 偏移曲線 (Offset) 指令可以將曲線等距離偏移或是複製。步驟為選取一條曲線或曲面的邊緣然後指定曲線的偏移方向與距離。曲線的偏移距離過大時，偏移曲線可能會出現自交的情形。

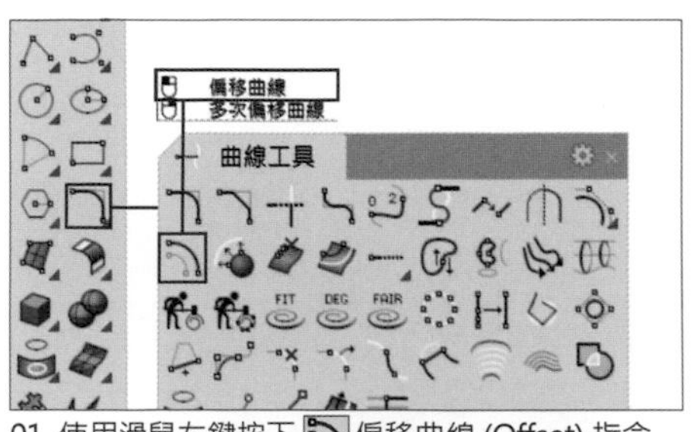

01. 使用滑鼠左鍵按下 偏移曲線 (Offset) 指令

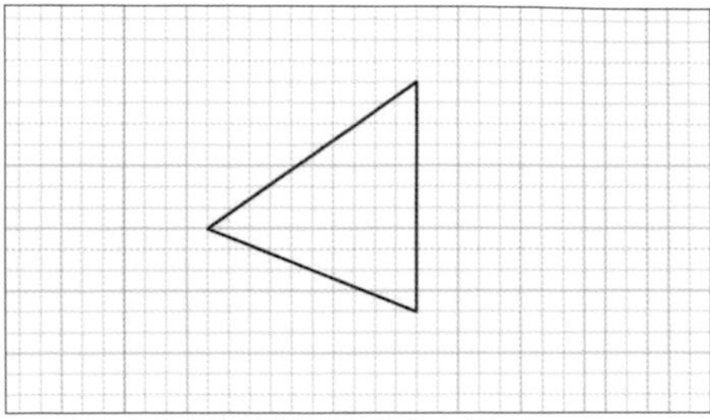

02. 選取事先繪製好的封閉曲線，按下 Enter

偏移側 (❶距離 (D)=1.5 ❷鬆弛 (L)= 否 角 (C)= 銳角 通過點 (T) 公差 (O)=0.01 ❸兩側 (B) 與工作平面平行 (I)= 否 加蓋 (A)= 無)

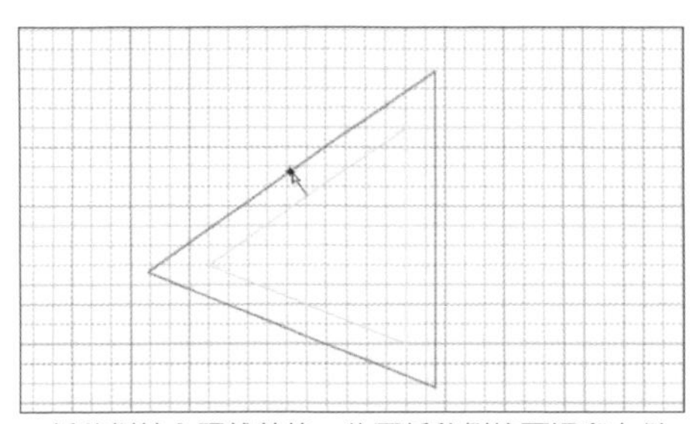

．偏移側輸入距離數值，往要偏移側按下滑鼠左鍵

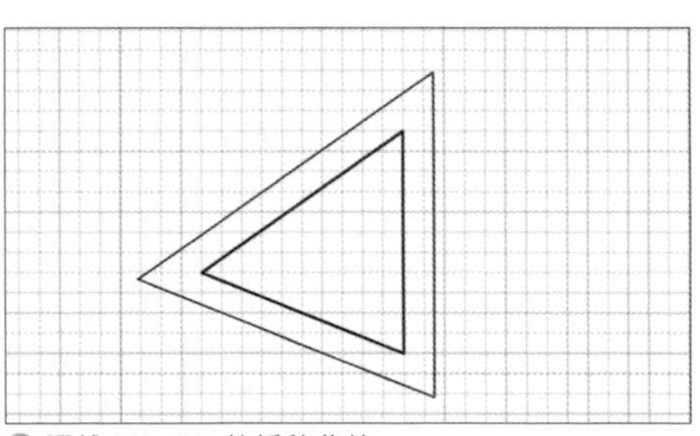

❶ 距離 (D)=1.5 的偏移曲線

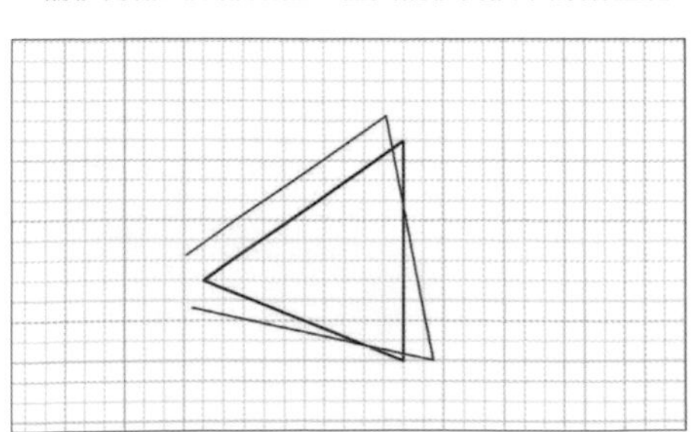

❷ 選項「鬆弛 (L) = 是」的偏移曲線

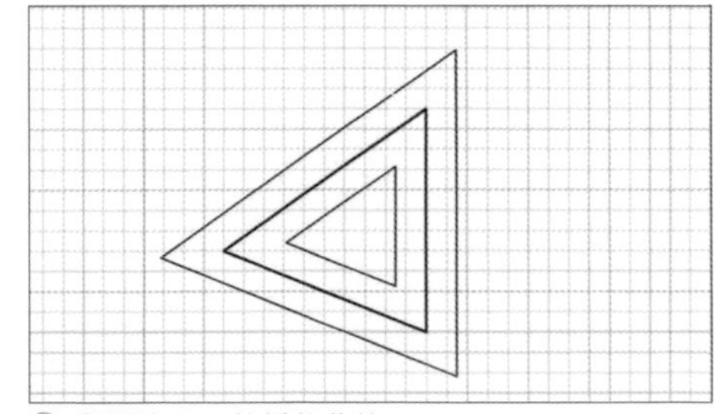

❸「兩側 (B)」的偏移曲線

在偏移曲線選項裡面，如果使用封閉曲線的偏移，可以選擇角是銳角、圓角、平滑或是斜角；使用開放曲線偏移，可以選擇是否加蓋，加蓋為平頭或是圓頭。

---

❹
角 < 銳角 > (銳角 (S) 圓角 (R) 平滑 (M) 斜角 (C))

加蓋 < 無 > (無 (N) 平頭 (F) 圓頭 (R))
❺

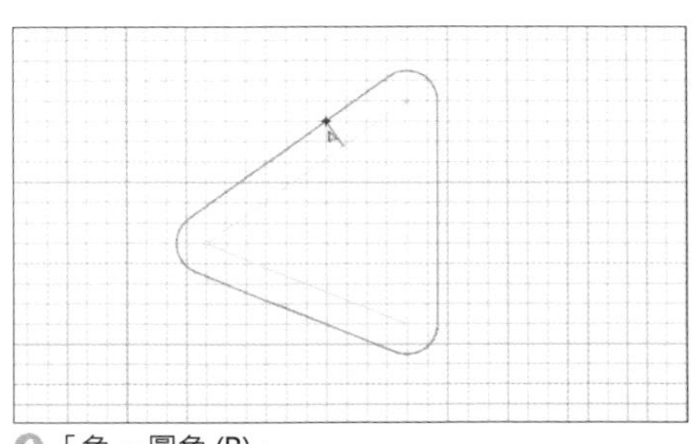

❹「角 = 圓角 (R)」

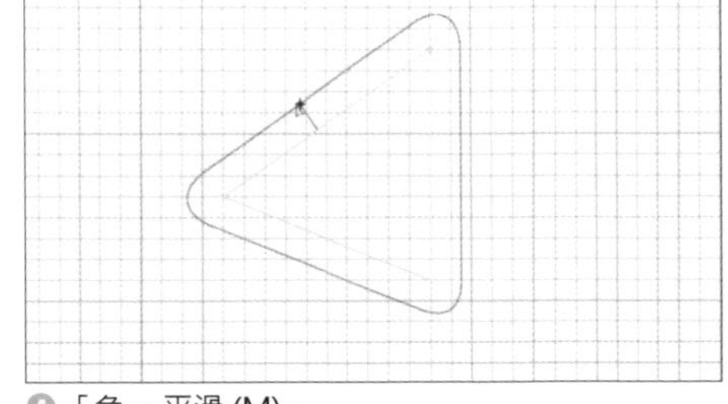

❹「角 = 平滑 (M)」

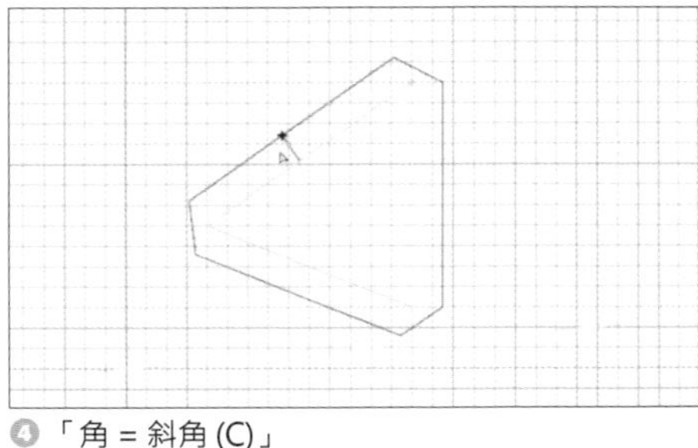

❹「角 = 斜角 (C)」

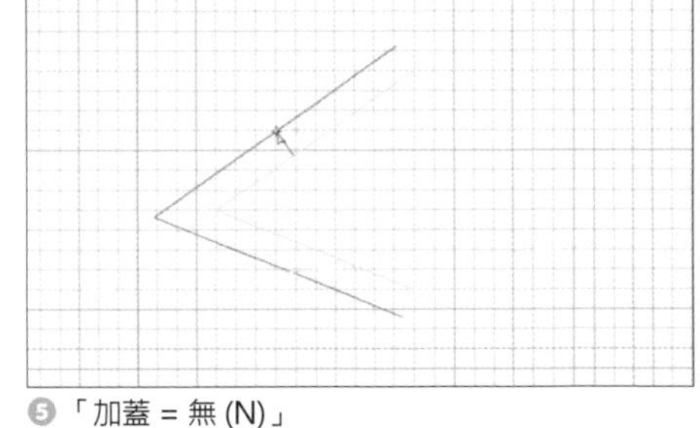

❺「加蓋 = 無 (N)」

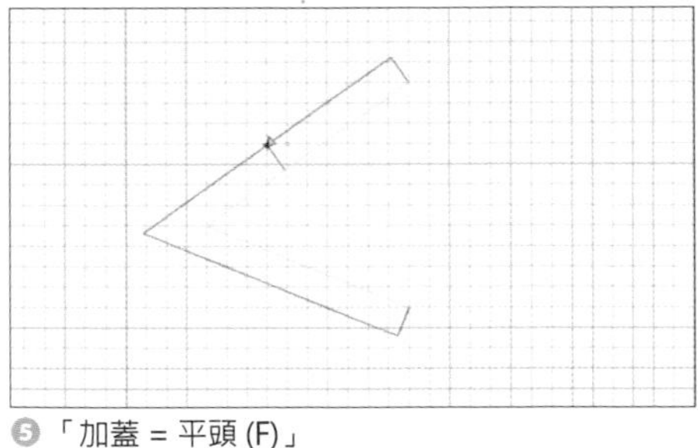

❺「加蓋 = 平頭 (F)」

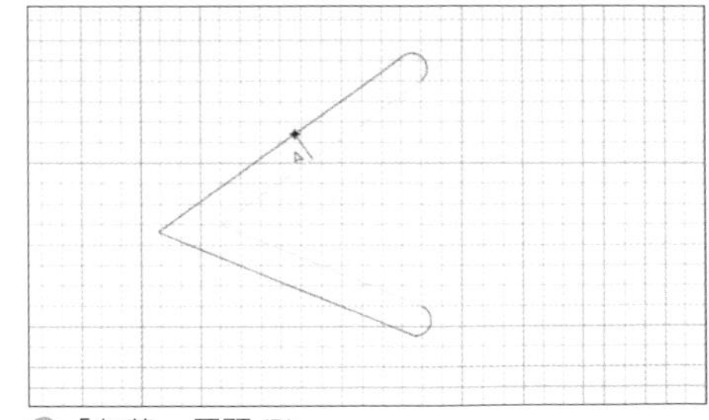

❺「加蓋 = 圓頭 (R)」

曲面工具 > 偏移曲面 (OffsetSrf) 指令可以將曲面或多重曲面等距離偏移或是複製。步驟為選取一個曲面或多重曲面，再指定曲面的偏移方向與距離。

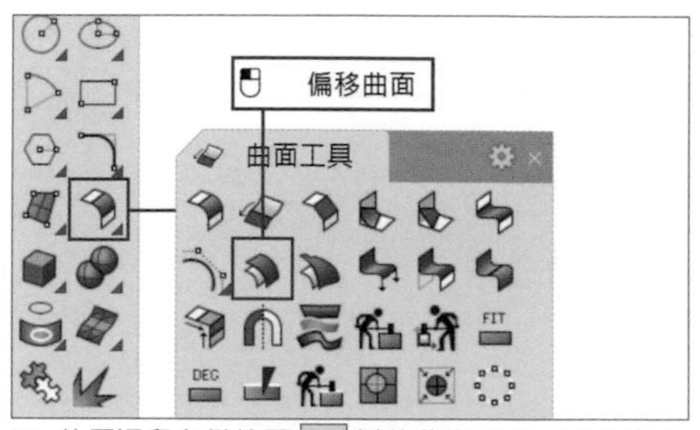

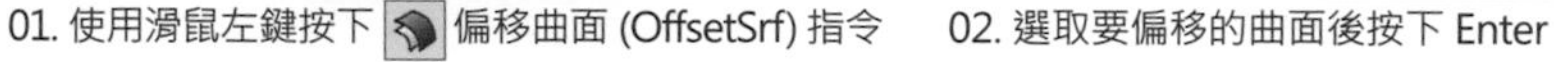
01. 使用滑鼠左鍵按下 偏移曲面 (OffsetSrf) 指令

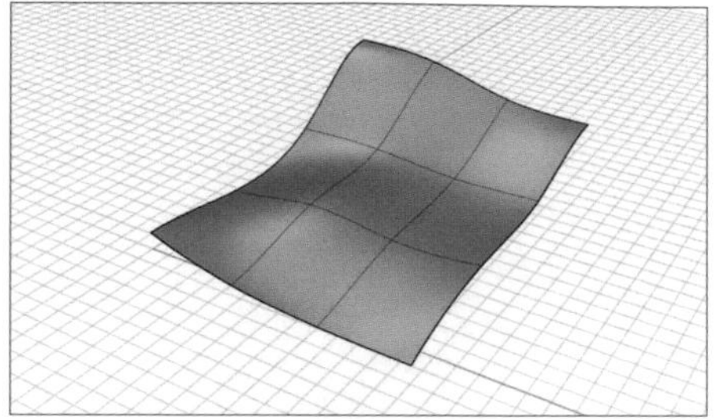
02. 選取要偏移的曲面後按下 Enter

選取要反轉偏移方向的物件，按 Enter 完成

(距離 (D)=1 角 (C)= 銳角 ❶ 實體 (S)= 否 ❷ 鬆弛 (L)= 是 兩側 (B)= 否 全部反轉 (F))

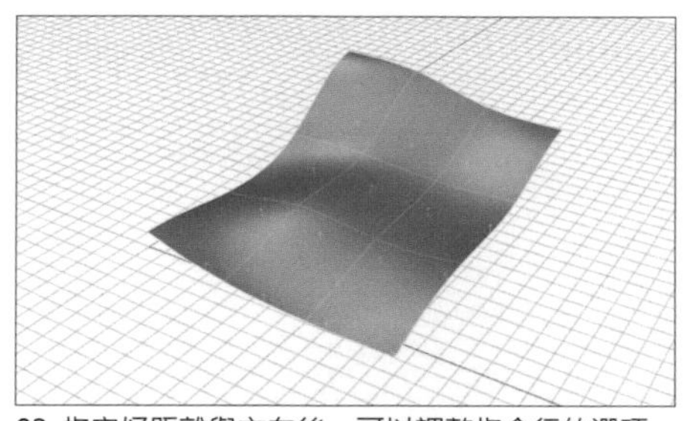
03. 指定好距離與方向後，可以調整指令行的選項

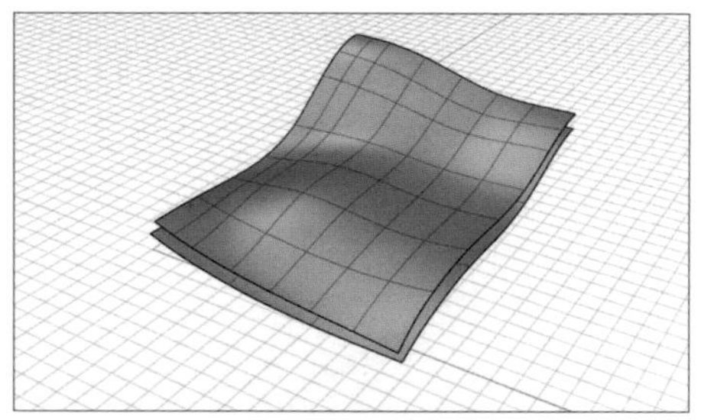
❶ 實體 (S)= 否，❷鬆弛 (L)= 否

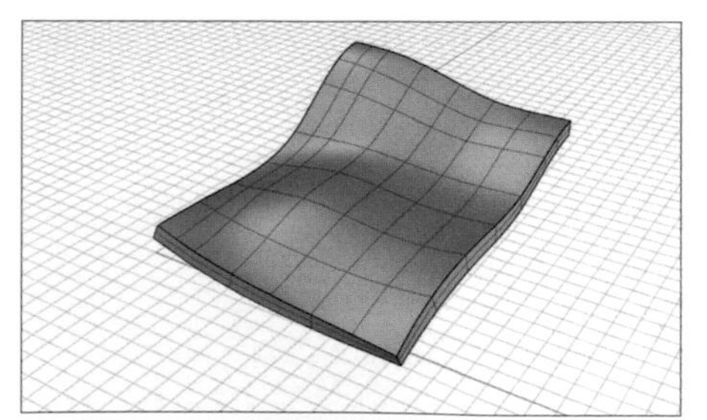
❶ 實體 (S)= 是，❷ 鬆弛 (L)= 否

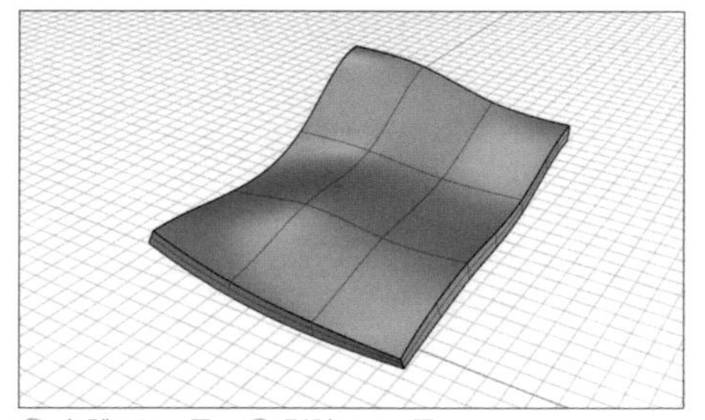
❶ 實體 (S)= 是，❷ 鬆弛 (L)= 是

偏移曲面 (OffsetSrf) 有許多選項可以調整，除了基本的實體與鬆弛之外，還可以選擇是否往兩側偏移，或者是否要刪除輸入的物件。

選取要反轉方向的物件，按 Enter 完成 (距離 (D)=1 角 (C)= 銳角 實體 (S)= 是 鬆弛 (L)= 是 ❸兩側 (B)= 否 ❹刪除輸入物件 (T)= 否 ❺全部反轉 (F))

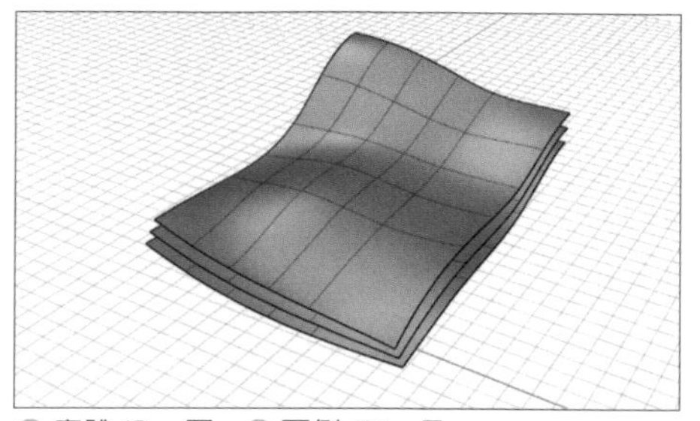

❶ 實體 (S)= 否，❸ 兩側 (B)= 是

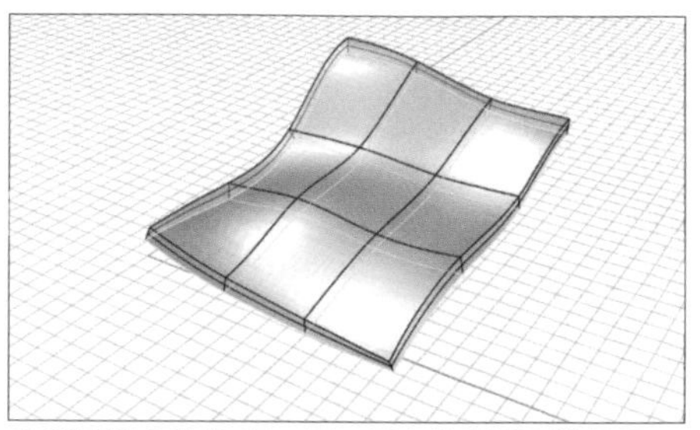

❹ 刪除輸入物件 (T)= 否，原本的曲面會被保留

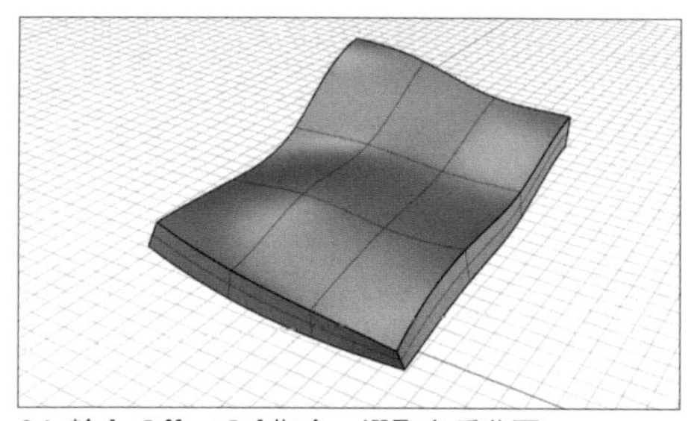

04. 輸入 OffsetSrf 指令，選取多重曲面

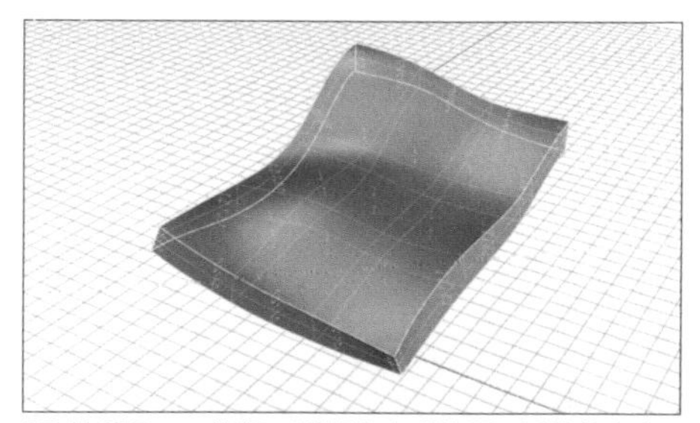

05. 按下 Enter 後每一面都會出現箭頭 (偏移的方向)

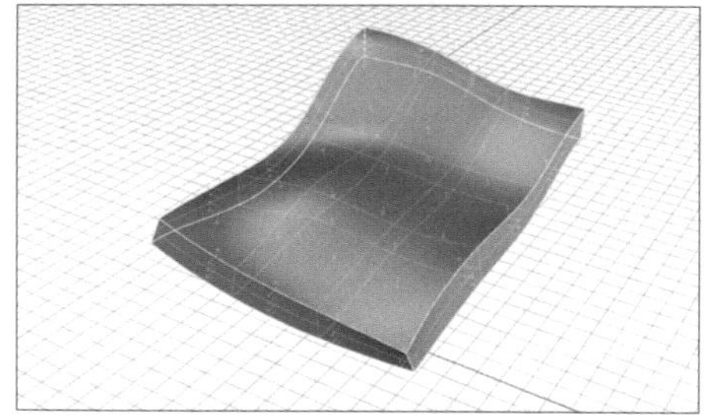

06. 按下 ❺ 全部反轉 (F) 後，全部的方向會反轉

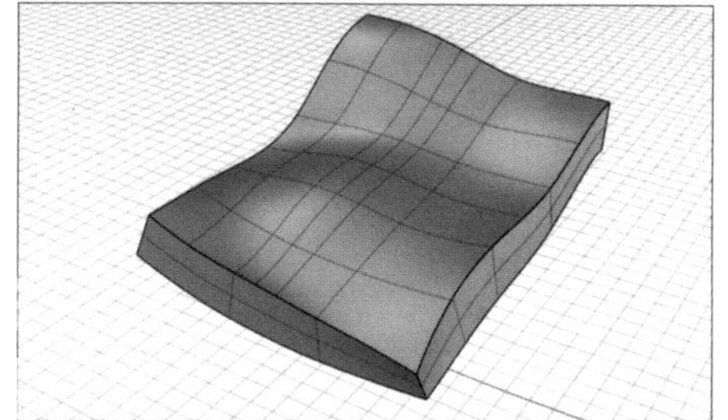

07. 再按下 Enter 後多重曲面會往外偏移

4.2.4 單、雙軌掃掠

建立曲面 > 單軌掃掠 (Sweep1) 指令可以沿著一條路徑掃掠通過數條定義曲面形狀的斷面曲線以建立曲面，斷面可為封閉或是開放的曲線，下圖是封閉曲面的示範案例。

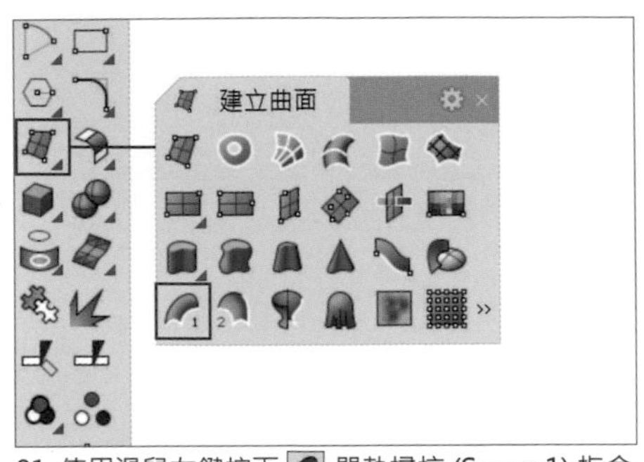

01. 使用滑鼠左鍵按下 單軌掃掠 (Sweep1) 指令

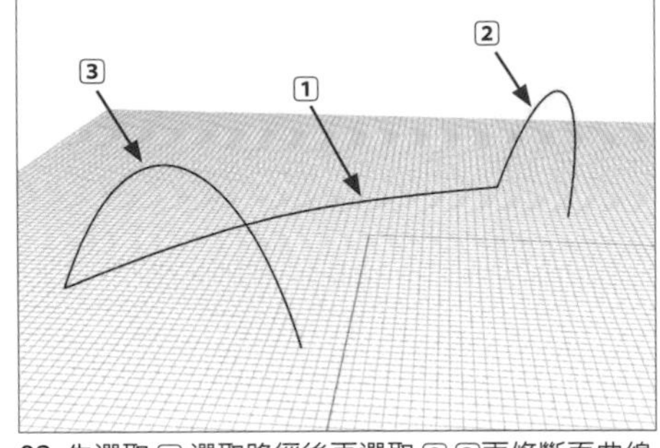

02. 先選取 1 選取路徑後再選取 2 3兩條斷面曲線

選取路徑 (連鎖邊緣 (C))

選取斷面曲線 (點 (P))

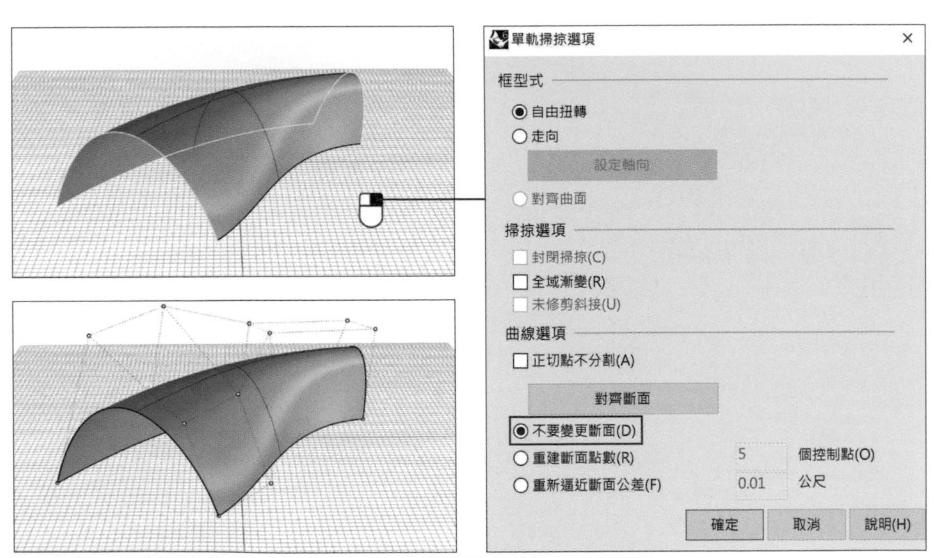

· 按下 Enter 或右鍵之後會出現單軌掃掠選項，此為預設選項，不要變更斷面。
左上為按下確定前的狀態，左下為按下確定後將曲面控制點開啟的狀態。

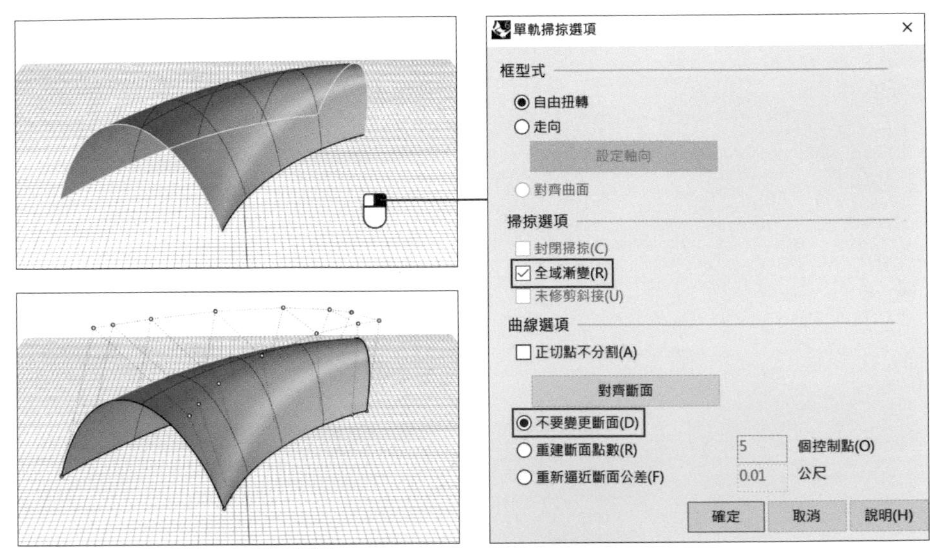

・此選項為全域漸變與不要變更斷面。
左上為按下確定前的狀態，左下為按下確定後將曲面控制點開啟的狀態。

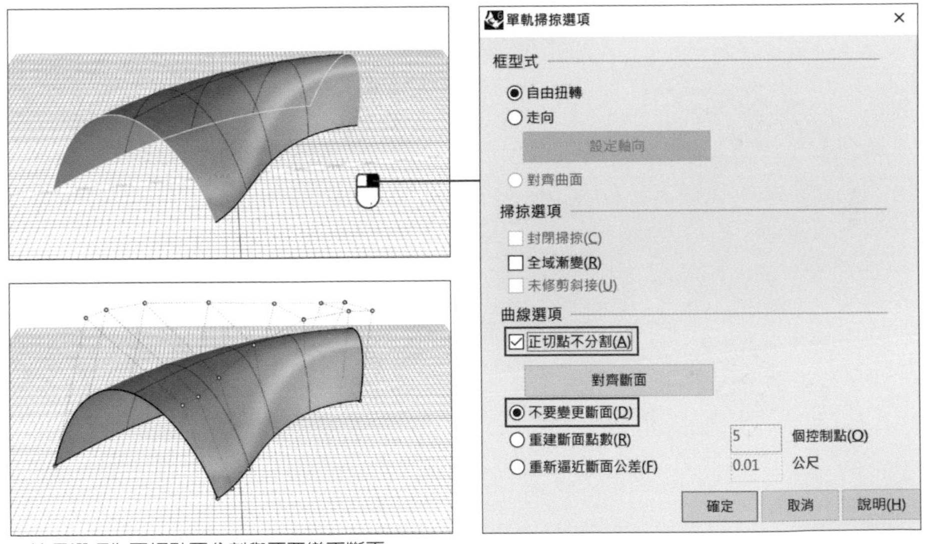

・這是選項為正切點不分割與不要變更斷面。
左上為按下確定前的狀態，左下為按下確定後將曲面控制點開啟的狀態。

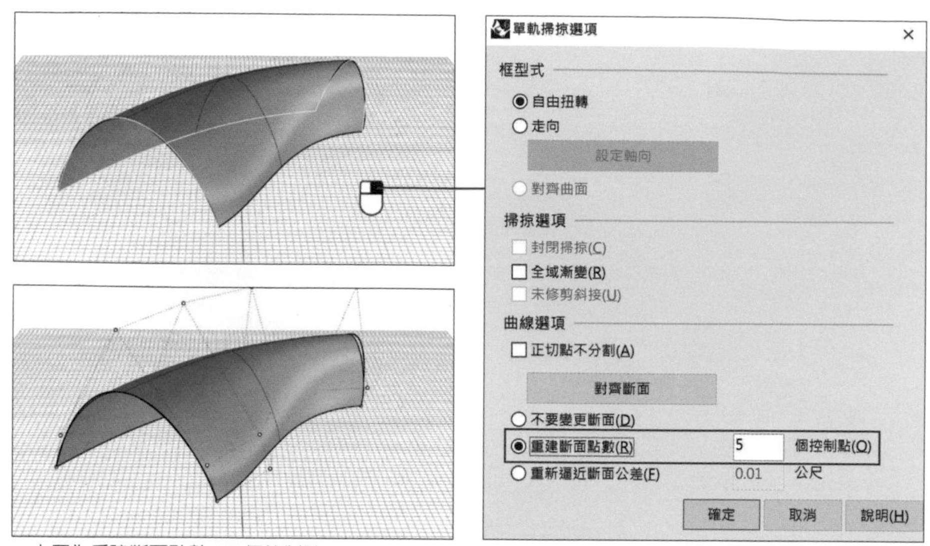

・上圖為重建斷面點數（5 個控制點）。
左上為按下確定前的狀態，左下為按下確定後將曲面控制點開啟的狀態。

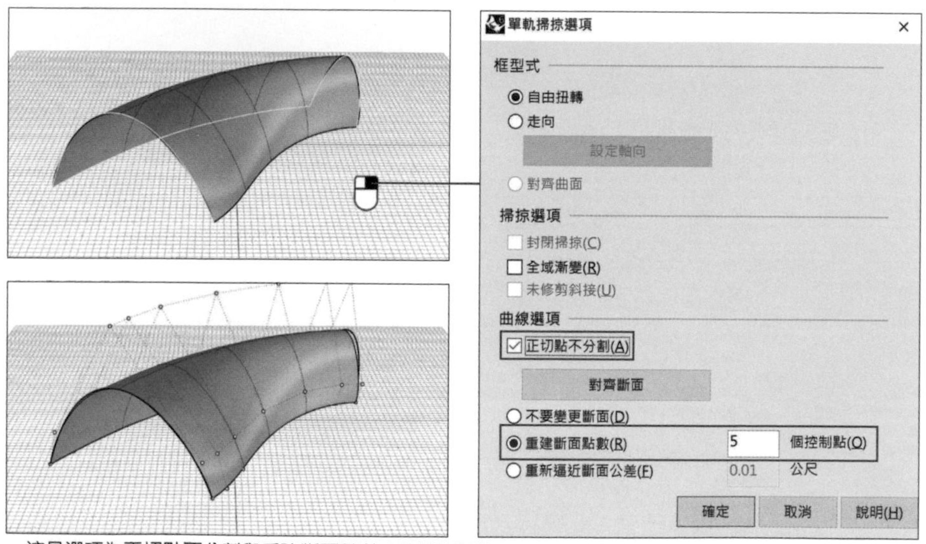

・這是選項為正切點不分割與重建斷面點數（5 個控制點）。
左上為按下確定前的狀態，左下為按下確定後將曲面控制點開啟的狀態。

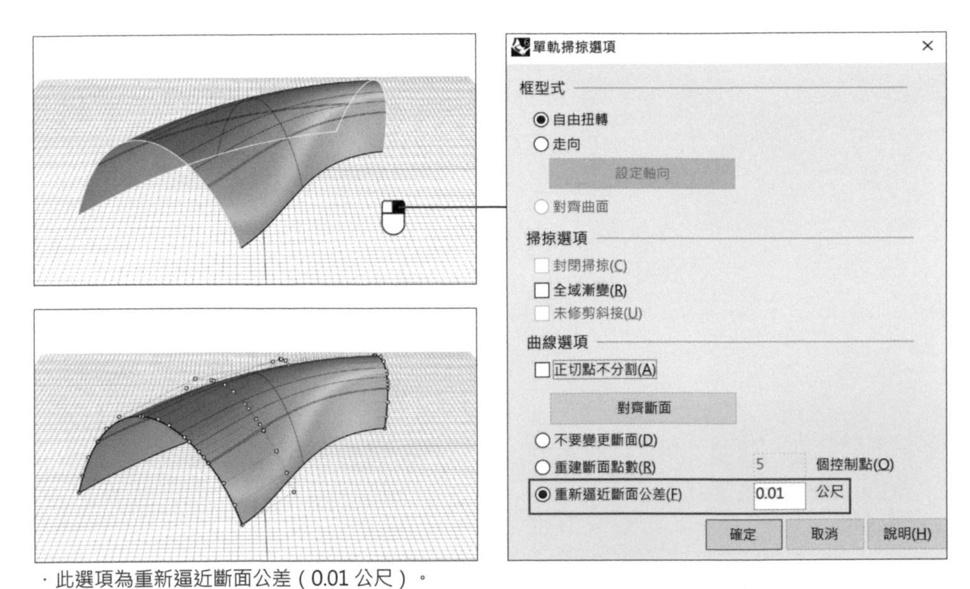

· 此選項為重新逼近斷面公差（0.01 公尺）。
左上為按下確定前的狀態，左下為按下確定後將曲面控制點開啟的狀態。

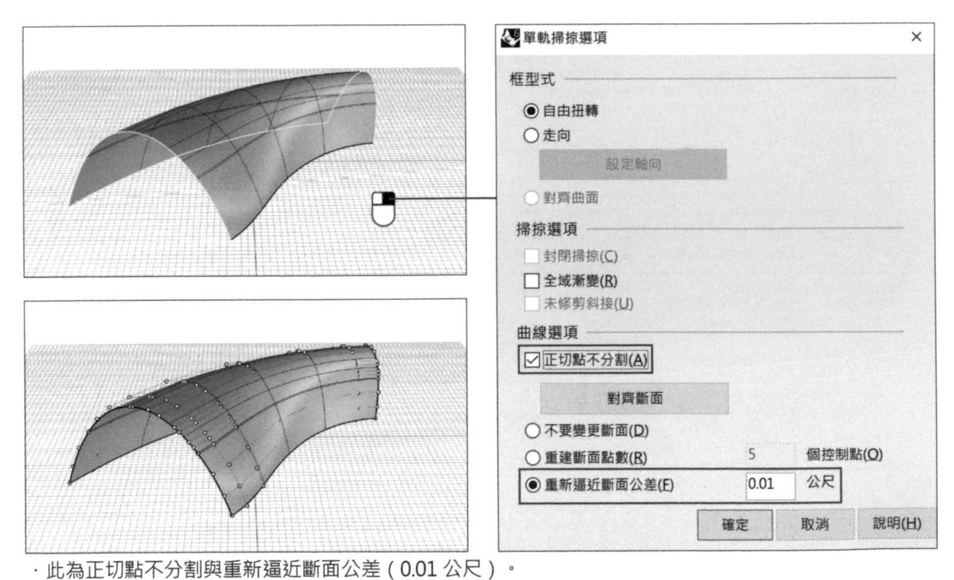

· 此為正切點不分割與重新逼近斷面公差（0.01 公尺）。
左上為按下確定前的狀態，左下為按下確定後將曲面控制點開啟的狀態。

Sweep1 也可以掃掠封閉的曲線，斷面可以是好幾條封閉曲線，而在選取單軌掃掠選項時，選取不同選項時的狀態會略有不同，例如沒有選取全域漸變時，曲面的斷面形狀在起點與終點附近的變化會較小，在路徑中段變化則較大。

選取路徑 (連鎖邊緣 (C))

選取斷面曲線，按 Enter 完成 (點 (P))

移動曲線接縫點，按 Enter 完成 (反轉 (F) 自動 (A) 原本的 (N))

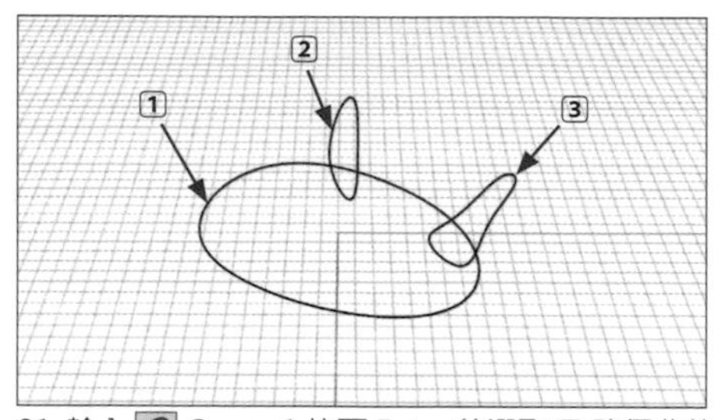

01. 輸入 Sweep1 按下 Enter 後選取 ① 路徑曲線

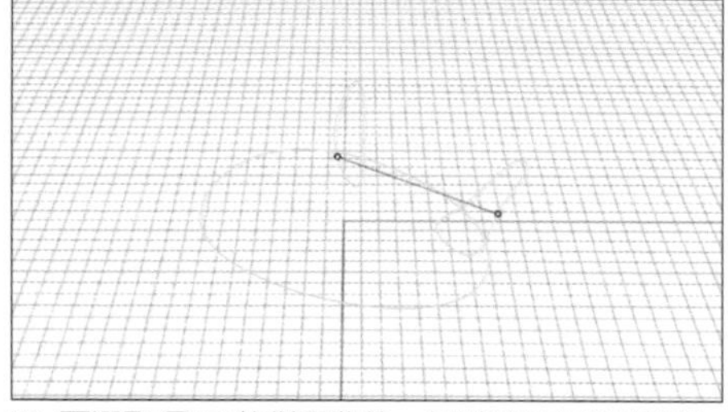

02. 再選取 ② ③ 的斷面曲線，可以移動曲線接縫點

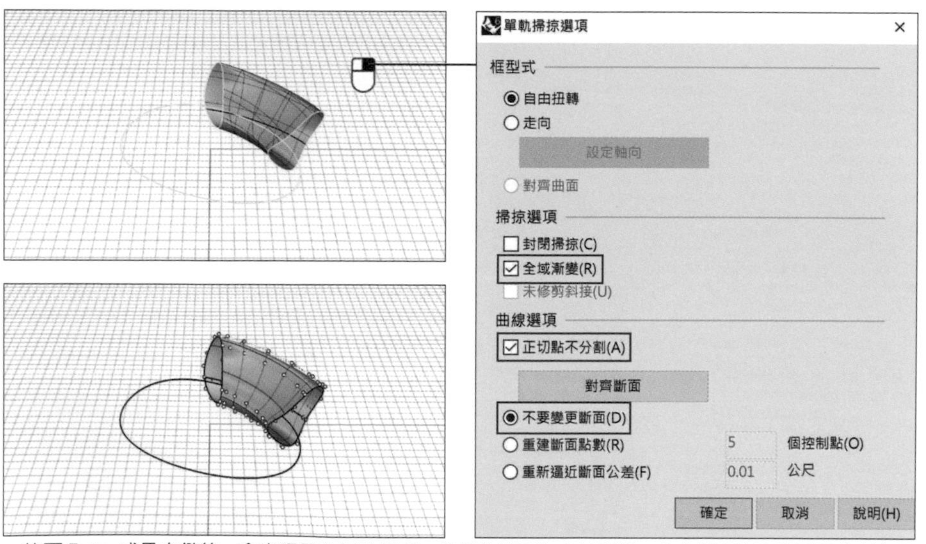

· 按下 Enter 或是右鍵後，會出現單軌掃掠選項。此掃掠選項為全域漸變，曲線選項為正切點不分割與不要變更斷面。左上為按下確定前的狀態，左下為按下確定後將曲面控制點開啟的狀態。

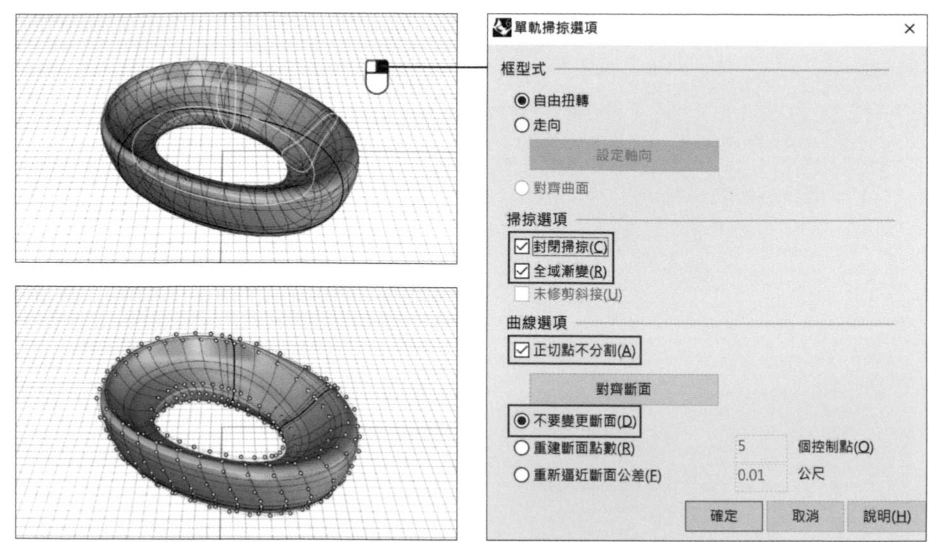

· 此掃掠選項為封閉掃掠、全域漸變，曲線選項為正切點不分割與不要變更斷面。左上為按下確定前的狀態，左下為按下確定後將曲面控制點開啟的狀態。

建立曲面 > 雙軌掃掠 (Sweep2) 指令可以沿著兩條路徑掃掠通過數條定義曲面形狀的斷面曲線建立曲面，Sweep1 只能指定一條路徑，而 Sweep2 可以指定兩條路徑。

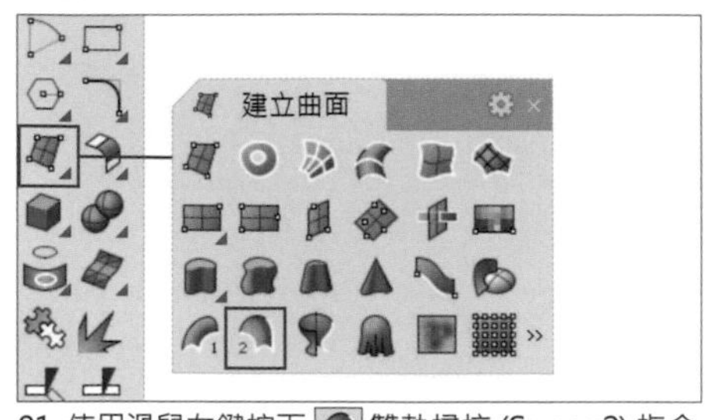

01. 使用滑鼠左鍵按下 雙軌掃掠 (Sweep2) 指令

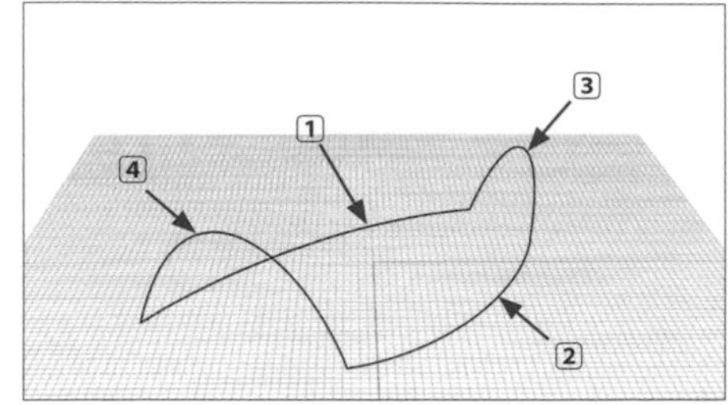

02. 選取 1 第一條路徑曲線與 2 第二條路徑，再選取 3 4 全部的斷面

選取第一條路徑 (連鎖邊緣 (C))

選取第二條路徑

選取斷面曲線，按 Enter 完成 (點 (P))

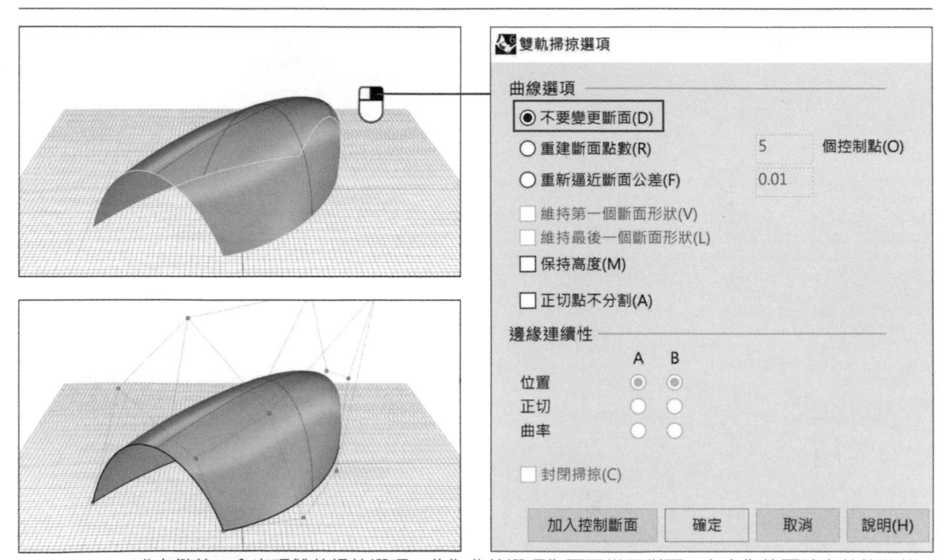

．按下 Enter 或右鍵後，會出現雙軌掃掠選項。此為曲線選項為不要變更斷面。左上為按下確定前的狀態，左下為按下確定後將曲面控制點開啟的狀態。

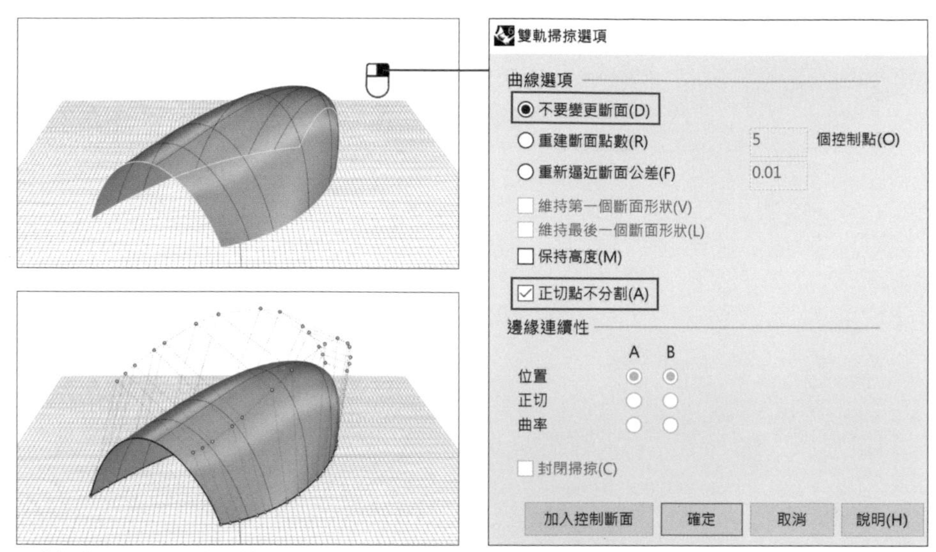

・此為曲線選項不要變更斷面與正切點不分割。左上為按下確定前的狀態，左下為按下確定後將曲面控制點開啟的狀態。

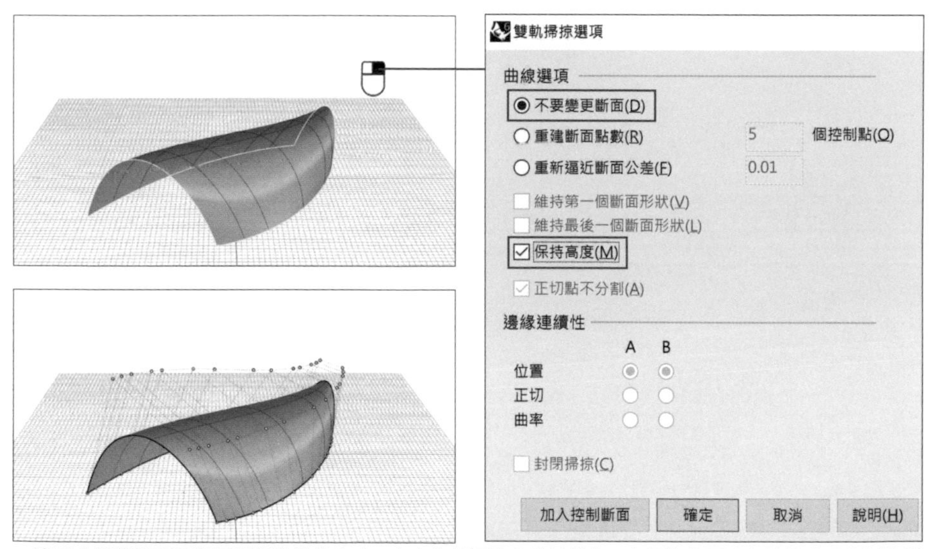

・這是曲線選項不要變更斷面與保持高度。左上為按下確定前的狀態，左下為按下確定後將曲面控制點開啟的狀態。

4.2.5 放樣

建立曲面 > 放樣 (Loft) 指令可以建立一個通過數條斷面曲線的放樣曲面，依序選取曲面上要通過的斷面曲線便可進行放樣，跟 Sweep1 指令一樣，開放的斷面曲線需要點選同一側，封閉的斷面曲線可以調整曲線接縫。

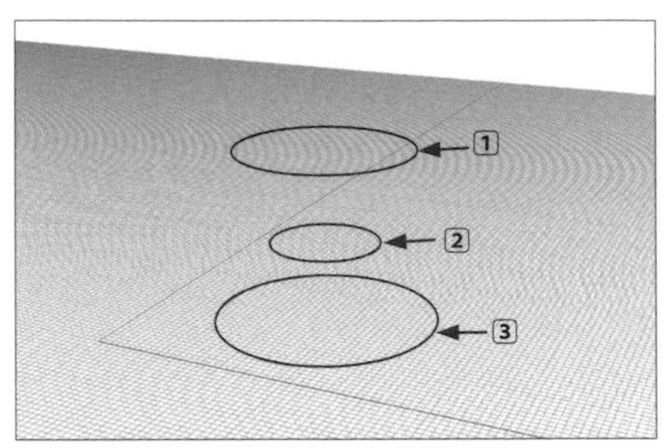

01. 如圖所示先繪製出三條封閉斷面曲線

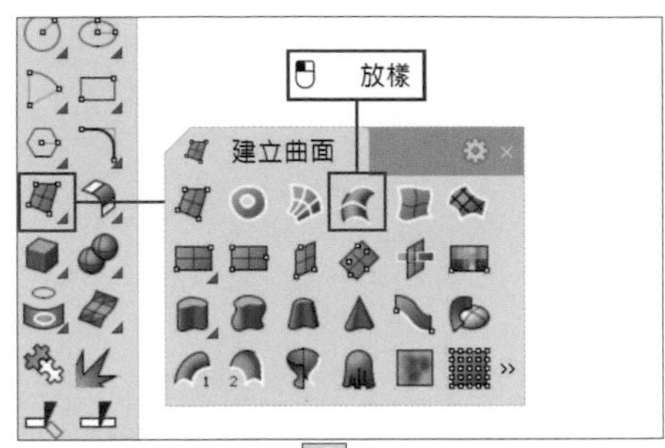

02. 使用滑鼠左鍵按下 放樣 (Loft) 指令

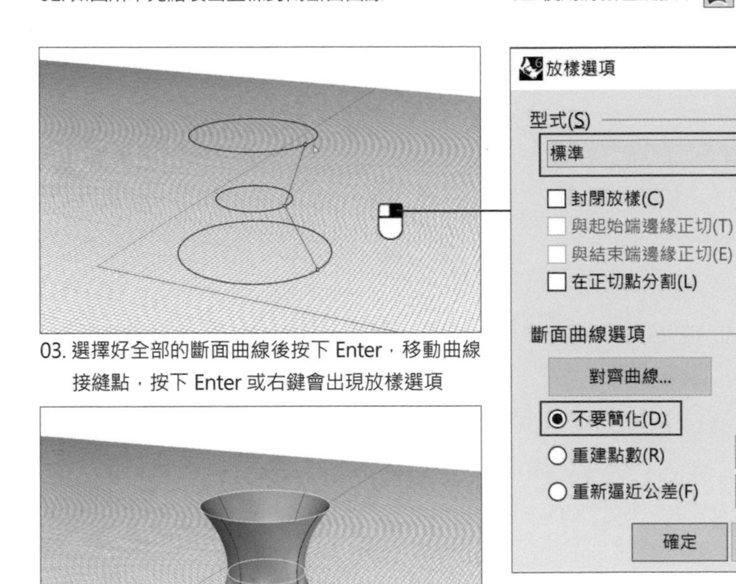

03. 選擇好全部的斷面曲線後按下 Enter，移動曲線接縫點，按下 Enter 或右鍵會出現放樣選項

．此型式為標準，斷面曲線選項為不要簡化

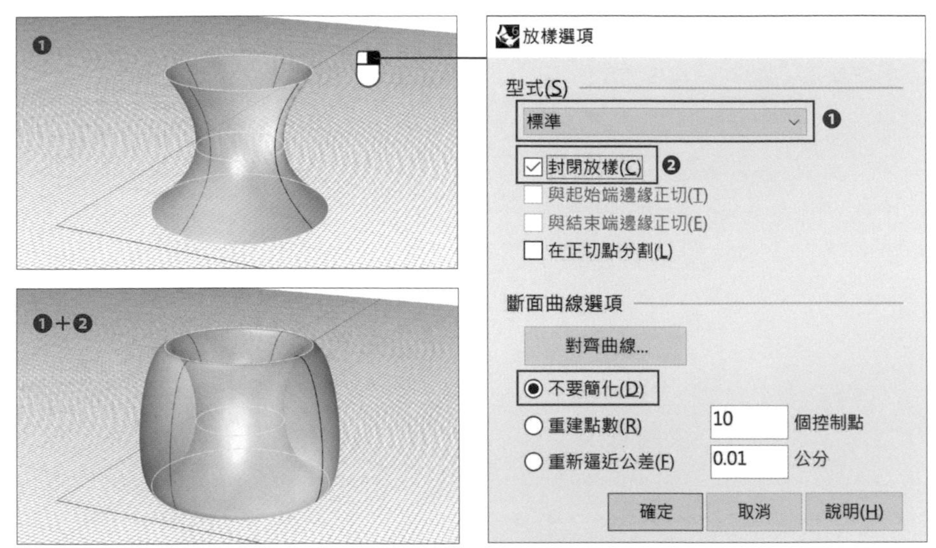

❶ 型式為標準，❶+❷ 型式為標準 + 封閉放樣，斷面曲線選項為不要簡化

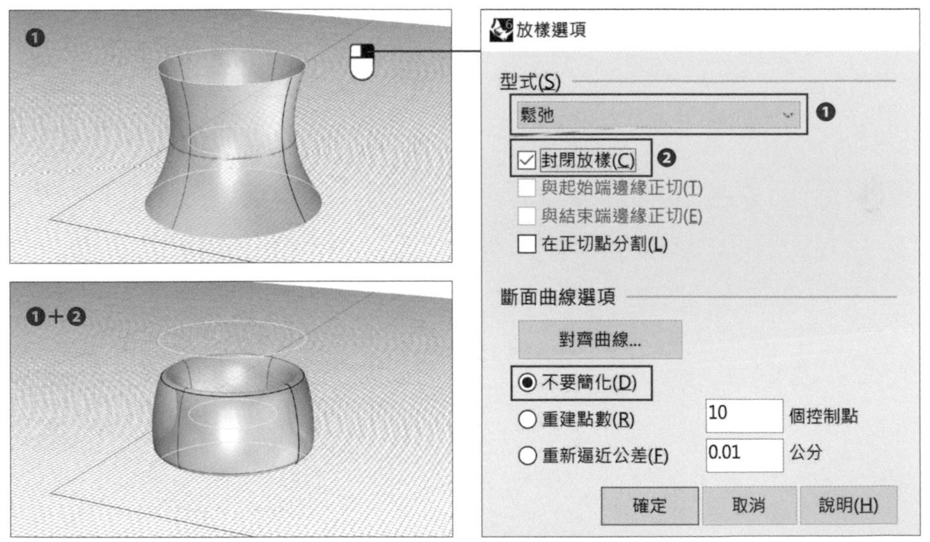

❶ 型式為鬆弛，❶+❷ 型式為鬆弛 + 封閉放樣，斷面曲線選項為不要簡化

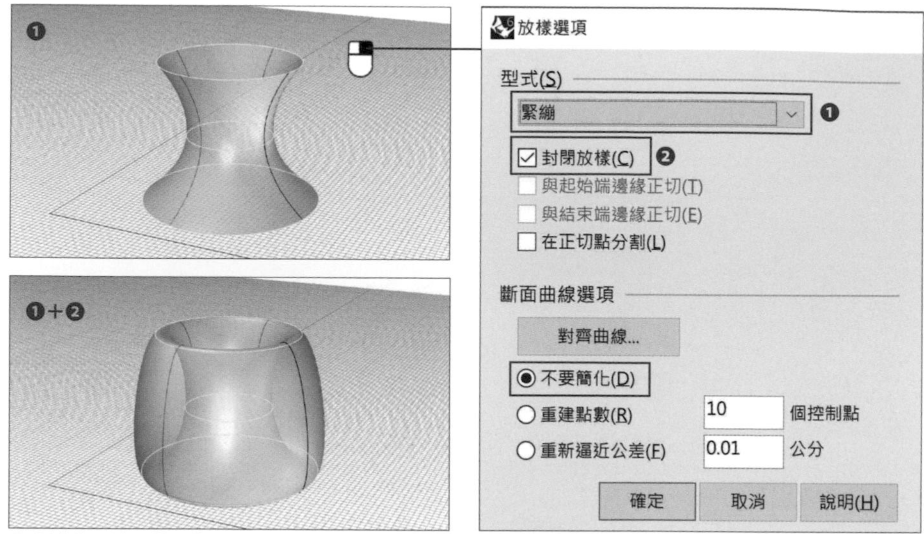

❶ 型式為緊繃，❶+❷ 型式為緊繃 + 封閉放樣，斷面曲線選項為不要簡化

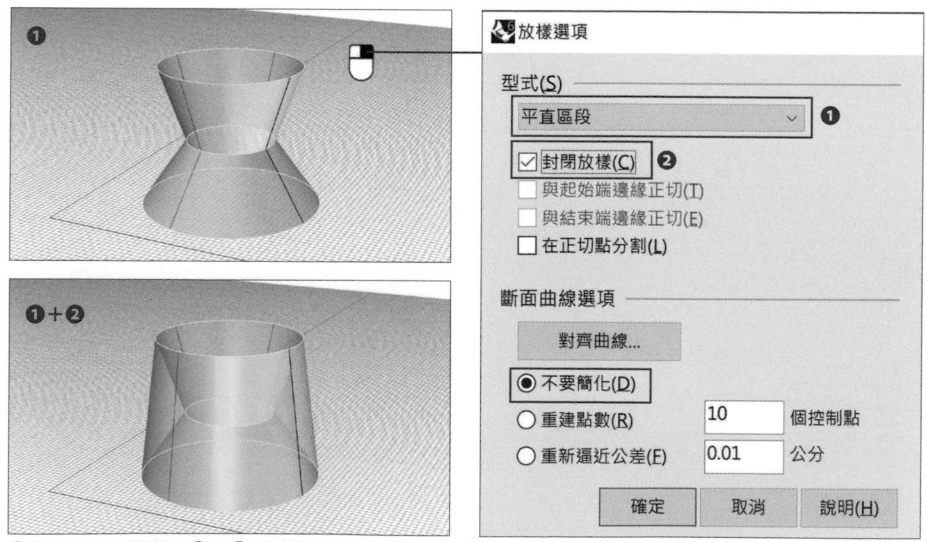

❶ 型式為平直區段，❶+❷ 型式為平直區段 + 封閉放樣，斷面曲線選項為不要簡化

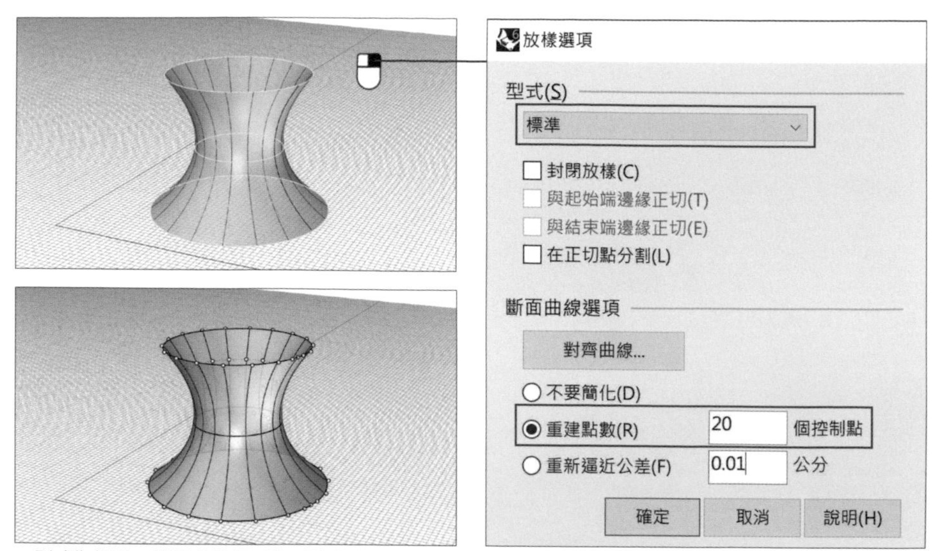

· 型式為標準，斷面曲線選項為重建點數（20 個控制點），左上為按下確定前的狀態，左下為按下確定後將曲面控制點開啟的狀態。

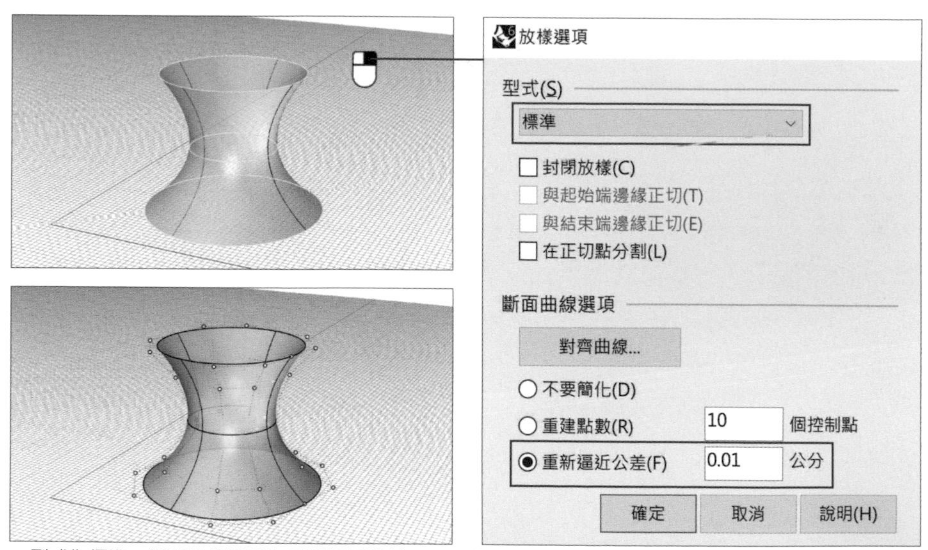

· 型式為標準，斷面曲線選項為重新逼近公差（0.01 公分），左上為按下確定前的狀態，左下為按下確定後將曲面控制點開啟的狀態。

4.2.6 重建曲面與控制點練習

曲面工具 > 重建曲面 (Rebuild) 指令可以設定階數與控制點數的重建。此指令也可以重新建立曲線的階數與控制點，指令都是輸入 Rebuild，會出現一個重建曲面的視窗，可按預覽檢視重建後的曲線形狀，如果滿意重建結果的預覽，再按下確定。

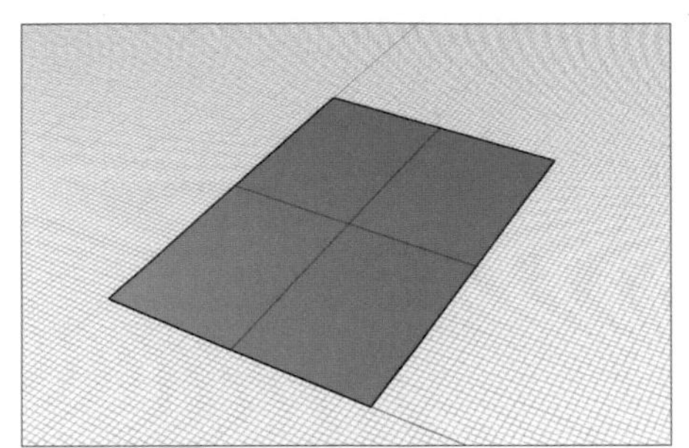

01. 先使用 Plane 創建一個矩形

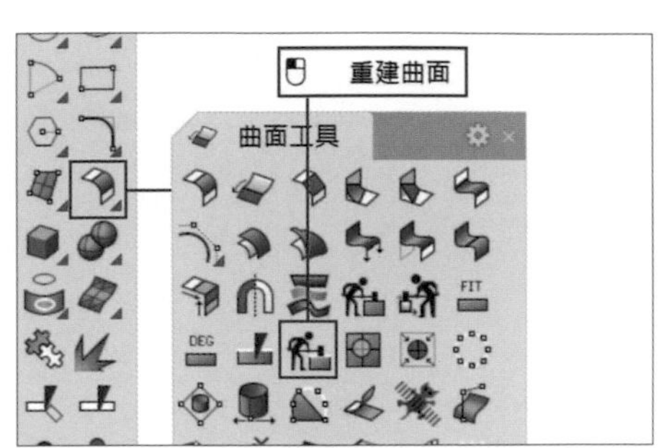

02. 使用滑鼠左鍵按下 重建曲面 (Rebuild) 指令

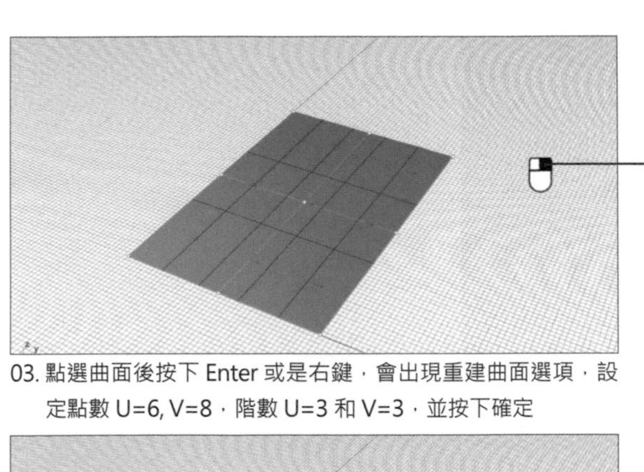

03. 點選曲面後按下 Enter 或是右鍵，會出現重建曲面選項，設定點數 U=6, V=8，階數 U=3 和 V=3，並按下確定

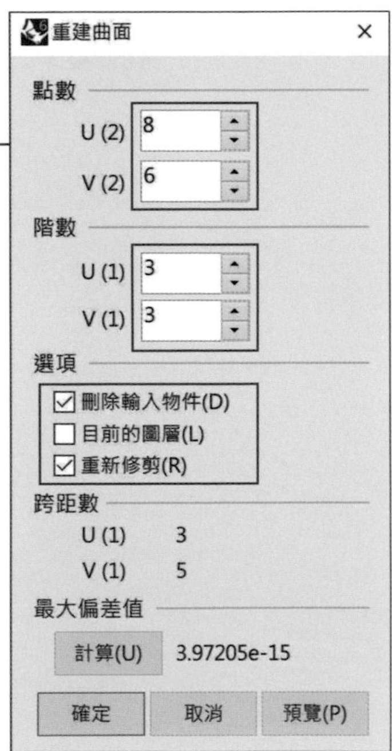

04. 按下 F10 開啟控制點的狀態

點數：顯示目前（括號內）與重建後的控制點數。

階數：顯示目前（括號內）與重建後的階數。可以選擇是否刪除輸入物件，或者是否在目前的圖層上建立新物件，取消這個選項會在原來物件所在的圖層建立新物件。

05. 選擇控制點並使用操作軸將控制點往上拉升

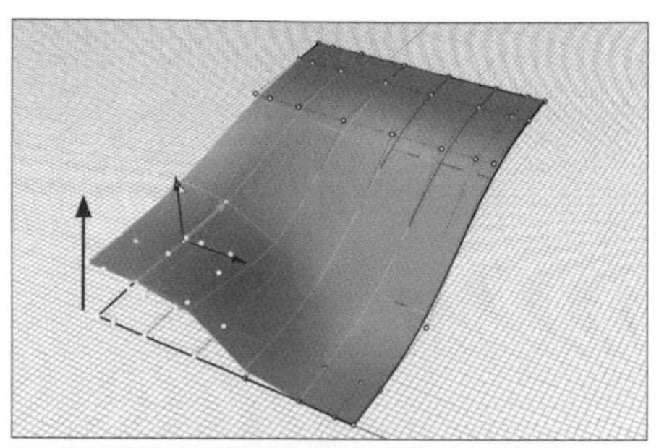

06. 依此類推去改變控制點的位置將曲面變形

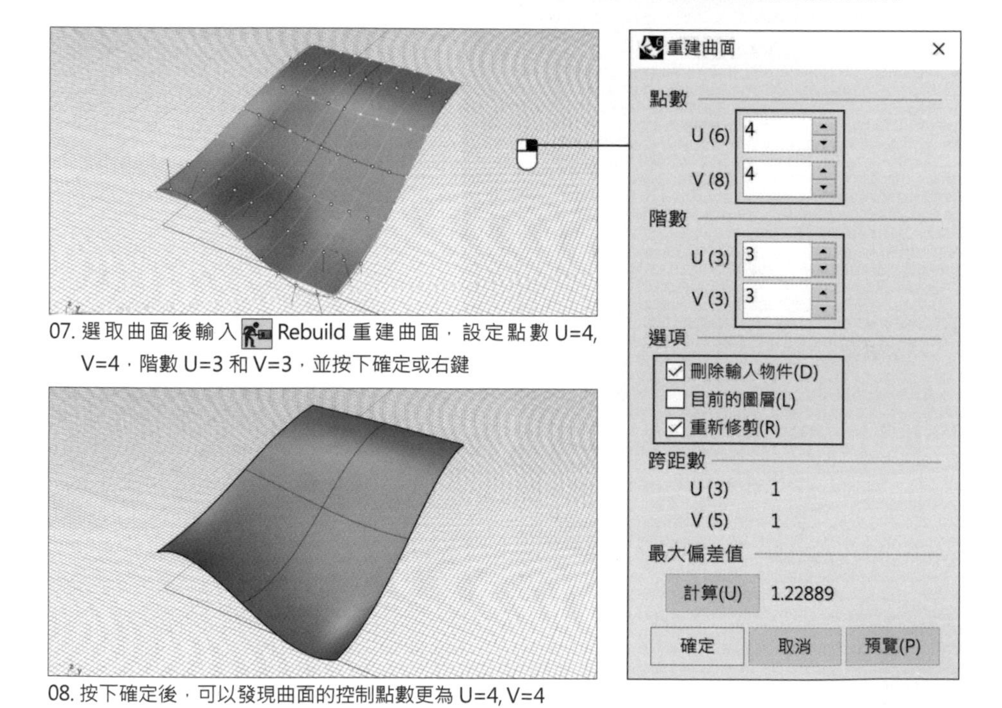

07. 選取曲面後輸入 Rebuild 重建曲面，設定點數 U=4, V=4，階數 U=3 和 V=3，並按下確定或右鍵

08. 按下確定後，可以發現曲面的控制點數更為 U=4, V=4

4.2.7 分割與分割控制點

分割 (Split) 指令除了可以用曲線分割別的曲面外，也可以用曲面自己的結構線分割曲面，這個選項只有在被分割的物件是單一曲面時才有作用。交點、物件鎖點可以鎖定曲面結構線的交點。

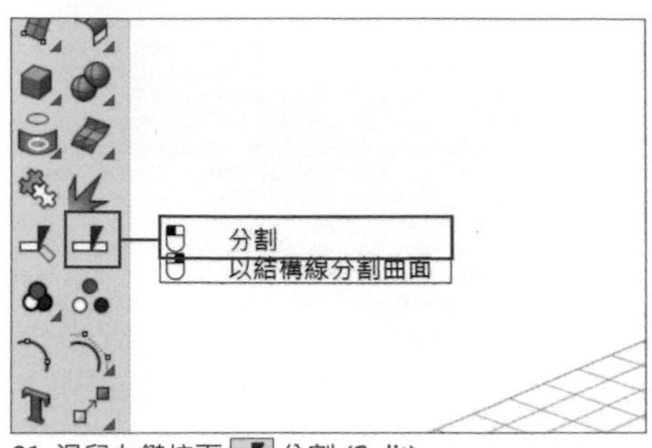

01. 滑鼠左鍵按下 分割 (Split)

02. 用在 4.2.6 教學創建的曲面，點選要分割的物件（曲面）後按下 Enter

當使用 分割 (Split) 指令之後，選取要分割的物件，選取後按下 Enter，再選取切割用的物件，此時就可以選擇要用其他物件分割，或是用物件本身的結構線做分割。選取後可以改變分割的 UV 方向。

選取要分割的物件，按 Enter 完成 (點 (P) 結構線 (I))

選取切割用物件 (❶ 結構線 (I) 縮回 (S)= 否):

分割點 (方向 (D)=U 切換 (T) ❷ 縮回 (S)= 否):

03. 在指令欄選取切割用物件的結構線 ❶，此為以 V 方向的結構線分割曲面

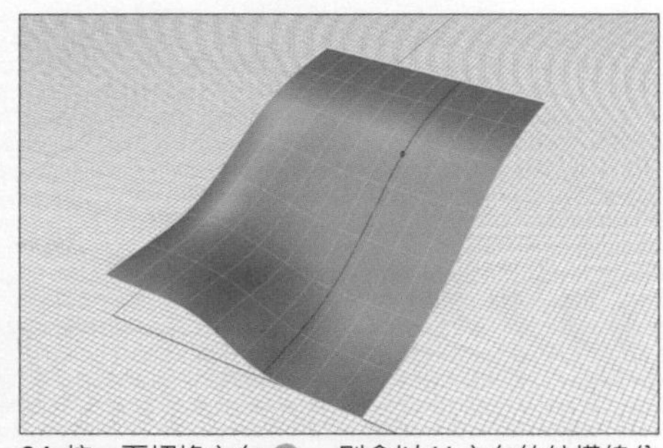

04. 按一下切換方向 ❷，則會以 U 方向的結構線分割曲面

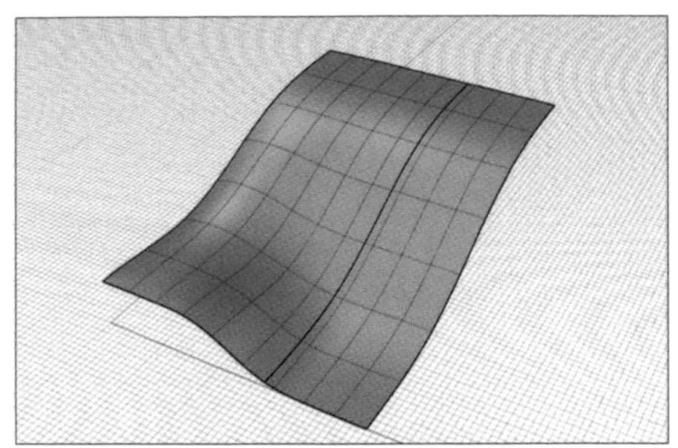
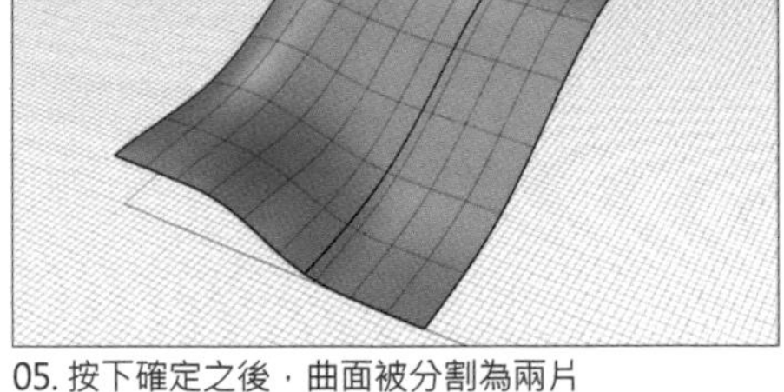

05. 按下確定之後，曲面被分割為兩片

06. 將右邊曲面刪除

曲面工具 > 縮回已修剪曲面 (ShrinkTrimmedSrf) 指令可將原始曲面縮減至接近曲面修剪邊界的大小。曲面縮回後多餘的控制點也會被刪除。因為只有原始曲面的大小被改變，所以修剪過的曲面通常不會有什麼可見的變化。

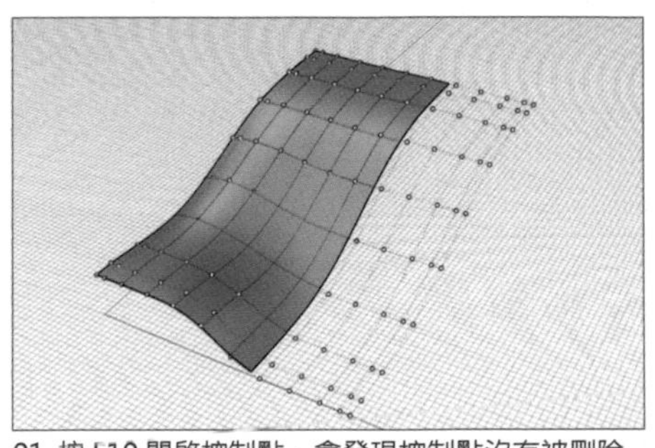

01. 按 F10 開啓控制點，會發現控制點沒有被刪除

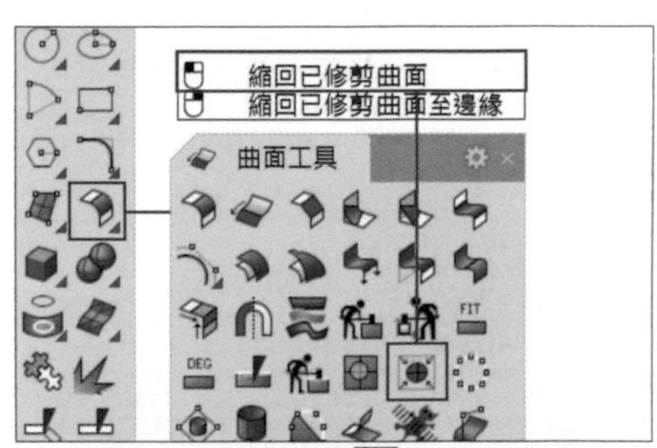

02. 使用滑鼠左鍵按下 縮回已修剪曲面 (ShrinkTrimmedSrf)

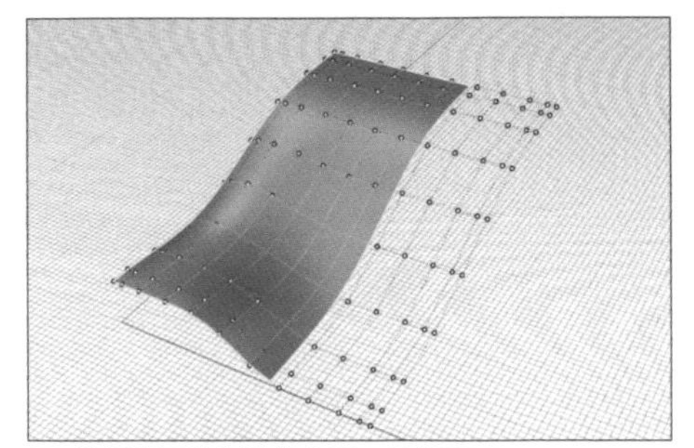

03. 點選縮回控制點的曲面，並按下 Enter

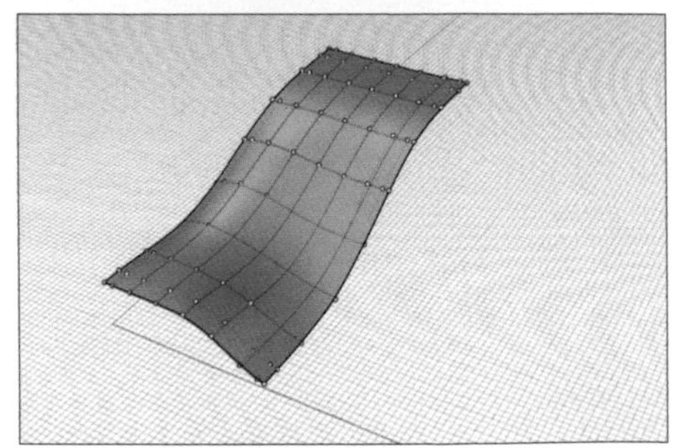

04. 控制點被修剪到曲面的邊緣

案例 - 蛇型藝廊 2009
(The 2009 Serpentine Gallery Pavilion)

案例 - 蛇型藝廊 2009 (The 2009 Serpentine Gallery Pavilion)

The 2009 Serpentine Gallery Pavilion

Location: London, United Kingdom

Architects: Kazuyo Sejima and Ryue Nishizawa (SANAA)

Year: 2009

Client: Serpentine Gallery

Type: Pavilions, Exhibitions, Installations

會使用到的指令：

- Picture 匯入平面與立面圖
- Points 繪製出多點
- InterpCrv 描繪曲線
- Patch 建立嵌面
- ShrinkTrimmedSrf 縮減曲面控制點
- ExtrudeSrf 擠出曲面
- ExtrudeCrv 擠出曲線
- OffsetSrf 偏移曲面
- Array 矩形陣列
- Pipe 建立圓管
- Trim 分割
- PlanarSrf 建立平面

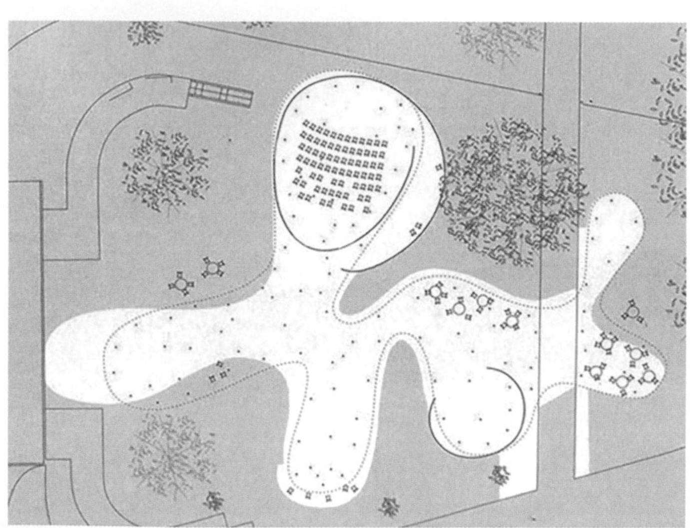

參考圖：https://proyectos4etsa.wordpress.com/2017/02/18/serpentine-gallery-pavilion-2009-sanna/

參考圖：https://www.arch2o.com/serpentine-gallery-pavilion-2009-sanaa/

參考圖：https://www.arch2o.com/serpentine-gallery-pavilion-2009-sanaa/

案例建模練習 (The 2009 Serpentine Gallery Pavilion)

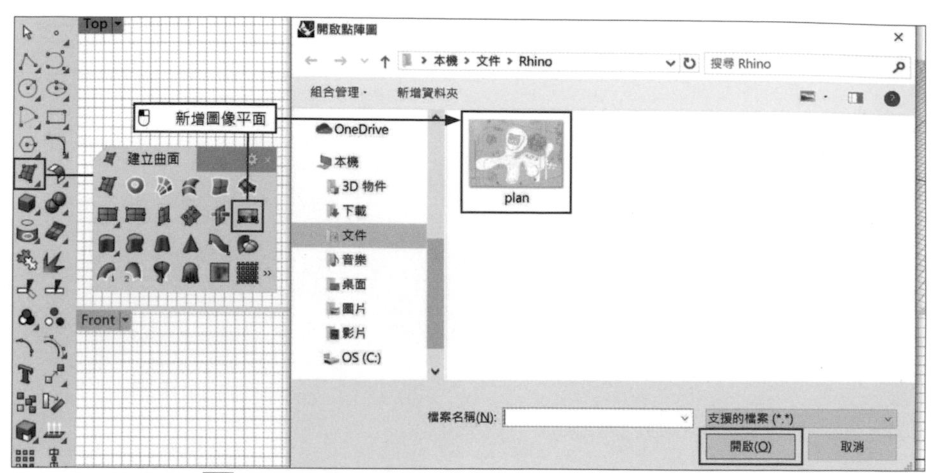

01. 使用滑鼠左鍵按下 Picture 匯入平面圖

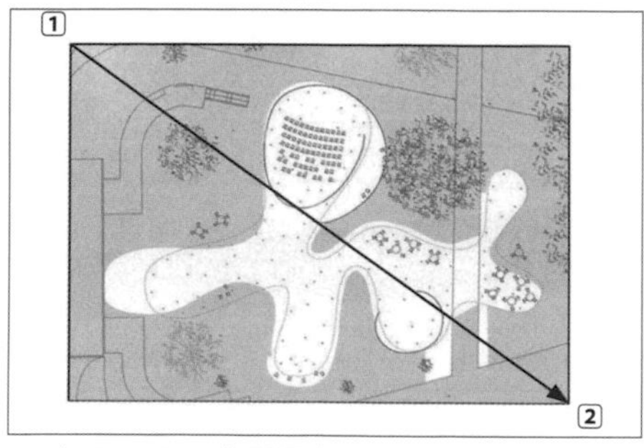

02. 在 Top View 使用滑鼠指定平面的第一個角 1 與另一個角 2

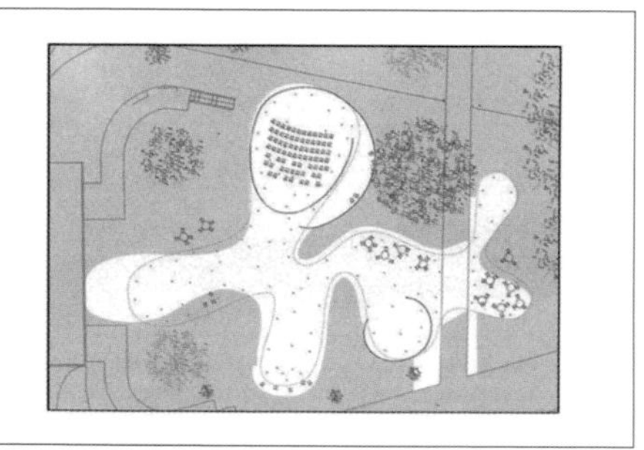

03. 點選完畢後圖片會置入工作區域

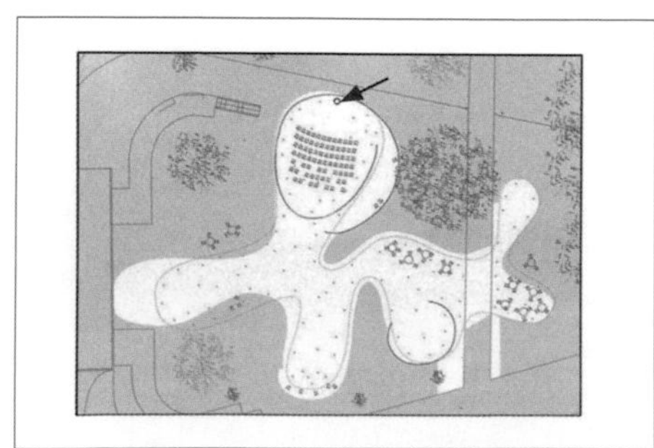

04. 輸入 Points 指令按下 Enter，描繪出柱子的定位點

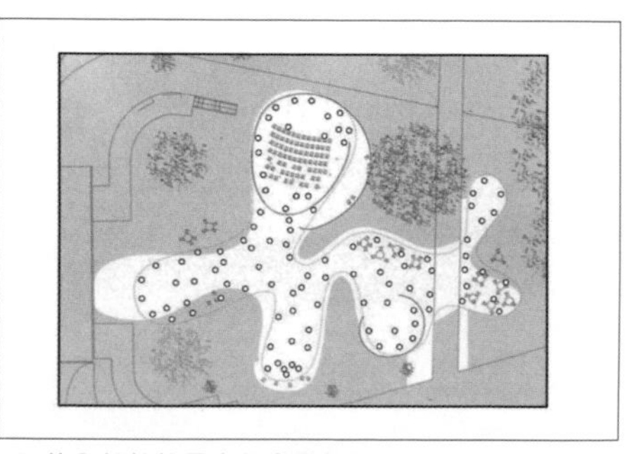

05. 將全部的柱子定位完畢後按 Enter 結束指令

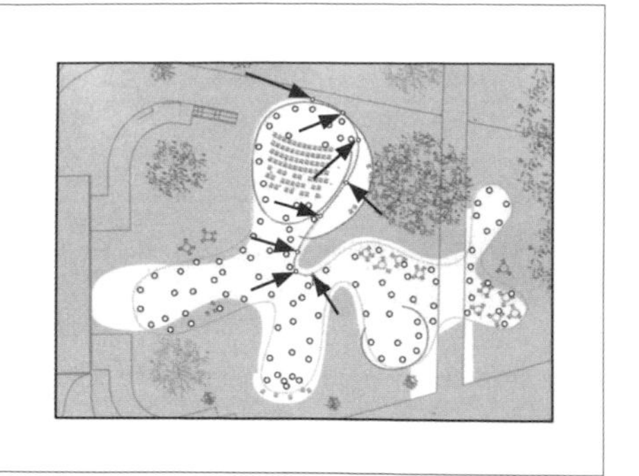

06. 使用 InterpCrv 指令按下 Enter，描繪出屋頂曲線

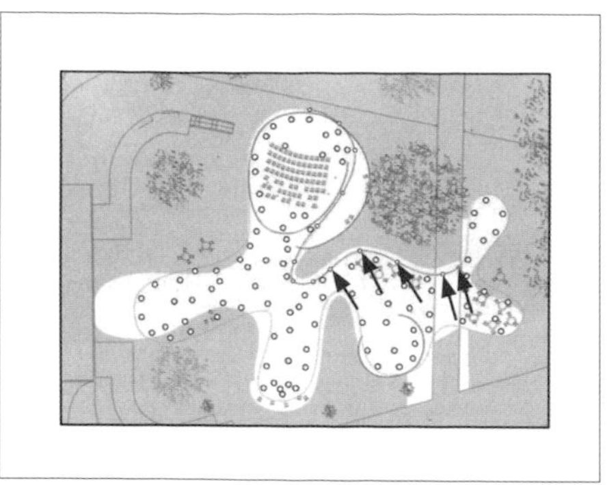

07. 繼續指定後面的點去描繪屋頂曲線

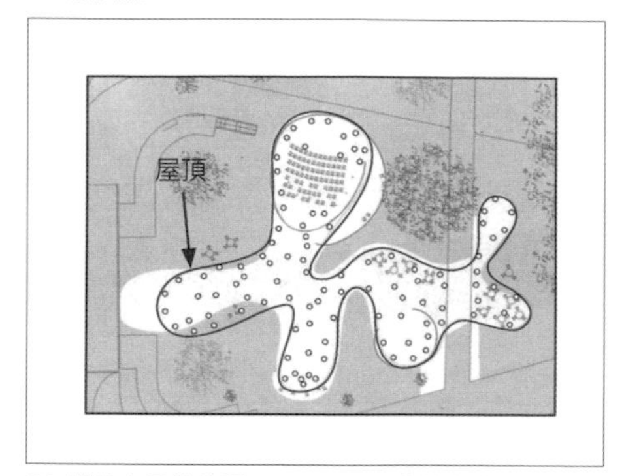

08. 描繪完畢後按下 Enter，屋頂曲線完成

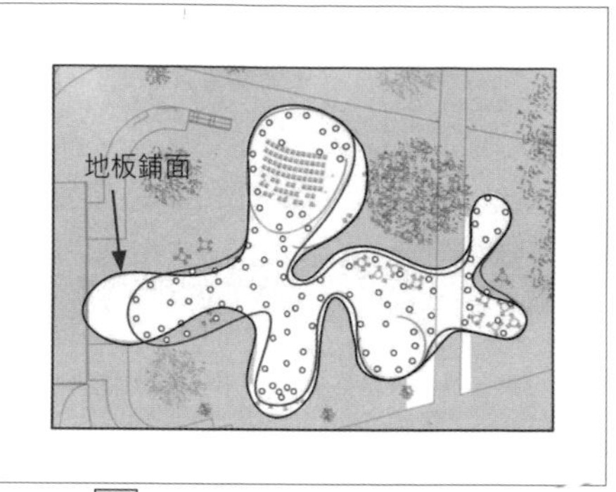

09. 使用 InterpCrv 指令描繪出地板鋪面的曲線

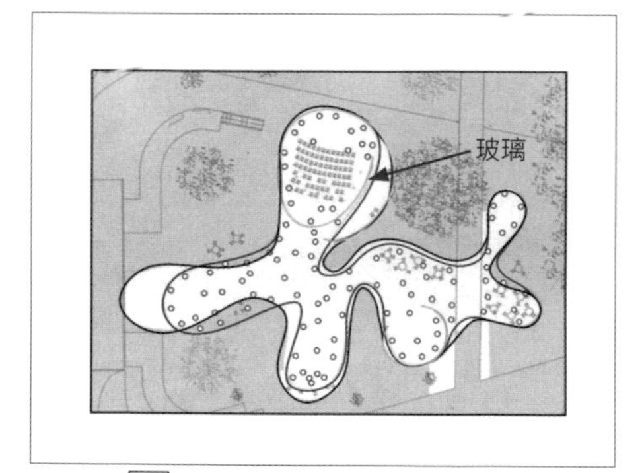

10. 使用 InterpCrv 指令描繪出玻璃的曲線，將三種曲線分別放入不同圖層

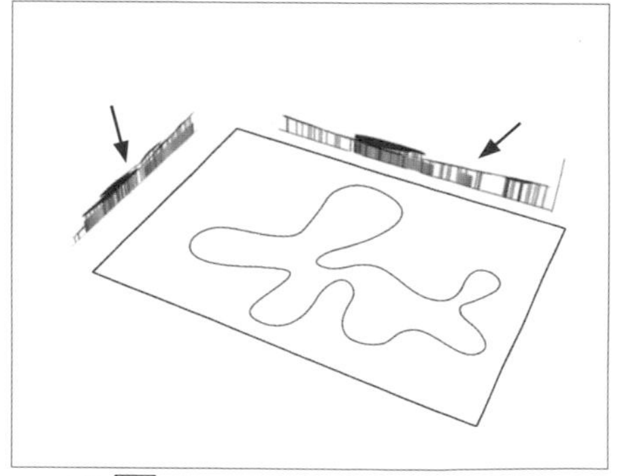

11. 使用 Picture 指令將立面圖置入並定位，將其他曲線隱藏，只留下屋頂曲線

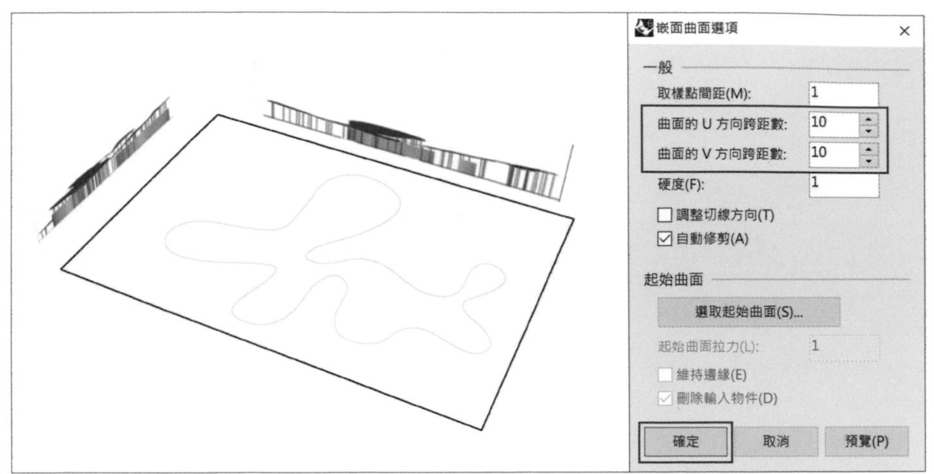

12. 選取曲線後使用 Patch 指令，按下 Enter 或右鍵後會出現嵌面曲面選項，可調整 U 與 V 方向點數

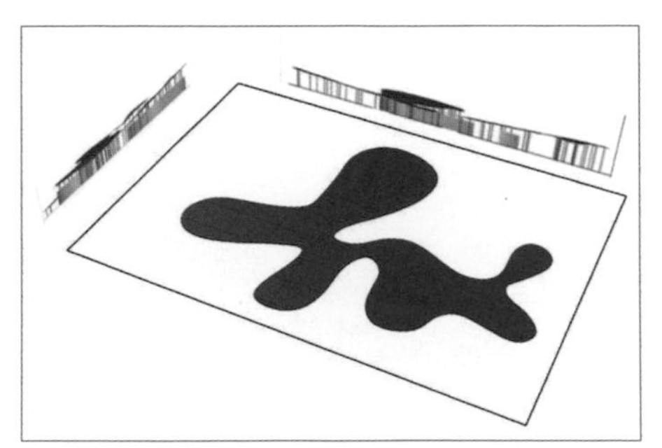

13. 按下確定，屋頂曲線會生成一個曲面

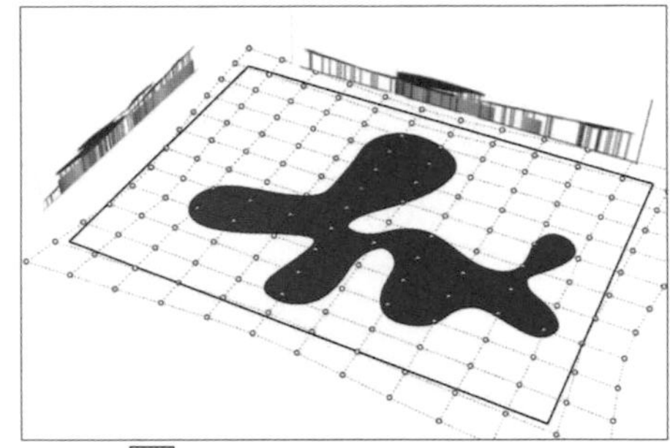

14. 使用 ShrinkTrimmedSrf 指令，按下 Enter

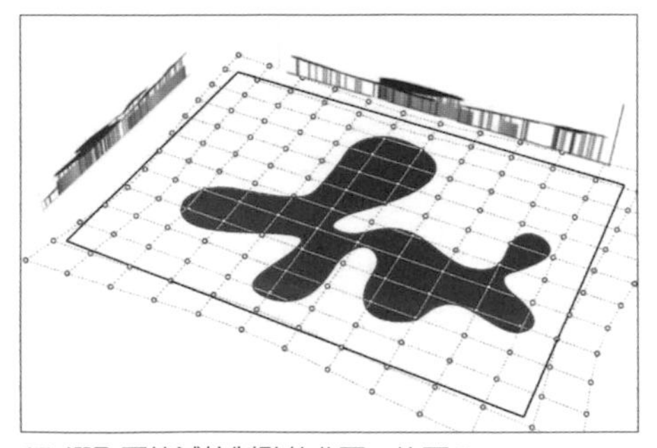

15. 選取要縮減控制點的曲面，按下 Enter

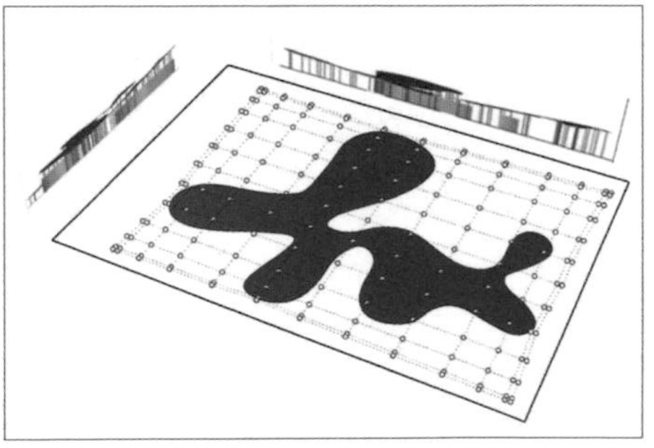

16. 此為控制點被縮減後的狀態

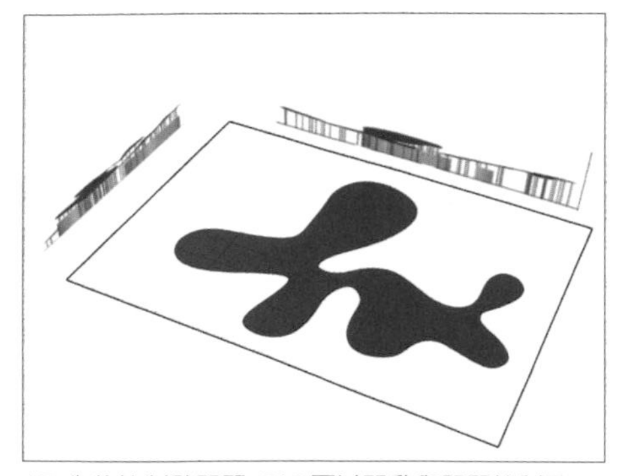

17. 先將控制點關閉 (F10 可以開啟與關閉控制點)

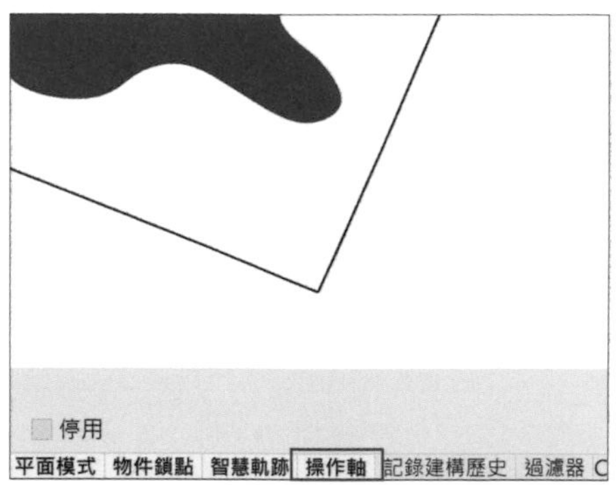

18. 雙擊操作軸使其變成粗體，表示開啟操作軸

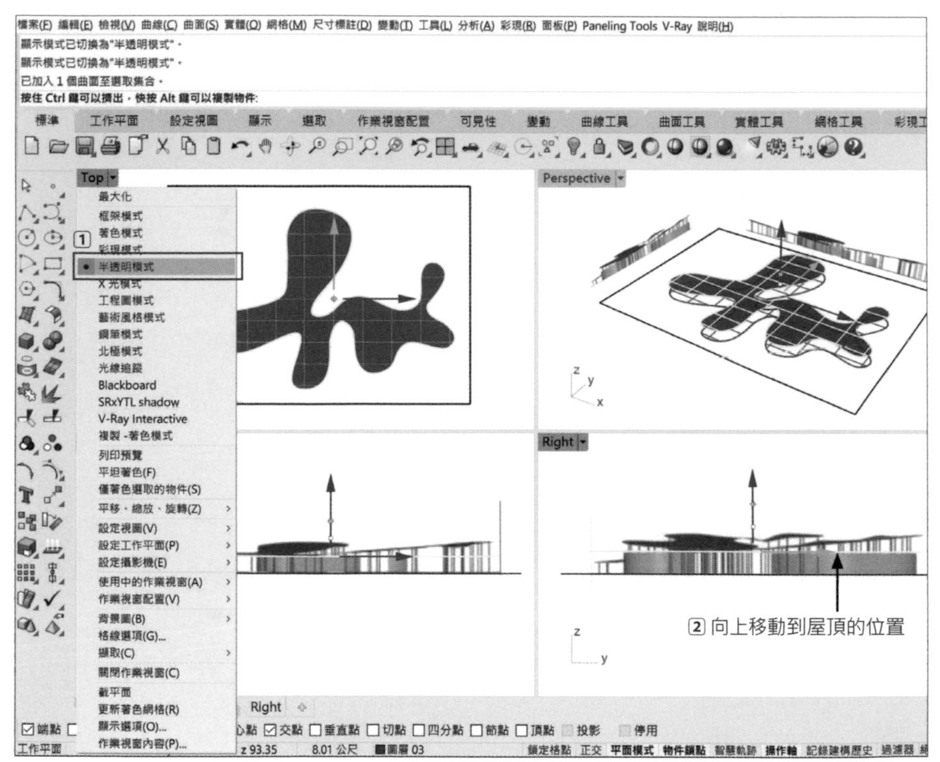

19. 將四個視圖開啓，① 將全部的視圖調整成半透明模式，② 將曲面用操作軸移動到屋頂的位置

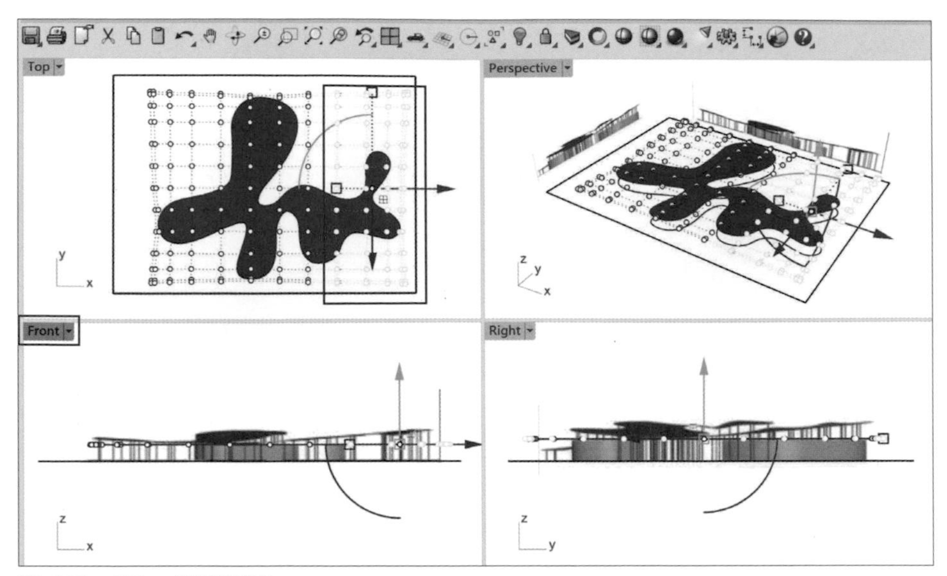

20. 在 Front View 選取控制點

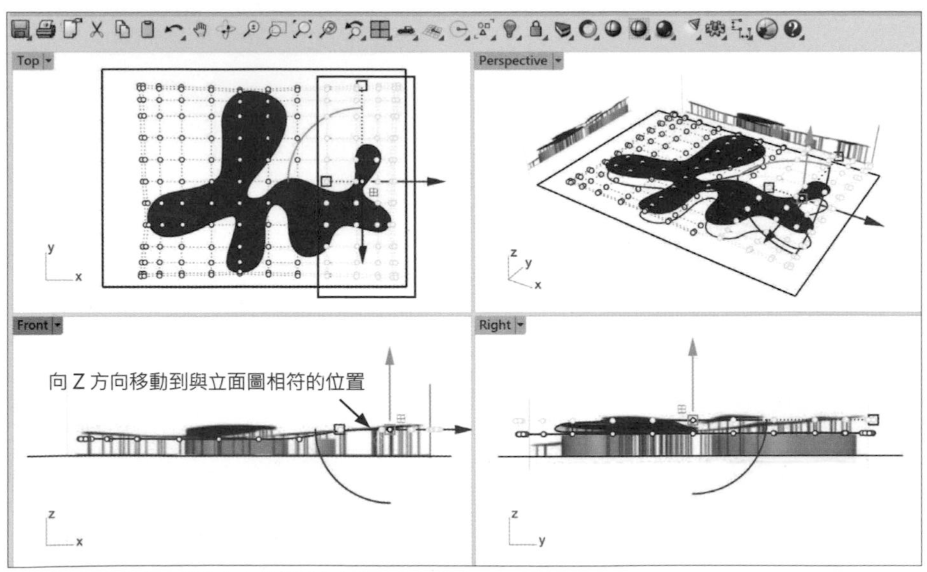

21. 使用操作軸往 Z 軸的方向移動到與立面圖相符的位置

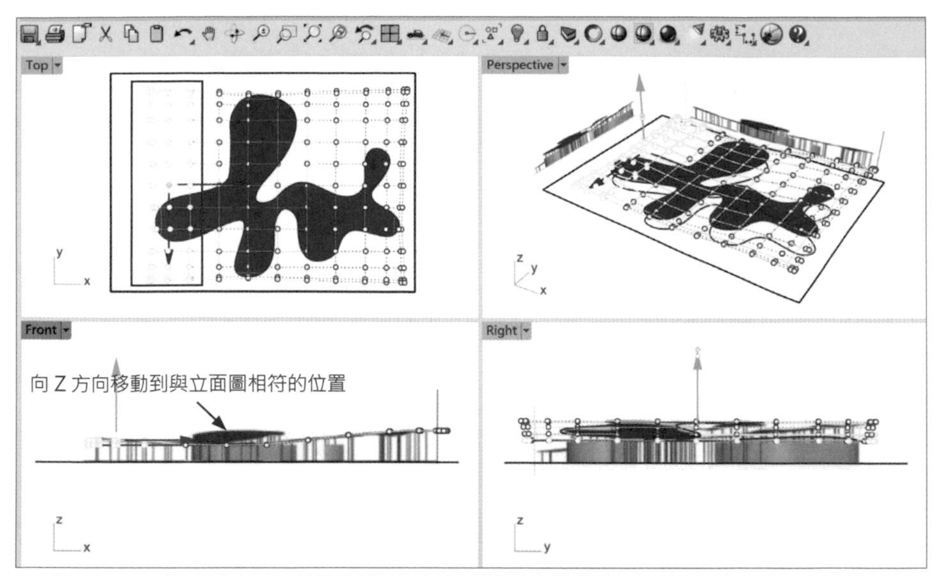

22. 在 Top View 中選取控制點，並且使用操作軸往 Z 軸的方向移動到與立面圖相符的位置

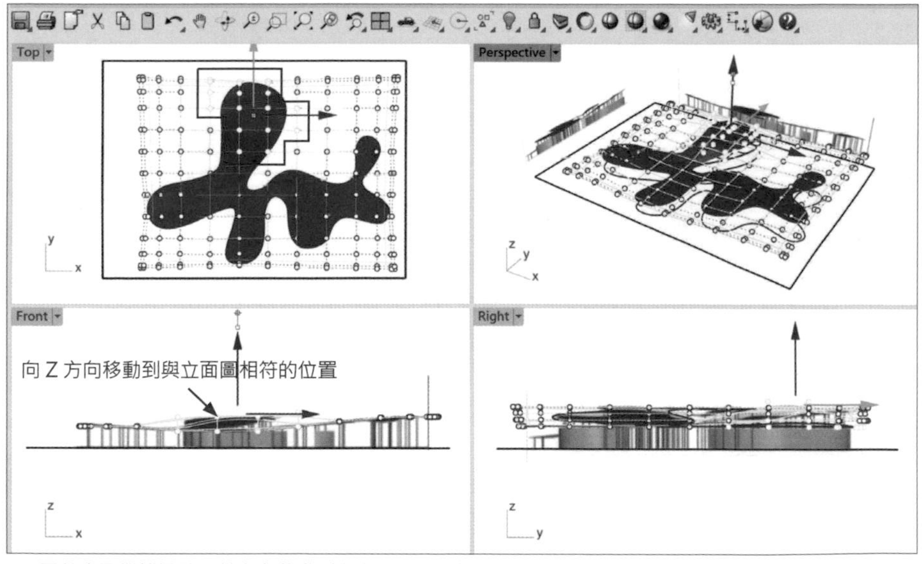

23. 同前步驟繼續調整 Z 軸方向移動到與立面圖相符的位置

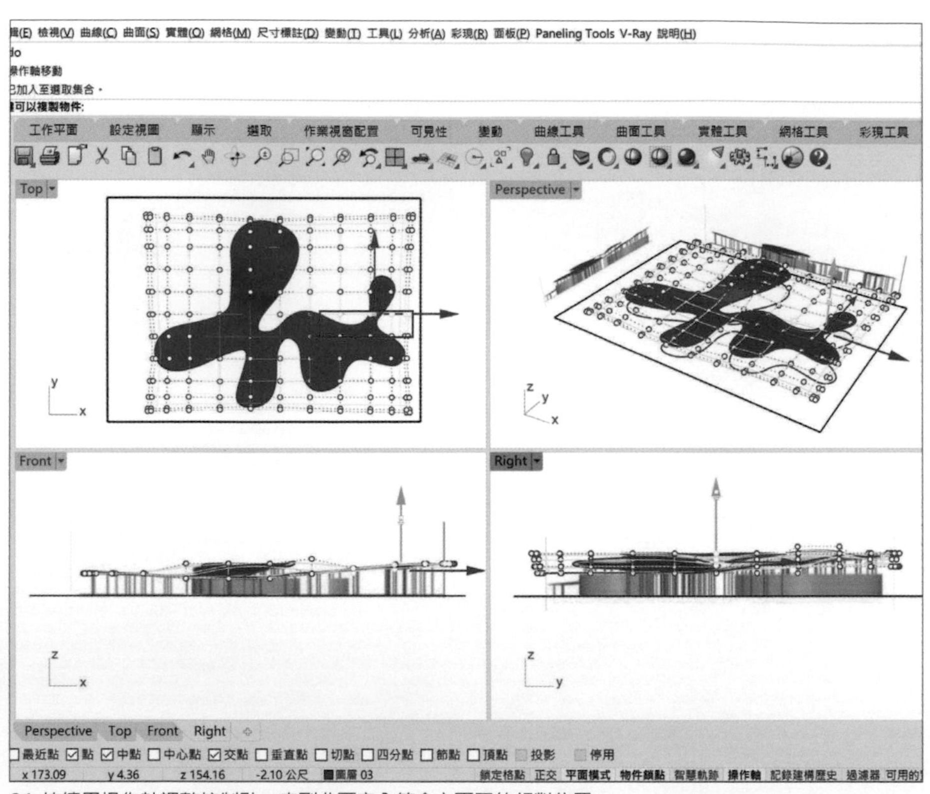

24. 持續用操作軸調整控制點，直到曲面完全符合立面圖的相對位置

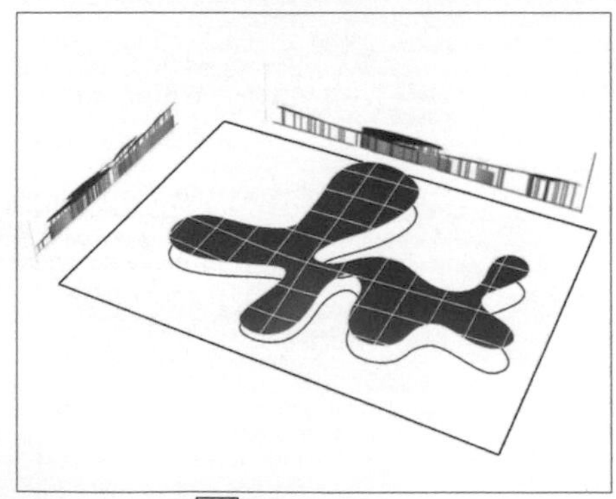

25. 完成後輸入 ExtrudeSrf 指令，按下 Enter

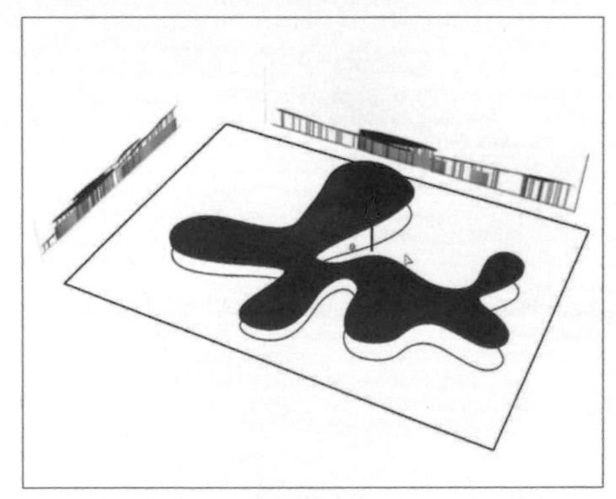

19. 指定擠出距離為屋頂的厚度

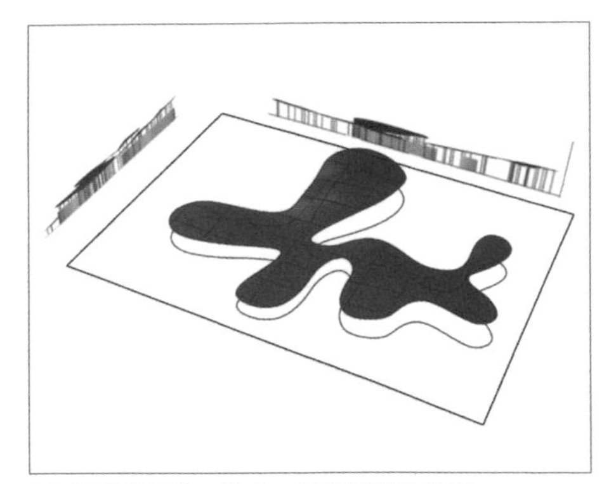

26. 按下確定後，變成一個有厚度的屋頂

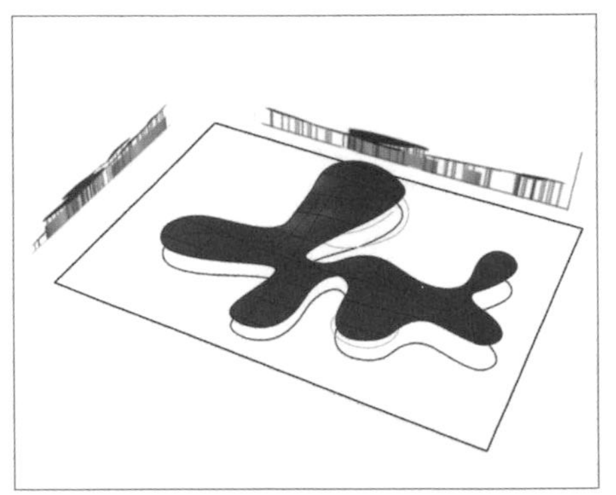

27. 開啟有玻璃曲線的圖層

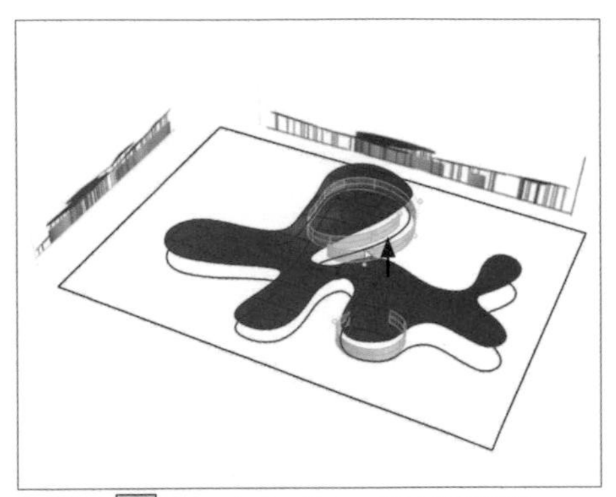

28. 輸入 ExtrudeCrv 指令，設定擠出距離

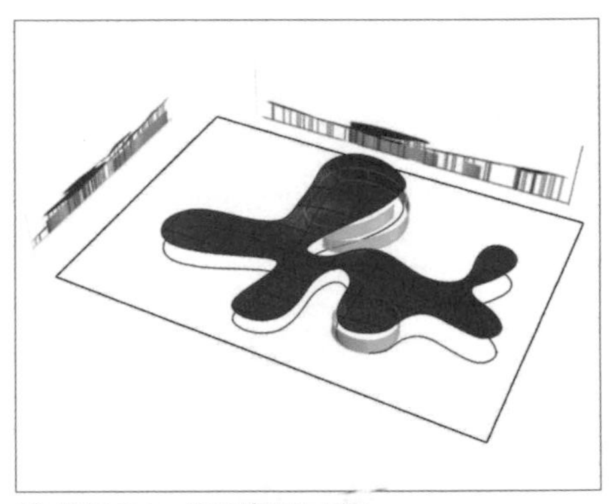

29. 按下 Enter 後曲線產生高度

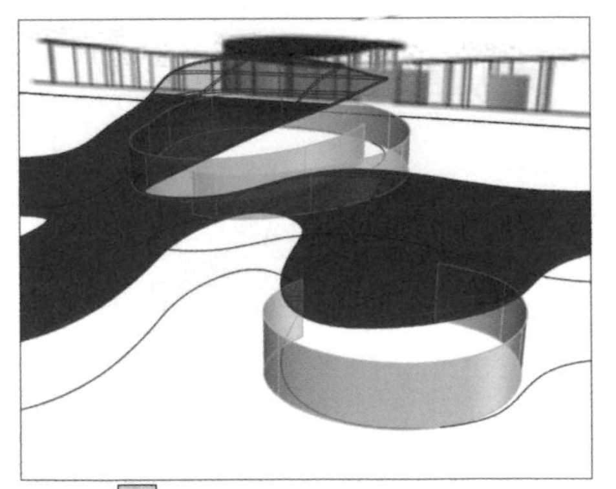

30. 輸入 OffsetSrf 指令，按下 Enter

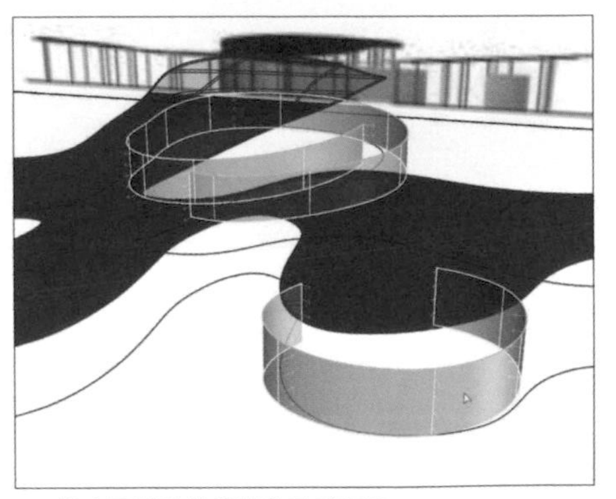

31. 設定要偏移的距離為玻璃厚度

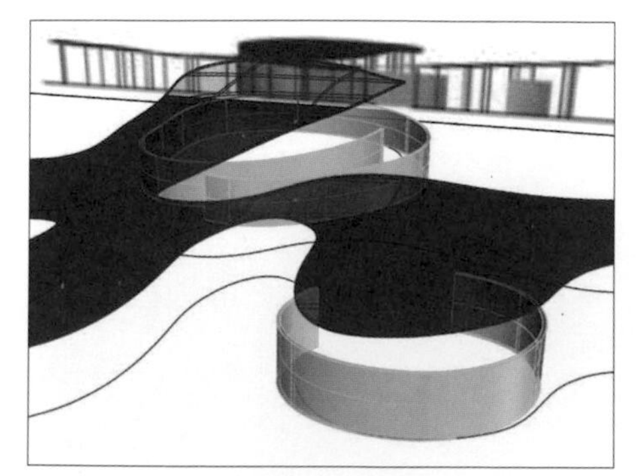

32. 按下 Enter 之後玻璃會出現厚度

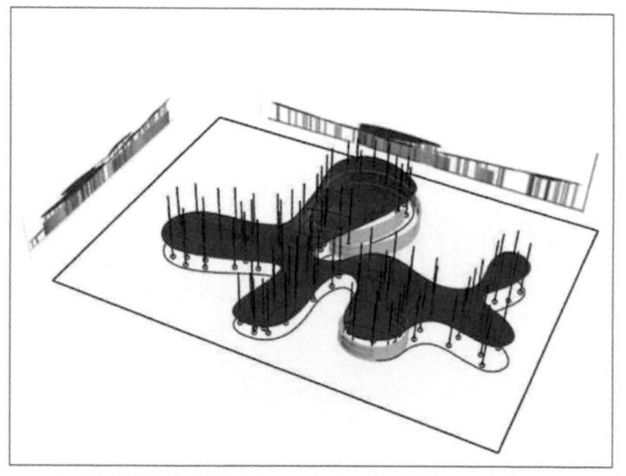

33. 在點物件上繪製出 Z 方向的線條，並將全部的線群組起來 (Ctrl + G)

34. 選取全部的線條，使用 Pipe 指令按下 Enter

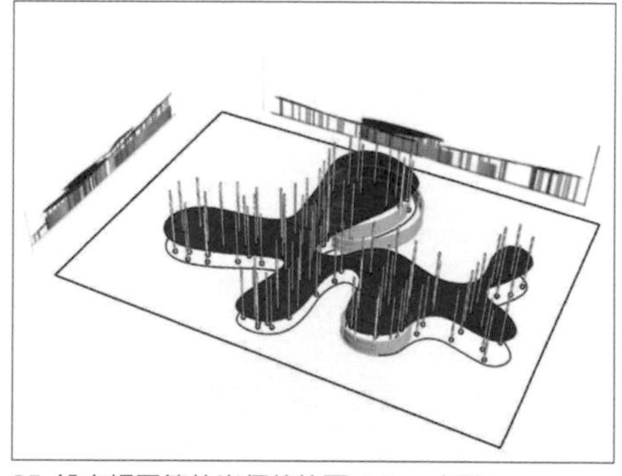

35. 設定好圓管的半徑後按下 Enter 成形

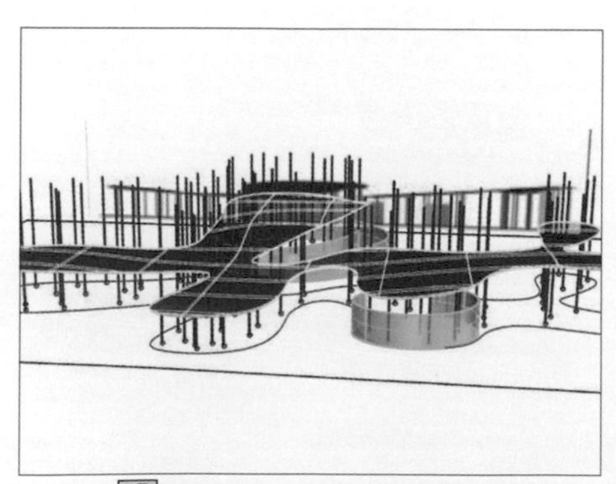

36. 使用 Trim 指令，選取切割用的屋頂曲面

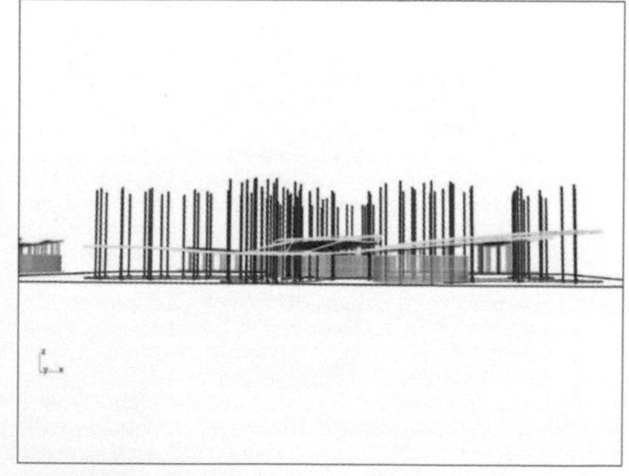

37. 將視角拉平

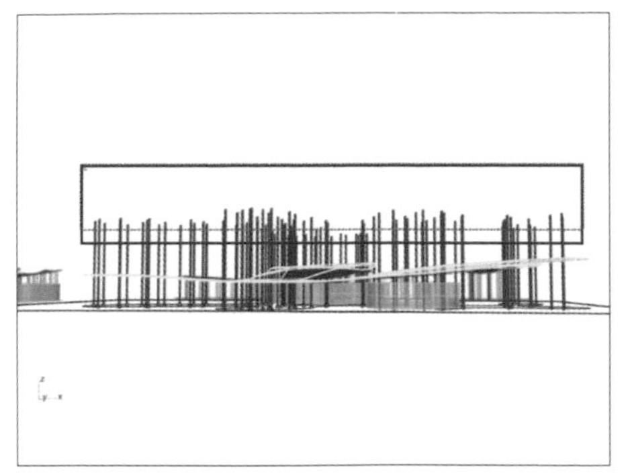

38. 一次全選要修剪的部分（選取全部柱子上端）

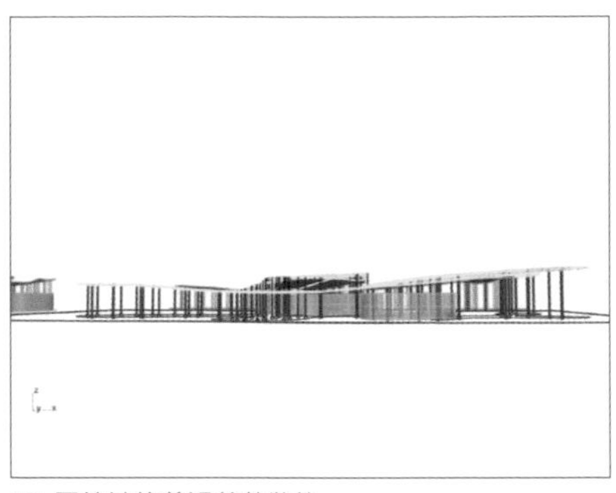

39. 圓管被修剪過後的狀態

40. 再將剛才群組的線段刪除

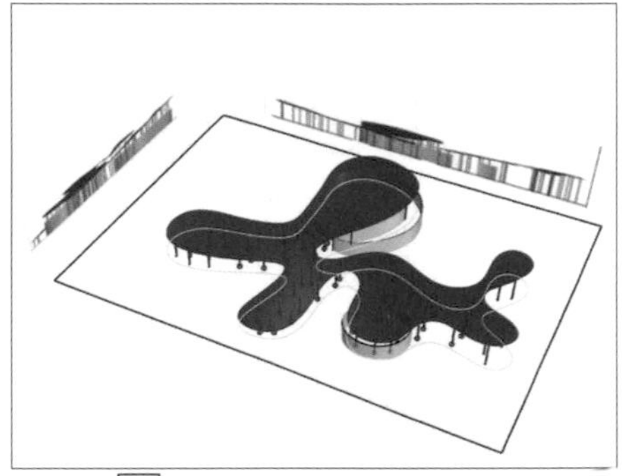

41. 使用 PlanarSrf 選取地板鋪面曲線並按下 Enter 完成

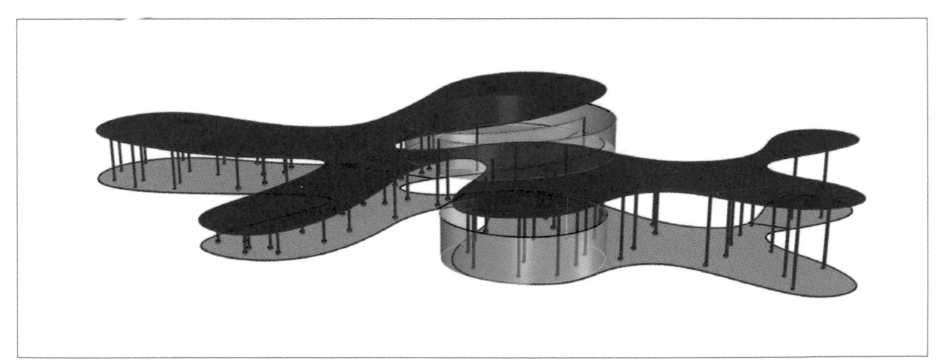

· The 2009 Serpentine Gallery Pavilion

· The 2009 Serpentine Gallery Pavilion - Exterior View

· The 2009 Serpentine Gallery Pavilion - Interior View

4.2.8 抽離框架與結構線

從物件建立曲線 > 抽離框架 (ExtractWireframe) 指令可以將曲面、多重曲面的所有結構線邊緣抽離出來並且建立曲線。曲面密度開啓時，結構線就會被一併抽離，曲面密度關閉時將不會抽離結構線。

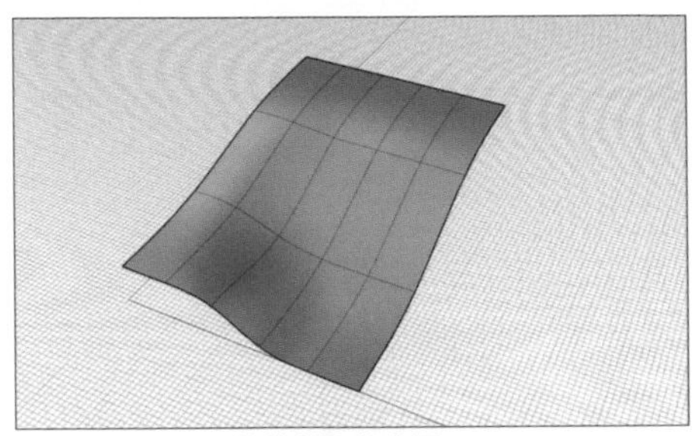

01. 使用在 4.2.6 教學創建的曲面

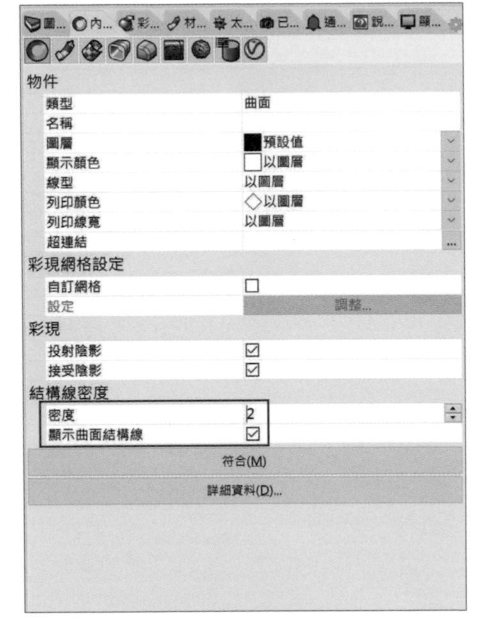

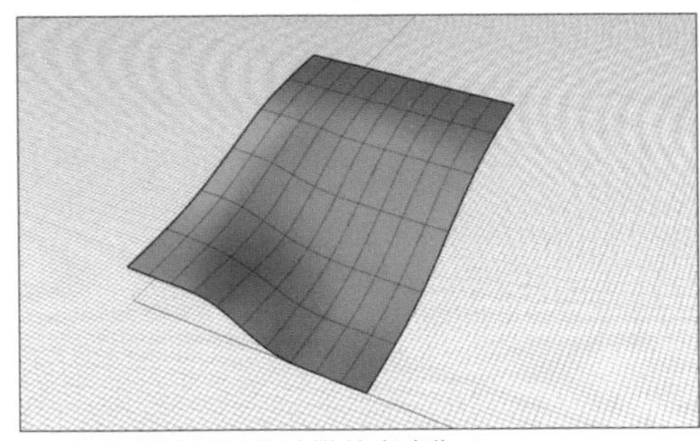

02. 點選曲面並調整結構線密度為 2

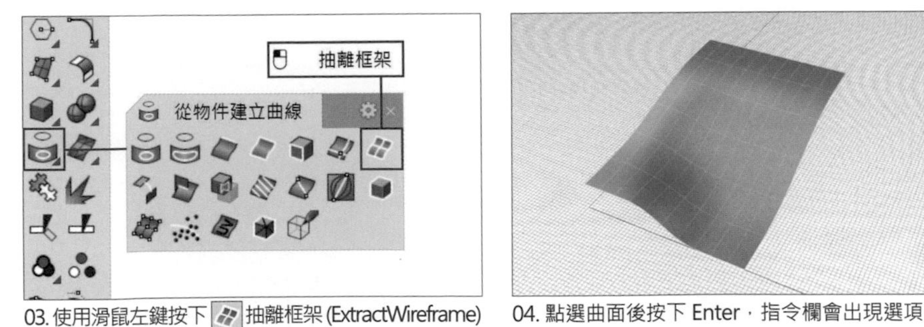

03. 使用滑鼠左鍵按下 抽離框架 (ExtractWireframe)

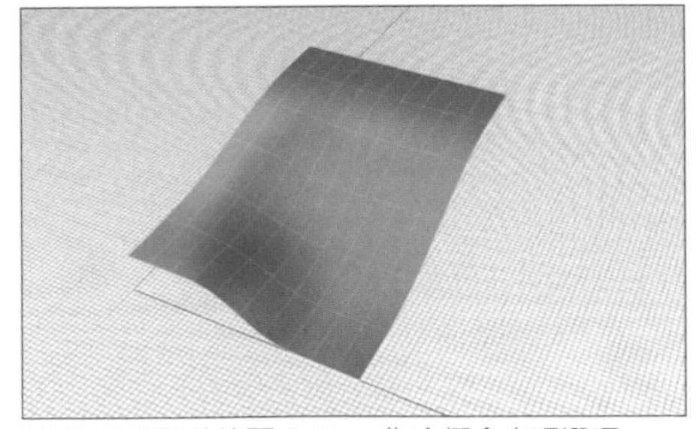

04. 點選曲面後按下 Enter，指令欄會出現選項

輸入完指令後點選曲面後按下 Enter，指令欄會出現選項，如果希望抽離出來的框架出現在目前的圖層，則將選項調整為「目的圖層 (O)= 目前的」，如果希望抽取出來的框架與曲面在同一個圖層，則將選項調整為「目的圖層 (O)= 輸入物件」。

選取要抽離框架的曲面、實體或網格 (目的圖層 (O)= 目前的 輸出為群組 (G)= 否)

05. 設定好指令欄選項後按下 Enter

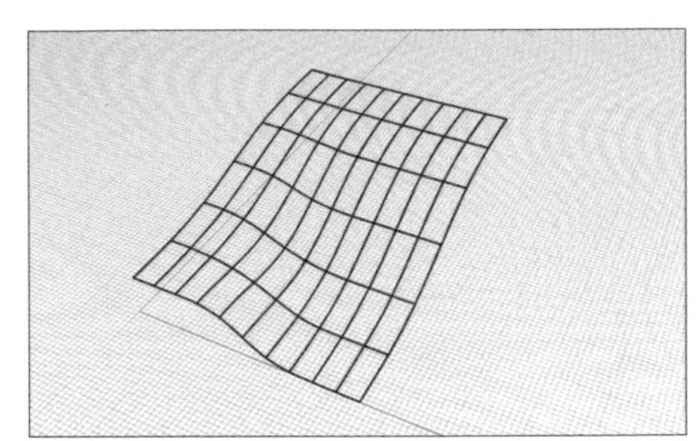

06. 將原本曲面刪除可以看見抽離出的框架

如果希望抽離出來的框架在輸出後自動群組成一個多重曲線，則將選項調整為「輸出為群組 (G)= 是」，如果希望抽取出來的框架是每條線段分離的，則將選項調整為「輸出為群組 (G)= 否」。

選取要抽離框架的曲面、實體或網格 (目的圖層 (O)= 目前的 輸出為群組 (G)= 否)

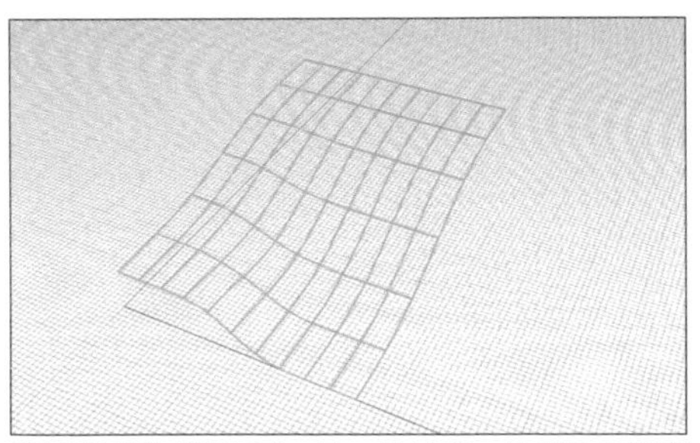

07.「輸出為群組 (G)= 是」的結果，結構線會被群組起來

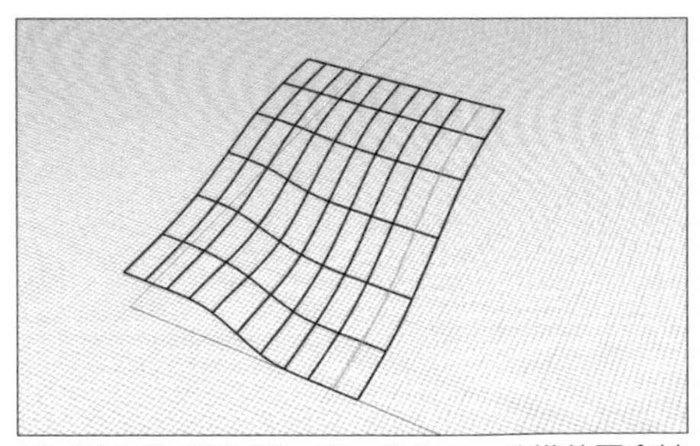

08.「輸出為群組 (G)= 否」的結果，結構線不會被群組起來

從物件建立曲線 > 抽離結構線 (ExtractIsocurve) 指令可以抽離曲面上指定位置的結構線成為曲線，輸入指令後選取一個曲面按下 Enter，滑鼠標記的移動會被限制在曲面上，並顯示曲面上通過標記位置的結構線，再指定一點建立結構曲線。

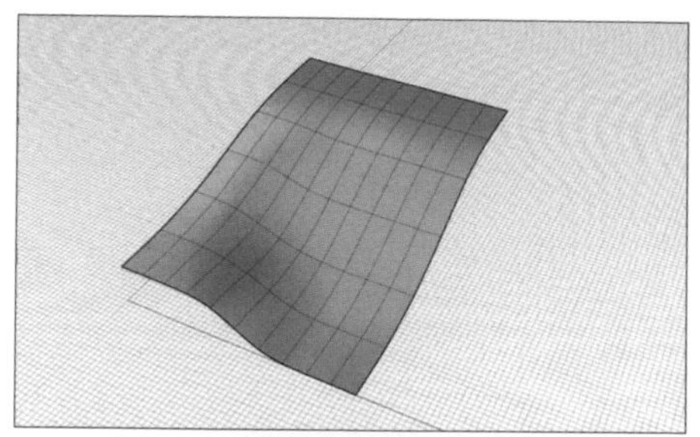

01. 使用在 4.2.6 教學創建的曲面

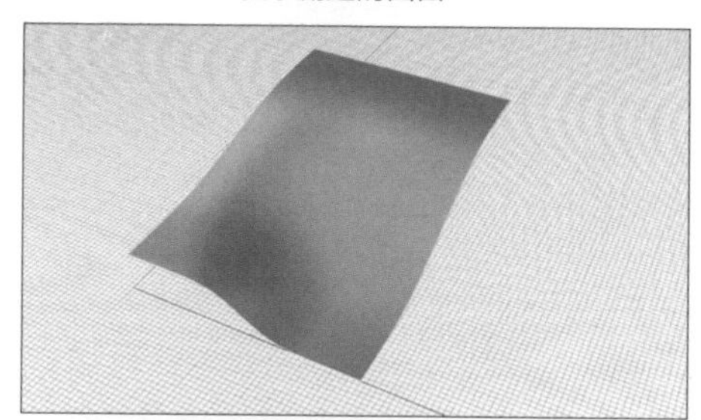

02. 將顯示曲面結構線取消勾選

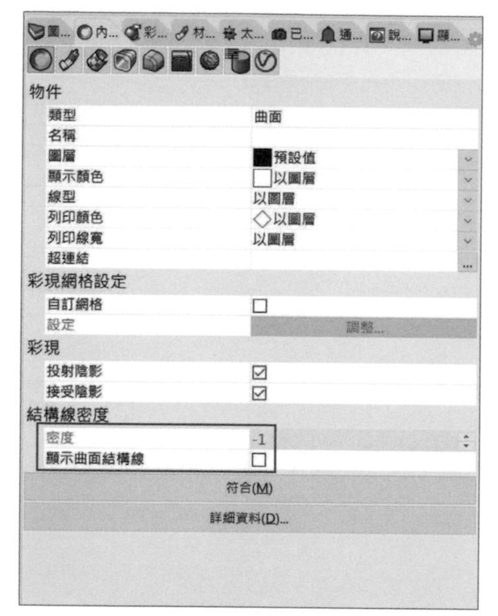

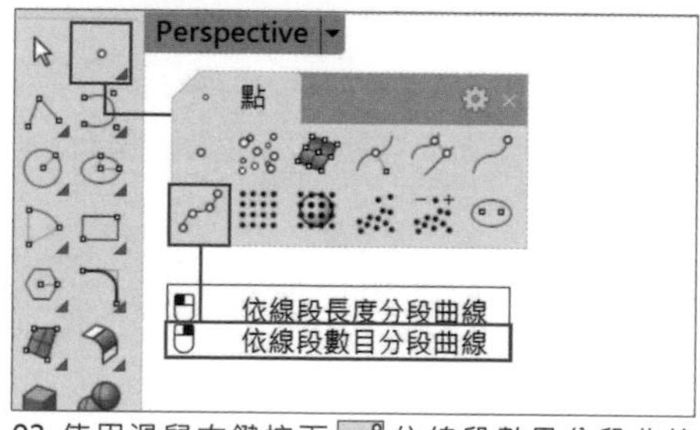

03. 使用滑鼠右鍵按下 依線段數目分段曲線 (Divide) 指令

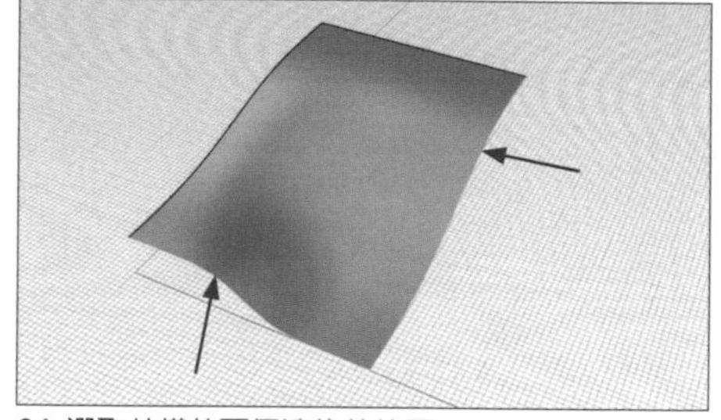

04. 選取結構的兩個邊緣後按下 Enter

分段數目 <6> (長度 (L) 分割 (S)= 否 標示端點 (M)= 是 輸出為群組 (G)= 否)

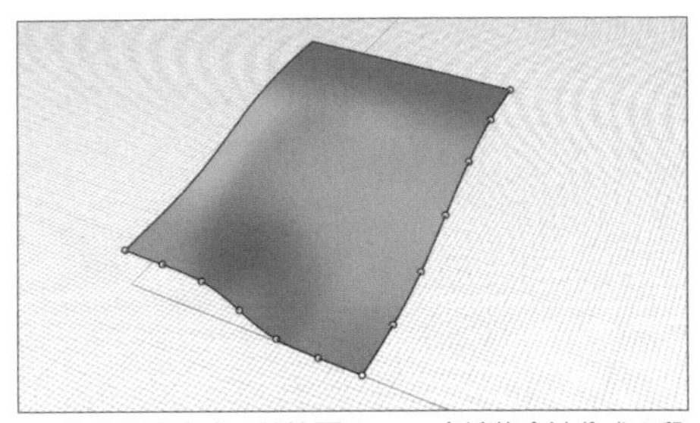

05. 將分段點改成 6 後按下 Enter，各邊緣會被分成 6 段

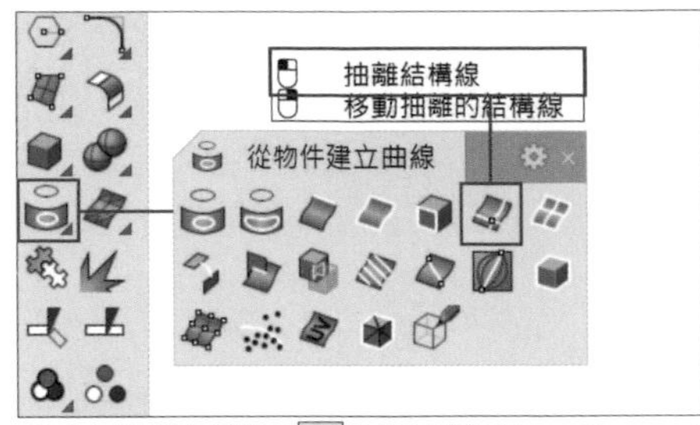

06. 使用滑鼠左鍵按下 抽離結構線 (ExtractIsocurve)

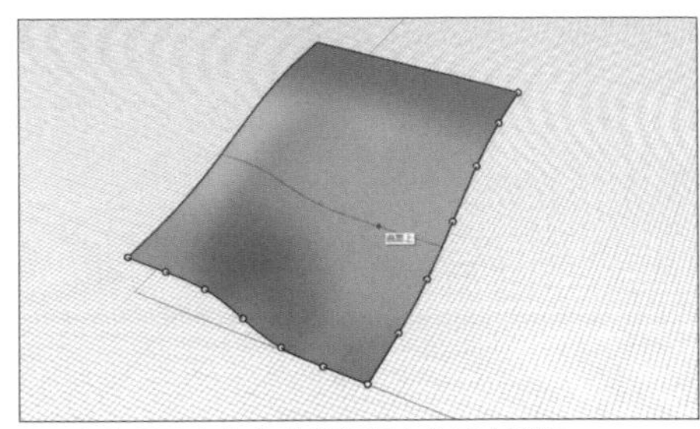

07. 會出現 U 方向的結構線段在曲面上游移

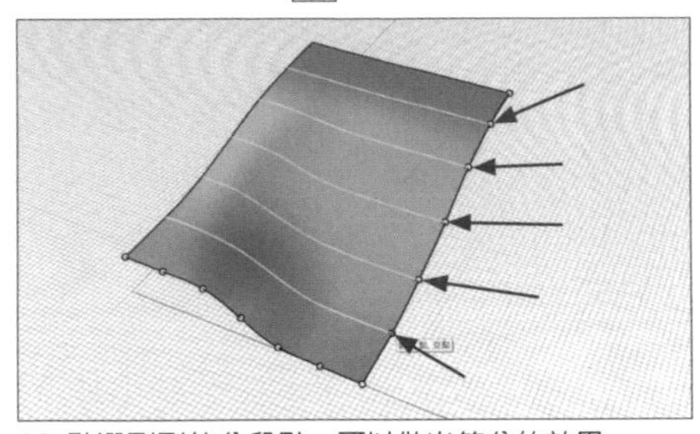

08. 點選剛剛的分段點，可以做出等分的效果

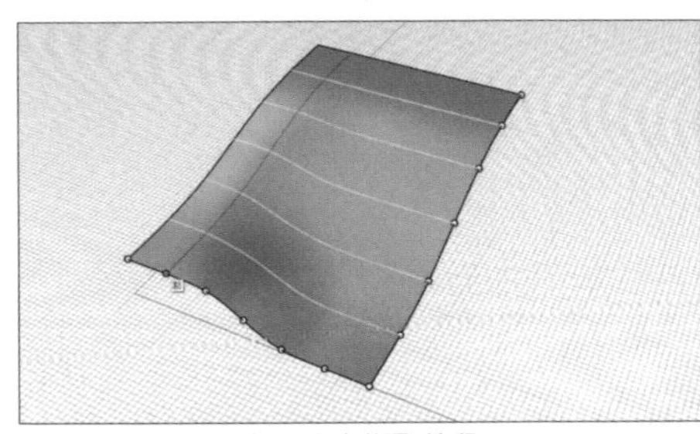

09. 在指令欄切換為 V 方向擷取線段

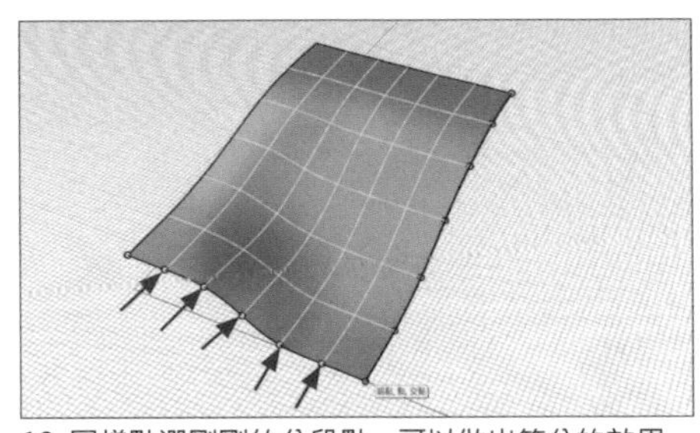

10. 同樣點選剛剛的分段點，可以做出等分的效果

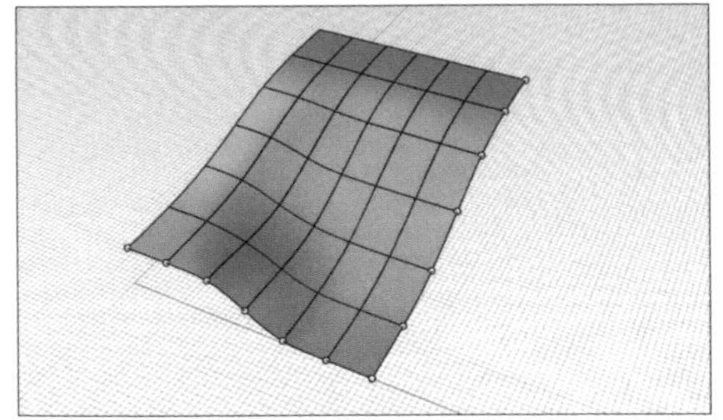

11. 確定後按下 Enter 結束指令

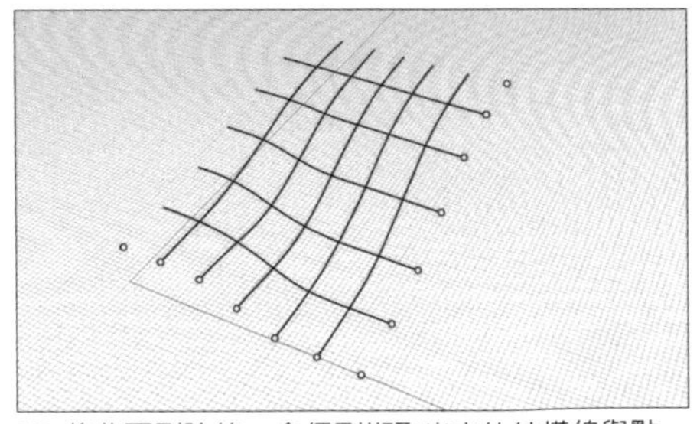

12. 將曲面刪除後，會得到擷取出來的結構線與點

4.2.9 混接曲線與曲面

曲線工具 > 可調式混接曲線 (BlendCrv) 指令可以在兩條曲線或曲面邊緣之間建立可以動態調整的連續性混接曲線。步驟為先選取要混接的曲線，再選取要調整的控制點，同時在指令結束前即可預覽並調整混接曲線。

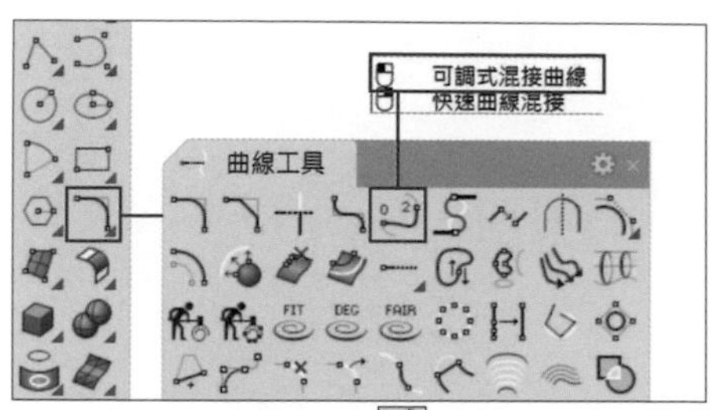

01. 使用滑鼠左鍵按下 可調式混接曲線 (BlendCrv) 指令

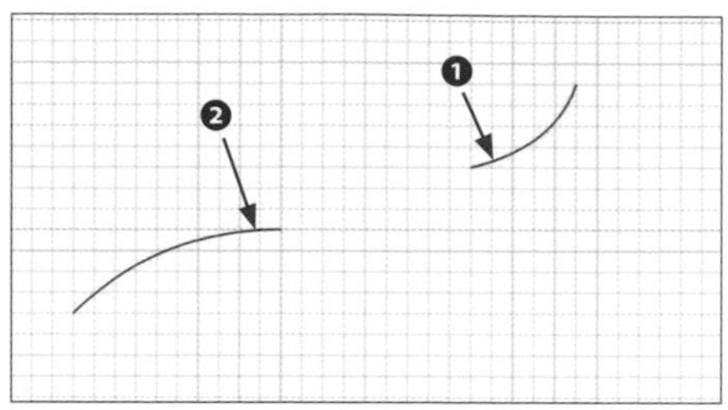

02. 選擇要連結的兩條曲線的端點 ❶ 與 ❷

選取要混接的曲線 (邊緣 (E) 混接起點 (B)= 曲線端點 點 (P) 編輯 (D))

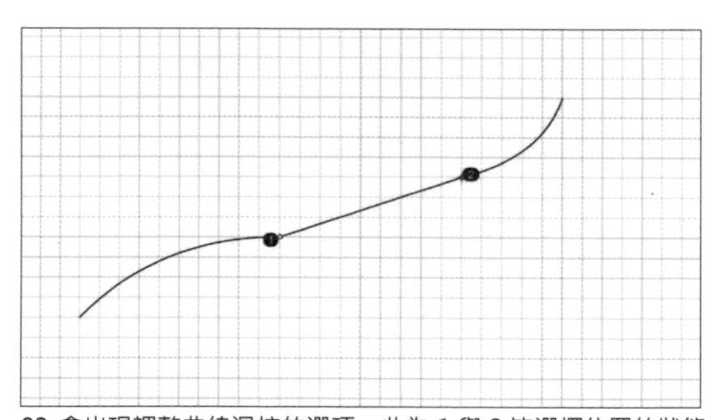

03. 會出現調整曲線混接的選項，此為 1 與 2 皆選擇位置的狀態

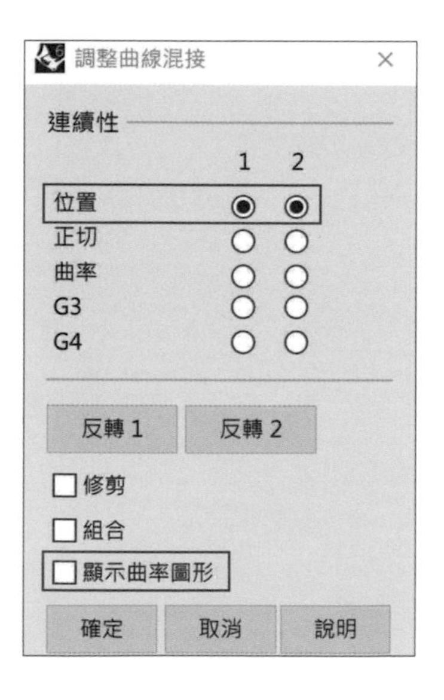

04. 若是勾選「顯示曲率圖形」，會出現曲率圖形選項，並且會看見曲線上出現紅色的曲率圖形

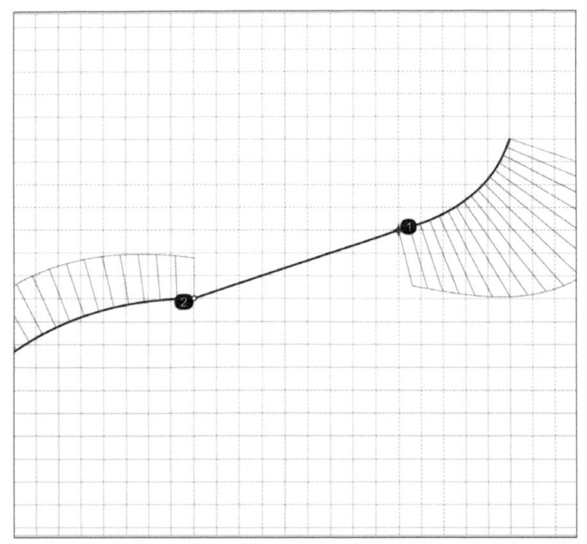
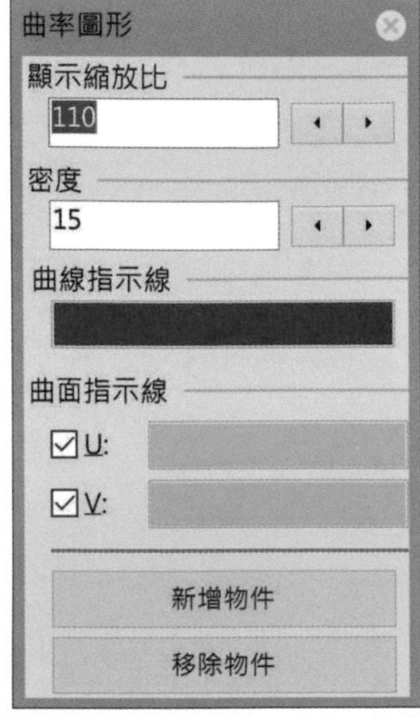

05. 此為勾選「顯示曲率圖形選項」會出現的狀態，在曲率圖形選項中可以調整顯示縮放比、密度、曲線指示線與曲面指示線的顏色

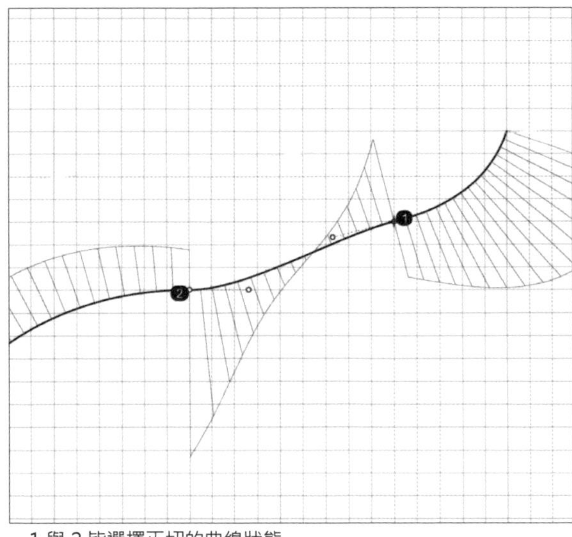
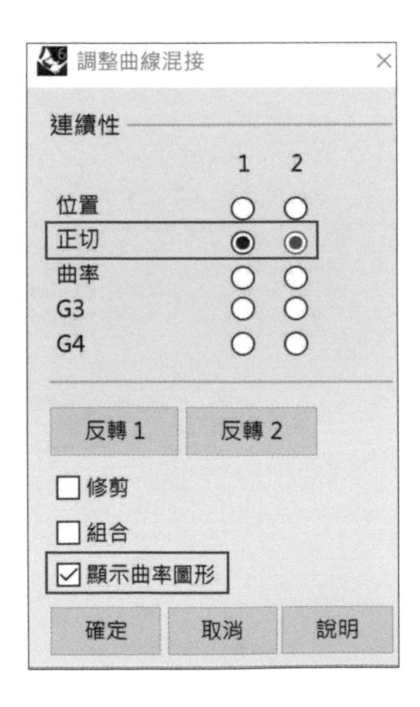

· 1 與 2 皆選擇正切的曲線狀態

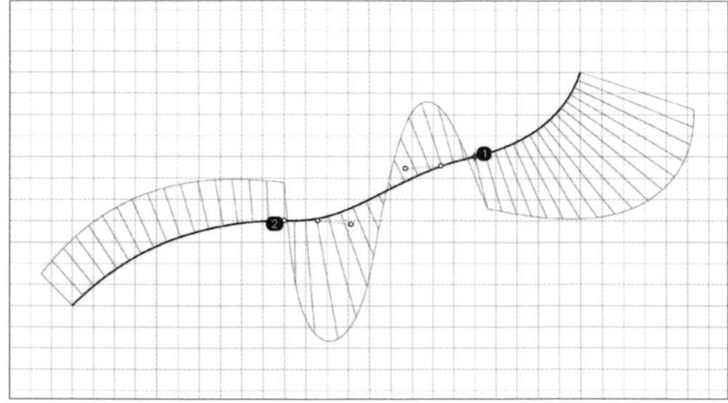

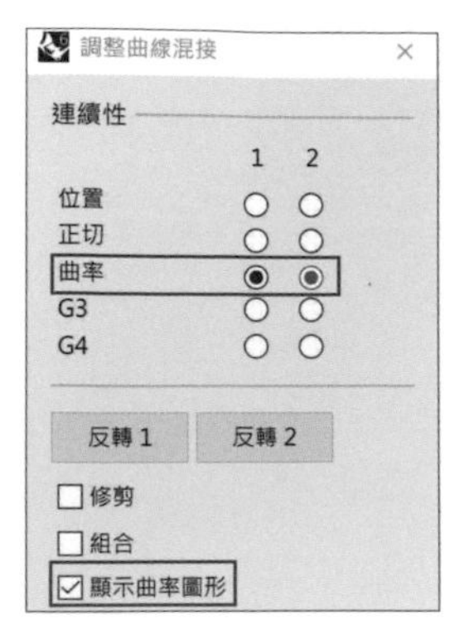

· 1 與 2 皆選擇曲率的曲線狀態

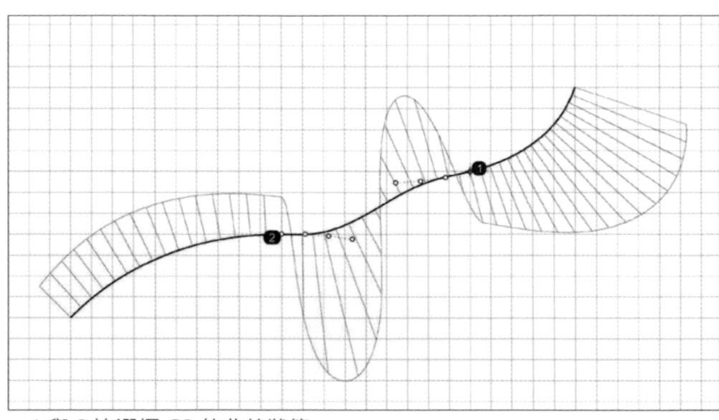

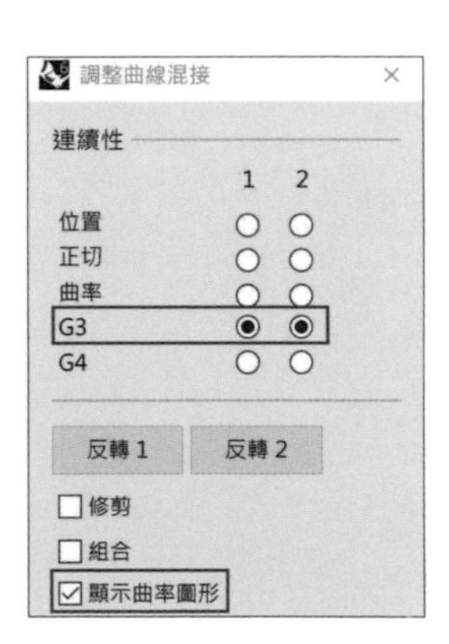

· 1 與 2 皆選擇 G3 的曲線狀態

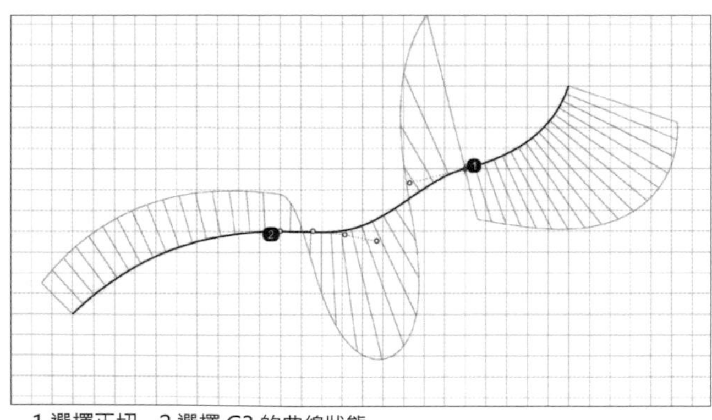

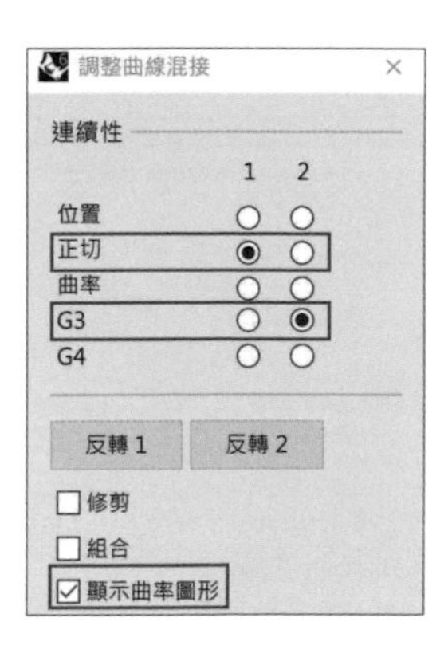

· 1 選擇正切 · 2 選擇 G3 的曲線狀態

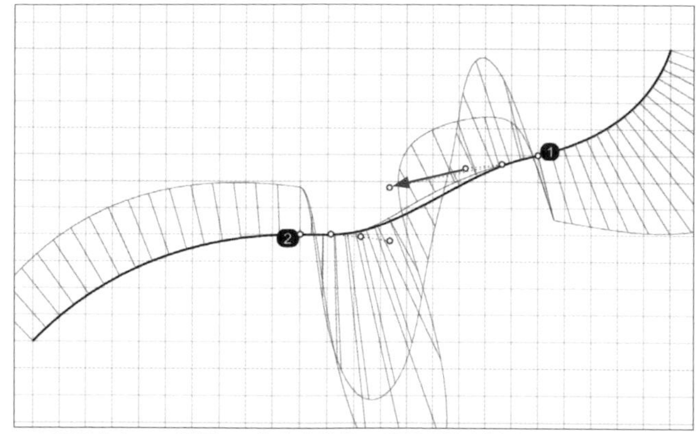

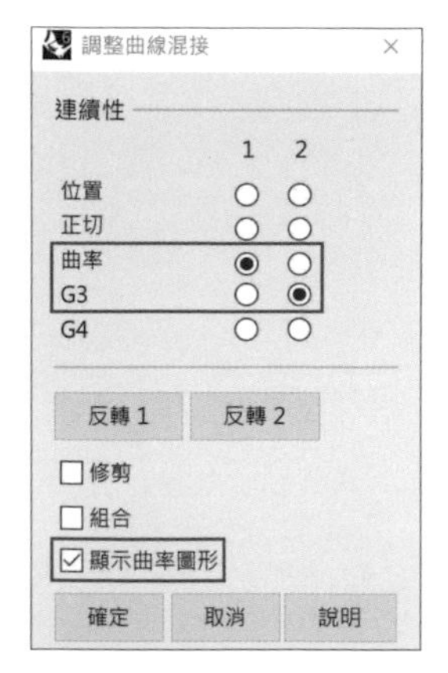

· 1 選擇曲率，2 選擇 G3 的曲線狀態，可調整控制軸改變曲率弧度

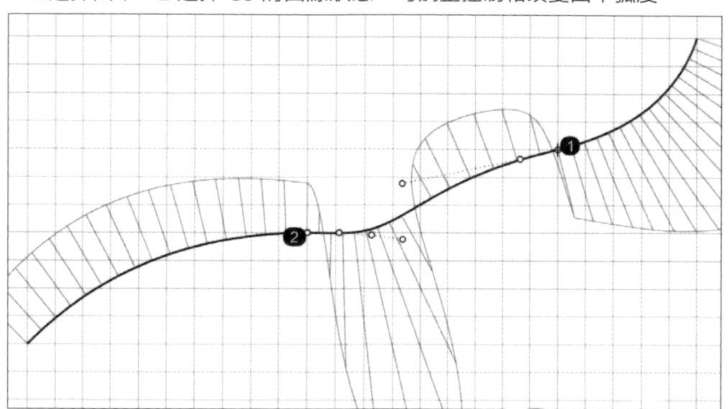

· 整控制軸改變後的曲率弧度

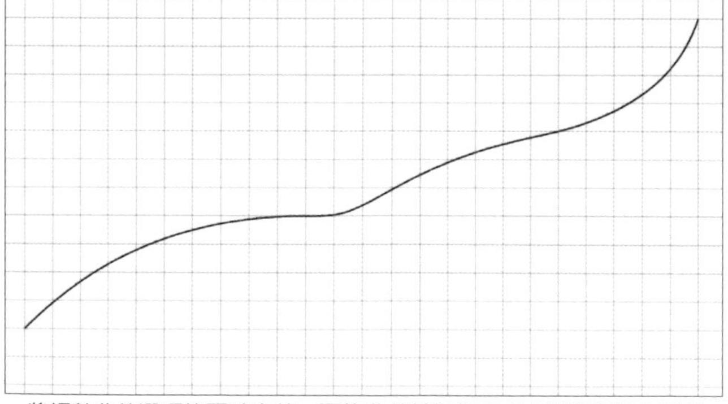

· 將調整曲線選項按下確定後，兩條曲線被混接完成（若選取組合選項，三條線會混合成一條曲線）

可以在使用 可調式混接曲線 (BlendCrv) 指令時選擇以一個點與另一條線上的點做連接，指令欄選項如下：

選取要混接的曲線 (邊緣 (E) 混接起點 (B)= 指定點 點 (P) 編輯 (D)): 點

曲線終點

選取要混接的曲線 (邊緣 (E) 混接起點 (B)= 指定點)

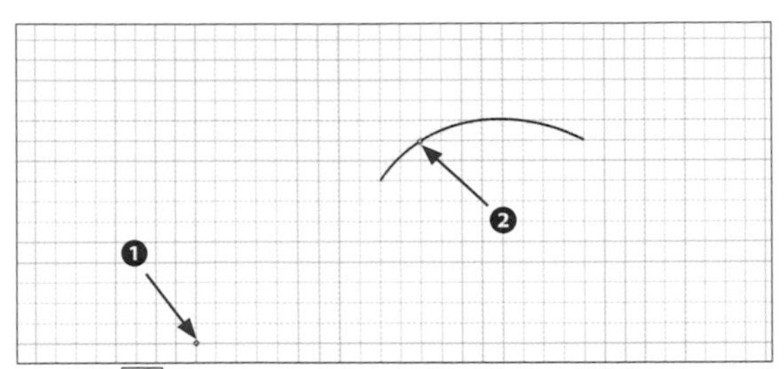

01. 使用 BlendCrv 指令後，選擇「點 (P)」後選點 ❶，再選擇「混接起點 (B)= 指定點」選點 ❷

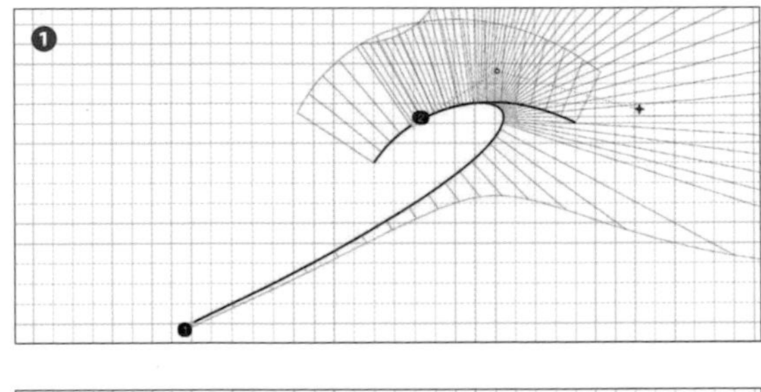

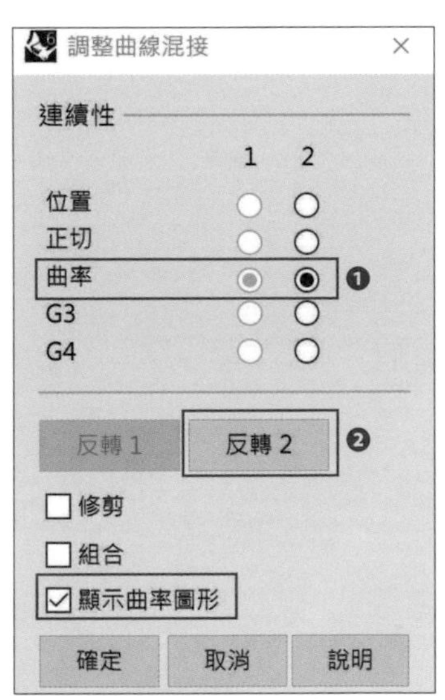

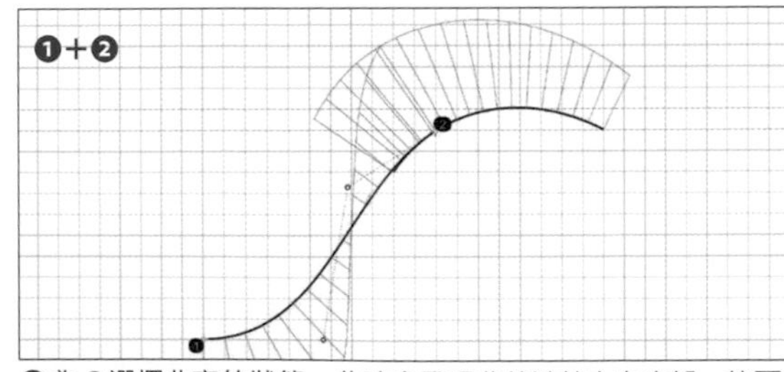

❶ 為 2 選擇曲率的狀態，此時會發現曲線連接方向有誤，按下反轉 2 後則會反轉曲線連接的方向

❶+❷ 為 2 選擇曲率的狀態，並且按下反轉 2 的曲線狀態

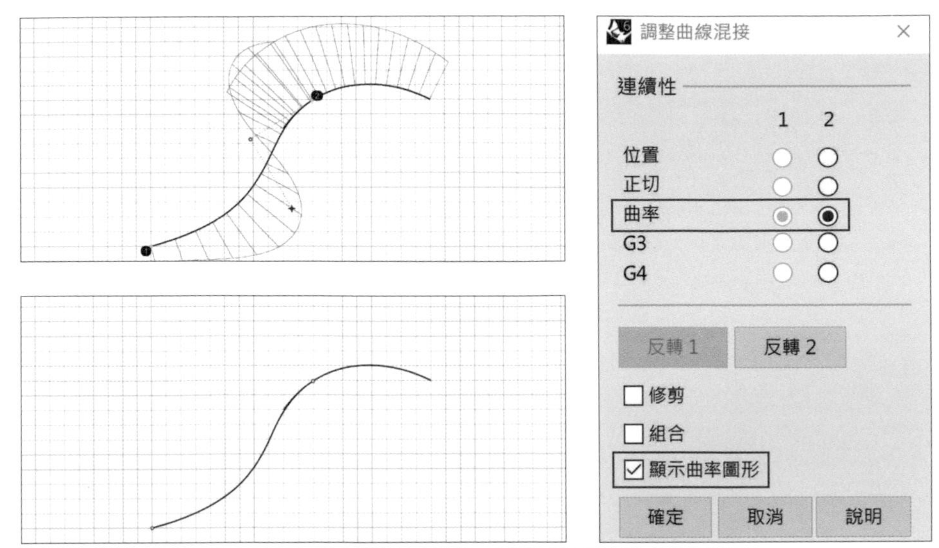

· 2 選擇曲率的曲線狀態。左上為按下確定前的狀態，左下為按下確定後曲線的狀態。

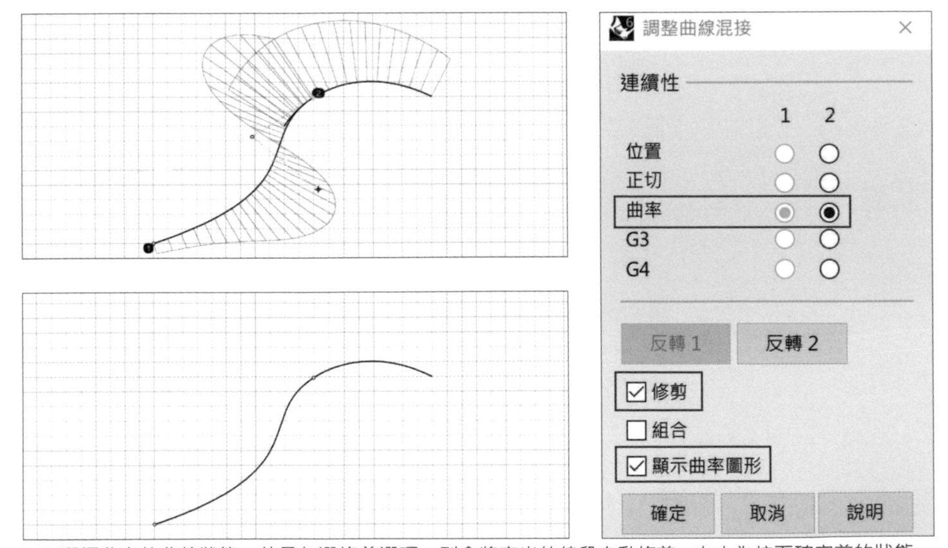

· 2 選擇曲率的曲線狀態，若是勾選修剪選項，則會將突出的線段自動修剪。左上為按下確定前的狀態，左下為按下確定後曲線的狀態。

曲面工具 > 混接曲面 (BlendSrf) 指令可以混接兩個曲面，點選要混接的兩個曲線邊緣（務必要點選同一側，否則會出現扭曲的結果），混接曲面其控制斷面兩端的控制點可分別調整，按住 Shift 可做對稱性調整。

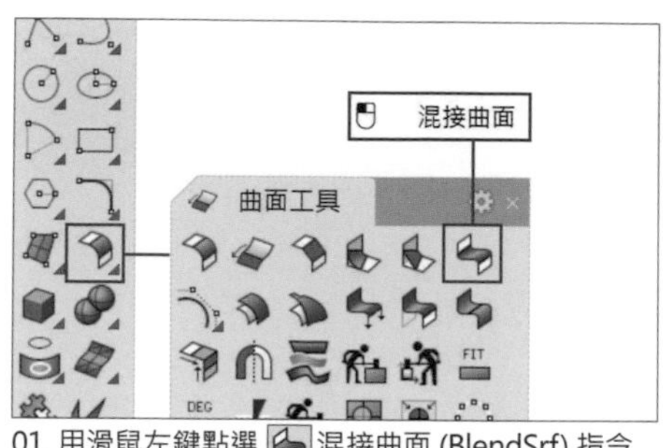

01. 用滑鼠左鍵點選 混接曲面 (BlendSrf) 指令

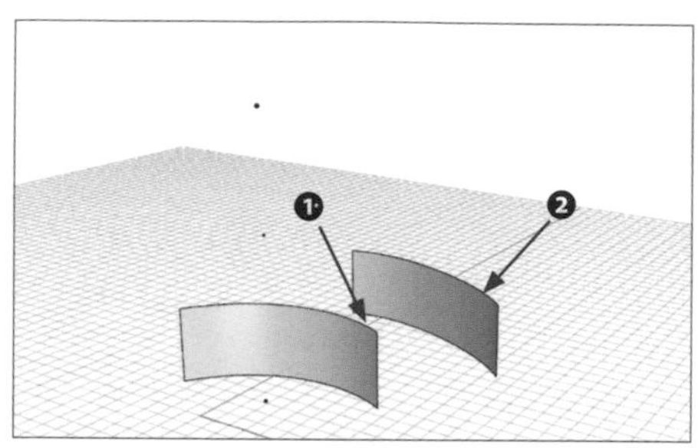

02. 點選曲面的邊緣 ❶ 與 ❷

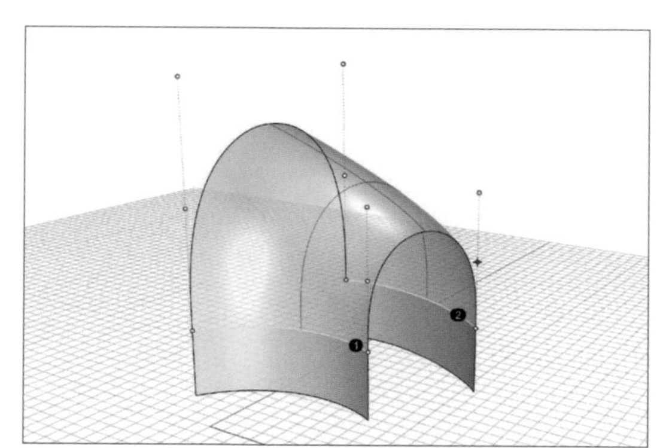

03. 點選完畢之後會出現調整曲面混接選項，此為 1 與 2 均為曲率時的混接曲面狀態

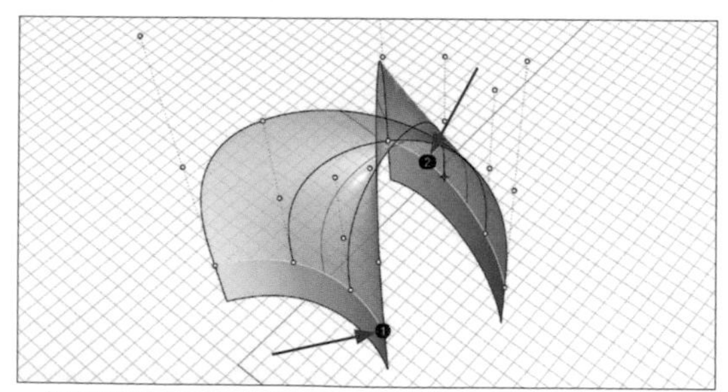

．假若點選曲面邊緣 ❶ 與 ❷ 是不同側，會出現曲面反轉的問題

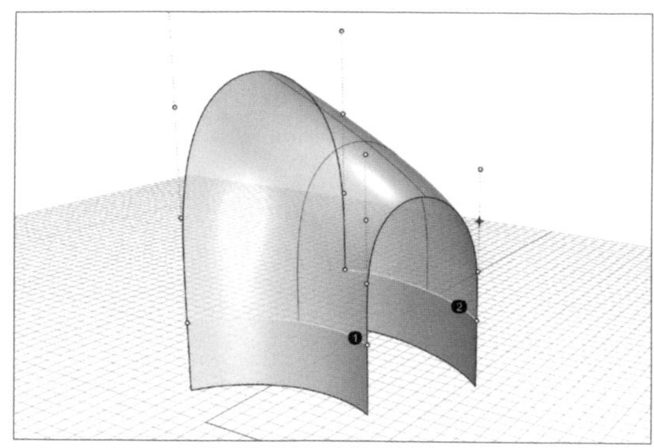

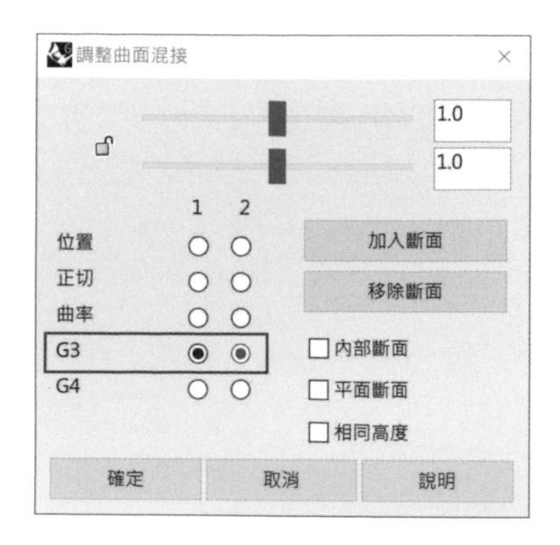

· 1 與 2 皆為 G3 時的混接曲面狀態

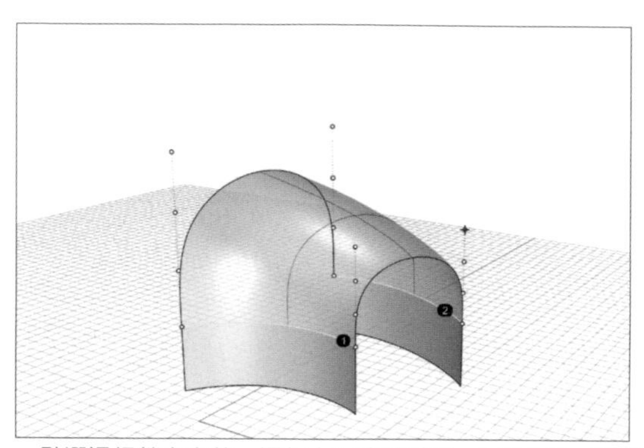

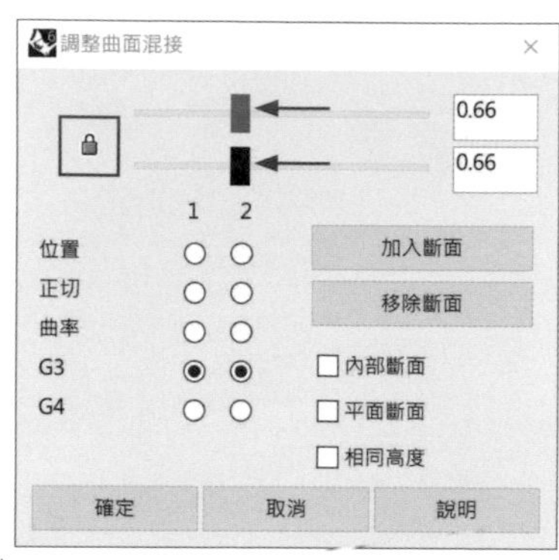

· 點選滑桿鎖定之後，滑桿上下會被鎖定，1 與 2 會一起移動

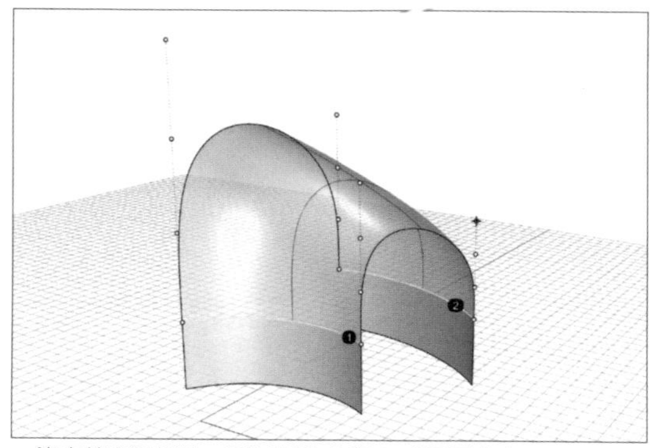

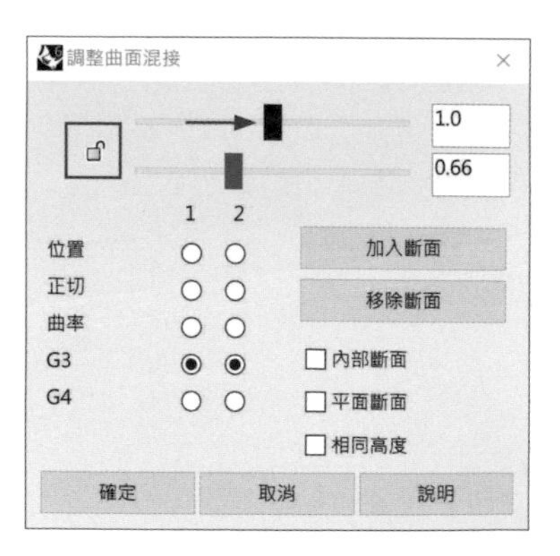

· 沒有鎖定滑桿時，可以調整 1 與 2 成不同曲度

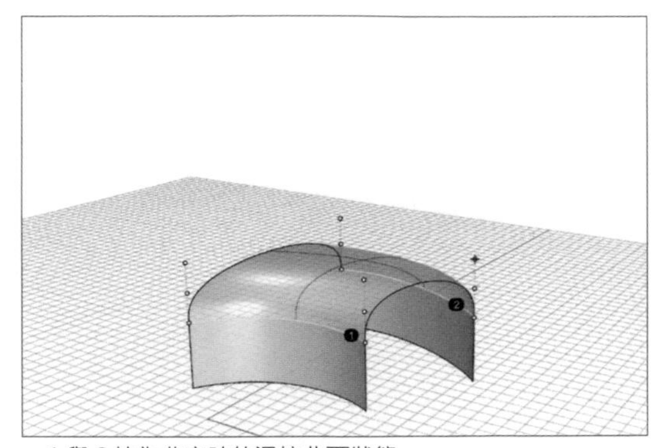

・1 與 2 皆為曲率時的混接曲面狀態

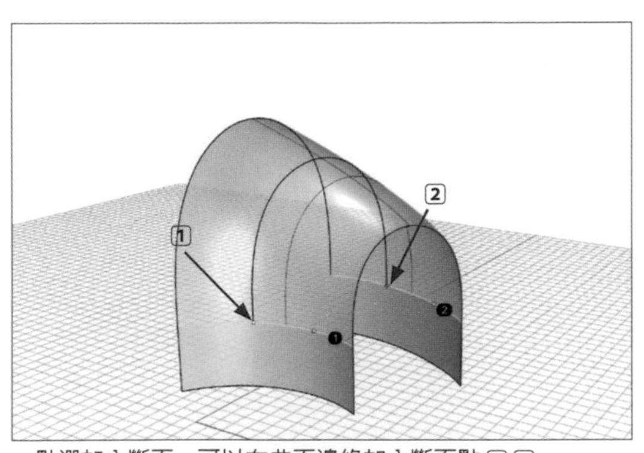

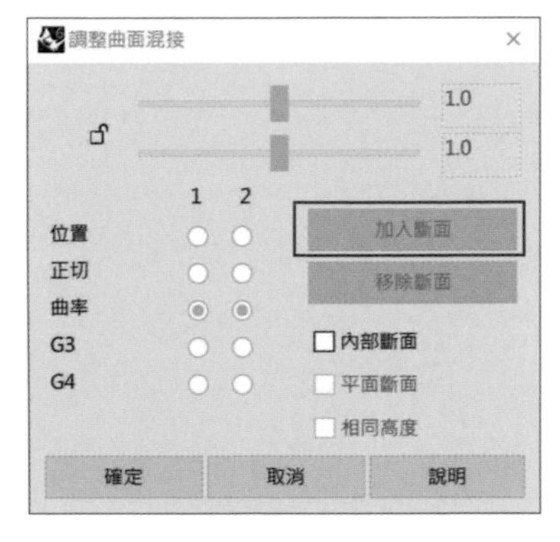

・點選加入斷面，可以在曲面邊緣加入斷面點 1 2

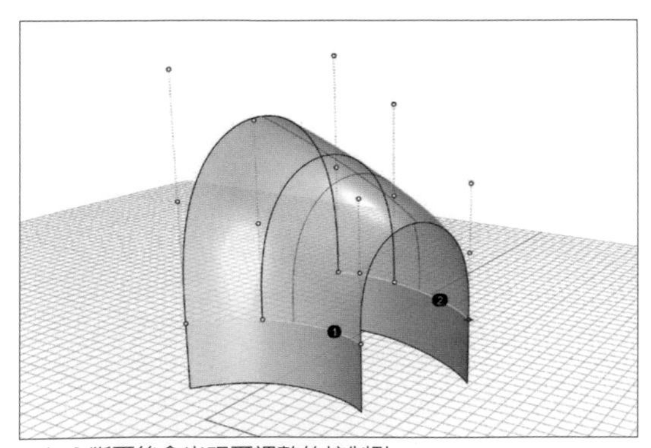

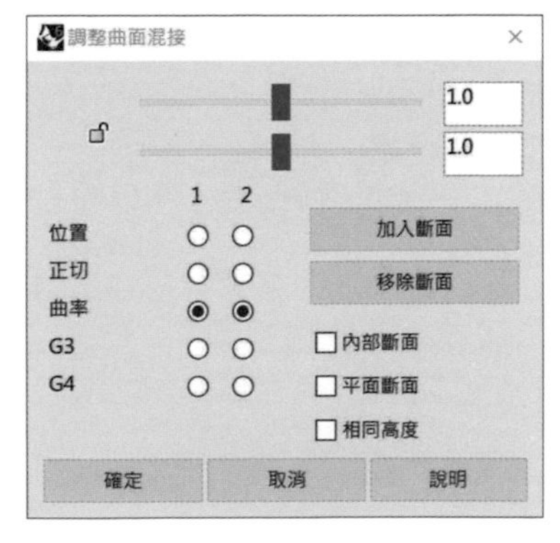

・加入斷面後會出現可調整的控制點

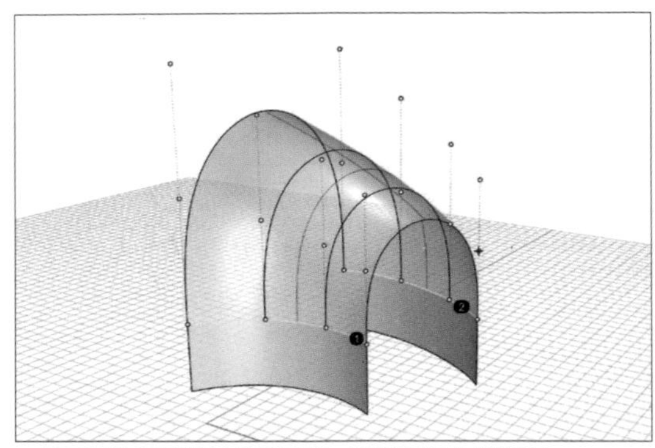

· 當兩個曲面邊緣結構相同時，可以選擇內部斷面

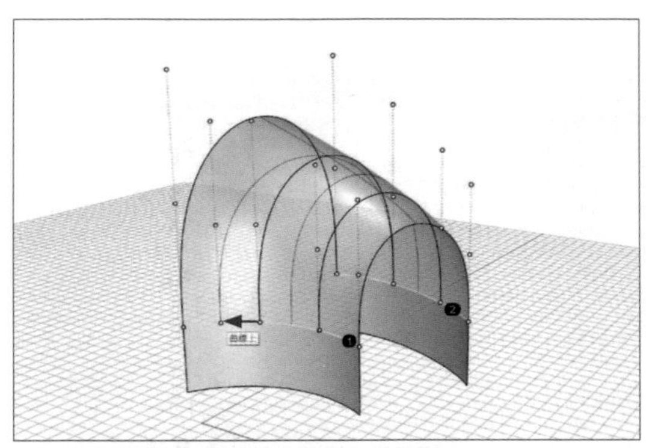

· 可以拖曳編輯點的位置去改變斷面的型態

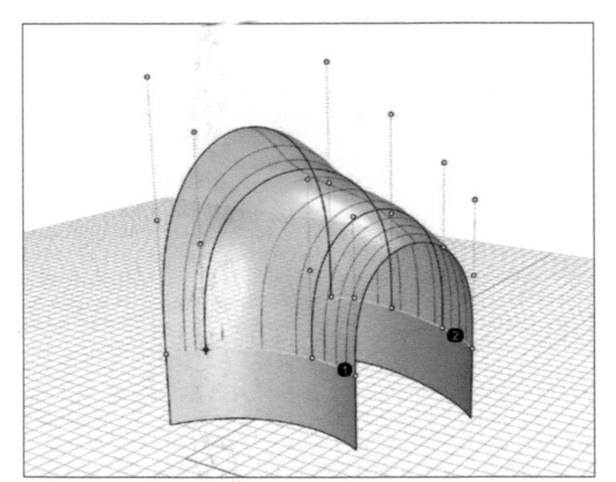

· 拖曳完畢之後的混接曲面狀態

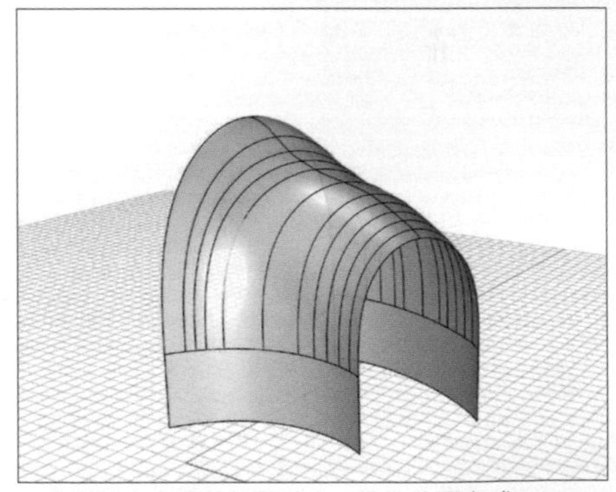

· 全部設定完畢後按下確定，混接曲面完成

案例 - 都市陽傘
(Metropol Parasol)

案例 - 都市陽傘 (Metropol Parasol)

Metropol Parasol
(Las Setas de la Encarnación)
Location: Seville, Spain
Architects: Jürgen Mayer H.
Construction started: 2005
Completed: 2011
Program: Antiquarium, Market, panoramic terraces, Restaurant
Size: 150m x 70m x 26m

會使用到的指令：

- Picture 匯入平面圖與立面圖
- InterpCrv 內插點曲線描繪
- PlanarSrf 建立平面
- Rebuild 重建曲線與曲面
- Line 繪製直線
- Ellipse 繪製橢圓形
- Project 投影
- Trim 修剪
- Patch 建立嵌面
- BlendSrf 混接曲面
- Join 組合
- OffsetSrf 偏移曲面
- Contour 建立等距斷面線
- Group(Ctrl+G) 群組
- ExtrudeCrv 擠出曲線

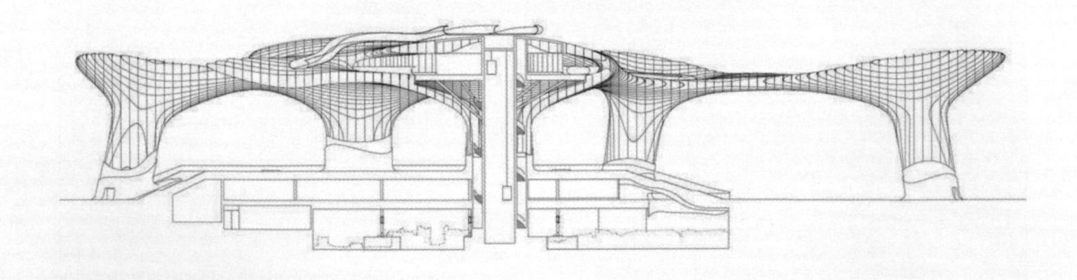

參考圖：https://arcspace.com/feature/metropol-parasol/

參考圖 : https://en.wikipedia.org/wiki/Metropol_Parasol

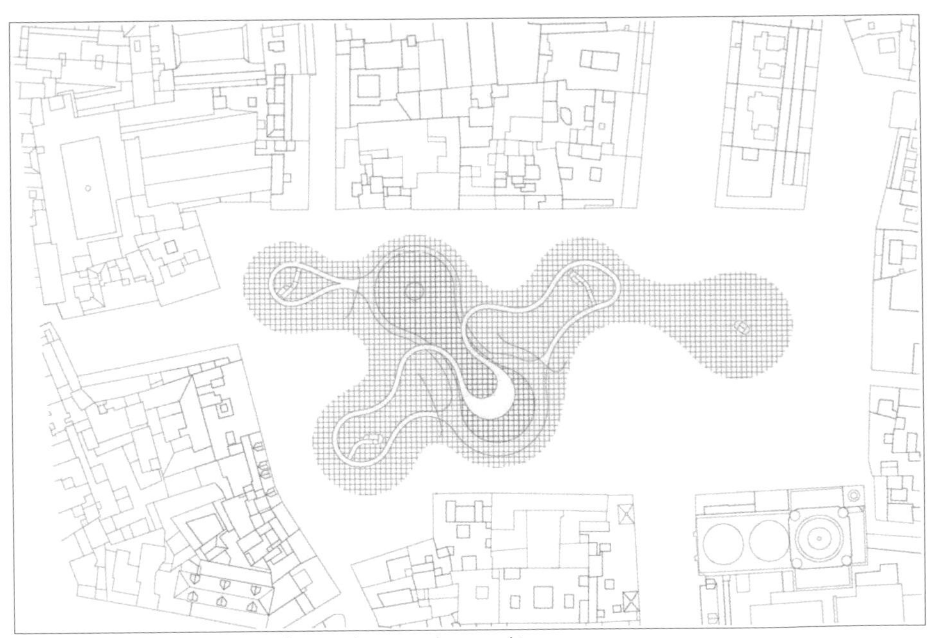

參考圖 : https://arcspace.com/feature/metropol-parasol/

案例建模練習 (Metropol Parasol)

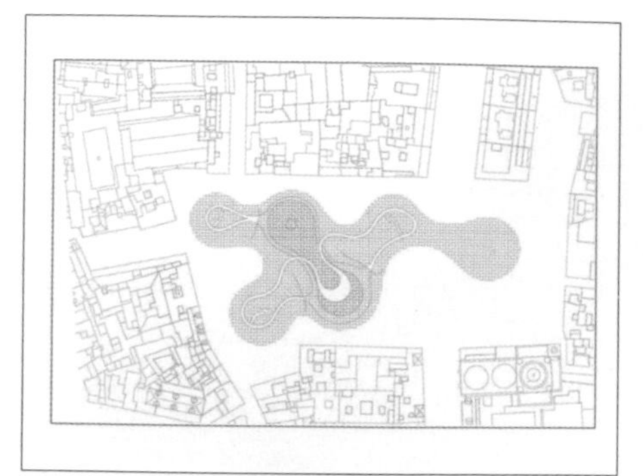

01. 在 TopView 使用 Picture 指令匯入平面圖

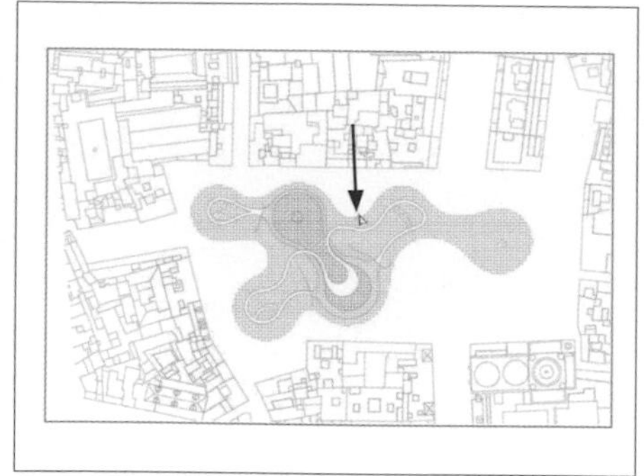

02. 使用 InterpCrv 指令按下 Enter，指定第一個起點

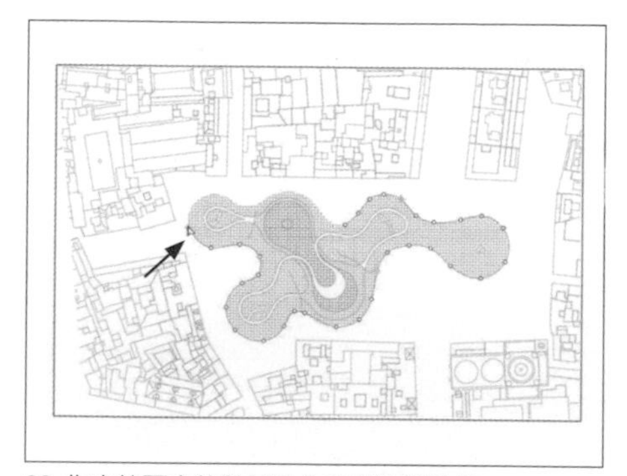

03. 指定接下去的數個點依序描繪出邊框

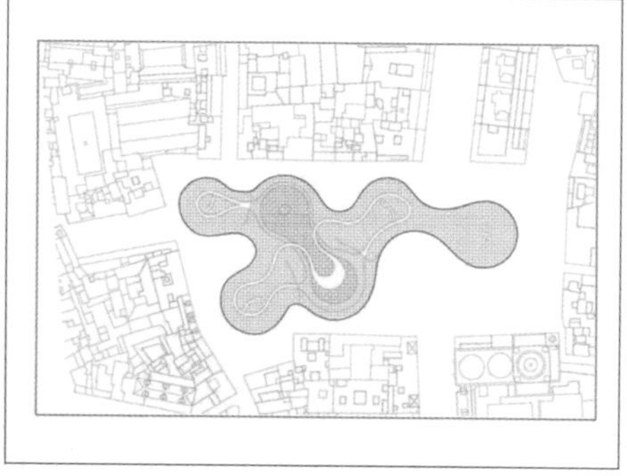

04. 將第一個點與最終點連接，曲線成形

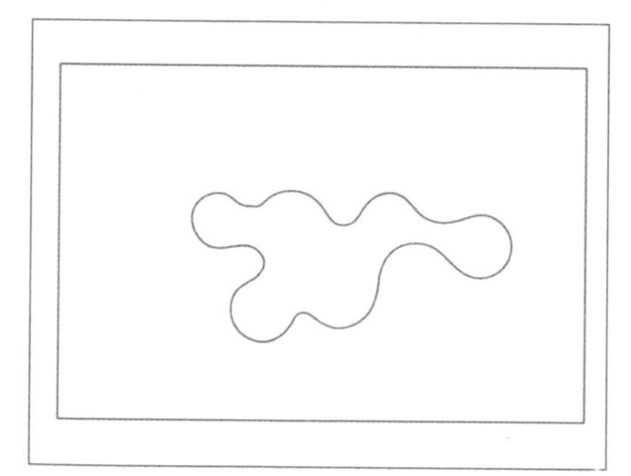

05. 將平面圖先隱藏

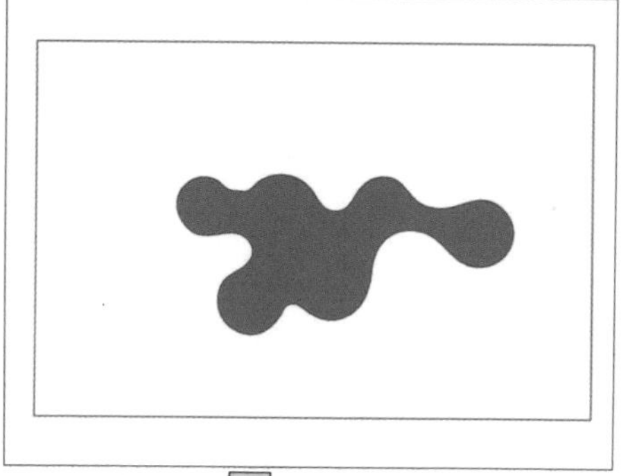

06. 選取曲線使用 PlanarSrf 指令，按下 Enter 成為曲面

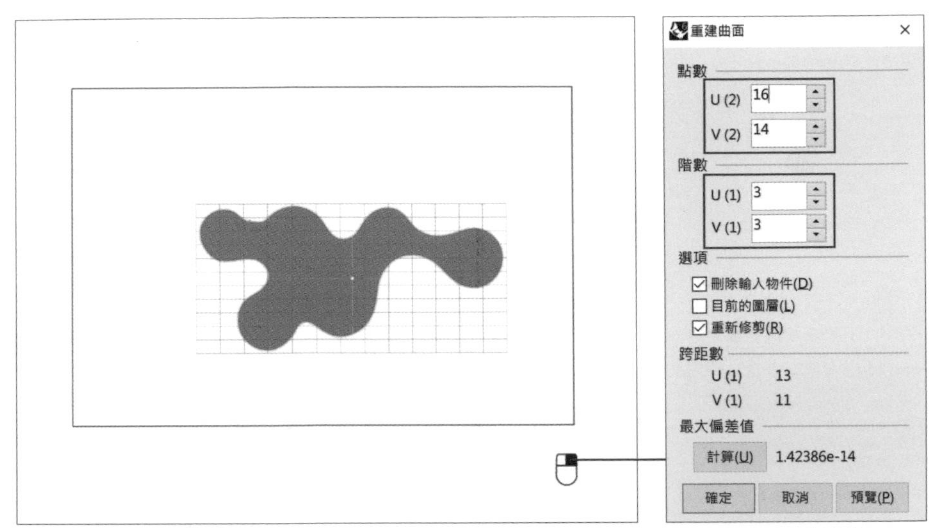

07. 選取曲面後使用 Rebuild 指令，按下 Enter 或右鍵後會出現重建曲面選項，設定點數與階數

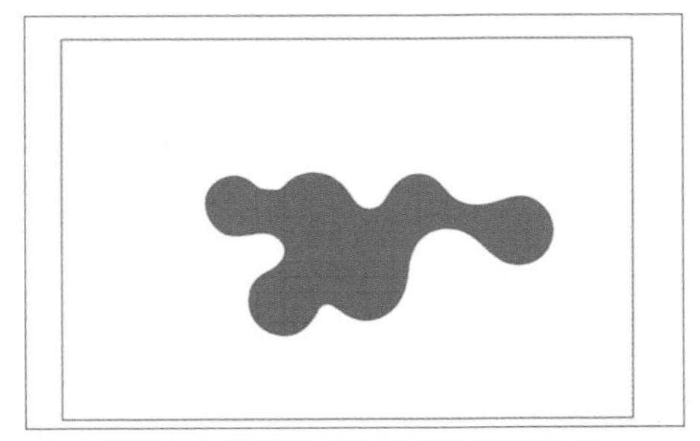

08. 按下確定之後即會重建曲面的點數與階數

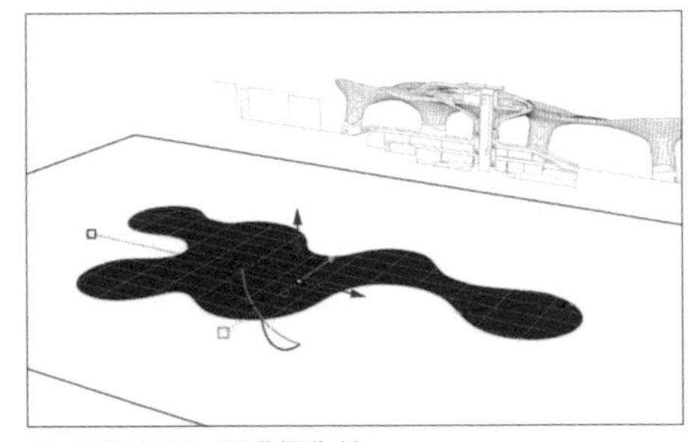

09. 選取曲面，開啟操作軸

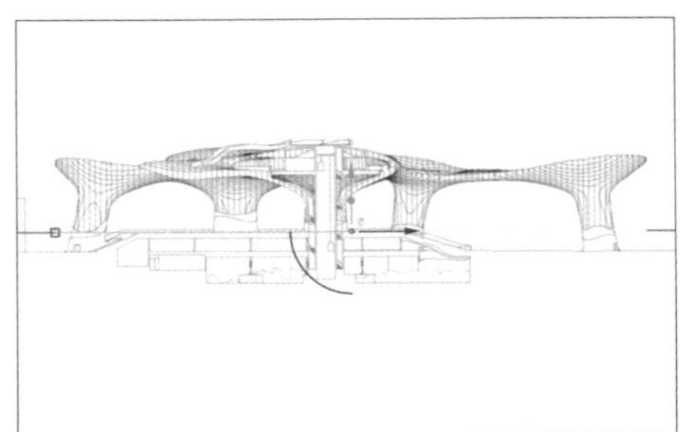

10. 到 Front View 中檢視並匯入立面圖

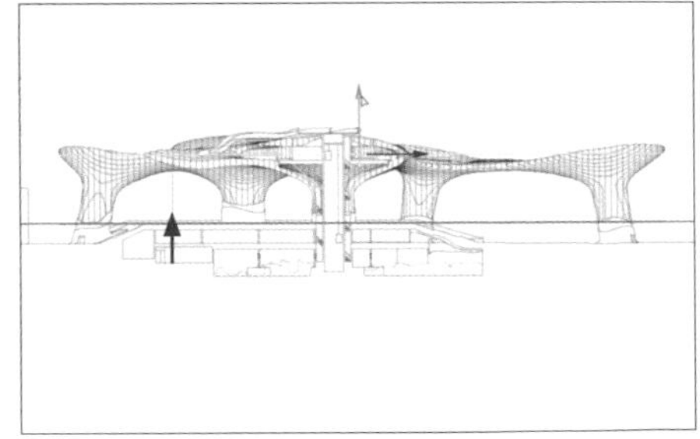

11. 用操作軸移動曲面到屋頂位置

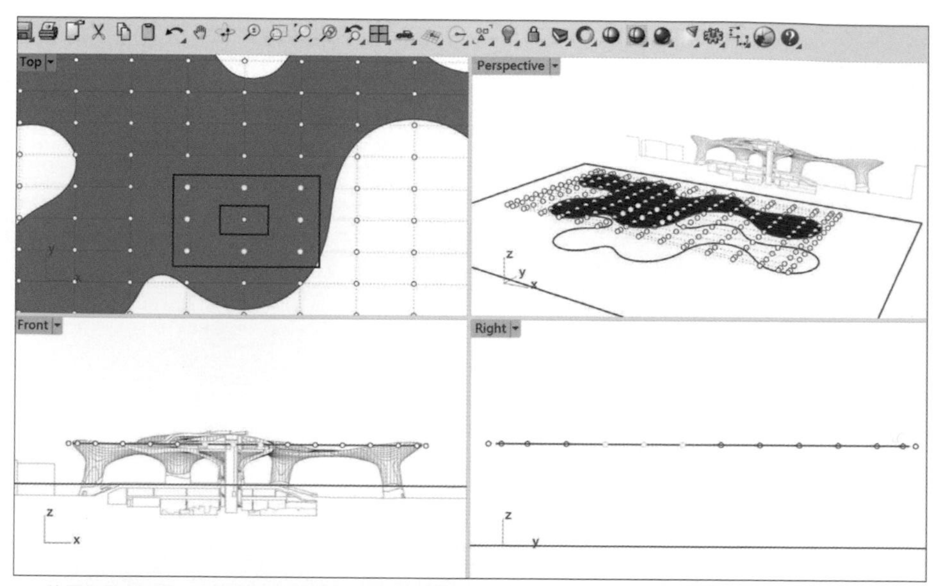

12. 將四個視圖開啓，並且將全部的視圖調整成半透明模式，在 Top View 中選取控制點 (8 個點)

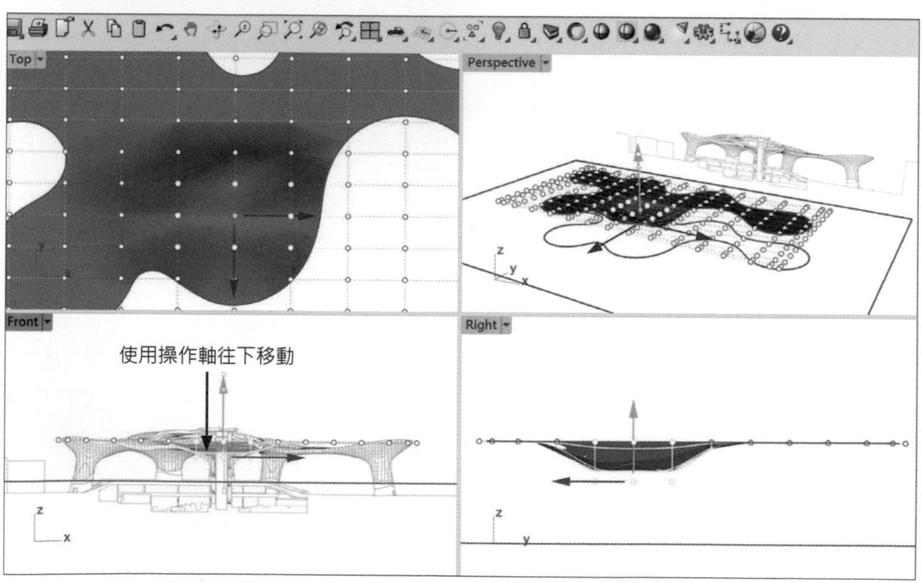

13. 在 Front View 將選取的控制點使用操作軸往下移動

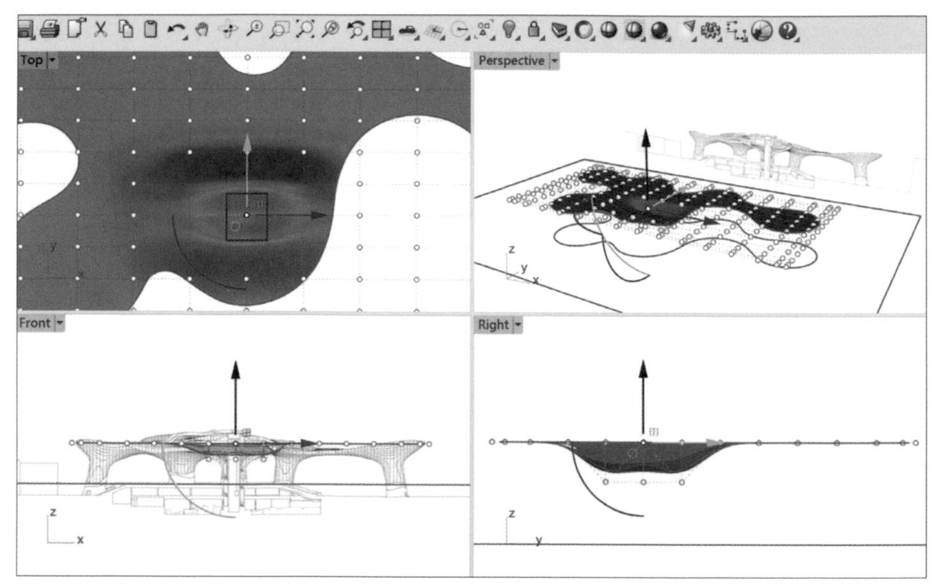

14. 在 Top View 選取控制點 (1 個點)

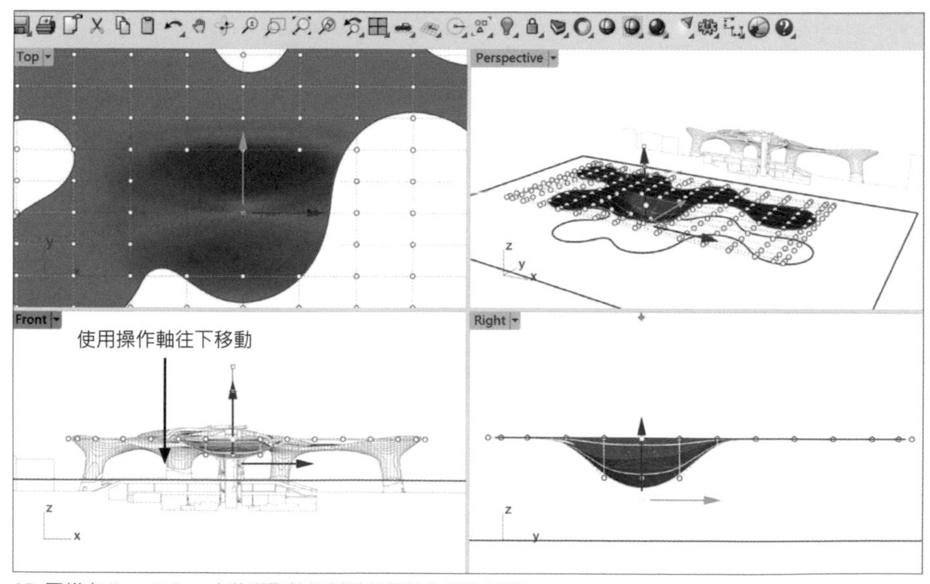

15. 同樣在 Front View 中將選取的控制點使用操作軸往下移

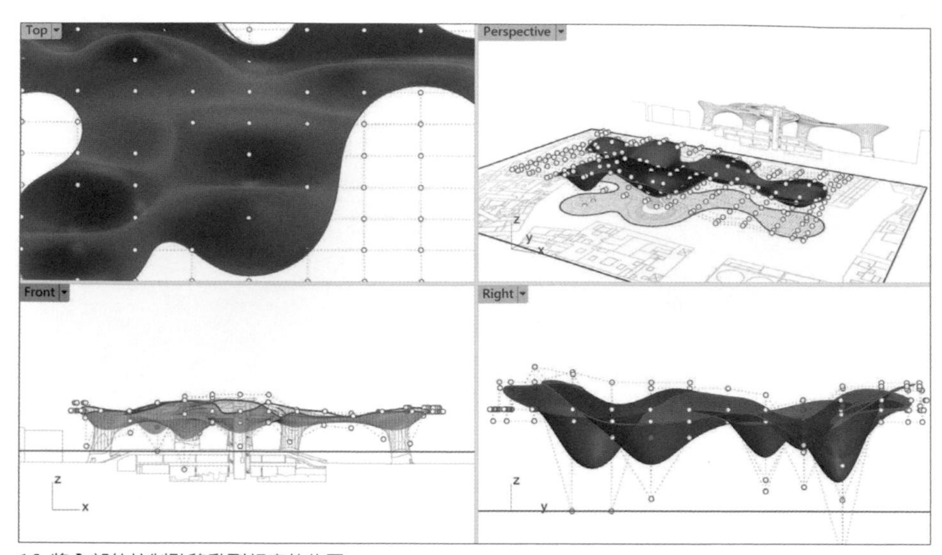

16. 將全部的控制點移動到相應的位置

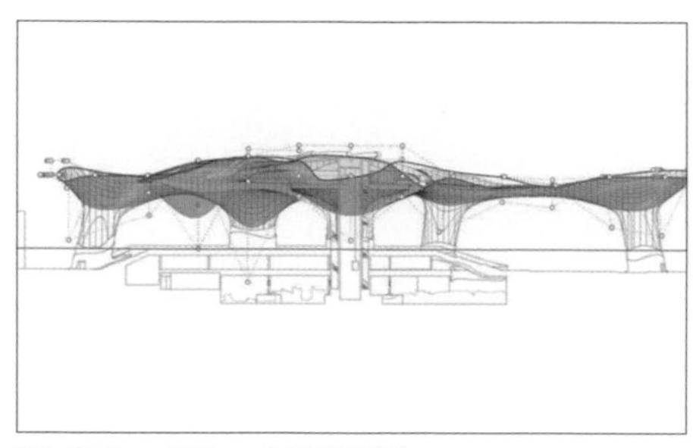

17. 在 Front View 中繪製圖形

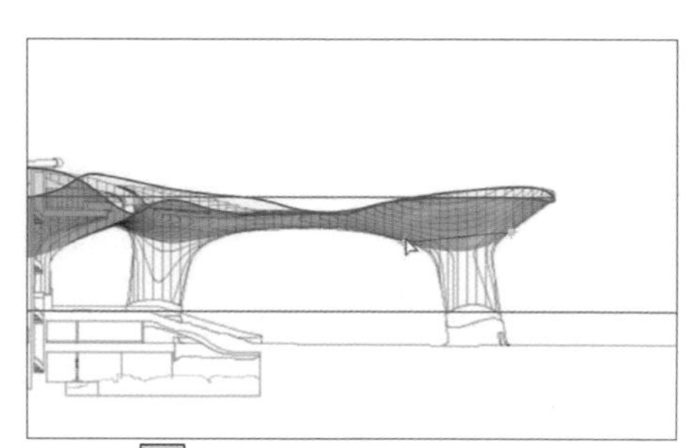

18. 使用 Line 指令

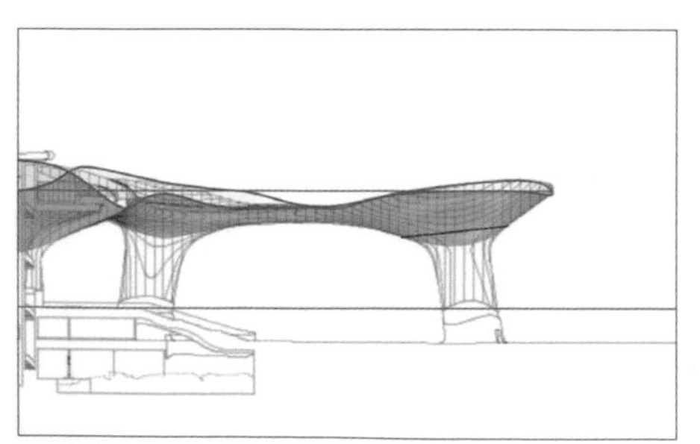

19. 繪製出曲面的缺口大小（藍線處）

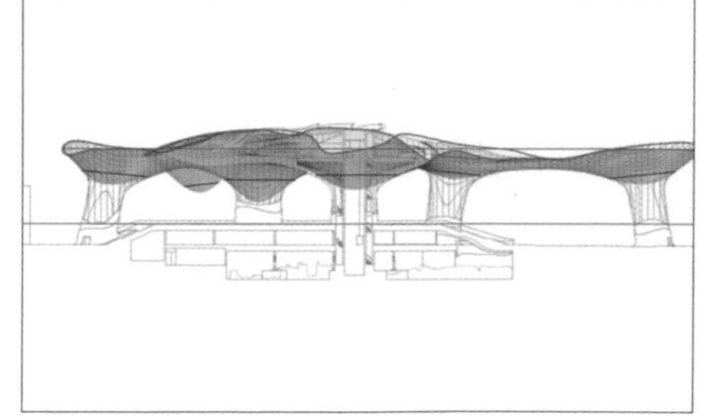

20. 將全部曲面的缺口大小繪製完畢（藍線處）

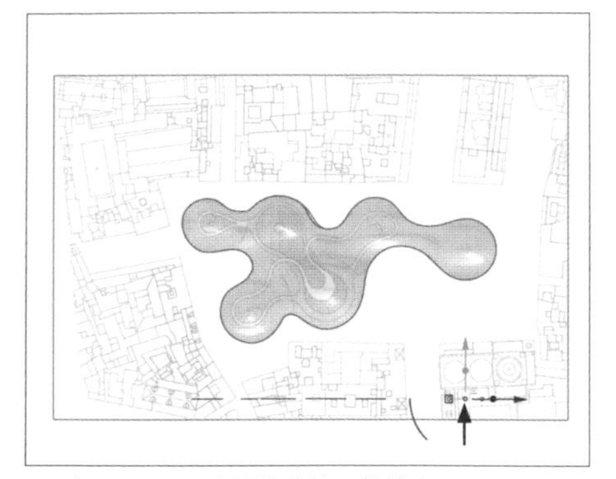

21. 在 Top View 中選取曲線（藍線處）

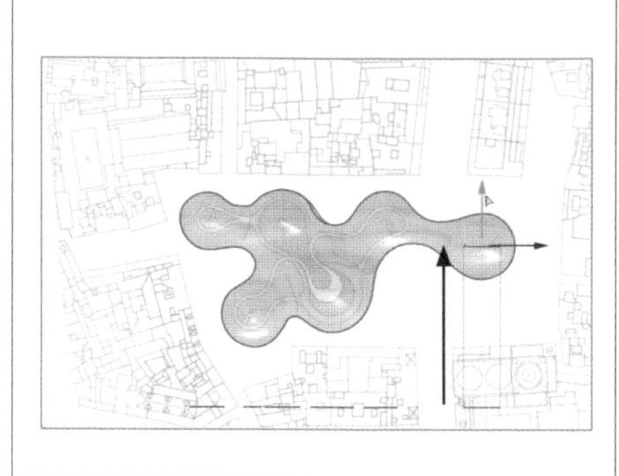

22. 用操作軸移動曲線至曲面上定位

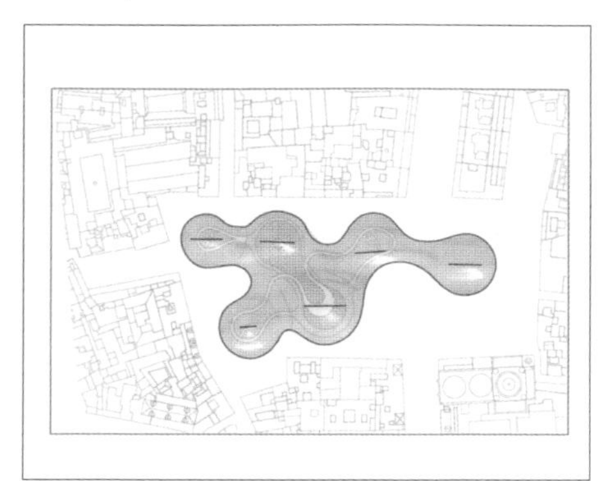

23. 將全部的曲線用操作軸移動至曲面上定位

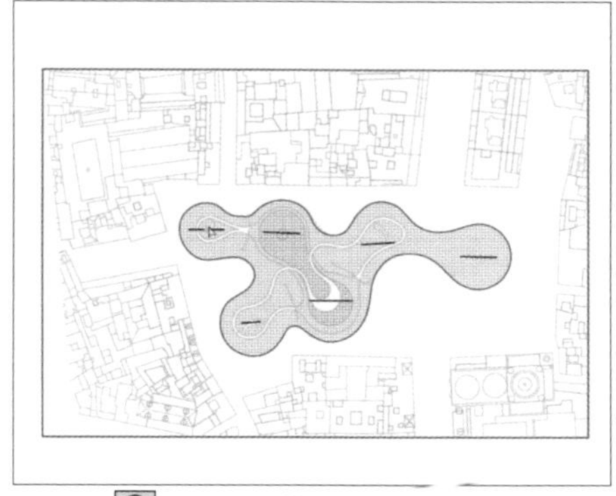

24. 使用 Hide 指令將曲面隱藏

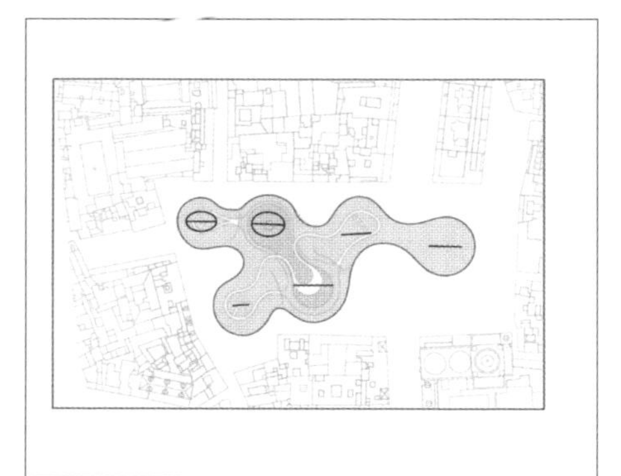

25. 使用 Ellipse 繪製出橢圓形的缺口

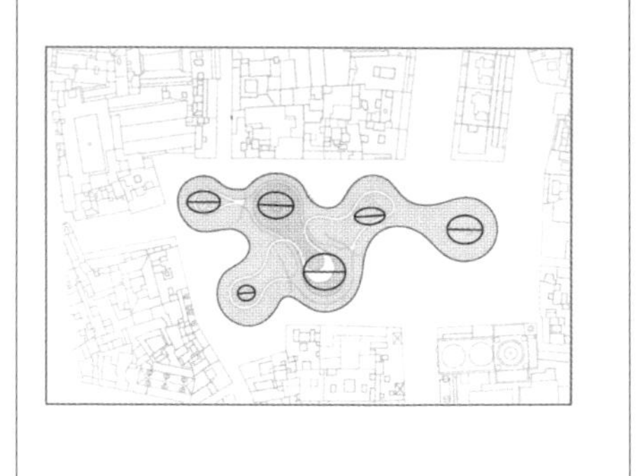

26. 將全部的缺口繪製完畢

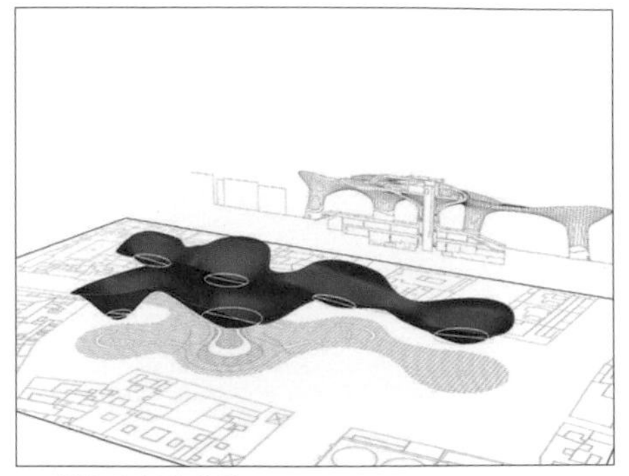

27. 選取全部的曲線

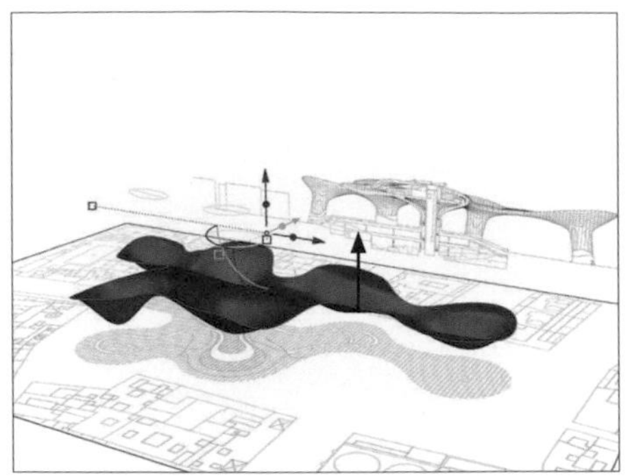

28. 使用操作軸將曲線往 Z 軸向上移動

29. 選取圓形曲線，使用 Project 指令

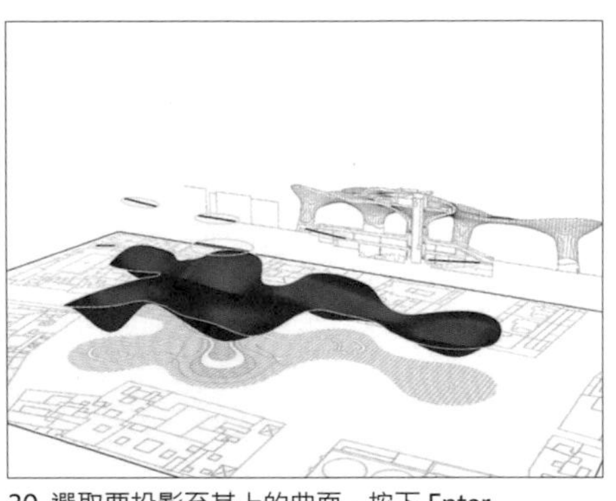

30. 選取要投影至其上的曲面，按下 Enter

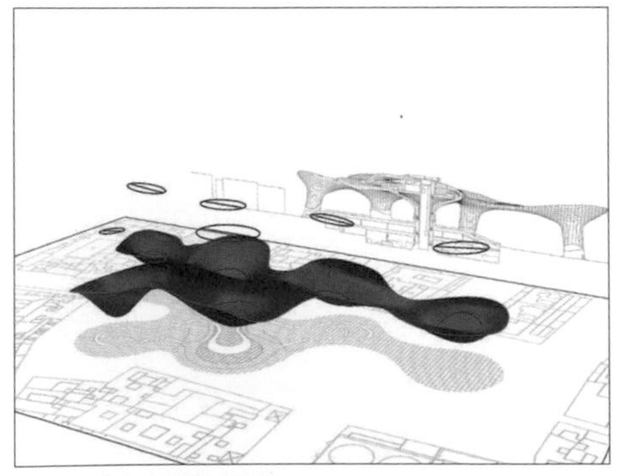

31. 曲線將會投影到曲面上

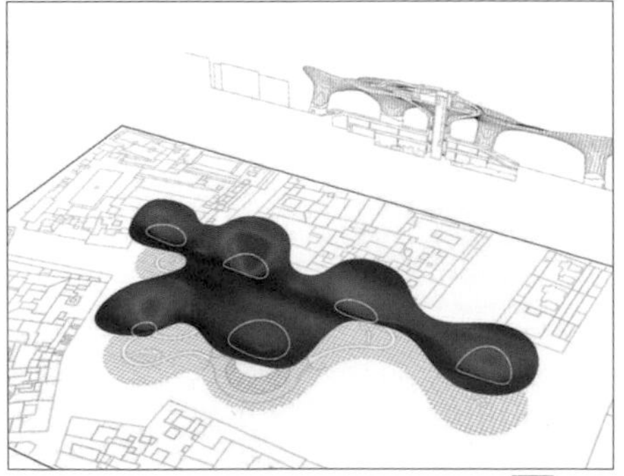

32. 只留下曲面上的曲線，選取曲線後使用 Trim 指令

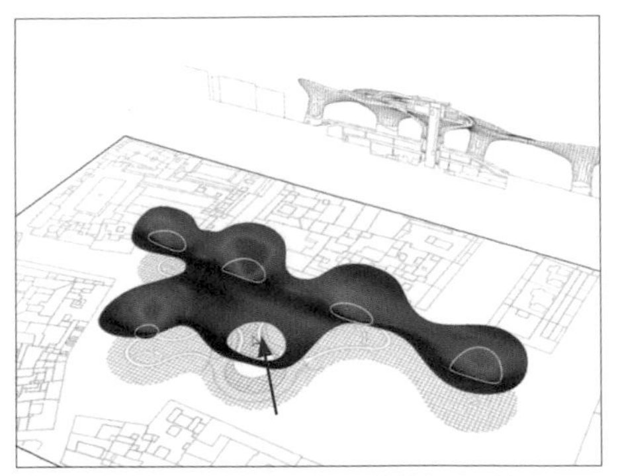

33. 按下 Enter 之後，選取要修剪的部分 (缺口)

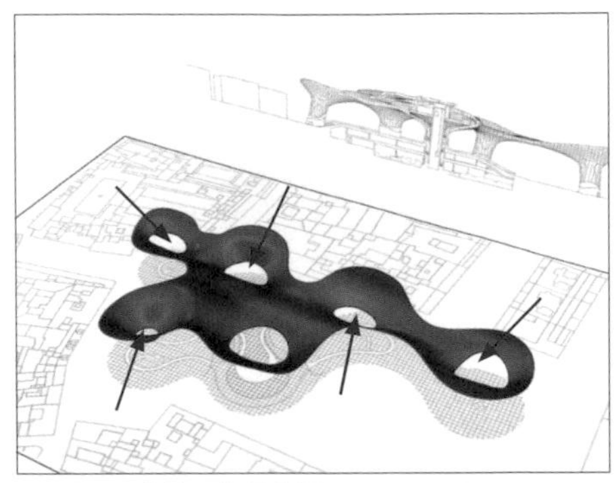

34. 將全部的缺口修剪完畢

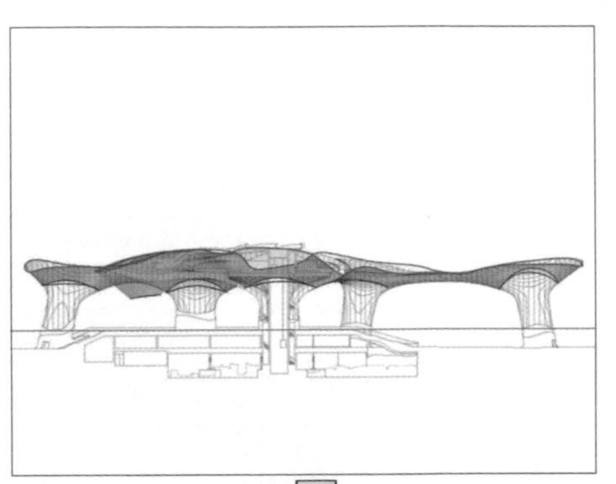

35. 到 Front View，使用 Line 指令

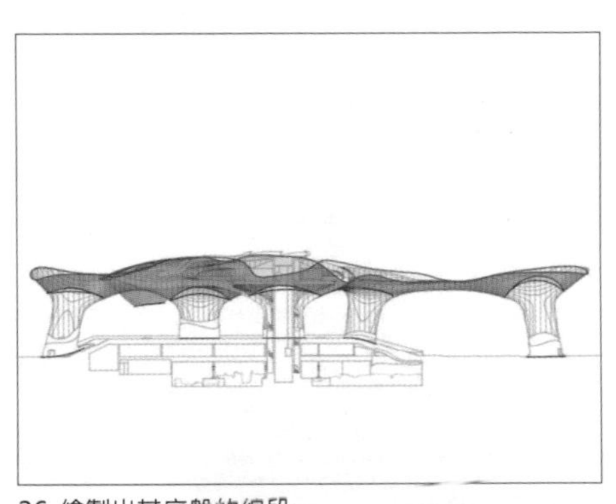

36. 繪製出其底盤的線段

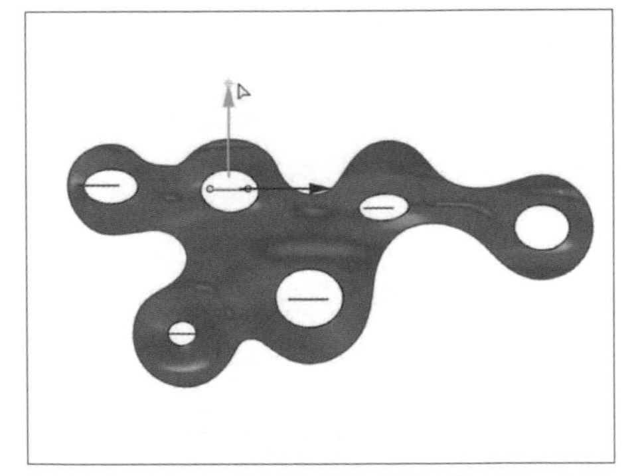

37. 至 Top View，將其調整到正確位置 (缺口下方)

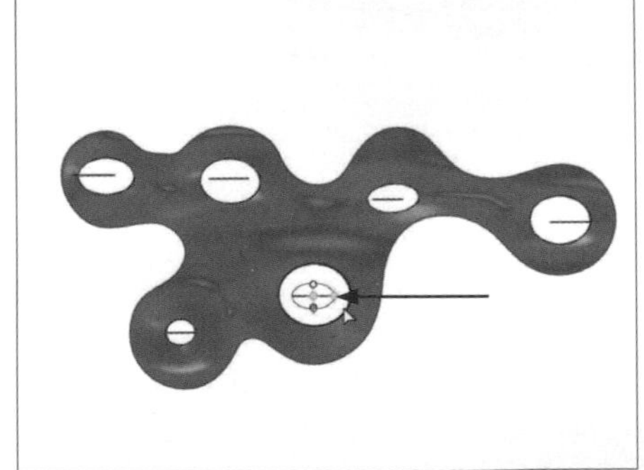

38. 使用 Ellipse 指令，指定第一點後指定第一半徑

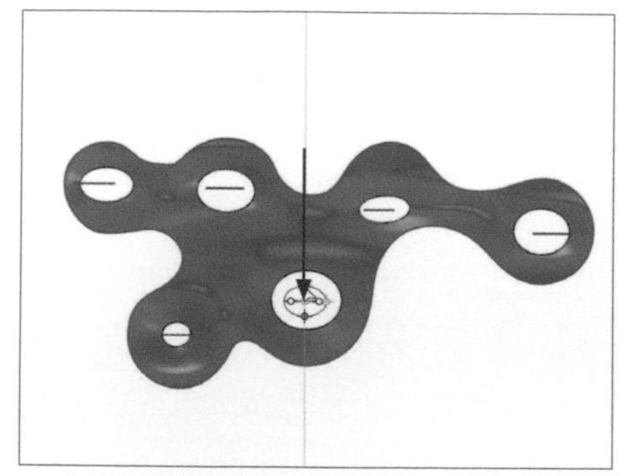

39. 指定第二個半徑

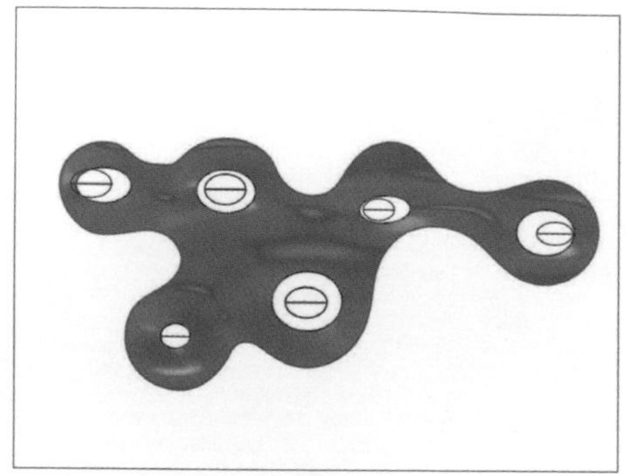

40. 將其餘的橢圓形底盤繪製完畢

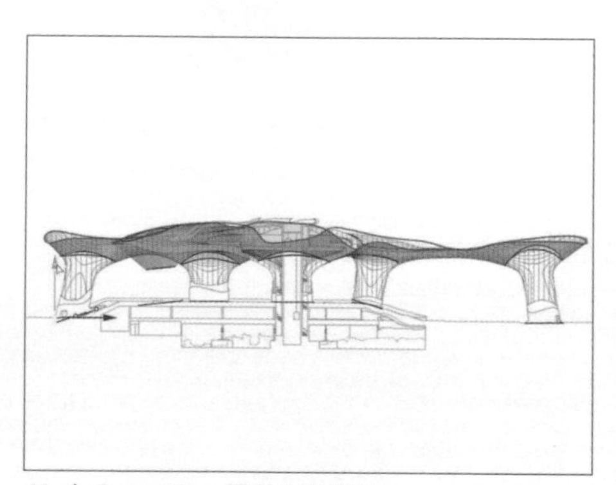

41. 在 Front View 調整底盤形狀

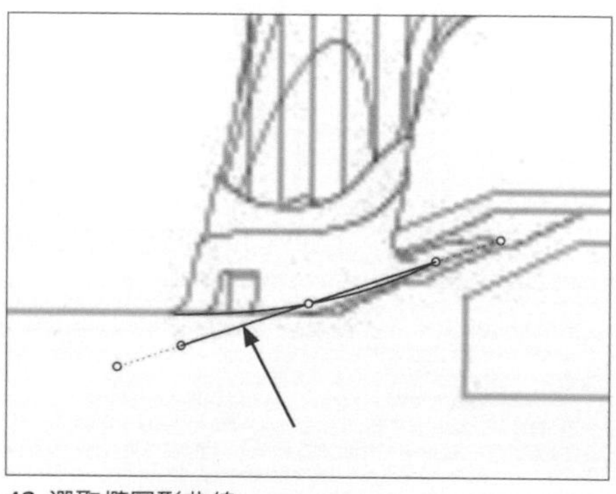

42. 選取橢圓形曲線

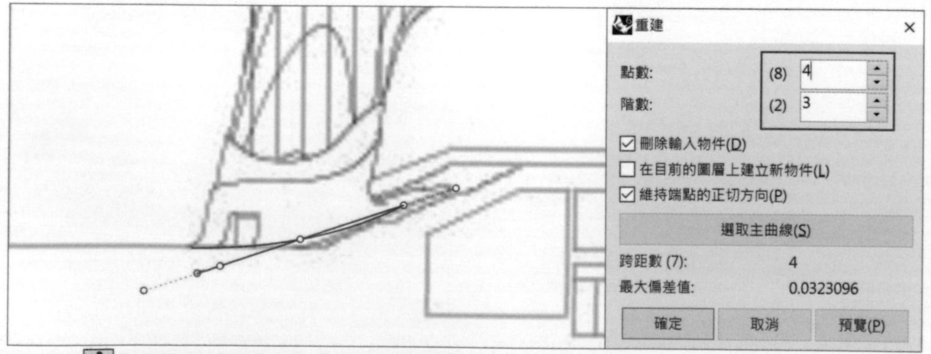

43. 使用 Rebuild 指令後按下 Enter，使點數調整為 4，階數調整為 3

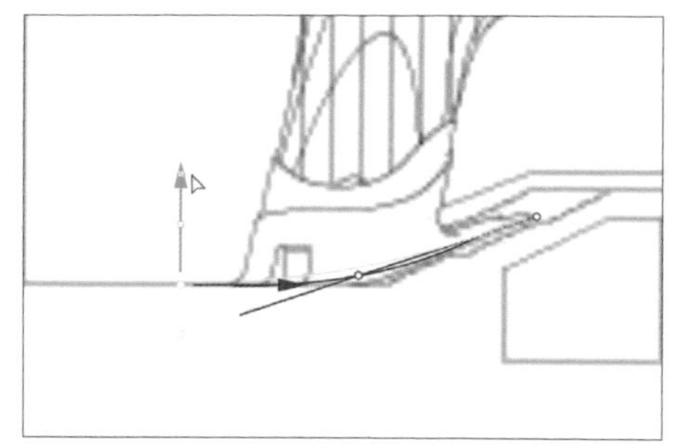

44. 調整控制點

45. 使底盤平順

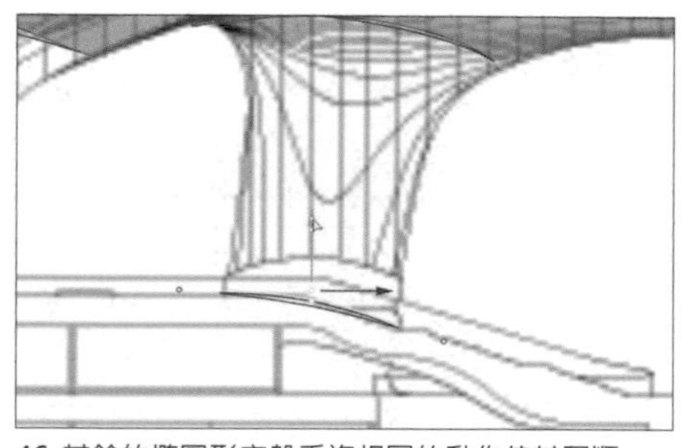

46. 其餘的橢圓形底盤重複相同的動作使其平順

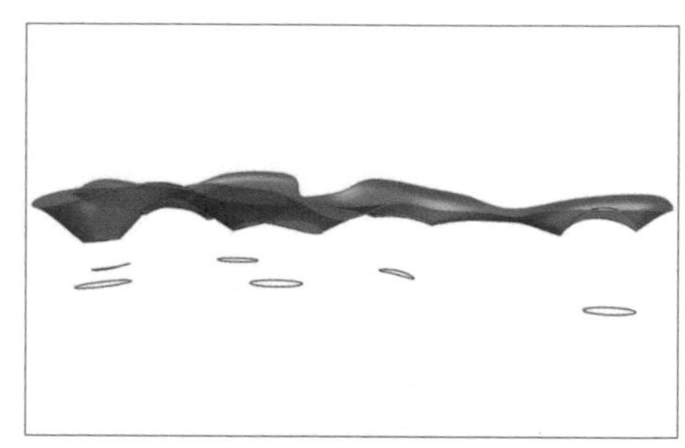

47. 全部底盤繪製完畢

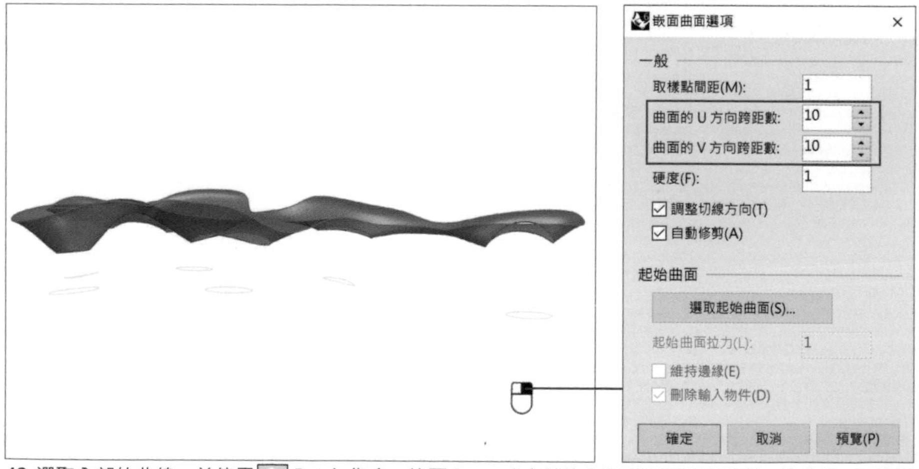

48. 選取全部的曲線，並使用 Patch 指令，按下 Enter 或右鍵後會出現嵌面曲面選項，設定好 UV 跨距數後按下確定

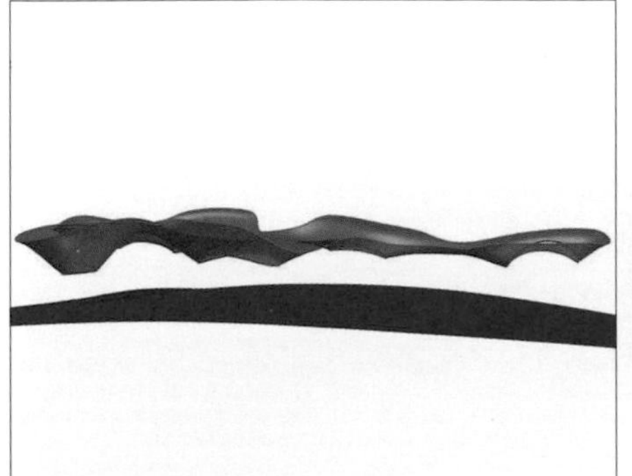

49. 成為一個完整的曲面

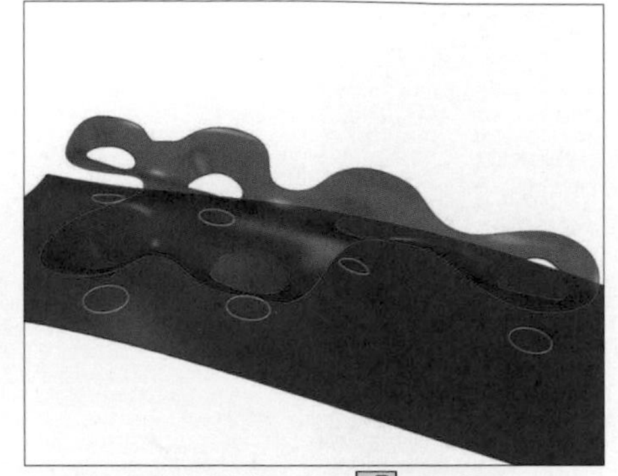

50. 選取全部的曲線後，使用 Trim 指令

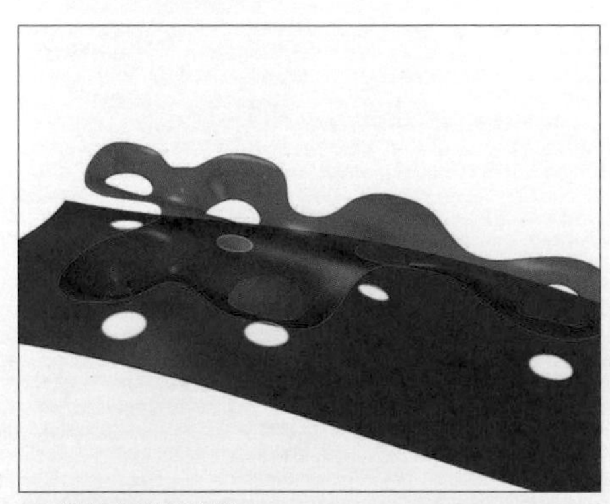

51. 修剪全部的底盤

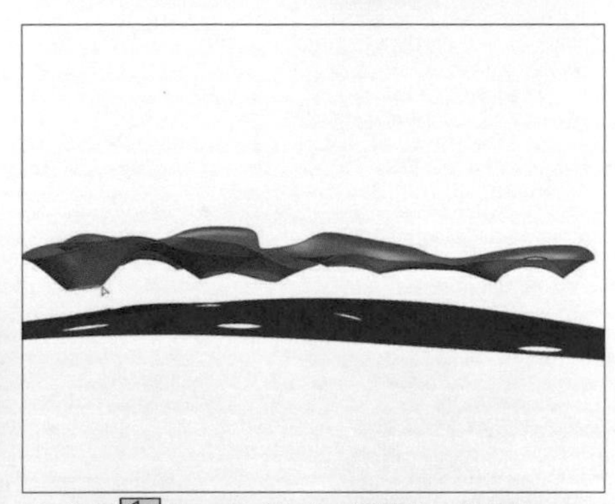

52. 使用 BlendSrf 指令，選取底一條曲線

53. 此為較近的角度，選取第一條曲線

54. 選取第二條曲線，可以調整斷面控制點

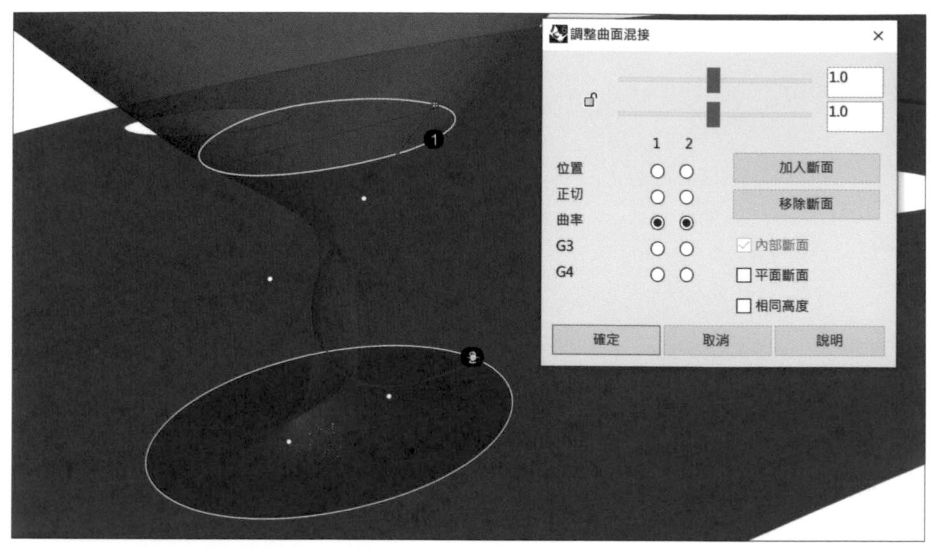

55. 按下 Enter 之後出現的調整混接曲面選項

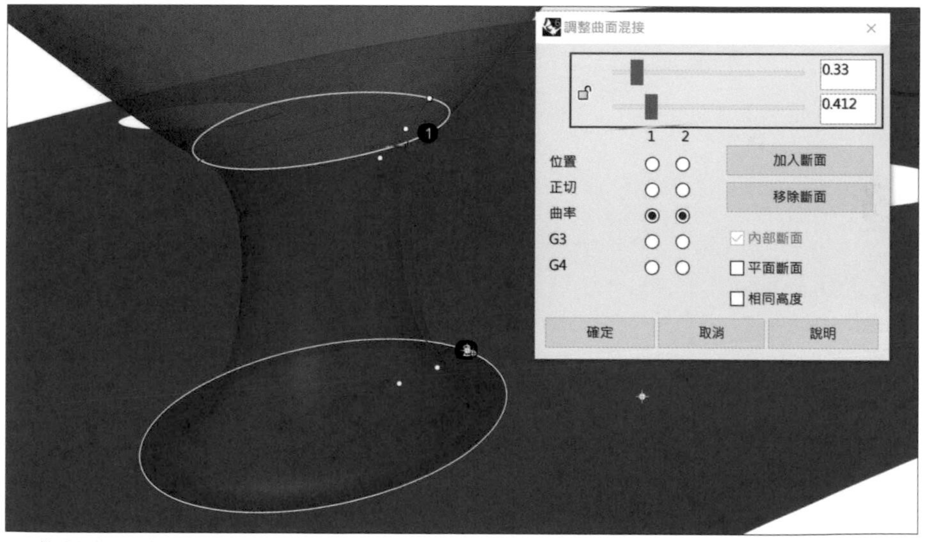

56. 拉動滑桿可以調整曲度

57. 按下確定後便可混接曲面

58. 重複 BlendSrf 指令將所有的曲面混接完畢

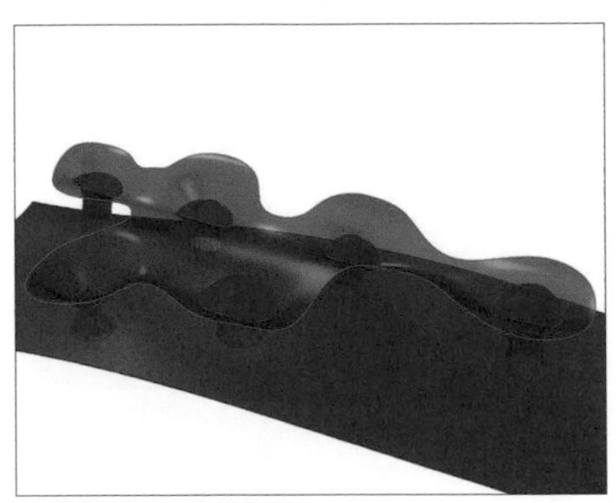

59. 調整到高一點的視角

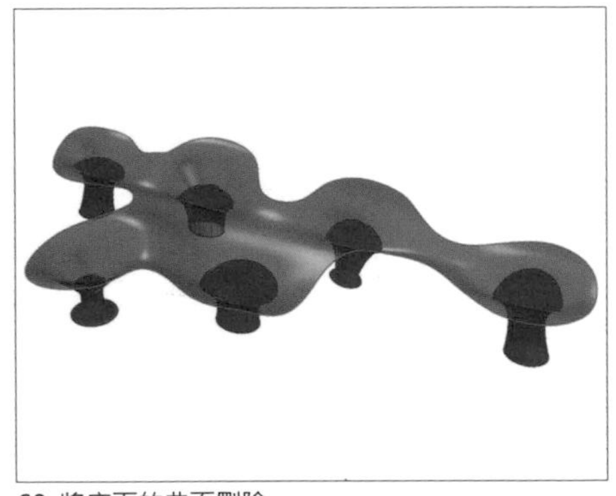

60. 將底下的曲面刪除

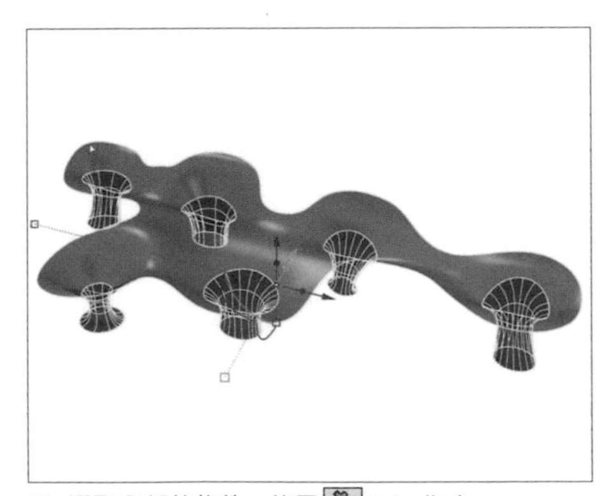

61. 選取全部的物件，使用 Join 指令

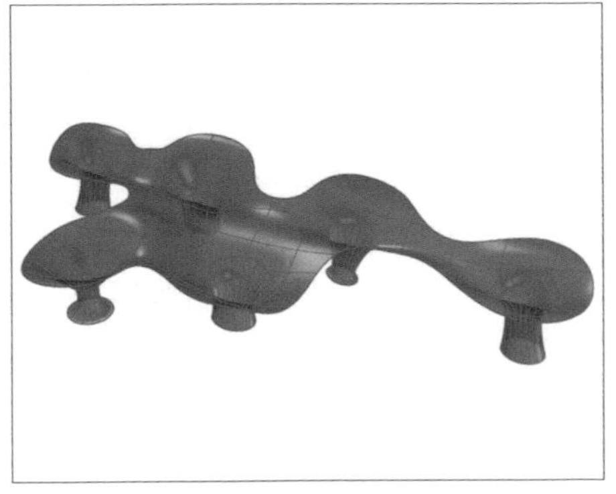

62. 全部的曲面被組合成一個多重曲面

63. 用 OffsetSrf 指令偏移曲面

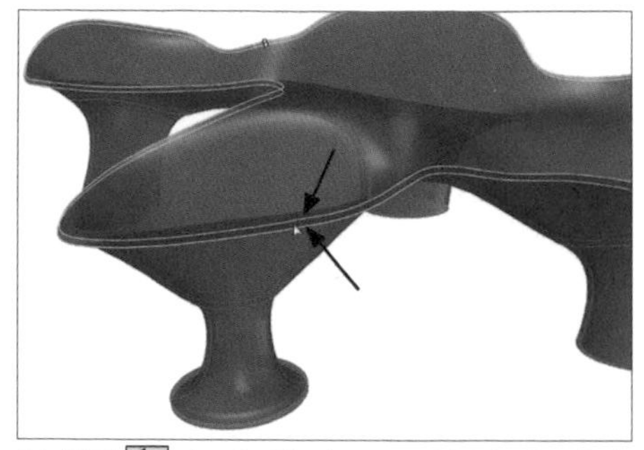

64. 再用 BlendSrf 指令，選取偏移後第一條曲線與第二條曲線

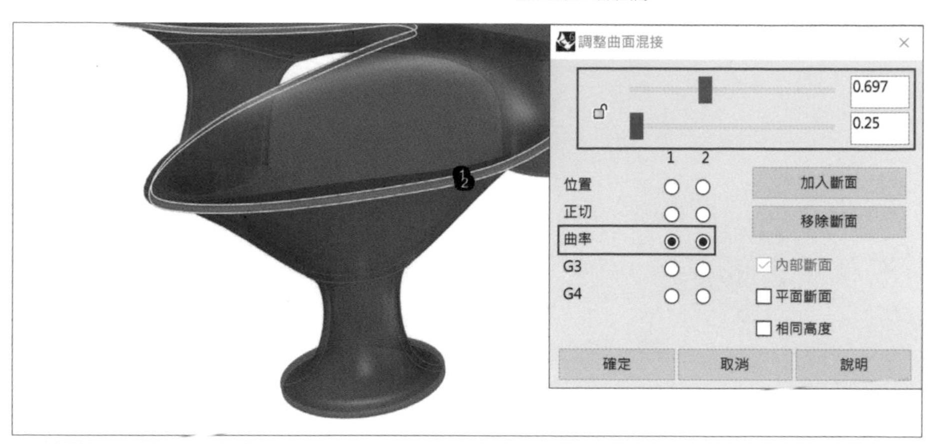

65. 按下 Enter 後調整混接曲面選項

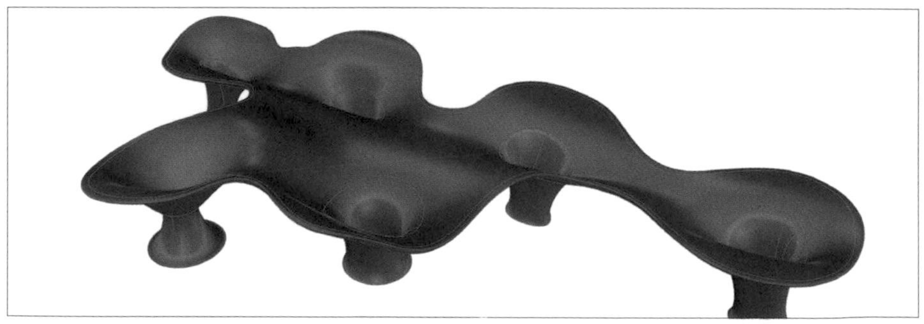

66. 再按確定後混接曲面完成

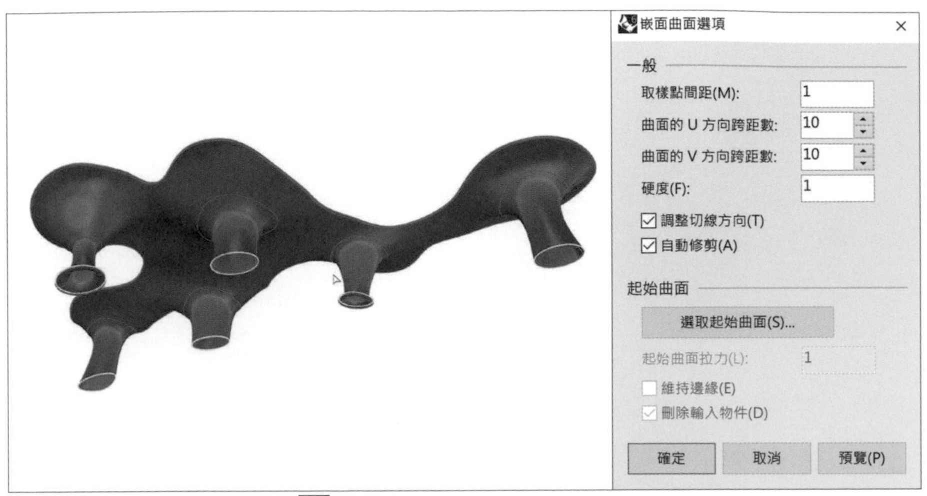

67. 選取最外面的圓形曲線，使用 Patch 指令按下 Enter 後會出現嵌面曲面選項，調整好後按下確定

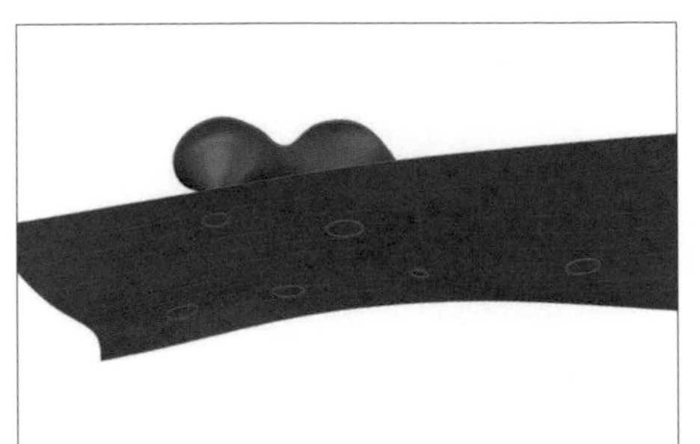

68. 形成一個嵌面曲面

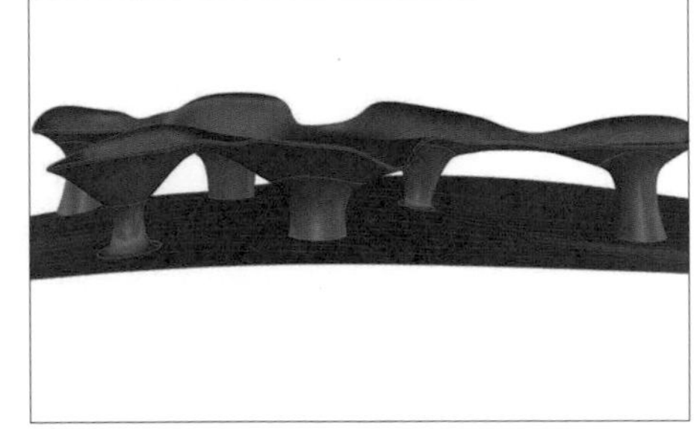

69. 將視角調高

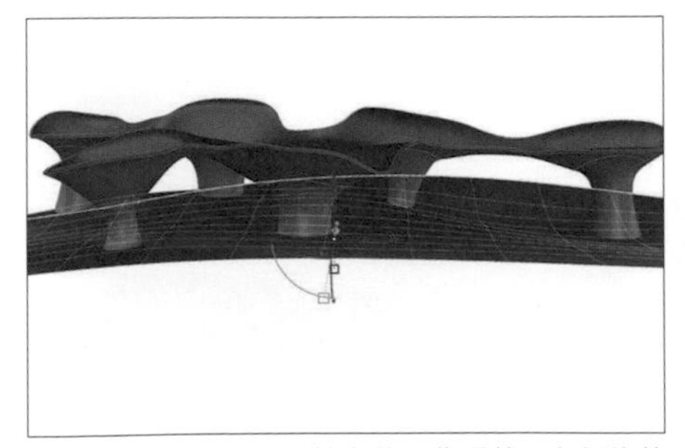

70. 選取嵌面曲面往 Z 軸上移一些距離，方便修剪下緣

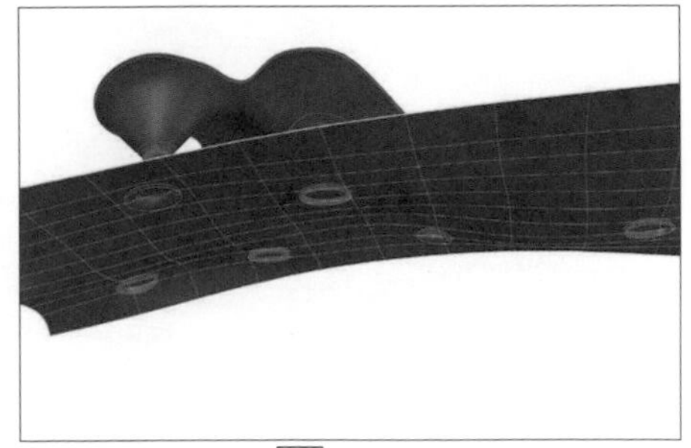

71. 選取曲面後使用 Trim 指令

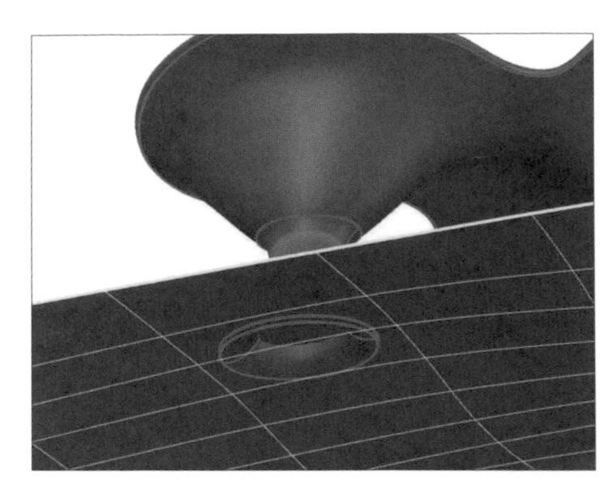

72. 點選突出的多重曲面

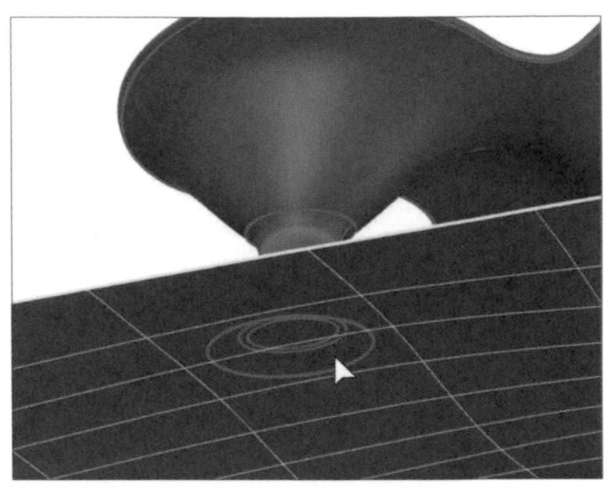

73. 點選後會發現多重曲面已被修剪

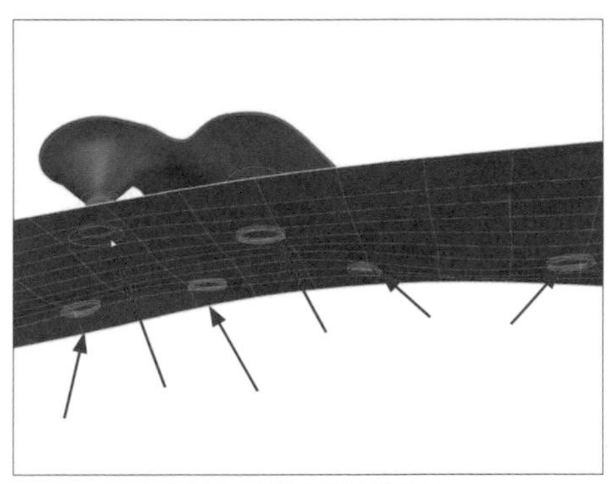

74. 將其餘突出的多重曲面修剪後按下 Enter

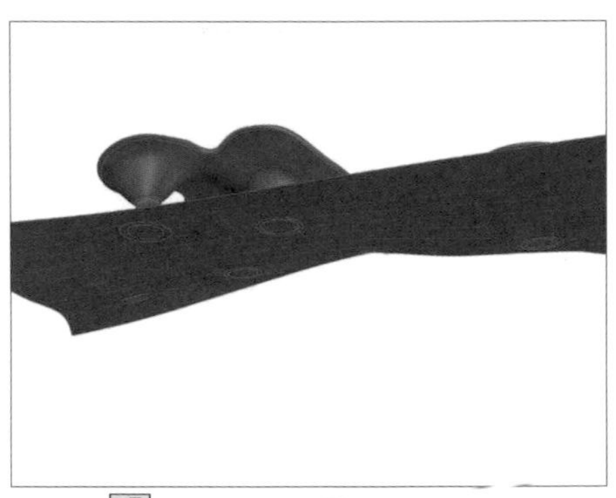

75. 使用 Trim 指令，按下 Enter

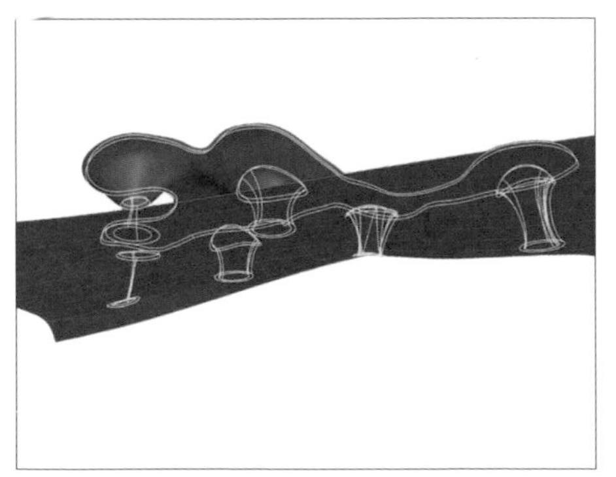

76. 選取多重曲面（複雜的整體）為修剪的物件

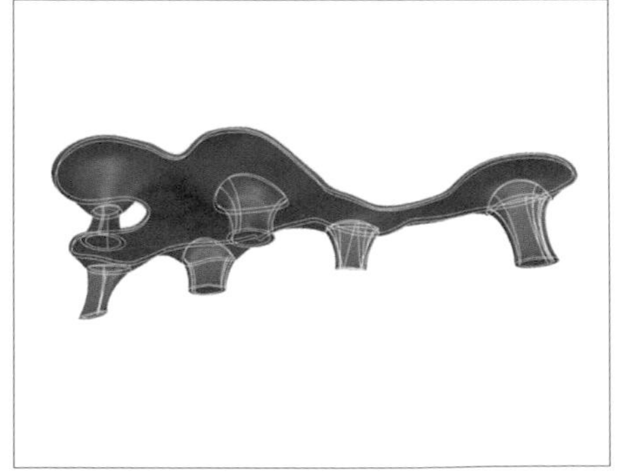

77. 點選整張曲面將其修剪掉

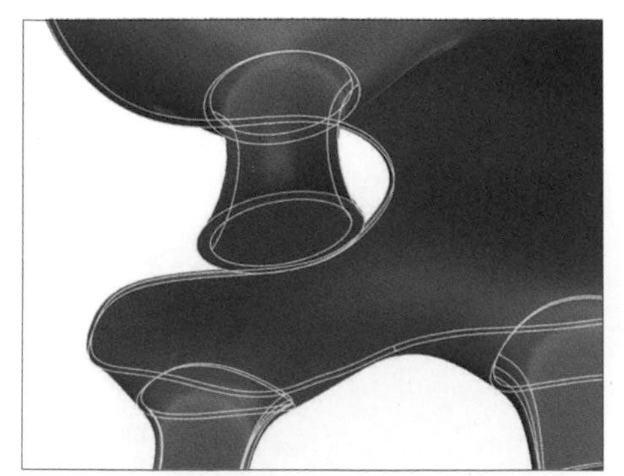

78. 將視角拉近

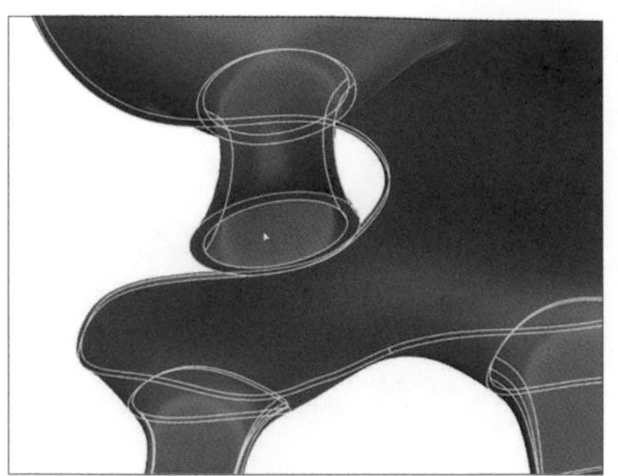

79. 再將缺口的面修剪掉

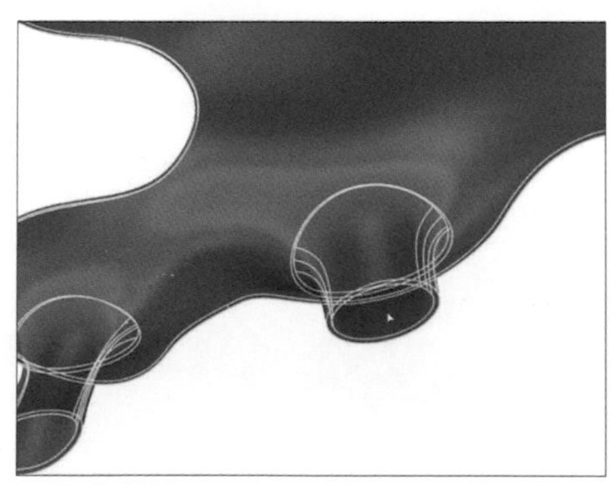

80. 修剪其他的缺口

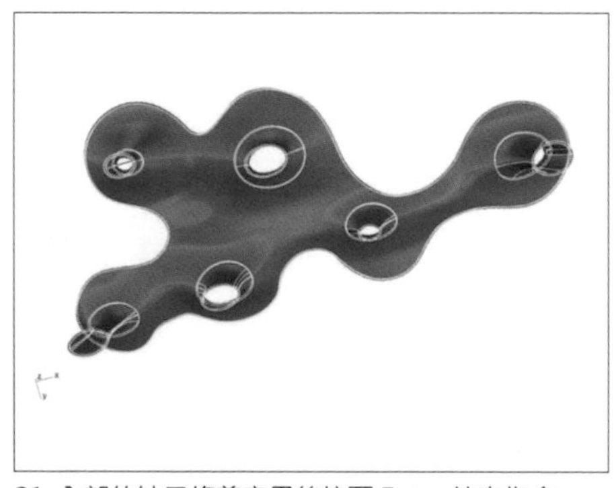

81. 全部的缺口修剪完畢後按下 Enter 結束指令

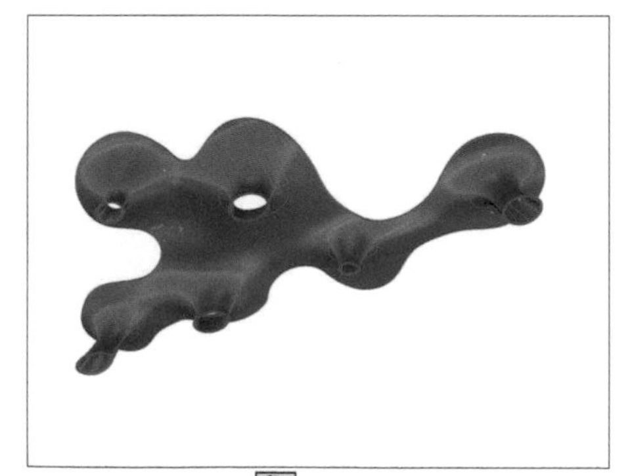

82. 全選物件後使用 Join 指令

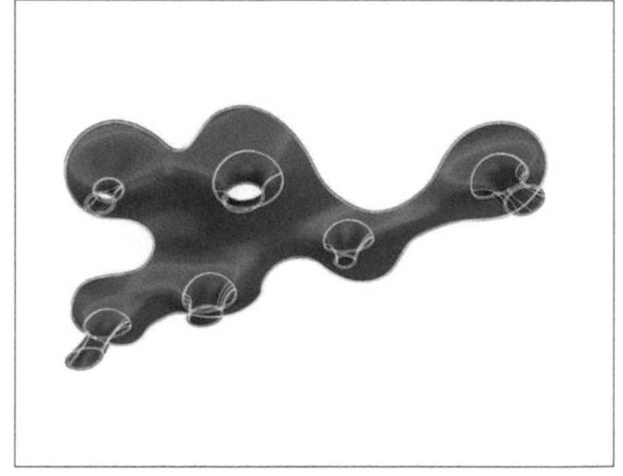

83. 全部物件變成一個封閉的多重曲面

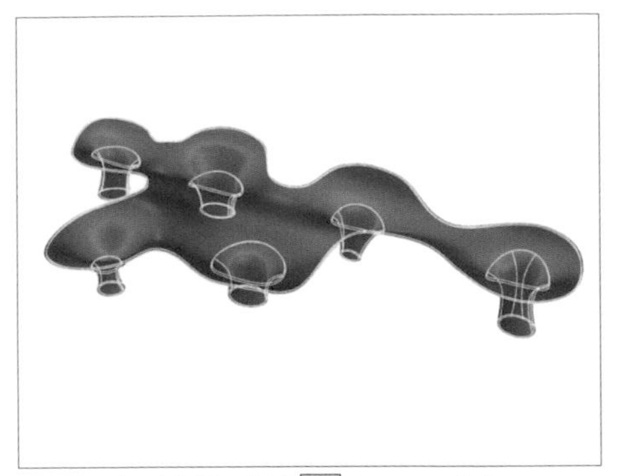

84. 選取多重曲面，使用 Contour 指令

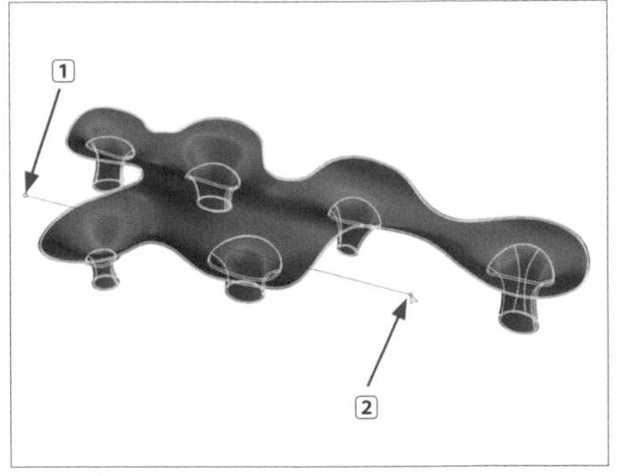

85. 指定等距斷面線 1 平面基準點與 2 平面垂直的方向

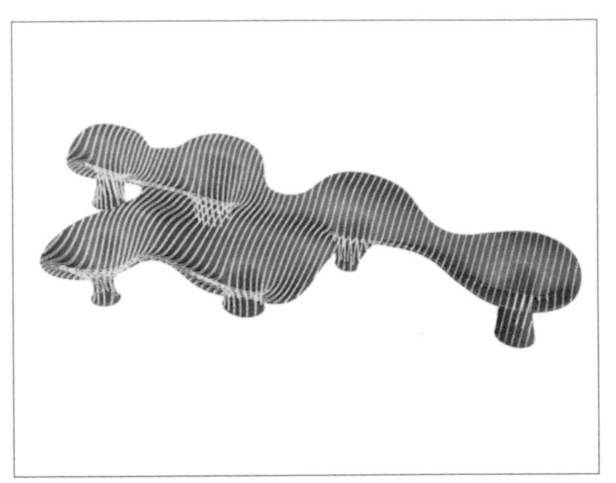

86. 指定等距斷面線間距後按下 Enter

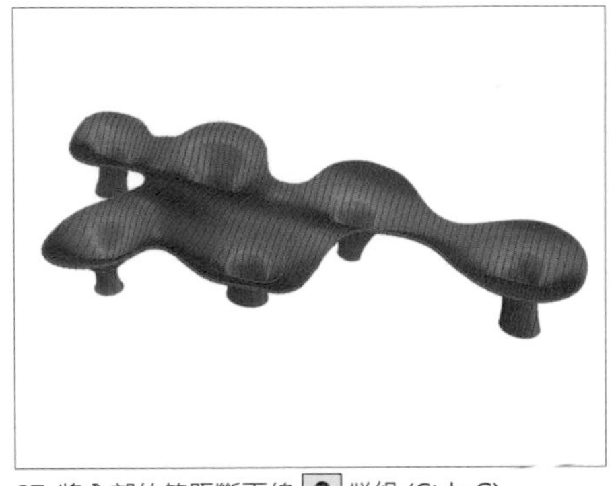

87. 將全部的等距斷面線 群組 (Ctrl+G)

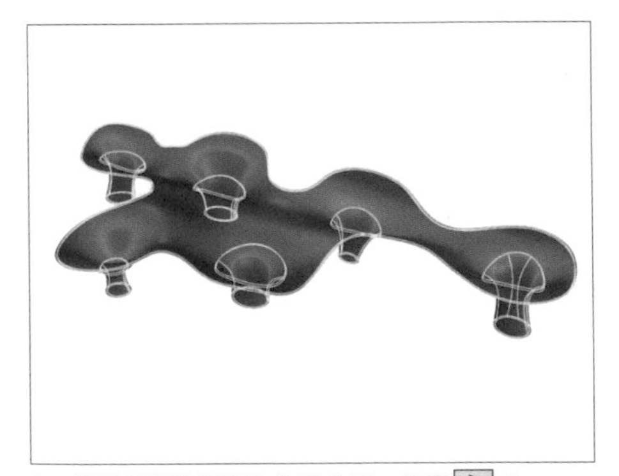

88. 將群組隱藏後選取多重曲面，使用 Contour 指令

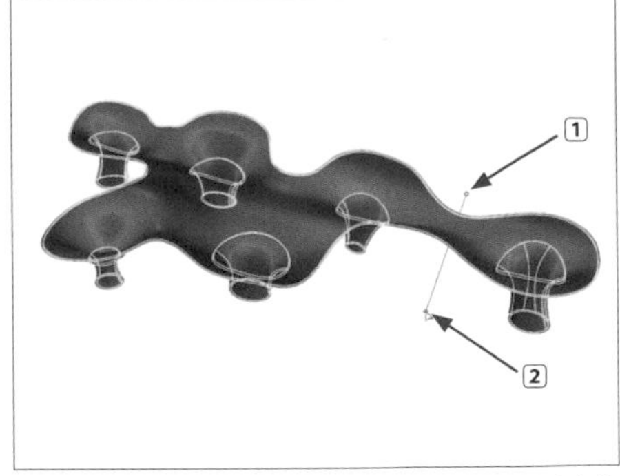

89. 指定等距斷面線 1 平面基準點與 2 平面垂直的方向

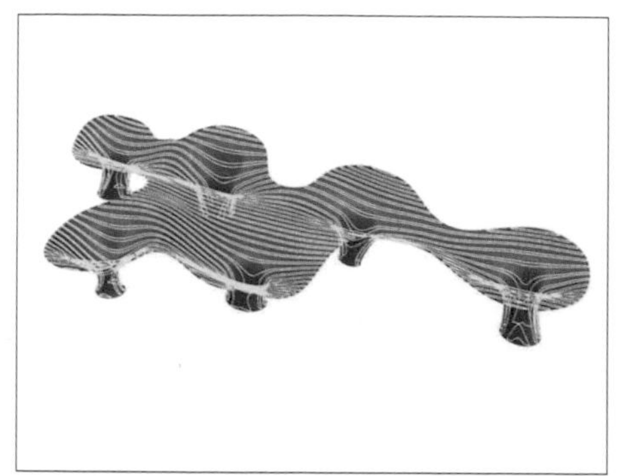

90. 指定等距斷面線間距後按下 Enter

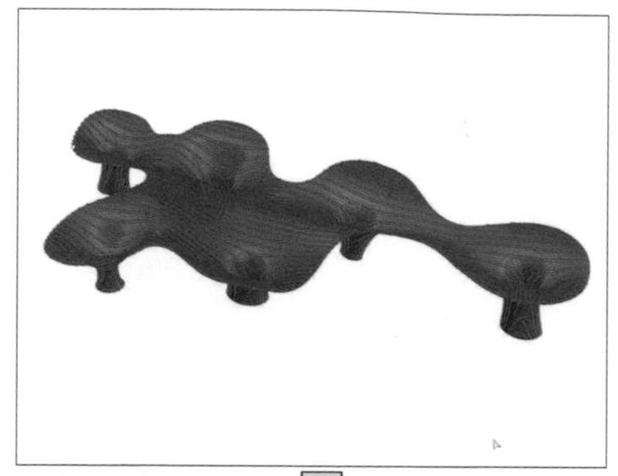

91. 將全部的等距斷面線 群組 (Ctrl+G)

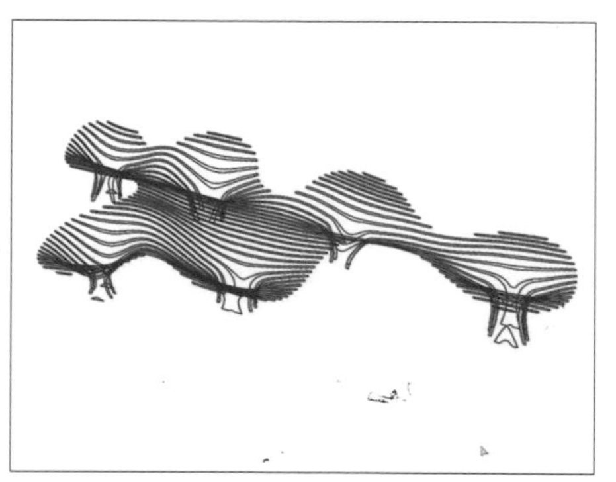

92. 將多重曲面刪除

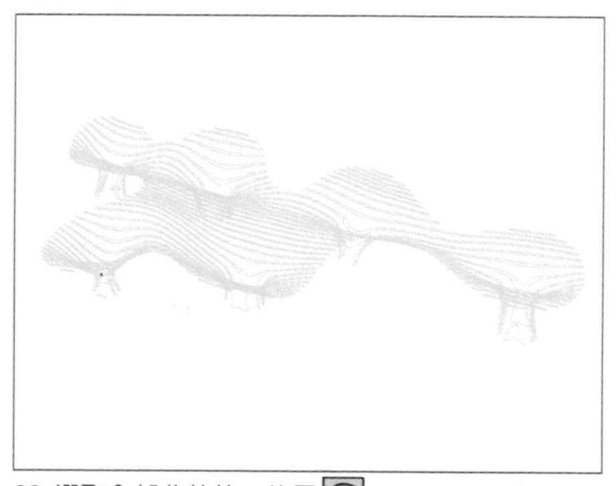

93. 選取全部曲線後，使用 ExtrudeCrv 指令

94. 改變其擠出方向

95. 改變正確方向後的狀態

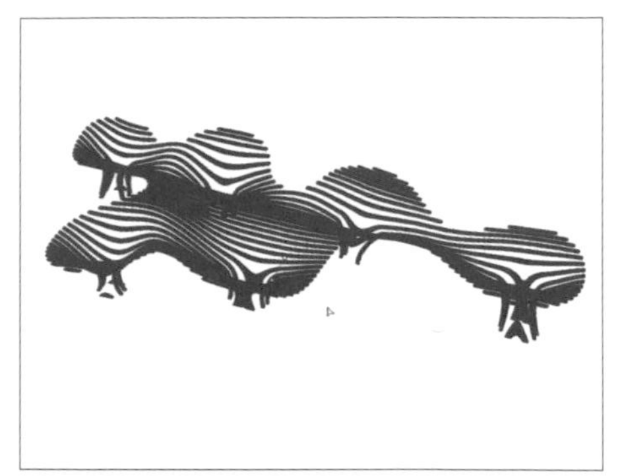

96. 指定其擠出距離，確定後按下 Enter

97. 擠出成形後的狀態

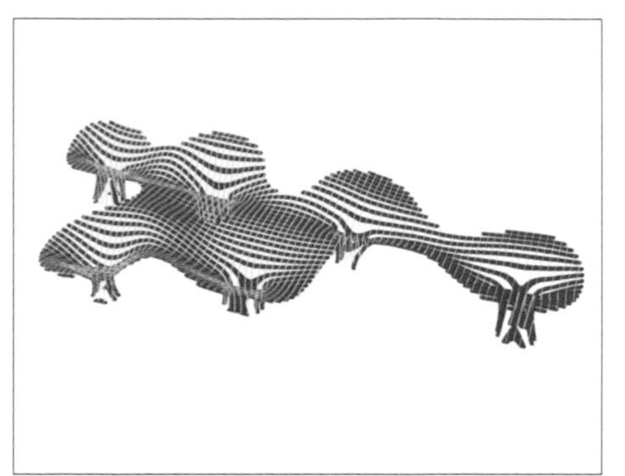

98. 開啓另一個方向的第一個群組

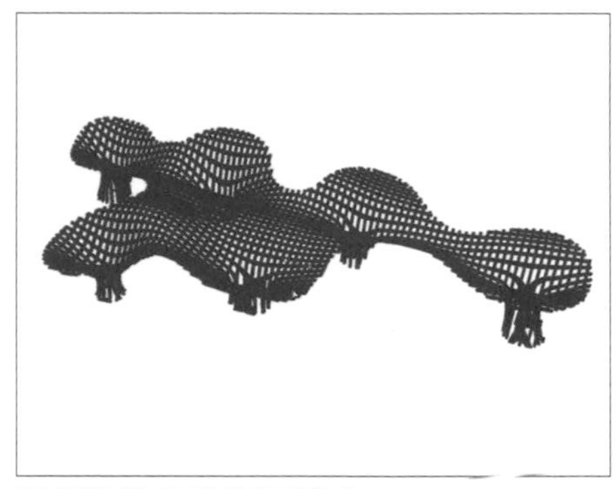

99. 重複 93-97 的動作後完成

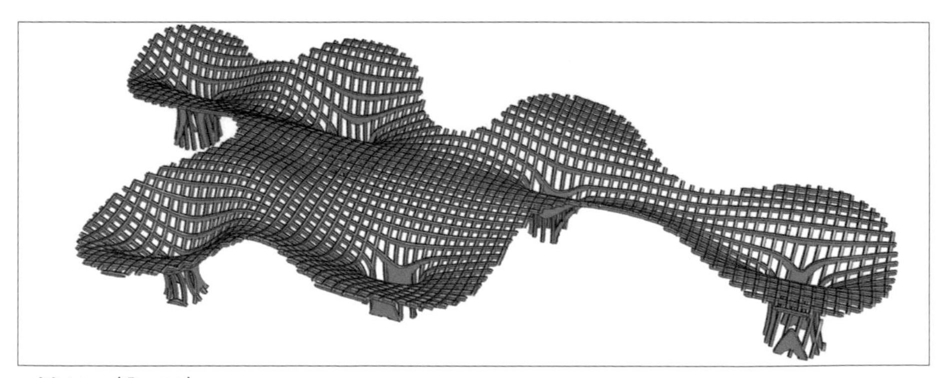

· Metropol Parasol

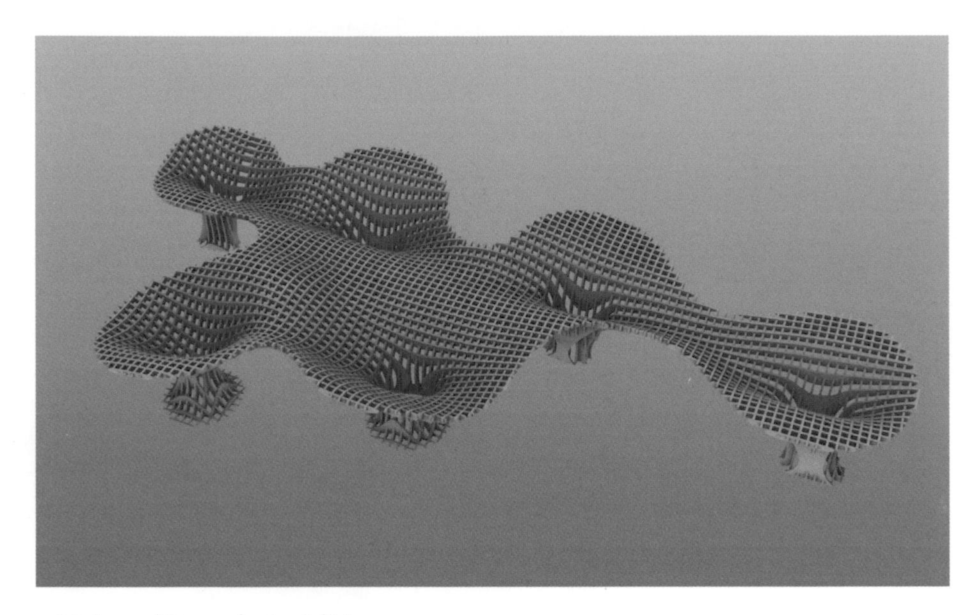

· Metropol Parasol - Aerial View

· Metropol Parasol - Exterior View

Chapter5 / Rhino 實體工具與變動

5.1 實體工具

5.1.1 實體編輯

修剪 (Trim) 指令可用一個物件修剪另一個物件。分割 (Split) 指令可用一個物件分割另一個物件，它們的用法很類似，只是一個是直接修剪物件，一個是分割物件 (但物件都會保留)，選取的順序也略有不同。

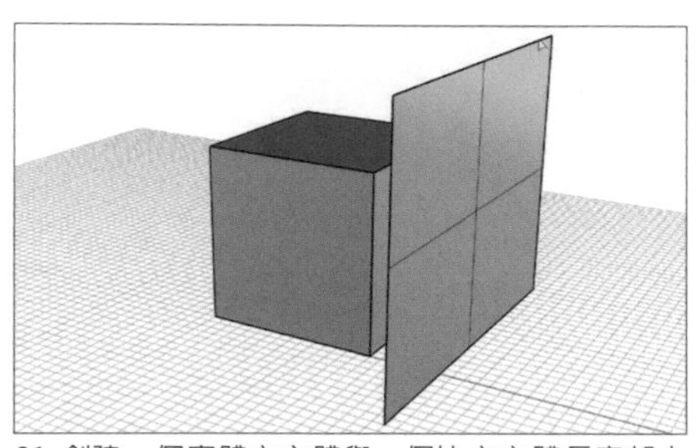

01. 創建一個實體立方體與一個比立方體長寬都大的曲面

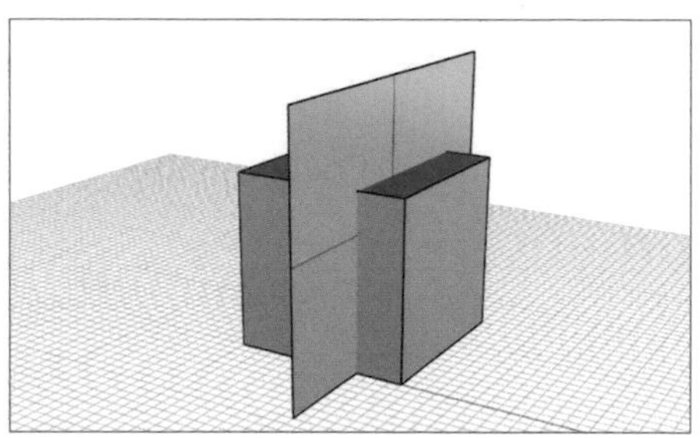

02. 將曲面移動到立方體內，用以修剪立方體

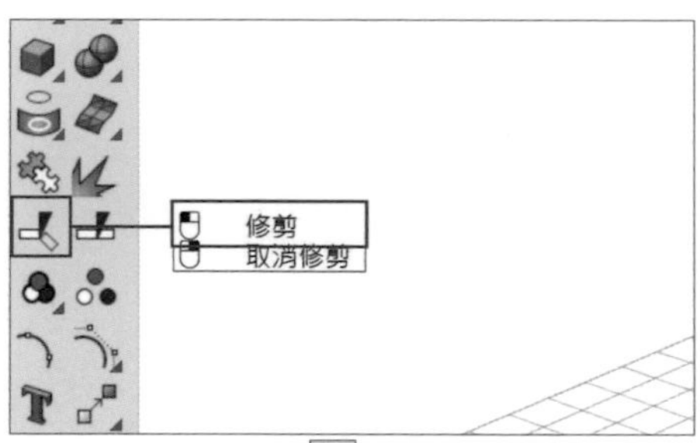

03. 使用滑鼠左鍵選取 修剪 (Trim) 指令

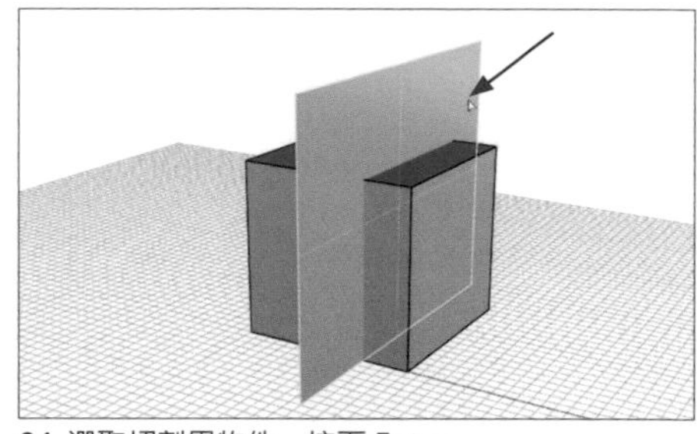

04. 選取切割用物件，按下 Enter

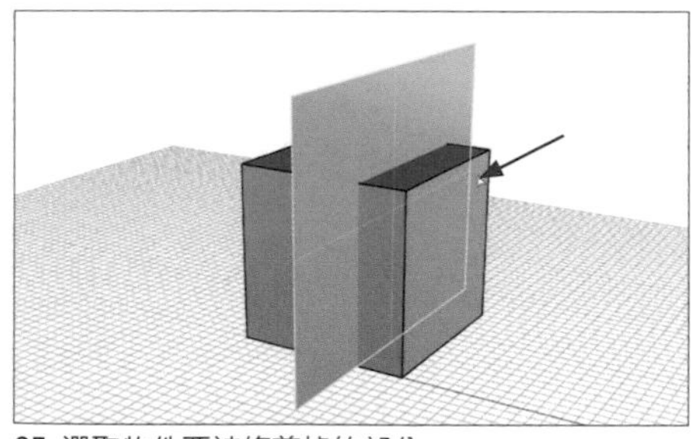

05. 選取物件要被修剪掉的部分

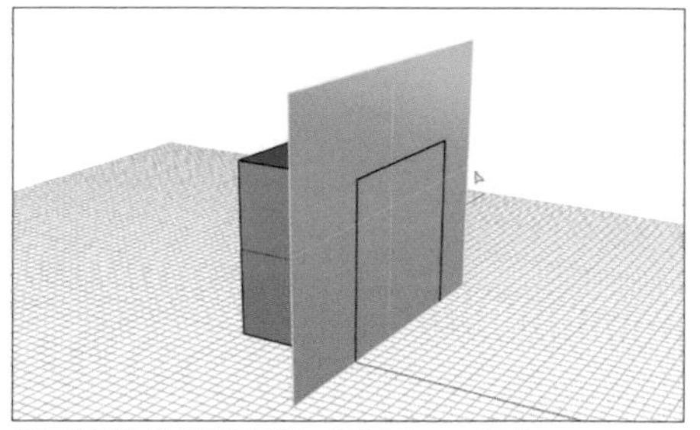

06. 此時物件已被修剪，按下 Enter 完成

選取切割用物件 (❶延伸切割用直線 (E)= 是 ❷視角交點 (A)= 是 直線 (L))

「延伸切割用直線 (E)= 是」，可以用直線的延伸線修剪物件。

「視角交點 (A)= 是」，修剪曲線與被修剪的物件只要在使用中作業視窗中，看起來有視覺上的交集就可以修剪。

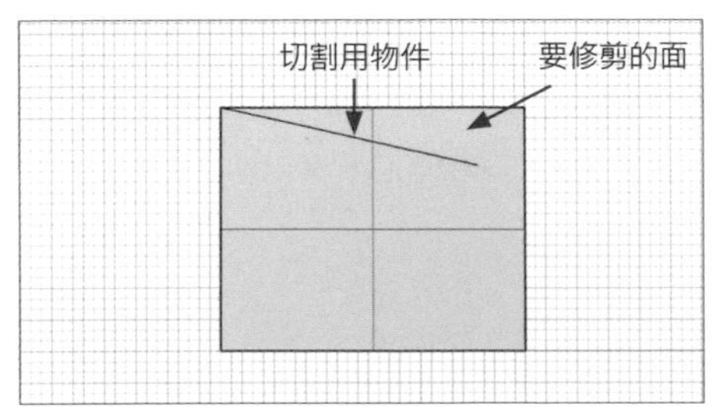

❶ 切割用物件使用沒有連到邊緣的曲線，將選項調整為「延伸切割用直線 (E)= 是」

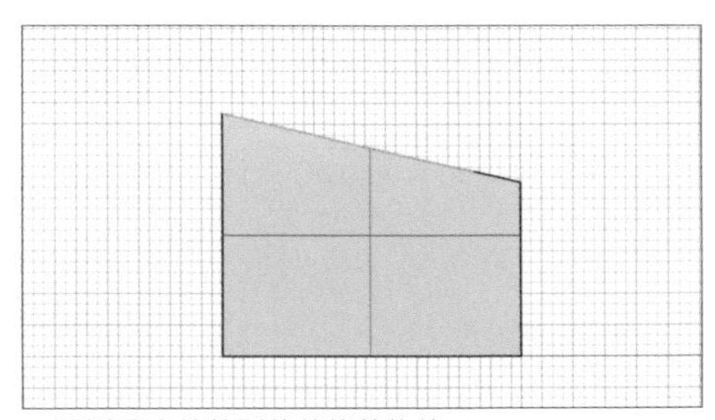

．可以用直線的延伸線修剪物件

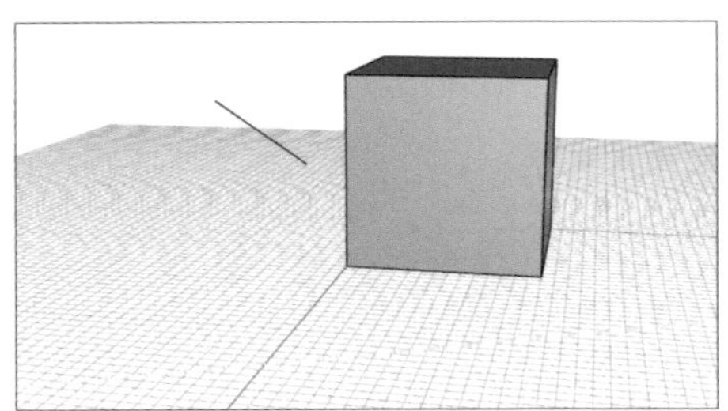

．在空間中繪製一個立方體，以及一條在空間中不會與立方體交集的直線

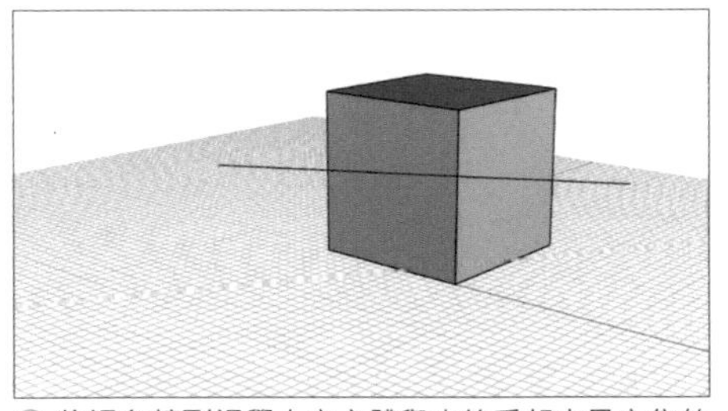

❷ 將視角轉到視覺上立方體與直線看起來是交集的角度，將選項調整為「視角交點 (A)= 是」

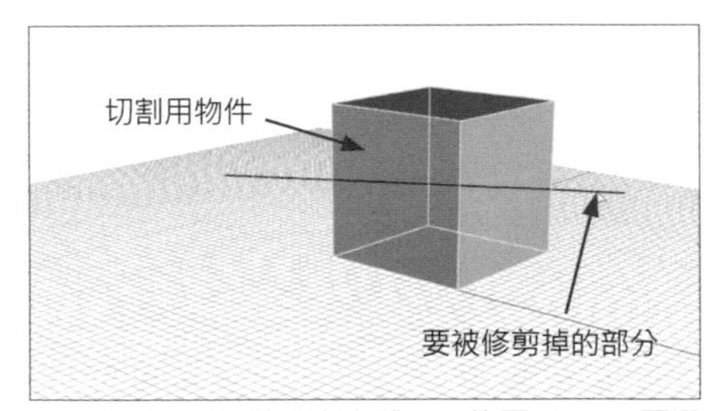

．選取切割用物件 (立方體)，按下 Enter，再選取物件要被修剪掉的部分 (曲線)

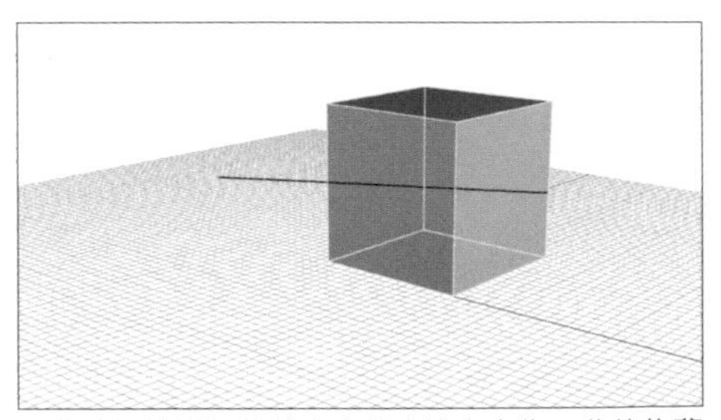

．此時就算兩個物件在空間中沒有交集，曲線依舊可以被修剪

選取切割用物件 (延伸切割用直線 (E)= 是 視角交點 (A)= 是 直線 (L))

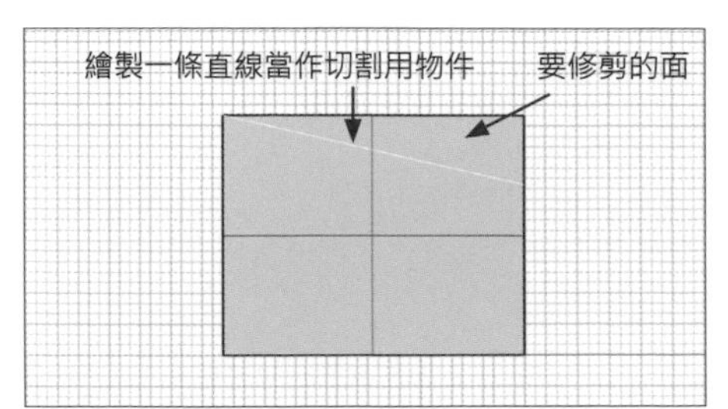

・使用「直線 (L) 」，可以繪製出一條暫時的直線當作切割用物件

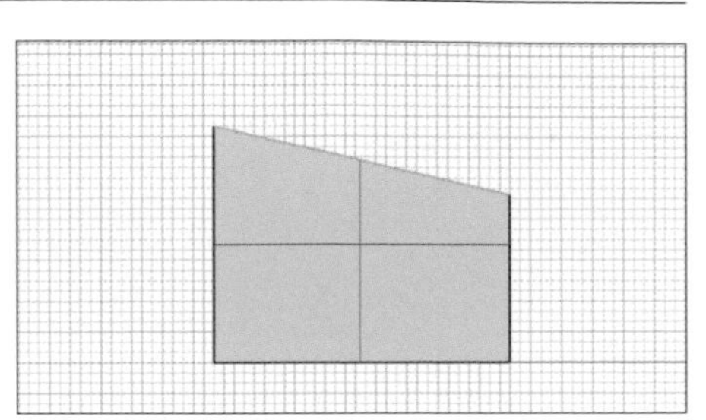

・使用暫時的直線切割修剪後物件的狀態

分割 (Split) 指令可用一個物件分割另一個物件。 Trim 是先選擇切割用物件，再選擇要修剪的面。而 Split 是先選擇要分割的物件，再選取分割用的物件。

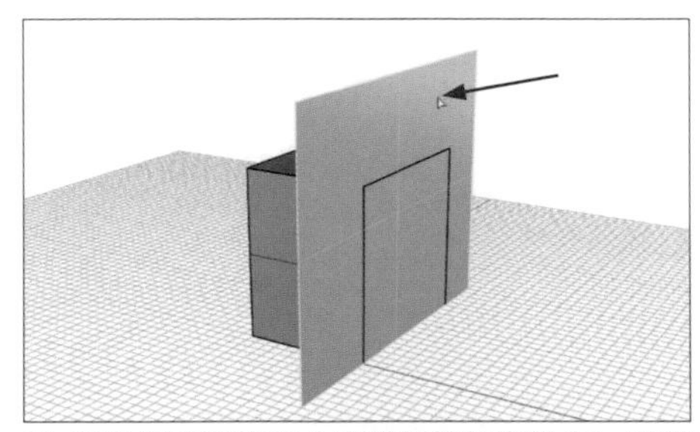

01. 將物件回復到 5.1.1 實體編輯的步驟 06，點選要分割的物件 (曲面)

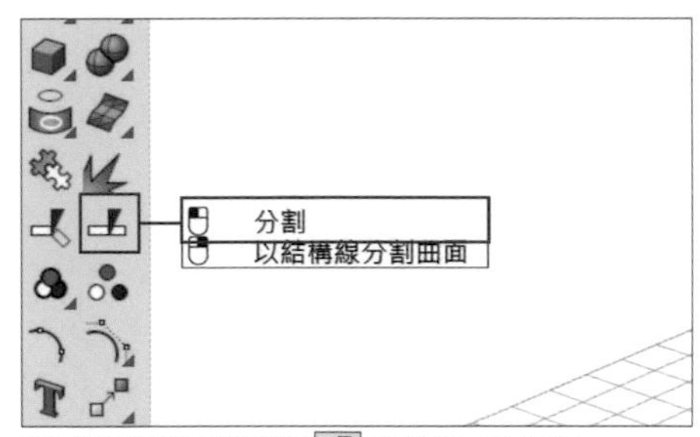

02. 使用滑鼠左鍵選取 分割 (Split) 指令

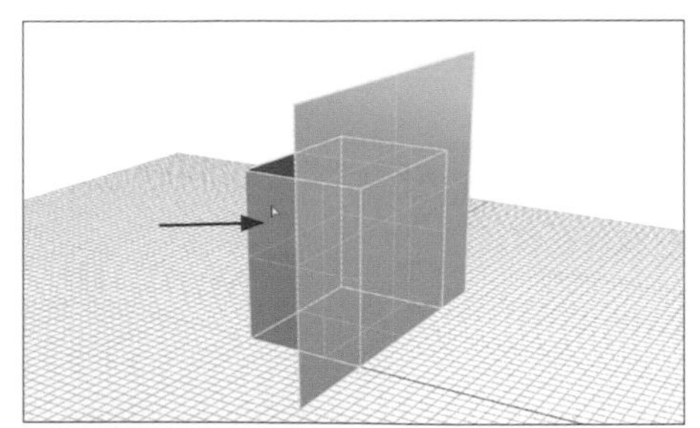

03. 接著選取切割用物件，點選先前分割過的立方體物件

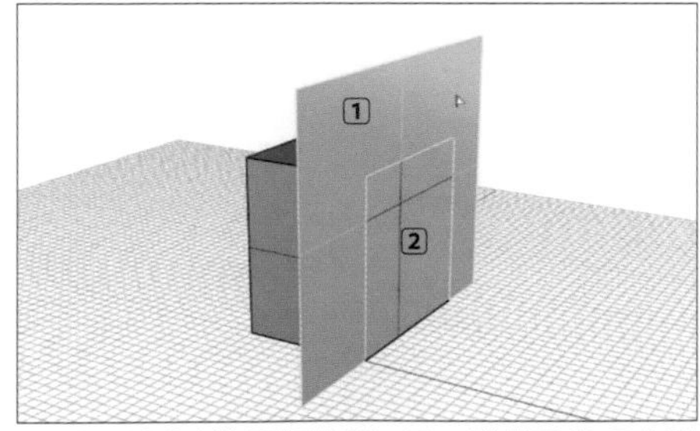

04. 曲面被分割為兩個曲面，①ㄇ形曲面 與 ②方形曲面

組合 (Join) 指令可以將物件以端點或邊緣組合成為單一物件。直線組合為多重直線，曲線組合為多重曲線、曲面或多重曲面組合為多重曲面或實體。

炸開 (Explode) 指令可以將組合在一起的物件打散成為個別的物件。

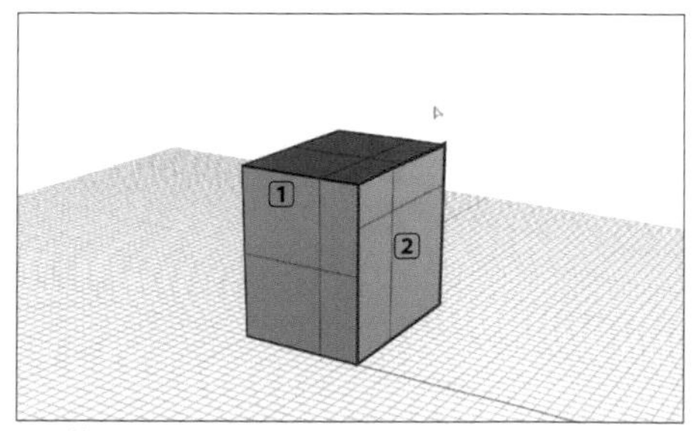

01. 將ㄇ形曲面刪除，此為 ① 開放的多重曲面 與 ② 已修建的曲面

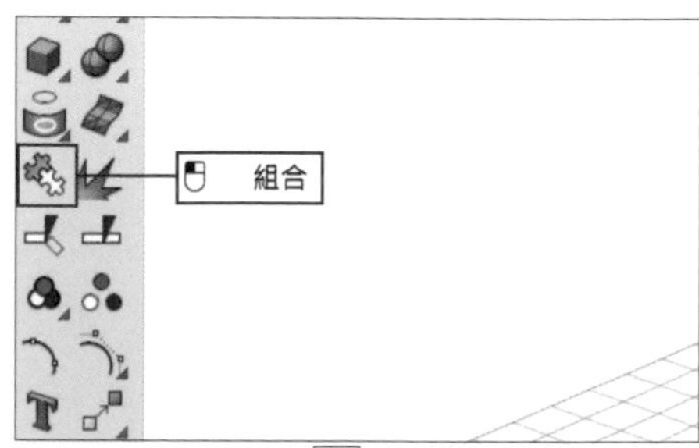

02. 使用滑鼠左鍵選取 組合 (Join) 指令

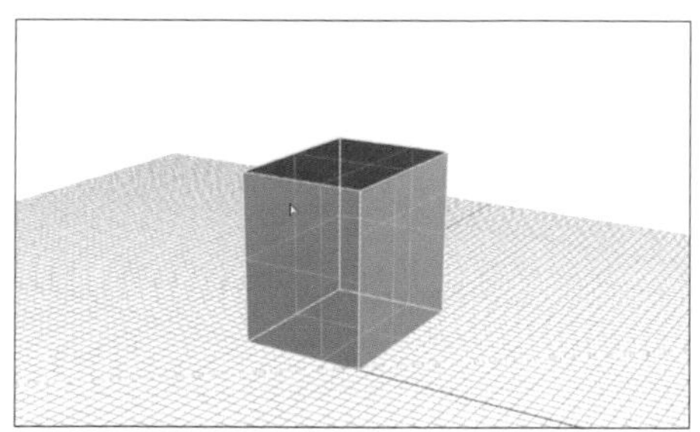

03. 選取全部的物件後按下 Enter，物件變成封閉的實體多重曲面

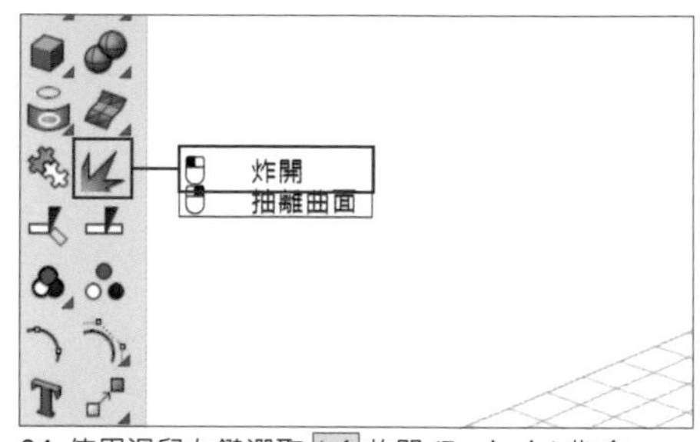

04. 使用滑鼠左鍵選取 炸開 (Explode) 指令

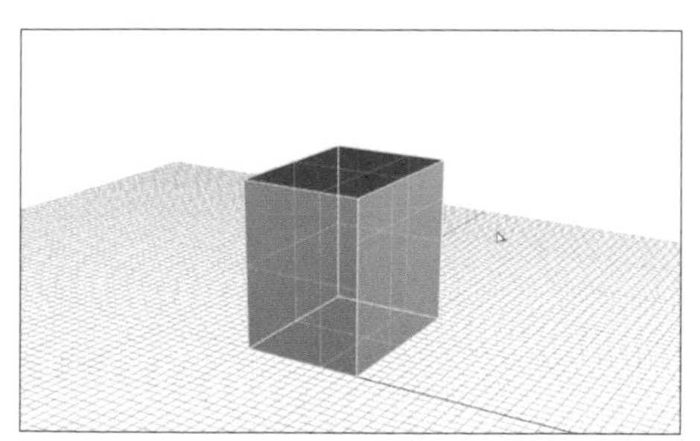

05. 全選物件後按下 Enter

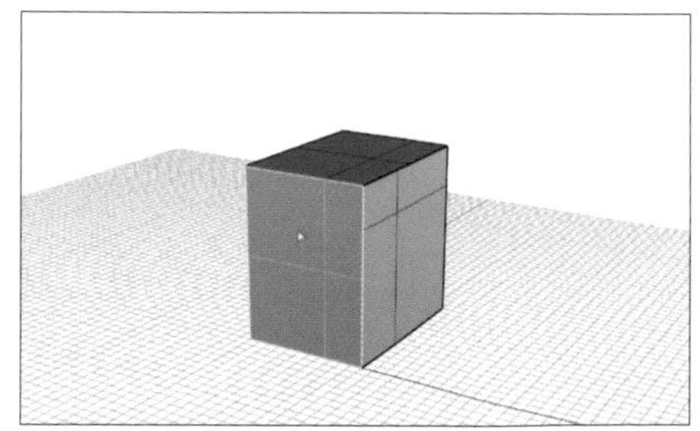

06. 將 1 個多重曲面炸開成 6 個曲面

5.1.2 布林運算

布林運算聯集 (BooleanUnion) 指令可減去選取的多重曲面或實體交集的部分，並以未交集的部分組合成一個多重曲面。

實體工具 > 布林運算交集 (BooleanIntersection) 指令可減去兩組多重曲面或實體未交集的部分。

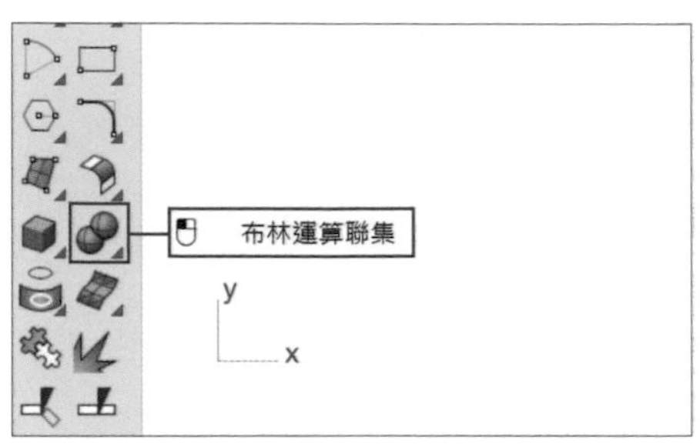

01. 先建立一個方體與球體，在邊欄使用滑鼠左鍵點選 布林運算聯集 (BooleanUnion) 指令

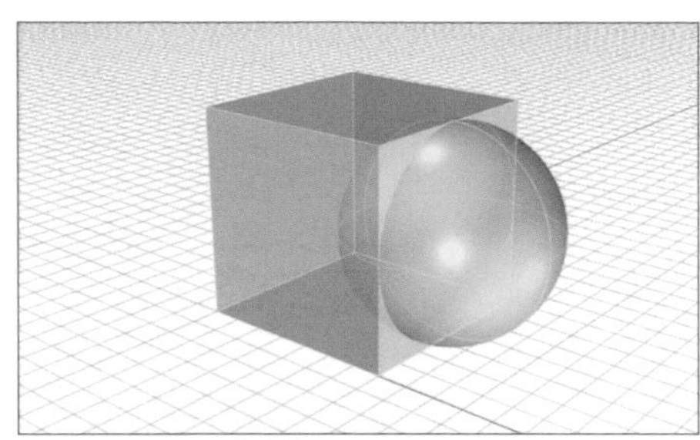

02. 選取兩個實體後按下 Enter

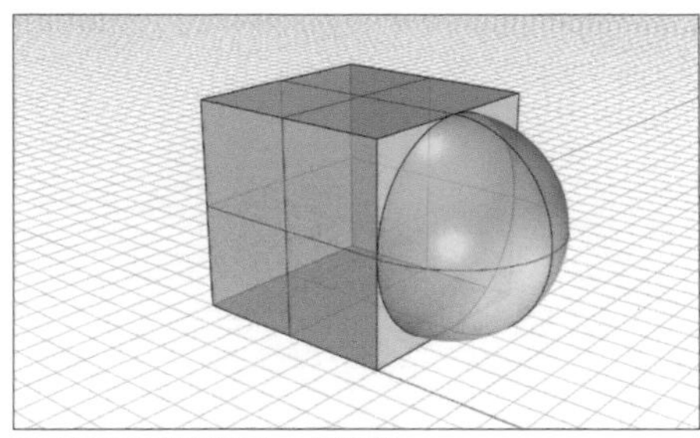

03. 兩個實體聯集成一個實體

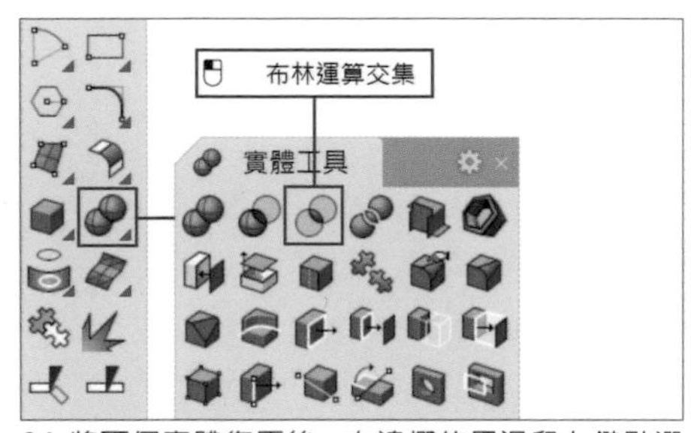

04. 將兩個實體復原後，在邊欄使用滑鼠左鍵點選 布林運算交集 (BooleanIntersection) 指令

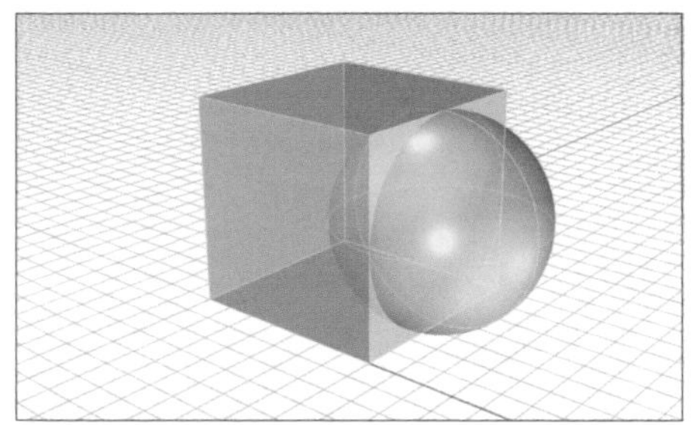

05. 選取兩個實體後按下 Enter

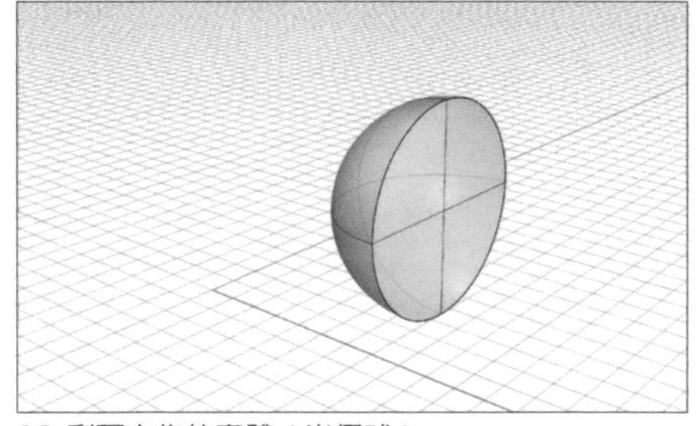

06. 剩下交集的實體（半個球）

實體工具 > 布林運算聯集差集 (BooleanDifference) 指令能以一組多重曲面或實體減去另一組多重曲面或實體與它交集的部分，選擇的順序會影響到最後計算的結果。（A-B 與 B-A 的差異）

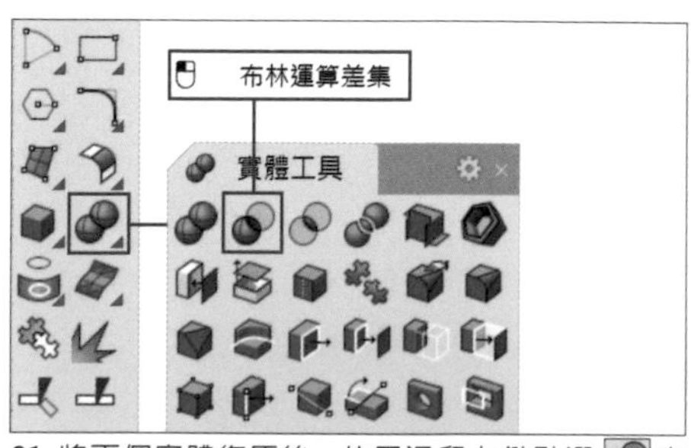

01. 將兩個實體復原後，使用滑鼠左鍵點選 布林運算聯集差集 (BooleanDifference) 指令

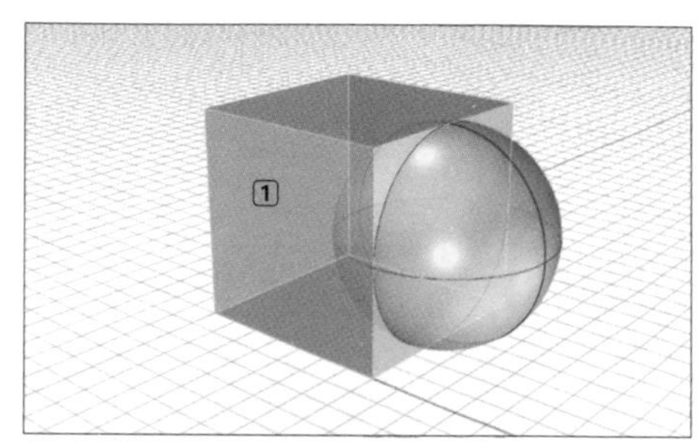

02. 先選取要被減去的正方體 ① 後按下 Enter

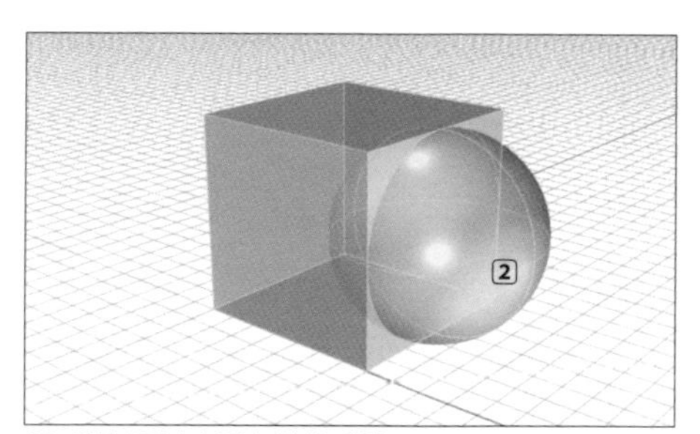

03. 選取要減去正方體的球體 ②

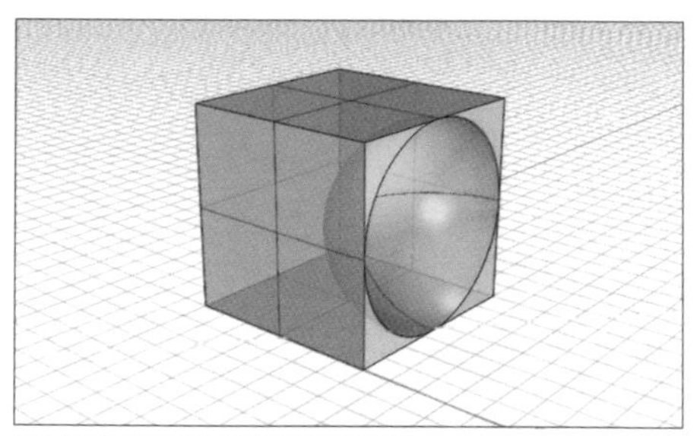

04. 正方體被減去後剩下的狀態

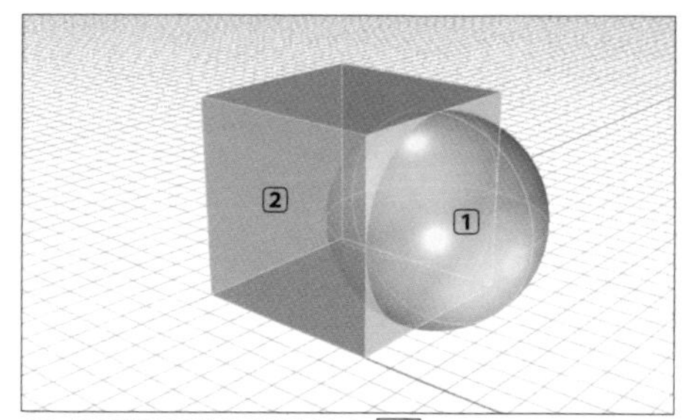

05. 將兩個實體復原後輸入 BooleanDifference 按下 Enter，先選取要被減去的球體 ①，再按下 Enter 後去選取要減去球體的正方體 ②

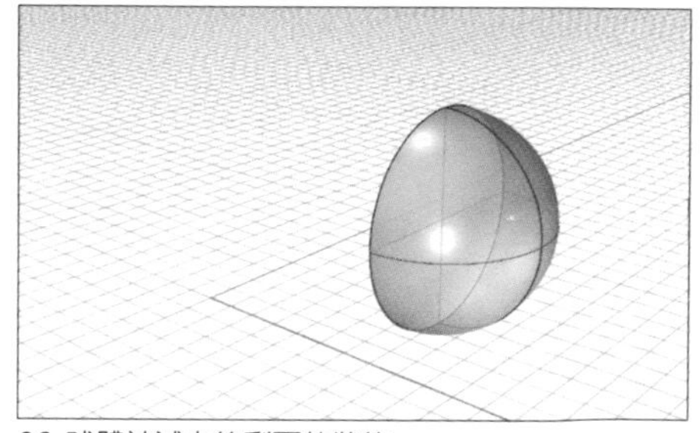

06. 球體被減去後剩下的狀態

實體工具 > 布林運算分割 (BooleanSplit) 指令可從第一組多重曲面或實體減去它與第二組多重曲面或實體交集的部分，並以交集的部分建立另一個物件。

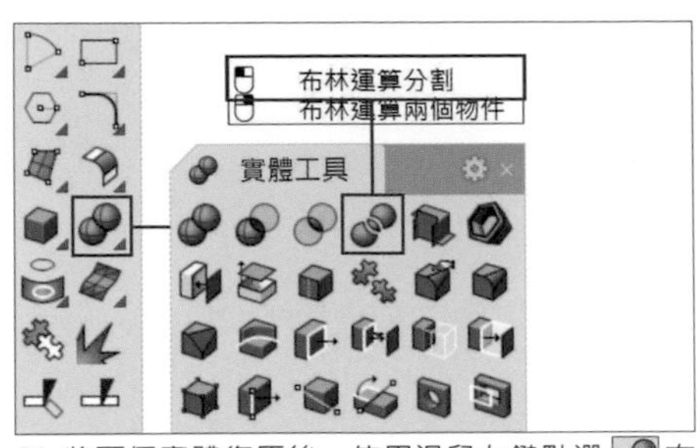

01. 將兩個實體復原後，使用滑鼠左鍵點選 布林運算分割 (BooleanSplit) 後按下 Enter

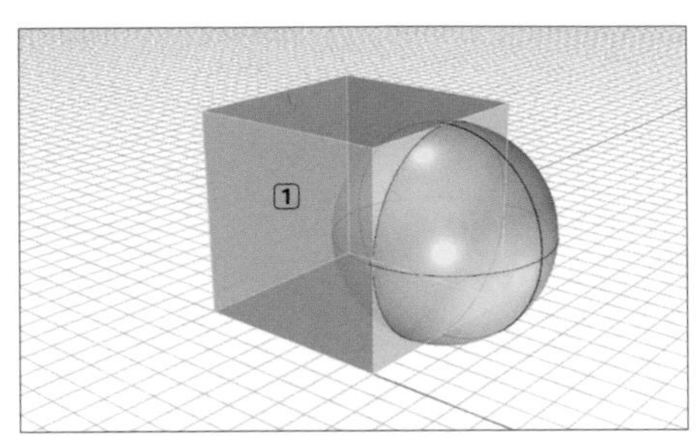

02. 選取要布林分割的正方體 ①，並按下 Enter

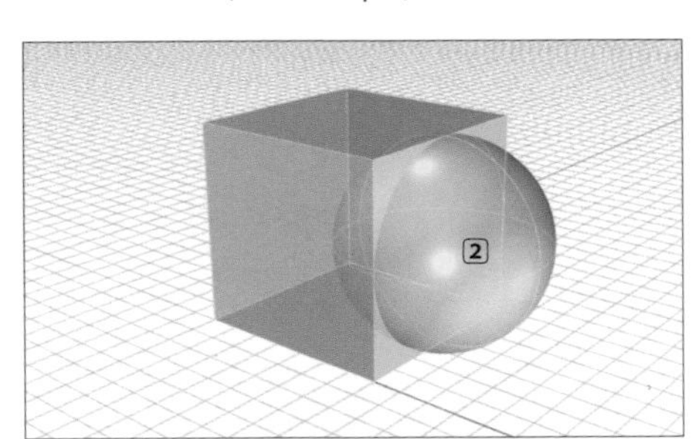

03. 選取分割用的球體 ②，按下 Enter

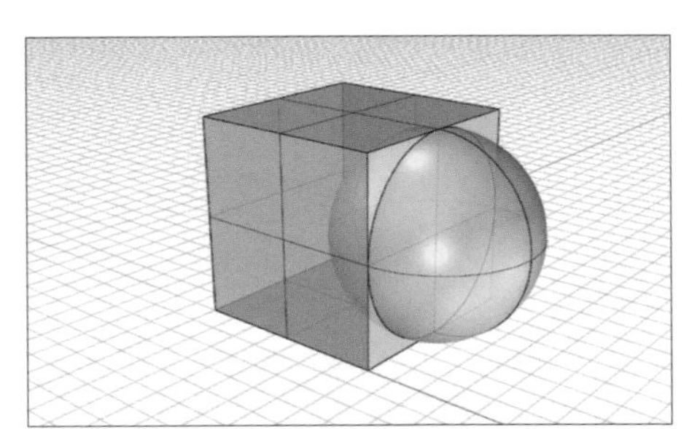

04. 此時看起來沒有變動，事實上正方體已經被球體分割成兩個物件

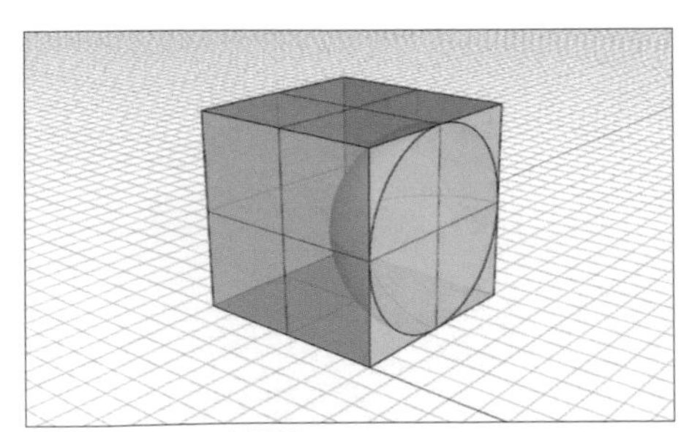

05. 將球體的一半刪除

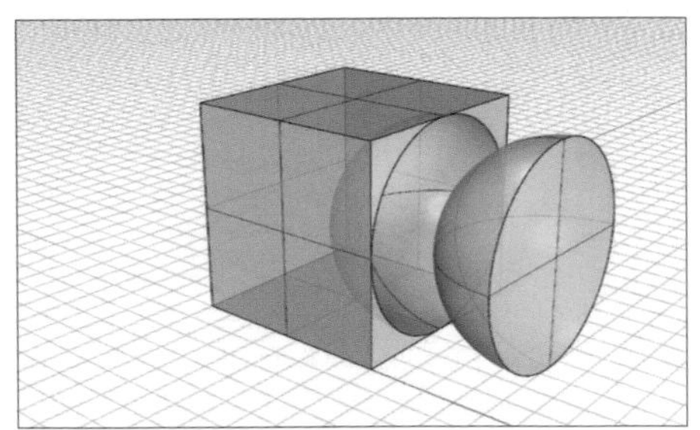

06. 將正方體內的半球體取出

實體工具 > （使用滑鼠右鍵按此按鈕）布林運算兩個物件 (Boolean2Objects) 指令可使用滑鼠左鍵輪流切換各種布林運算可能的結果。選取兩個物件之後按下 Enter，按下滑鼠左鍵就能做出切換各種布林運算的狀態（聯集、交集、差集 A - B、差集 B - A、反向交集）確定後按下 Enter 結束指令。

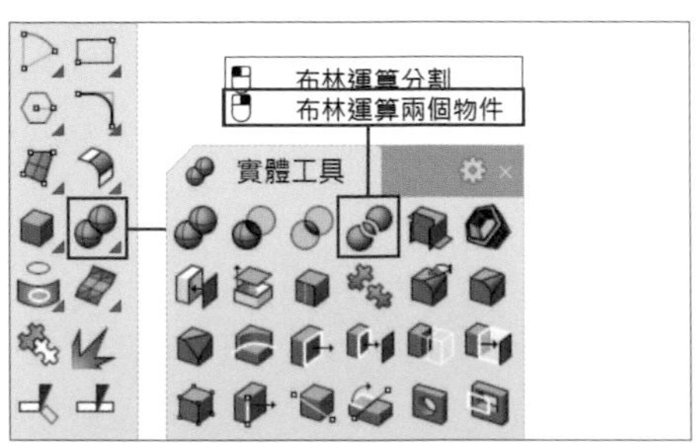

01. 將兩個實體復原後，在邊欄使用滑鼠左鍵點選 布林運算兩個物件 (Boolean2Objects)

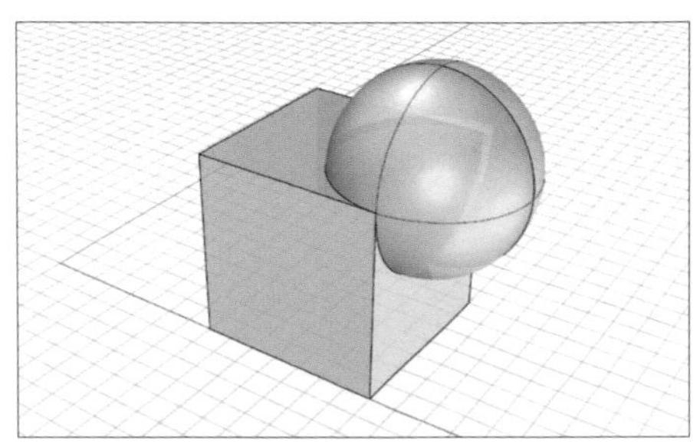

02. 選取兩個實體並按下 Enter，此為兩個物件聯集的狀態，按滑鼠左鍵切換

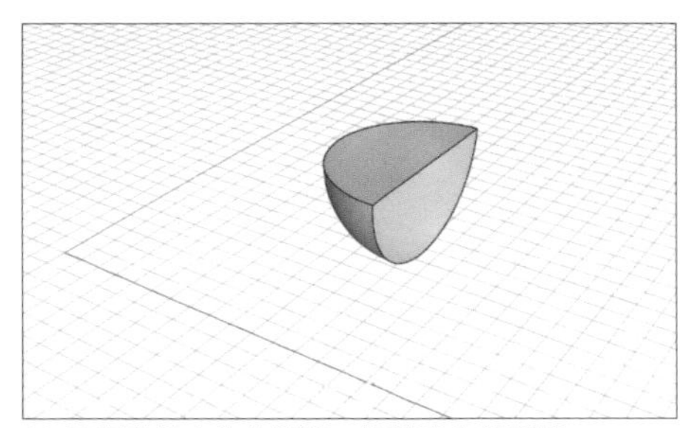

03. 兩個物件交集的狀態，按滑鼠左鍵切換

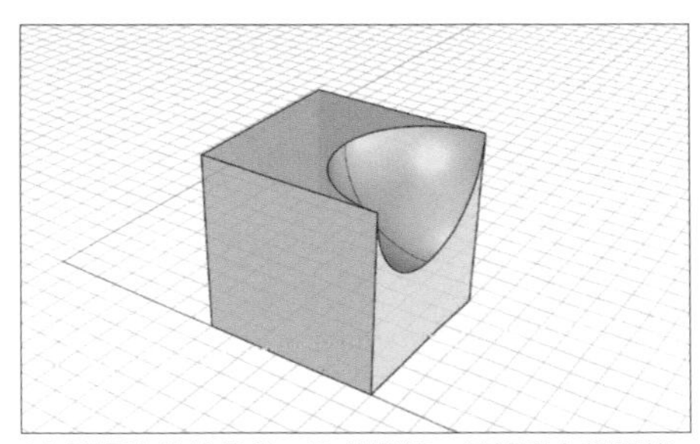

04. 兩個物件差集 (A - B) 的狀態，按滑鼠左鍵切換

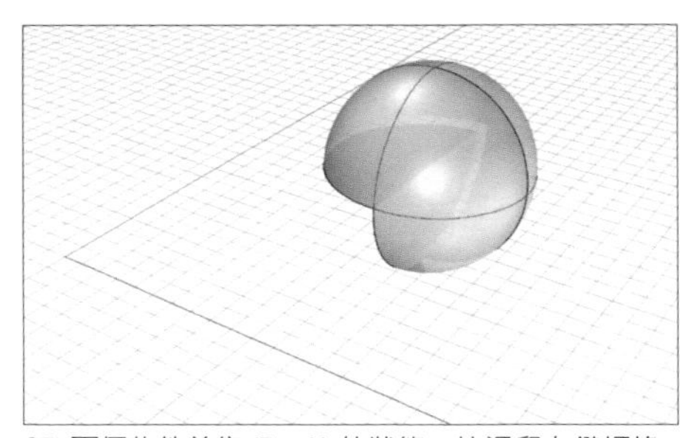

05. 兩個物件差集 (B - A) 的狀態，按滑鼠左鍵切換

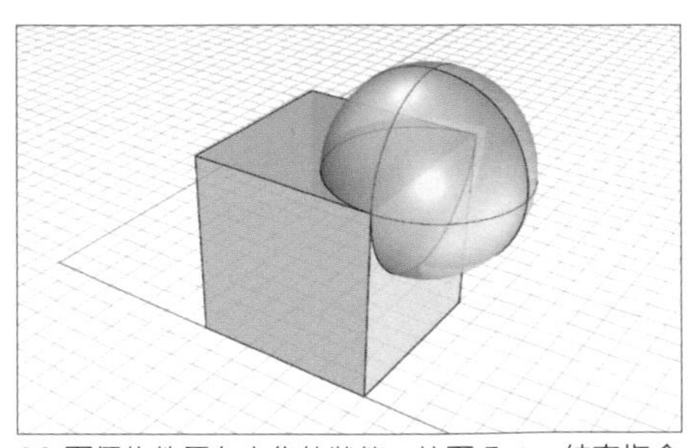

06. 兩個物件反向交集的狀態，按下 Enter 結束指令

案例 - 勞力士學習中心
(Rolex Learning Center)

案例 - 勞力士學習中心 (Rolex Learning Center)

Rolex Learning Centre

(EPFL Learning Centre)

Location: Lausanne campus

Town or city: Écublens, Lausanne

Architects: Kazuyo Sejima and Ryue Nishizawa (SANAA)

Opened: 22 February 2010

會使用到的指令：

- Picture 匯入平面圖與立面圖
- InterpCrv 描繪曲線
- Plane 繪製平面
- Rebuild 重建曲面
- ExtrudeCrv 擠出曲線
- ExtrudeSrf 擠出曲面
- BooleanDifference 布林運算差集
- BooleanIntersection 布林運算交集
- Array 矩形陣列
- Pipe 建立圓管

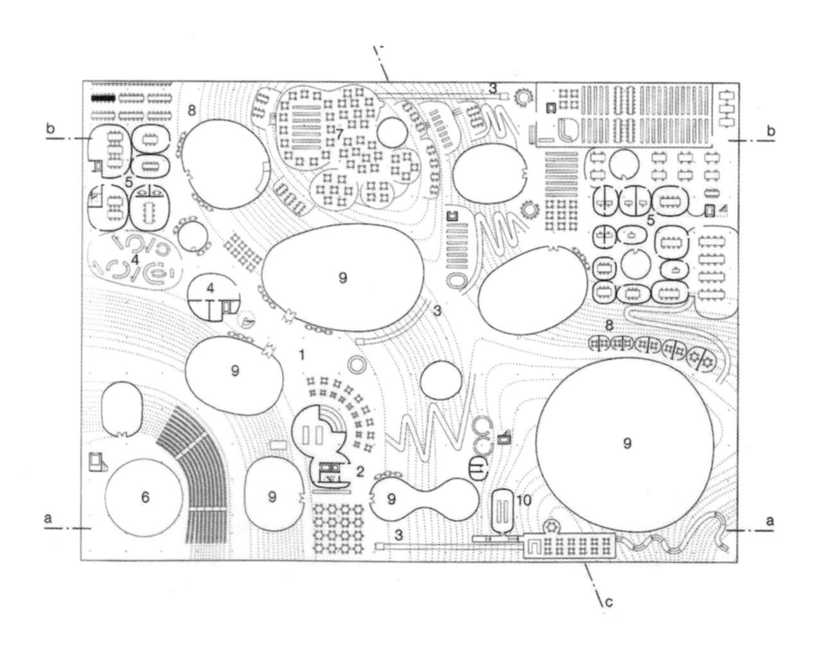

參考圖：https://acidadebranca.tumblr.com/post/58162216597/arch-elements-plan-of-rolex-learning-center

參考圖：https://www.epfl.ch/campus/visitors/buildings/rolex-learning-center/building/

參考圖：https://www.epfl.ch/campus/visitors/buildings/rolex-learning-center/building/

案例建模練習 (Rolex Learning Center)

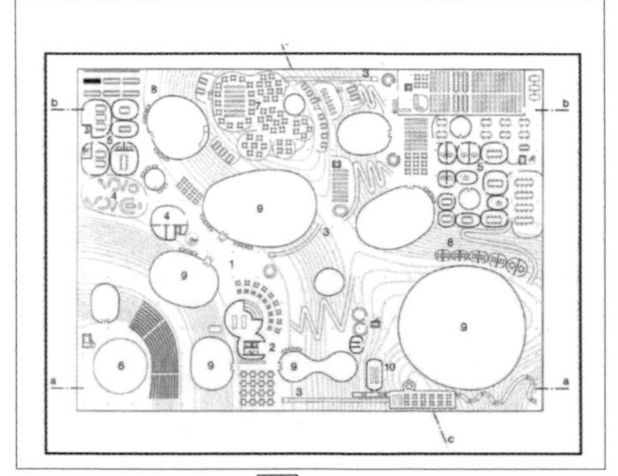

01. 在 Top View 使用 Picture 匯入平面圖

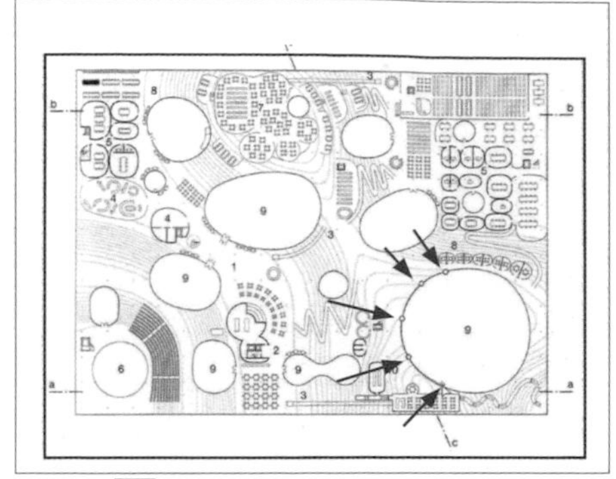

02. 使用 InterpCrv 指令按下 Enter，描繪曲線

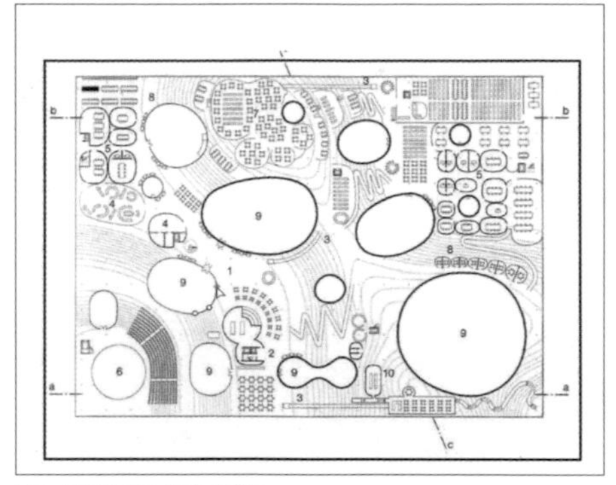

03. 描繪出全部的圓圈

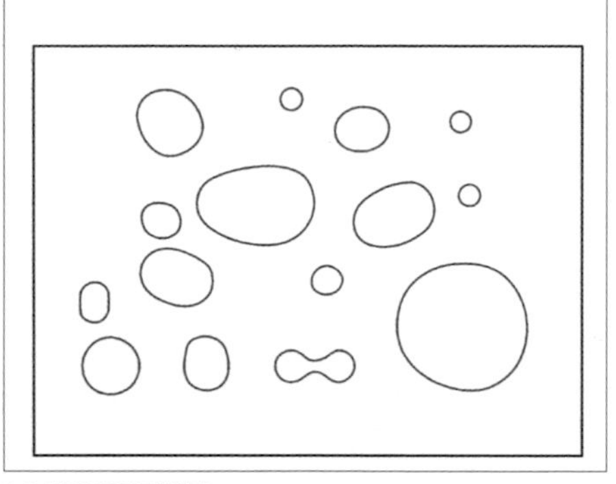

04. 將平面圖隱藏

05. 將圓圈隱藏，並使用 Plane 指令繪製出一個平面

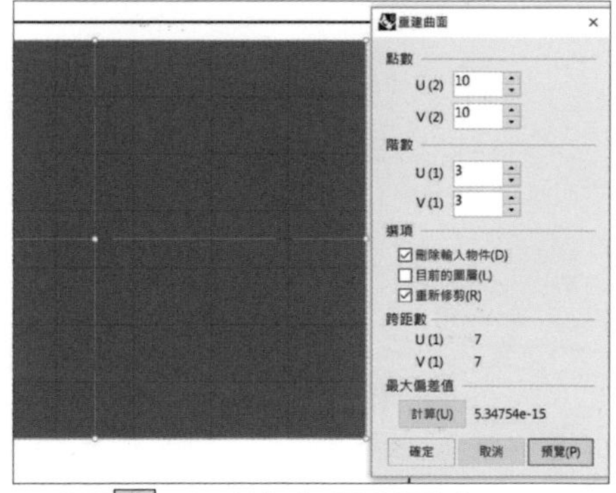

06. 使用 Rebuild 指令重建曲面點數

07. 按下確定後點數重建完成

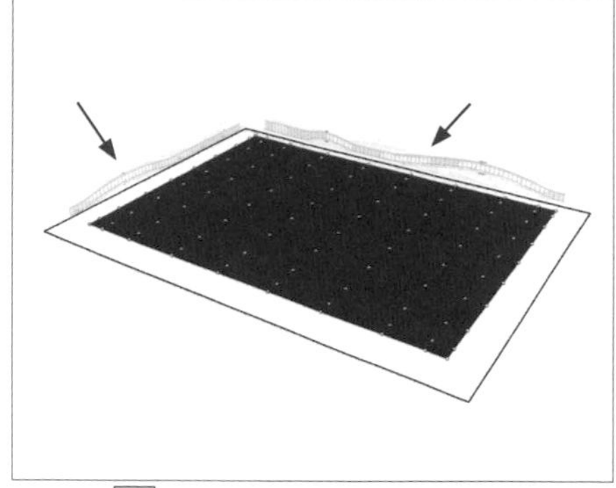

08. 使用 Picture 置入立面圖，並點選曲面開啟曲面控制點 (F10)

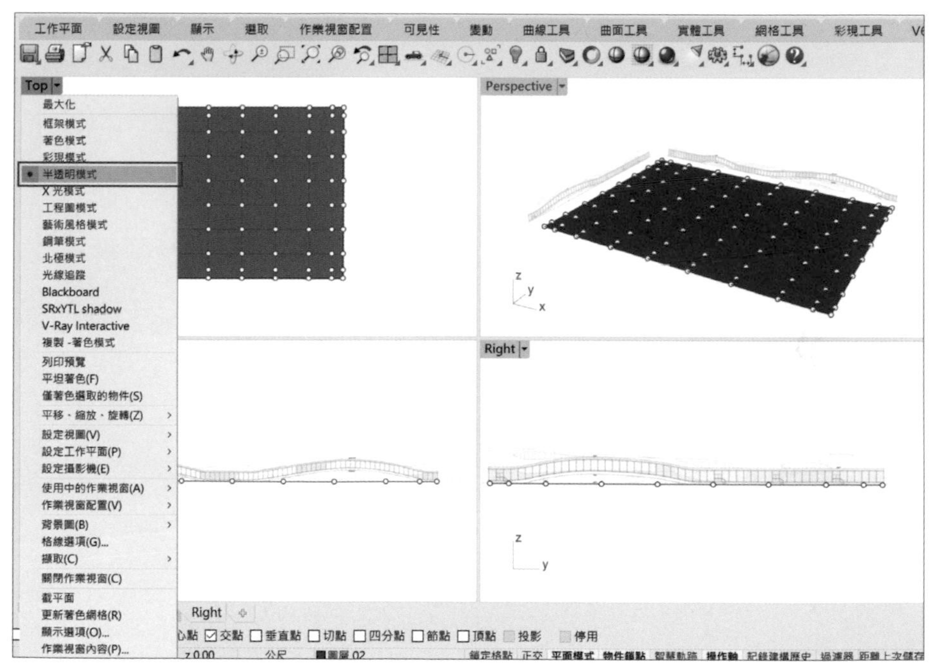

09. 將四個視圖開啓，並且將全部的視圖（Top、Perspective、Front、Right）調整成半透明模式

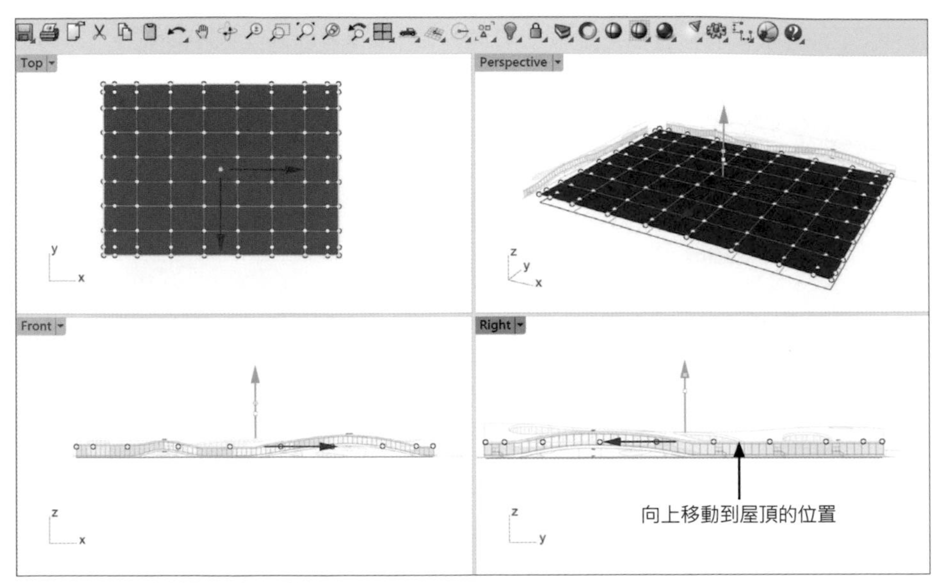

10. 將曲面用操作軸移動到屋頂的位置

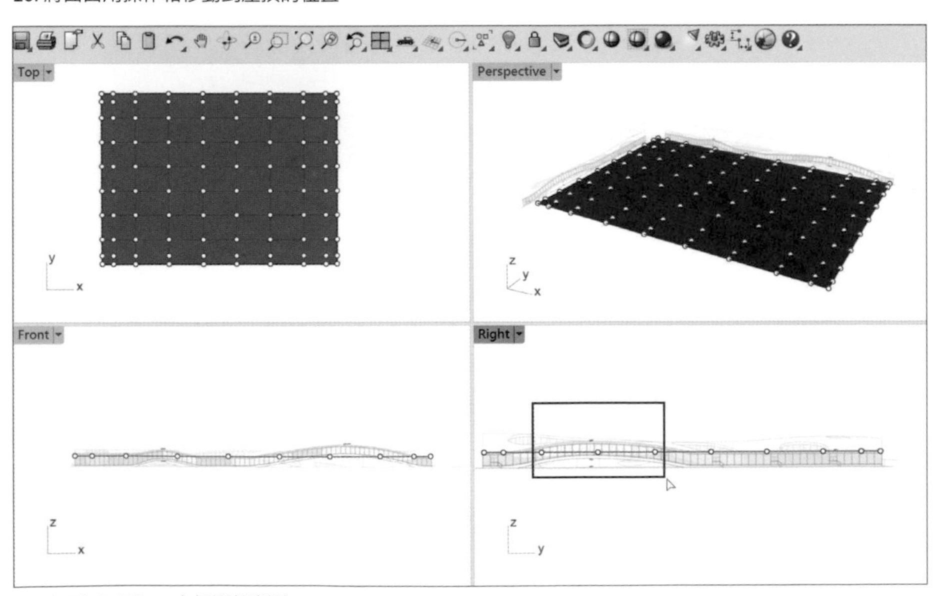

11. 在 Right View 中框選控制點

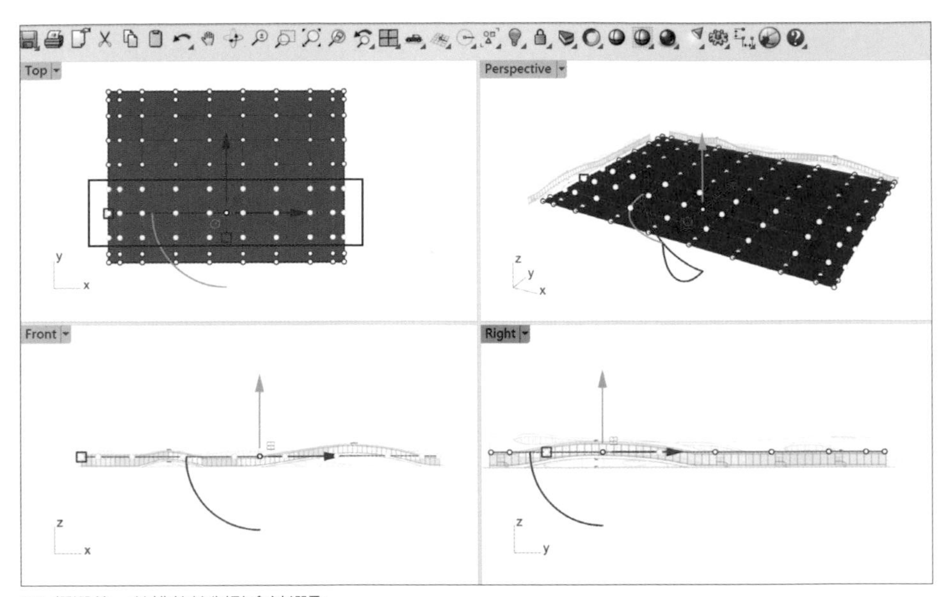

12. 框選後一整排的控制點會被選取

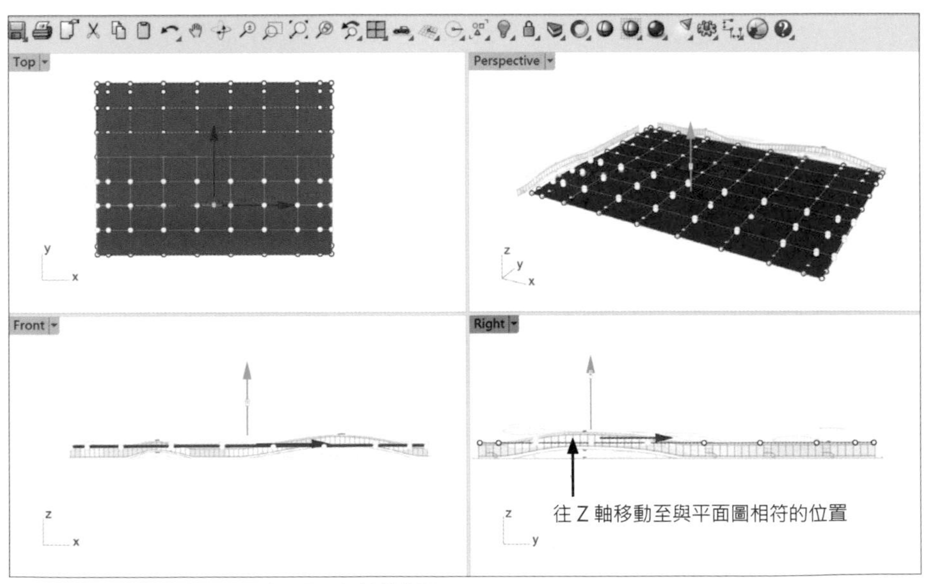

13. 使用操作軸往 Z 軸移動至與平面圖相符的位置

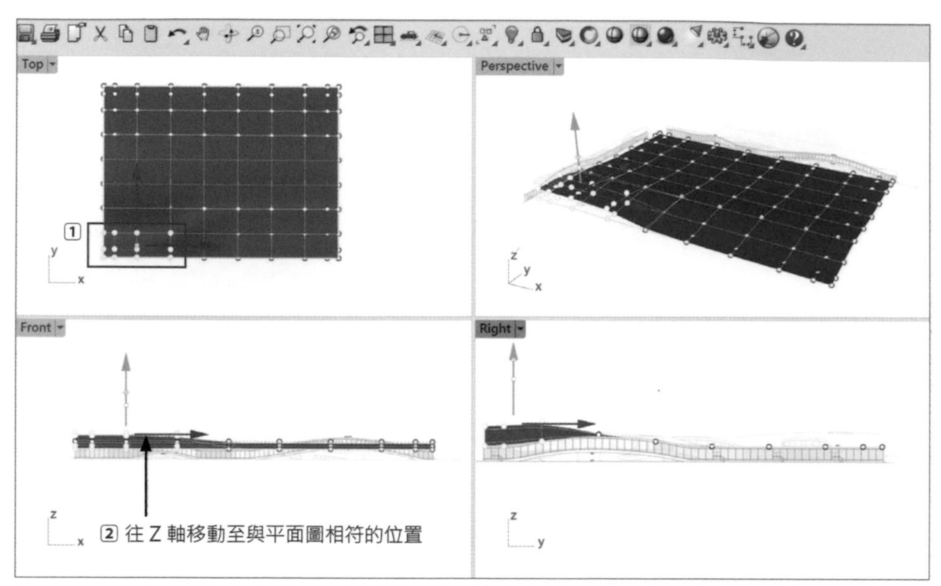

14. ① 在 Top View 中選取控制點，② 使用操作軸往 Z 軸移動至與平面圖相符的位置

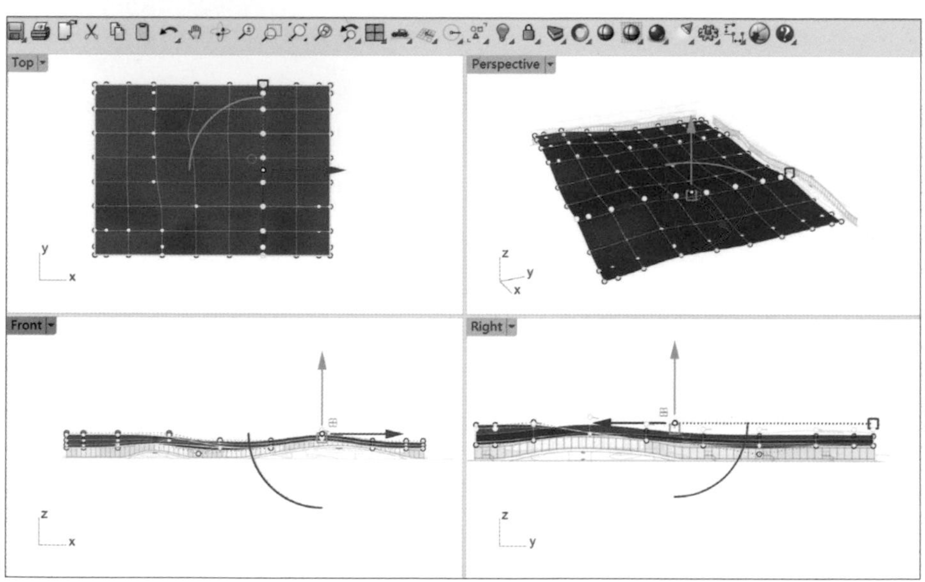

15. 持續使用操作軸調整控制點，直到曲面符合立面圖的相對位置

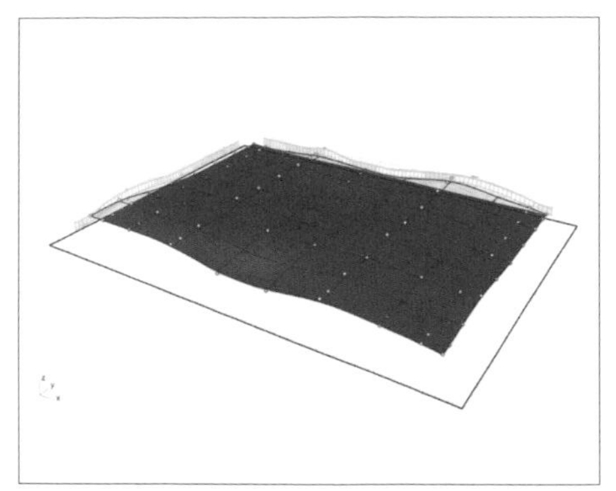

16. 調整完成的曲面

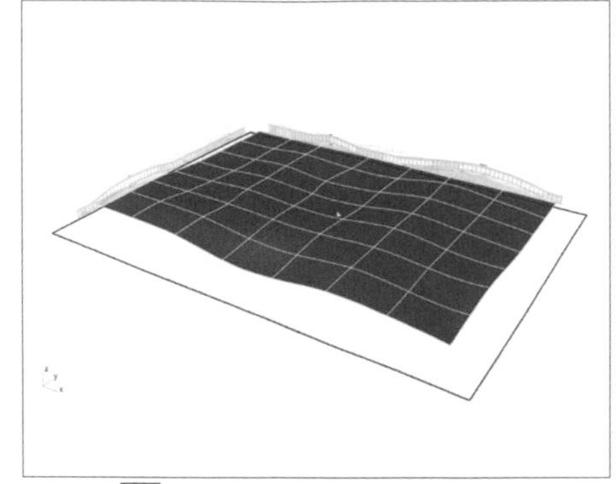

17. 使用 ExtrudeSrf 指令，然後選取曲面

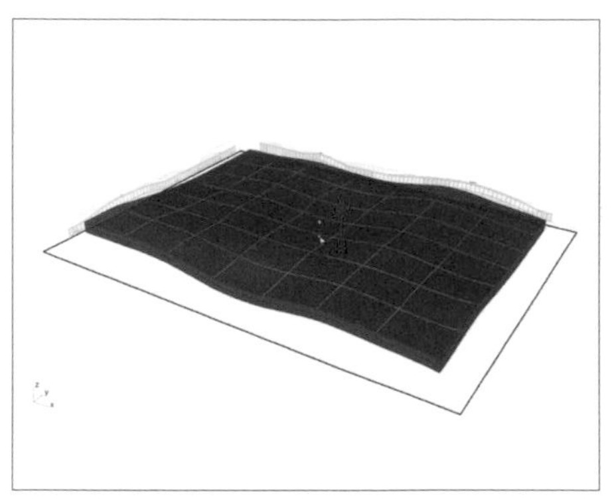

18. 指定擠出的距離，按下 Enter 完成指令

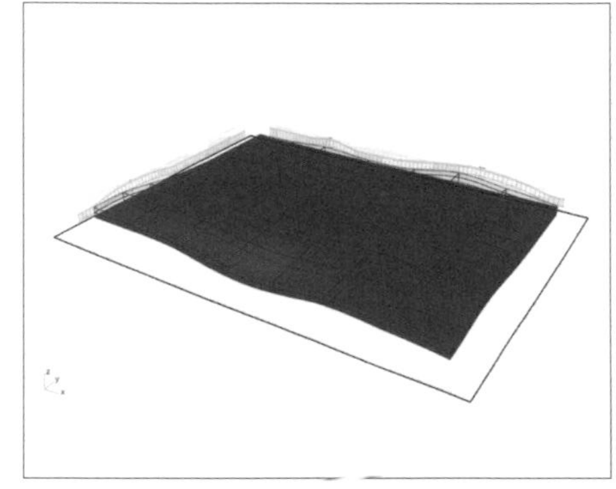

19. 擠出的多重曲面

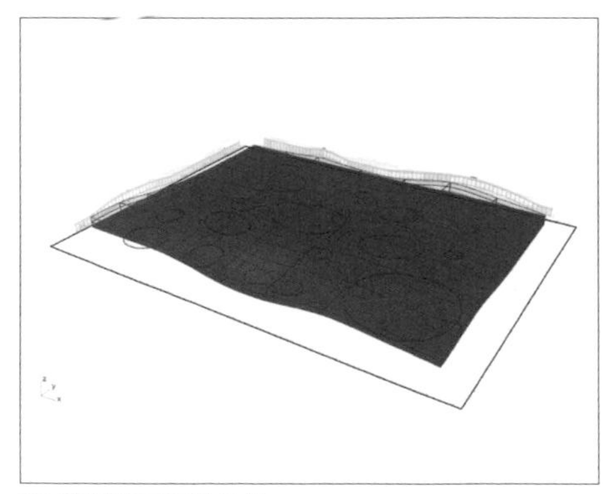

20. 顯示出圓圈的曲線

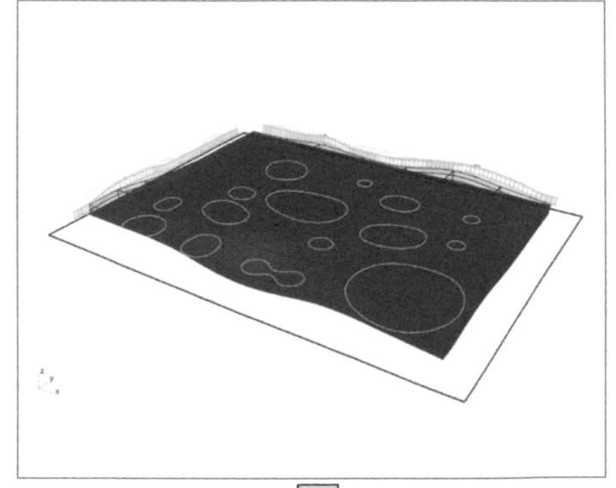

21. 選取圓圈曲面後使用 ExtrudeCrv 指令

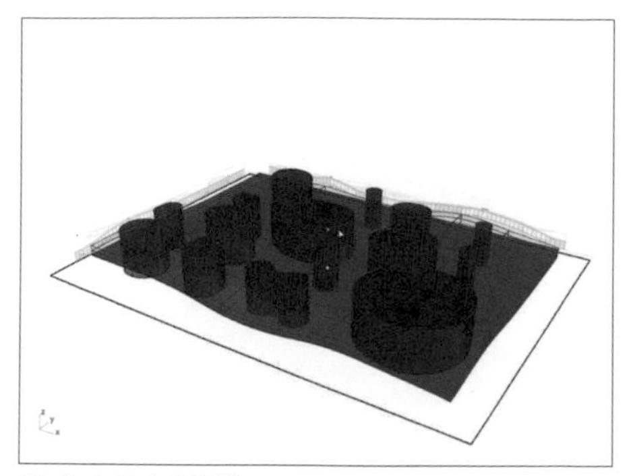

22. 指定擠出的距離

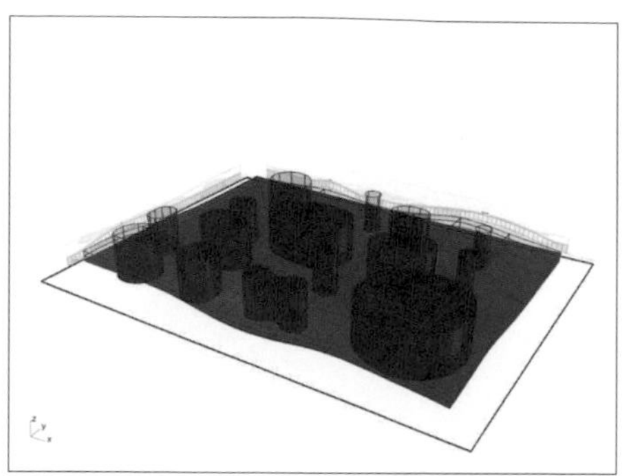

23. 按下 Enter 後結束指令生成擠出的物件

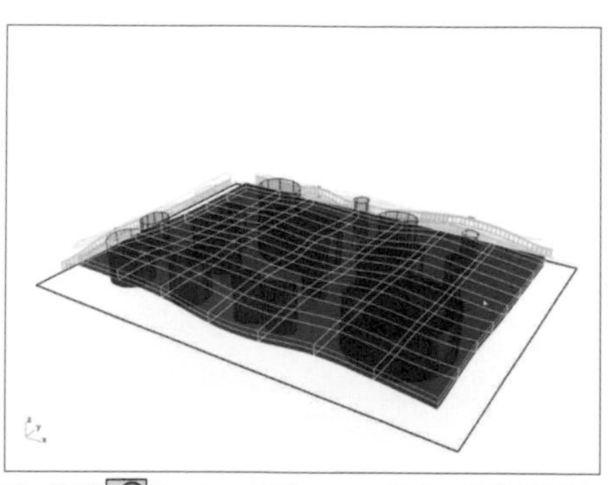

24. 使用 BooleanDifference 指令，選取要減去的曲面

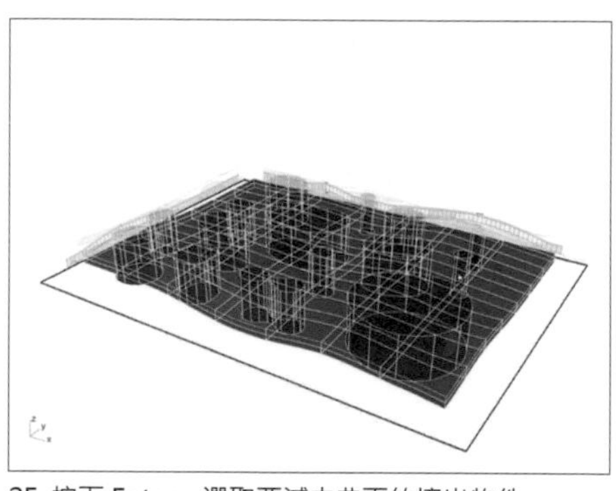

25. 按下 Enter，選取要減去曲面的擠出物件

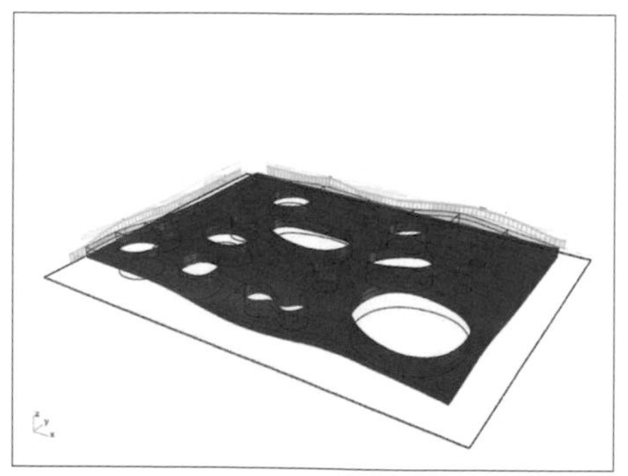

26. 按下 Enter 後會出現布林運算差集的結果

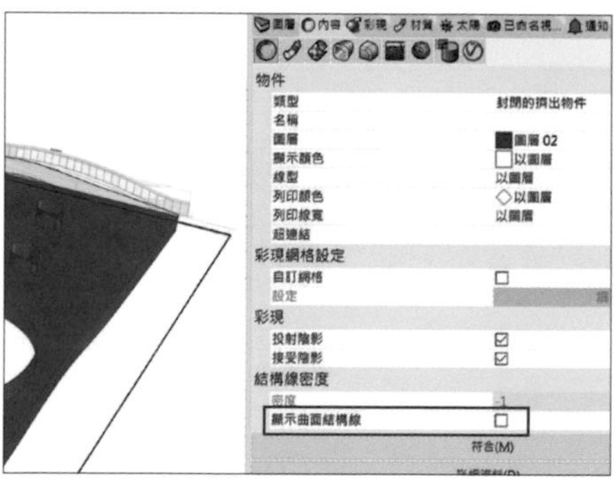

27. 將密度選項關閉

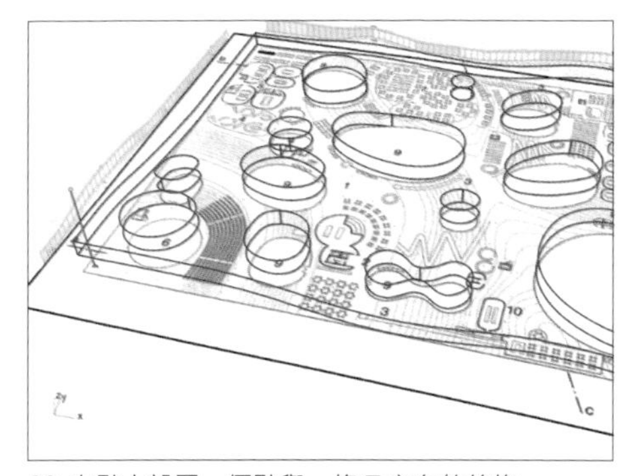

28. 在點上設置一個點與一條 Z 方向的線條

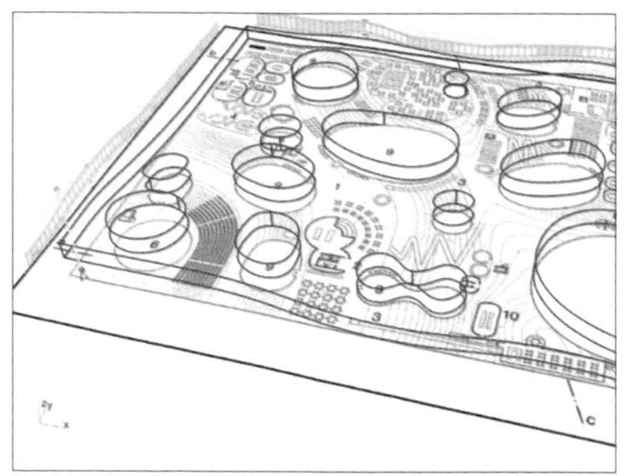

29. 使用 Array 指令，選取曲線，輸入 XYZ 複本數

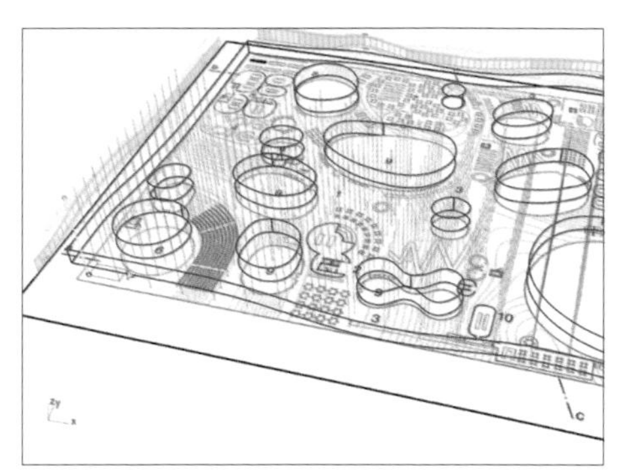

30. 使用參考點指定 X 與 Y 的間距

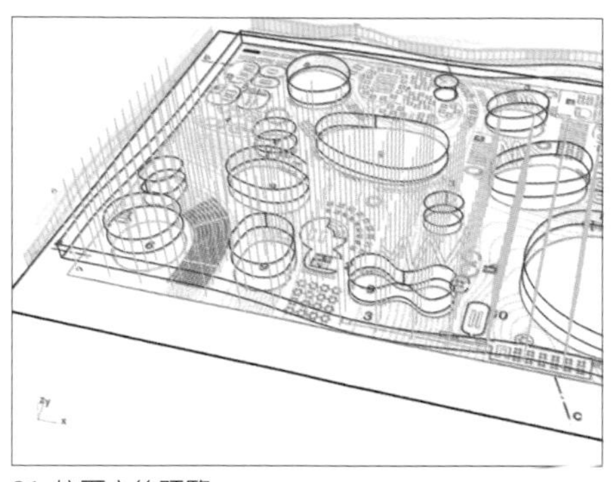

31. 按下之後預覽

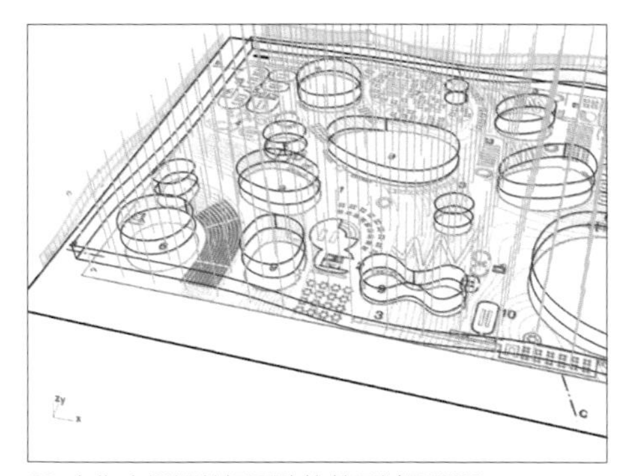

32. 在指令欄調整好正確的數量以及間距

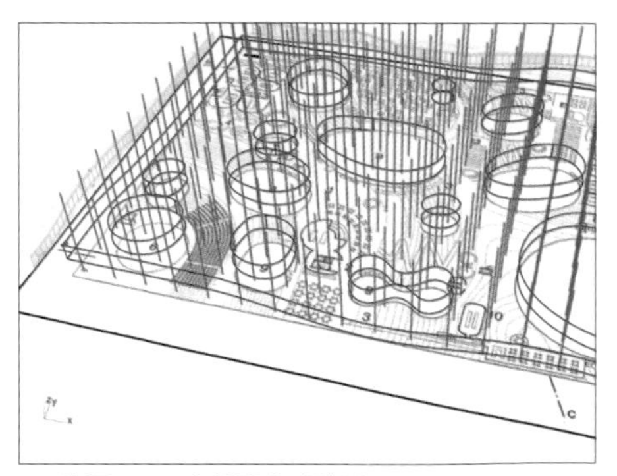

33. 按下 Enter 之後即完成陣列

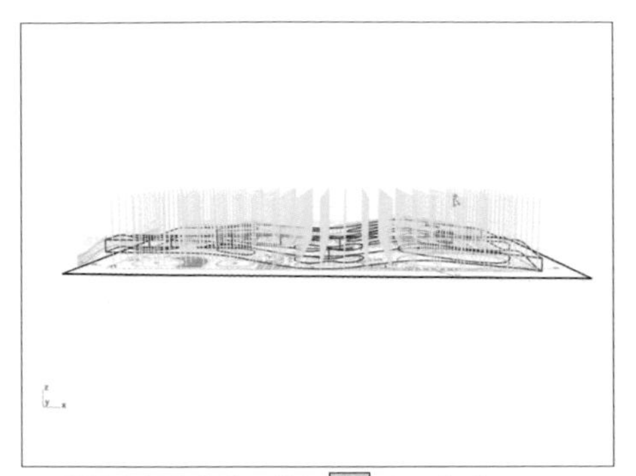

34. 選取全部的曲線，使用 Pipe 指令

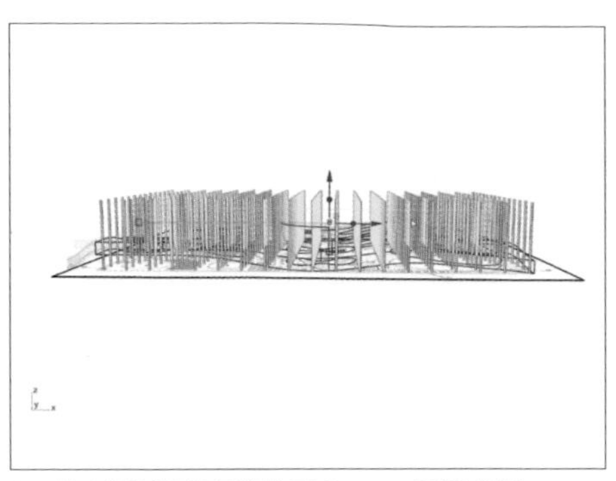

35. 設定好圓管半徑後按下 Enter，圓管成形

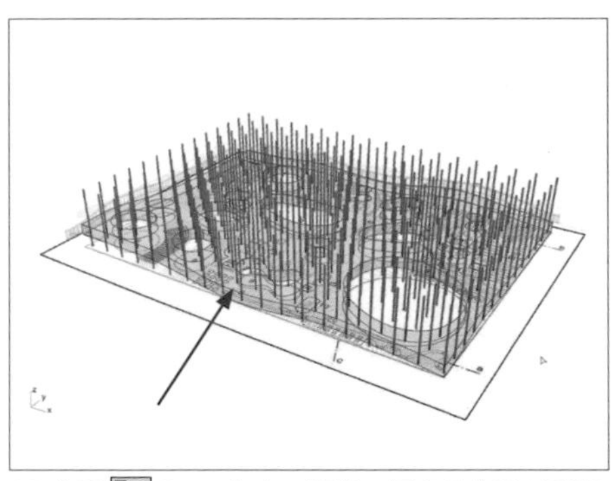

36. 使用 Copy 指令，複製一個多重曲面（量體）

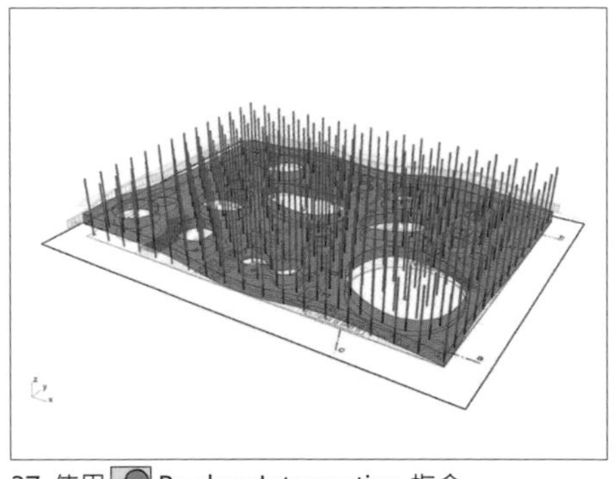

37. 使用 BooleanIntersection 指令

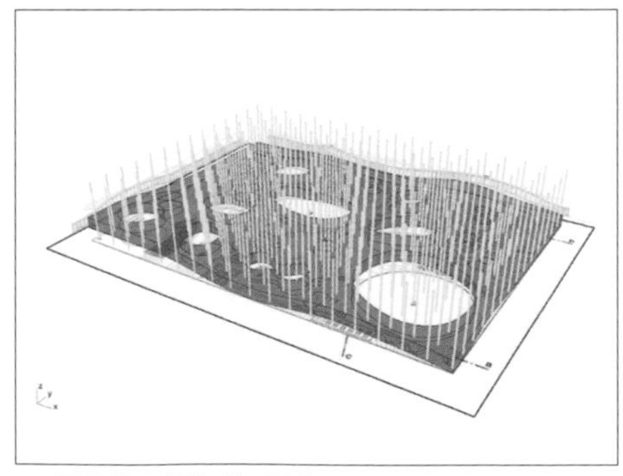

38. 選取第一組物件（圓管）

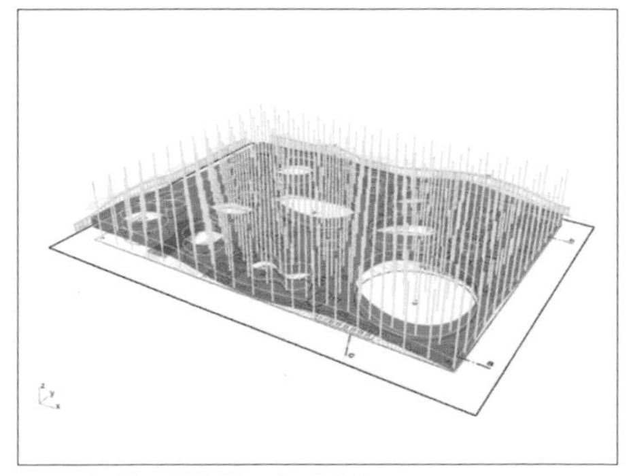

39. 選取第二組物件（多重曲面）

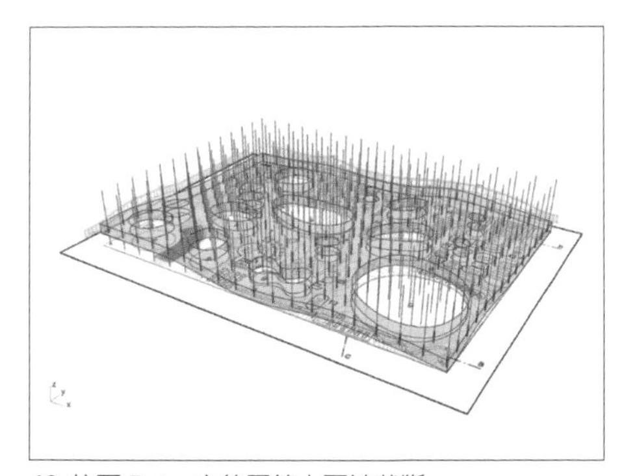

40. 按下 Enter 之後圓管上下被截斷

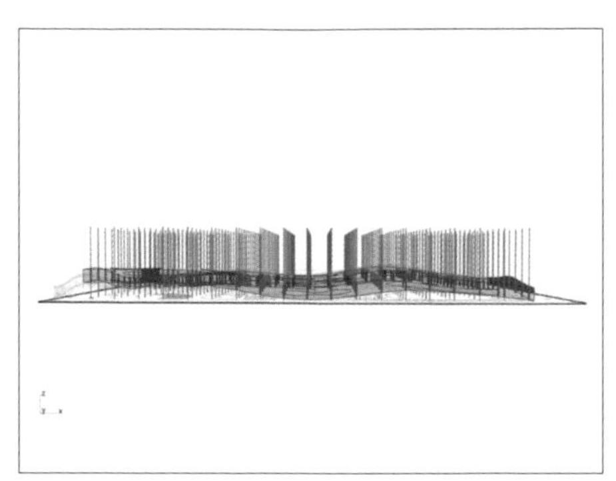

41. 將視角拉平

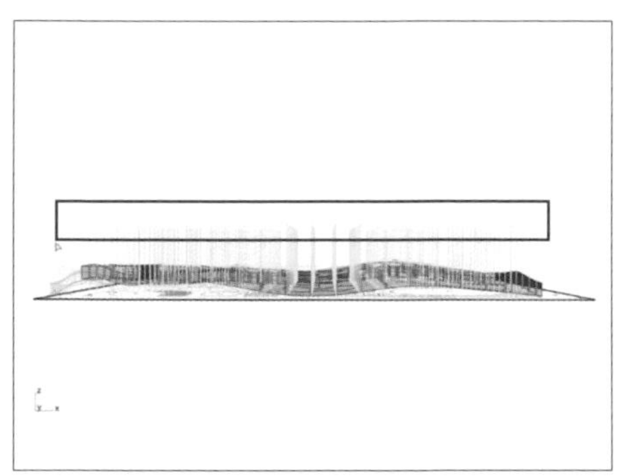

42. 選取全部的線段（由右往左框選，就算只選取到上端還是可以選取到線段的整體）

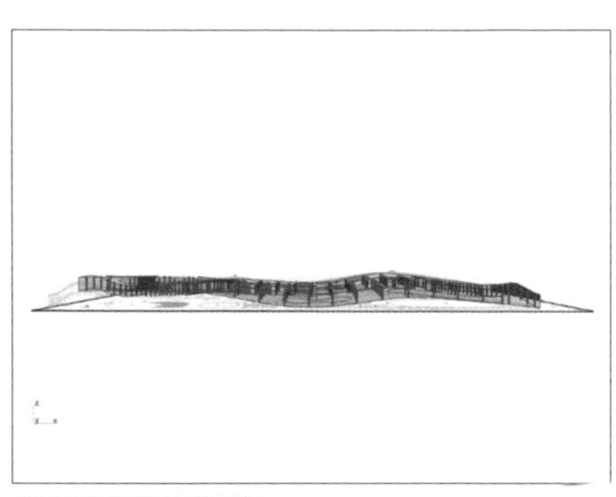

43. 將全部的線段刪除

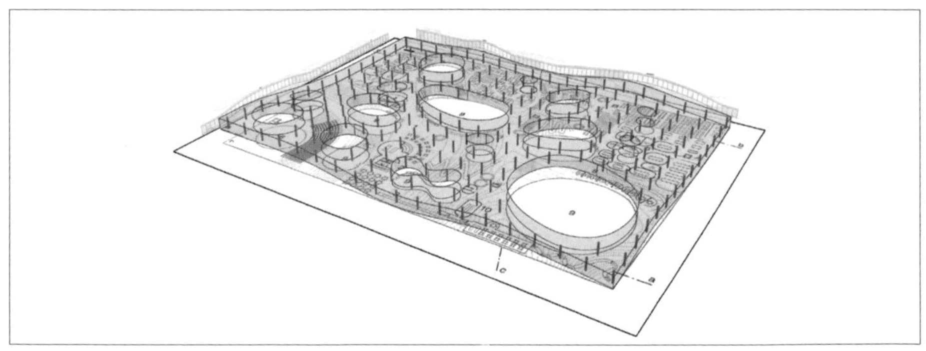

· Rolex Learning Center

· Rolex Learning Center - Exterior View

· Rolex Learning Center - Interior View

案例 - 樂高博物館
(LEGO House)

案例 - 樂高博物館 (LEGO House)

LEGO House

Location: 7190 Billund, Denmark

Architects: Bjarke Ingels Group (BIG)

Collaborators:

COWI, Dr. Lüchinger+Meyer Bauingenieure, Jesper Kongshaug, Gade & Mortensen Akustik, E-types

Project Year: 2017

Tpye: Museums & Exhibit

Size: 12000 m²

會使用到的指令：

- Picture 匯入平面圖
- Plane 繪製曲面
- ExtrudeCrv 擠出曲線
- ExtrudeSrf 擠出曲面
- Join 組合物件
- Explode 炸開
- SetPt 設定 XYZ 座標
- BooleanUnion 布林運算聯集
- BooleanDifference 布林運算差集
- DupEdge 複製邊緣曲線
- OffsetCrvOnSrf 偏移曲面上的曲線
- Trim 分割
- Connect 曲線連接
- MergeAllFaces 合併全部共平面的面

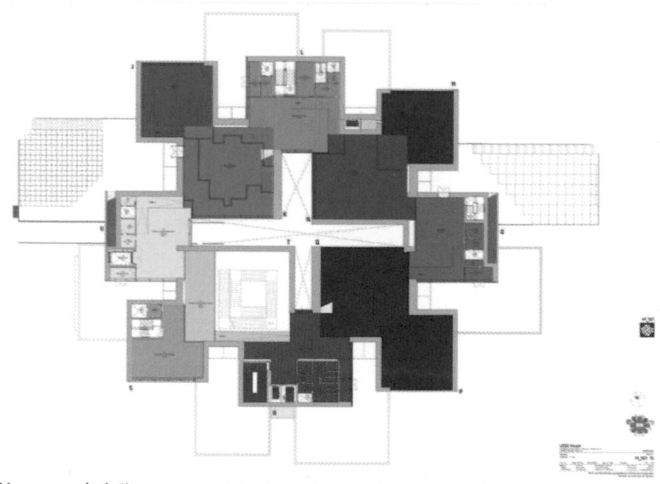

參考圖 : https://www.archdaily.com/880900/lego-house-big?ad_medium=gallery

參考圖 : https://www.archdaily.com/880900/lego-house-big?ad_medium=gallery

參考圖 : https://www.archdaily.com/880900/lego-house-big?ad_medium=gallery

案例建模練習 (LEGO House)

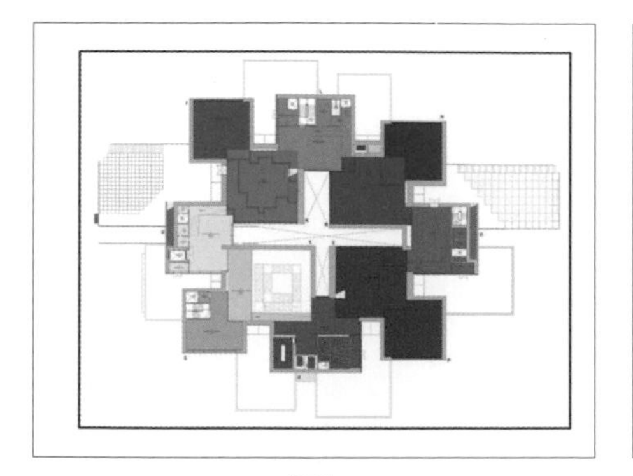

01. 在 Top View 中使用 Picture 置入平面圖

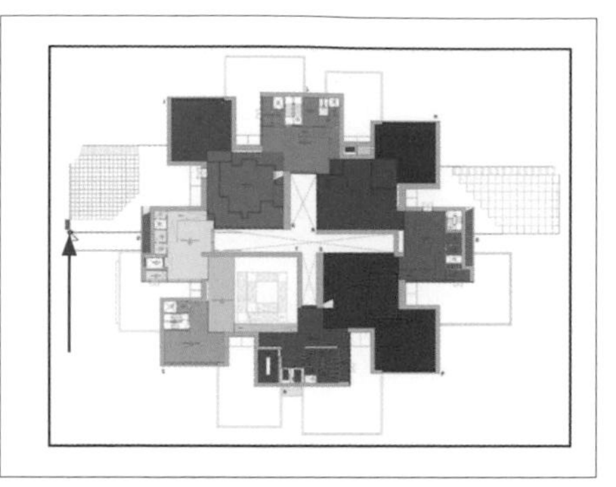

02. 使用 Plane 指令，指定出平面的第一角

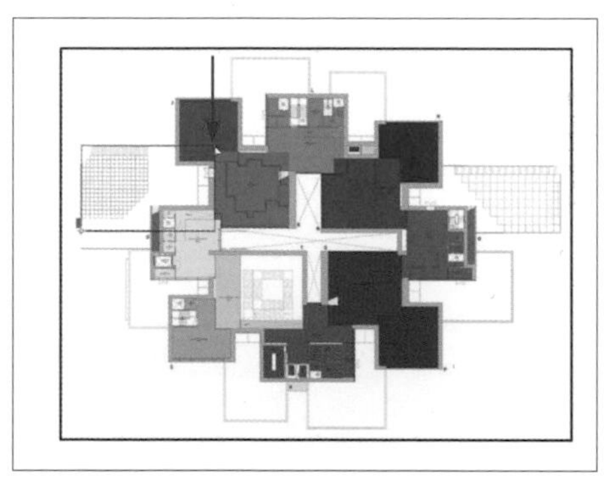

03. 指令平面的另一個角

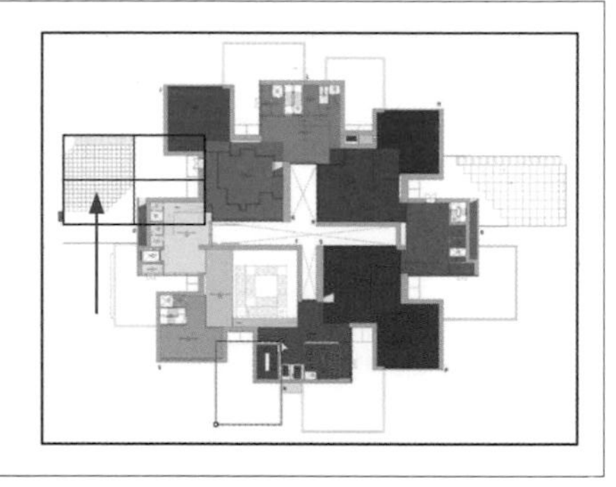

04. 確定之後成為一個曲面

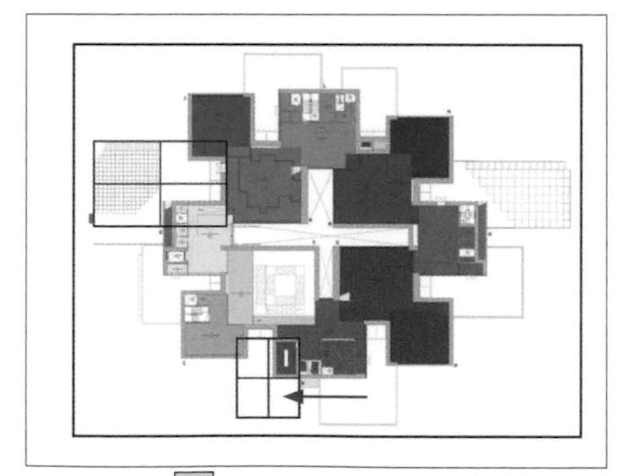

05. 再次使用 Plane 指令繪製出第二個曲面

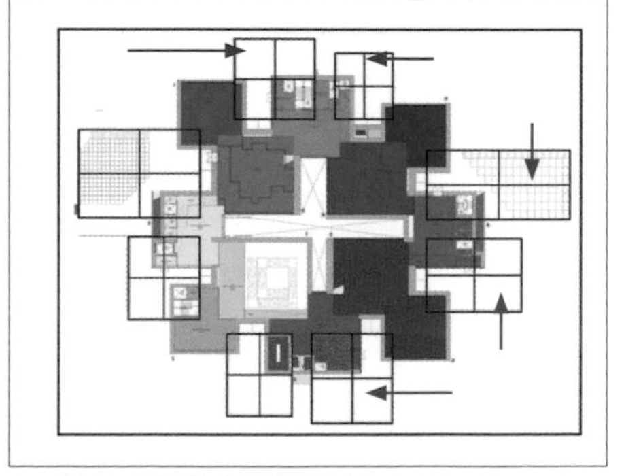

06. 將第一層樓的曲面繪製完畢

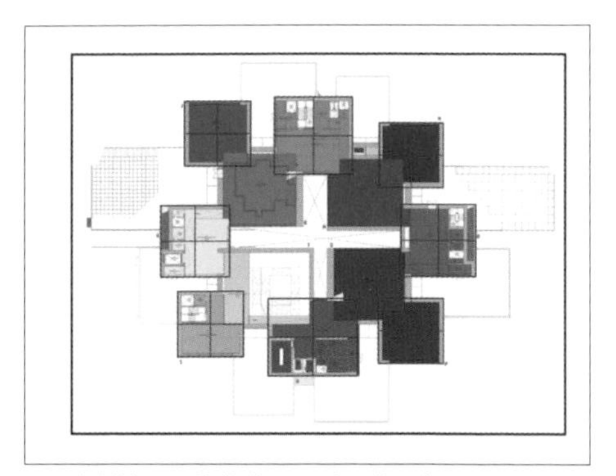

07. 繪製第二層樓的曲面（放入第二個圖層）

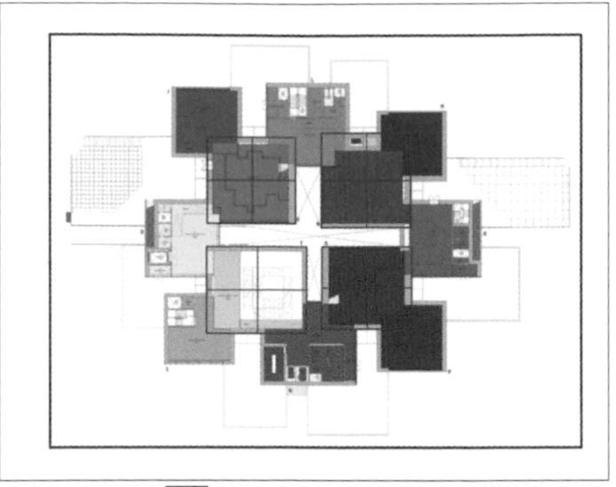

08. 繼續使用 Plane 指令繪製第三層樓的曲面（放入第三個圖層）

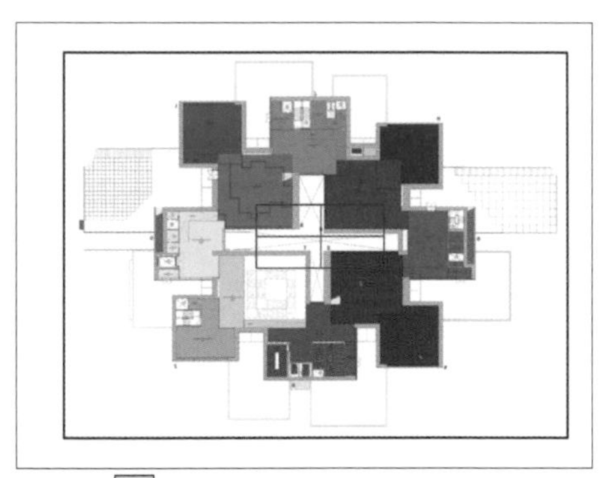

09. 使用 Plane 指令繪製第四層樓的曲面（放入第四個圖層）

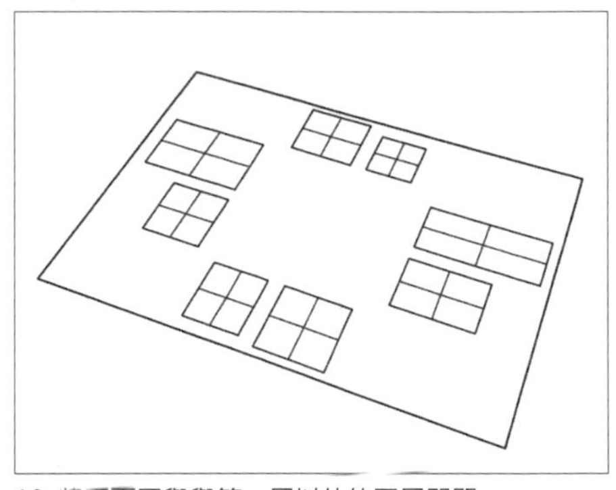

10. 將平面圖與與第一層以外的圖層關閉

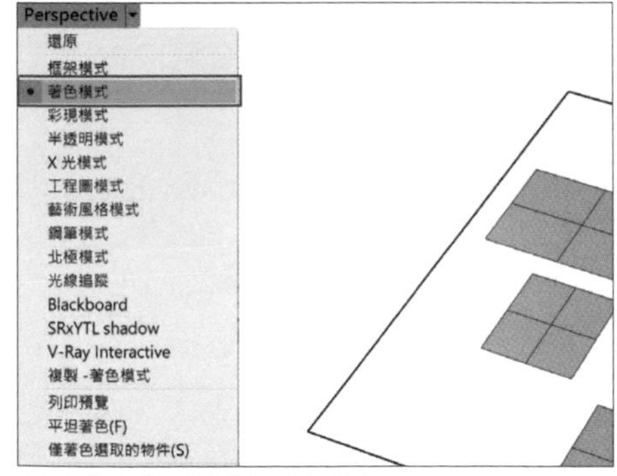

11. 由框架模式調整為著色模式

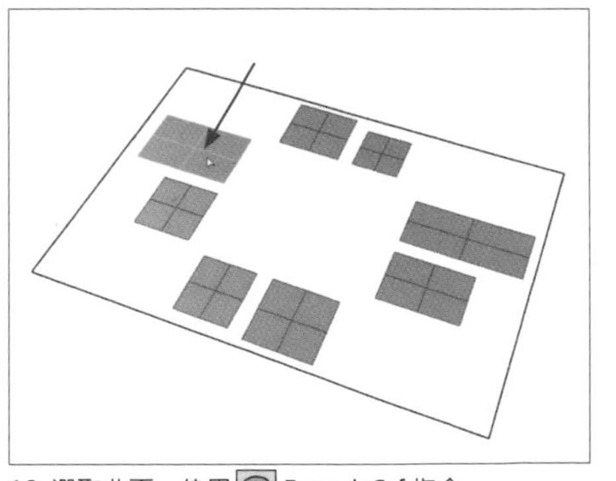

12. 選取曲面，使用 ExtrudeSrf 指令

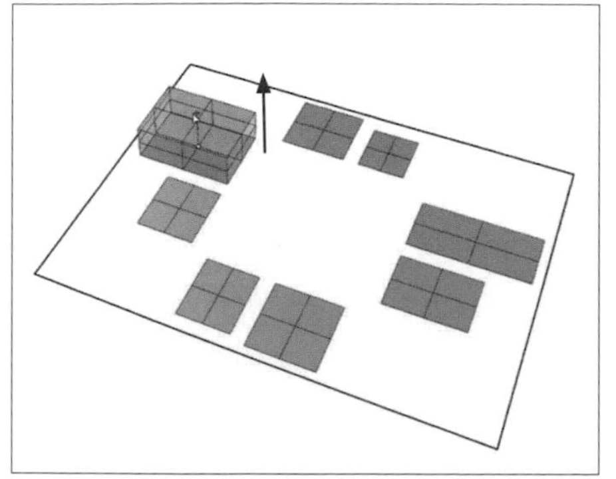

13. 輸入要擠出的距離，輸入完畢後按下 Enter

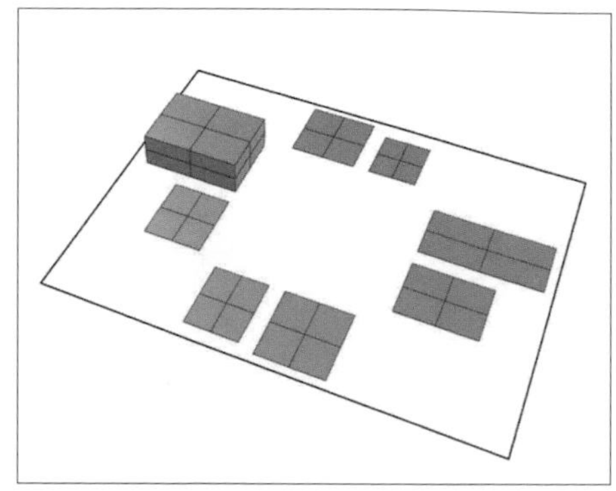

14. 曲面成為一個擠出物件

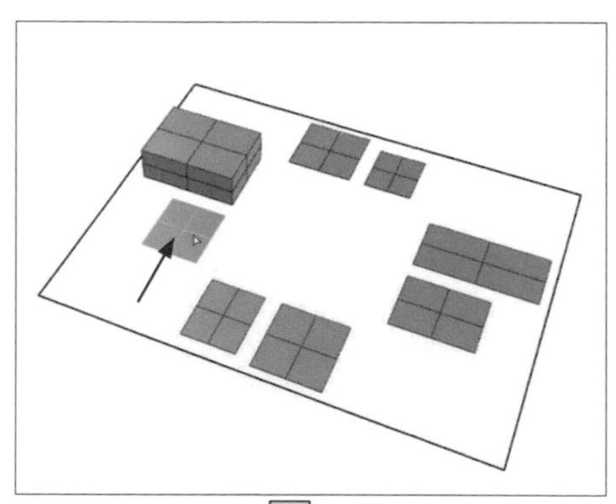

15. 再選取曲面，使用 ExtrudeSrf 指令

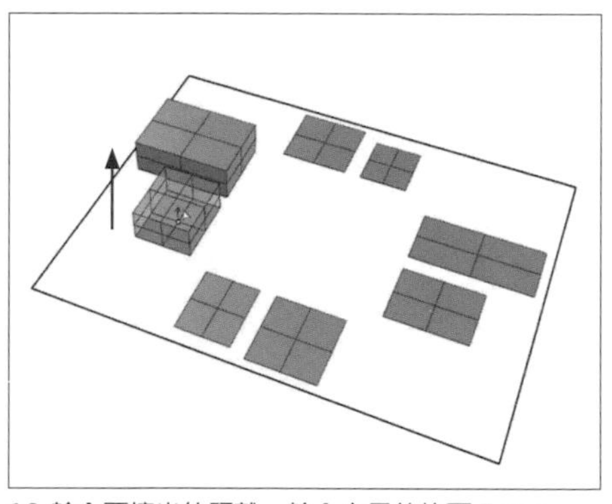

16. 輸入要擠出的距離，輸入完畢後按下 Enter

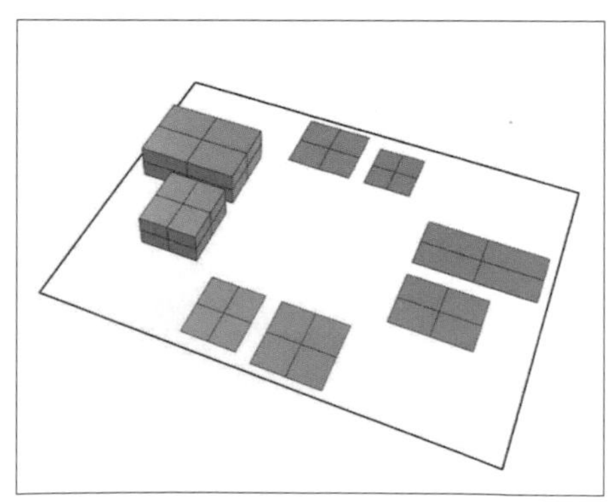

17. 曲面依序擠出成物件

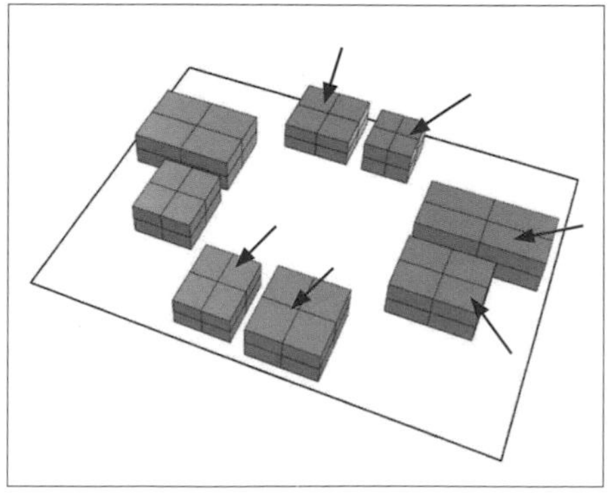

18. 將全部的曲面擠出完畢

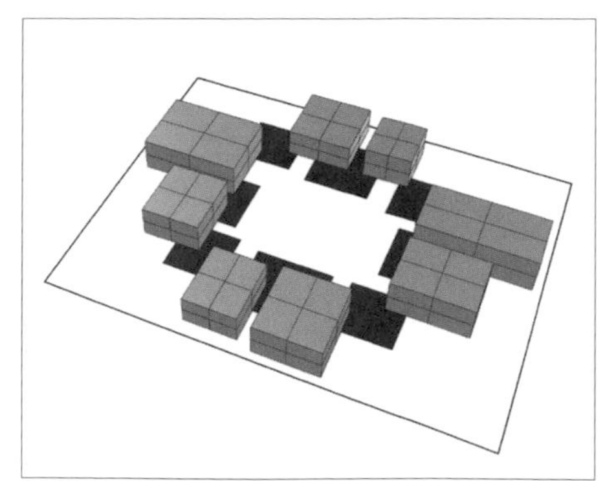

19. 開啟第二個圖層

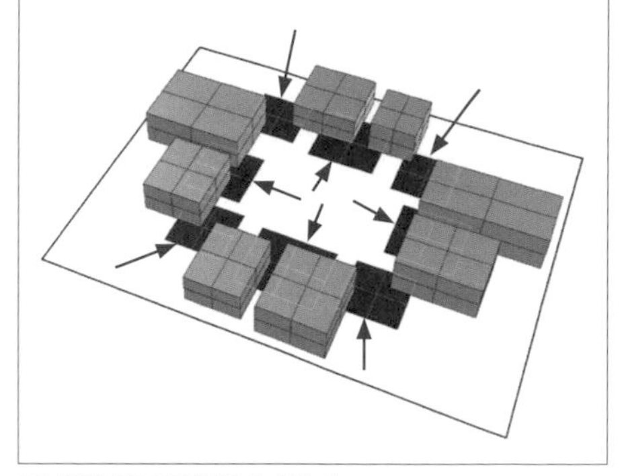

20. 選取第二圖層的全部物件

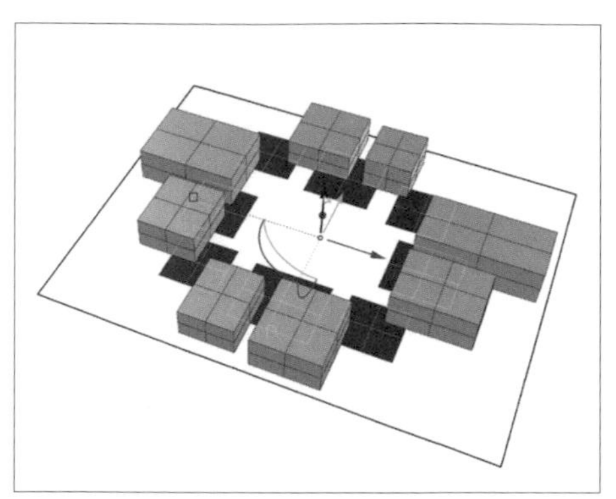

21. 開啟操作軸

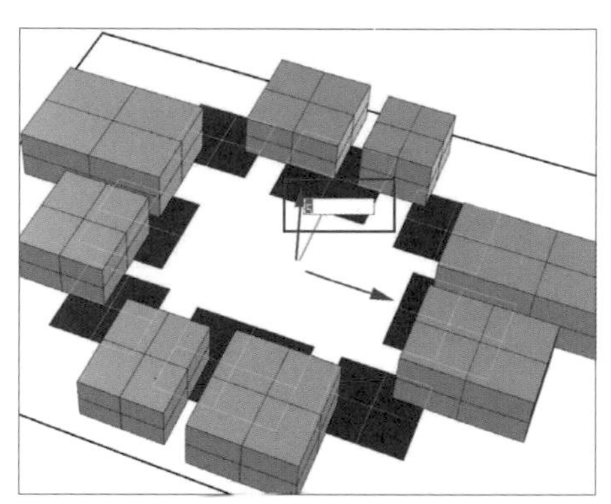

22. 在操作軸的 Z 軸箭頭上輸入要移動的距離

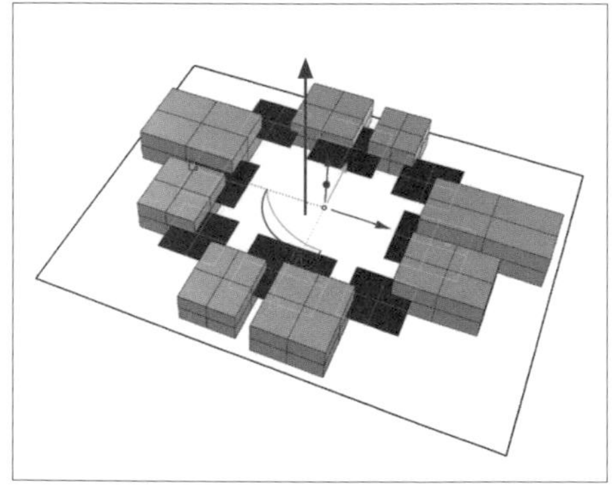

23. 曲面全部向 Z 軸的正方向移動

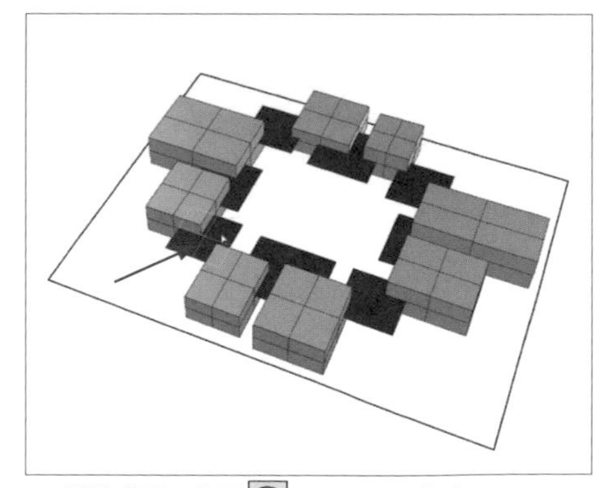

24. 選取曲面，使用 ExtrudeSrf 指令

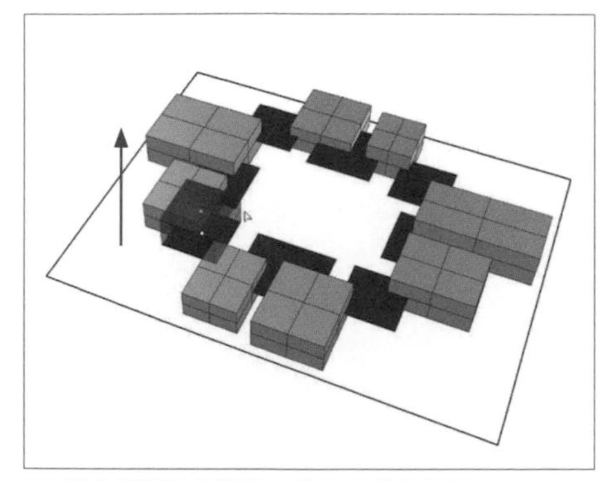

25. 輸入要擠出的距離，輸入完畢後按下 Enter

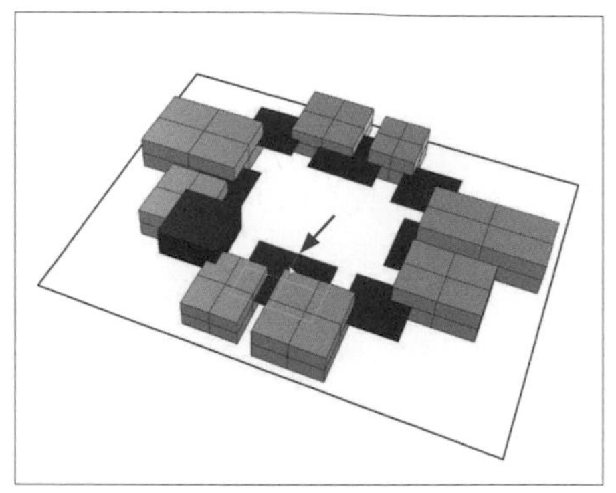

26. 曲面成為一個擠出物件

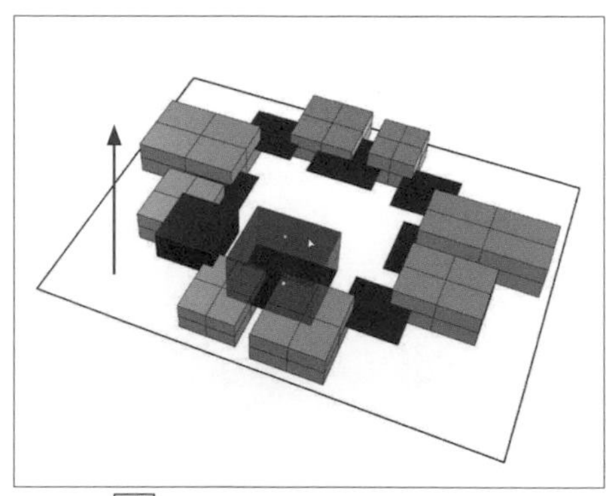

27. 使用 ExtrudeSrf 指令，選取曲面並輸入擠出距離

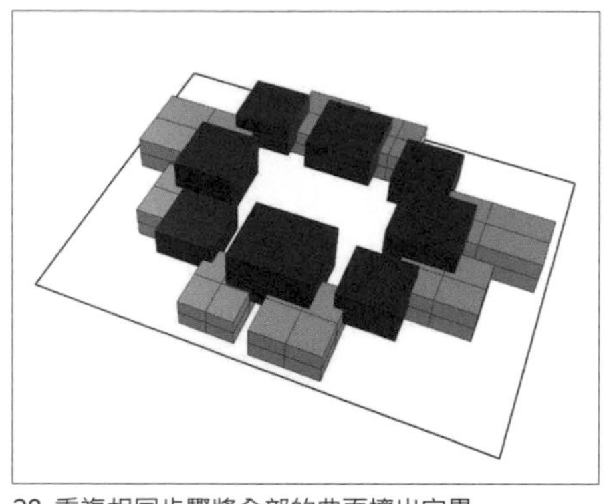

28. 重複相同步驟將全部的曲面擠出完畢

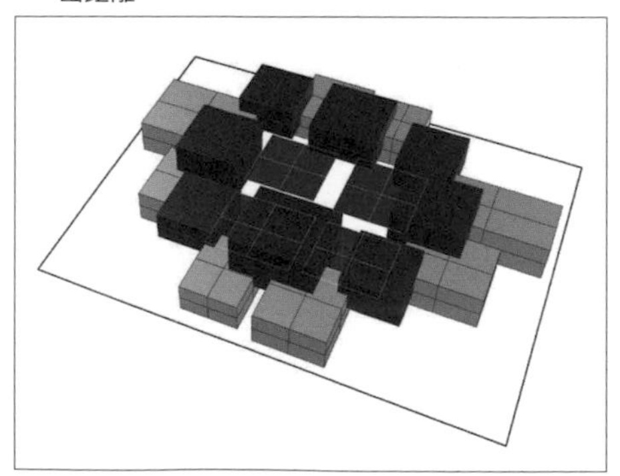

29. 開啟第三個圖層

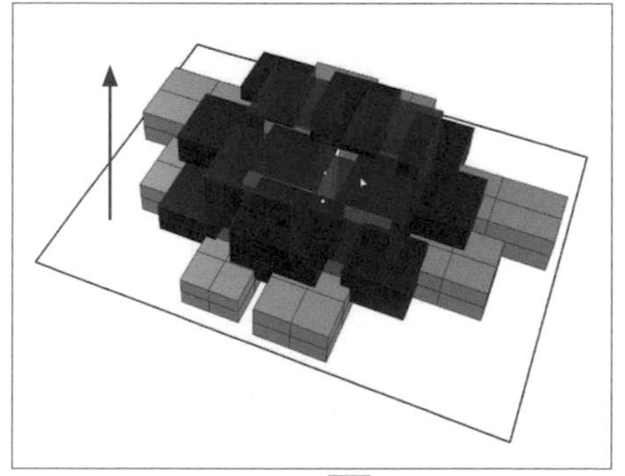

30. 選取全部的曲面並使用 ExtrudeSrf 指令

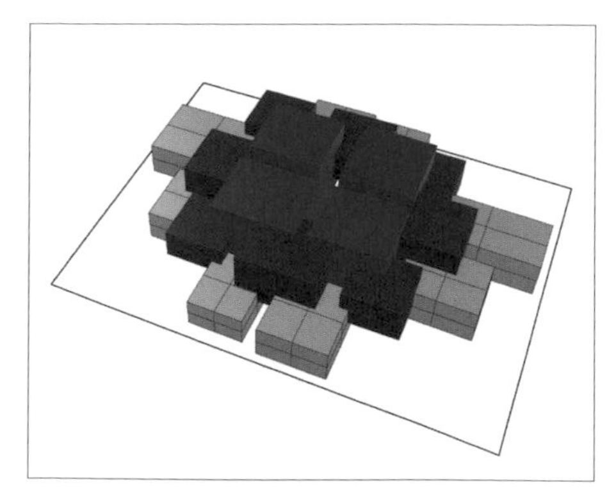

31. 輸入擠出距離後按下 Enter 成形

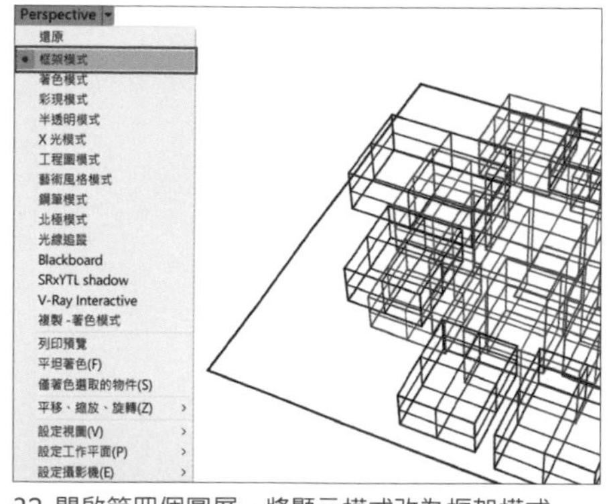

32. 開啟第四個圖層，將顯示模式改為框架模式

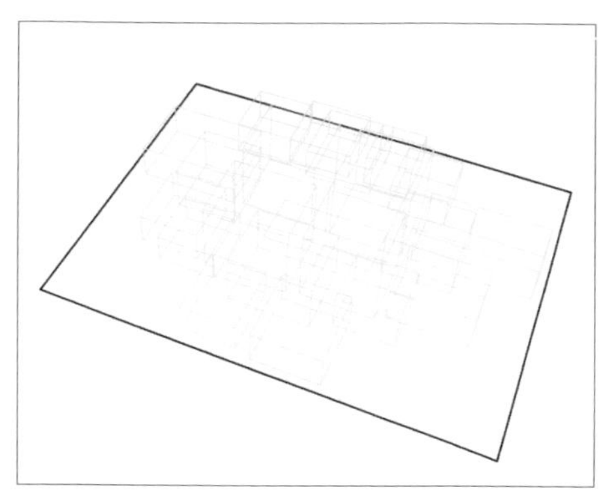

33. 全選全部的物件，將結構線密度關閉

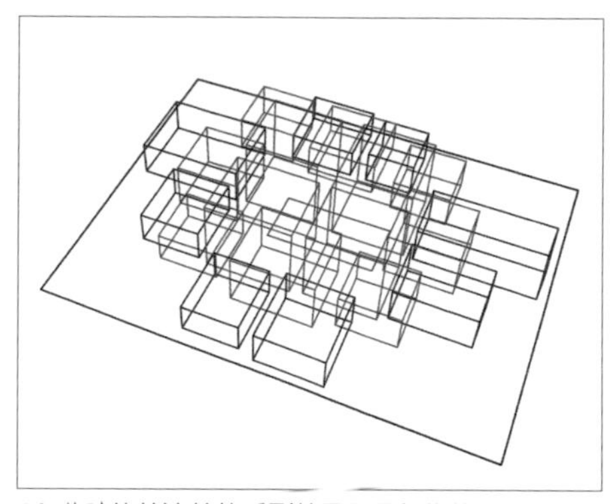

34. 此時能較清楚的看到第四圖層的物件

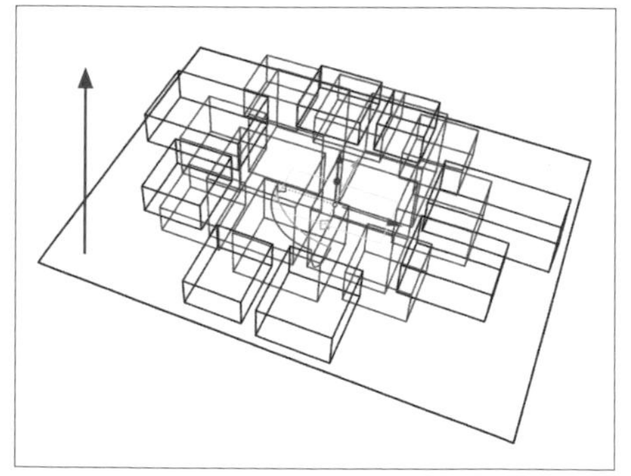

35. 選取第四圖層的物件後將其向 Z 軸上拉

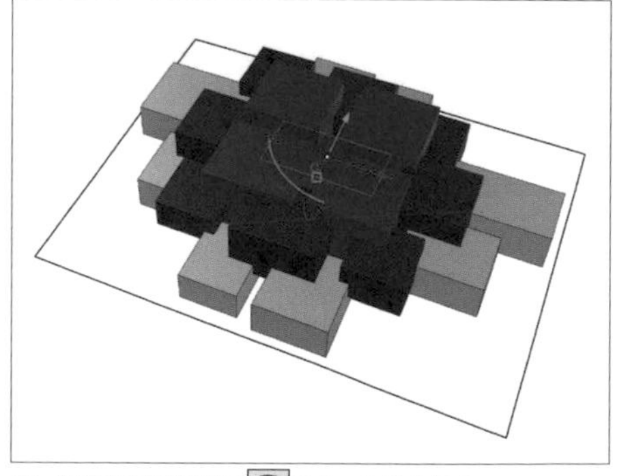

36. 選取曲面並使用 ExtrudeSrf 指令

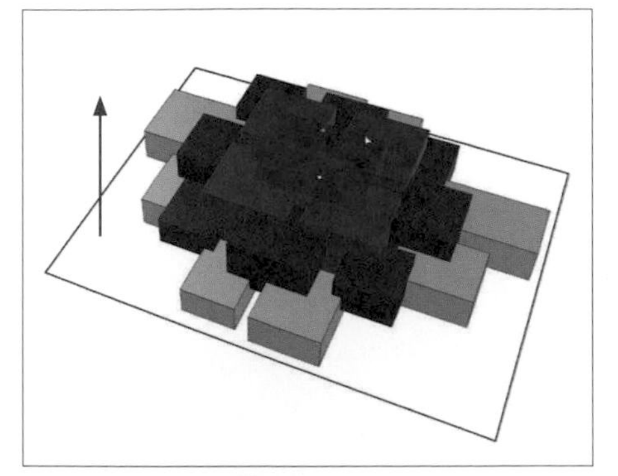
37. 輸入要擠出的距離，完畢後按下 Enter

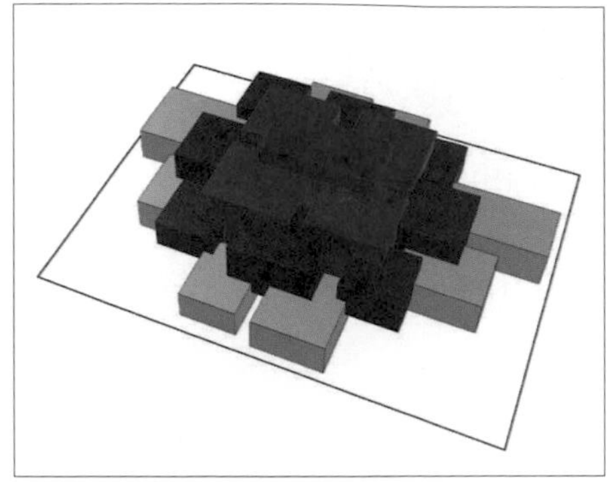
38. 曲面成為一個擠出物件

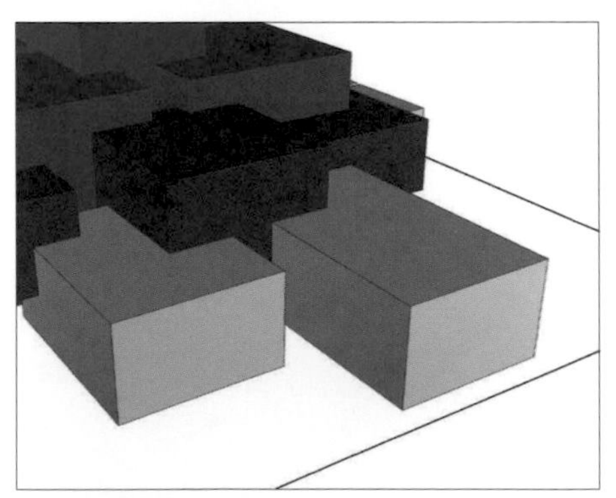
39. 將視角轉到右後方的物件

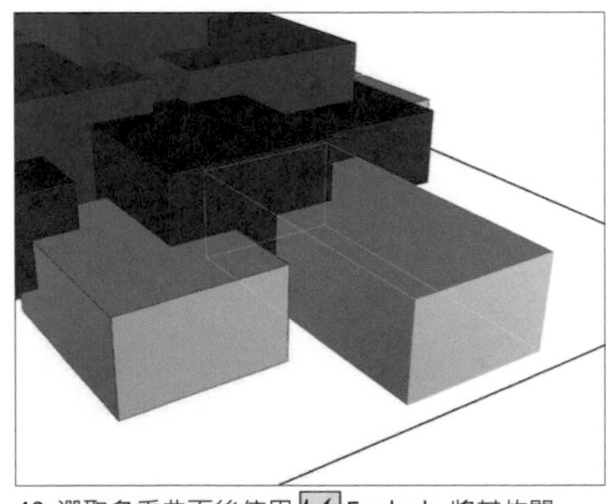
40. 選取多重曲面後使用 Explode 將其炸開

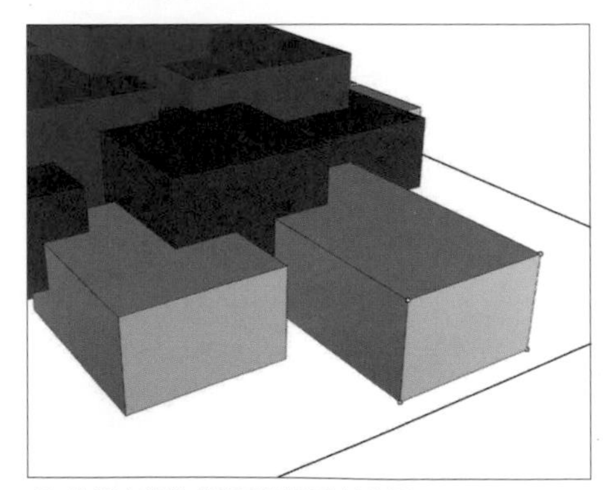
41. 炸開之後的曲面可以開啟控制點 (F10)

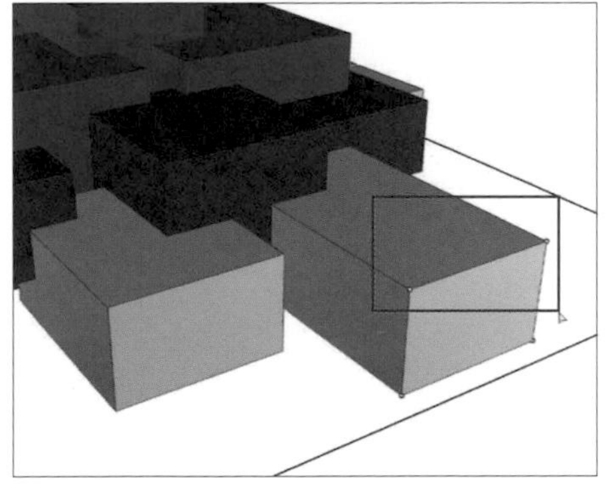
42. 選取上方的控制點

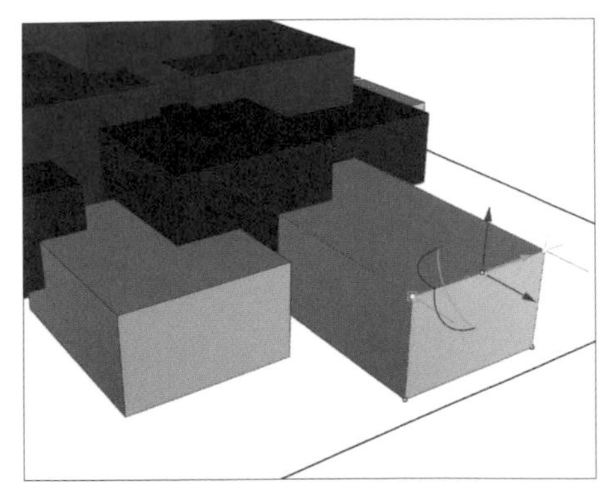

43. 選取完畢後開啟操作軸

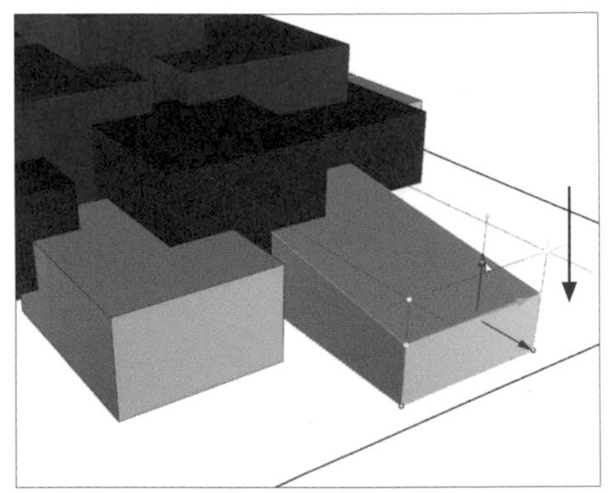

44. 將其往 Z 軸方向往下拖曳

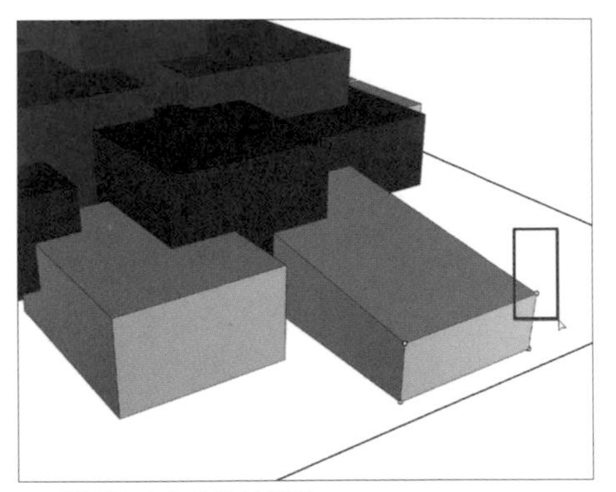

45. 再選取右上方的控制點

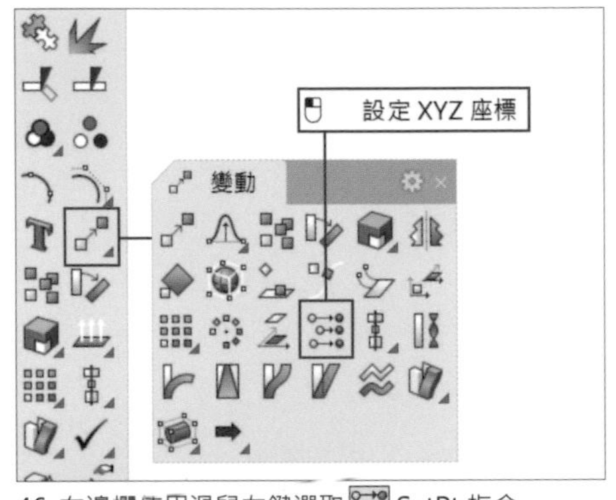

46. 在邊欄使用滑鼠左鍵選取 SetPt 指令

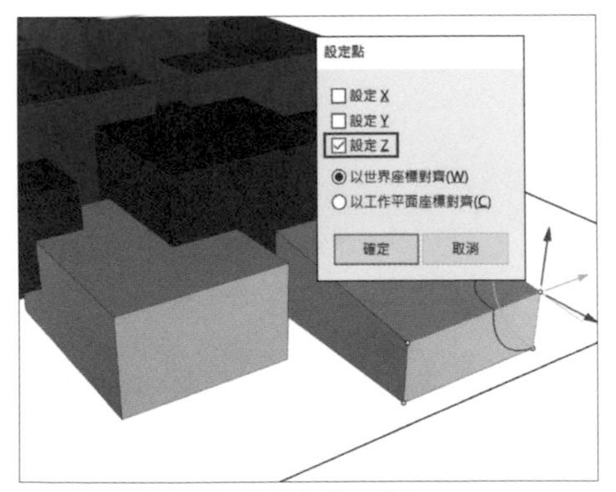

47. 出現設定點選項後只勾選「設定 Z」

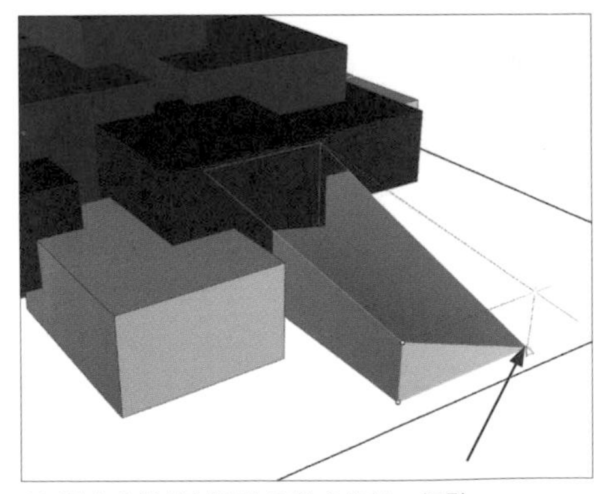

48. 確定之後控制點的 Z 軸會趨於一個點

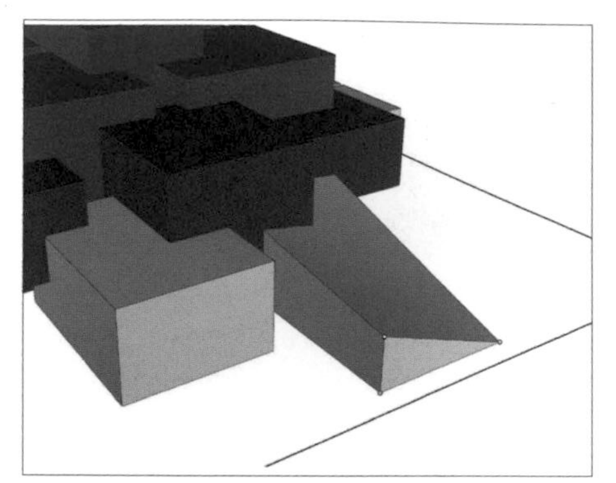

49. 成形後的多重曲面

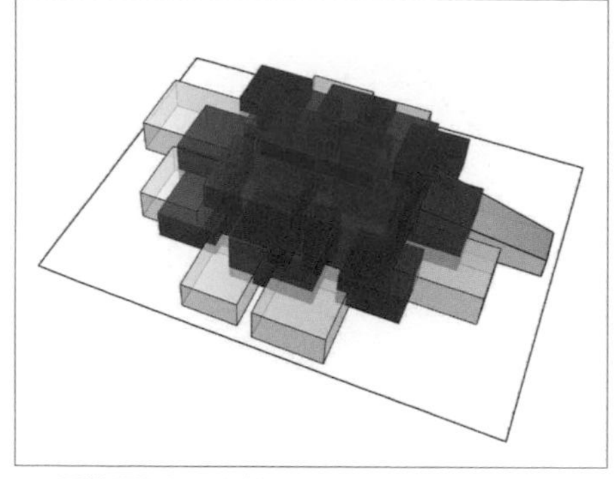

50. 同樣選取左後方的物件

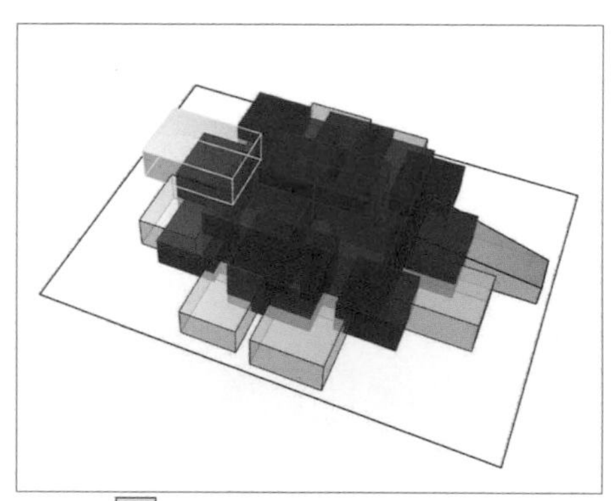

51. 使用 Explode 指令將其炸開

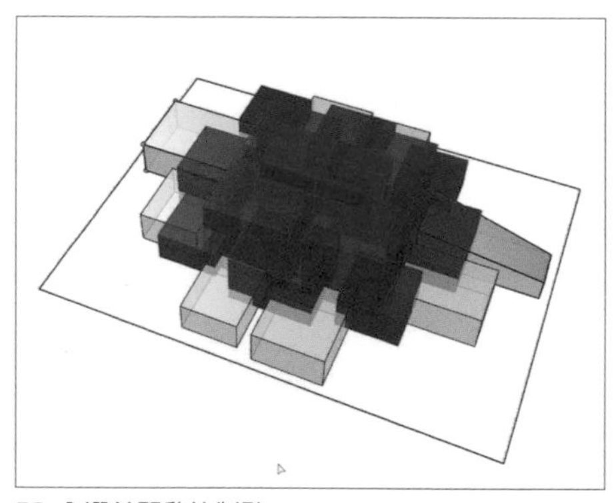

52. 全選並開啓控制點

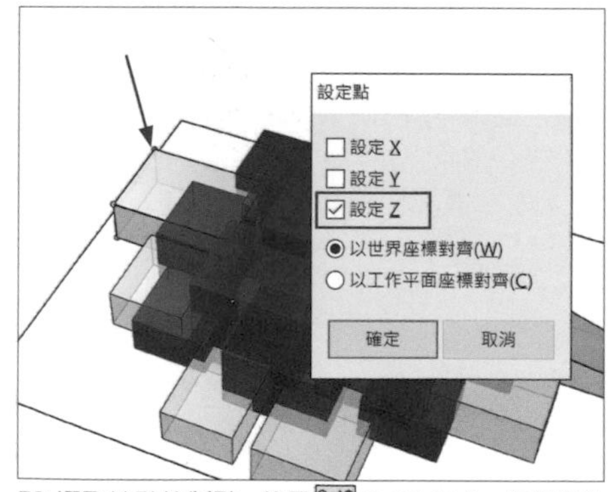

53. 選取端點控制點，使用 SetPt 指令，勾選「設定 Z」

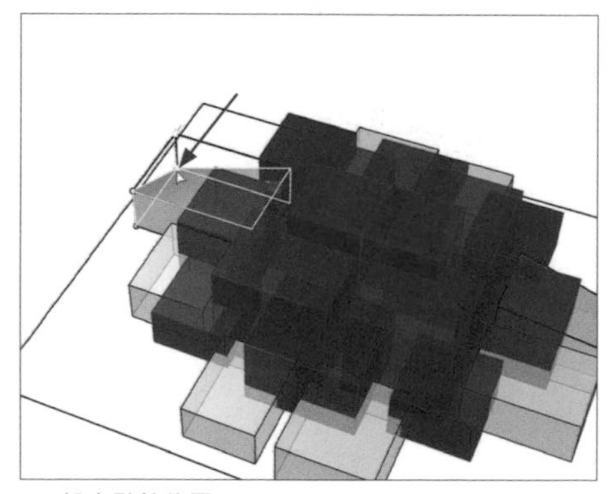

54. 設定點的位置

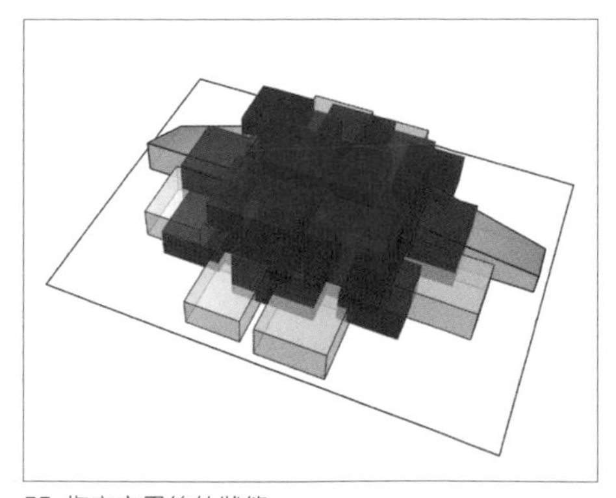

55. 指定完畢後的狀態

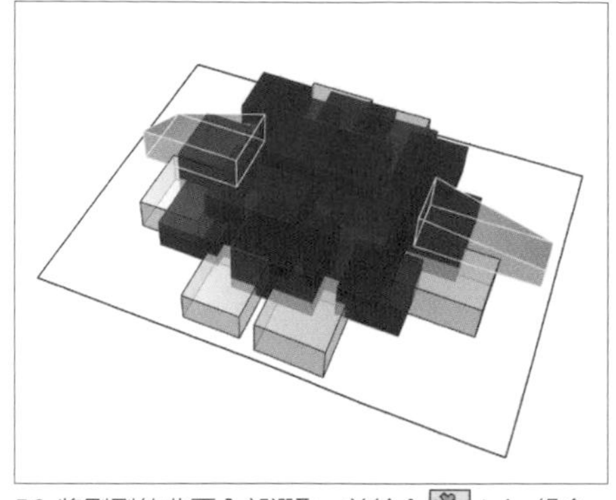

56. 將剛剛的曲面全部選取，並輸入 Join 組合

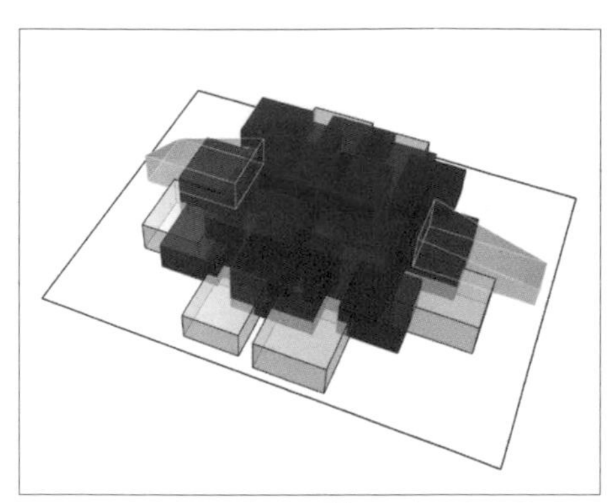

57. 按下 Enter 之後物件從幾個曲面變成多重曲面

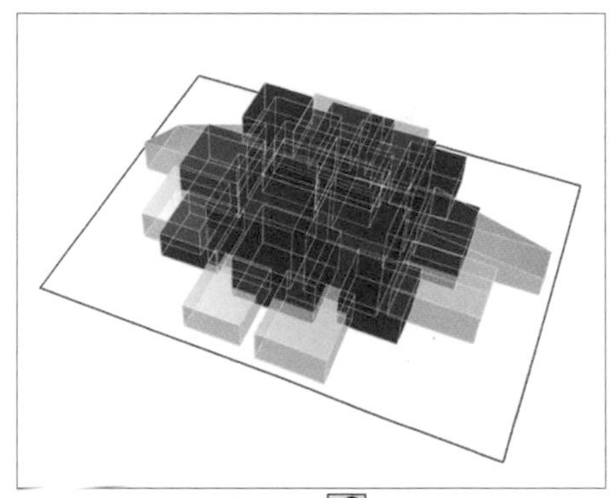

58. 選取全部的物件後使用 BooleanUnion 指令

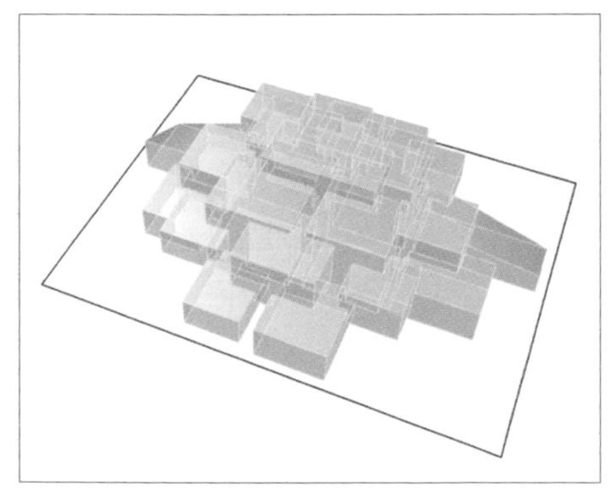

59. 按下 Enter 之後結束指令

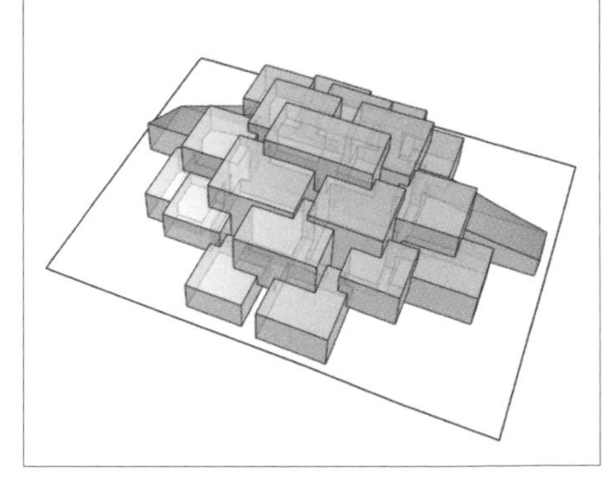

60. 幾個多重曲面現在變成一個實體多重曲面

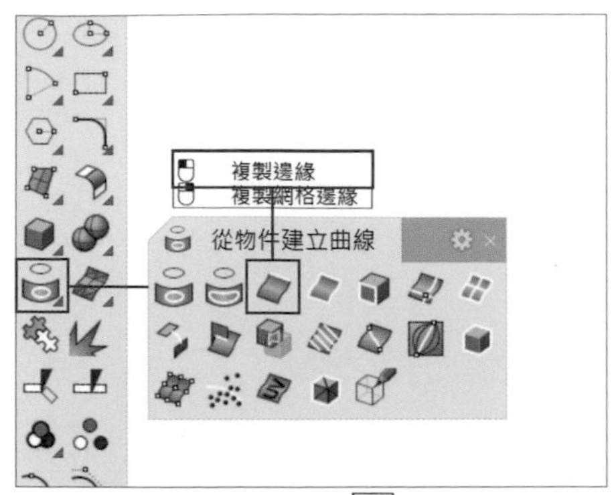

61. 在邊欄使用滑鼠左鍵點選 DupEdge 指令

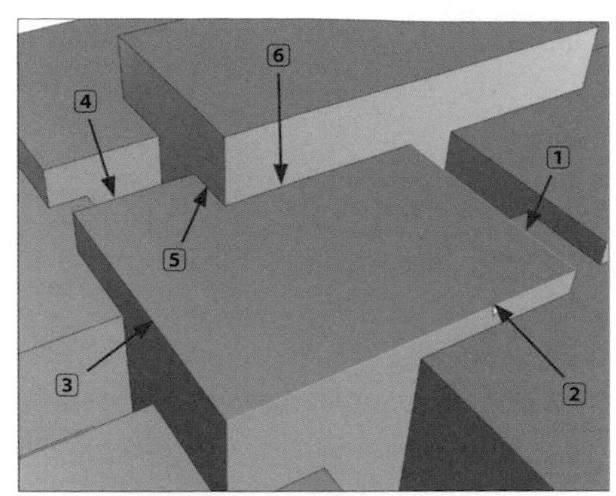

62. 選取要複製的邊緣 1 - 6

63. 全部選取完畢後按 Enter，曲面的邊緣被複製

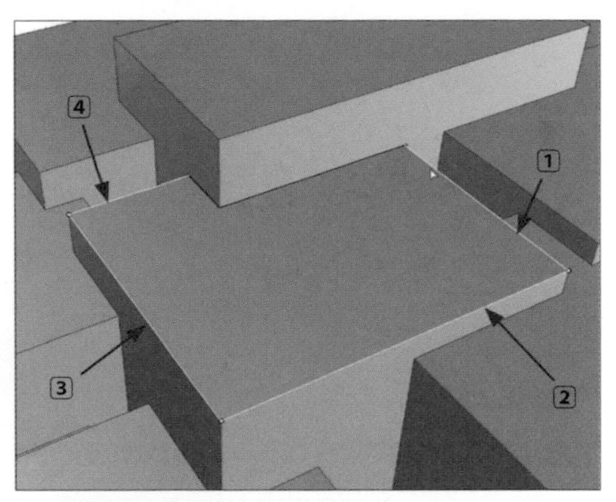

64. 選取除了靠牆壁以外的邊緣 1 - 4

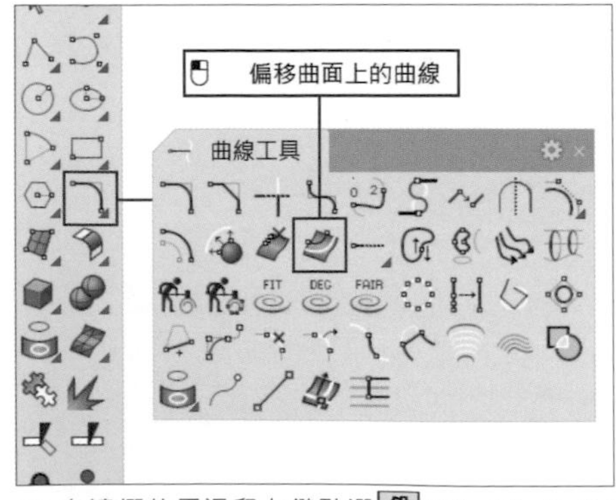

65. 在邊欄使用滑鼠左鍵點選 OffsetCrvOnSrf 指令

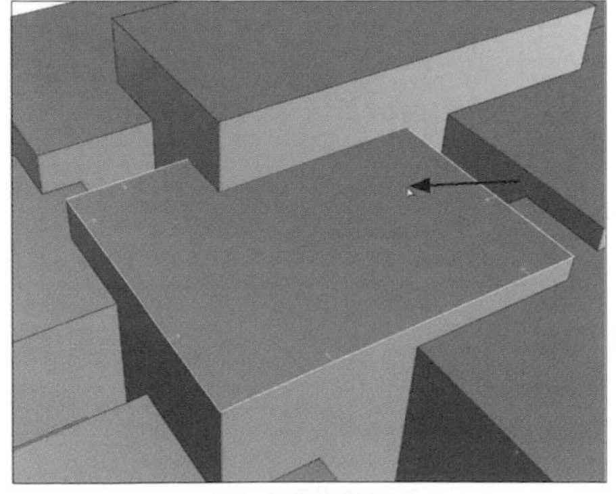

66. 按下 Enter，選取中間的曲面

67. 輸入偏移的距離後按下 Enter

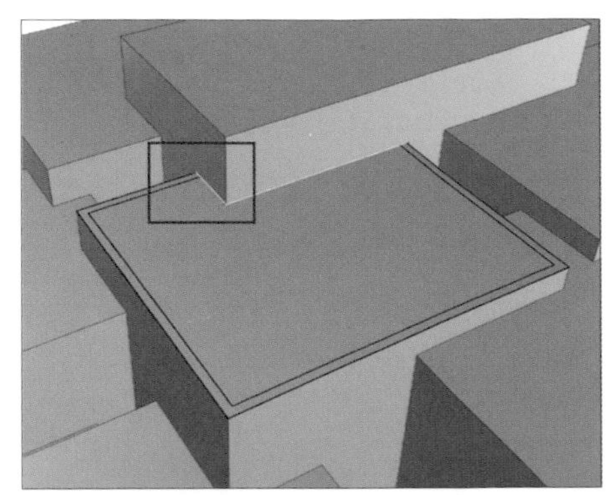

68. 將視角放大至靠近牆的曲線

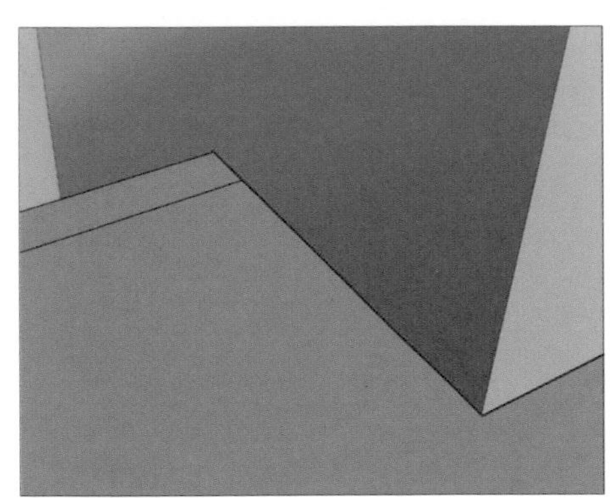

69. 使用 Trim 指令，按下 Enter

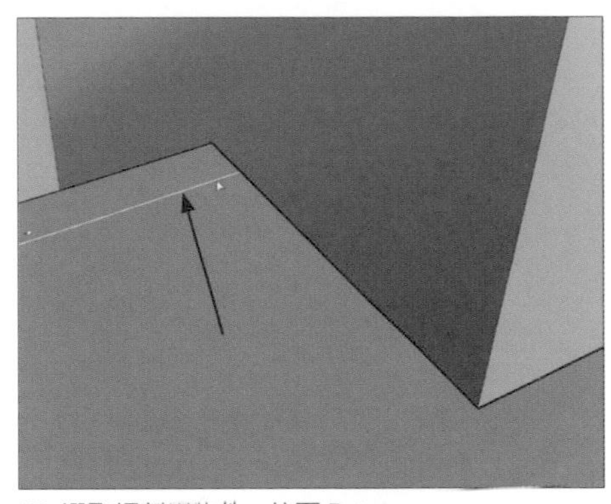

70. 選取切割用物件，按下 Enter

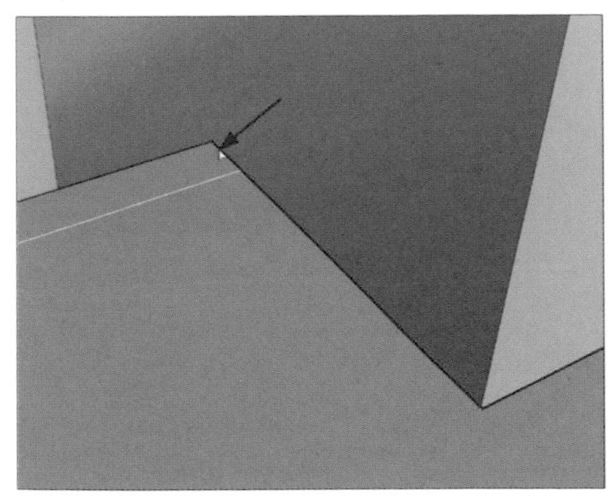

71. 再選取要修剪的部分

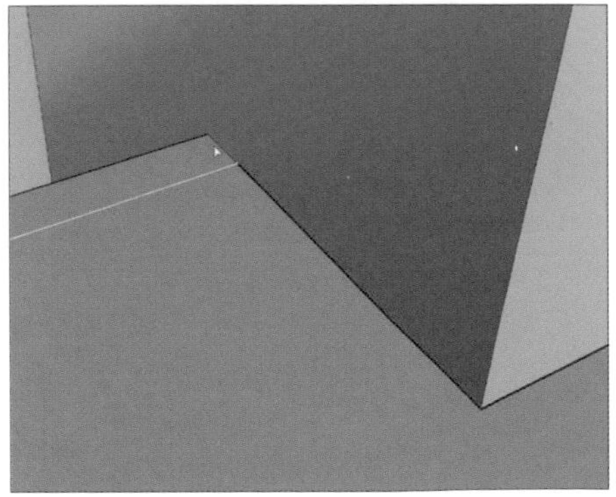

72. 線段被修剪完畢

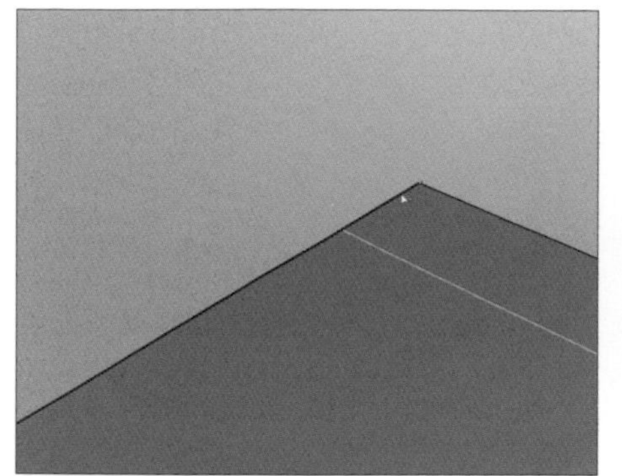

73. 到另一邊修剪曲線

74. 曲線修剪完畢，按下 Enter 結束指令

75. 選取內部的曲線，指令 Join 指令將其組合

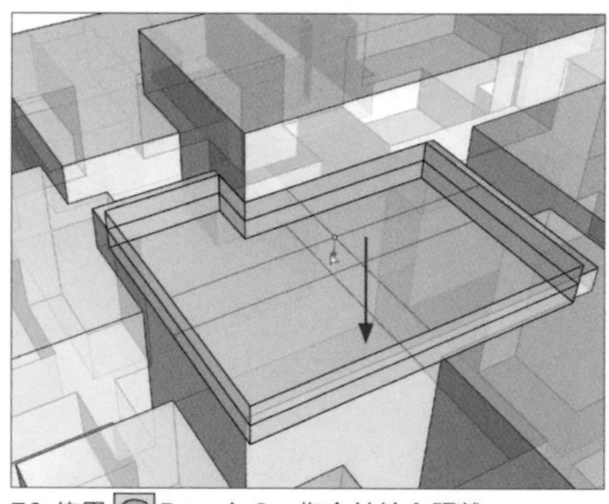

76. 使用 ExtrudeCrv 指令並輸入距離

77. 設定為「實體 = 是」，按下 Enter 便成形

78. 使用 BooleanDifference 指令

79. 選取要被減去的多重曲面（整體）

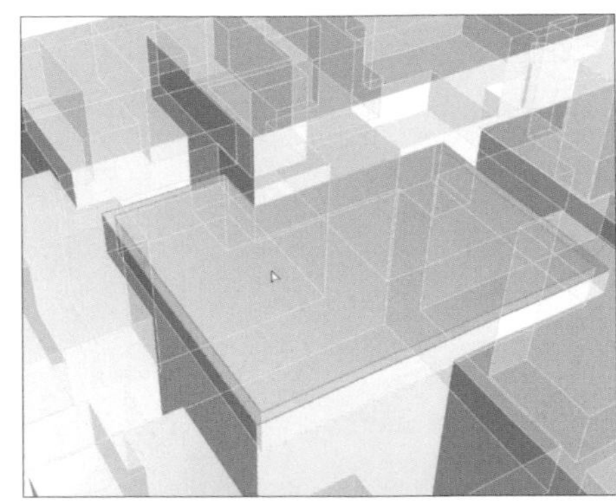

80. 再選取要減去的其它物件（擠出物件）

81. 點選完畢之後，多重曲面被減去

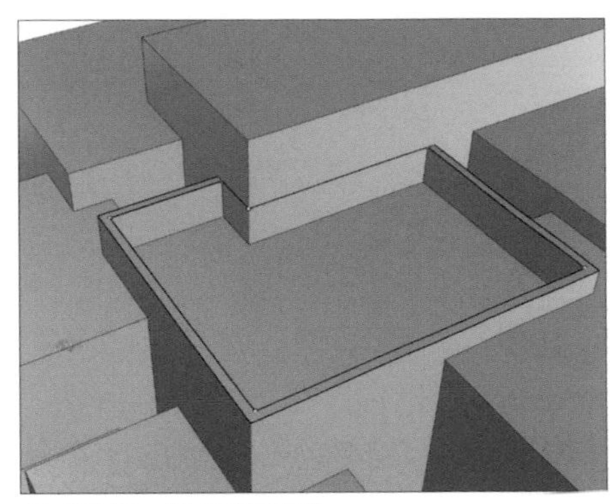

82. 產生了一個下凹的空間

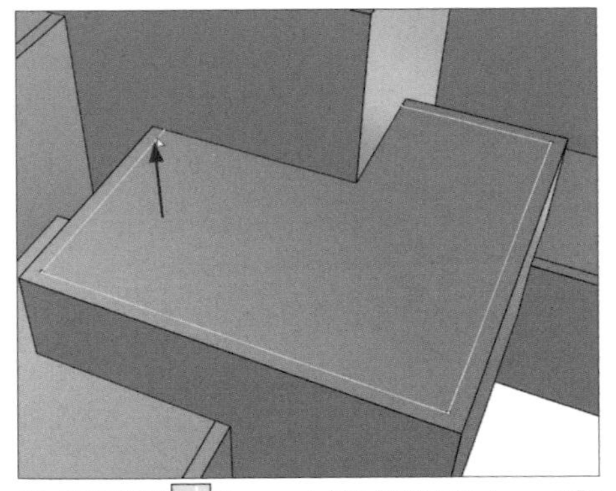

83. 亦能使用 Connect 指令後按下 Enter，選取第一條曲線

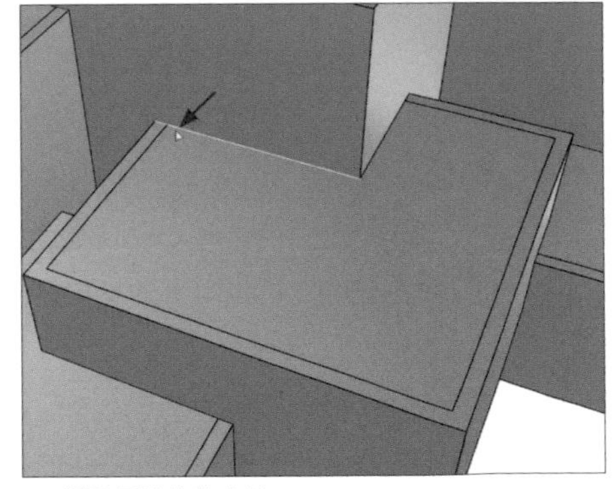

84. 選取要連接的曲線

85. 選取完畢之後第二條曲線會縮短

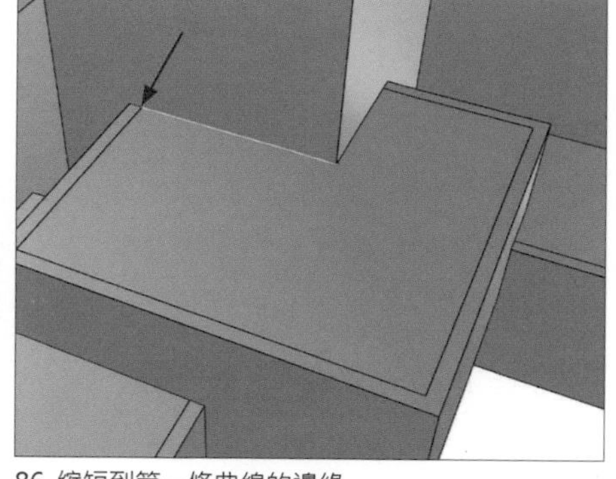

86. 縮短到第一條曲線的邊緣

87. 此時選取全部的曲線並重複 75-82 的動作

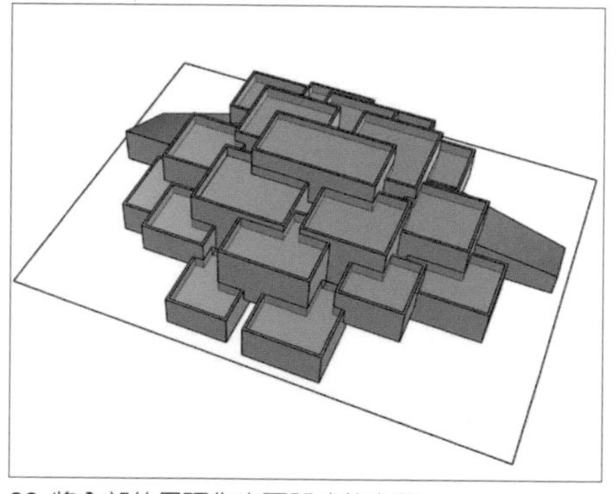

88. 將全部的屋頂作出下凹式的空間

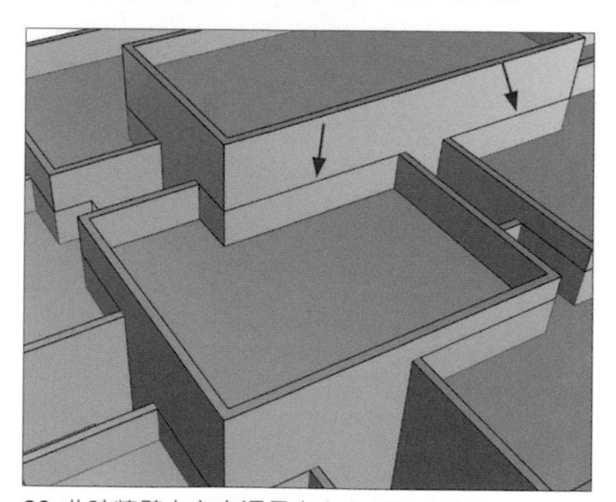

89. 此時牆壁上方有還是存在有切開的線段

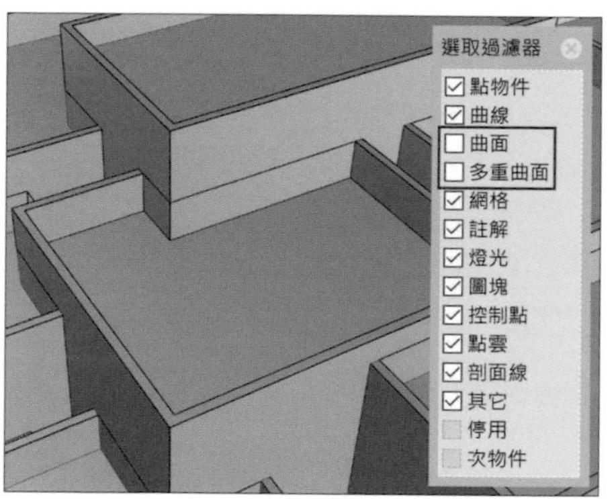

90. 開啟過濾器，將曲面和多重曲面取消選取，全選後將多餘的曲線刪除

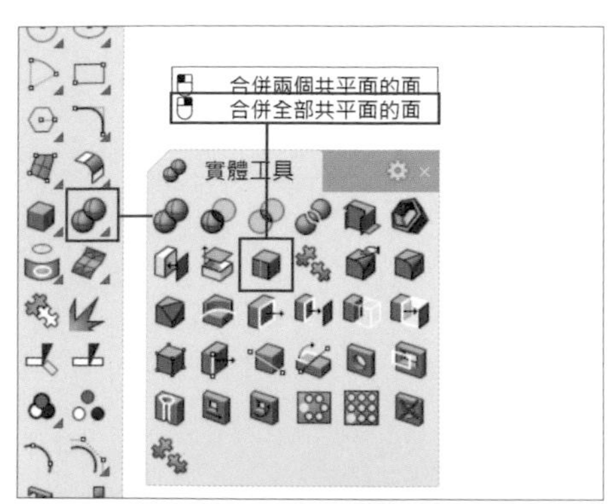

91. 在邊欄使用滑鼠右鍵點選 MergeAllFaces

92. 全選全部的物件

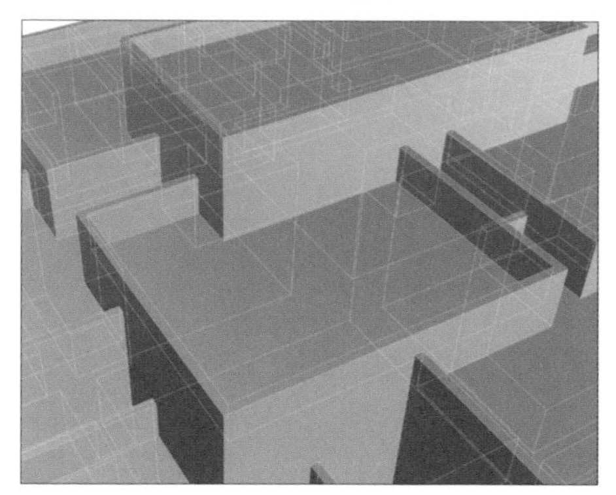

93. 按下 Enter 之後，全部的面都會結合在一起

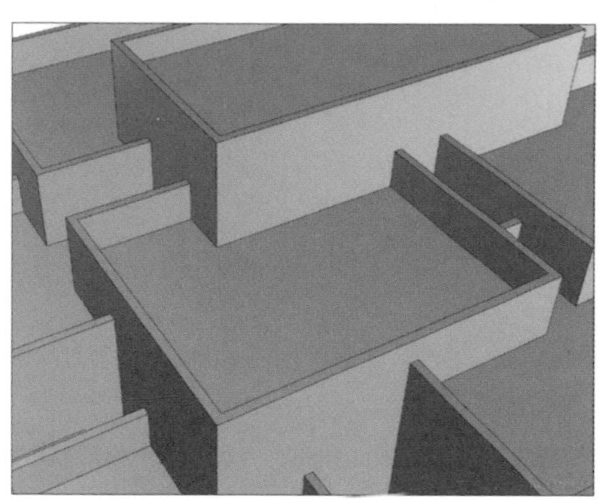

94. 牆壁也都成了同一個面

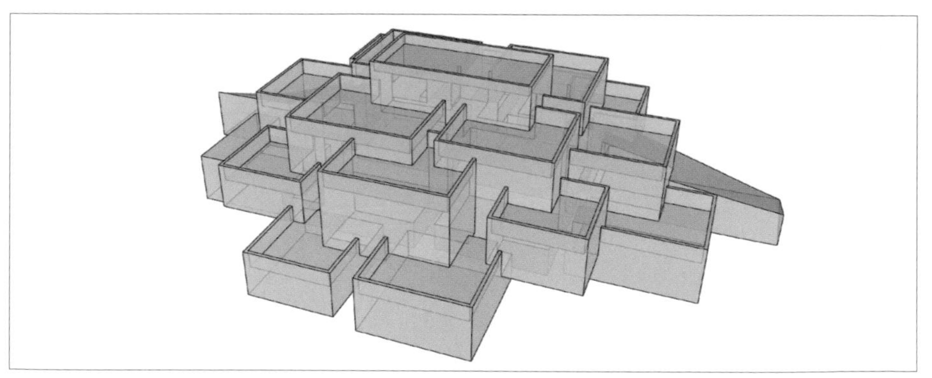

· LEGO House

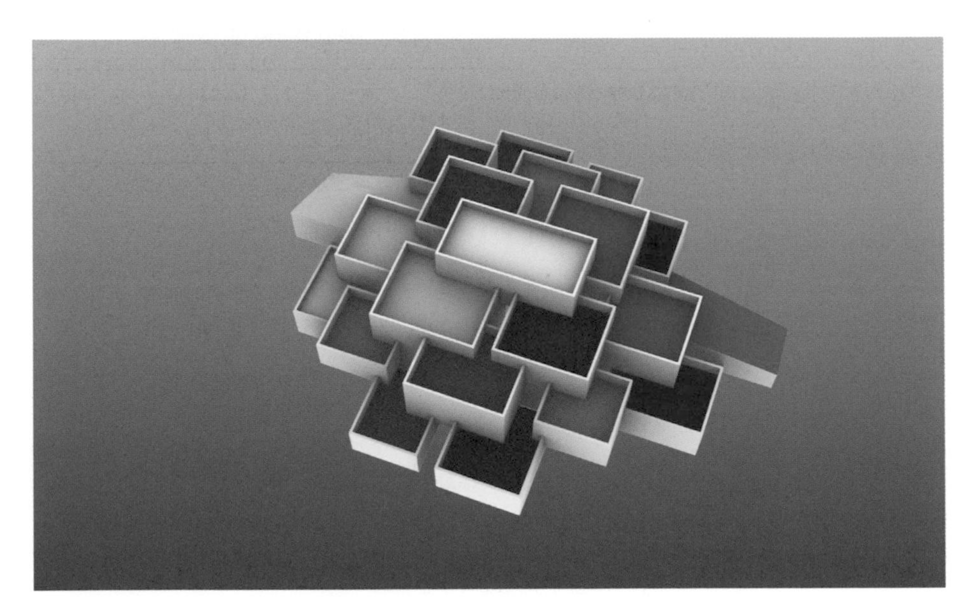

· LEGO House - Aerial View

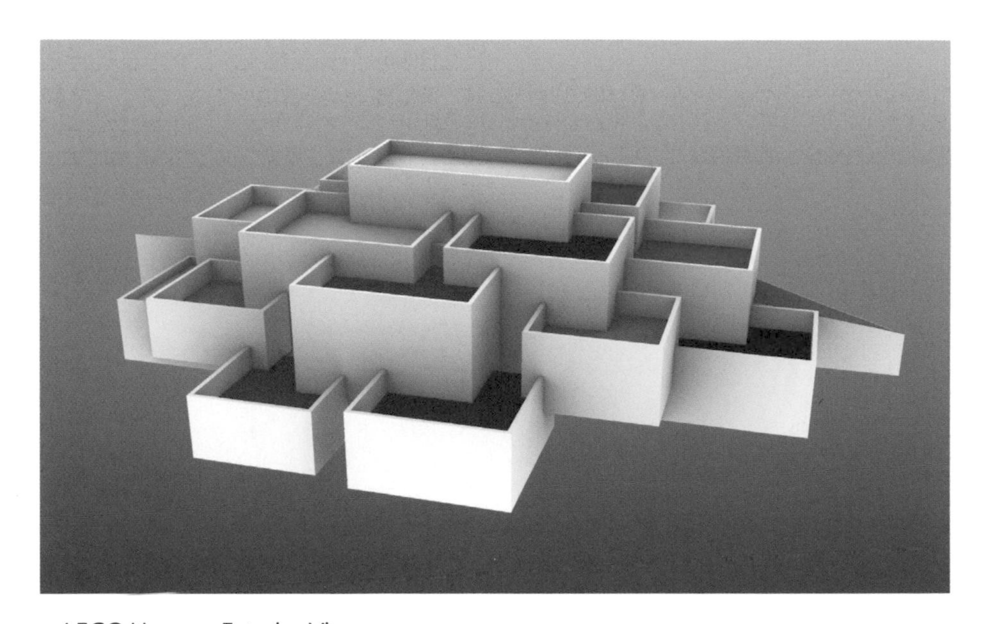

· LEGO House - Exterior View

5.2 變動

5.2.1 矩形陣列

矩形陣列 (Array) 可以將物件的複本以 X、Y、Z 的方式排列。先選擇要陣列的物件，按下 Enter，輸入 X、Y、Z 方向的複本數，按 Enter。指定一個矩形的兩個對角定義單位方塊的距離 (X 與 Y 方向的間隔)。如果有 Z 方向的間距，設定好之後按下 Enter 接受，或是可以直接變更陣列選項。

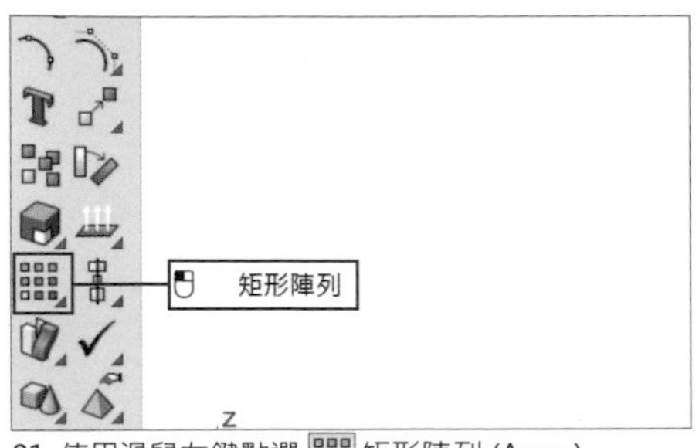

01. 使用滑鼠左鍵點選 矩形陣列 (Array)

02. 選取要陣列的物件，輸入 X 跟 Y 方向的複本數為 5，Z 方向複本數為 1，設定 X 方向與 Y 方向的間距為 3

按 Enter 接受 (X 數目 (X)=5 X 間距 (S)=3 Y 數目 (Y)=5 Y 間距 (P)=3): X 間距

X 方向的間距或第一個參考點 <3.00>: 10

按 Enter 接受 (X 數目 (X)=5 X 間距 (S)=10 Y 數目 (Y)=5 Y 間距 (P)=3): Y 間距

Y 方向的間距或第一個參考點 <3.00>: 10

按 Enter 接受 (X 數目 (X)=5 X 間距 (S)=10 Y 數目 (Y)=5 Y 間距 (P)=10)

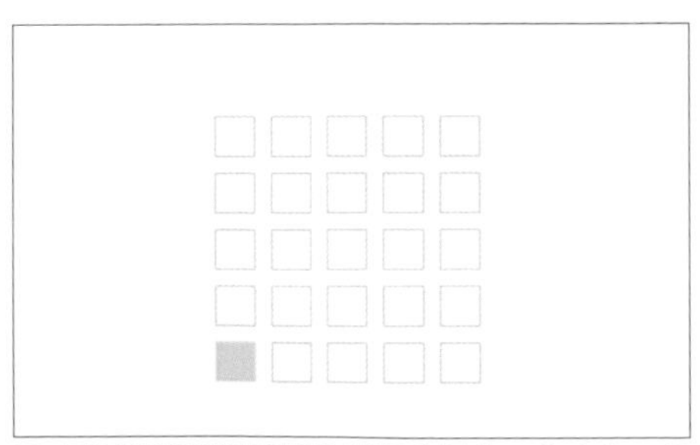

03. 可以於選項裡面再做間距的調整，此時將 X 與 Y 的間距都改為 10

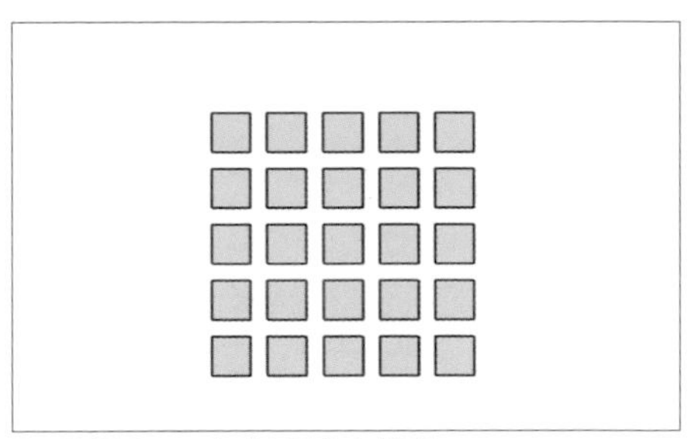

04. 按下 Enter 完成 XY 方向陣列

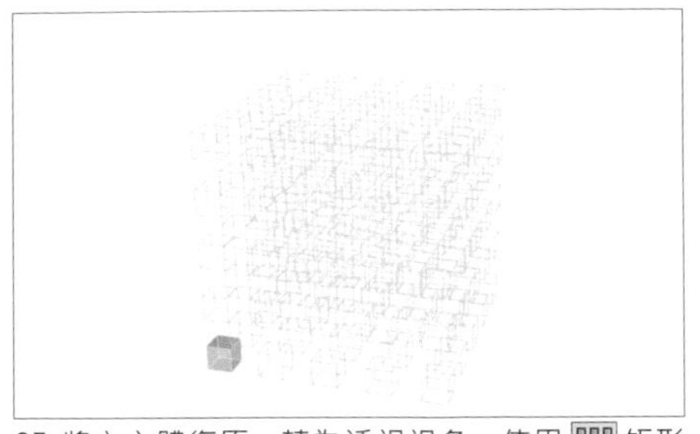

05. 將立方體復原，轉為透視視角。使用 矩形陣列 (Array) 指令，同樣設定好 X、Y、Z 方向的複本數與間距

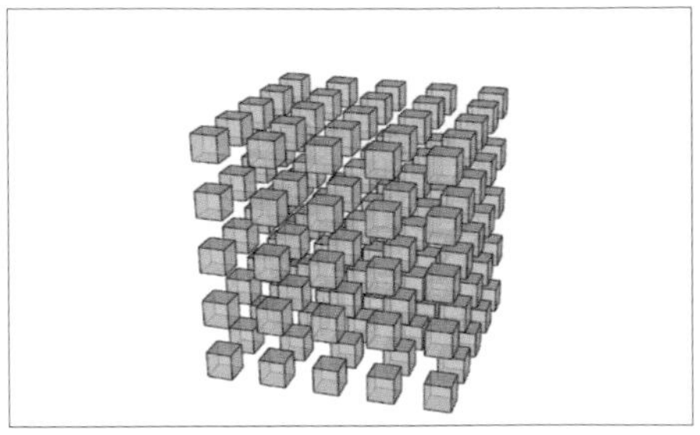

06. 按下 Enter 完成 X、Y、Z 方向陣列

底面的另一角或長度 (預覽 (P)= 是 X 數目 (X)=5 Y 數目 (Y)=5 Z 數目 (Z)=5)

高度，按 Enter 套用寬度 (預覽 (P)= 是 X 數目 (X)=5 Y 數目 (Y)=5 Z 數目 (Z)=5)

按 Enter 接受 (X 數目 (X)=5 X 間距 (S)=23 Y 數目 (Y)=5 Y 間距 (P)=43 Z 數目 (Z)=5 Z 間距 (A)=29)

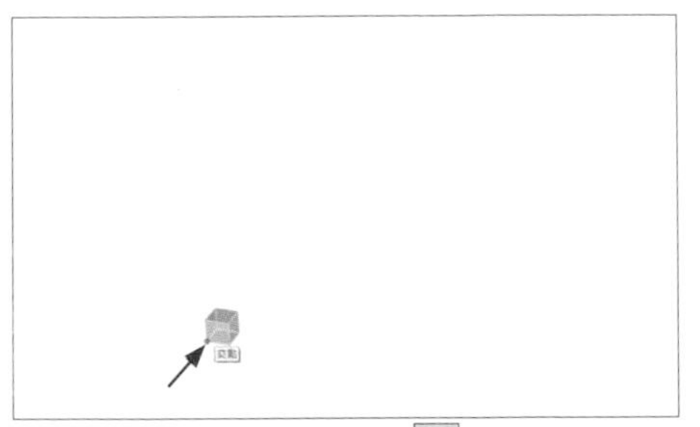

07. 也可以手動選擇間距，使用 矩形陣列 (Array) 指令，點選第一個參考點

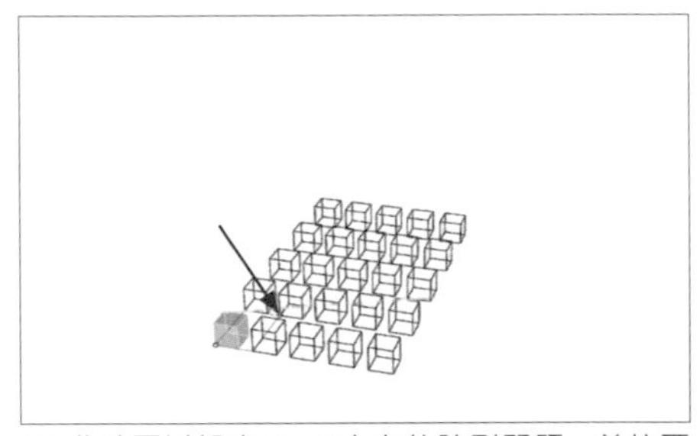

08. 此時可以設定 X、Y 方向的陣列間距，並按下 Enter

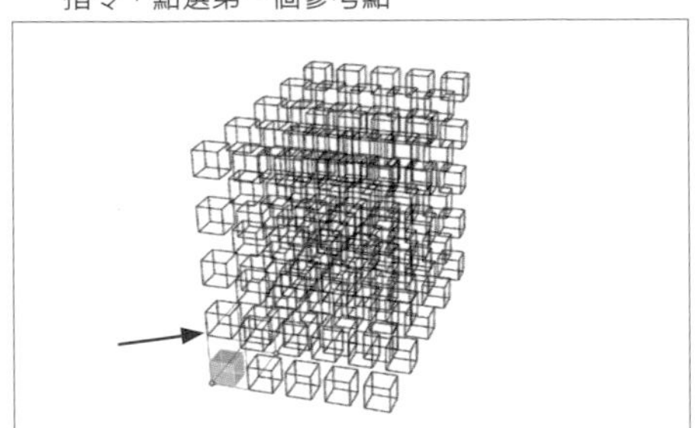

09. 接著設定 Z 方向的間距

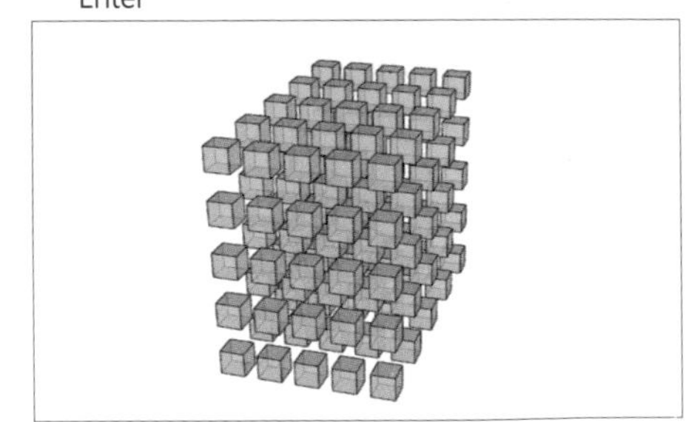

10. 按下 Enter 完成 X、Y、Z 方向陣列

5.2.2 環形陣列

陣列 > 環形陣列 (ArrayPolar) 指令可以繞著指定的中心點擺放物件複本。先選取物件，再選取環形陣列中心點並輸入陣列物件的數目，指定角度後便成形。

環形陣列中心點 (軸 (A))

陣列數 <3>: 7

❶ 旋轉角度總合或第一參考點 <360> (預覽 (P)= 是 步進角 (S) ❷ 旋轉 (R)= 是 Z 偏移 (Z)=0)

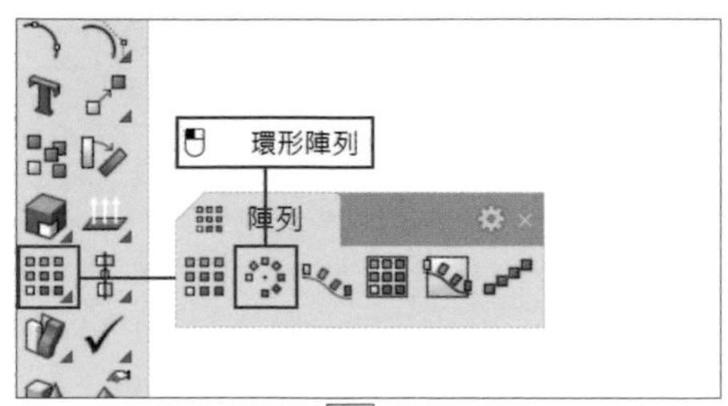

01. 使用滑鼠左鍵點選 環形陣列 (ArrayPolar)

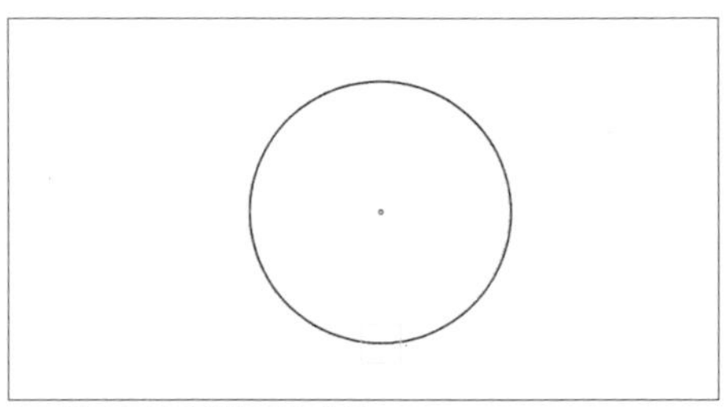

02. 選取要環形陣列的物件

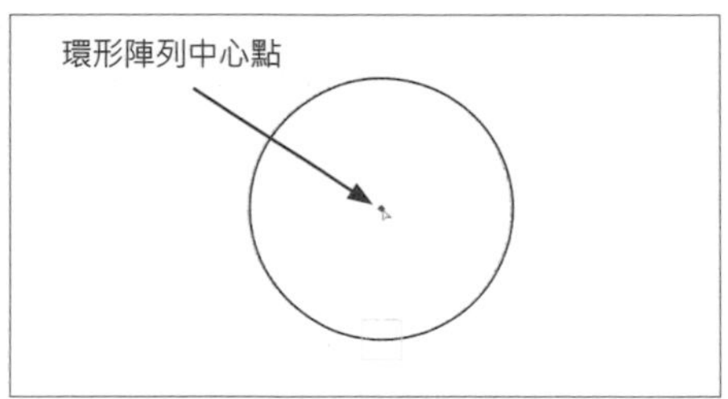

03. 選取環形陣列中心點，輸入陣列數 =7，❶ 總和角度 =360

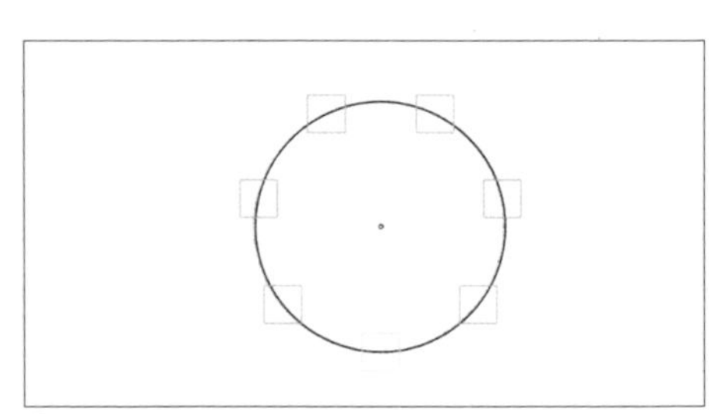

❷ 此為「旋轉 = 否」的預覽

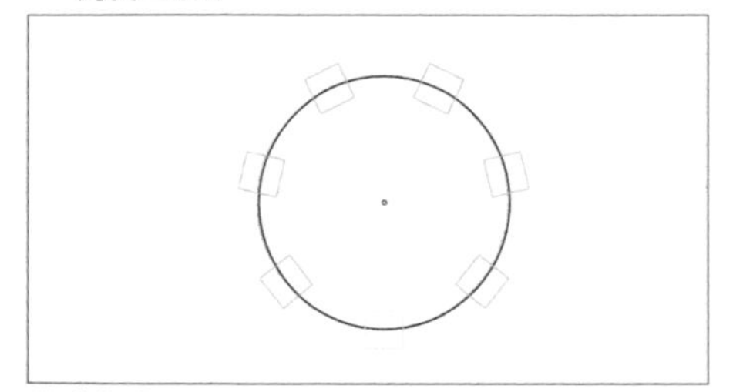

❷ 此為「旋轉 = 是」的預覽

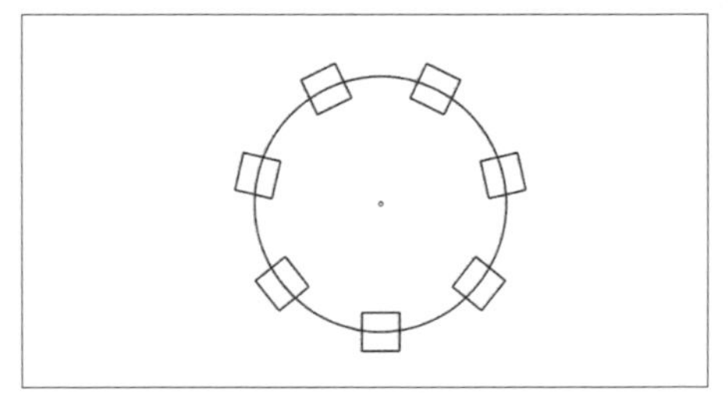

· 按下 Enter 後即可完成

軸：設定環形陣列軸的方向

總和角度：輸入物件之間的角度

旋轉：建立環形陣列時是否旋轉物件

Z 偏移：以設定的距離提高陣列物件的高度

按 Enter 接受設定。總合角度 = 216.87

(陣列數 (I)=7 總合角度 (F) 旋轉 (R)= 是 Z ❸ 偏移 (Z)=5)

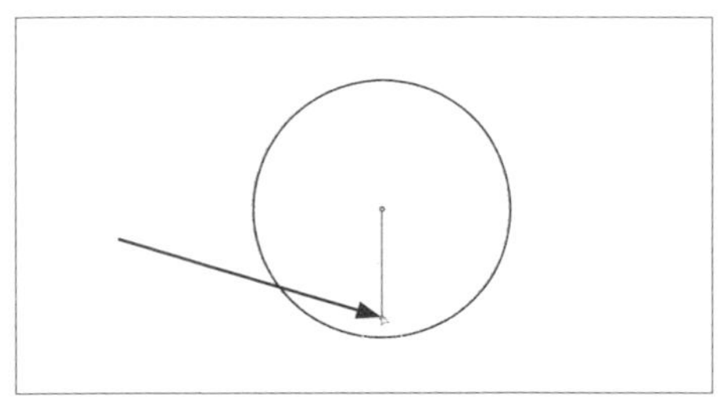

01. 也可以直接指定第一個參考點

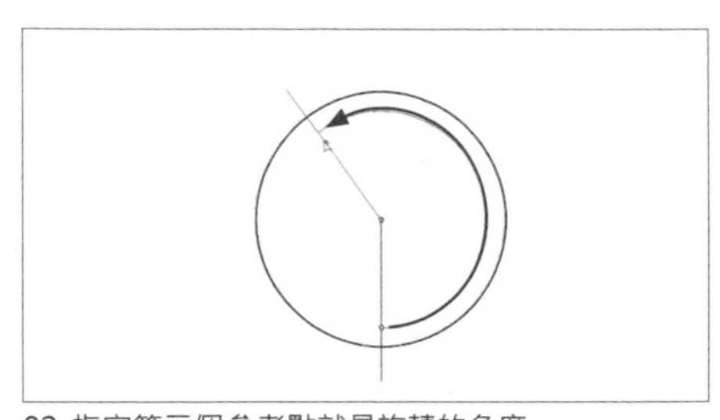

02. 指定第二個參考點就是旋轉的角度

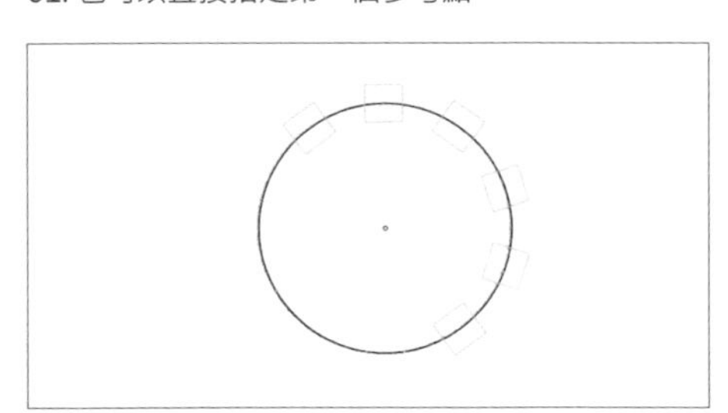

03. 陣列數為 =7

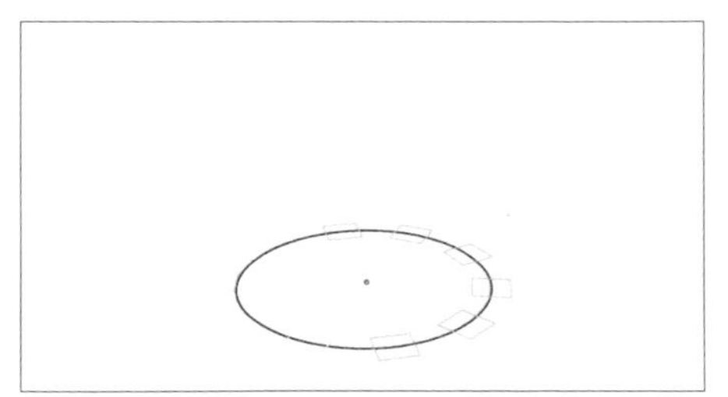

04. 轉到透視視角後，可以設定 Z 偏移

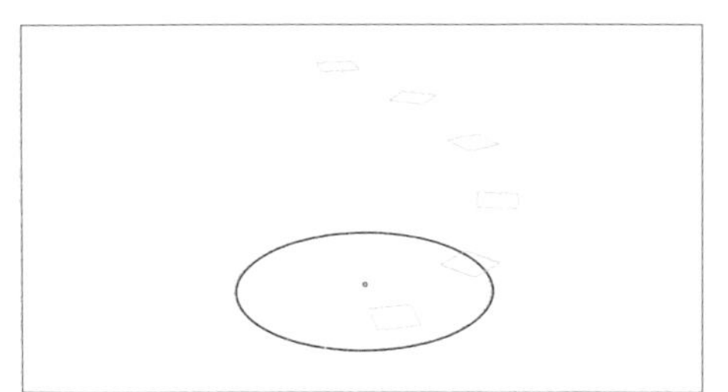

❸ 此為 Z 偏移 = 5

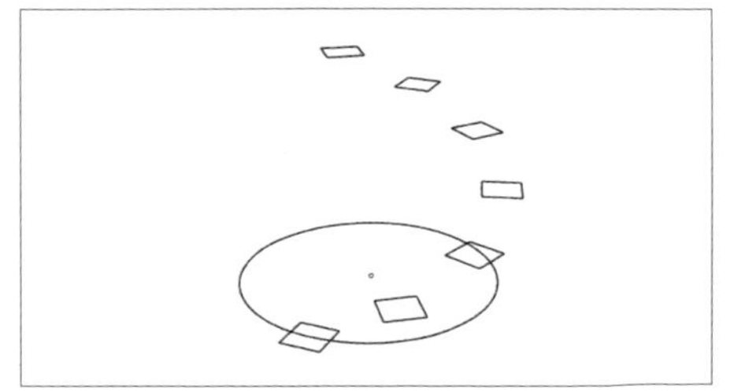

· 按下 Enter 後即可完成

案例 - 夢露大廈
(Absolute Towers)

案例 - 夢露大廈 (Absolute Towers)

Absolute Towers

(Las Setas de la Encarnación)

Location: Mississauga, Canada

Architects: MAD Architects

Time : 2006-2012

Type : Residential

Tower A :

45,000 m², 56stories/ height 170m

Tower B :

40,000 m², 50stories/ height 150m

會使用到的指令：

- Picture 匯入平面圖
- Curve 繪製曲線
- Mirror 鏡射
- Join 組合
- ArrayPolar 環形陣列
- Loft 放樣
- Scale2D 二軸縮放
- ExtrudeCrv 擠出曲線
- PlanarSrf 建立平面
- OffsetSrf 偏移曲面

參考圖 : https://www.dezeen.com/2012/12/12/absolute-towers-by-mad/

參考圖 : https://www.archdaily.com/306566/absolute-towers-mad-architects

參考圖 : https://www.archdaily.com/306566/absolute-towers-mad-architects

案例建模練習 (Absolute Towers)

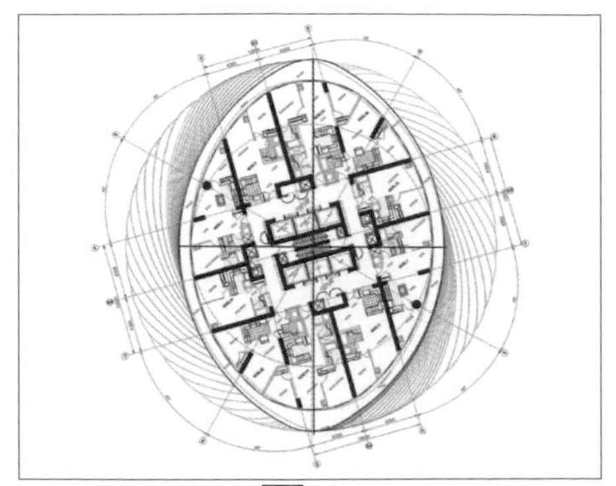

01. 在 Top View 使用 Picture 指令匯入平面圖

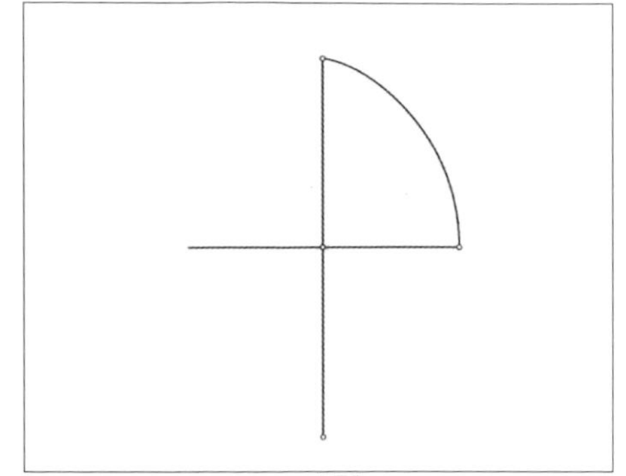

02. 隱藏平面圖，並使用 Curve 繪製出輔助線與 1/4 的曲線

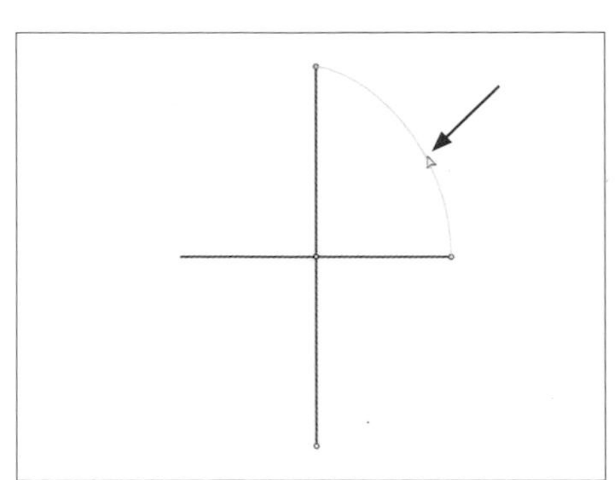

03. 使用 Mirror 指令，選取要鏡射的曲線

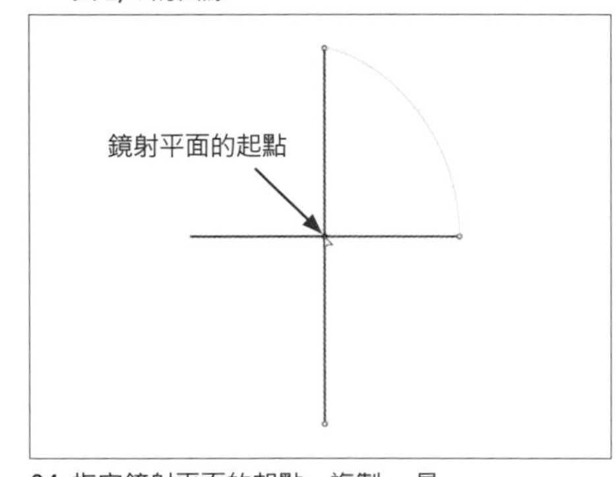

04. 指定鏡射平面的起點，複製 = 是

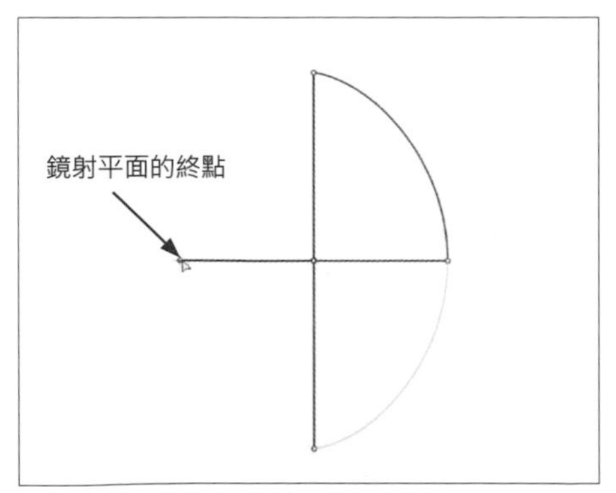

05. 指定鏡射平面的終點，即完成鏡射

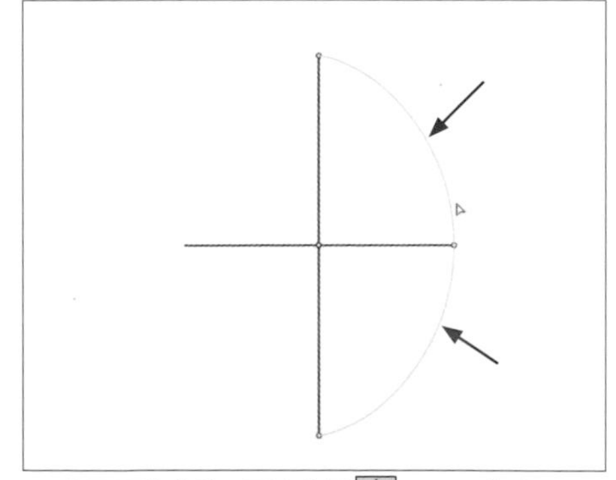

06. 選取兩條曲線，再次使用 Mirror 指令

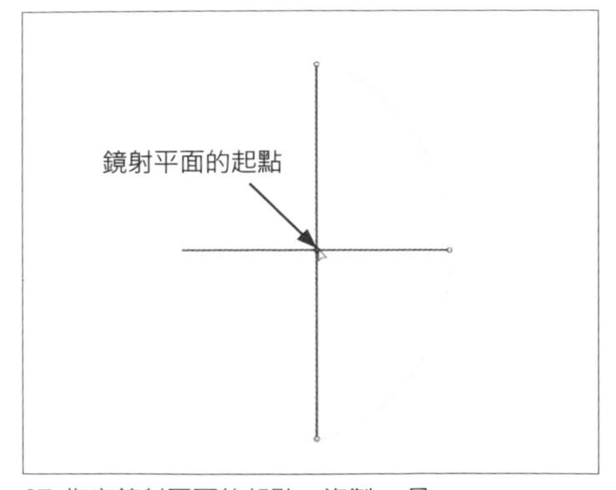

07. 指定鏡射平面的起點，複製 = 是

鏡射平面的終點

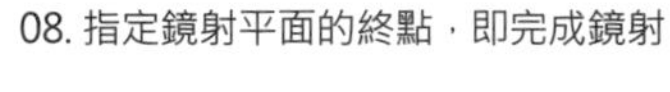

08. 指定鏡射平面的終點，即完成鏡射

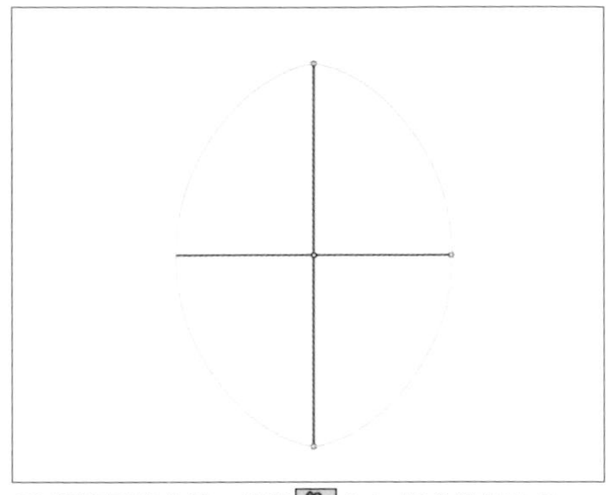

09. 選取四條曲線，使用 Join 指令並按下 Enter

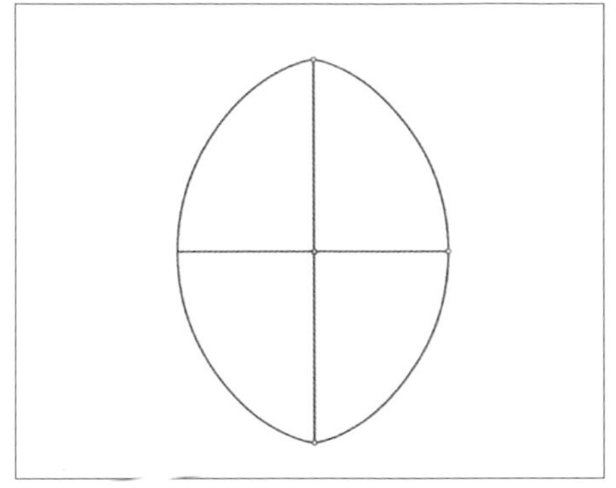

10. 四條開放曲線變成一條封閉的曲線

11. 將視角調整為 Perspective

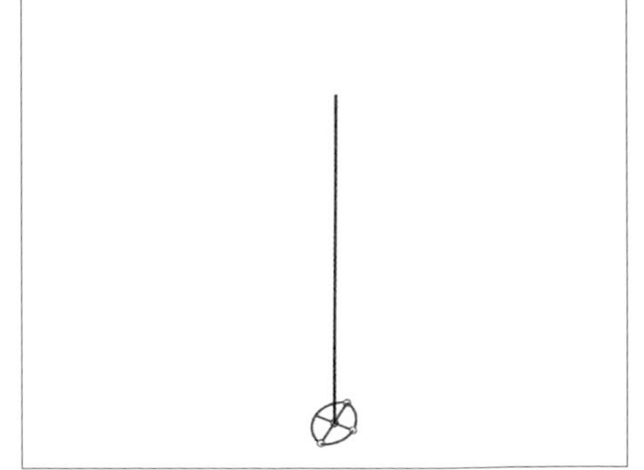

12. 在中心點往 Z 軸畫一條直線

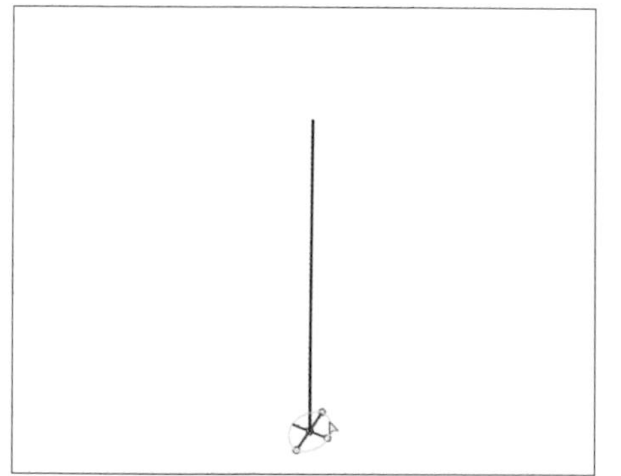

13. 選取曲線使用 ArrayPolar 指令，按下 Enter

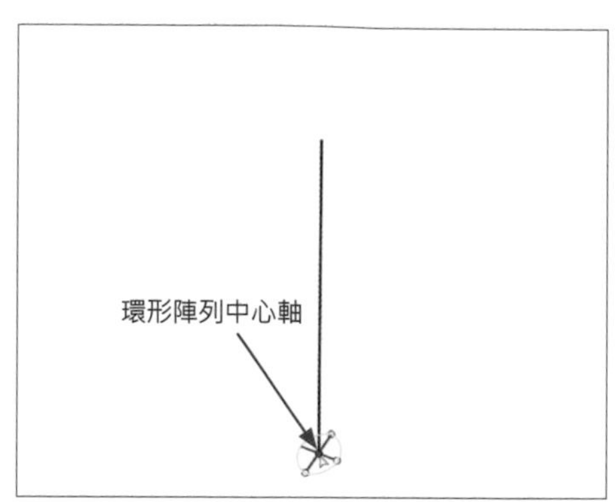

14. 選取環形陣列中心軸，將陣列數設定為 56

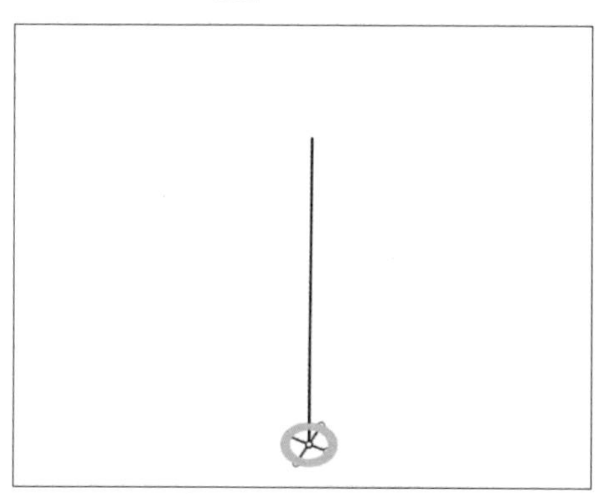

15. 進步角設定為 4 度，此時曲線在原地旋轉

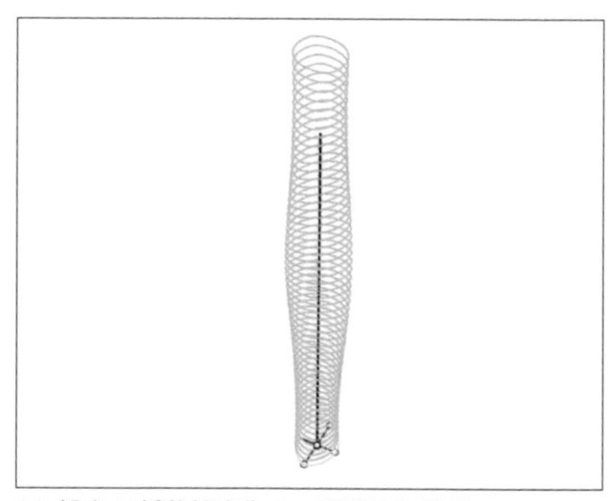

16. 設定 Z 偏移設定為 3，預覽後的狀態

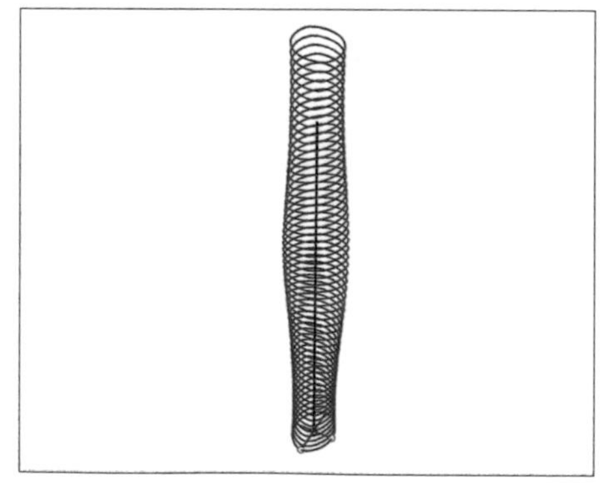

17. 按下 Enter 結束指令

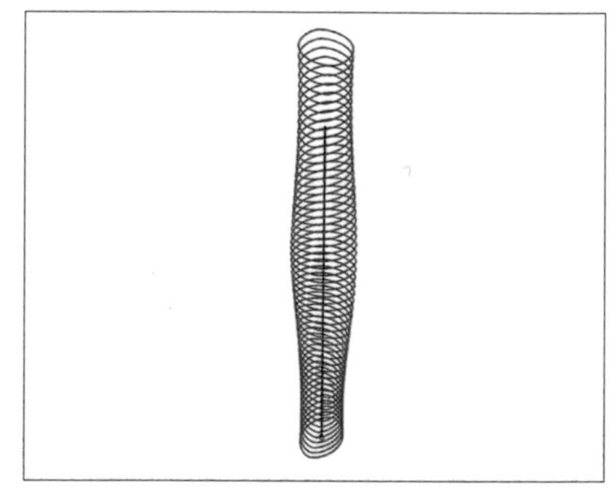

18. 將輔助線與點刪除

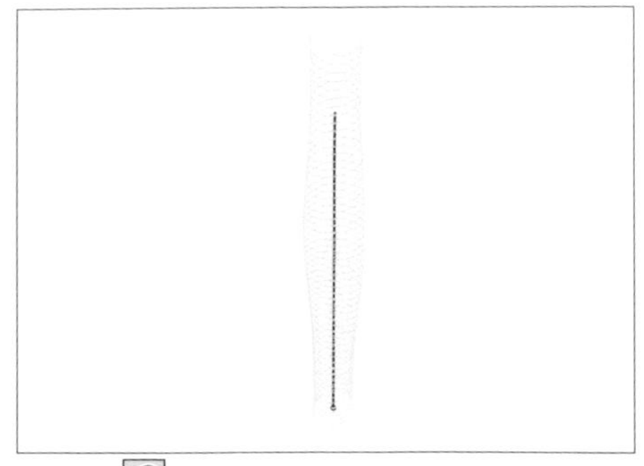

19. 使用 Loft 指令按下 Enter，選取全部的曲線

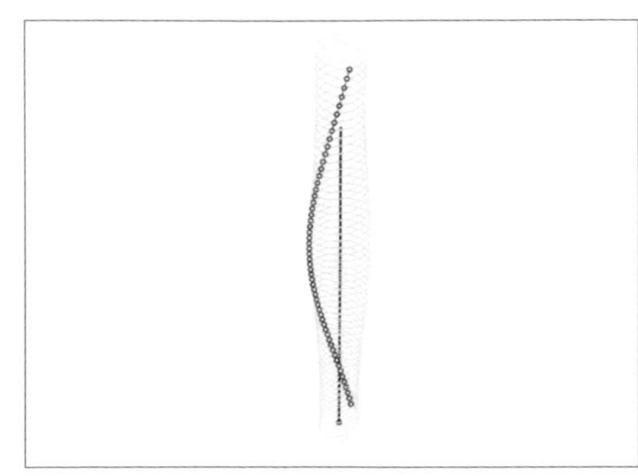

20. 按下 Enter 之後可以移動曲線接縫點

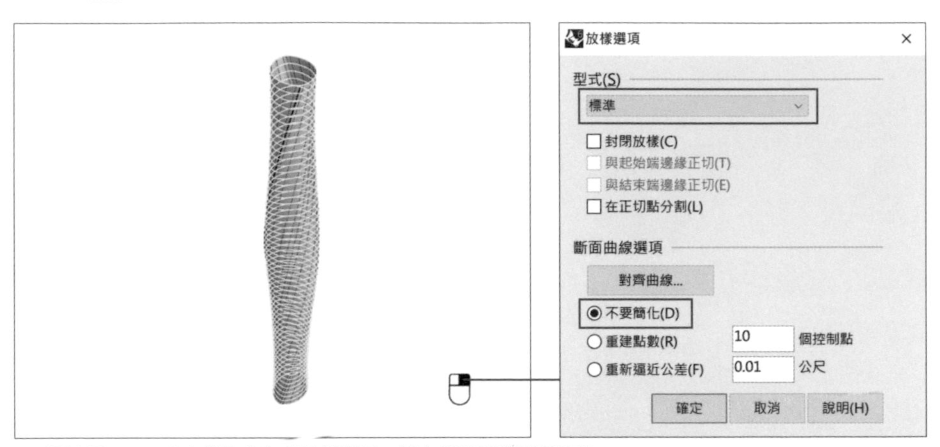

21. 再按下 Enter 或右鍵後會出現放樣選項，設定好選項後按下確定

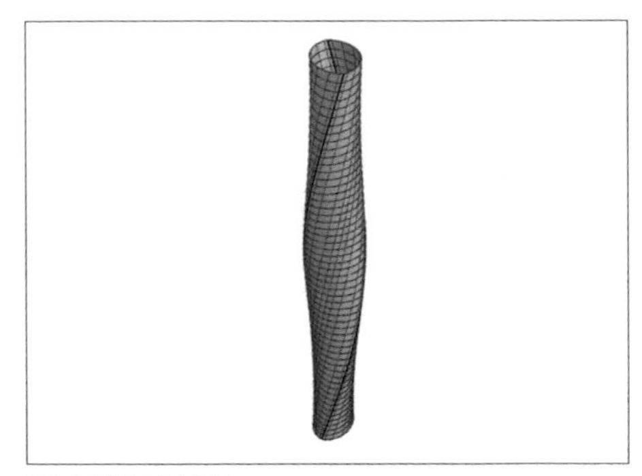

22. 放樣指令結束

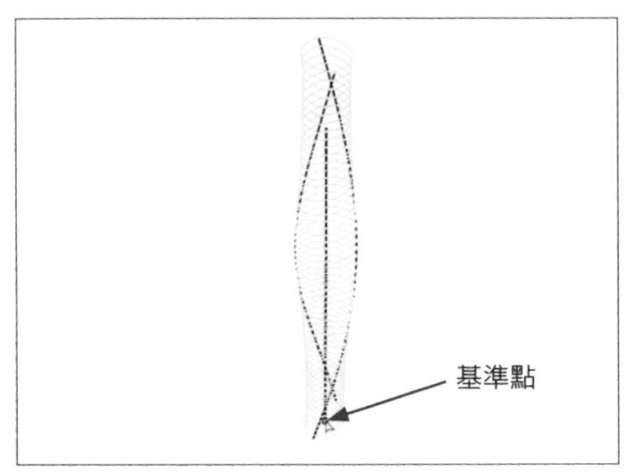

23. 將曲面隱藏，選取全部的曲線，並且使用 Scale2D 後按下 Enter，點選基準點

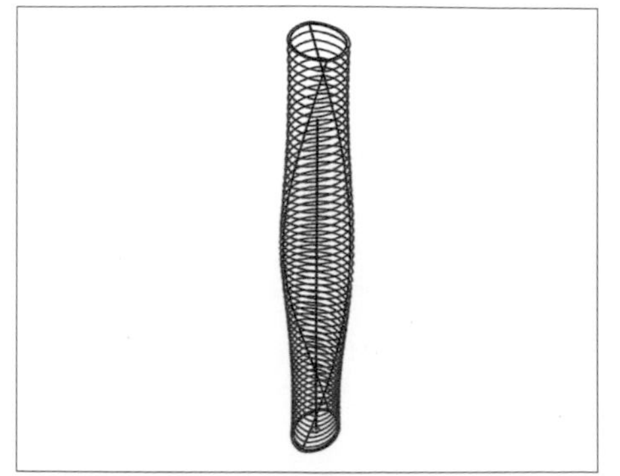

24. 輸入數值 1.1 後按下 Enter，曲線被二軸縮放

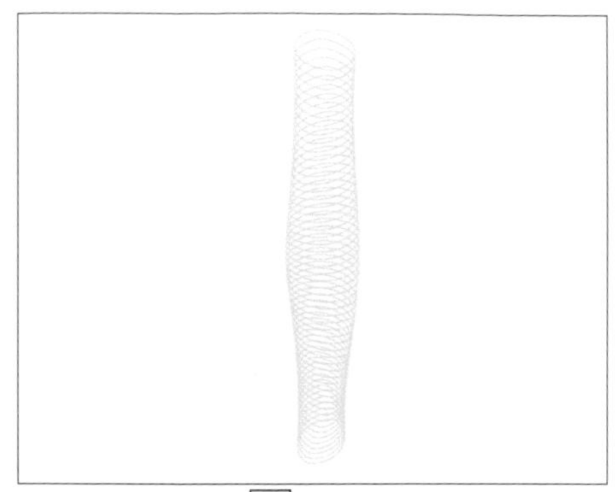

25. 選取曲線並使用 ExtrudeCrv 指令

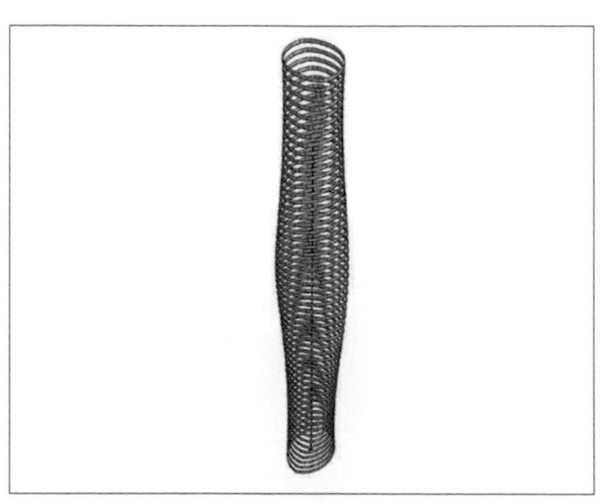

26. 調整「實體 = 否」輸入擠出高度按下 Enter

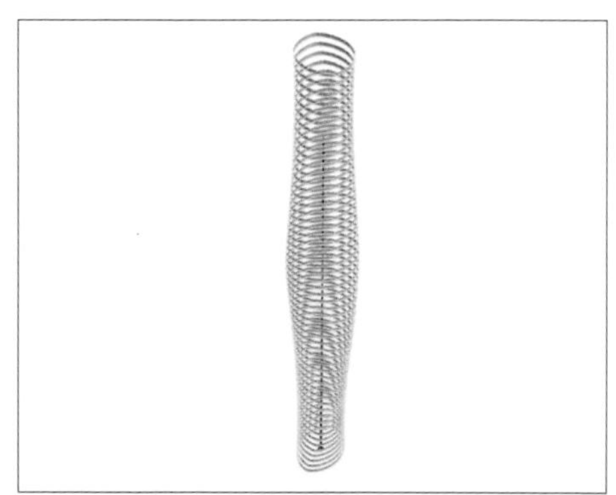

27. 選取全部的曲面，使用 OffsetSrf 指令

28. 調整「實體 = 是」並輸入要偏移的厚度

29. 按下 Enter 後會出現厚度

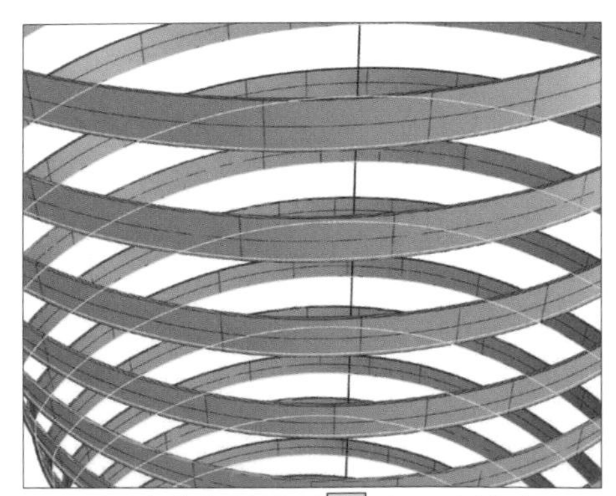

30. 選取全部的曲線後使用 PlanarSrf 指令

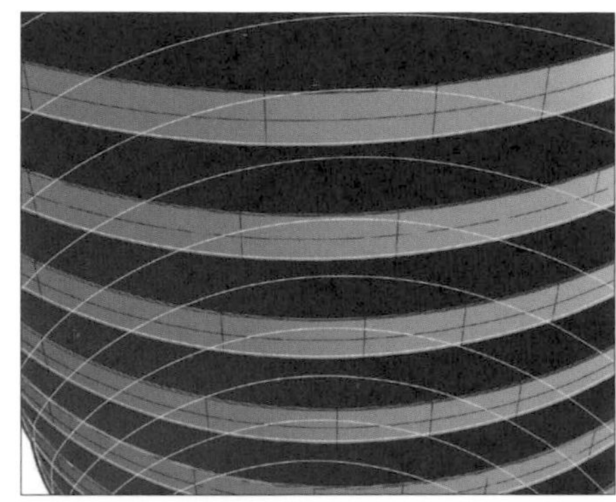

31. 按下 Enter 之後便會出現樓板的平面

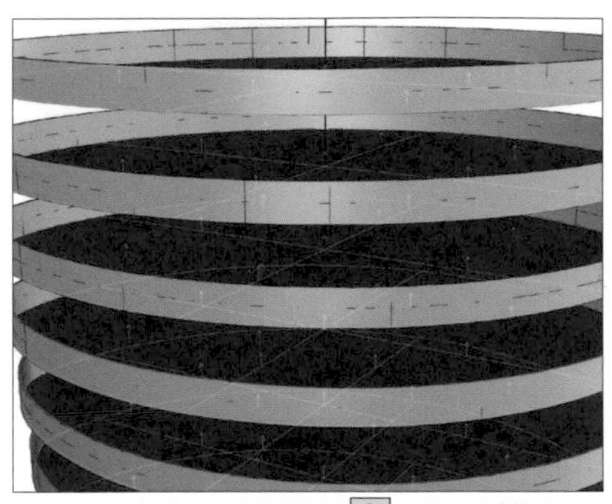

32. 選取全部的平面後再使用 OffsetSrf 指令

33. 輸入樓板厚度後按下 Enter

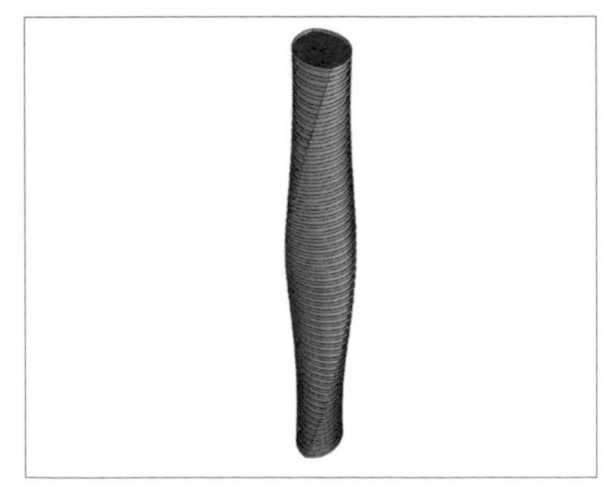

34. 顯示原本隱藏的曲面

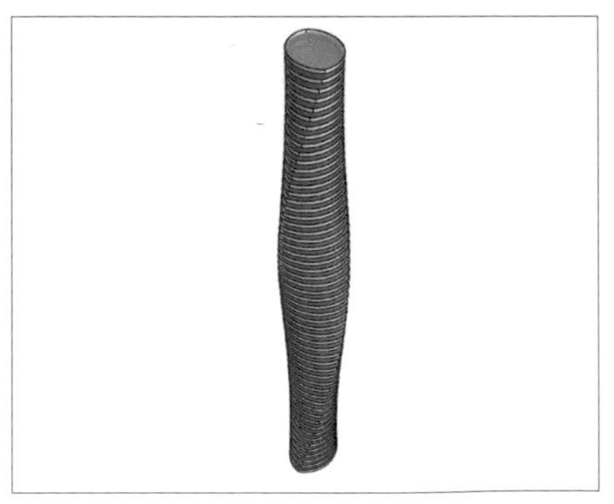

· Absolute Towers

· Absolute Towers - Exterior View

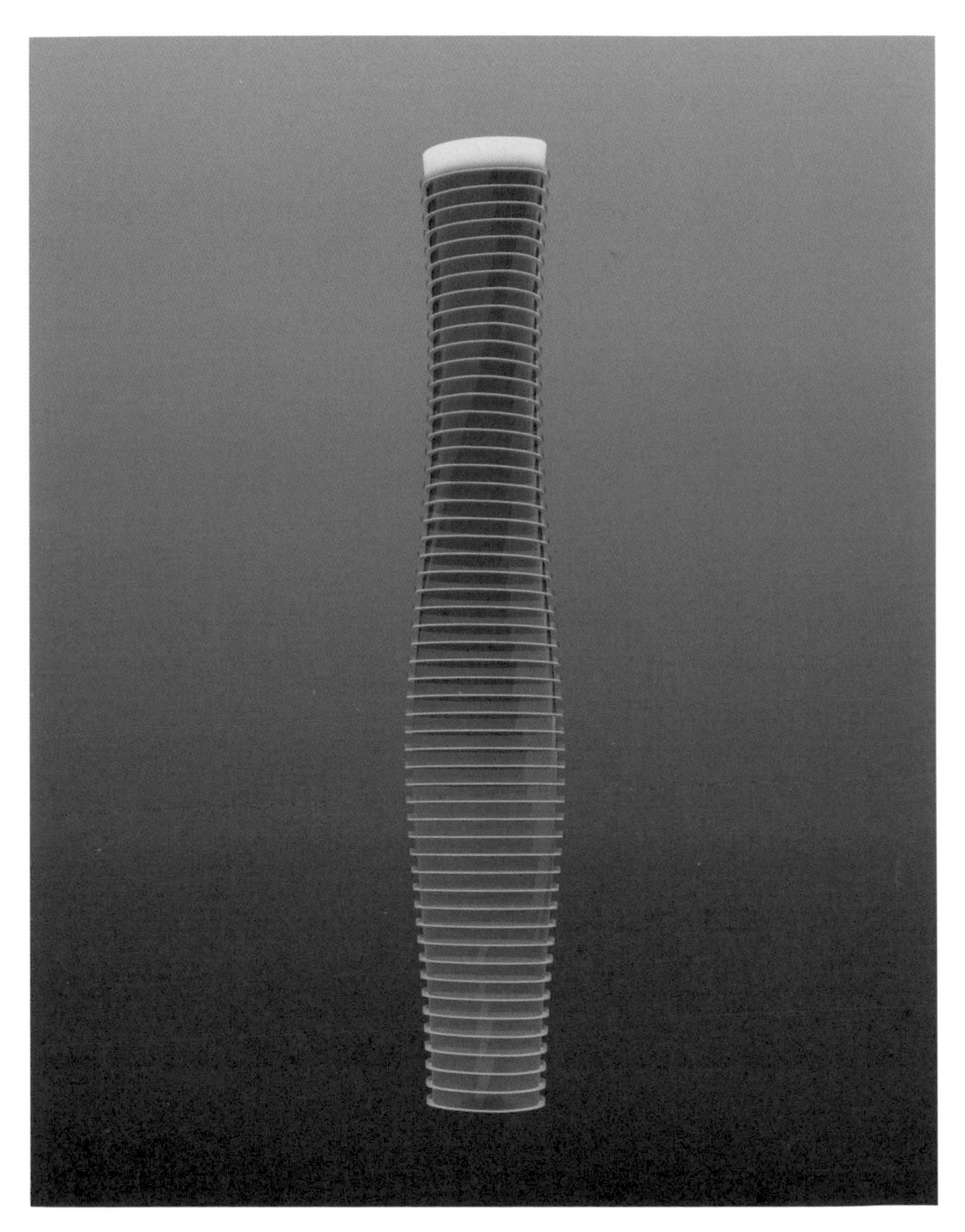

· Absolute Towers - Elevation View

5.2.3 扭轉

變動 > 扭轉 (Twist) 指令可以繞著一個軸線扭轉物件。先選取要扭轉的物件，指定扭轉軸的起點，物件靠近這個點的部分會完全扭轉，離這個點最遠的部分會維持原來的形狀，最後指定扭轉軸的終點即可成形。

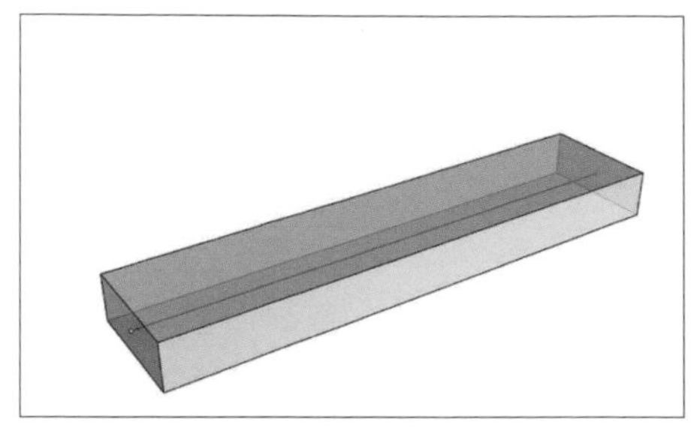

01. 製作一個長方體，內部繪製一條中軸線

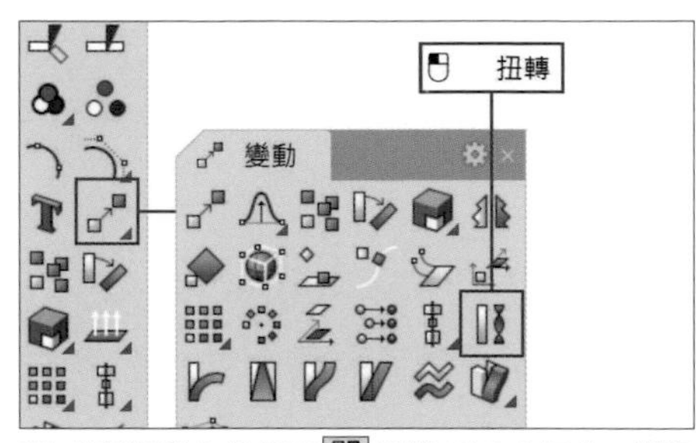

02. 使用滑鼠左鍵按下 扭轉 (Twist) 指令，選取要扭轉的物件（長方體）

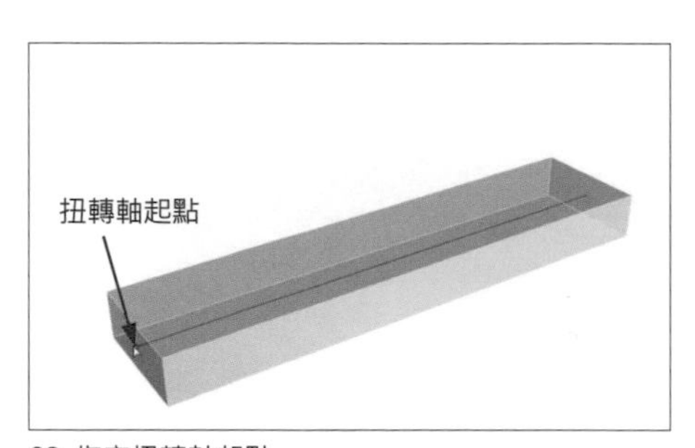

03. 指定扭轉軸起點

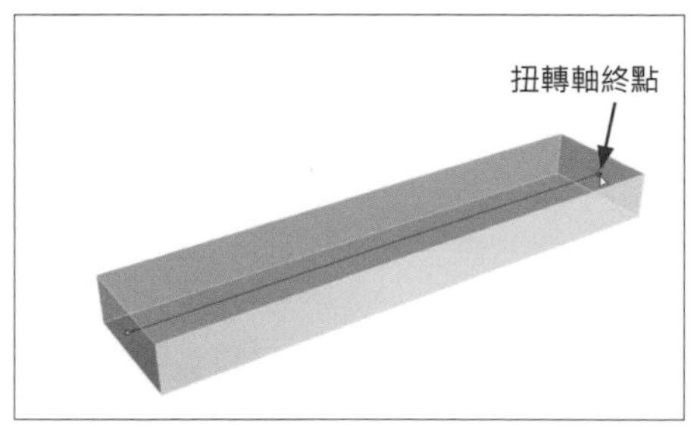

04. 指定扭轉軸終點

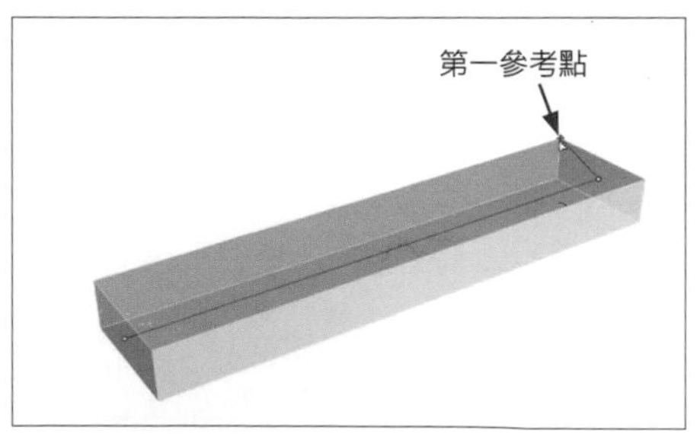

05. 指定第一參考點

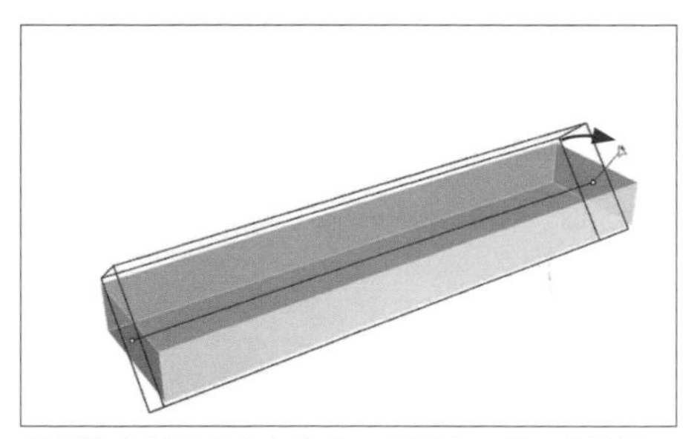

❶ 要指定第二個參考點時，「硬性 = 是」的情況

角度或第一參考點 (複製 (C)= 否 ❶硬性 (R)= 否 ❷無限延伸 (I)= 否 維持結構 (P)= 否)

維持結構 (P) 選項可以設定曲線、曲面變形後控制點的結構是否改變。(但此選項無法用在多重曲面。) 扭轉可以輸入角度，或指定兩個參考點定義扭轉角度。

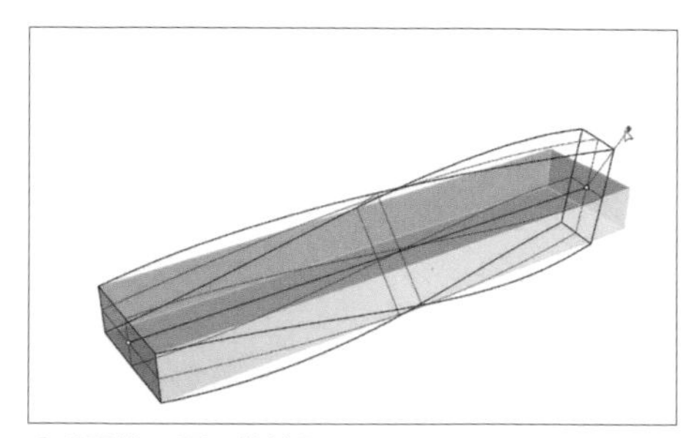

❶「硬性 = 否」的情況

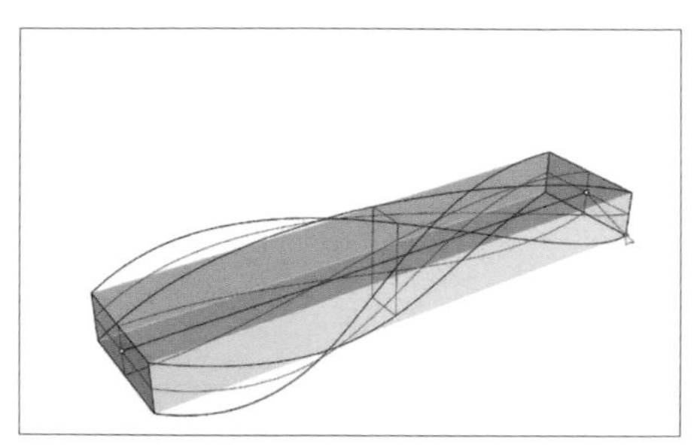

06. 指定第二個參考點，按下 Enter

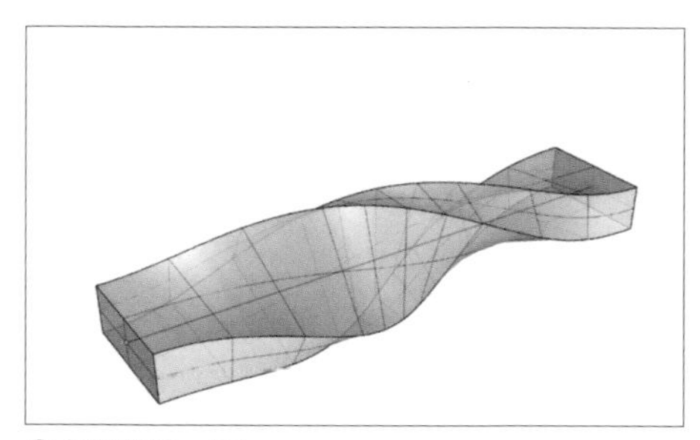

❷ 無限延伸 = 否

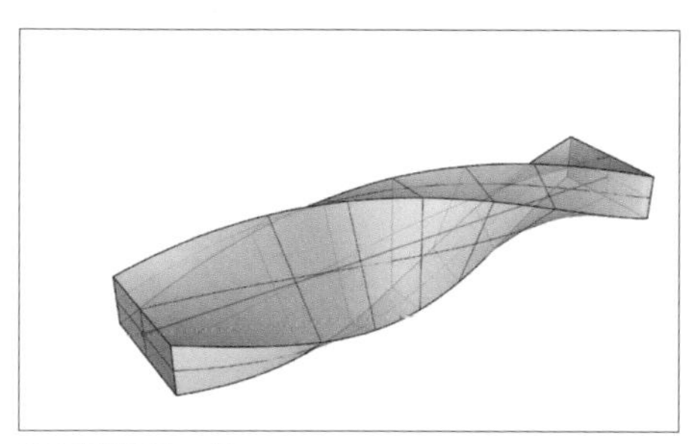

❷ 無限延伸 = 是

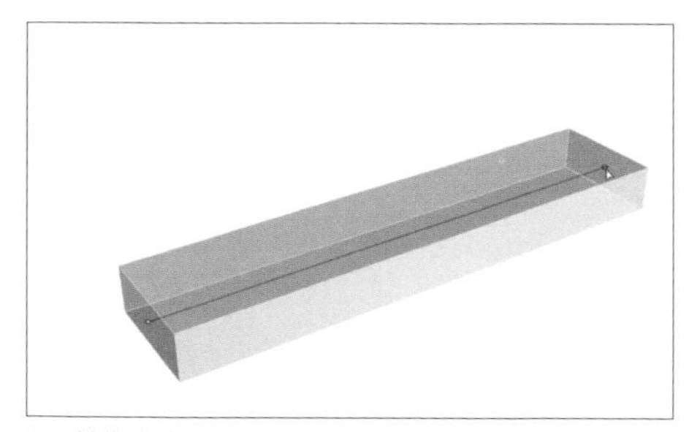

07. 軸指定完成之後也可以直接輸入角度

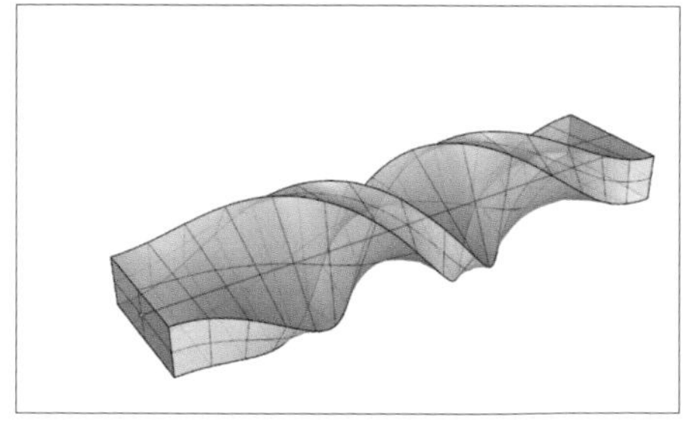

08. 輸入 360 度後按下 Enter 的結果

案例 - 挪威 Kistefos 博物館
(Kistefos Museum)

案例 - 挪威 Kistefos 博物館 (Kistefos Museum)

Kistefos Museum

Location: Jevnaker, Norway

Architects: Bjarke Ingels Group (BIG)

Collaborators: AKT II, Element, Arkitekter, BIG IIDEAS, Max Forham, Davis Langdon, GCAM, Mir

Opened: 18 September 2019

Type: Museum

Size: 19,375 SF / 1,800 m² (building)

2.9 mil SF / 270,000 m² (sculpture park)

會使用到的指令：

- Twist 扭轉
- ExtractWireframe 抽離框架
- Join 組合
- Expolde 炸開
- Loft 放樣
- Cap 將平面洞加蓋
- Divide 分段長度
- ExtractIsocurve 抽離結構線
- Move 移動
- ExtrudeSrf 擠出曲面
- ExtrudeCrv 擠出曲線
- OffsetSrf 偏移曲面

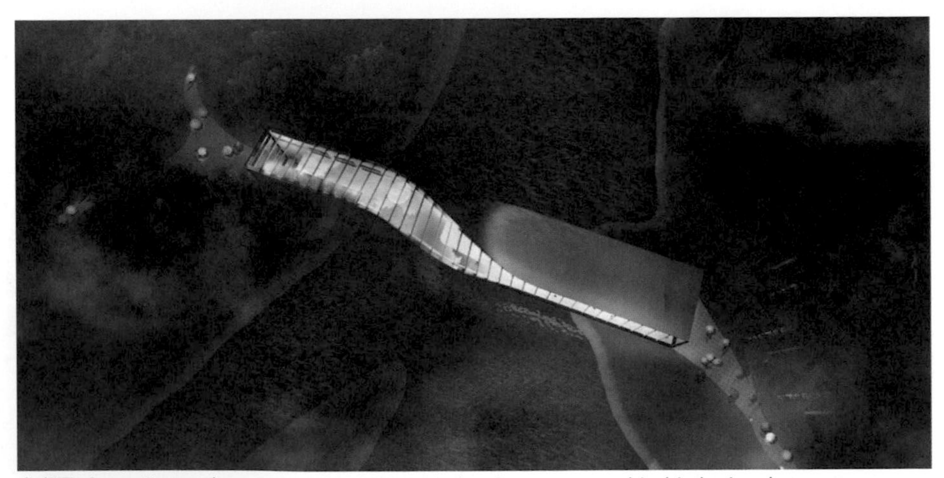

參考圖：https://www.dezeen.com/2015/10/14/twisted-art-museum-big-bjarke-ingels-group-norwegian-river-kistefos-museum/

參考圖 : https://www.kistefosmuseum.com/art/the-twist-gallery

參考圖 : https://www.kistefosmuseum.com/art/the-twist-gallery

案例建模練習 (Kistefos Museum)

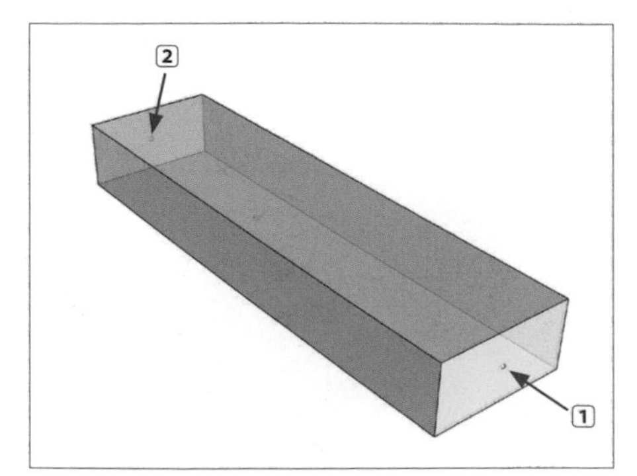

01. 繪製一個矩形與兩個面的中心點

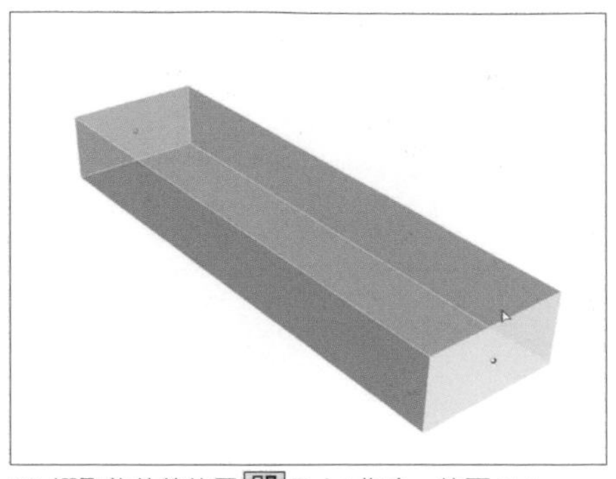

02. 選取物件後使用 Twist 指令，按下 Enter，

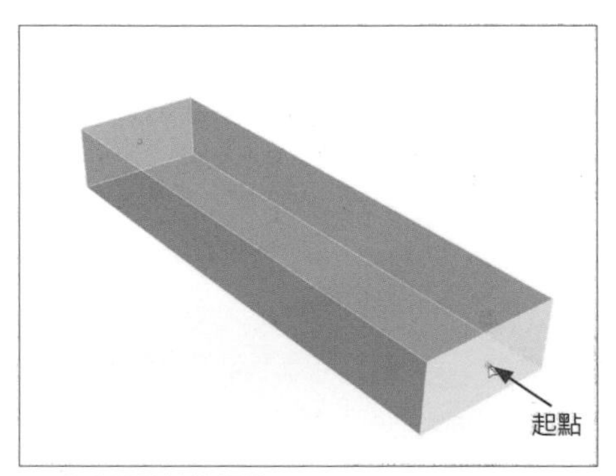

03. 指定扭轉軸的起點

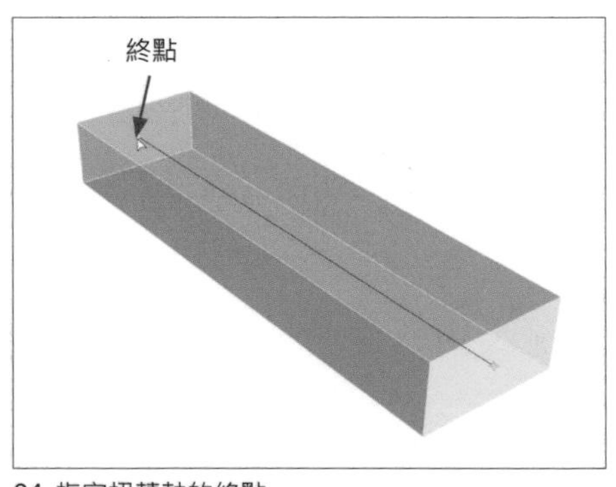

04. 指定扭轉軸的終點

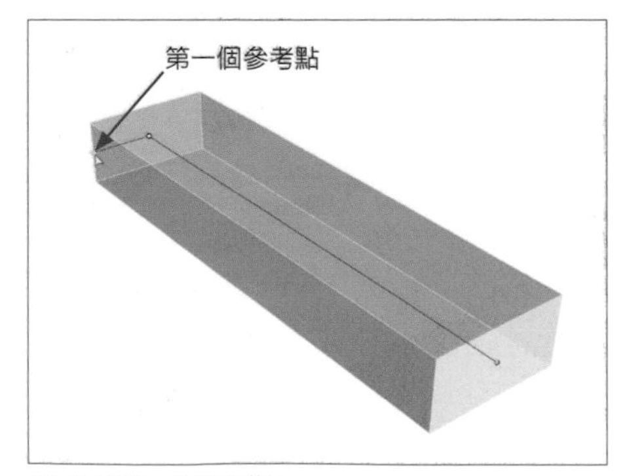

05. 指定第一個參考點

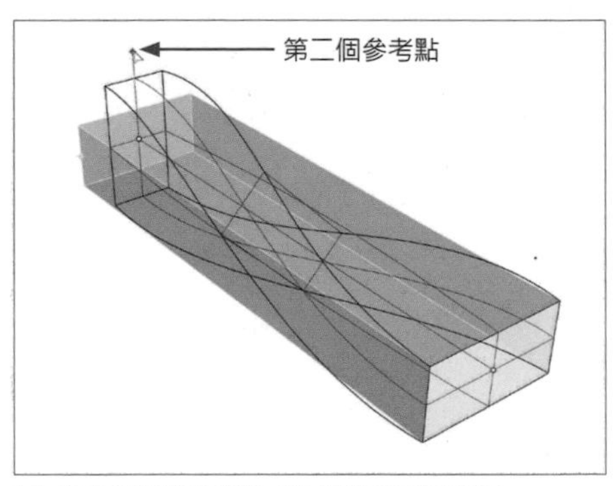

06. 指定第二個參考點 (順時針 90 度移動)

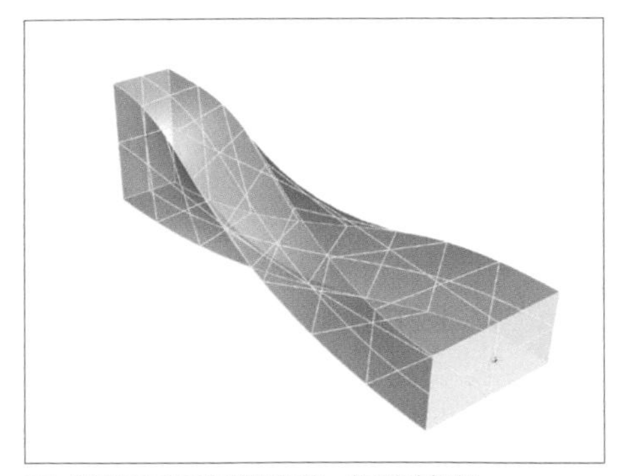
07. 按下第二個參考點之後，矩形被扭轉

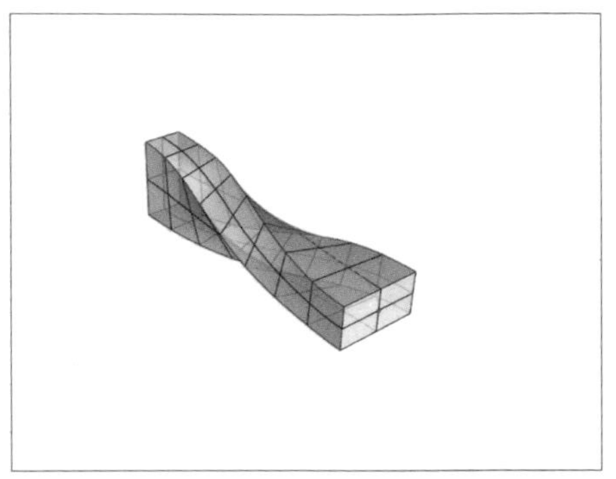
08. 將視角拉遠，準備將矩形加長

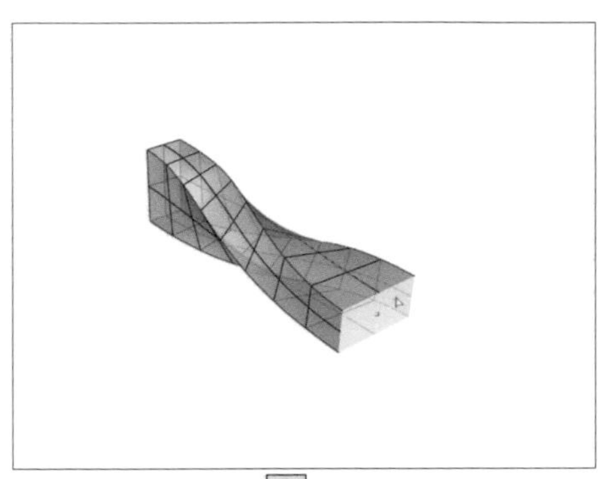
09. 選擇一個面，使用 ExtrudeSrf 指令

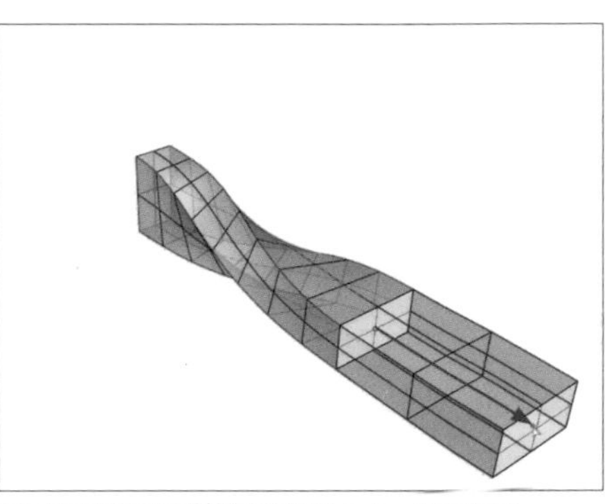
10. 指定擠出的距離後並按下 Enter 結束指令

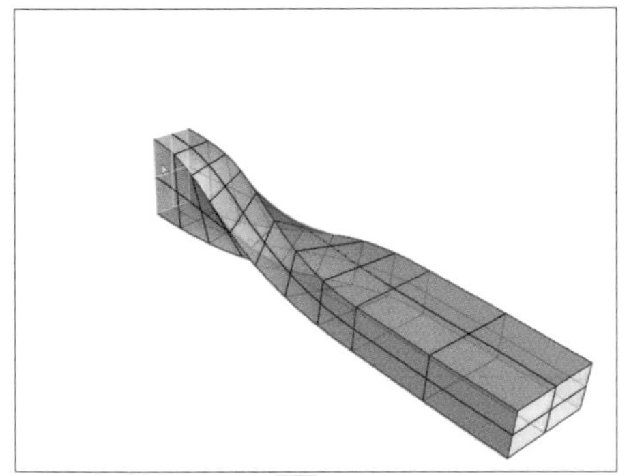
11. 選擇另一面，使用 ExtrudeSrf 指令

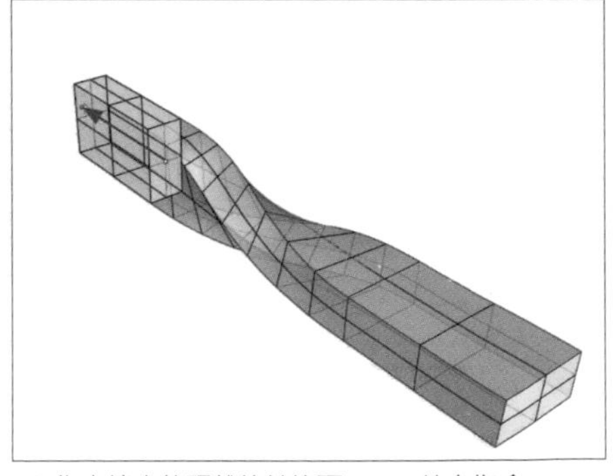
12. 指定擠出的距離後並按下 Enter 結束指令

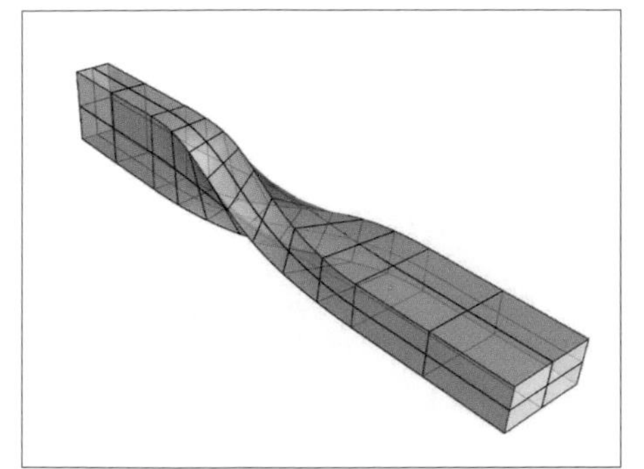

13. 此時的曲面為多重曲面

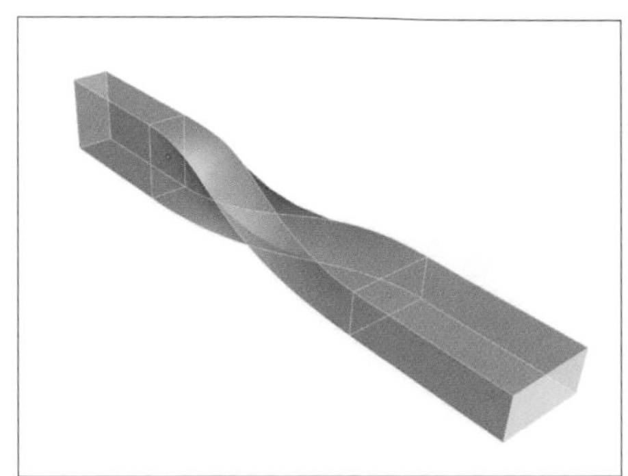

14. 將顯示模式調整成半透明模式，會看到接縫

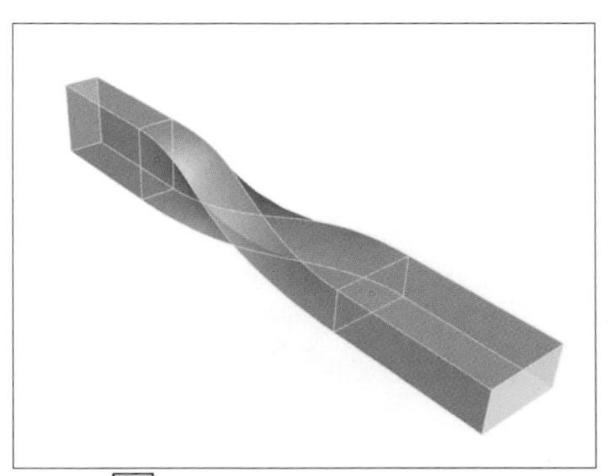

15. 使用 ExtractWireframe 指令抽取出框架

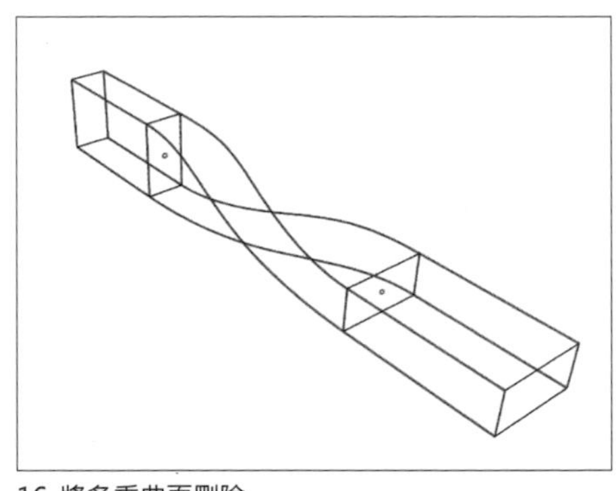

16. 將多重曲面刪除

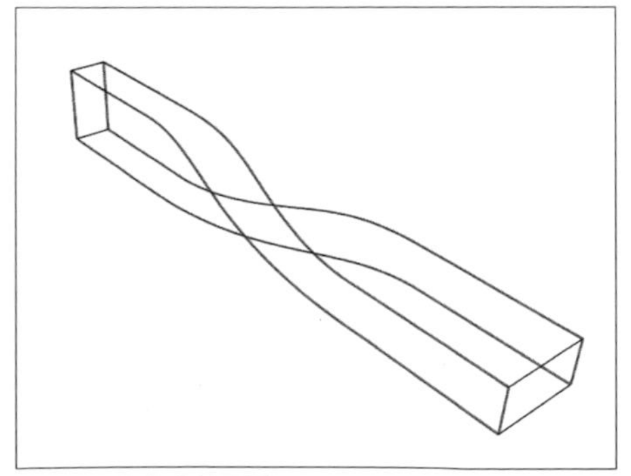

17. 將多餘的曲線刪除

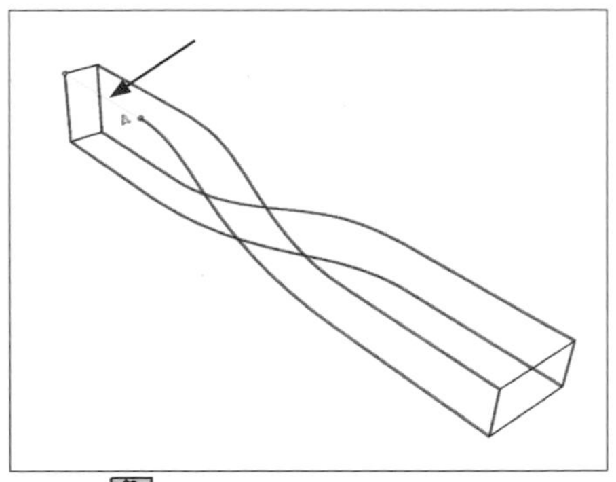

18. 使用 Join 將曲線組合，選擇第一條曲線

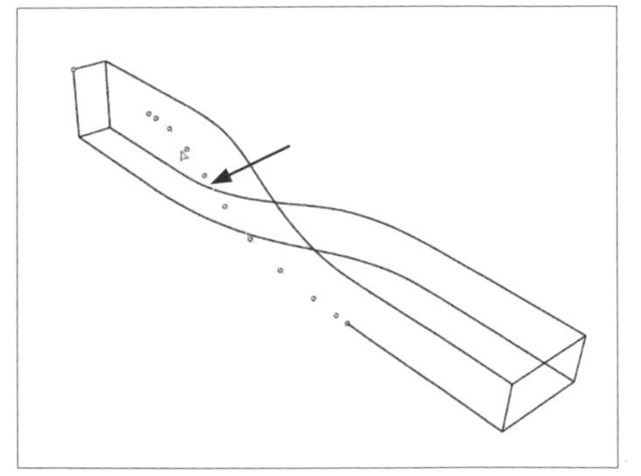

19. 選擇第二條曲線

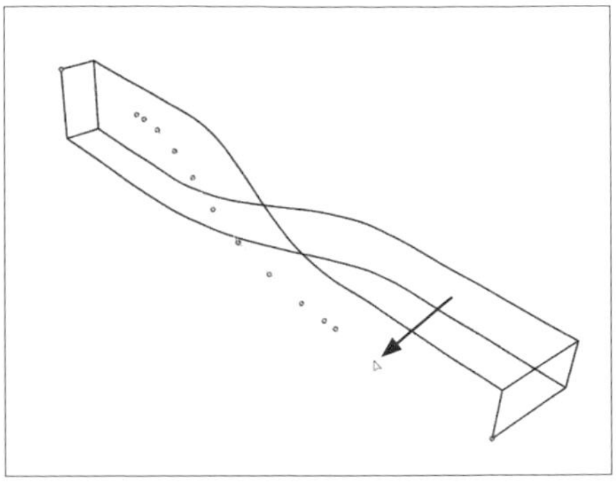

20. 選擇第三條曲線後按下 Enter

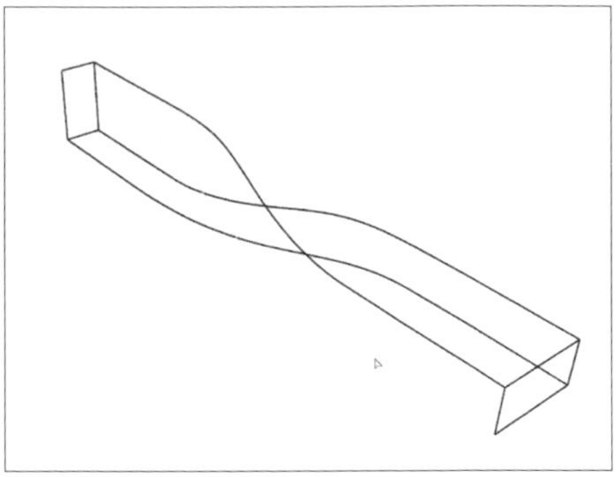

21. 三條曲線組合成一條曲線

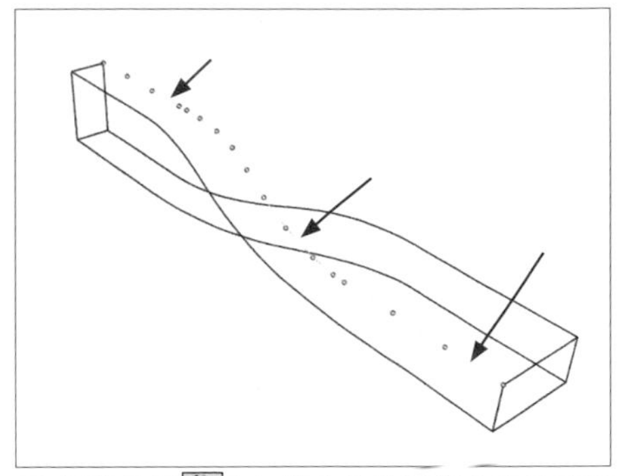

22. 同樣使用 Join 組合另外三條曲線後按下 Enter

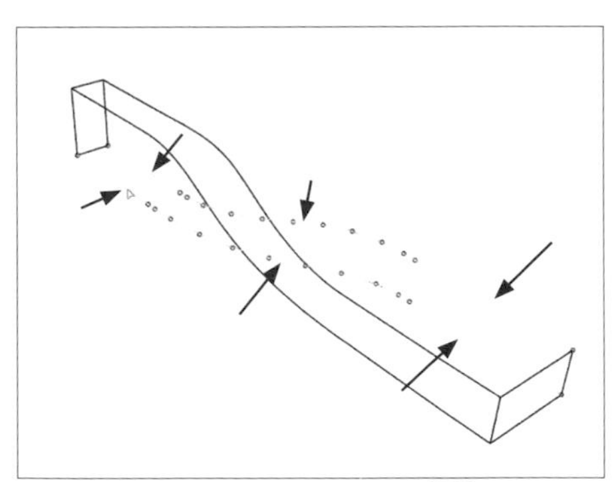

23. 也可以同時選擇六條曲線並使用 Join 指令

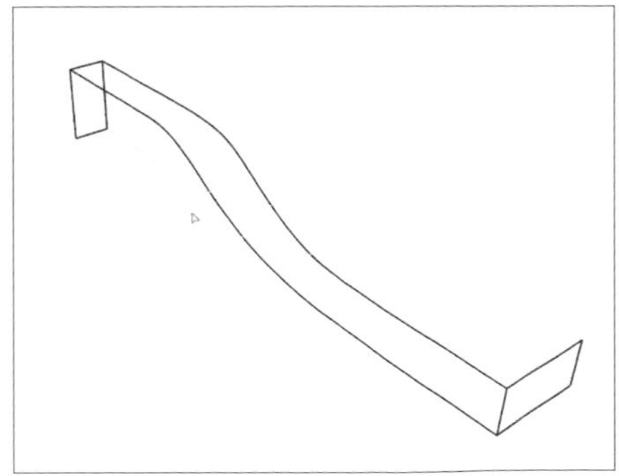

24. 按下 Enter 之後曲線由六條組合成兩條

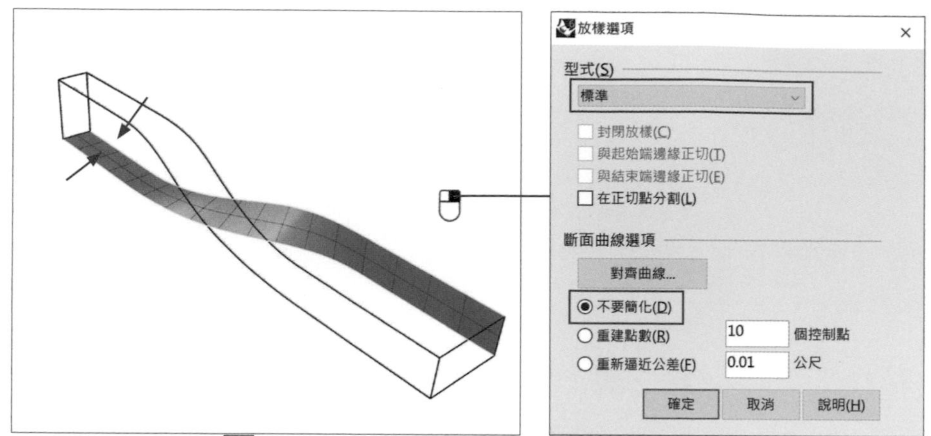

25. 選擇兩條曲線並使用 Loft 進行放樣，調整完放樣選項後按下確定即放樣完成

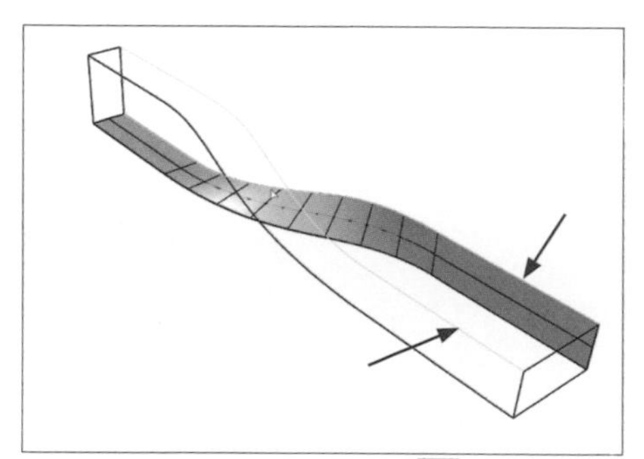
26. 選取另外兩條曲線並同樣使用 Loft 放樣

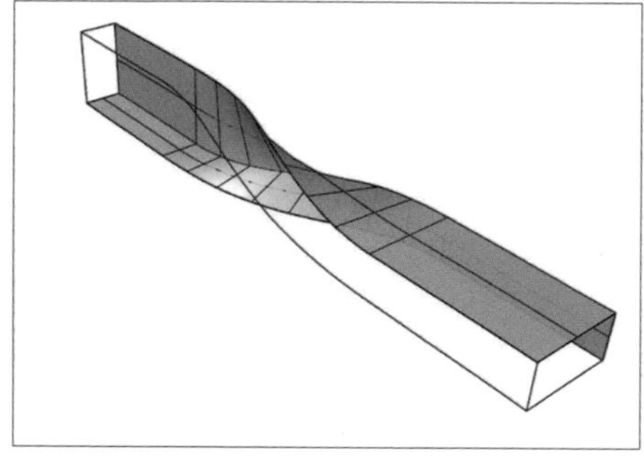
27. 放樣完畢的曲面

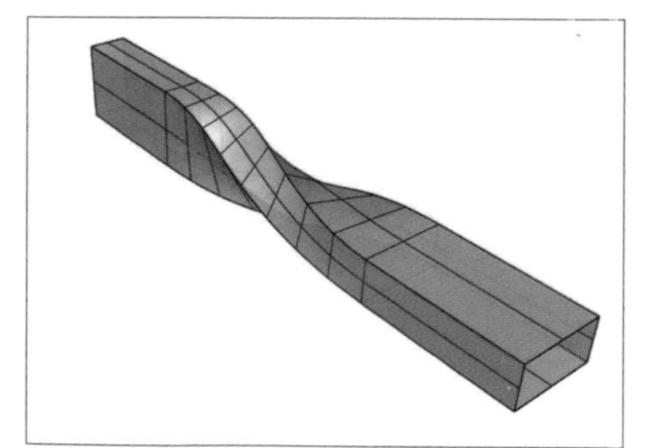
28. 將全部的面都放樣完畢

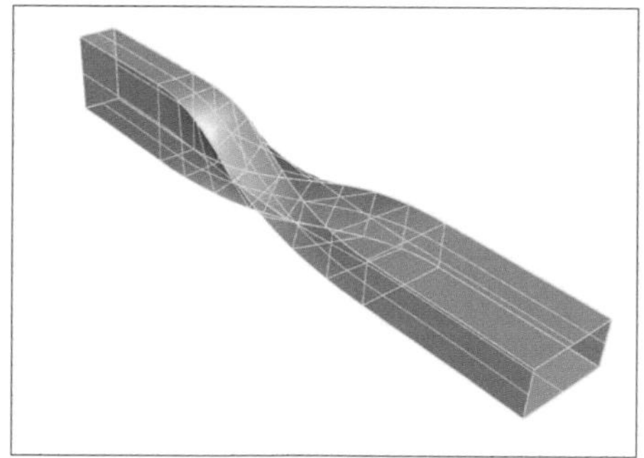
29. 選取全部的曲面並使用 Join 指令將其組合

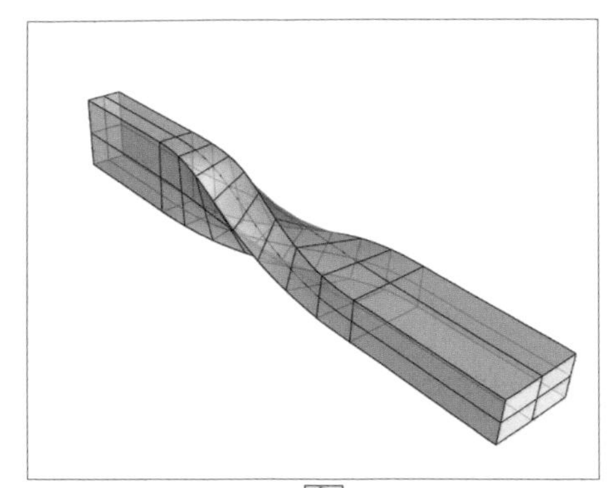

30. 選取多重曲面並使用 Cap 指令

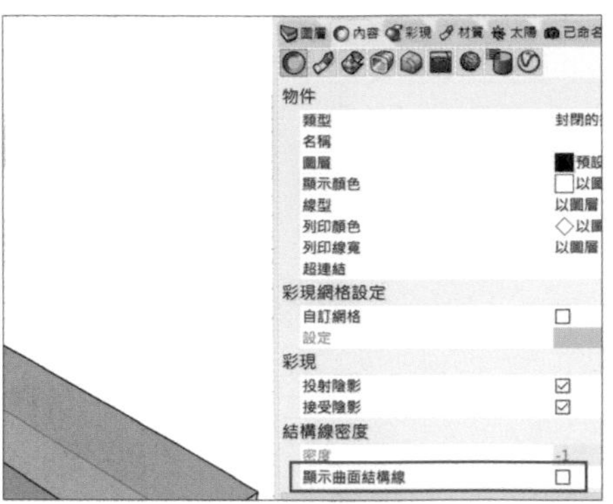

31. 點選物件後將結構線密度關閉

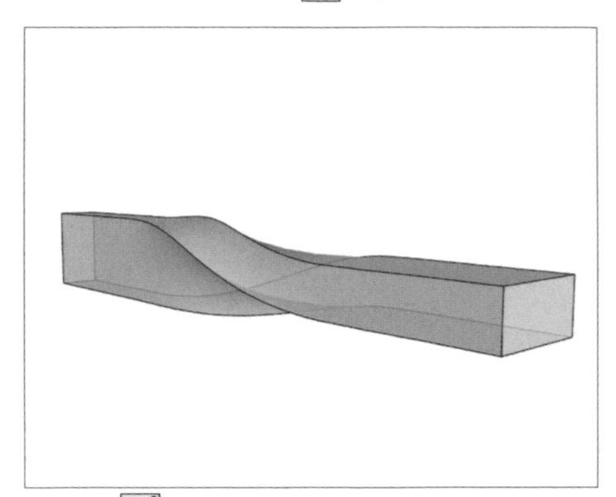

32. 使用 Divide 指令，按下 Enter

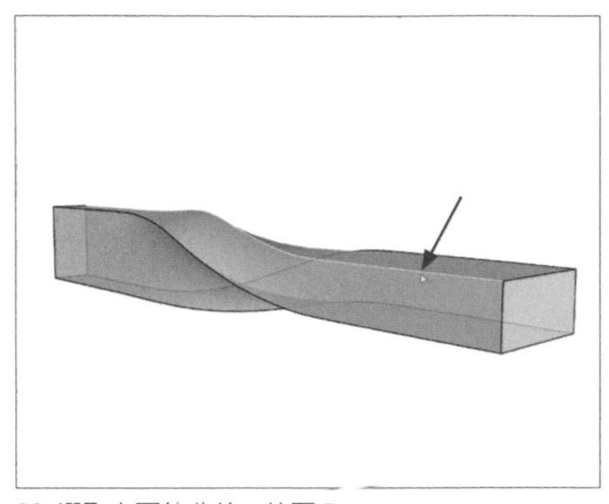

33. 選取上面的曲線，按下 Enter

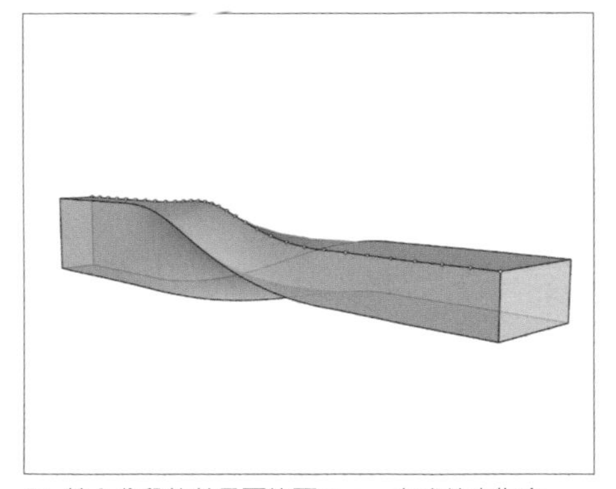

34. 輸入分段的數目再按下 Enter 完成結束指令

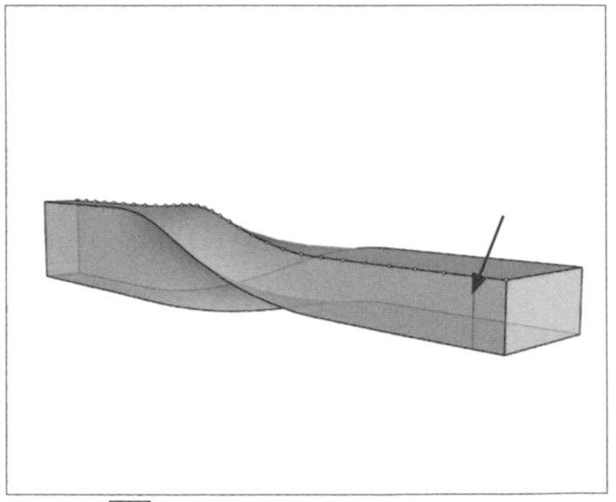

35. 使用 ExtractIsocurve 指令並選取外部曲面

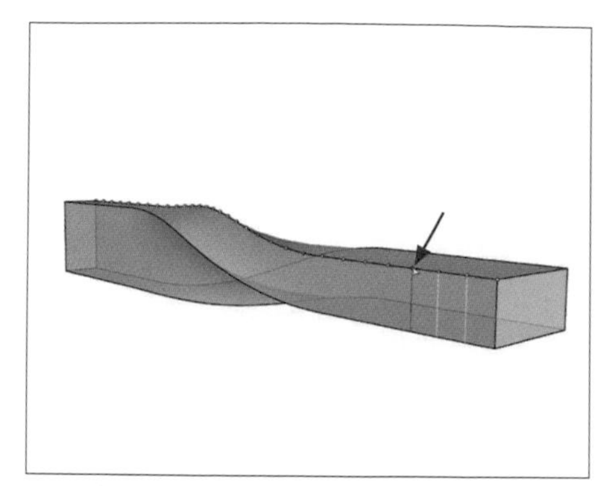

36. 確定好擷取的結構線 UV 方向便可以開始擷取

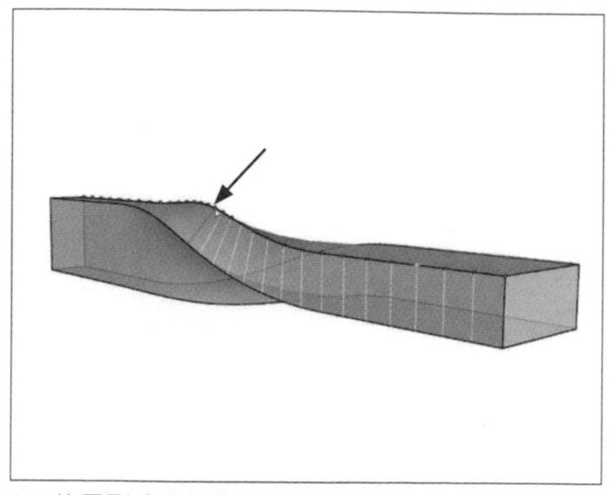

37. 使用剛才分段的點來擷取結構線

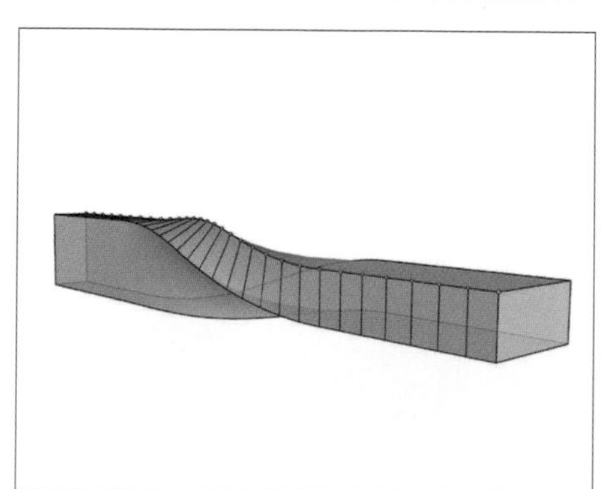

38. 擷取完畢之後按下 Enter 結束指令

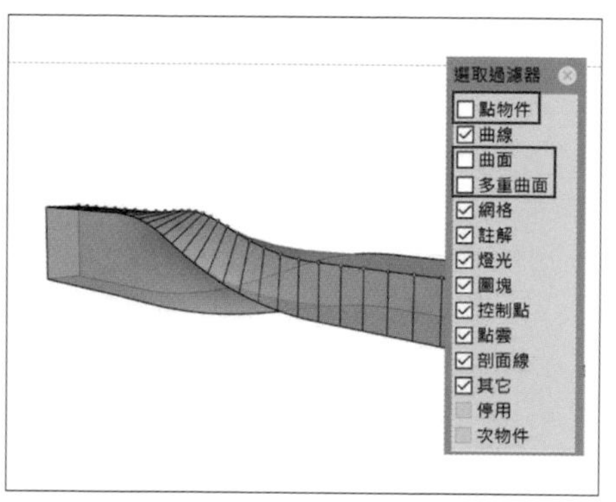

39. 開啟過濾器，將點、曲面、多重曲面關閉

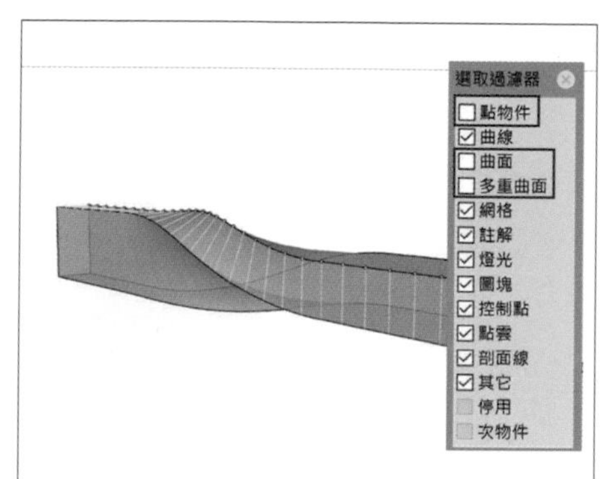

40. 如此能輕易地選取全部的曲線

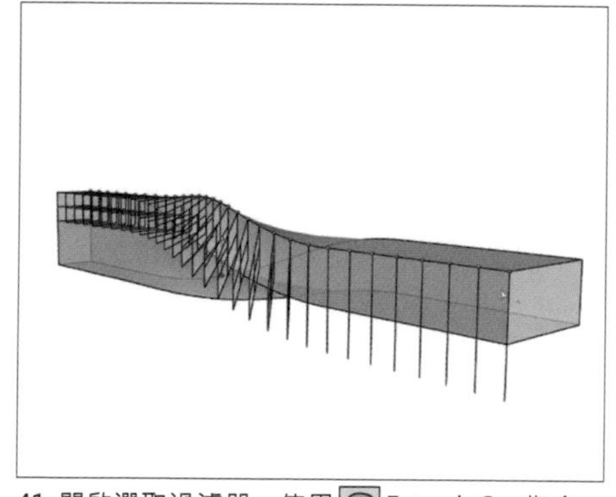

41. 開啟選取過濾器，使用 ExtrudeCrv 指令，預設為 Z 方向

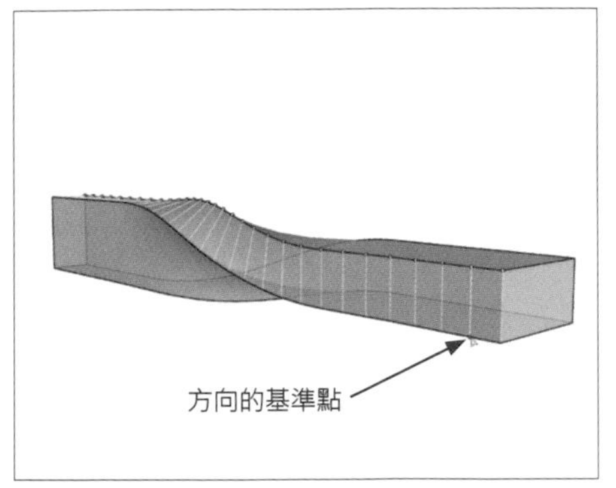

42. 於指令欄按下方向選項，點選方向的基準點

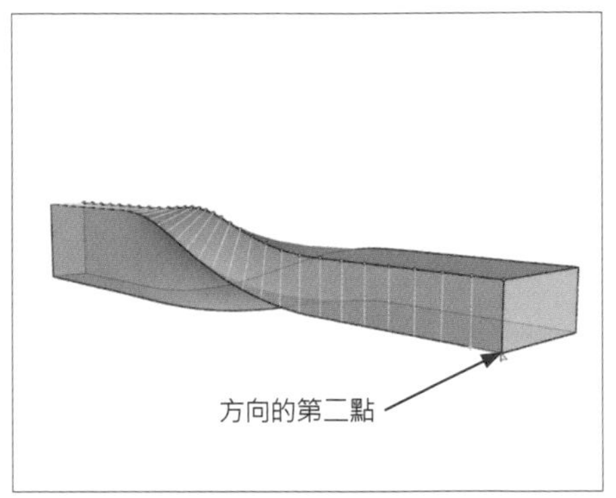

43. 點選方向的第二點

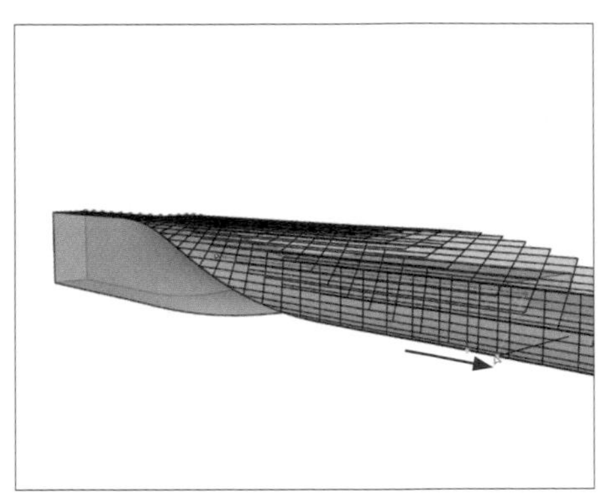

44. 擠出的方向由 Z 方向改為 X 方向

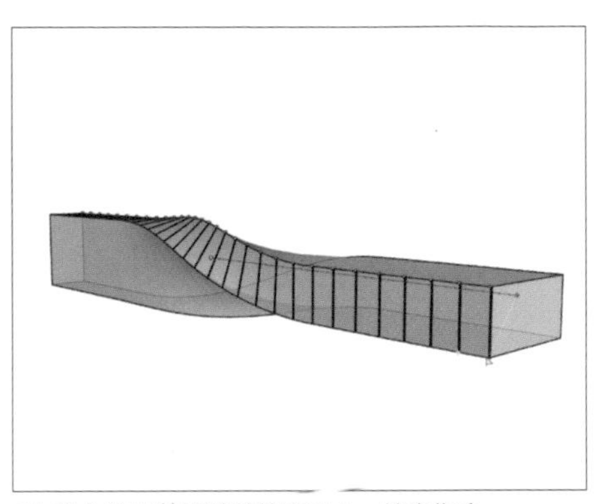

45. 輸入擠出的距離後按下 Enter 結束指令

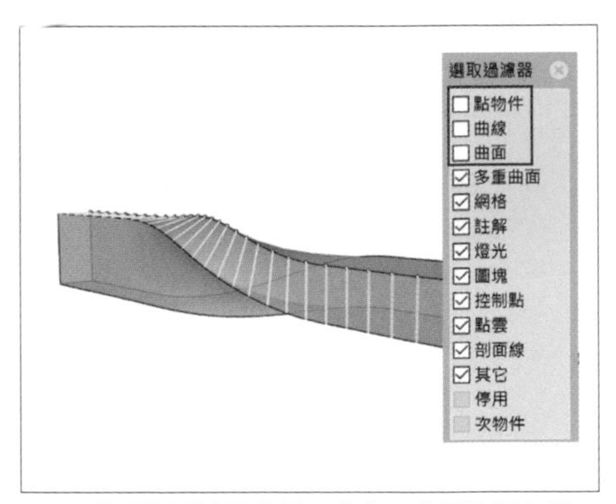

46. 開啟選取過濾器將點、曲線、曲面取消勾選，便能快速選取多重曲面

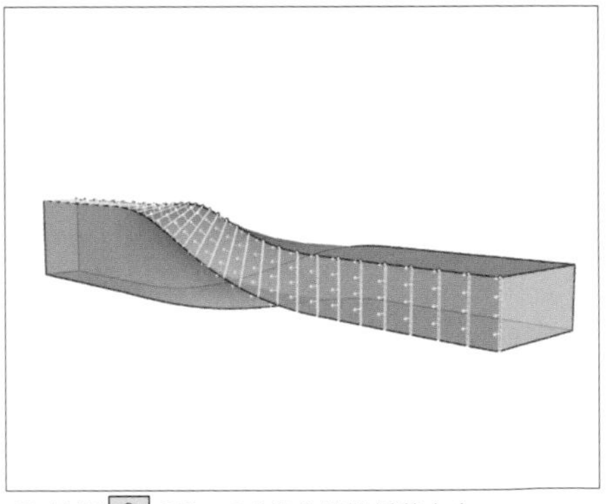

47. 使用 OffsetSrf 指令確認偏移方向

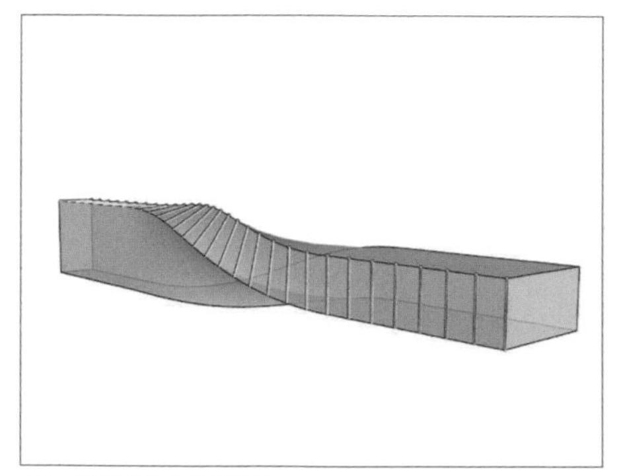

48. 成形後的多重曲面

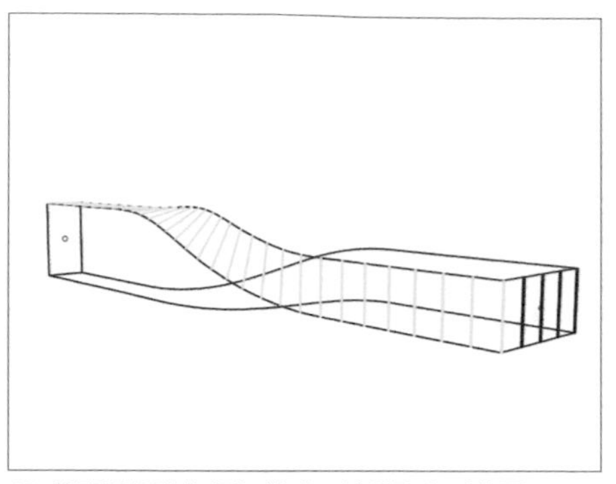

49. 將顯示調整為框架模式，並選取多重曲面

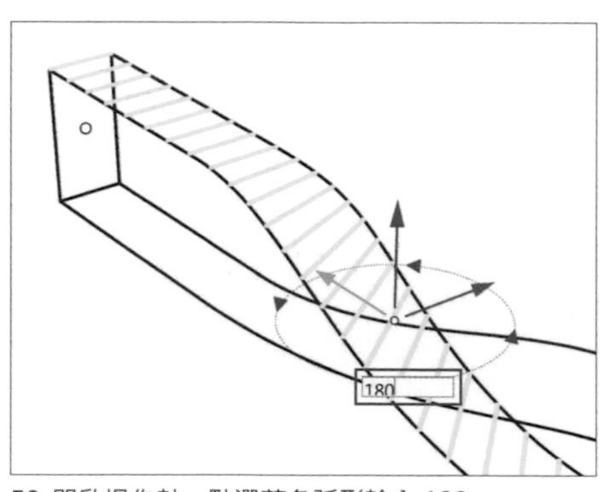

50. 開啟操作軸，點選藍色弧形輸入 180

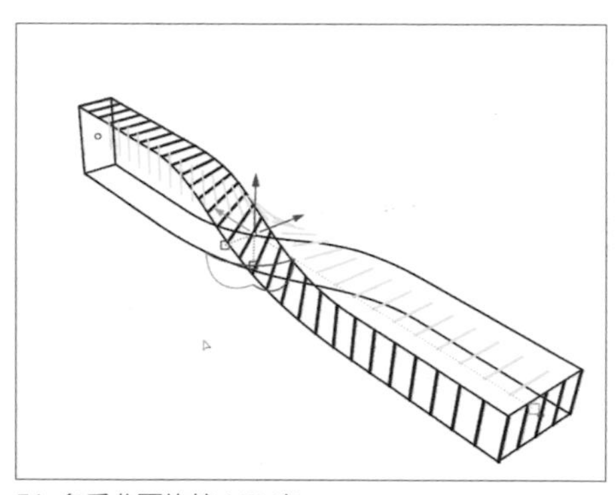

51. 多重曲面旋轉 180 度

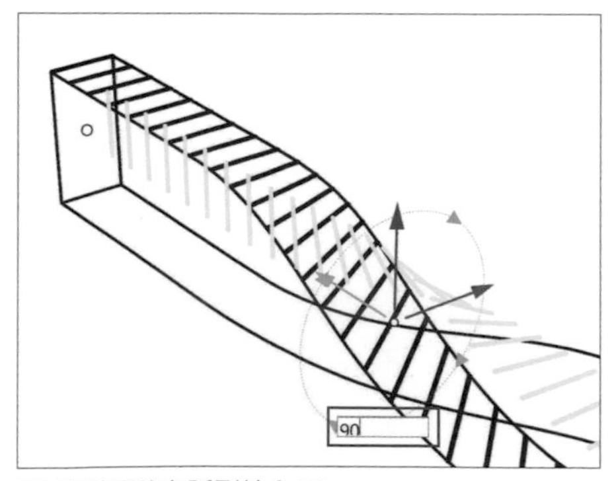

52. 再點選綠色弧形輸入 90

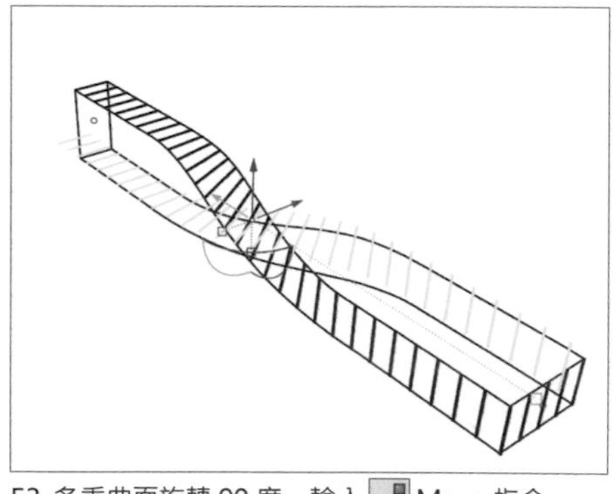

53. 多重曲面旋轉 90 度，輸入 Move 指令

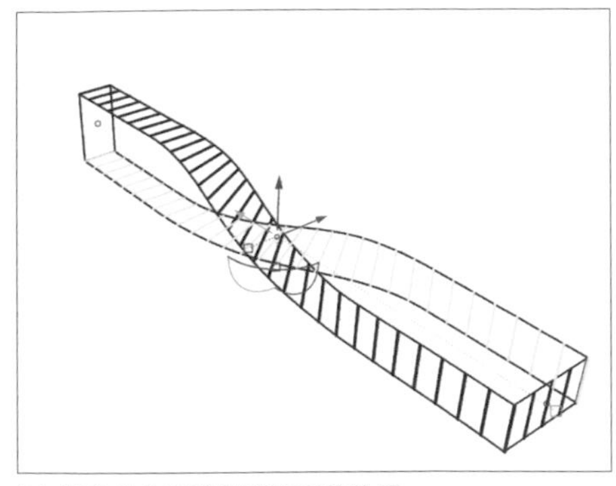

54. 將多重曲面移動到適當的位置

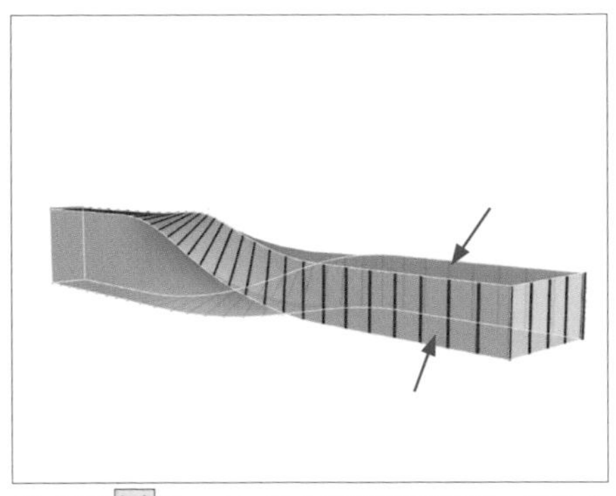

55. 使用 Expolde 指令後將皮層炸開，選取上面與下面

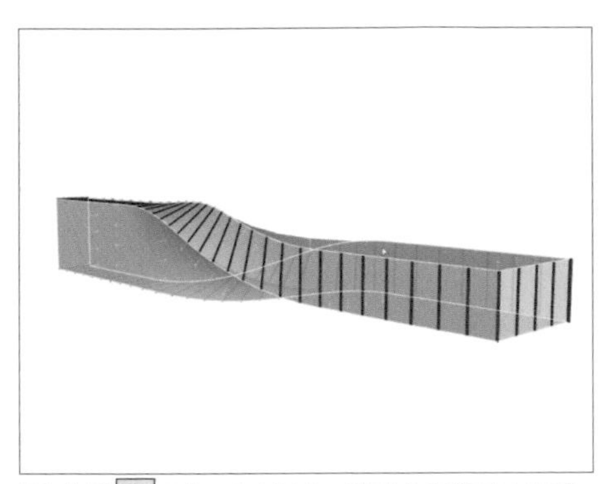

56. 使用 OffsetSrf 指令，確定方向並輸入距離

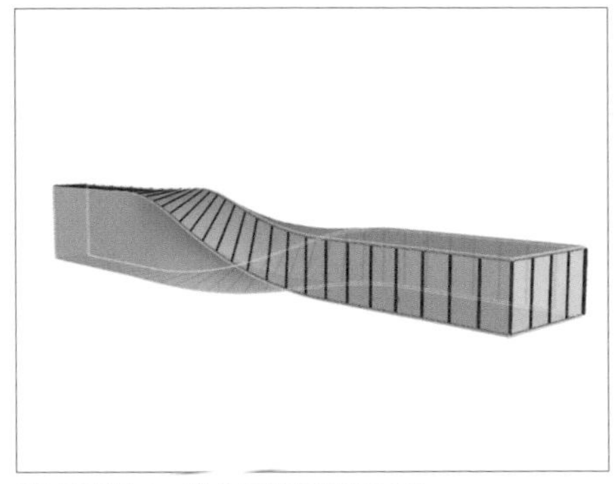

57. 按下 Enter 後上下樓板出現厚度

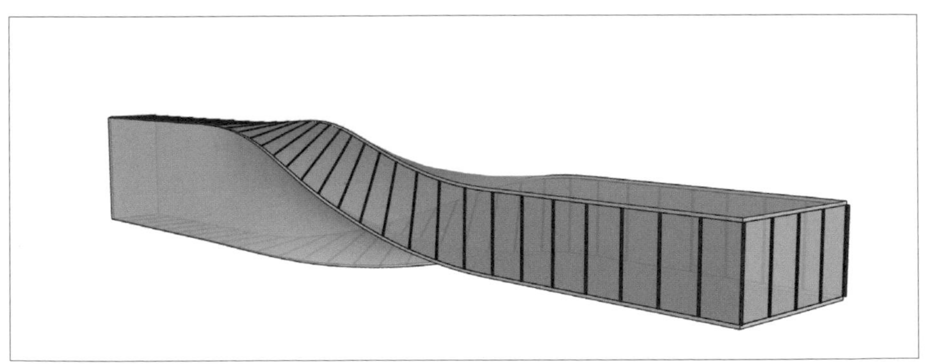

· Kistefos Museum

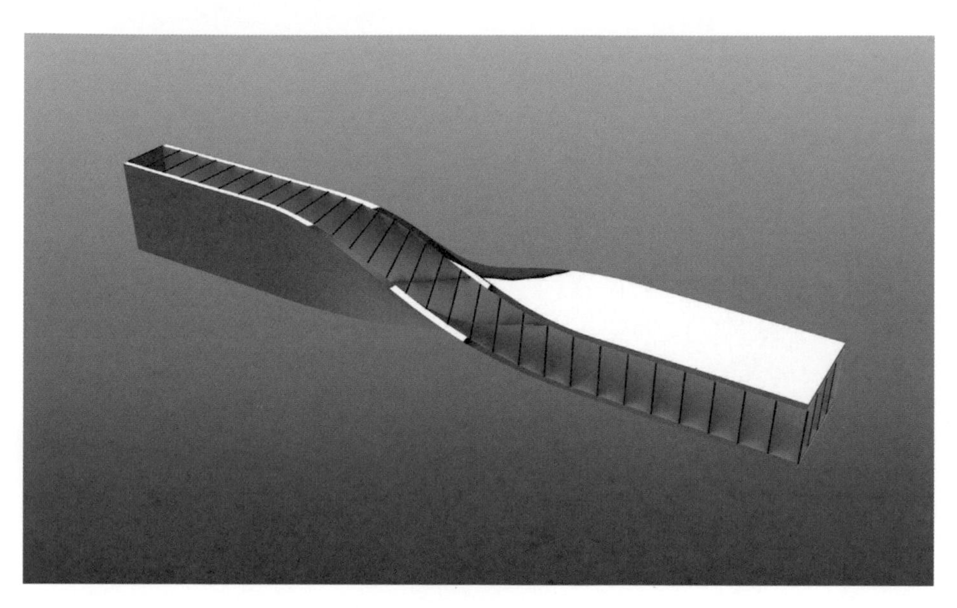

· Kistefos Museum - Aerial View

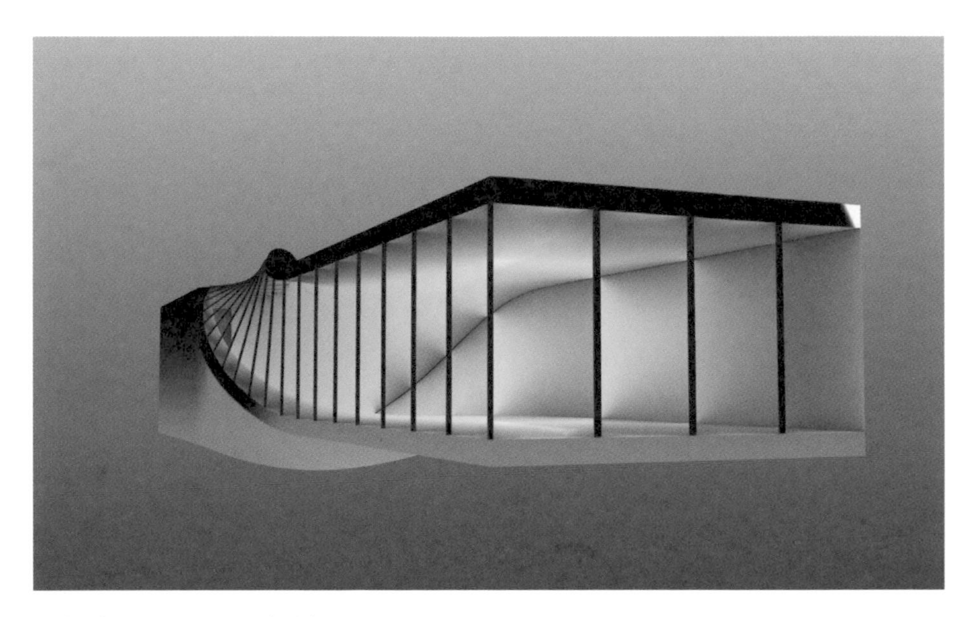

· Kistefos Museum - Interior View

5.2.4 旋轉成形

建立曲面 > 旋轉成形 (Revolve) 指令能以一條輪廓曲線繞著旋轉軸旋轉建立曲面。先選取曲線，再指定旋轉軸的起點與指定旋轉軸的終點，設定選項後即可成形。

起始角度 <0> (刪除輸入物件 (D)= 否 可塑形的 (F)= 否 360 度 (U) 設定起始角度 (A)= 是 分割正切邊 (S)= 否)

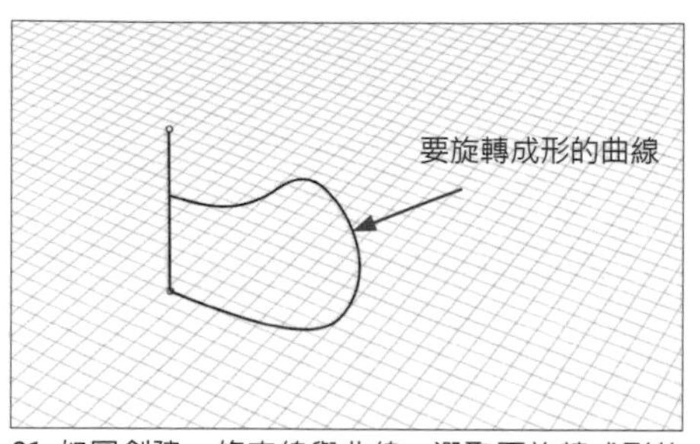

01. 如圖創建一條直線與曲線，選取要旋轉成形的曲線

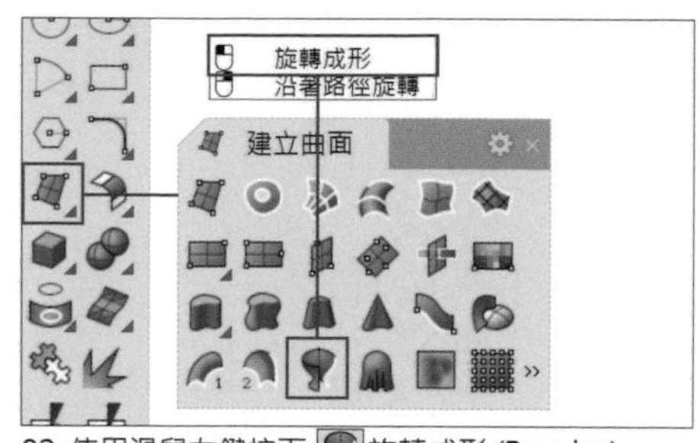

02. 使用滑鼠左鍵按下 旋轉成形 (Revolve)

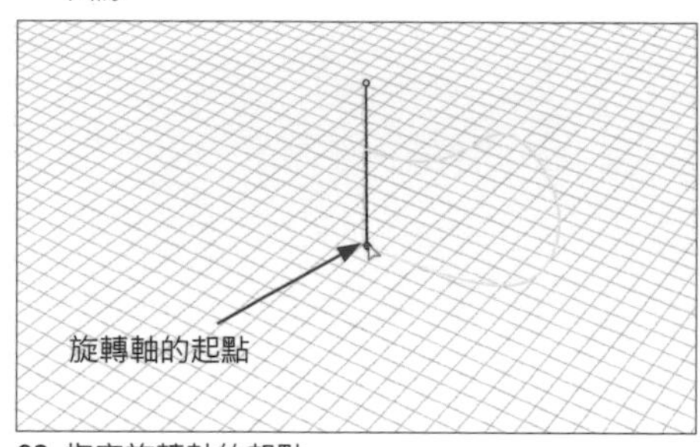

03. 指定旋轉軸的起點

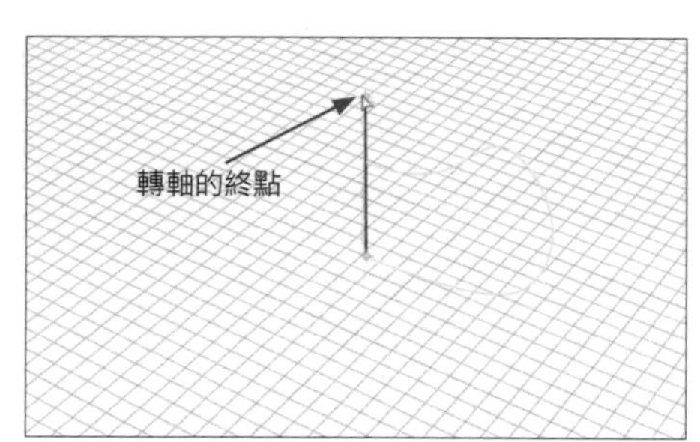

04. 指定旋轉軸的終點，並按下 Enter

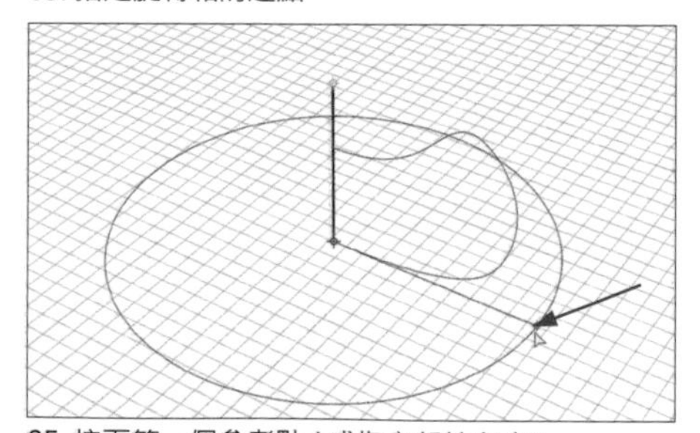

05. 按下第一個參考點 (或指定起始角度)

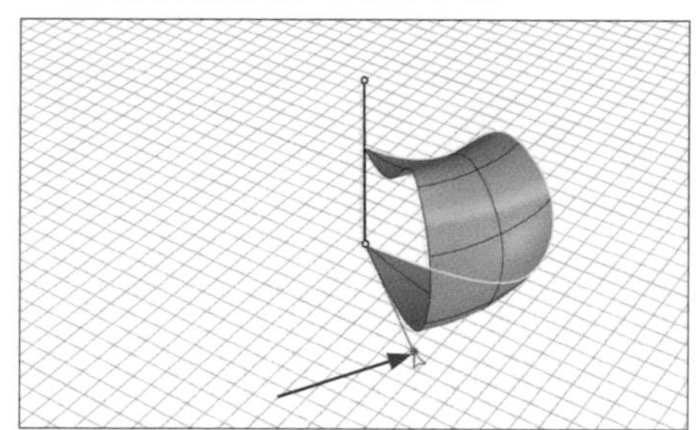

06. 此時即可開始旋轉成形

選項「可塑形的 = 否」，曲線就會以正圓旋轉建立曲面，在編輯控制點時可能會產生銳邊。「可塑形的 = 是」，將會重建旋轉成形曲線，在編輯控制點時可以平滑地變形。

起始角度 <360> (刪除輸入物件 (D)= 否 可塑形的 (F)= 是 360 度 (U) 設定起始角度 (A)= 是 點數 (P)=10 分割正切邊 (S)= 否)

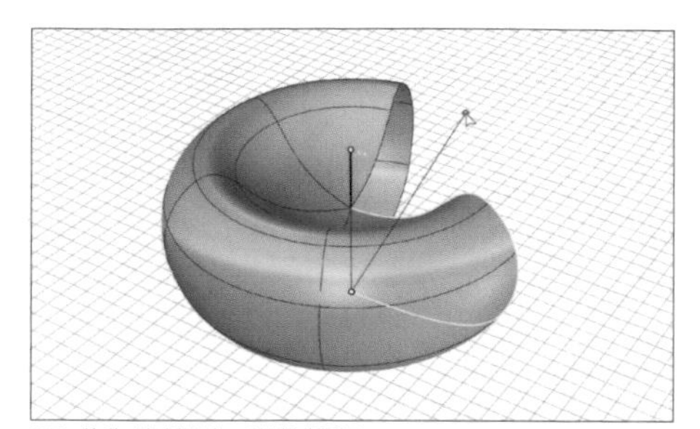

07. 此為旋轉到一半的情況

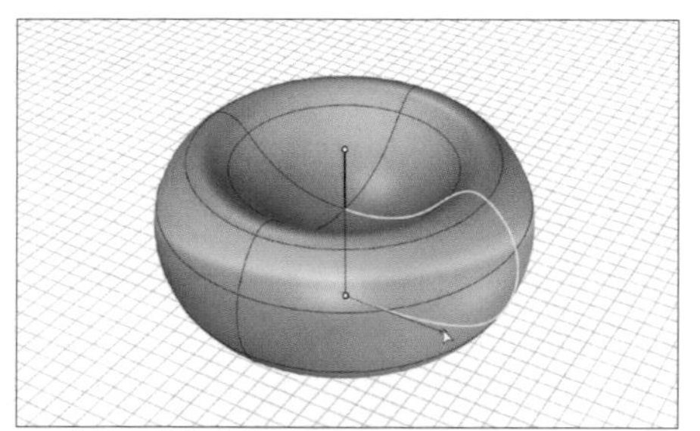

08. 將第二點指定繞一圈後點選便能成形

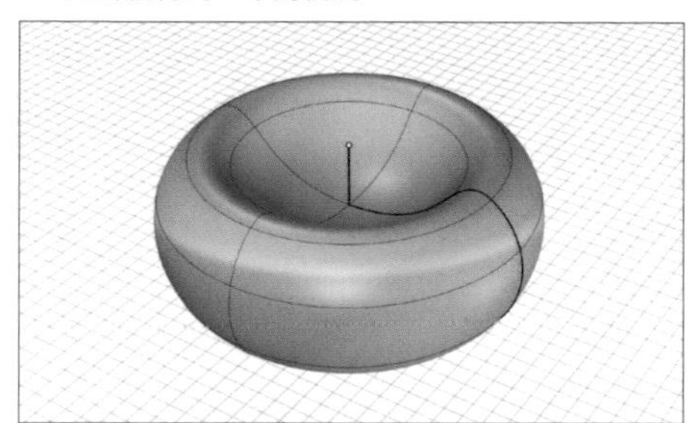

· 可以直接指定起始角度為 0，旋轉角度為 360，會出現環繞一圈的效果

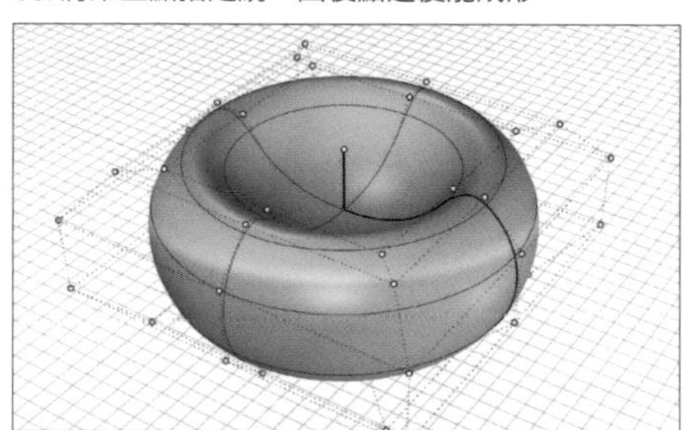

· 開啓控制點 (F10)「可塑形的 (F)= 否」

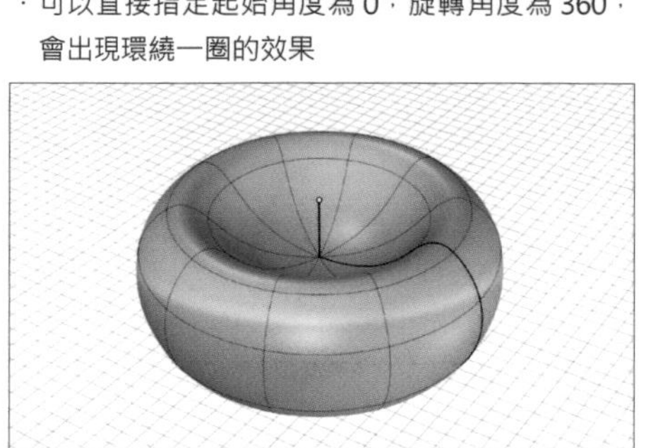

· 此為「可塑形的 (F)= 是」的選項，點數為 10

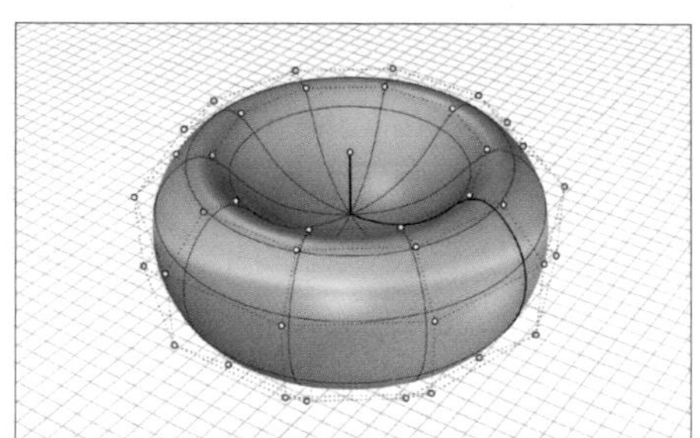

· 開啓控制點 (F10)「可塑形的 (F)= 是」

案例 - 聖瑪莉艾克斯 30 號大樓
(30 St. Mary Axe)

案例 - 聖瑪莉艾克斯 30 號大樓 (30 St. Mary Axe)

30 St. Mary Axe

(the Swiss Re Building)

Location: St Mary Axe, London

Architects: Foster and Partners

Construction started: 2001

Completed: 2003

Type : Office

Floor count: 41

Floor area: 47,950 m²

會使用到的指令：

- Picture 匯入立面圖
- Curve 繪製曲線
- Revolve 旋轉成形
- Rebuild 重建曲面
- Contour 建立等距斷面線
- ExtrudeCrv 擠出曲線
- ExtractIsocurve 抽離結構線
- Twist 扭轉
- Mirror 鏡射
- Trim 修剪
- Split 分割
- Sweep2 雙軌掃掠
- Rotate 旋轉

參考圖 : https://www.fosterandpartners.com/projects/30-st-mary-axe/

參考圖 : https://www.fosterandpartners.com/projects/30-st-mary-axe/

案例建模練習 (30 St. Mary Axe)

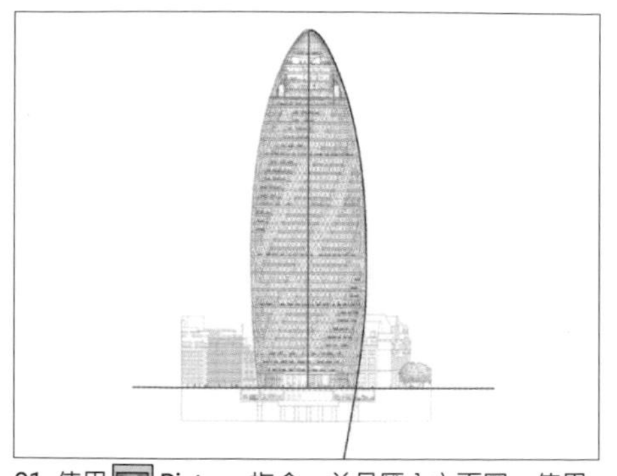

01. 使用 Picture 指令，並且匯入立面圖，使用 Curve 繪製出如圖曲線

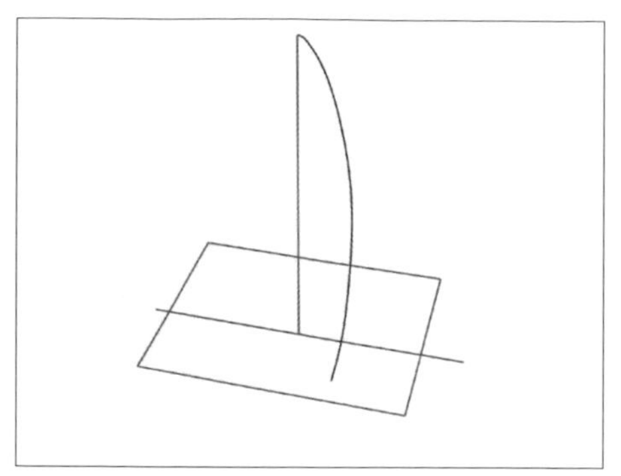

02. 在平面上繪製出方框與輔助線（綠色）

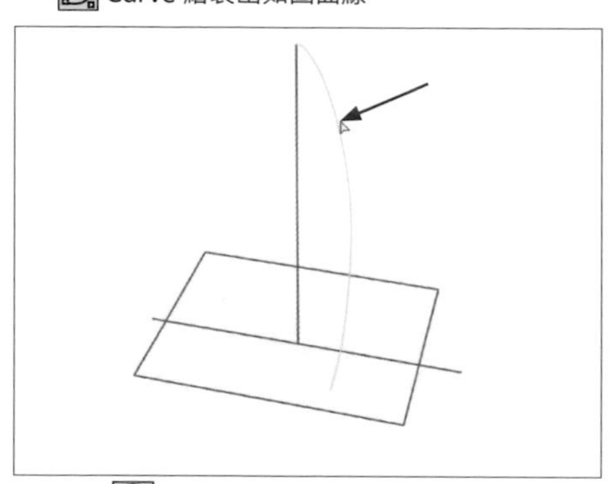

03. 使用 Revolve 指令，選取要旋轉成形的曲線後按下 Enter

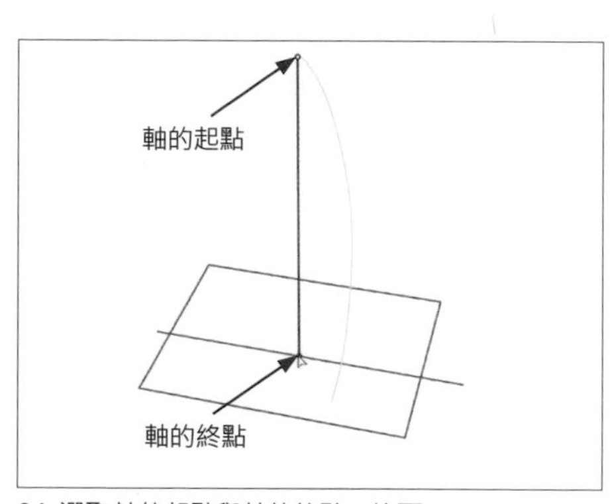

04. 選取軸的起點與軸的終點，按下 Enter

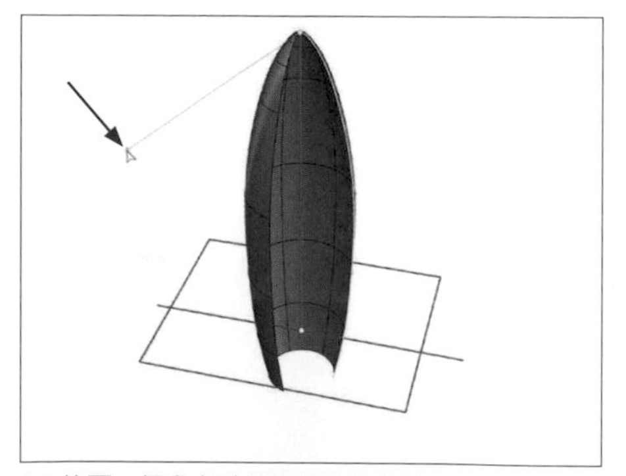

05. 按下一個參考點後開始旋轉成形

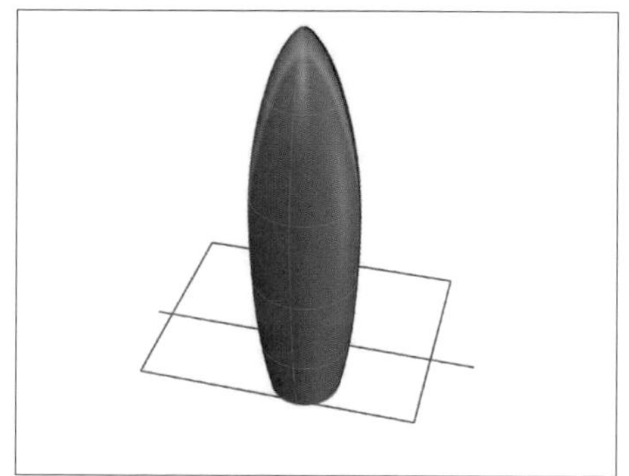

06. 或是直接在指令行輸入 360 度成形

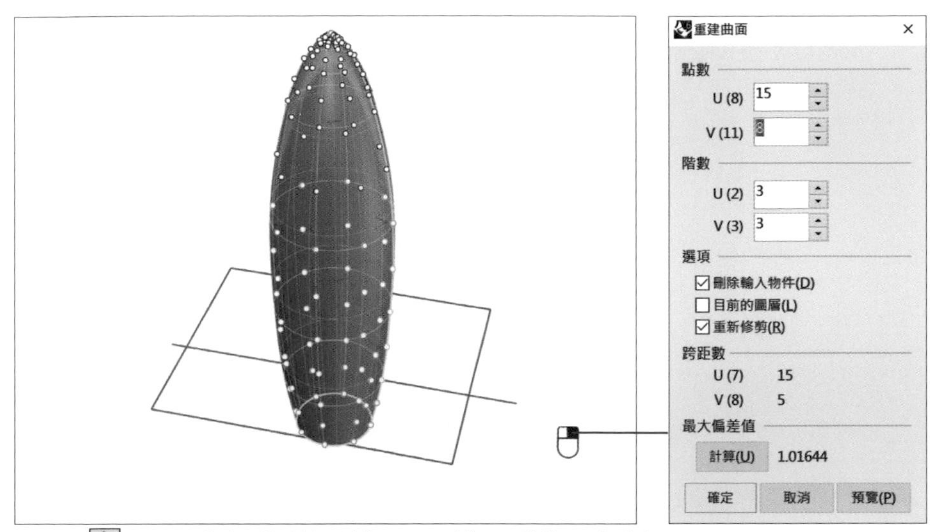

07. 使用 Rebuild 指令，將點數 U 改為 15，V 改為 8，階數 UV 都改成 3

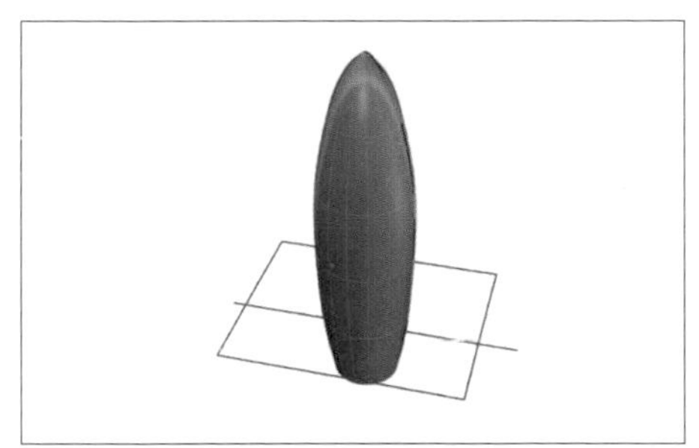

08. 按下 Enter 後結構線改變

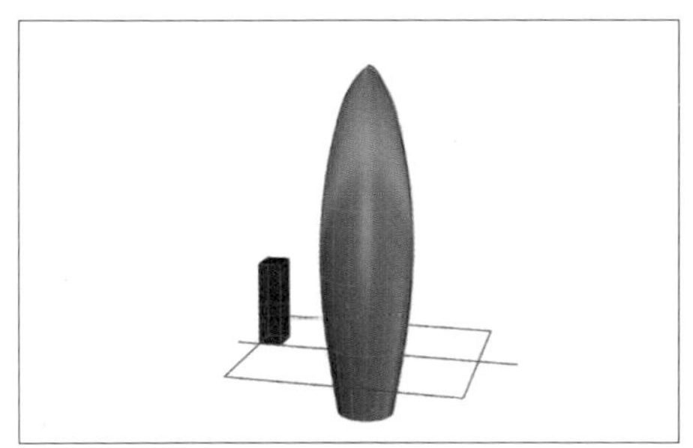

09. 繪製一個小矩形

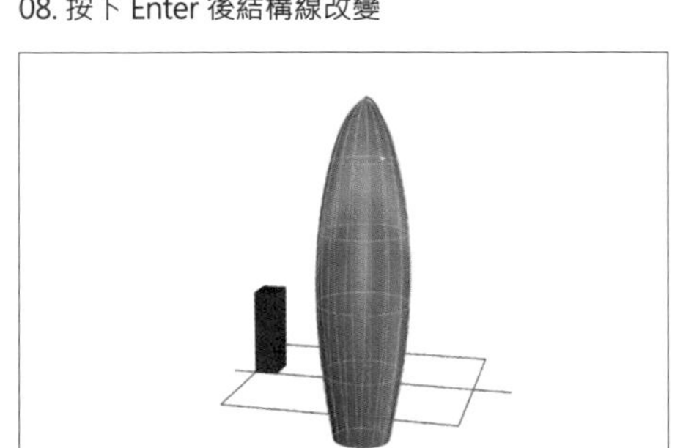

10. 使用 Contour 指令，點選曲面

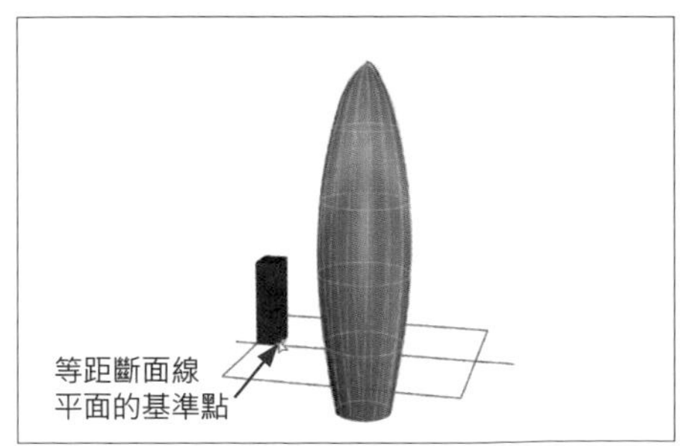

11. 點選矩形端點為等距斷面線平面的基準點

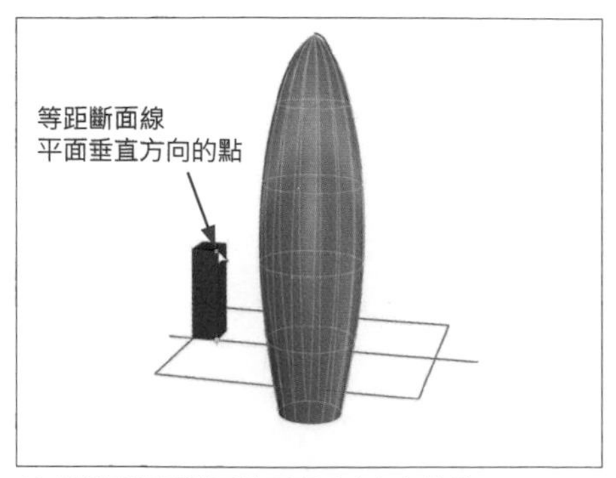

12. 點選與等距斷面線平面垂直方向的點

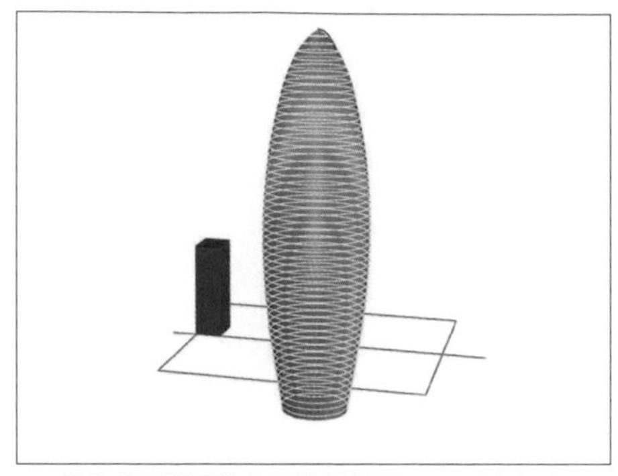

13. 輸入等距斷面線的距離後按下 Enter 即成形

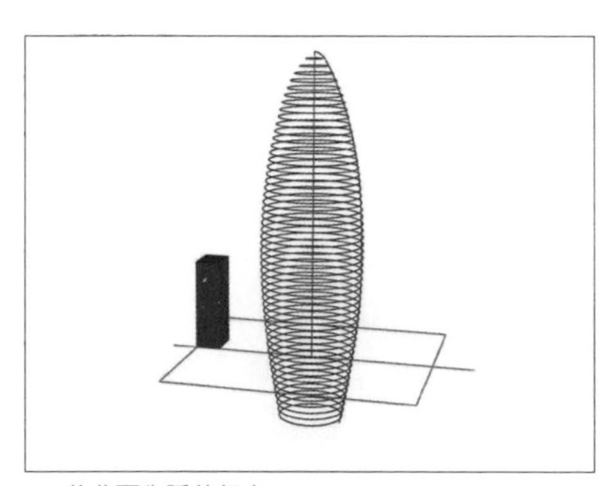

14. 將曲面先隱藏起來

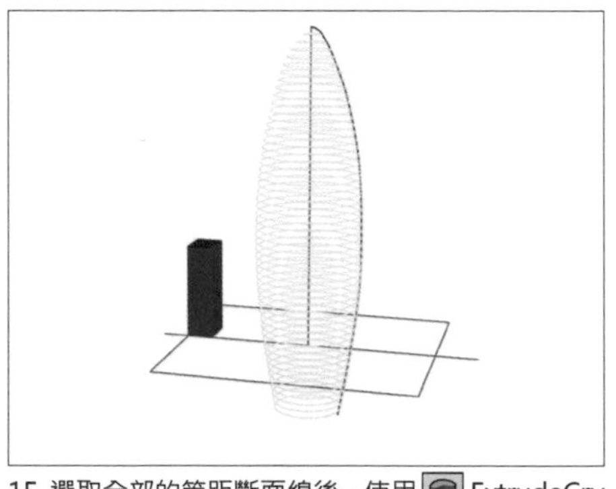

15. 選取全部的等距斷面線後，使用 ExtrudeCrv 指令（為了生成樓板）

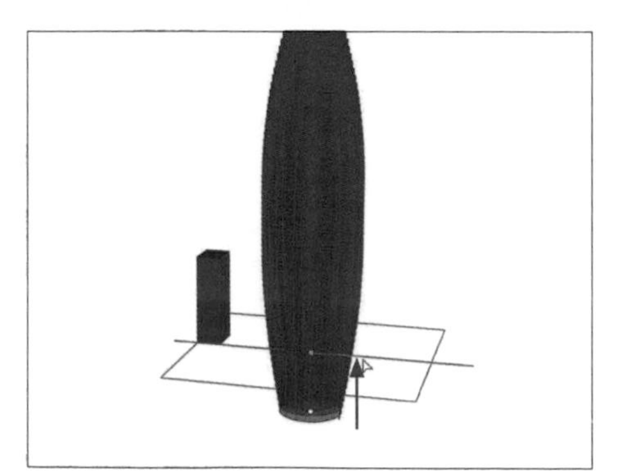

16. 會往 Z 軸方向擠出，輸入擠出距離，實體 = 是

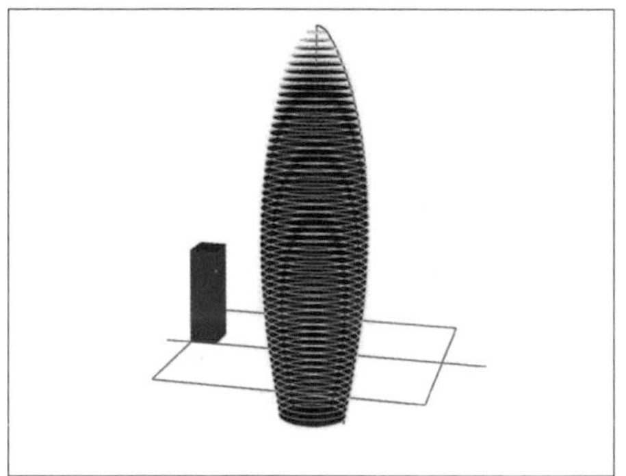

17. 按下 Enter 後，曲線變成了多重曲面

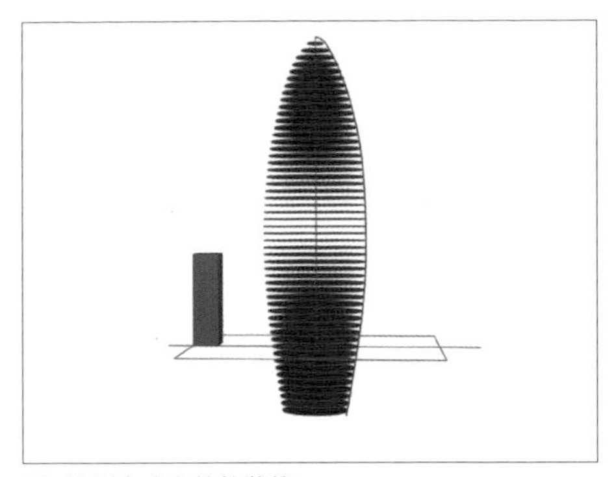

18. 樓板生成之後的狀態

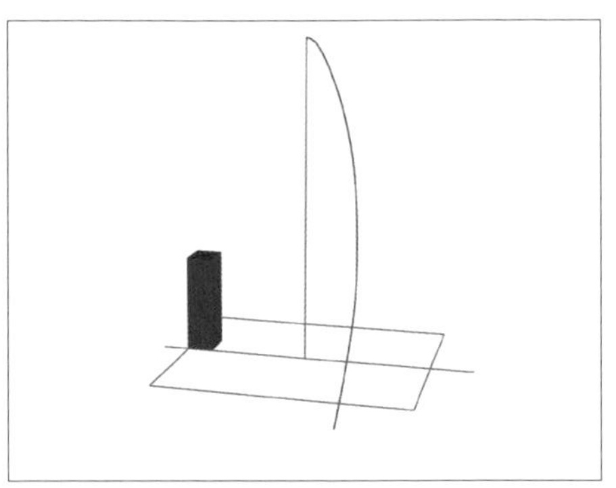

19. 將樓板選取後全部隱藏

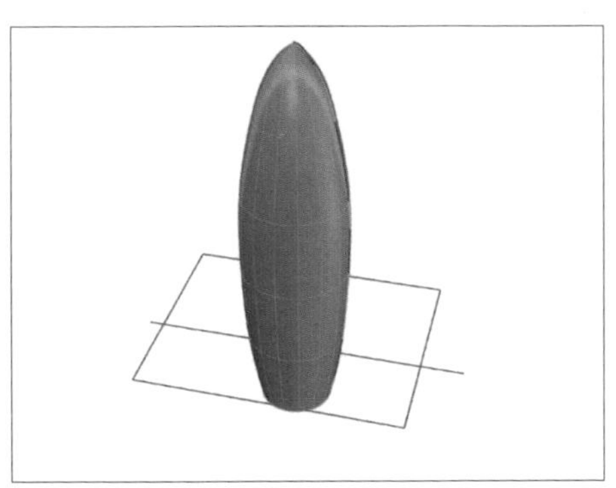

20. 將曲面重新開啓顯示

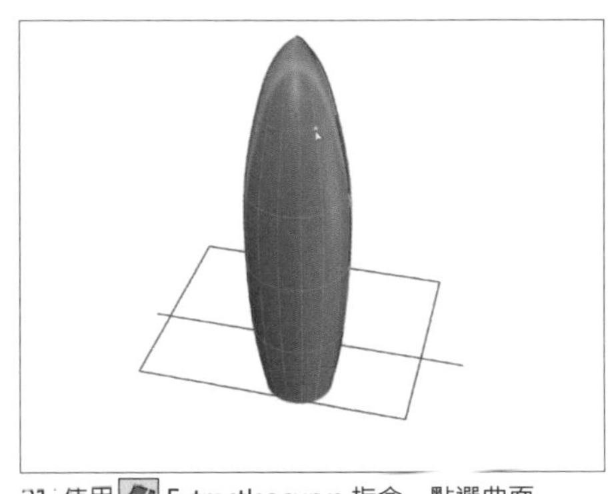

21. 使用 ExtractIsocurve 指令，點選曲面

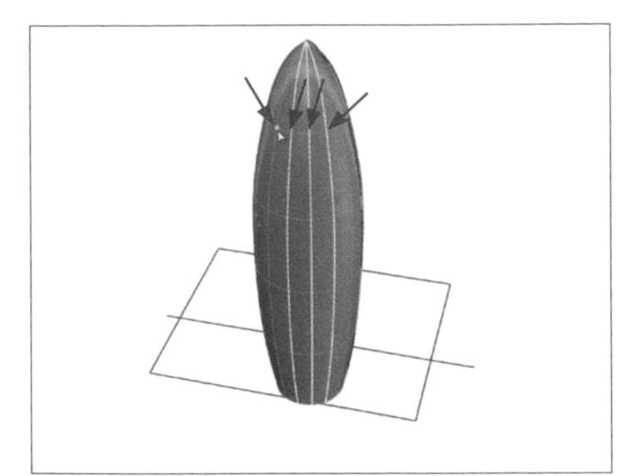

22. 選取要抽離的結構線，切換為 U 方向

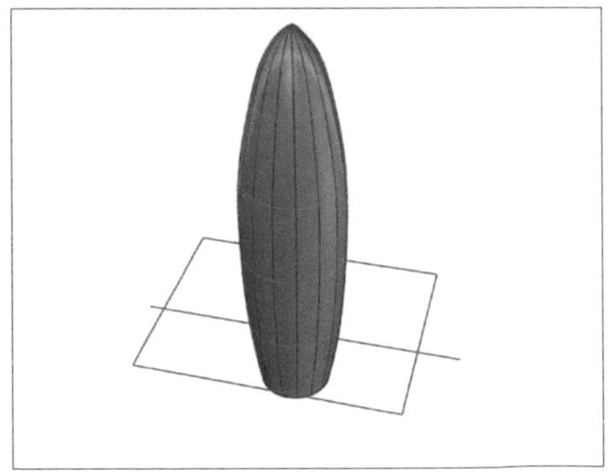

23. 擷取全部的縱向結構線

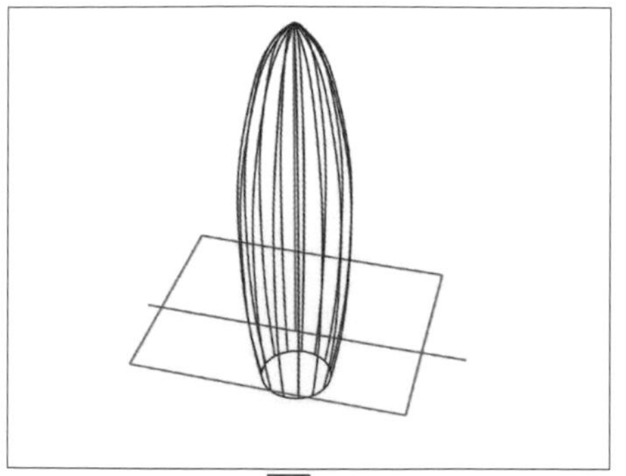

24. 將曲面隱藏，使用 Twist 指令，選取結構線

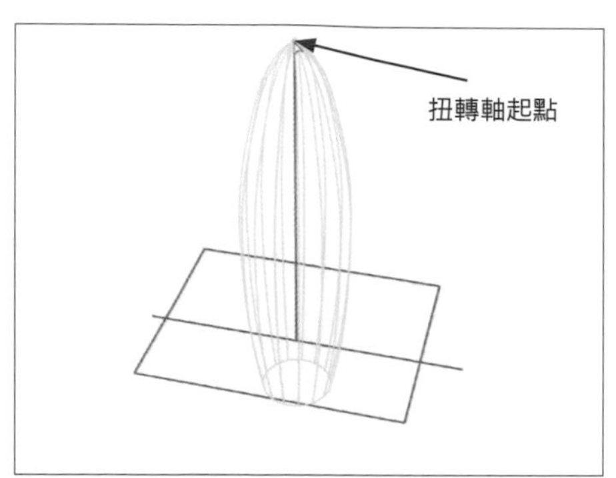

25. 按下 Enter 之後，點選扭轉軸起點

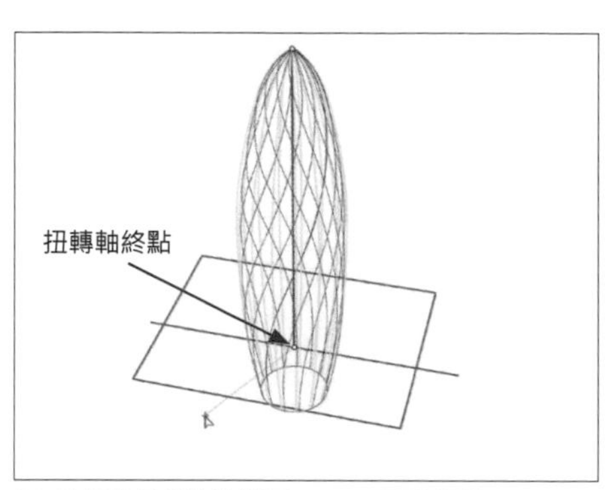

26. 點選旋轉軸終點按下 Enter，開始扭轉

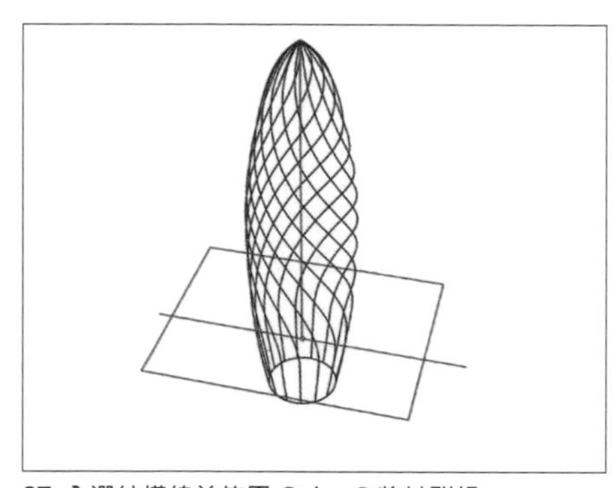

27. 全選結構線並使用 Ctrl + G 將其群組

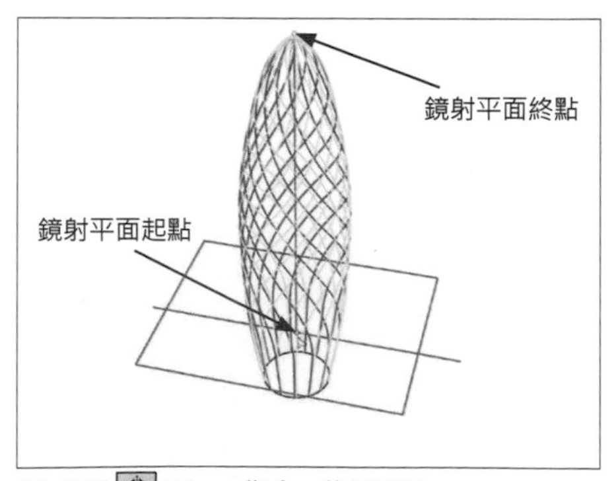

28. 使用 Mirror 指令，將其鏡射

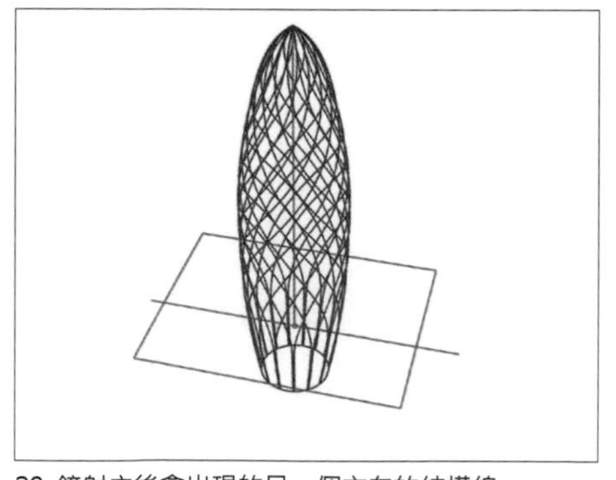

29. 鏡射之後會出現的另一個方向的結構線

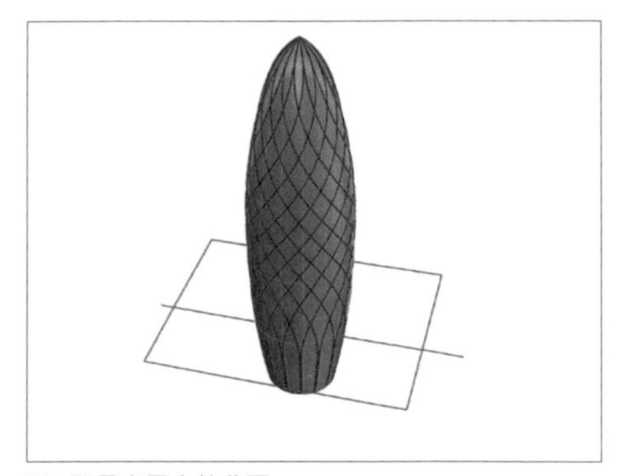

30. 顯示出原本的曲面

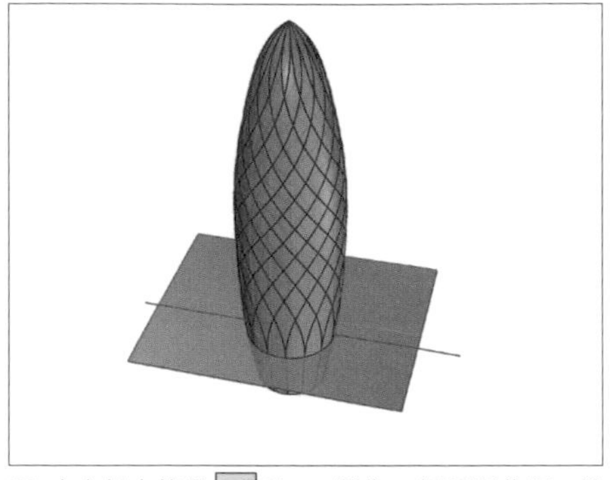

31. 在方框中使用 Plane 製作一個平面曲面，並使用 Trim 指令

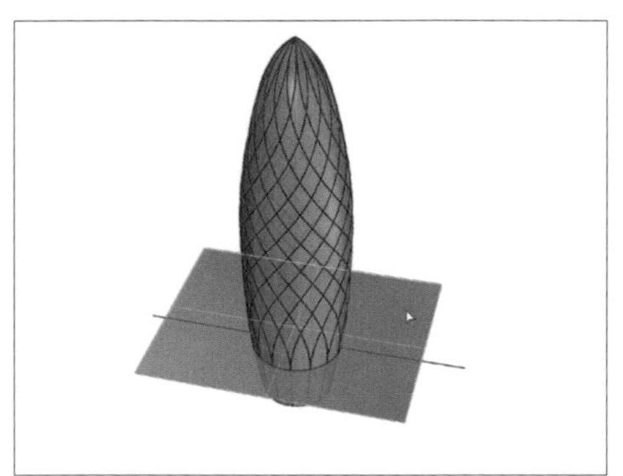

32. 點選修剪用的平面，按下 Enter

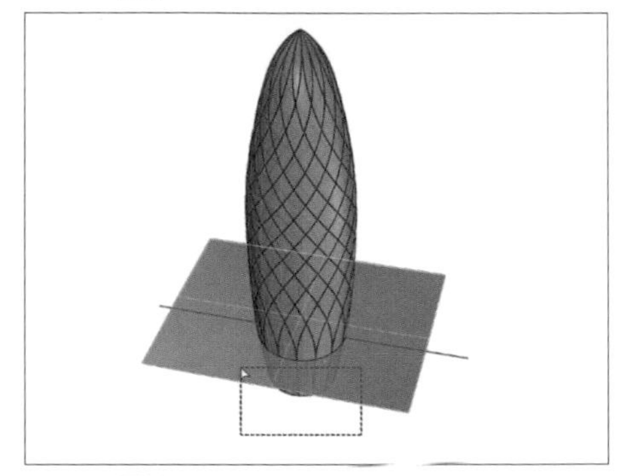

33. 框選要修剪的下半部曲線與曲面

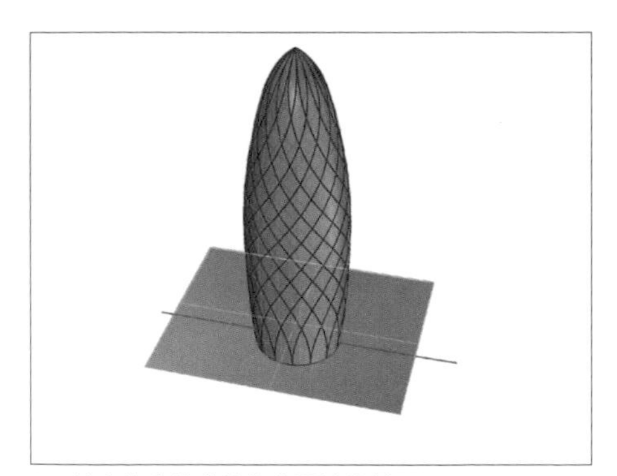

34. 結束指令後曲線與曲面被修剪

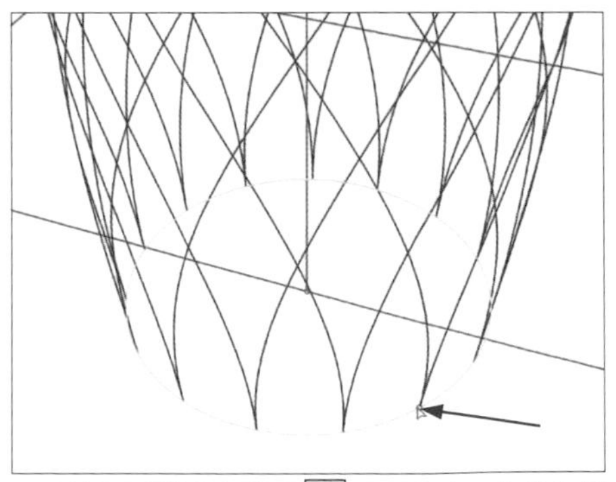

35. 點選圓形曲線並使用 Split 指令，在指令欄使用點選項去分割

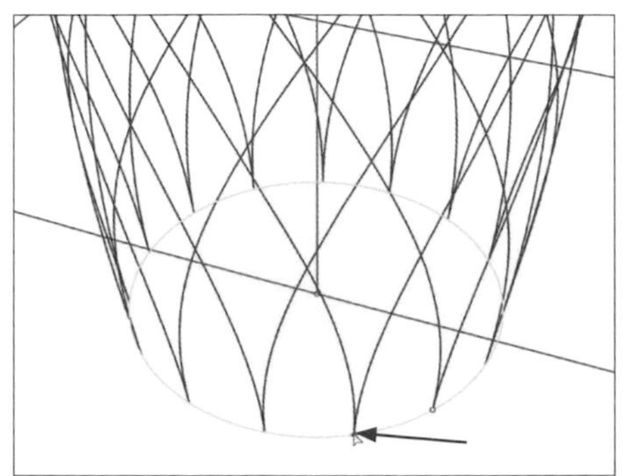

36. 點選第一個點去分割

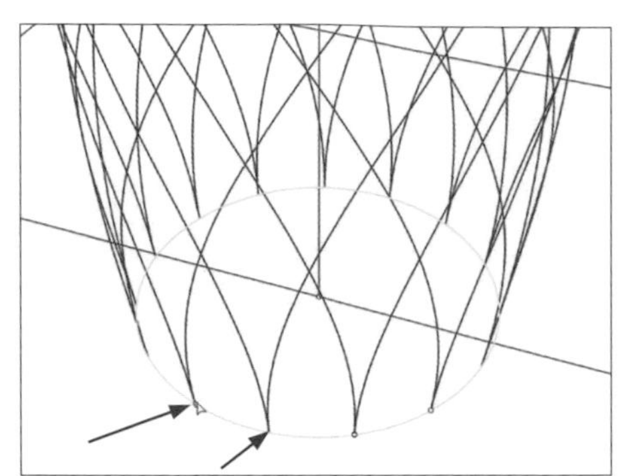

37. 點選第二、三個點，依此類推將全部分割

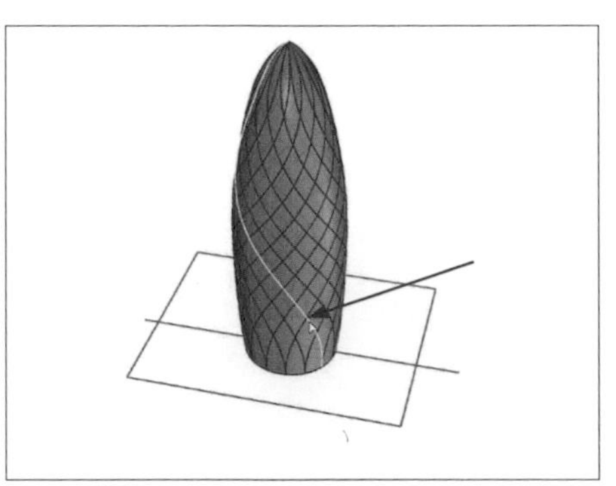

38. 使用 Sweep2 指令，選取第一條路徑

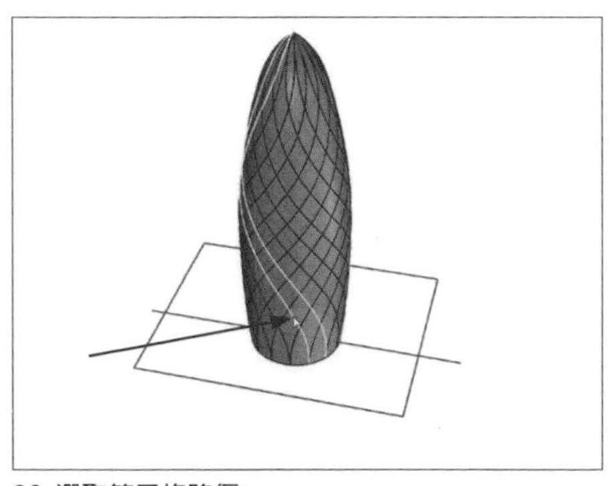

39. 選取第二條路徑

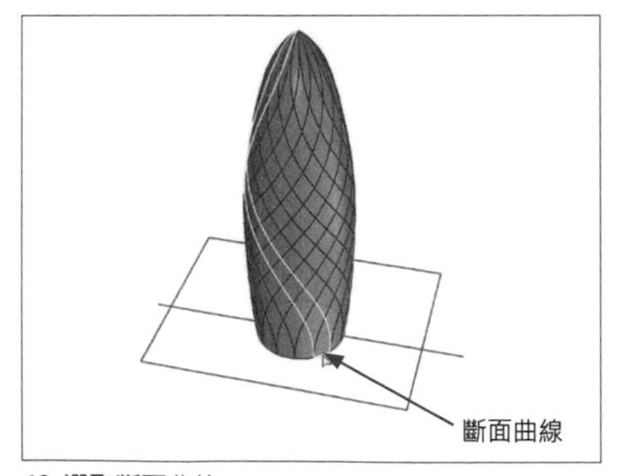

40. 選取斷面曲線

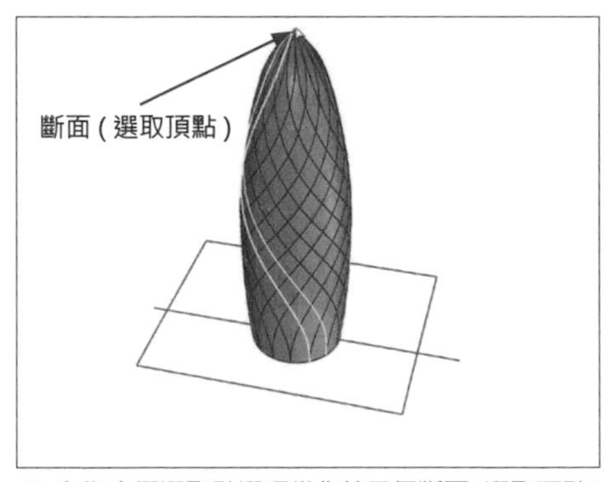

41. 在指令欄選取點選項當作第二個斷面(選取頂點)

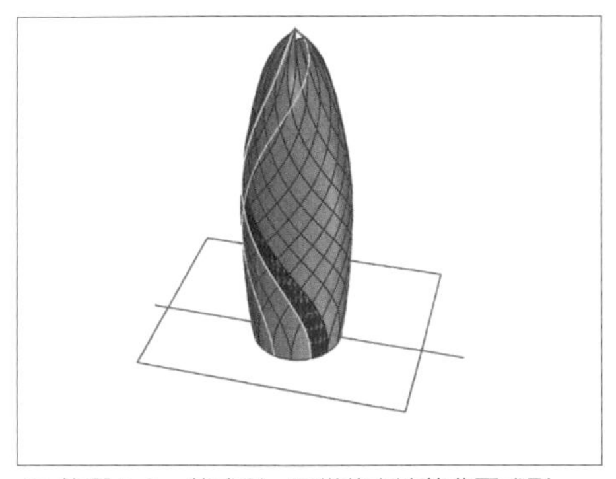

42. 按下 Enter 後成形，同樣將旁邊的曲面成形

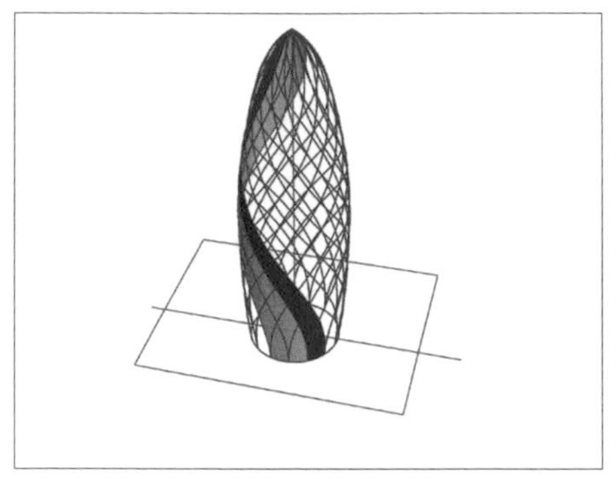

43. 將原本的曲面刪除，只留下成形後的兩個曲面

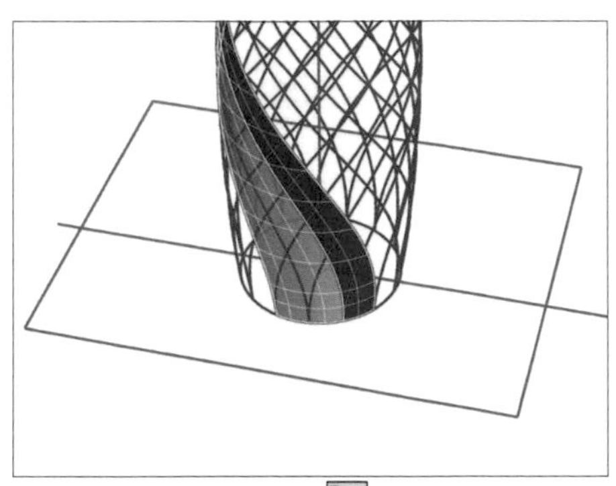

44. 將兩個曲面選取後使用 Rotate 指令

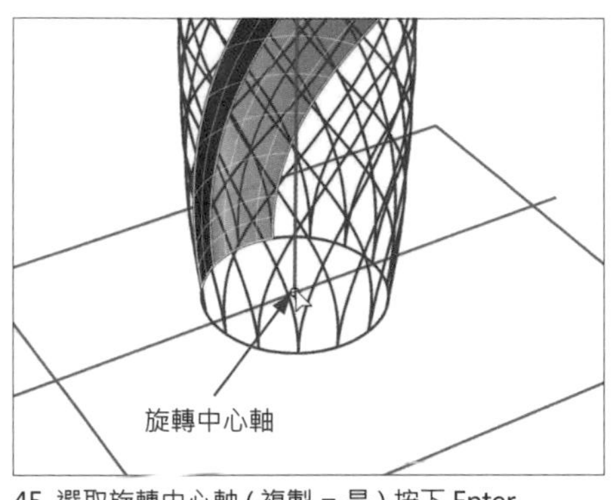

45. 選取旋轉中心軸 (複製 = 是) 按下 Enter

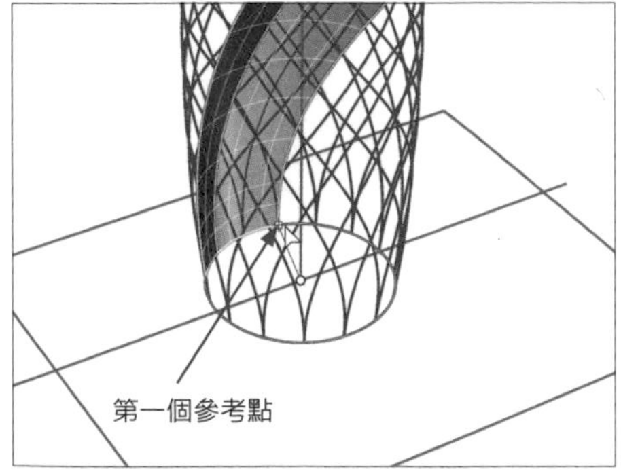

46. 點選第一個參考點

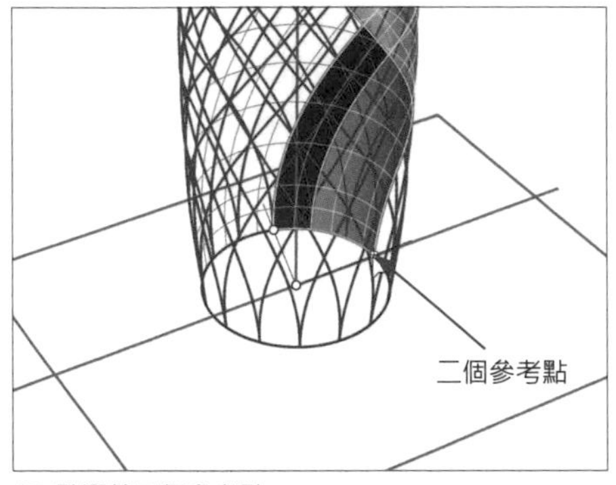

47. 點選第二個參考點

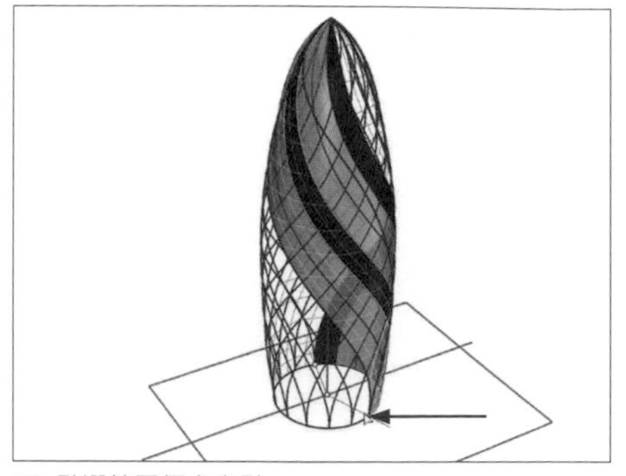

48. 點選第三個參考點

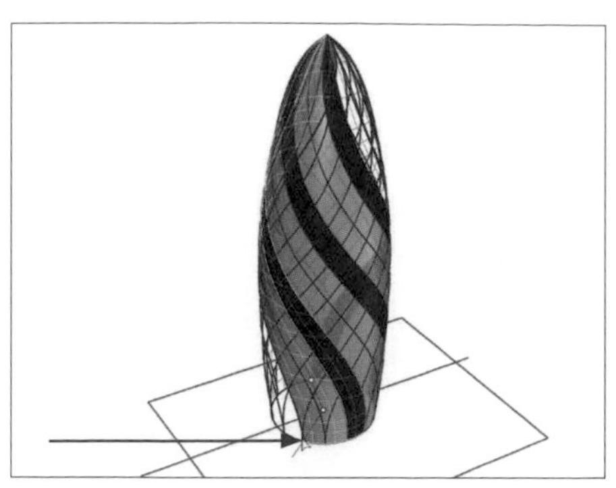

49. 點選第四個參考點，依此類推將其環繞一圈

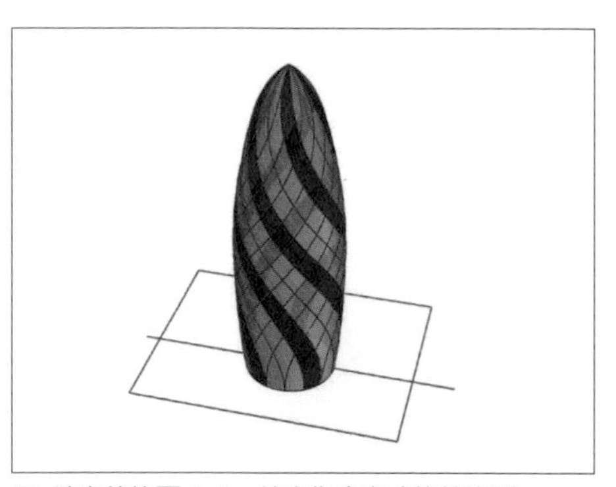

50. 確定後按下 Enter 結束指令完成旋轉複製

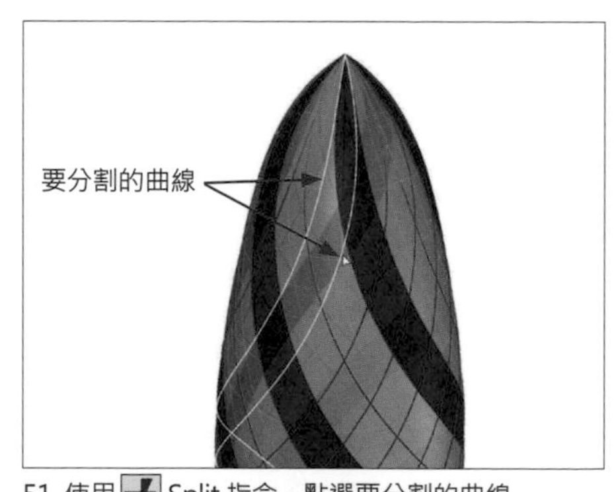

51. 使用 Split 指令，點選要分割的曲線

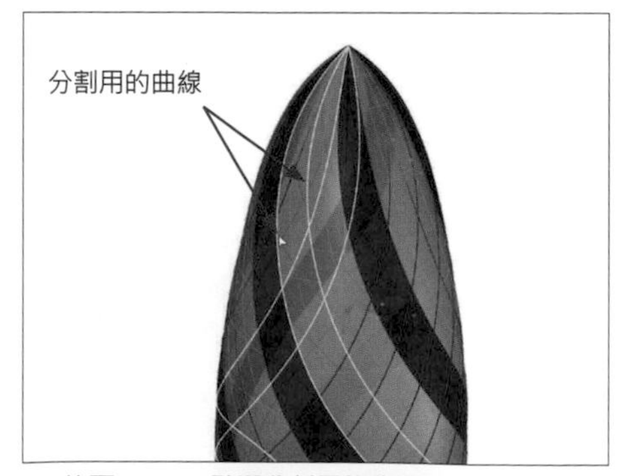

52. 按下 Enter，點選分割用的曲線並結束指令

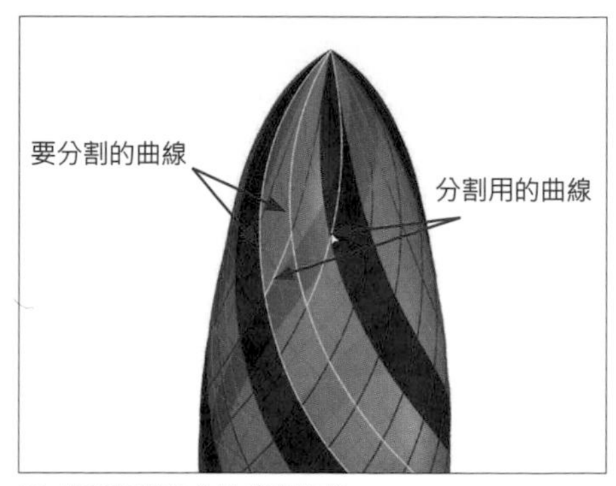

53. 使用同樣的方法分割曲線

54. 選取如圖曲線後，使用 Join 指令組合曲線

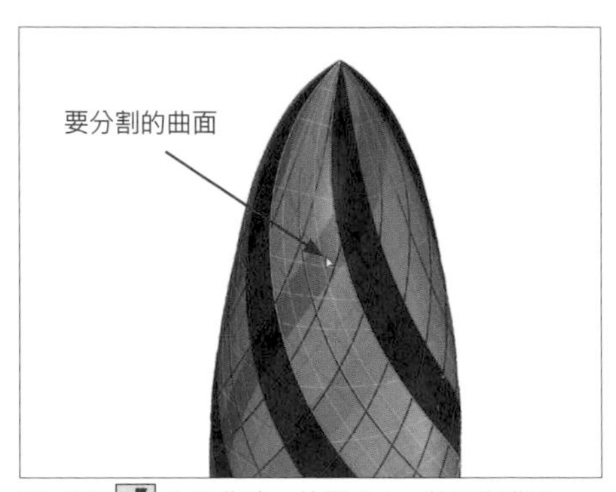

55. 使用 Split 指令，按下 Enter 後選取曲面

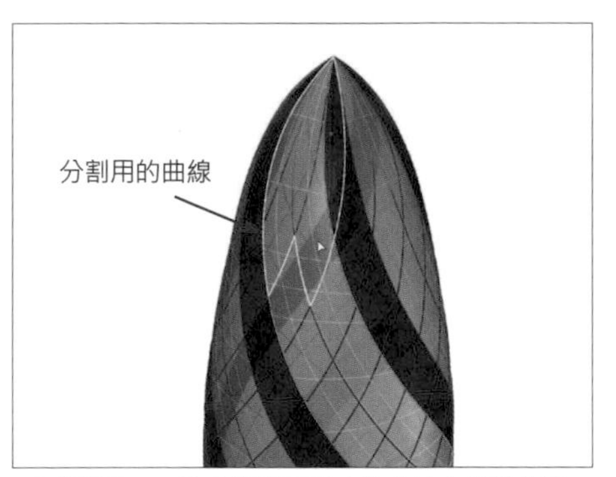

56. 按下 Enter 後點選前面組合的曲線去分割曲面

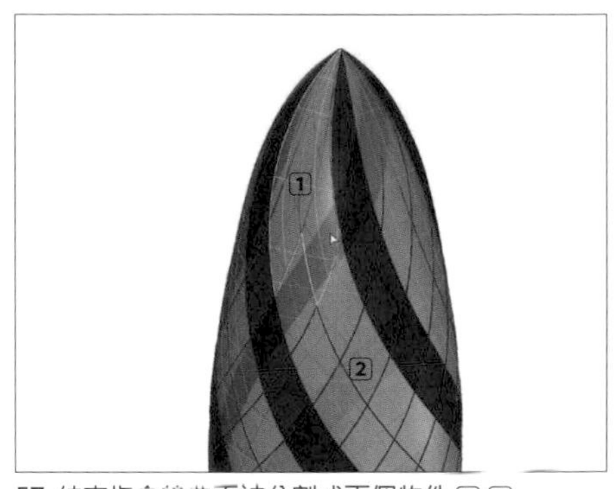

57. 結束指令後曲面被分割成兩個物件 ① ②

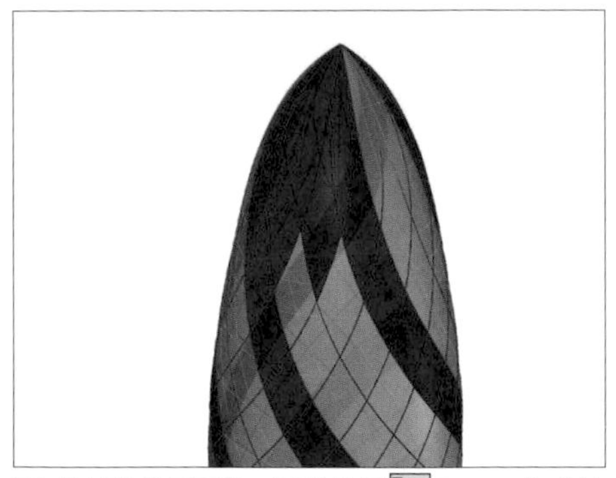

58. 將其改變圖層後，同樣使用 Rotate 指令旋轉複製一整圈

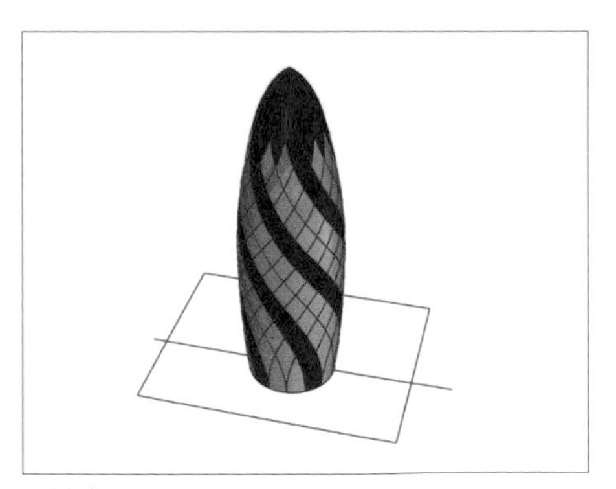

· 30 St. Mary Axe

· 30 St. Mary Axe - Exterior View

· 30 St. Mary Axe - Elevation View

5.2.5 沿著曲線流動

變動 > 沿著曲線流動 (Flow) 指令可以將物件或群組以基準曲線對應至目標曲線。建立平直物件比沿著曲線建立物件容易，所以使用這個指令可以快速將物件變形到目標曲線上。這裏延續 5.2.3 扭轉物件來製作一個莫比烏斯環，應先準備扭轉的物件與曲線圓。

(複製 (C)= 是 ❶硬性 (R)= 否 直線 (L) 局部 (O)= 否 ❷延展 (S)= 否 維持結構 (P)= 否 走向 (A)= 否)

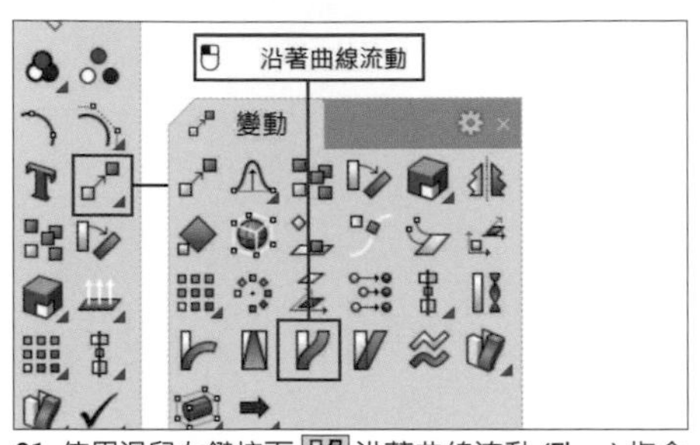

01. 使用滑鼠左鍵按下 沿著曲線流動 (Flow) 指令

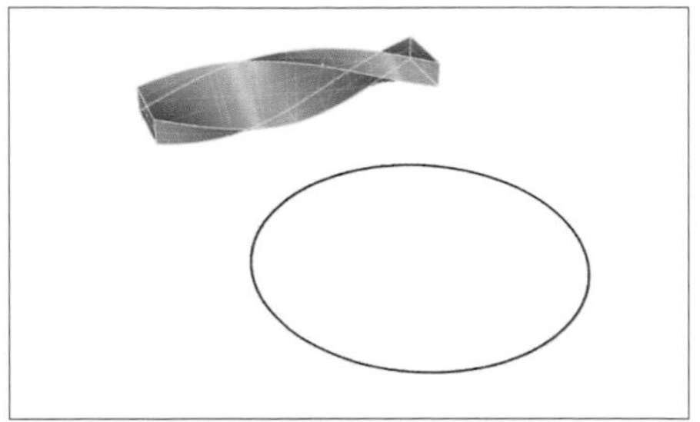

02. 選取要流動的扭轉物件，按下 Enter

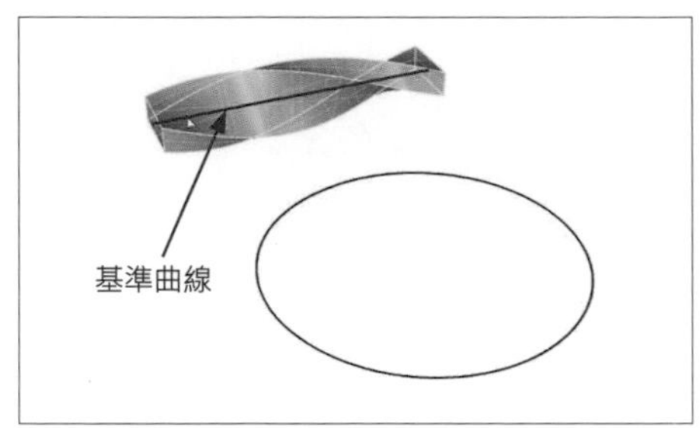

03. 選取基準曲線的端點處 (物件中心有一個軸)

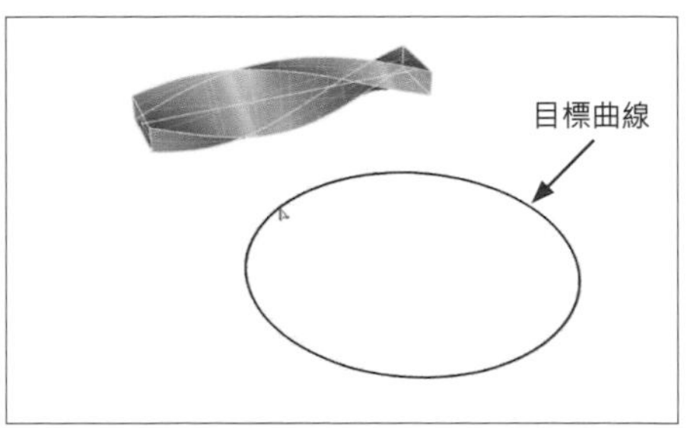

04. 再直接選取目標曲線

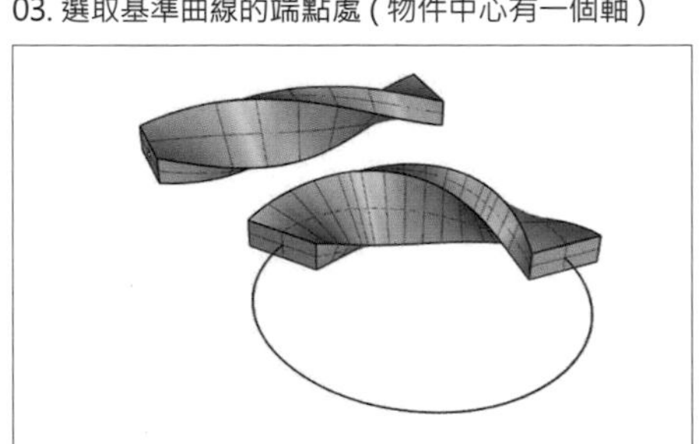

・❶「硬性 = 否」❷「延展 = 否」的狀況

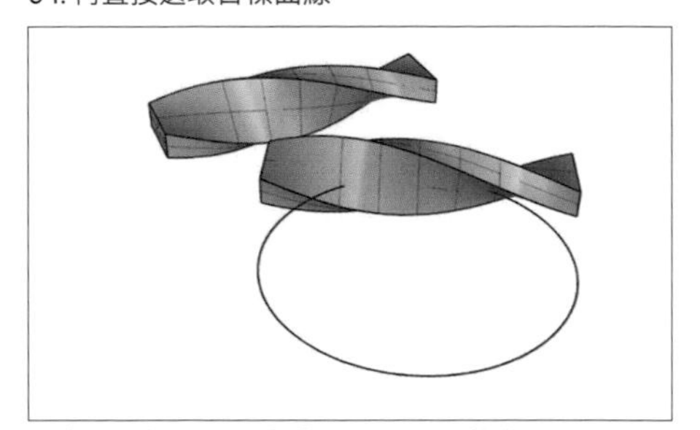

・❶「硬性 = 是」❷「延展 = 否」的狀況

如果要製作出莫比烏斯環效果，選項在硬性的部分需更改為否，局部更改為否，延展更改為是，才會將物件直接饒著曲線圓轉一圈，維持結構更改為否。

(複製 (C)= 是 硬性 (R)= 否 直線 (L) 局部 (O)= 否 延展 (S)= 是 維持結構 (P)= 否 ❸ 走向 (A)= 是)

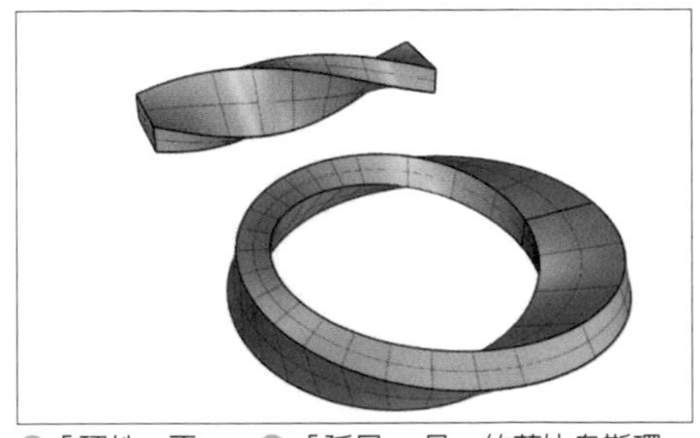

❶「硬性 = 否」、❷「延展 = 是」的莫比烏斯環

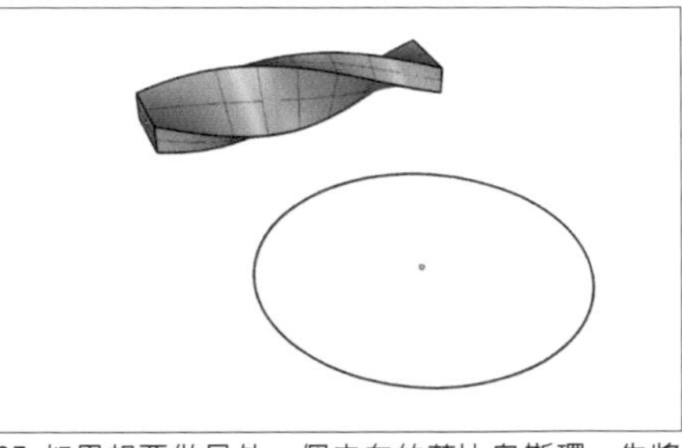

05. 如果想要做另外一個走向的莫比烏斯環，先將原本的刪除，再次輸入 Flow 按下 Enter

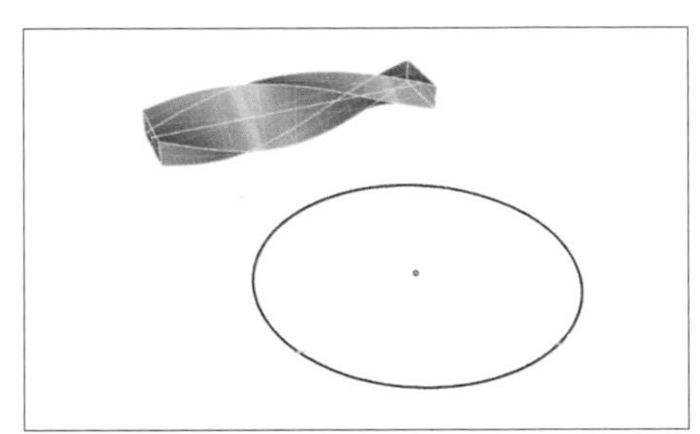

06. 選取要流動的扭轉物件，按下 Enter，選取基準曲線的端點處，再直接選取目標曲線

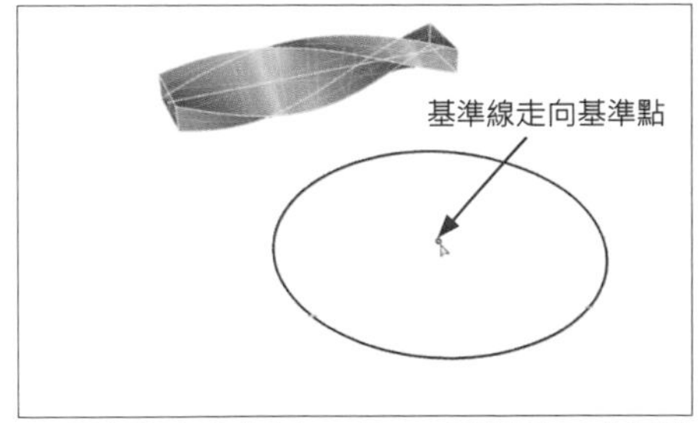

07. 選取選項 ❸「走向 = 是」，再選取圓心為基準線走向基準點

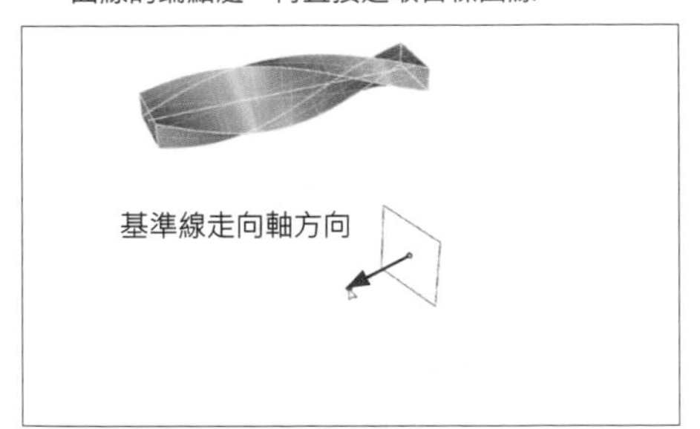

08. 點選可以設定基準線走向軸方向，按下 Enter

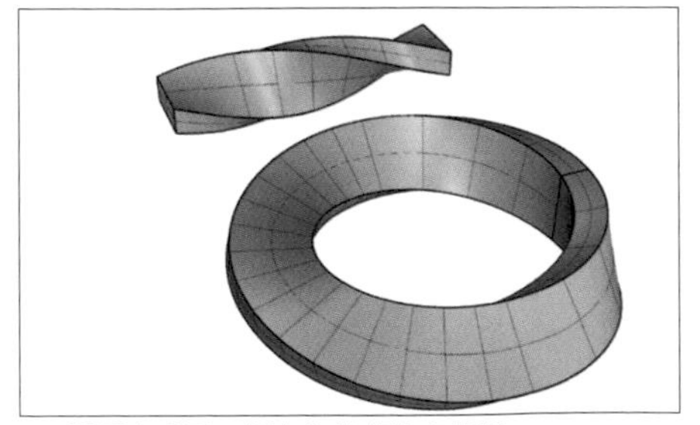

09. 即可出現另一個走向的莫比烏斯環

5.2.6 沿著曲面流動

變動 > 沿著曲面流動 (FlowAlongSrf) 指令可將物件從基準曲面流動至目標曲面。一開始先選取要流動到曲面的物件，通常要先群組會比較方便進行操作，接著點選基準曲面一個邊緣的角落處，再點選目標曲面對應的邊緣角落處，就可以將物件流動到曲面上。

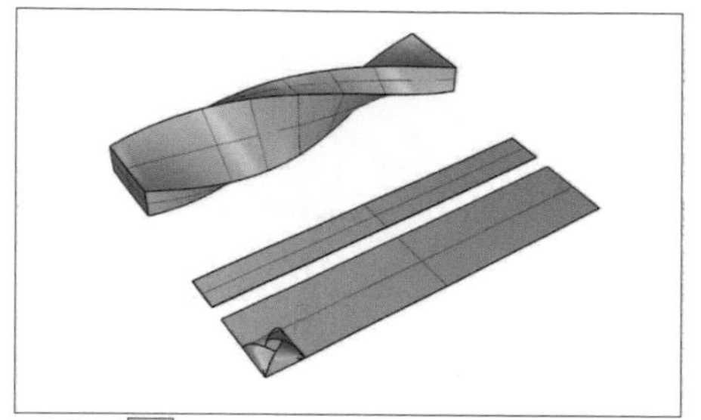

01. 使用 Length 指令測量四個面的邊長，畫出相應的矩形平面 (因為是對稱故只需要畫兩個)

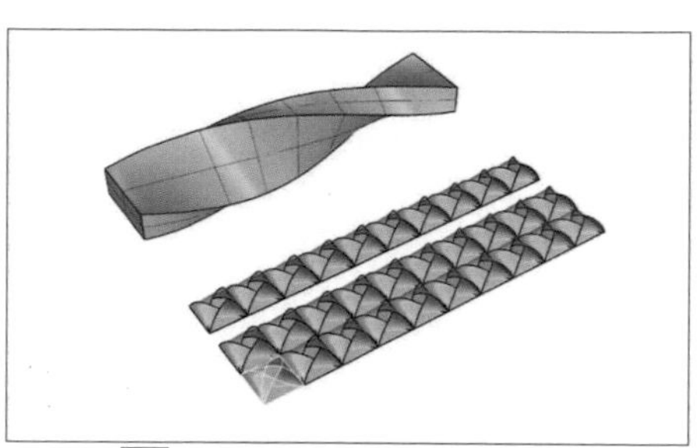

02. 使用 Array 指令將物件佈滿至曲面上

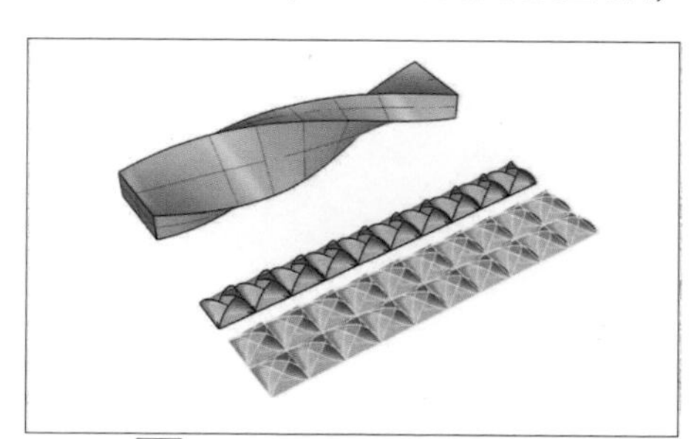

03. 使用 Group 指令將曲面上的物件群組

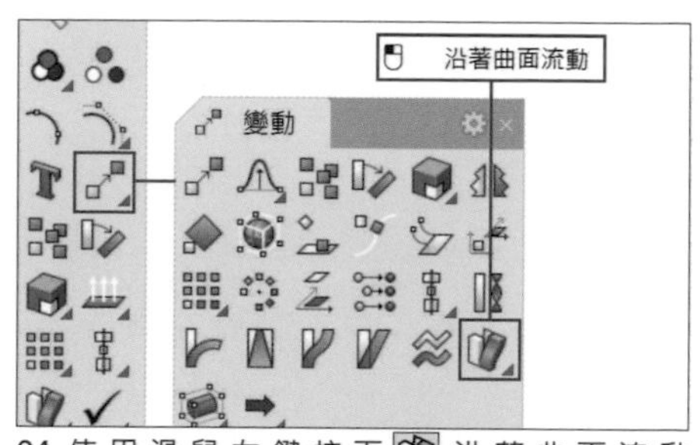

04. 使用滑鼠左鍵按下 沿著曲面流動 (FlowAlongSrf) 指令

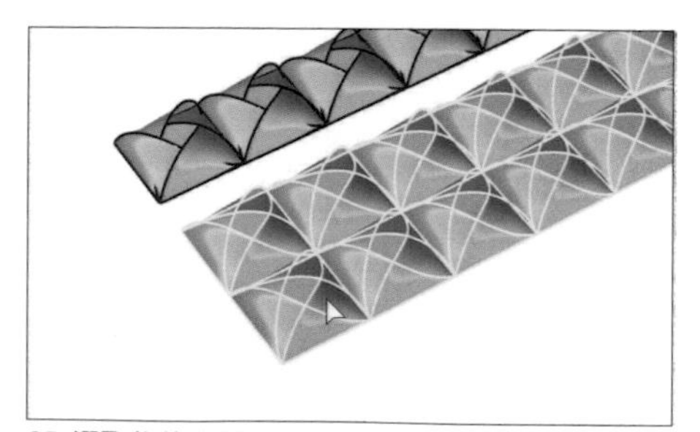

05. 選取物件按下 Enter

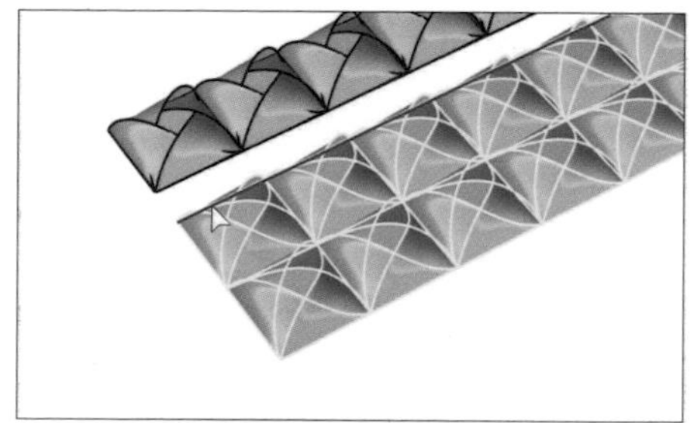

06. 基準曲面 - 點選角落處邊緣

此物件要流動到曲面上，調整選項如下，物件流動到曲面上的時候比較不易變形。

(複製 (C)= 是　硬性 (R)= 否　平面 (P)　約束法線方向 (O)= 否　自動調整 (A)= 是　維持結構 (E)= 否)

記得基準與目標曲面必須點選相應的邊緣角落處，才會成功流動到曲面上。

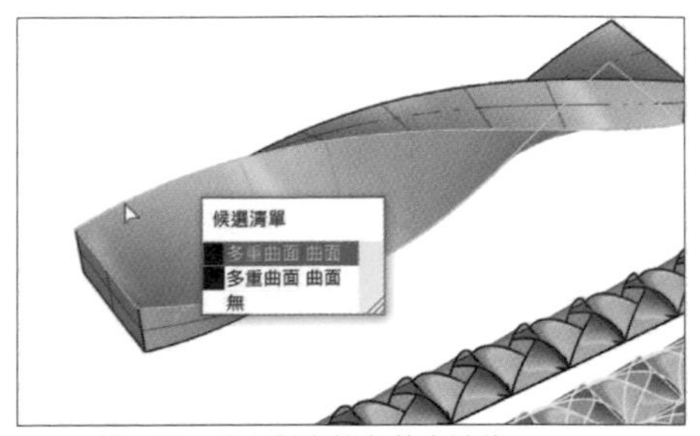

07. 目標曲面 - 點選對應的角落處邊緣

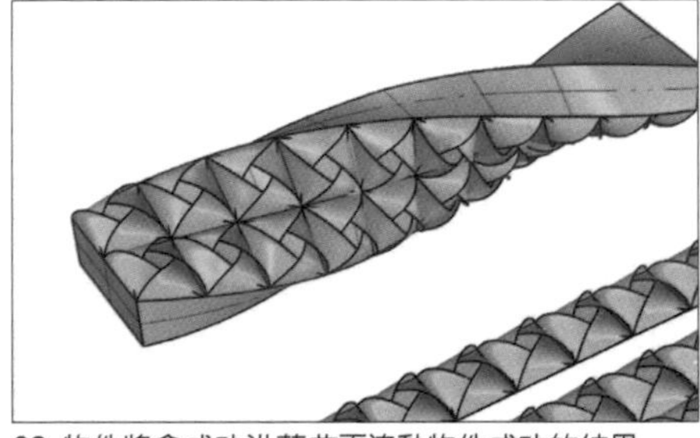
08. 物件將會成功沿著曲面流動物件成功的結果

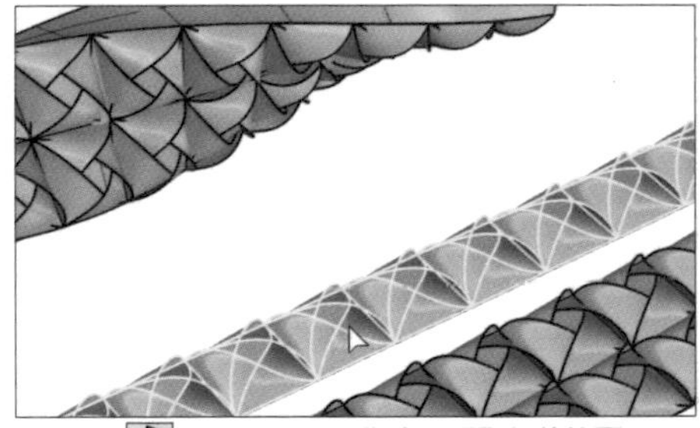
09. 輸入 FlowAlongSrf 指令，選取物件按下 Enter

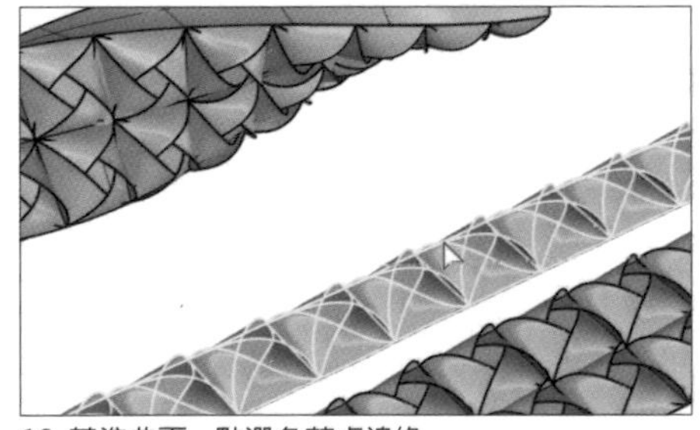
10. 基準曲面 - 點選角落處邊緣

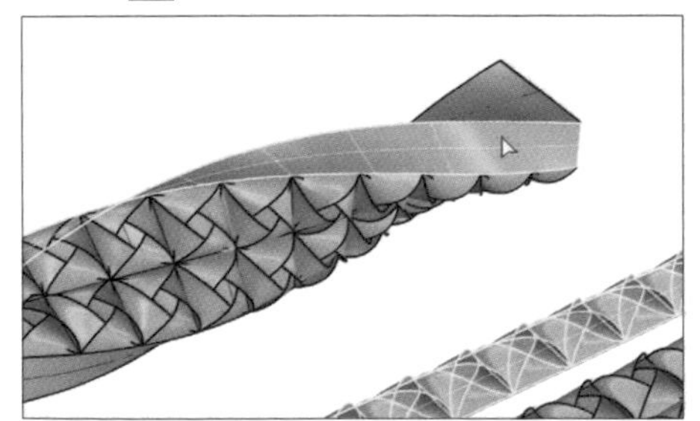
11. 點選目標曲面時沒有指定到對應的角落處邊緣

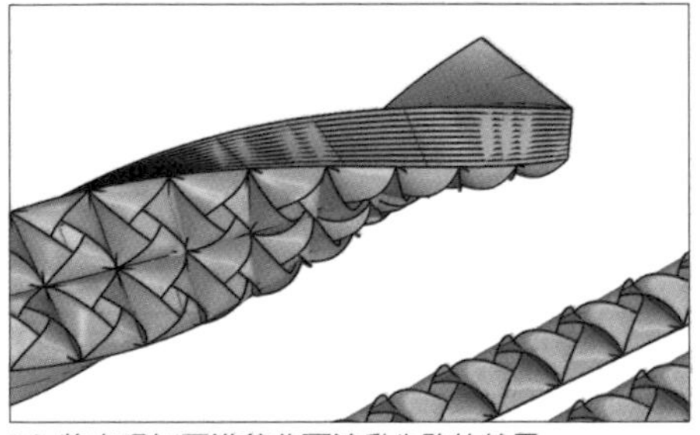
12. 將出現如圖沿著曲面流動失敗的結果

5.2.7 變形控制器編輯

變動 > 變形控制器編輯 (CageEdit) 指令可使用曲線、曲面 ... 做為控制物件，對受控制的物件做變形。步驟為先選取受控制物件 (要變形的物件)，再選取或建立控制物件 (可以選擇邊界方塊、直線、矩形、立方體) ，之後設定座標系統、變形控制器的參數與要編輯的範圍，設定完畢就會出現變形控制器的框線，可以開啟控制點作調整。

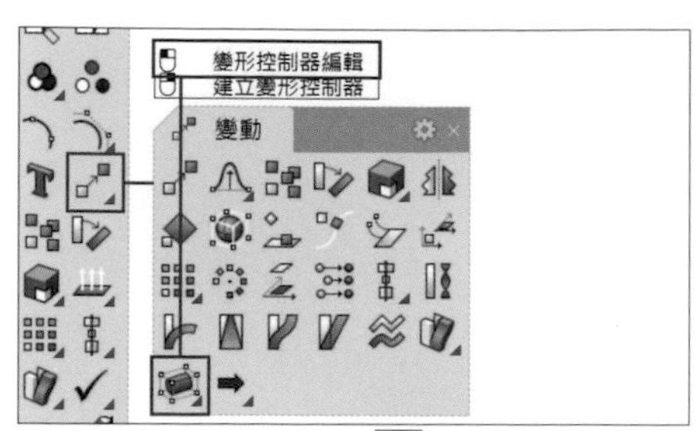

01. 使用滑鼠左鍵按下 變形控制器編輯 (CageEdit) 指令

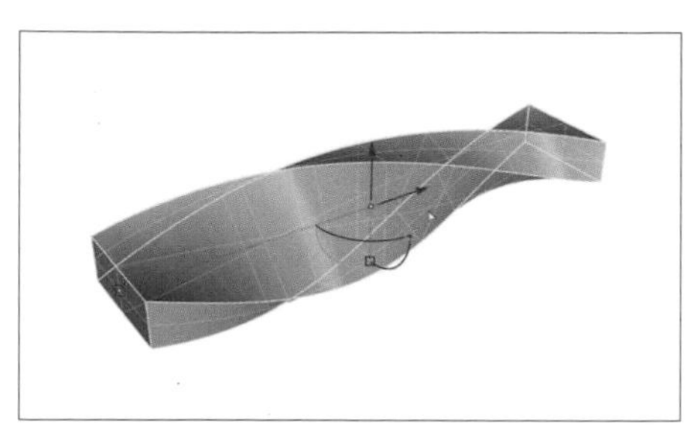

02. 選取要控制的物件，並按下 Enter

選取控制物件 (邊框方塊 (B) 直線 (L) 矩形 (R) 立方體 (O) 變形 (D)= 精確 維持結構 (P)= 否): 邊框方塊

座標系統 < 世界 > (工作平面 (C) 世界 (W) 三點 (P)): 工作平面

變形控制器參數 (X 點數 (X)=4 Y 點數 (Y)=4 Z 點數 (Z)=4 X 階數 (D)=3 Y 階數 (E)=3 Z 階數 (G)=3)

要編輯的範圍 < 全域 > (全域 (G) 局部 (L) 其它 (O)): 全域

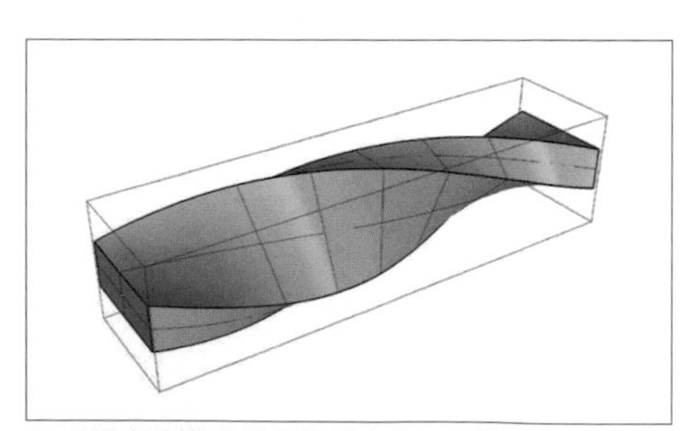

03. 選取控制物件使用邊界方塊 > 工作平面

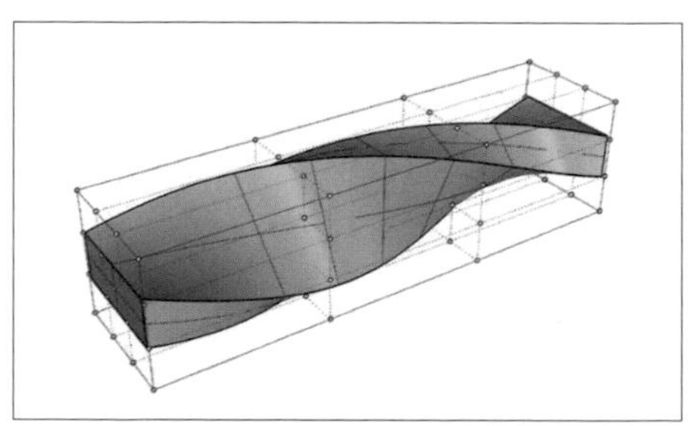

04. 變形控制器參數可以設定，再按下全域後結束

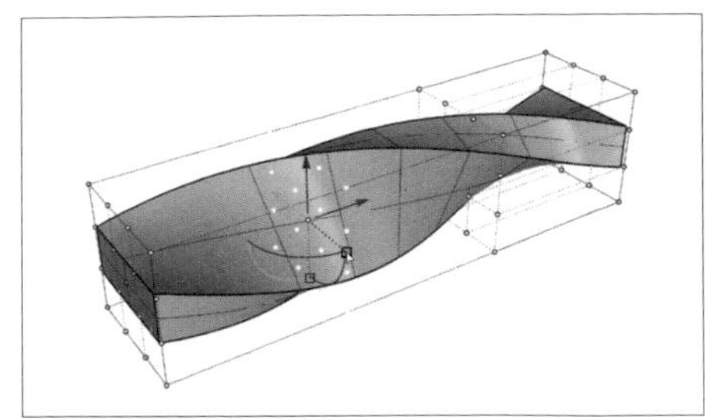

05. 選取控制點

06. 使用操作軸的拖曳小方塊使控制點變形

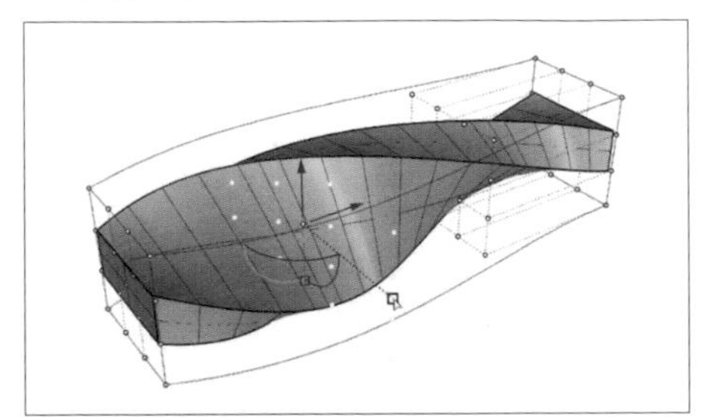

07. 外面的框線為變形控制器的框線

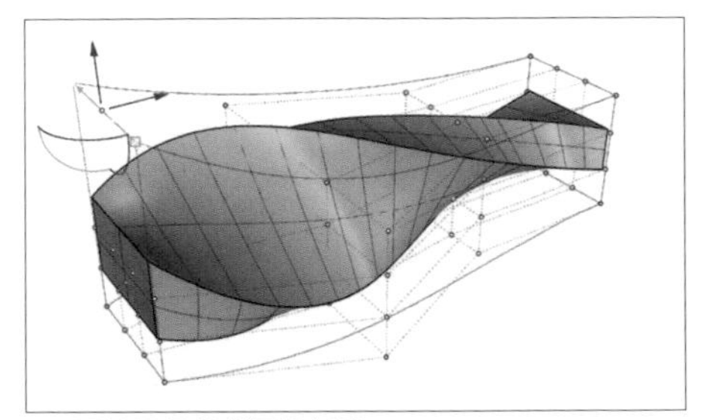

08. 可以只調整幾個控制點

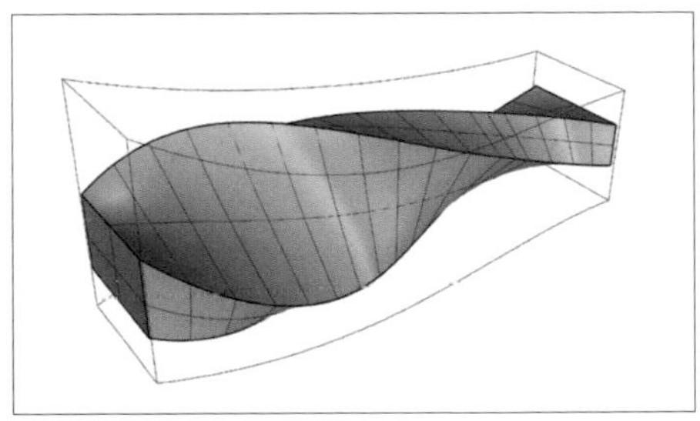

09. 將控制點關閉的狀態

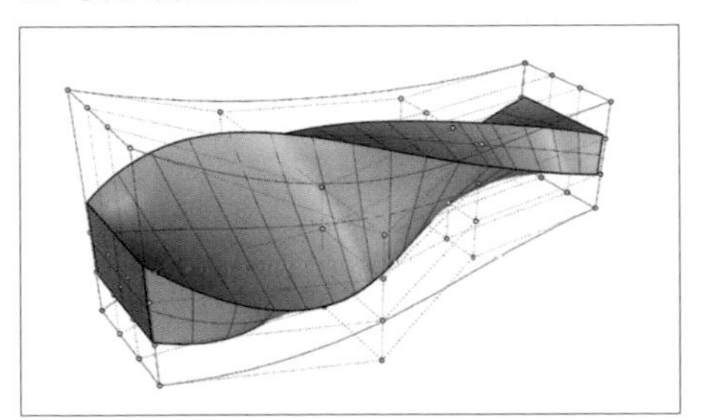

10. 重新將控制點開啟

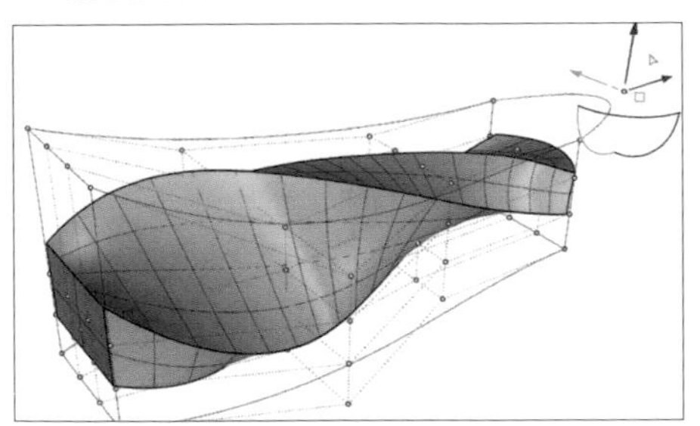

11. 可以再次調整控制點產生變形

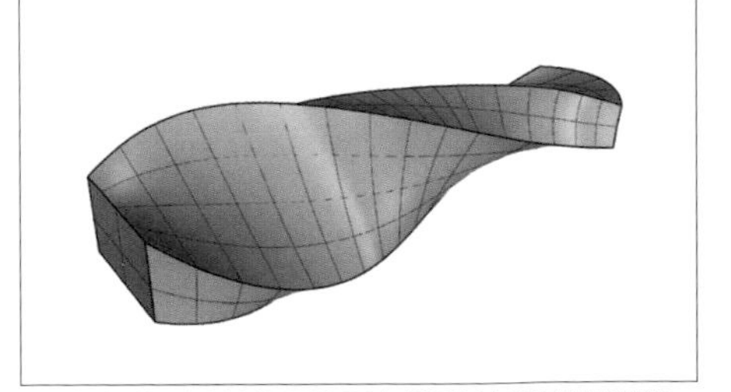

12. 將框線刪除後將不能再由變形控制器做出調整

變形控制器編輯 (CageEdit) 指令可使用直線做為控制物件，選取了直線 (L) 為控制物件的基準後，指令欄會出現提示指定直線的起點與終點，點選完畢之後可以使用變形控制器參數去調整點數與階數的數值，最後選取要編輯的範圍，設定完畢就會出現變形控制器的框線，可以開啓控制點作調整。

選取控制物件 (邊框方塊 (B) 直線 (L) 矩形 (R) 立方體 (O) 變形 (D)= 精確 維持結構 (P)= 否): 直線

直線起點

直線終點

變形控制器參數 (點數 (P)=4 階數 (D)=3)

要編輯的範圍 < 全域 > (全域 (G) 局部 (L) 其它 (O))

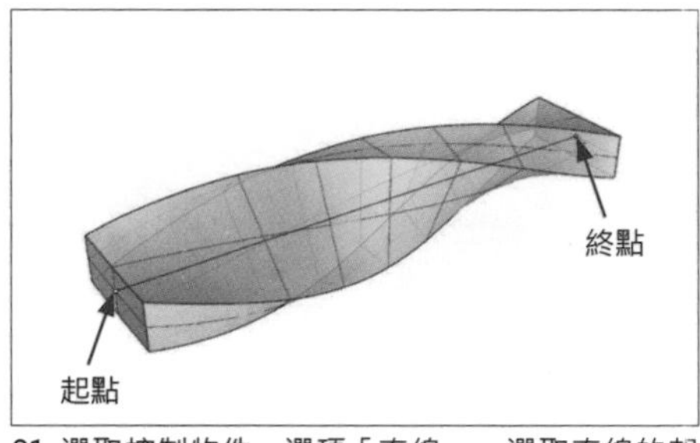

01. 選取控制物件，選項「直線」，選取直線的起點與終點，調整變形控制器參數 (點數與階數)

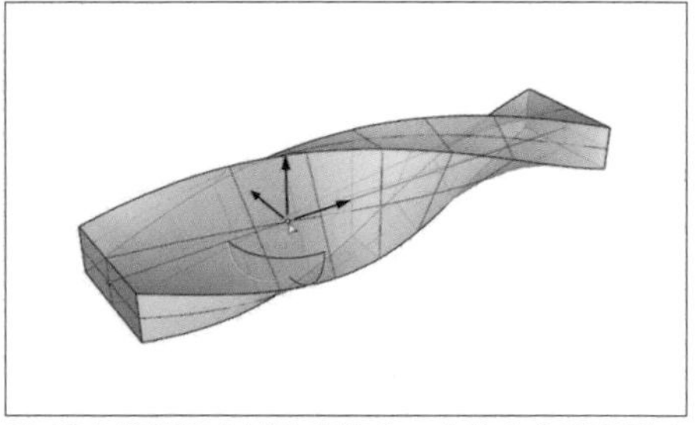

02. 確定後選取全域結束指令，直線上會出現剛才設定的控制點數，選取其中一個控制點

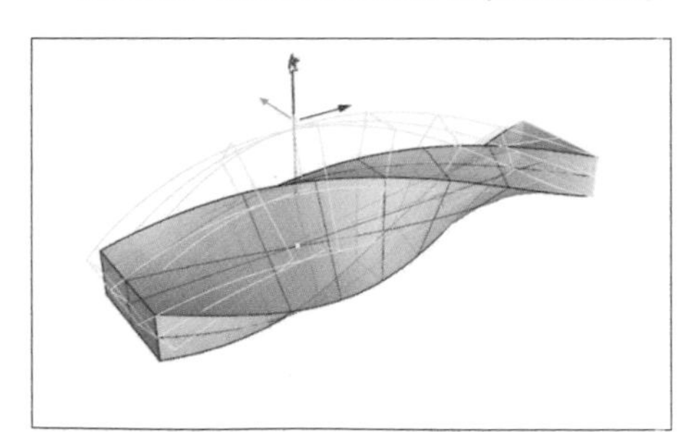

03. 將控制點往上拉

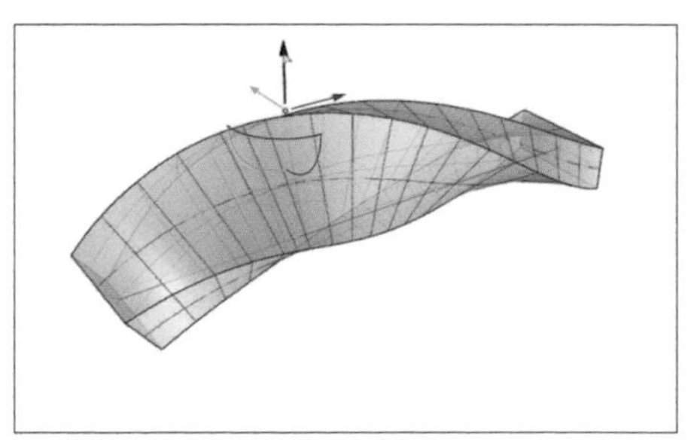

04. 物件以直線為基準做出變形

變形控制器編輯 (CageEdit) 指令使用矩形做為控制物件 :

選取控制物件 (邊框方塊 (B) 直線 (L) 矩形 (R) 立方體 (O) 變形 (D)= 精確 維持結構 (P)= 否): 矩形

矩形的第一角 (三點 (P) 垂直 (V) 中心點 (C) 環繞曲線 (A))

另一角或長度 (三點 (P))

變形控制器參數 (U 點數 (U)=4 V 點數 (V)=4 U 階數 (D)=3 V 階數 (E)=3)

要編輯的範圍 < 全域 > (全域 (G) 局部 (L) 其它 (O)): 局部

編輯範圍的高度

衰減距離 <1.00>

第二距離點 <1.00>

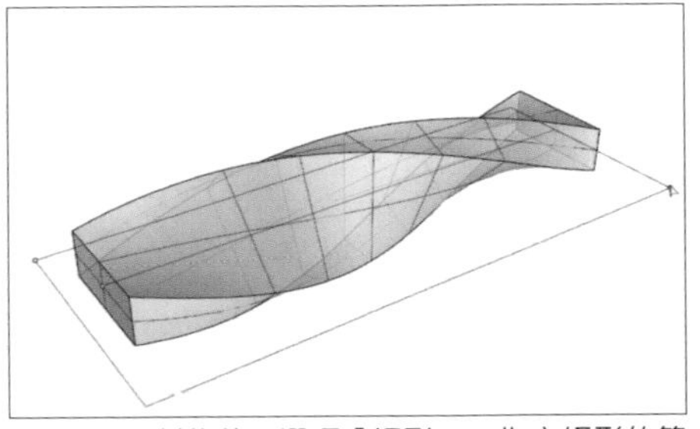

01. 選取控制物件，選項「矩形」，指定矩形的第一角與指定矩形的另一角 (或是指定長度)

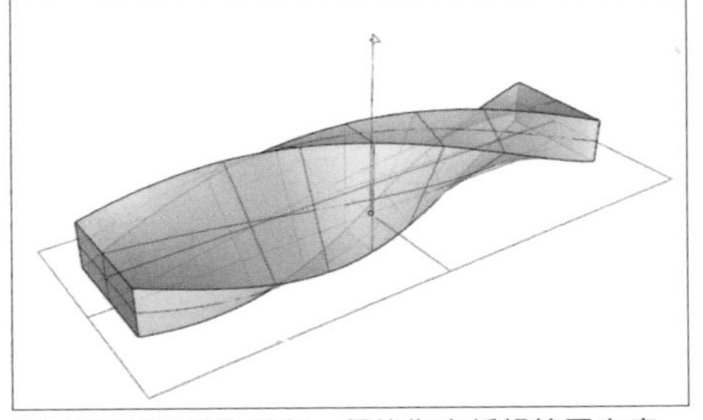

02. 編輯範圍選取局部，便能指定編輯範圍高度，設定完衰減距離後結束指令

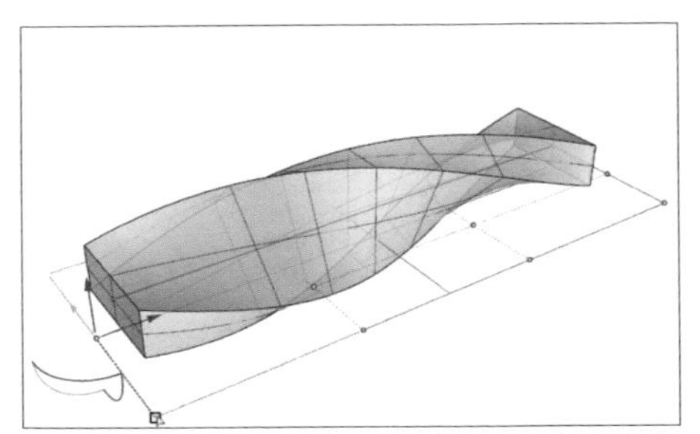

03. 可以開始調整控制點，選取邊上的控制點將其縮小

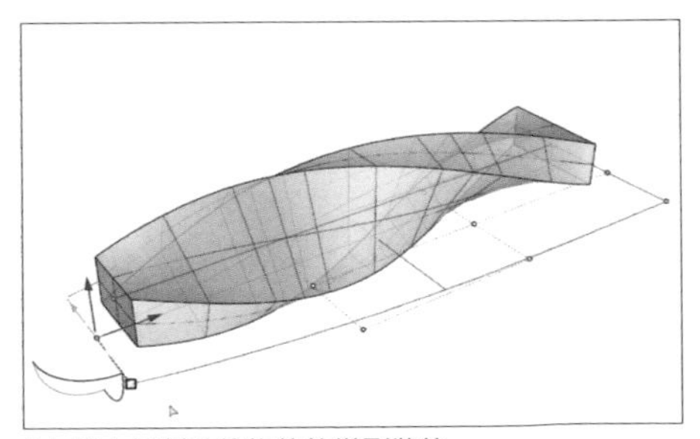

04. 縮小控制點後物件的變形狀態

案例 - 拉赫塔中心
(Lakhta Center)

案例 - 拉赫塔中心 (Lakhta Center)

The Lakhta Center

Location: Lakhta, Saint Petersburg, Russia

Architects: RMJM (until 2011), GORPROJECT

Construction started: 2012

Completed: 2019

Type : Multi-functional building

Height: 462 m

Floor count: 87

會使用到的指令：

- Circle 繪製圓形曲線
- Rectangle 繪製矩形曲線
- Rotate 旋轉
- PlanarSrf 建立平面
- Rebuild 重建曲面
- ArrayPolar 環形陣列
- ExtrudeSrf 激出曲面
- Twist 扭轉
- CageEdit 變形控制器編輯
- SetPt 設定 XYZ 座標

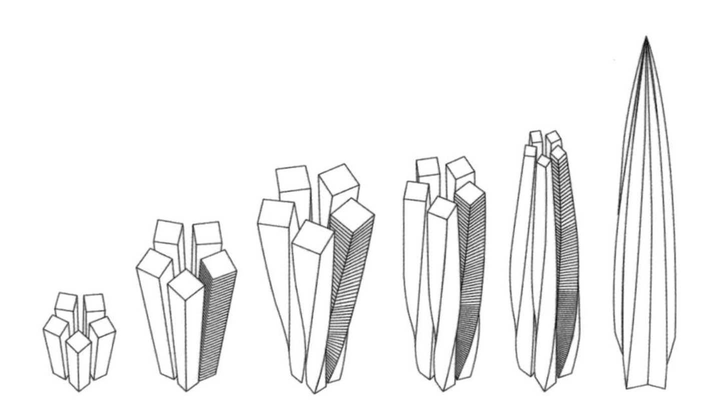

參考圖 : https://www.archdaily.com/898132/europes-tallest-skyscraper-approaches-completion-in-st-petersburg

參考圖 : https://en.wikipedia.org/wiki/Lakhta_Center

案例建模練習 (Lakhta Center)

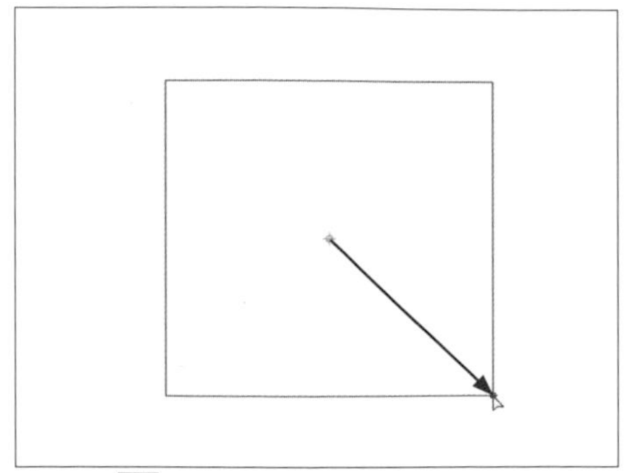

01. 使用 Rectangle 指令，在指令欄選取中心點 (C)，在 Top View 中繪製出一個正方形

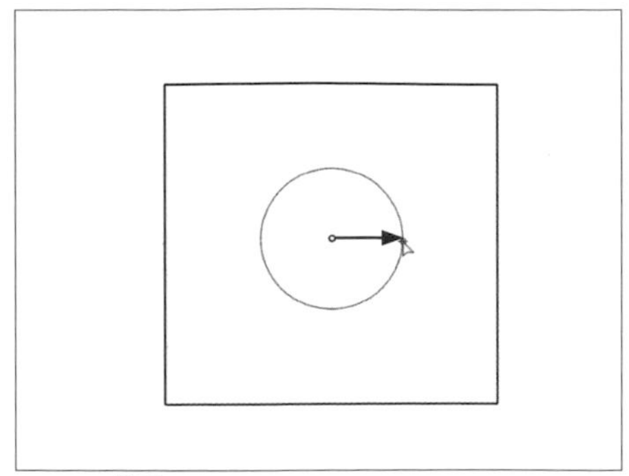

02. 使用 Circle 指令，指定中心軸畫出一個圓形

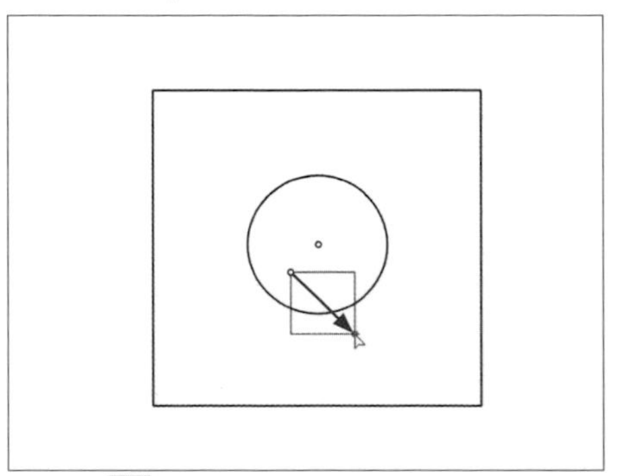

03. 使用 Rectangle 指令，在圓形內部偏下側繪製出一個正方形

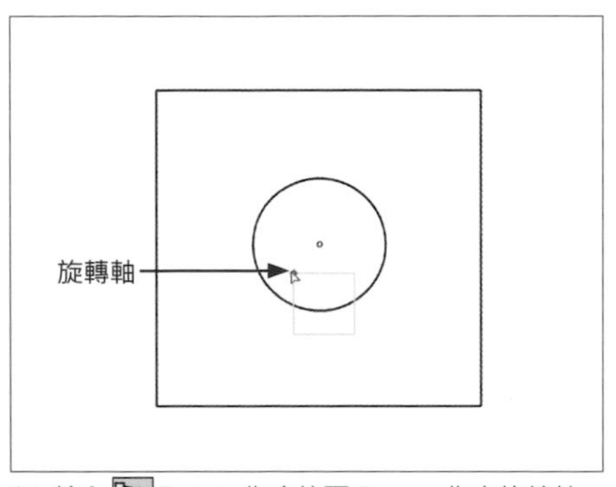

04. 輸入 Rotate 指令按下 Enter，指定旋轉軸

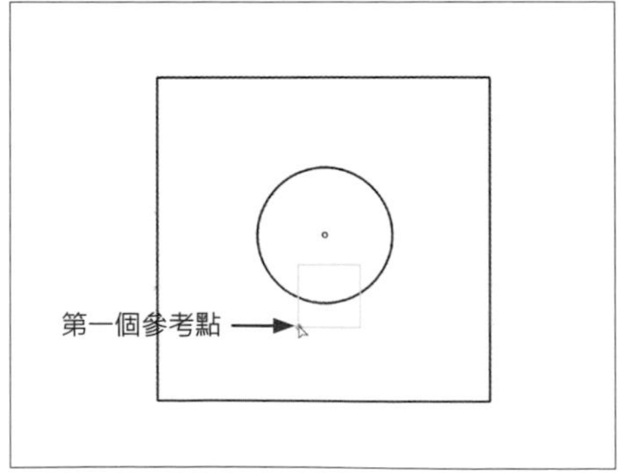

05. 指定第一個參考點

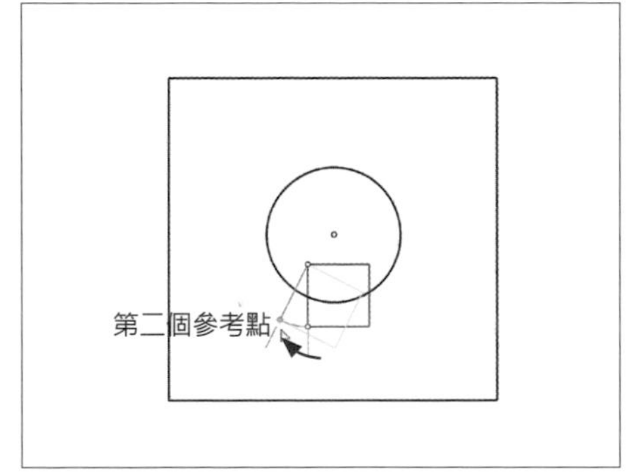

06. 指定第二個參考點

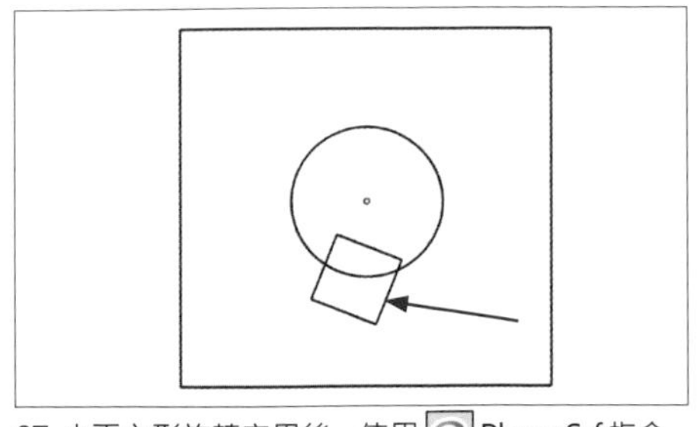

07. 小正方形旋轉完畢後，使用 PlanarSrf 指令，選取小正方形曲線並按下 Enter

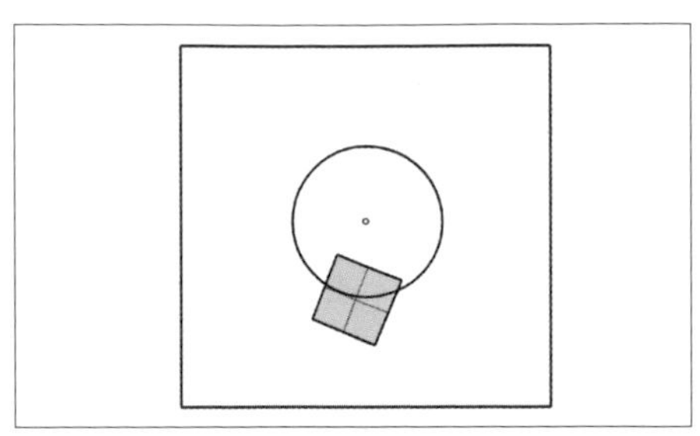

08. 小正方形成為一個曲面

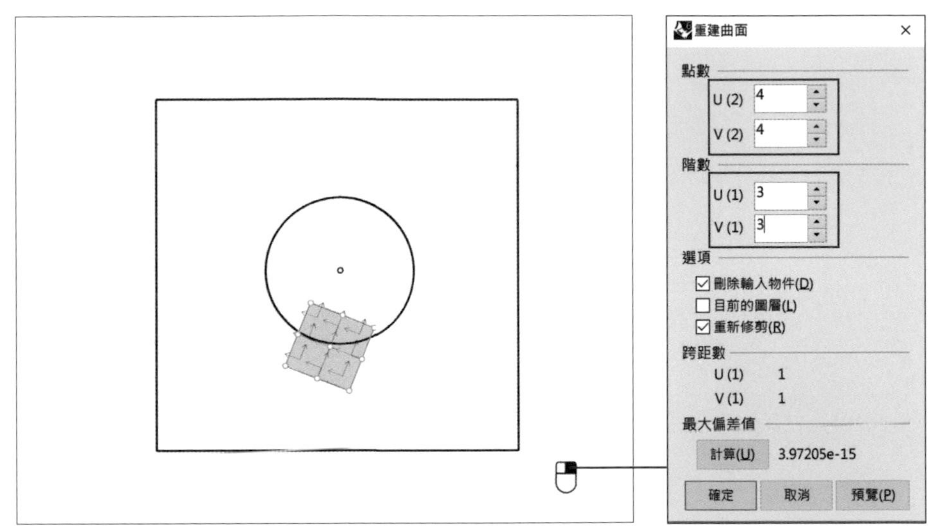

09. 使用 Rebuild 指令，按下 Enter 後會出現重建曲面選項，將 UV 點數改為 4，其 UV 階數都改為 3

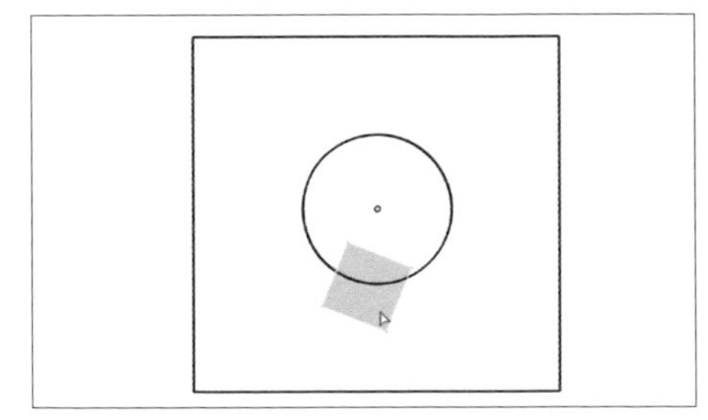

10. 按下確定結束指令，並選取曲面

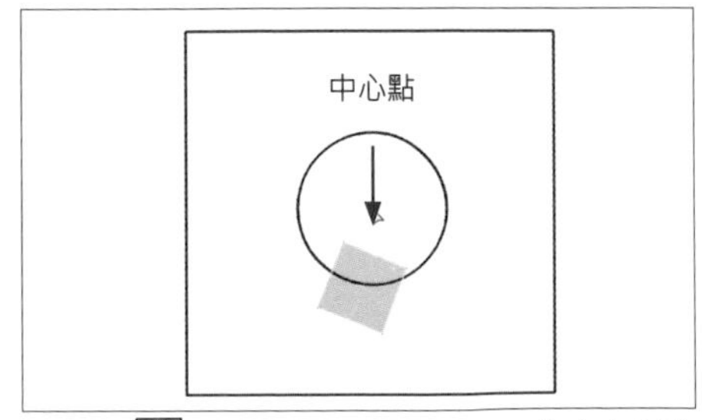

11. 使用 ArrayPolar 並按下 Enter，指定中心點

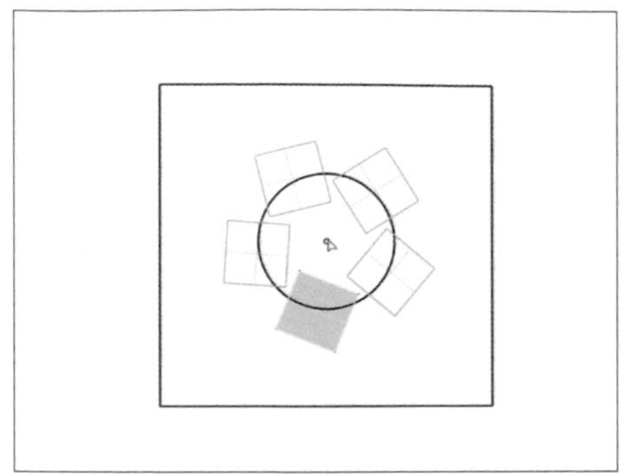

12. 設定陣列數為 5，總和角度為 360 並預覽

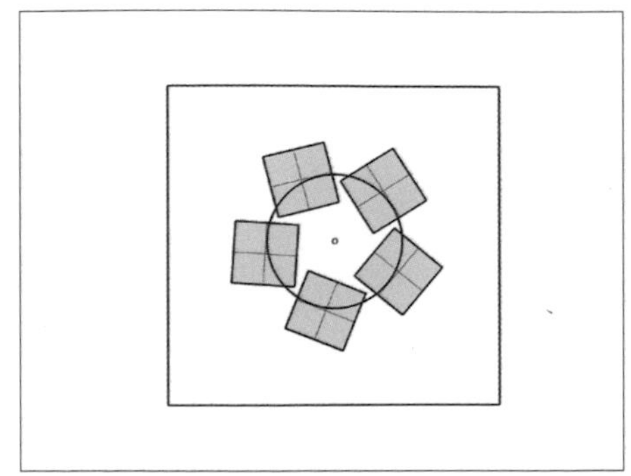

13. 確定之後按下 Enter 結束指令

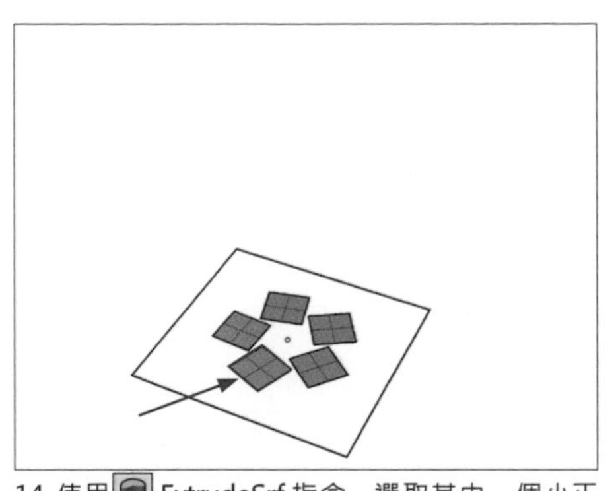

14. 使用 ExtrudeSrf 指令，選取其中一個小正方形曲面後按下 Enter

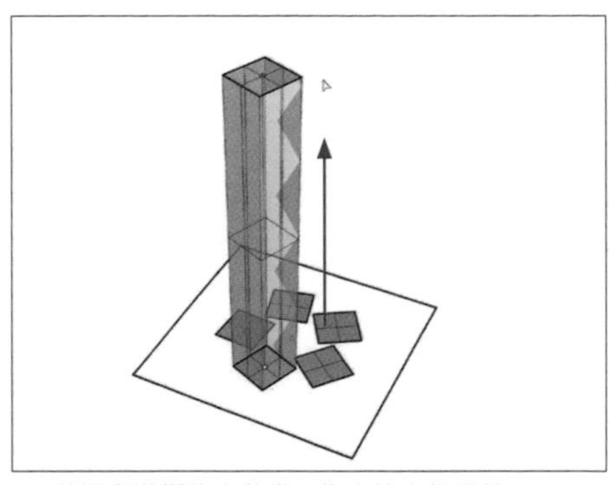

15. 將滑鼠游標往上移動，指定擠出的距離

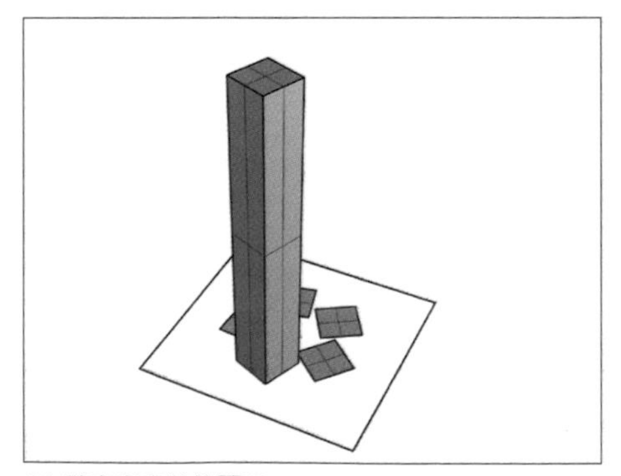

16. 確定高度後按下 Enter

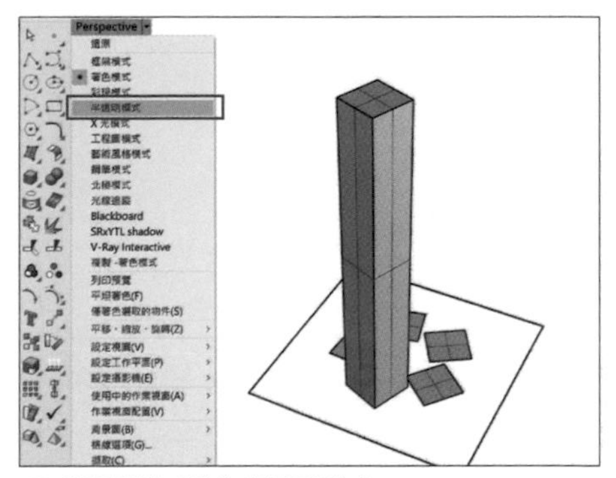

17. 將顯示模式改為半透明模式

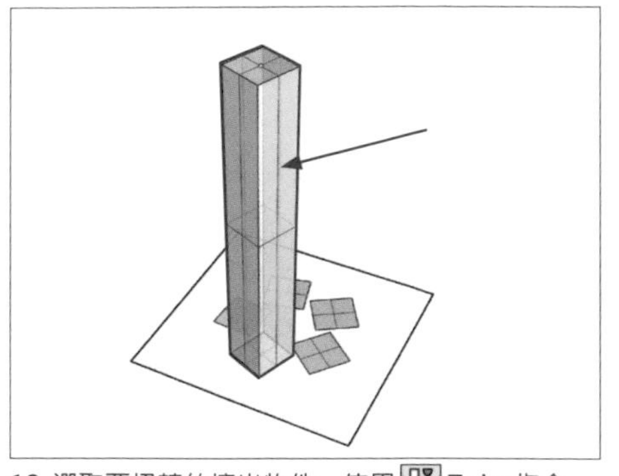

18. 選取要扭轉的擠出物件，使用 Twist 指令

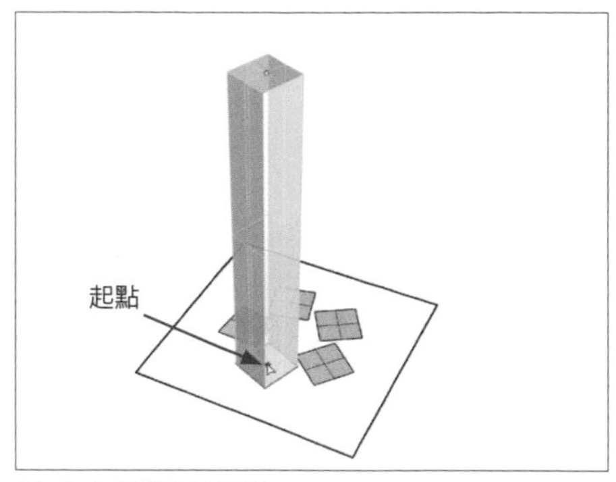

19. 指定扭轉軸的起點

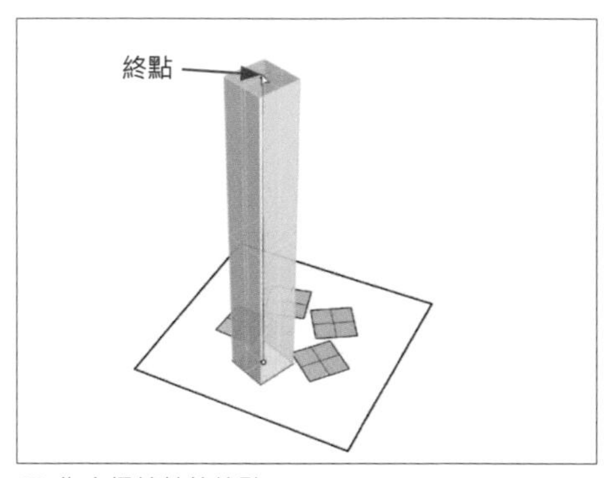

20. 指定扭轉軸的終點

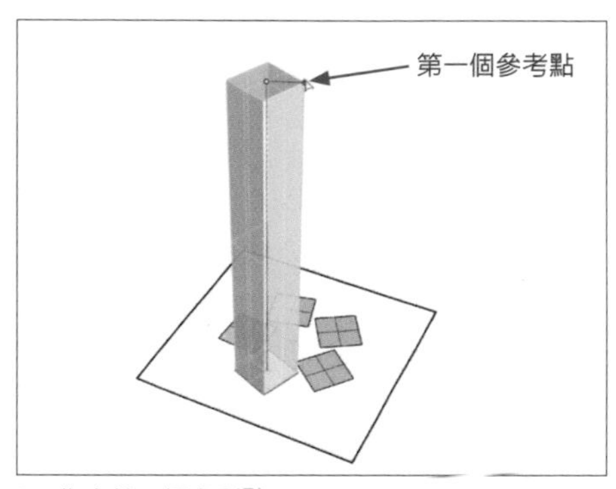

21. 指定第一個參考點

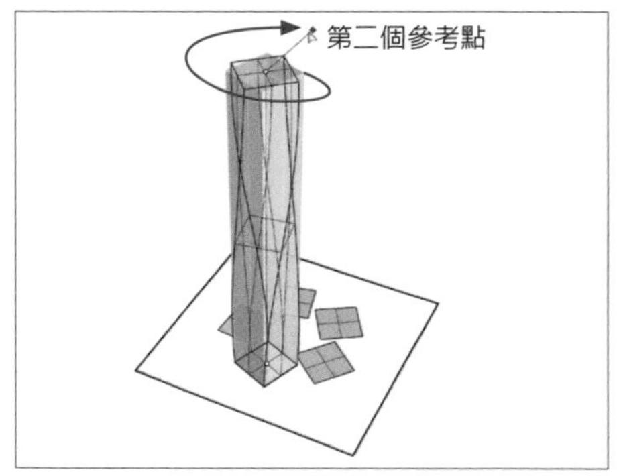

22. 指定第二個參考點

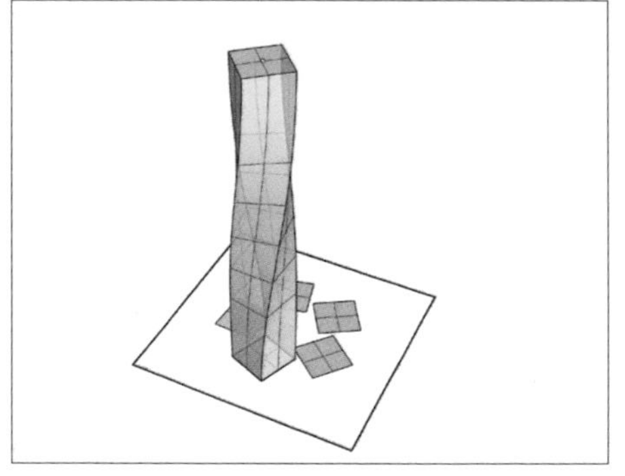

23. 物件被扭轉過後的狀態

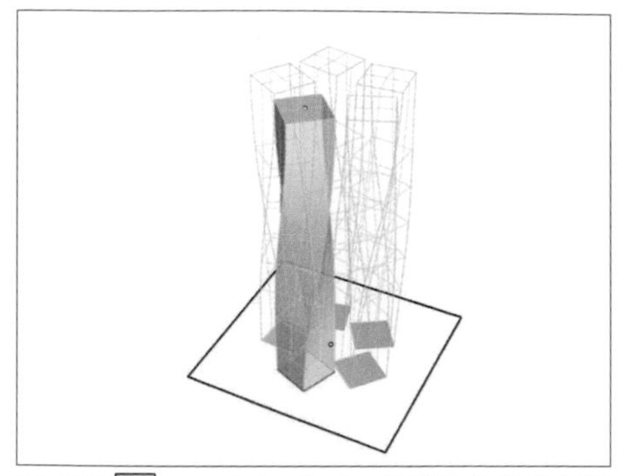

24. 使用 ArrayPolar 指令，並選取物件做環形陣列

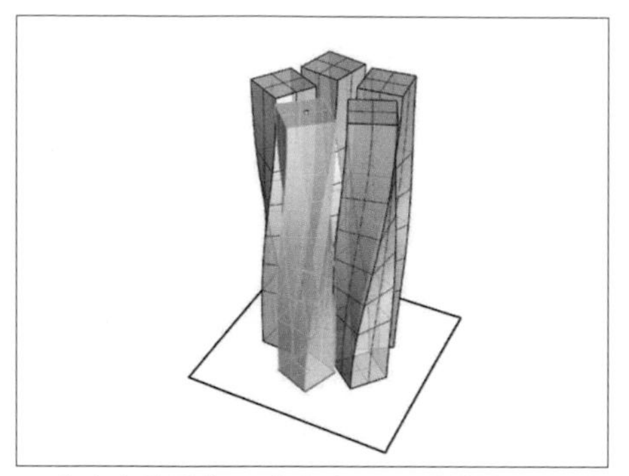

25. 指定完陣列數 (5) 與角度 (360) 後按下 Enter 之後即成形

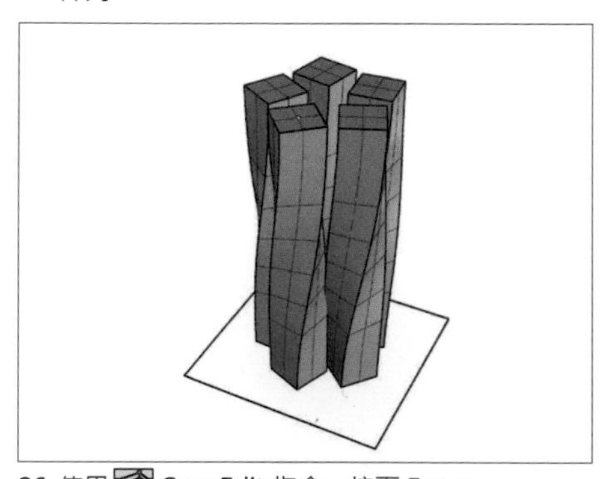

26. 使用 CageEdit 指令，按下 Enter

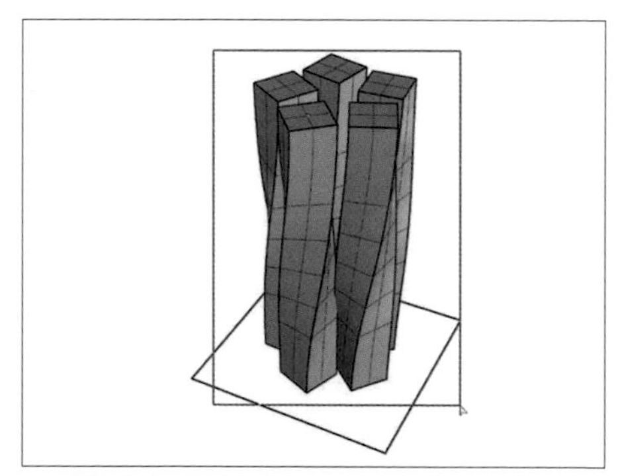

27. 選取要變形的物件

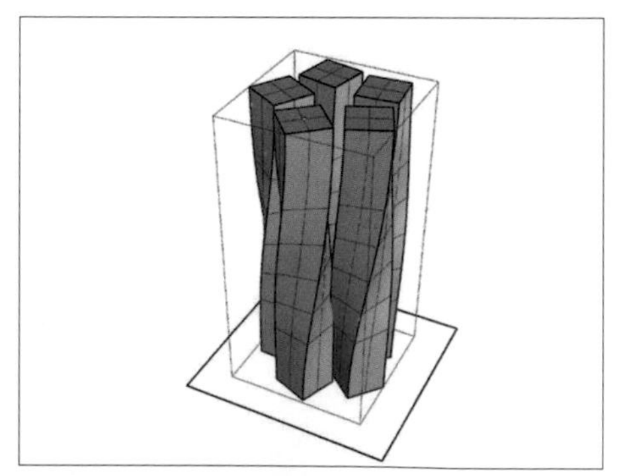

28. 選取控制物件使用邊界方塊 > 工作平面

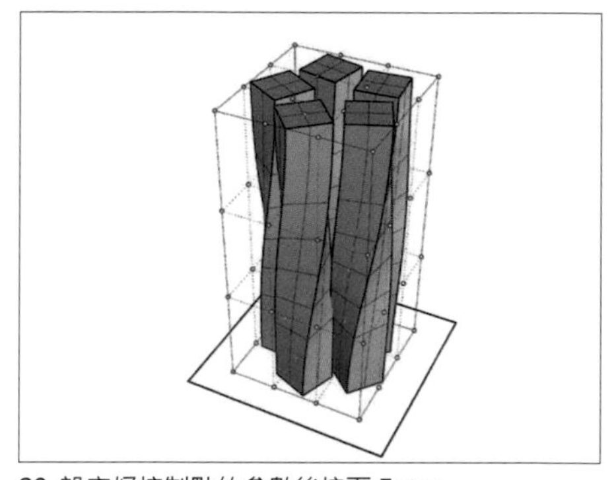

29. 設定好控制點的參數後按下 Enter

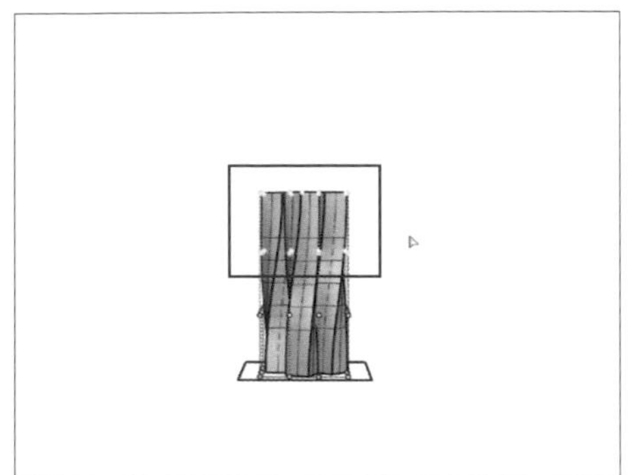

30. 將視角拉平選取控制點

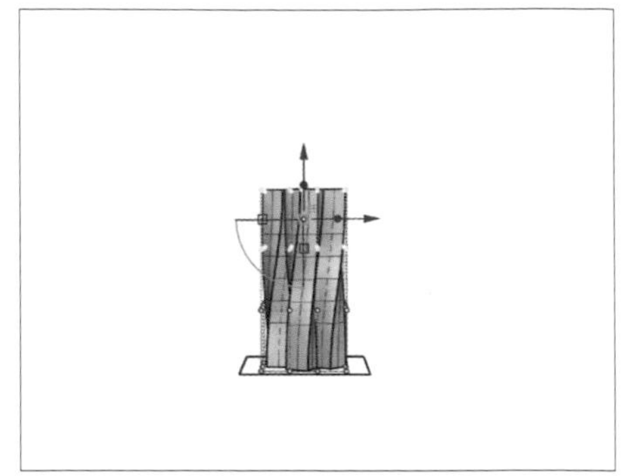

31. 開啟操作軸

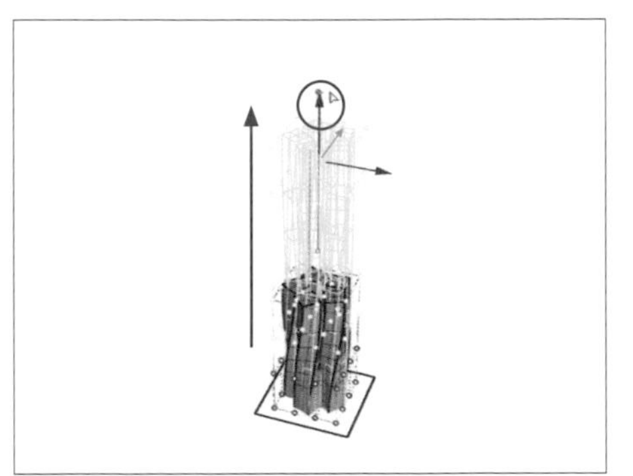

32. 將控制點往 Z 軸方向上拉

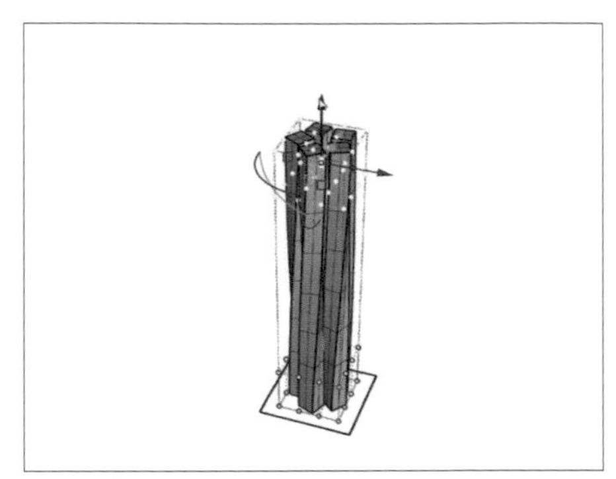

33. 改變高度過後的狀態

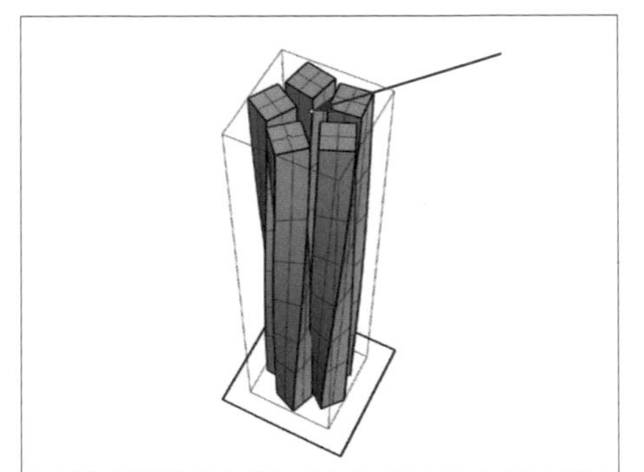

34 在物件最高點的中心繪製出一個點

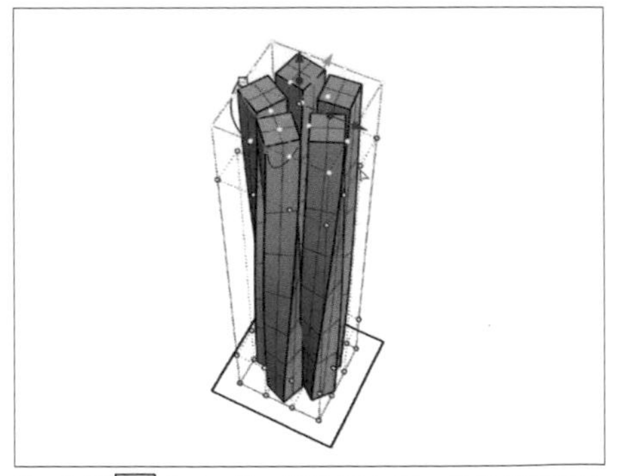

35. 使用 SetPt 後，選取最上面一排的控制點並按下 Enter

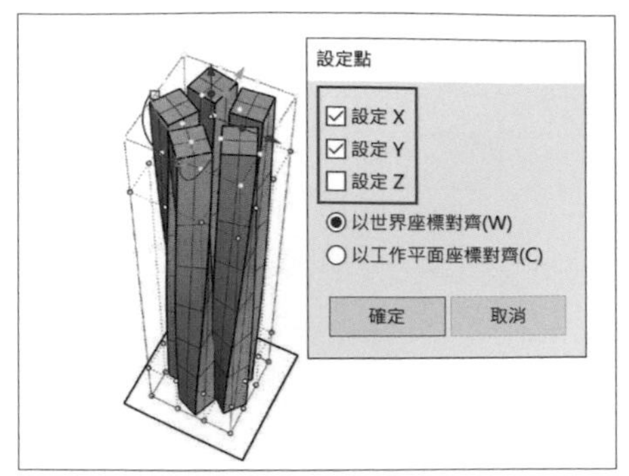

36. 勾選 X 軸與 Y 軸，Z 軸取消選取，按下確定

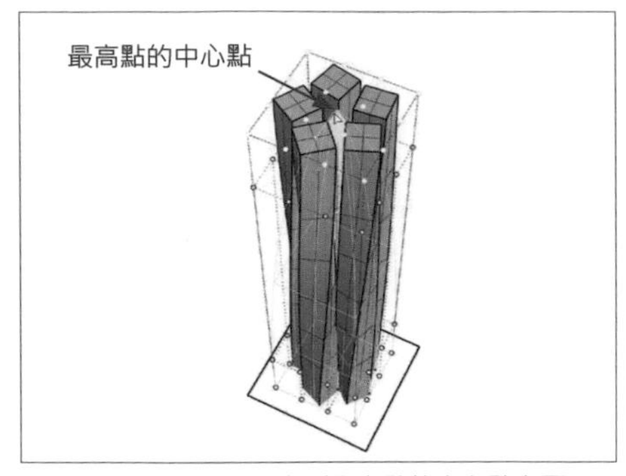

37. 將全部的控制點指定到最高點的中心點上面

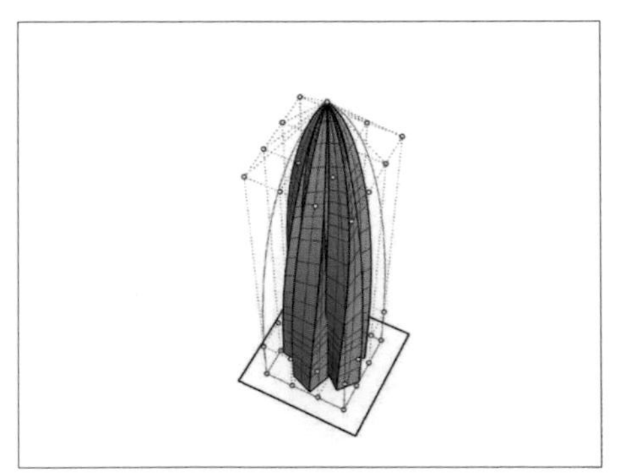

38. 結束指令後控制點集中在一點上

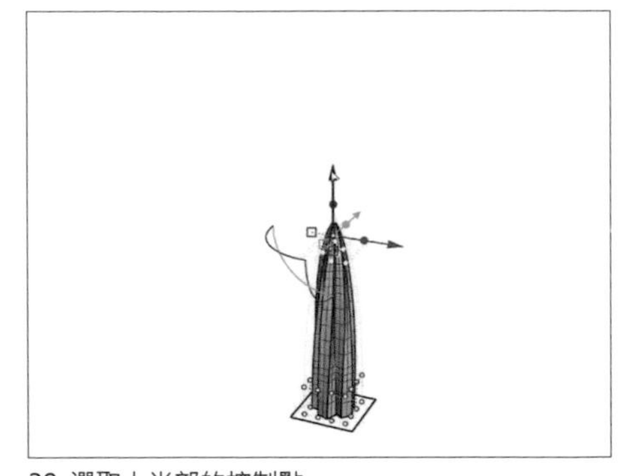

39. 選取上半部的控制點

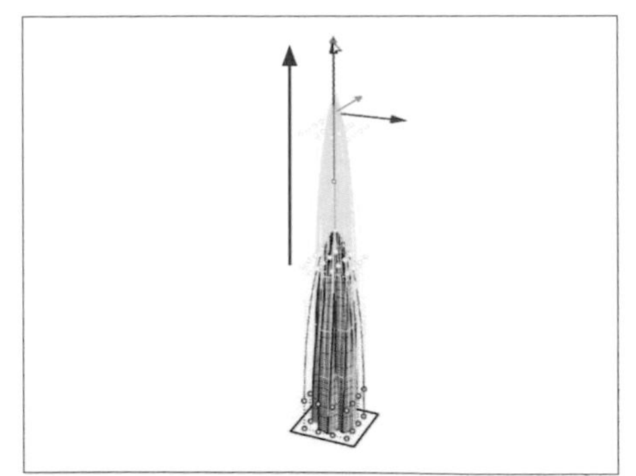

40. 使用操作軸將控制點往 Z 軸拉高

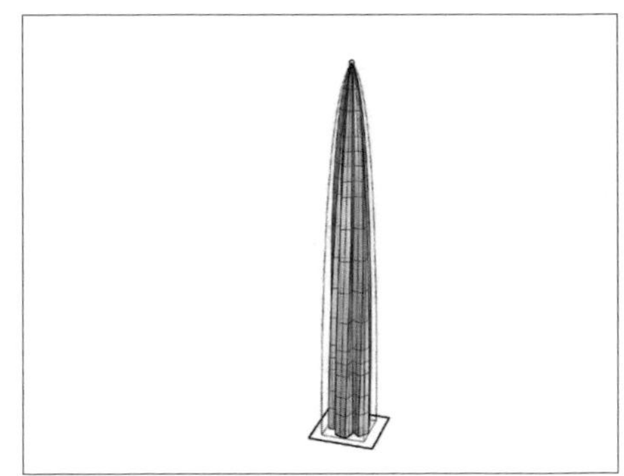

41. 按下 Esc 鍵關閉控制點

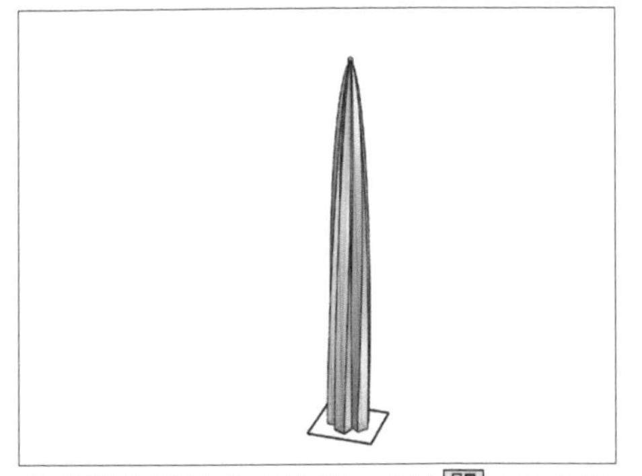

42. 將變形控制器的外框刪除，使用 Twist 指令

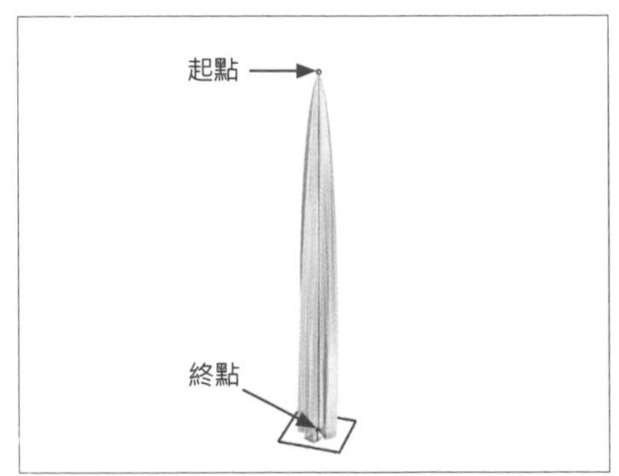

43. 指定扭轉軸的起點與終點

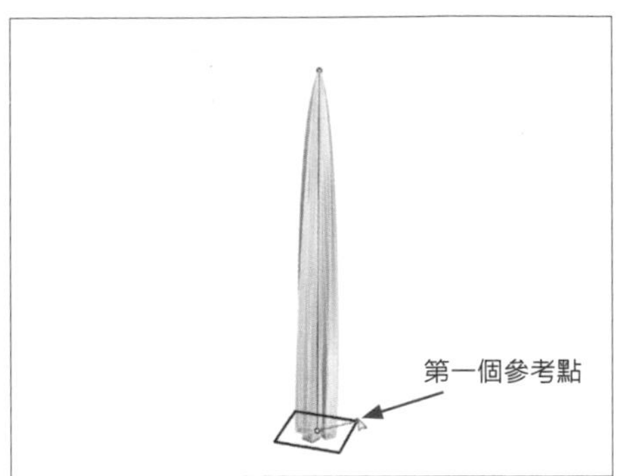

44. 指定第一個參考點

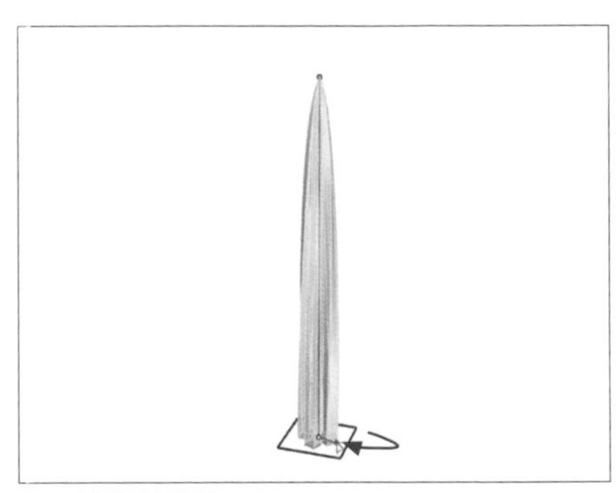

45. 開始扭轉物件

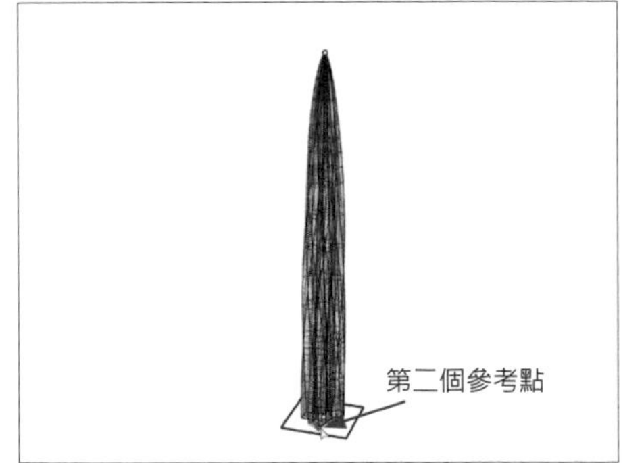

46. 確定好扭轉的狀態後指定第二個參考點

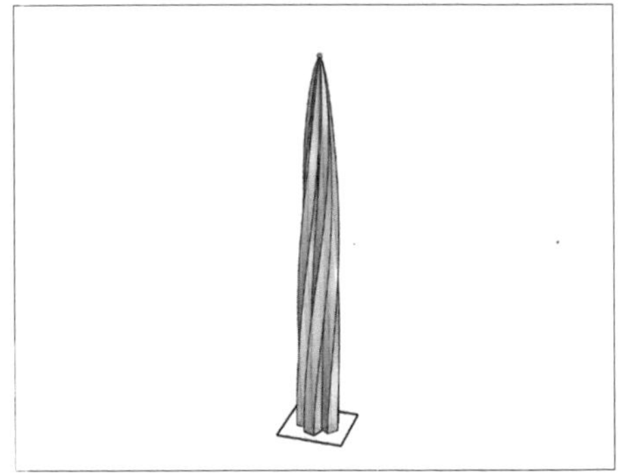

· Lakhta Center

· Lakhta Center - Exterior View

· Lakhta Center - Elevation View

綜合練習案例 - 阿斯塔納圖書館

(Kazakhstan Presidential Library in Astana)

綜合練習案例 - 阿斯塔納圖書館 (Kazakhstan Presidential Library in Astana)

Kazakhstan Presidential Library in Astana

Location: Astana, KZ

Architects: Bjarke Ingels Group (BIG)

Nishizawa (SANAA)

Opened:

Client: Astana Municipal Administration

Collaborators: rup AGU

Size: 45,000 m^2

會使用到的指令：

- Picture 匯入平面圖
- Points 多點
- Circle 圓形曲線
- Offset 偏移曲線
- PlanarSrf 以平面曲線建立曲面
- Line 繪製直線
- Mirror 鏡射
- InterpCrv 內插點曲線
- Join 組合
- Rebuild 重建曲線
- Hide 隱藏
- SetPt 設定點
- ExtrudeSrf 擠出曲面
- Plane 建立平面
- Flow 流動
- Divide 分段
- Split 分割
- ShrinkTrimmedSrf 縮減曲面控制點
- Sweep2 雙軌掃掠
- Patch 建立嵌面曲面

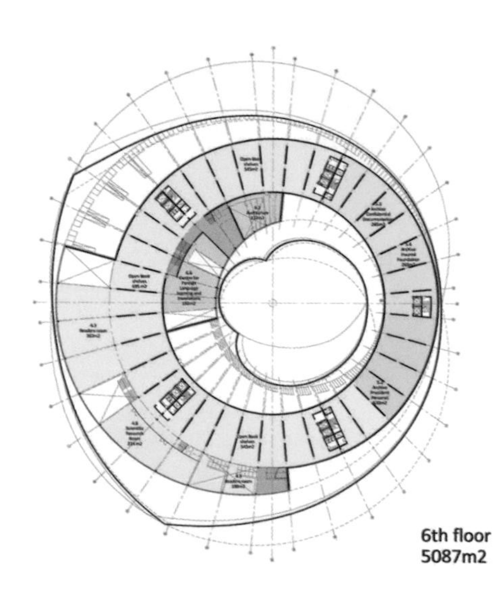

參考圖：https://www.archdaily.com/33238/national-library-in-astana-kazakhstan-big

參考圖：https://www.archdaily.com/33238/national-library-in-astana-kazakhstan-big

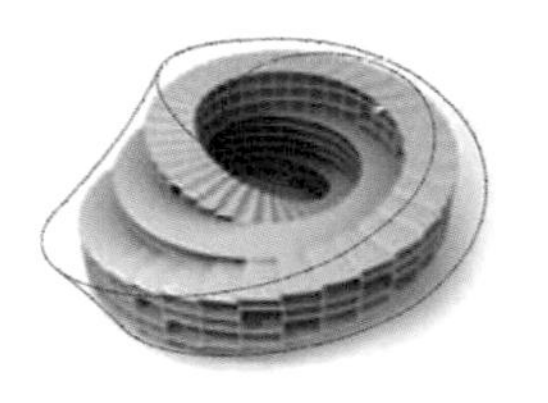

Internal structure

External structure

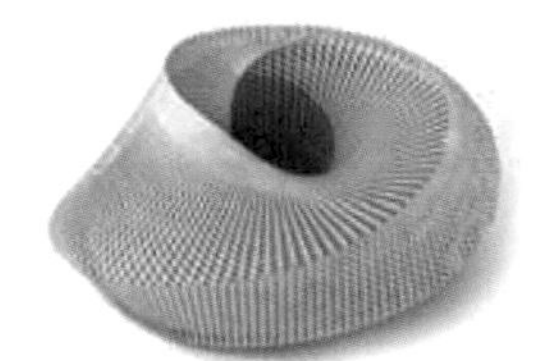

Continuous surface
The envelope of The National Library transcends the traditional architectural categories such as wall and roof. Like a yurt the wall becomes the roof, which becomes floor, which becomes the wall again.

參考圖：https://www.archdaily.com/33238/national-library-in-astana-kazakhstan-big

案例建模練習 (Kazakhstan Presidential Library in Astana)

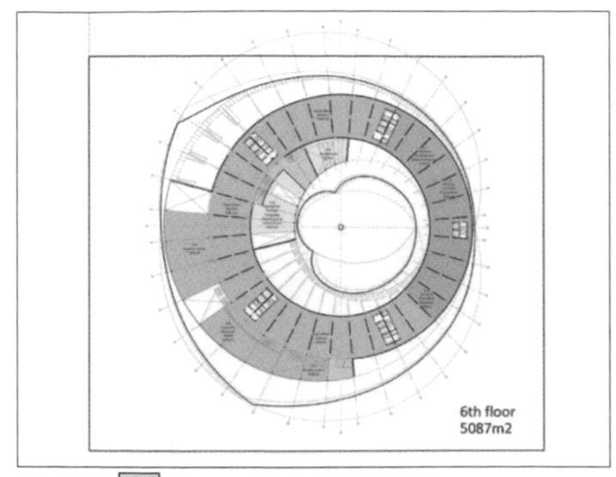

01. 使用 Picture 指令置入平面圖

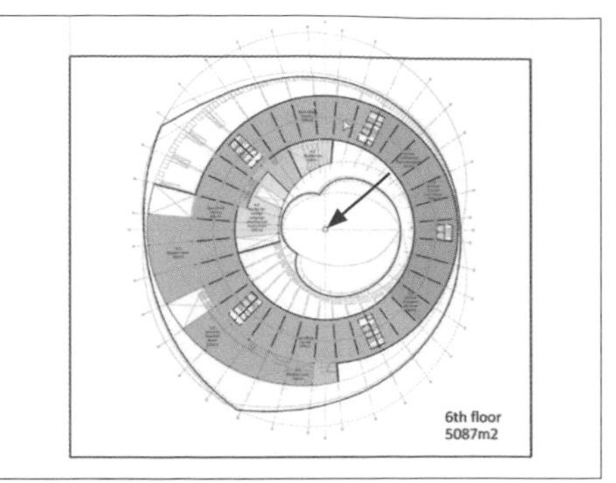

02. 使用 Points 指令點出中心點

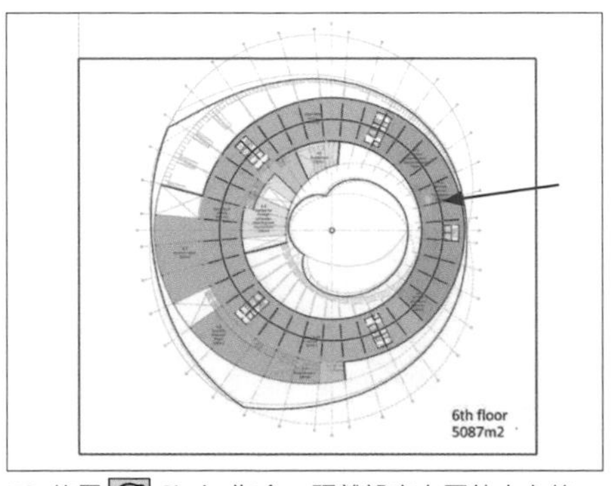

03. 使用 Circle 指令，距離設定在圓的中心線

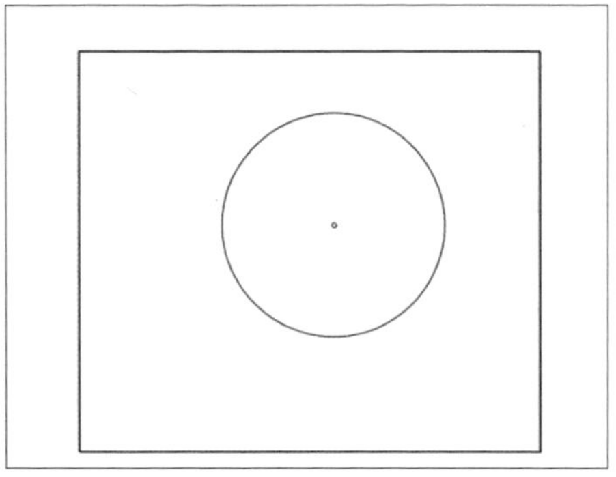

04. 按下 Enter 成形，將平面圖的圖層先關閉

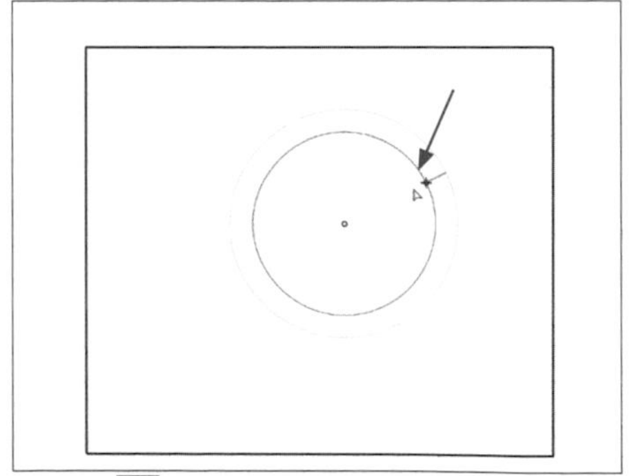

05. 使用 Offset 指令，選取圓形曲線按下 Enter

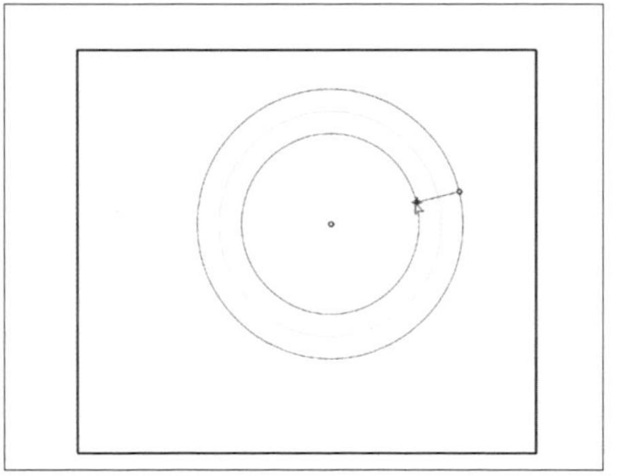

06. 點選「兩側」選項並輸入距離

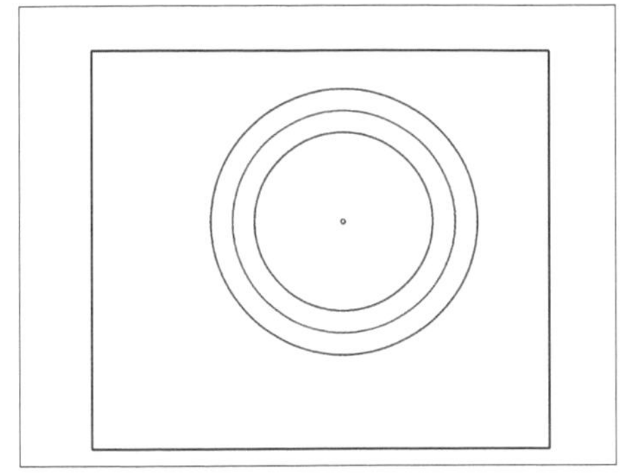

07. 按下 Enter 後偏移兩條曲線

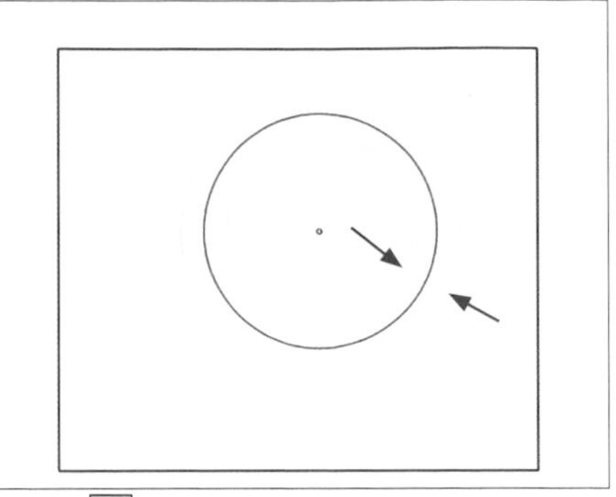

08. 使用 PlanarSrf 指令後選取兩條曲線

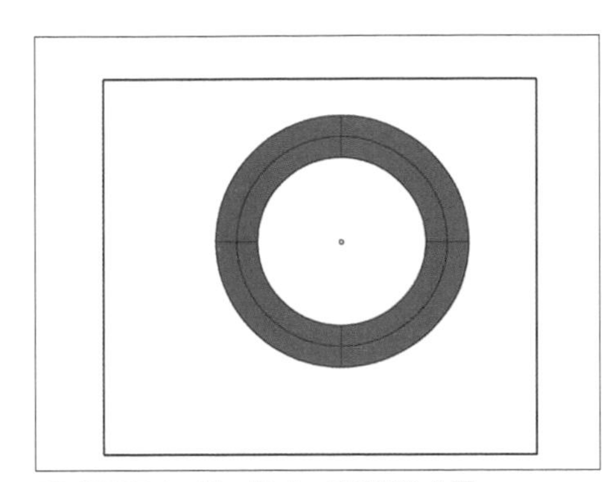

09. 按下 Enter 後，形成一個環形的曲面

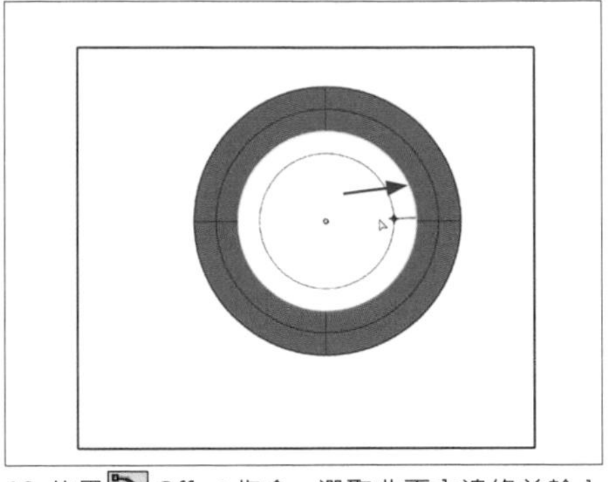

10. 使用 Offset 指令，選取曲面內邊緣並輸入距離

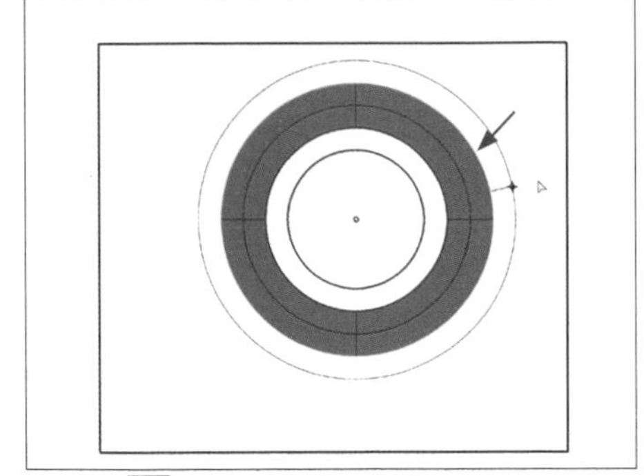

11. 輸入 Offset 指令，選取曲面外邊緣並輸入距離

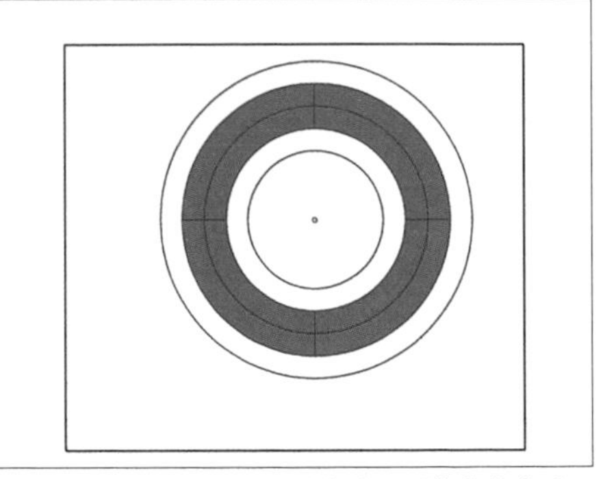

12. 確定之後按下 Enter 結束指令，兩條曲線完成

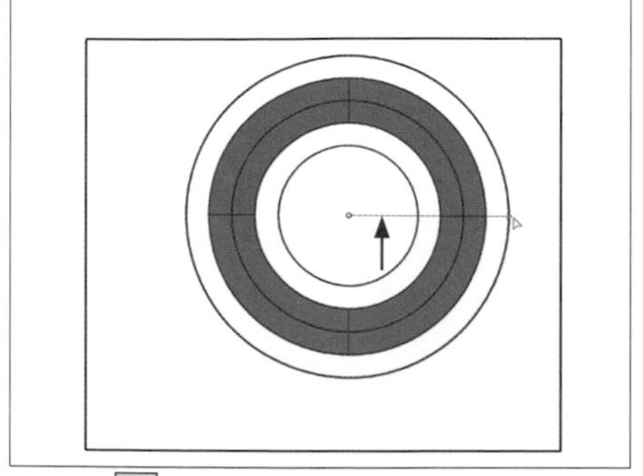

13. 使用 Line 繪製出一條直線

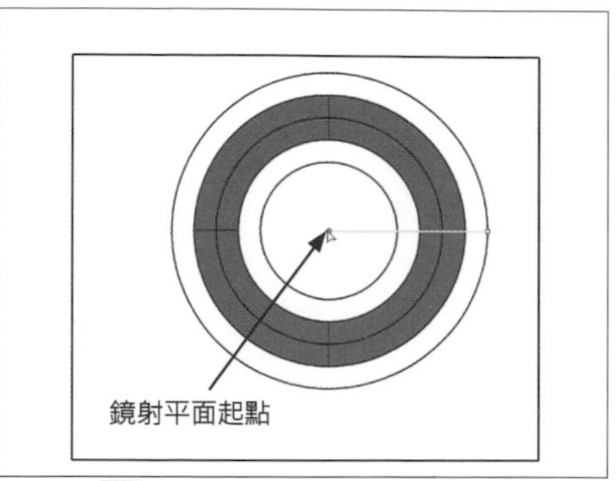

14. 使用 Mirror 指令，指定鏡射平面起點

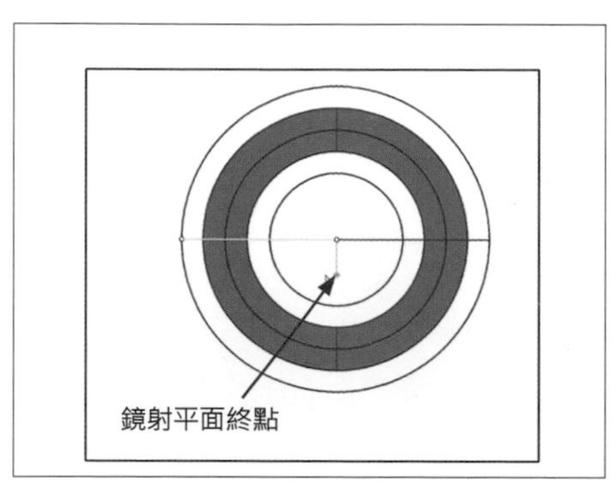

15. 指定鏡射平面終點

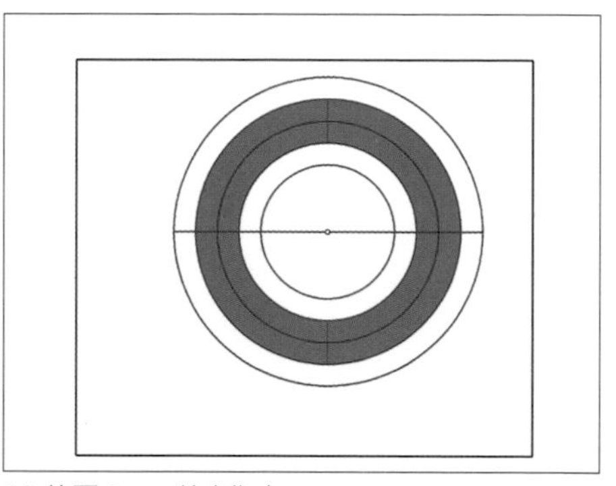

16. 按下 Enter 結束指令

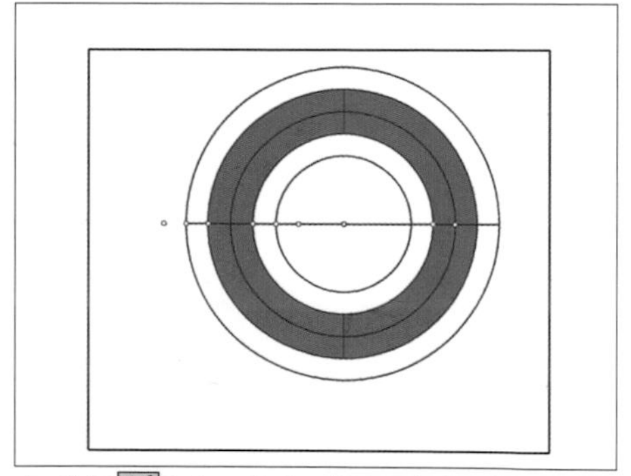

17. 使用 Points 指令，標出圓與直線的交點

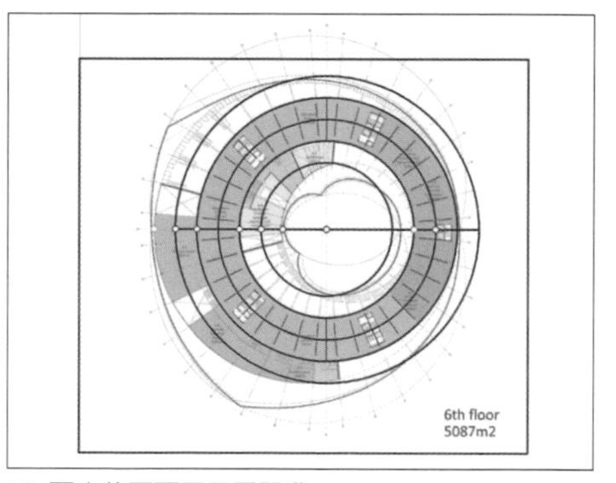

18. 再次將平面圖圖層開啟

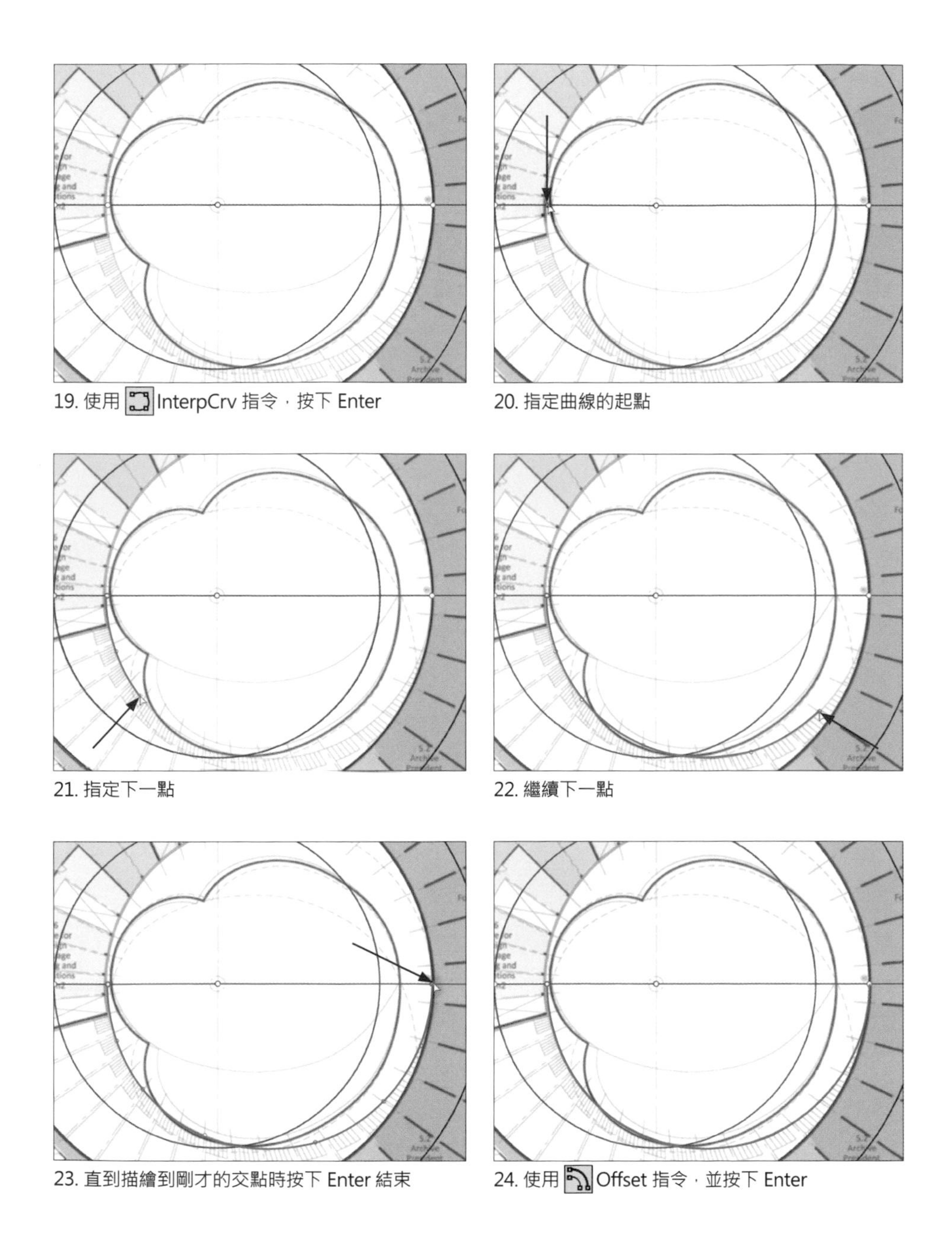

19. 使用 InterpCrv 指令，按下 Enter

20. 指定曲線的起點

21. 指定下一點

22. 繼續下一點

23. 直到描繪到剛才的交點時按下 Enter 結束

24. 使用 Offset 指令，並按下 Enter

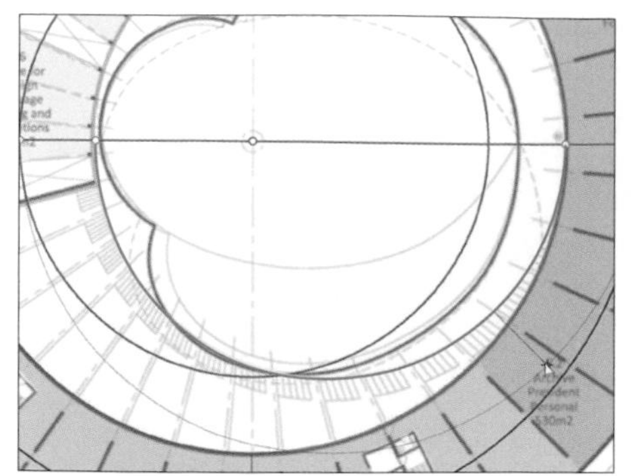

25. 選取要偏移的曲線，輸入距離

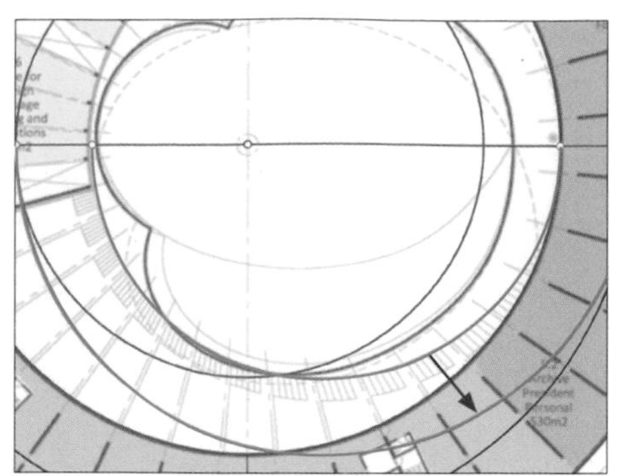

26. 按下 Enter 之後曲線偏移完成

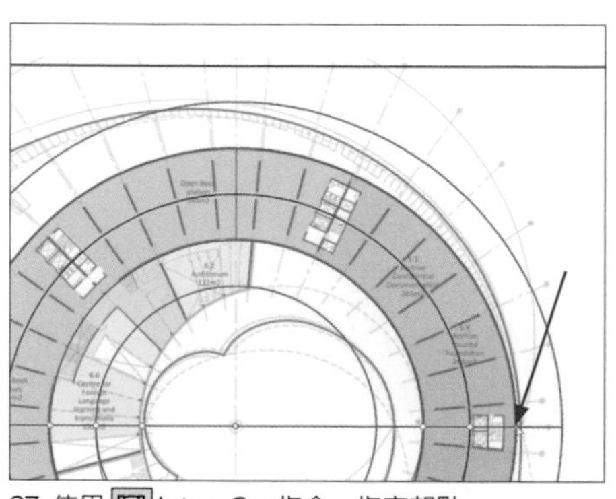

27. 使用 InterpCrv 指令，指定起點

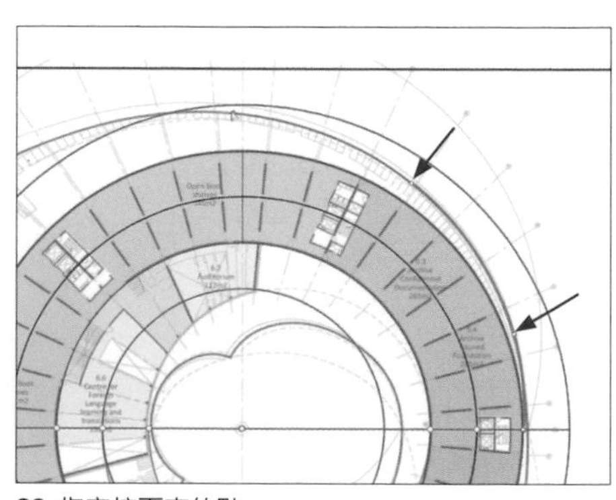

28. 指定接下來的點

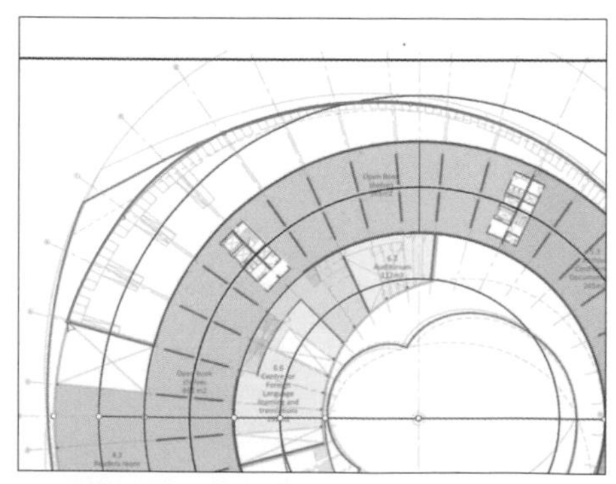

29. 繼續指定下一點直到結束

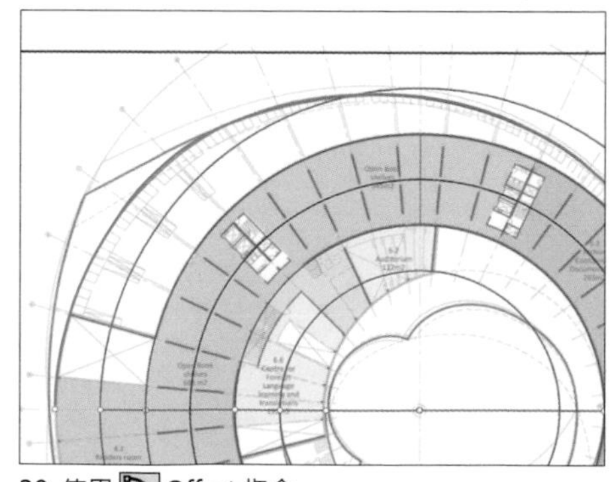

30. 使用 Offset 指令

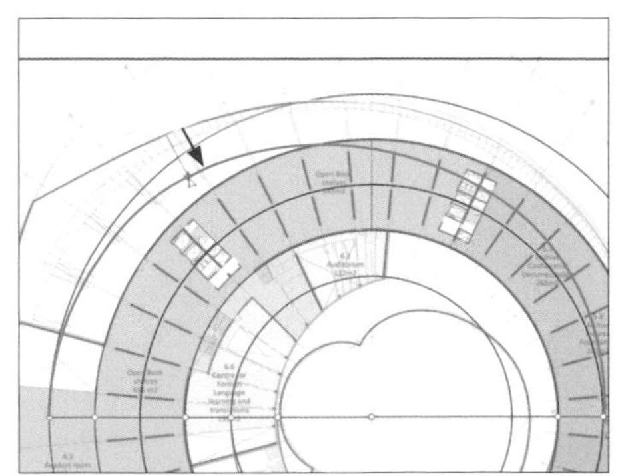

31. 選取要偏移的曲線，輸入距離

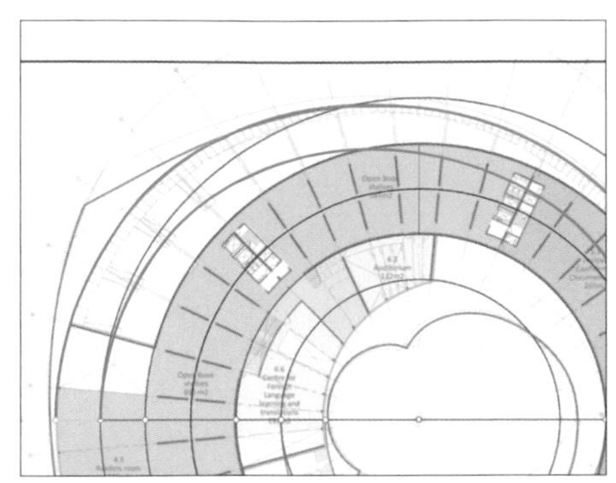

32. 按下 Enter 之後曲線偏移完成

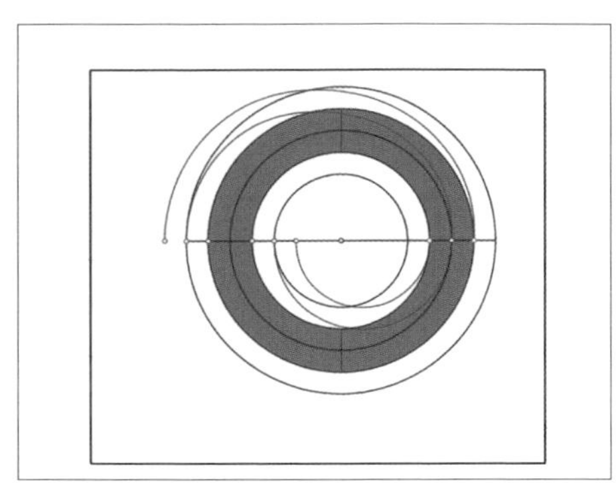

33. 此時會有四條新的曲線

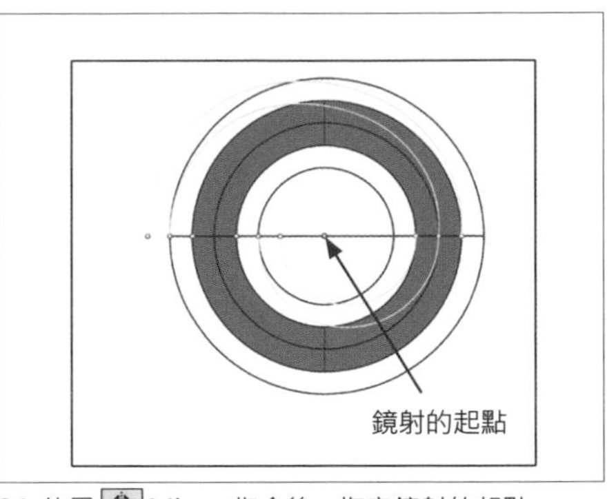

34. 使用 Mirror 指令後，指定鏡射的起點

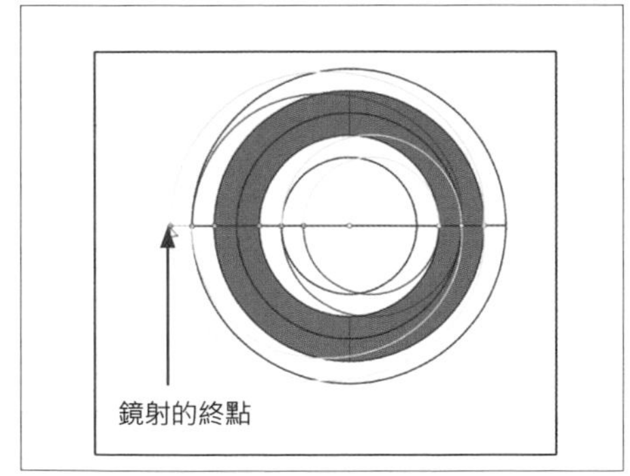

35. 指定鏡射的終點

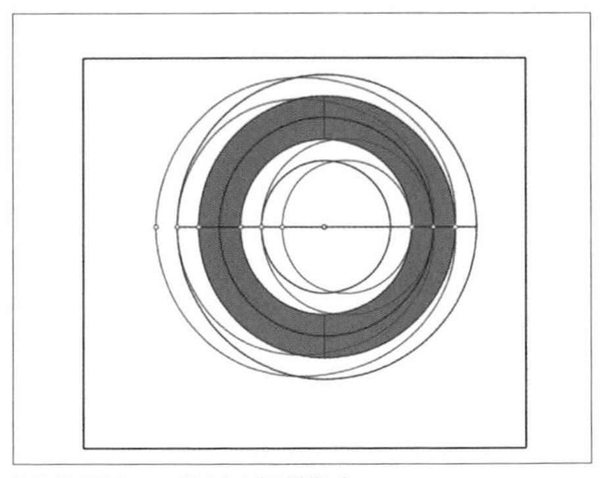

36. 按下 Enter 後結束鏡射指令

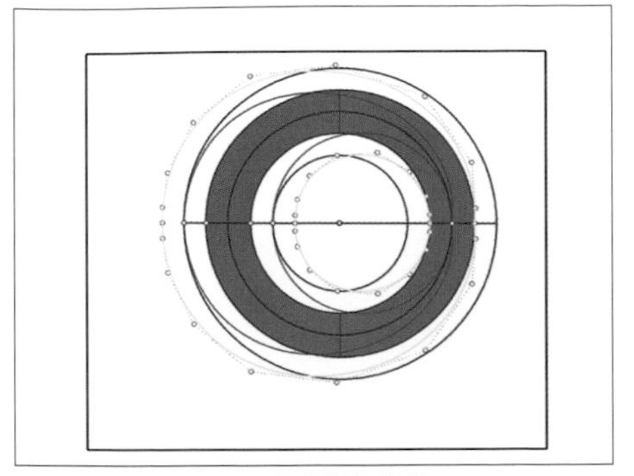

37. 選取內外的圓圈（共有四條曲線）

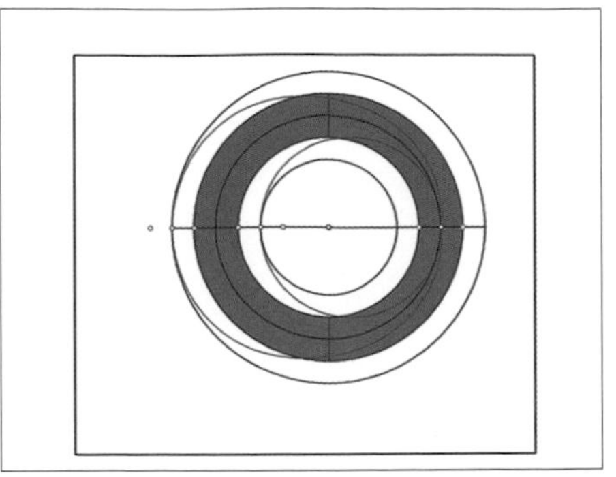

38. 將它們刪除

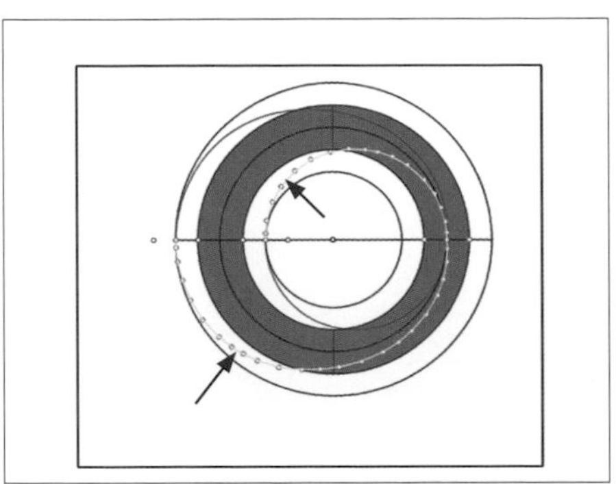

39. 點選兩條曲線，使用 Join 指令組合曲線

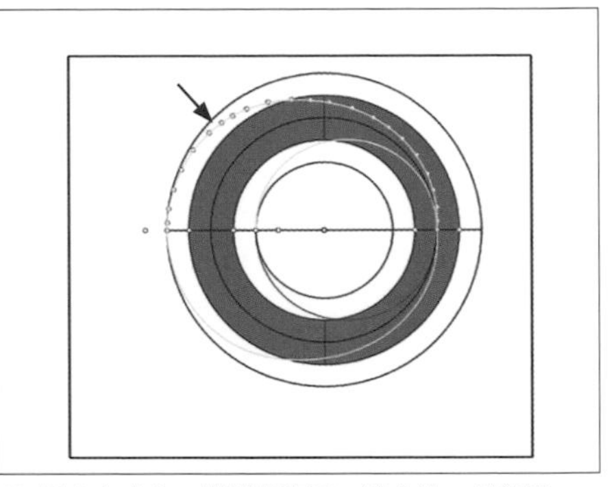

40. 組合完成後，繼續選取下一條曲線，並使用 Join 指令組合曲線

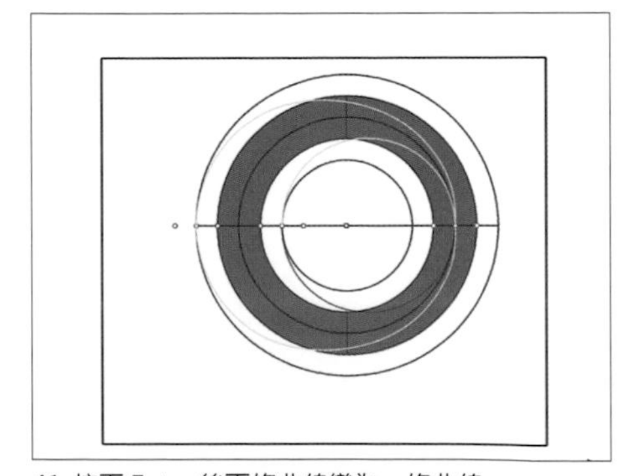

41. 按下 Enter 後兩條曲線變為一條曲線

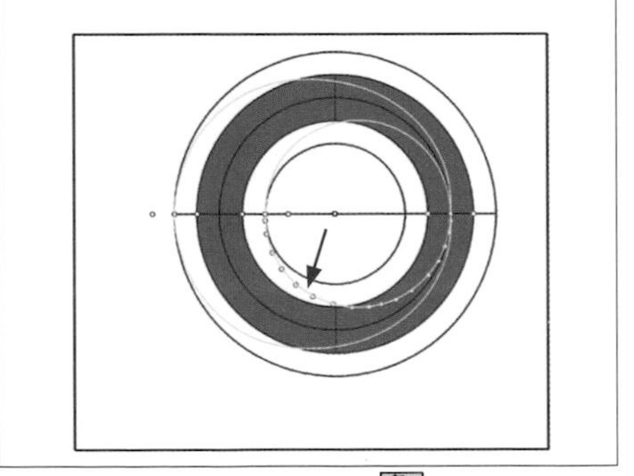

42. 選取最後的曲線並再次使用 Join 指令

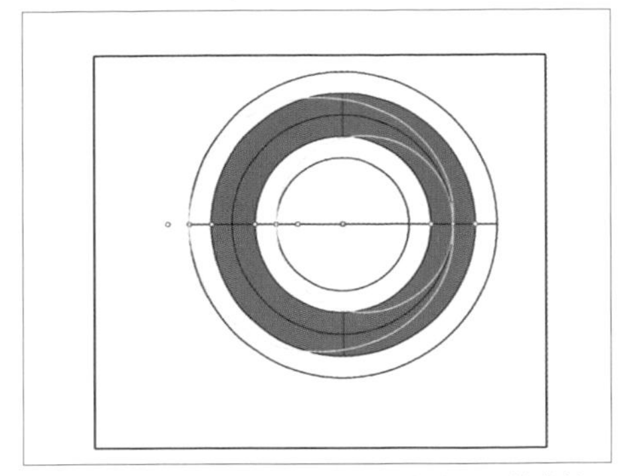

43. 按下 Enter 後，由開放的曲線變成封閉的曲線

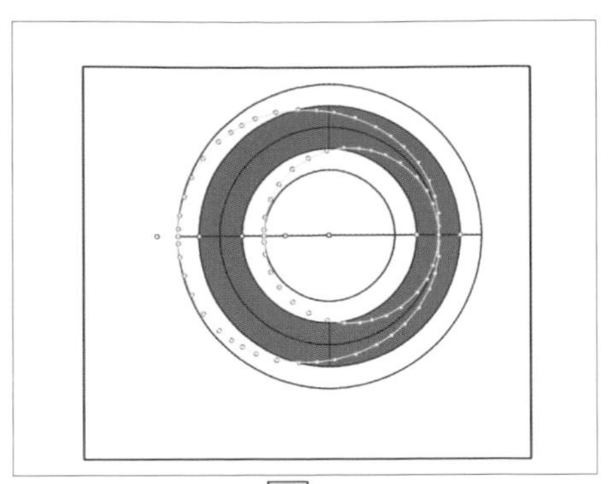

44. 選取曲線，並使用 Rebuild 指令

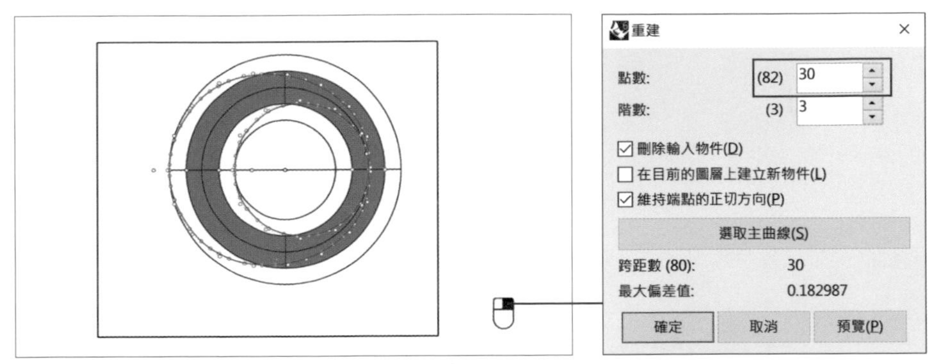

45. 按下 Enter 或是右鍵後，會出現重建選項，將點數減少為 30 點

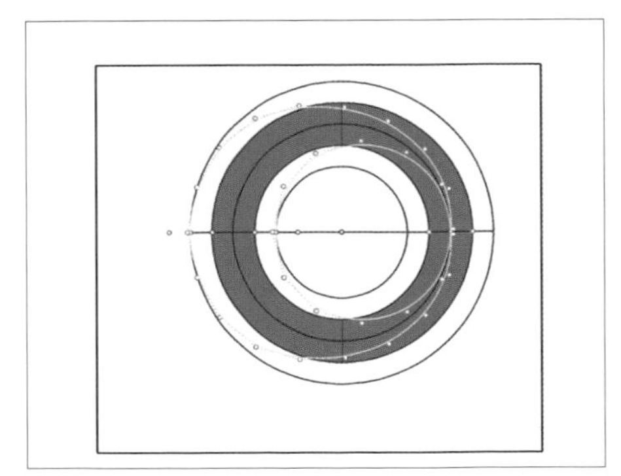

46. 按下確定後控制點的點數減少

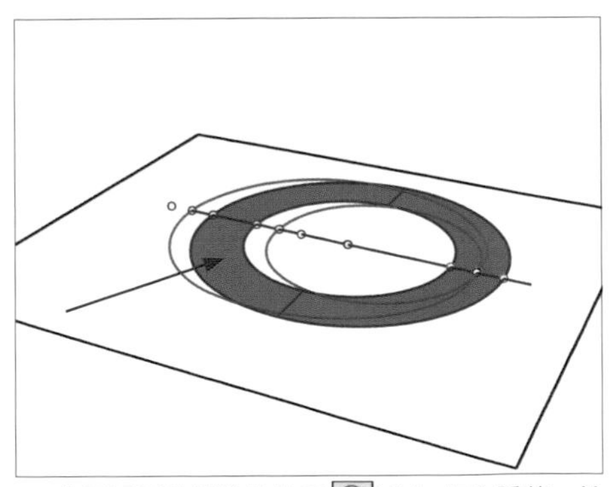

47. 將不需要的輔助線使用 Hide 指令隱藏，並將視角調整為 Perspective 後，選取曲面

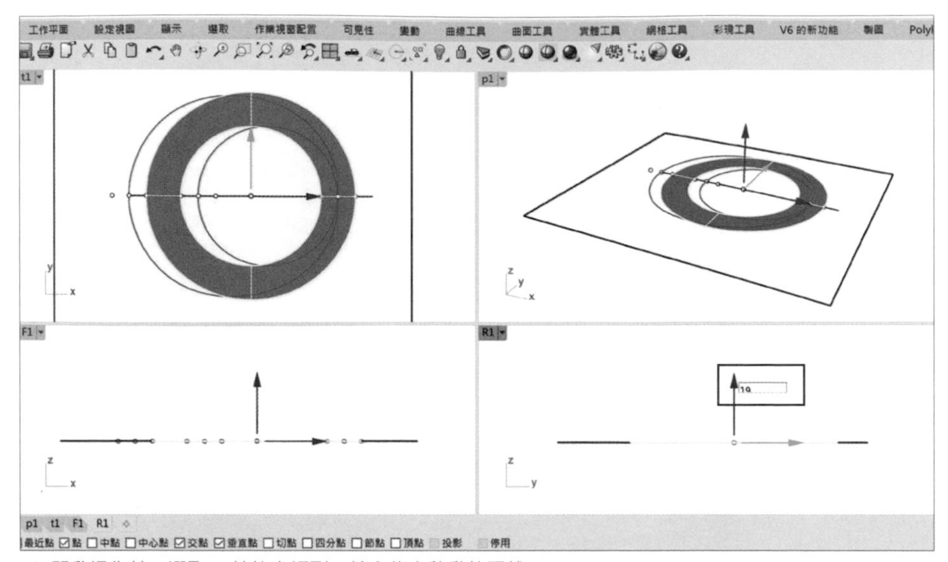

48. 開啟操作軸，選取 Z 軸的小矩形，輸入往上移動的距離

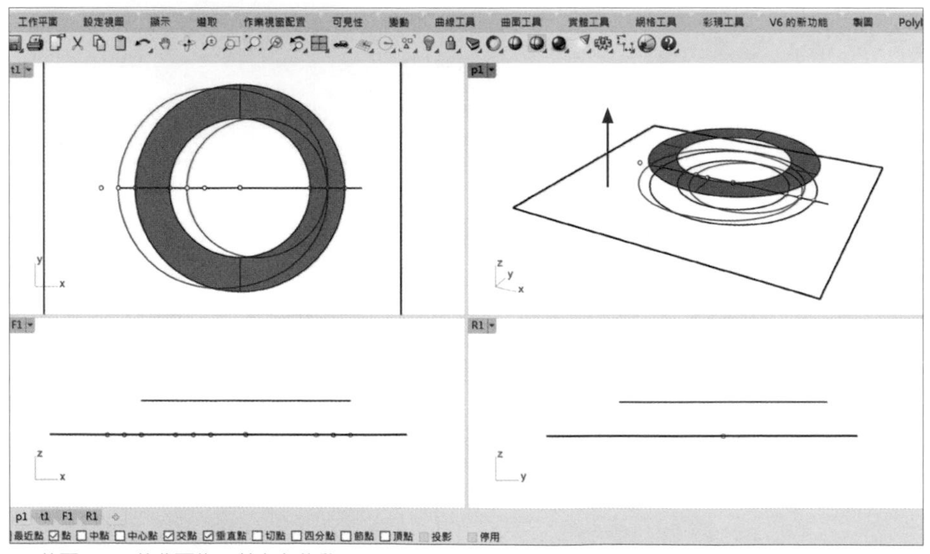

49. 按下 Enter 後曲面往 Z 軸方向移動

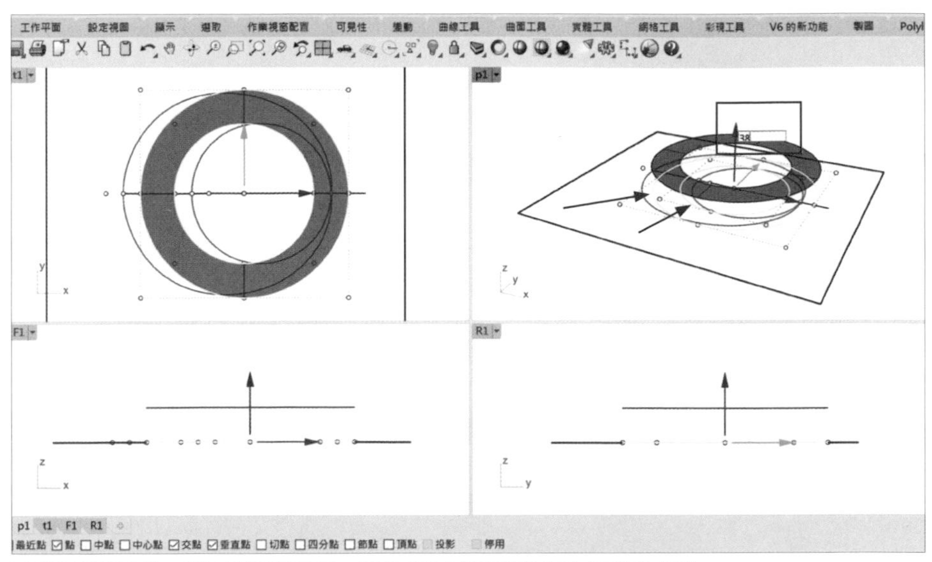

50. 選取兩條曲線，並同樣使用操作軸，點選 Z 軸小矩形後輸入剛才兩倍的距離

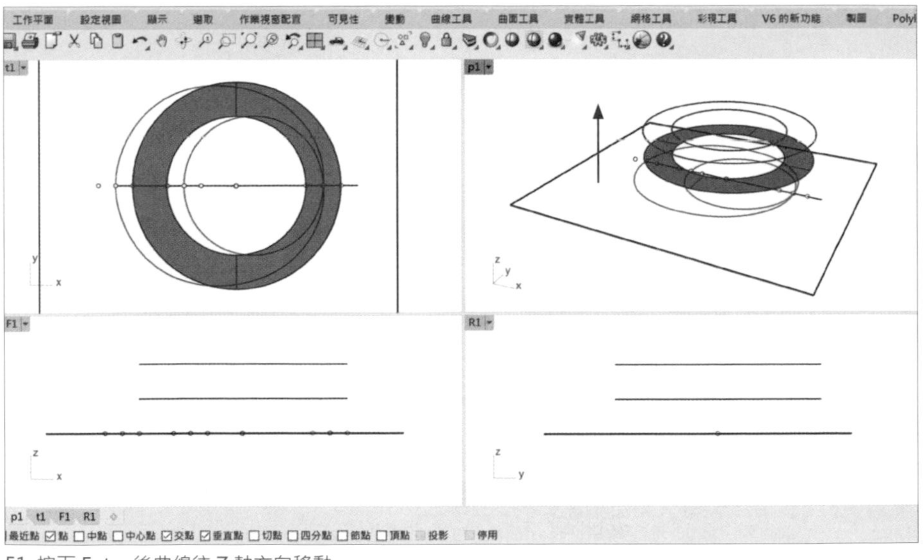

51. 按下 Enter 後曲線往 Z 軸方向移動

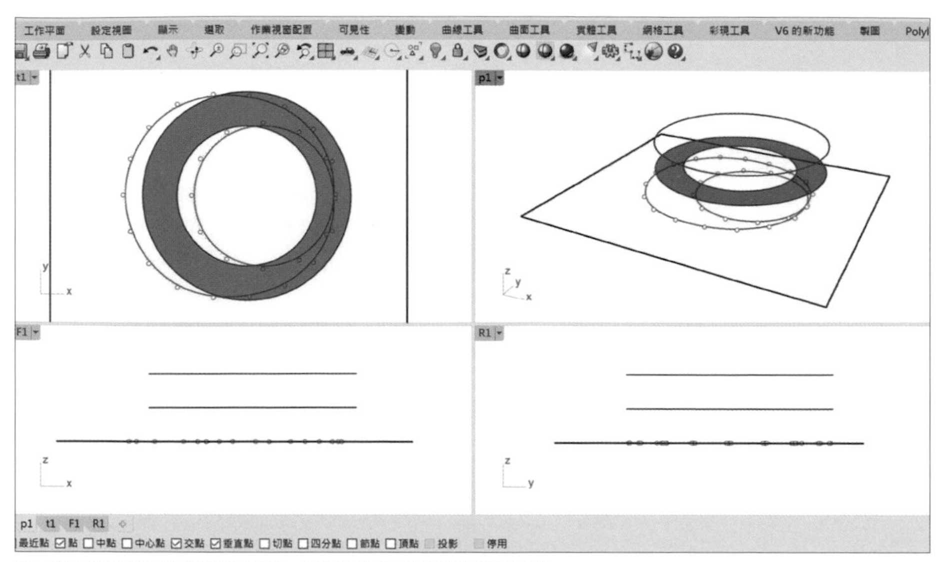

52. 將不需要的點與輔助線刪除，點選曲線並開啟控制點 (F10)

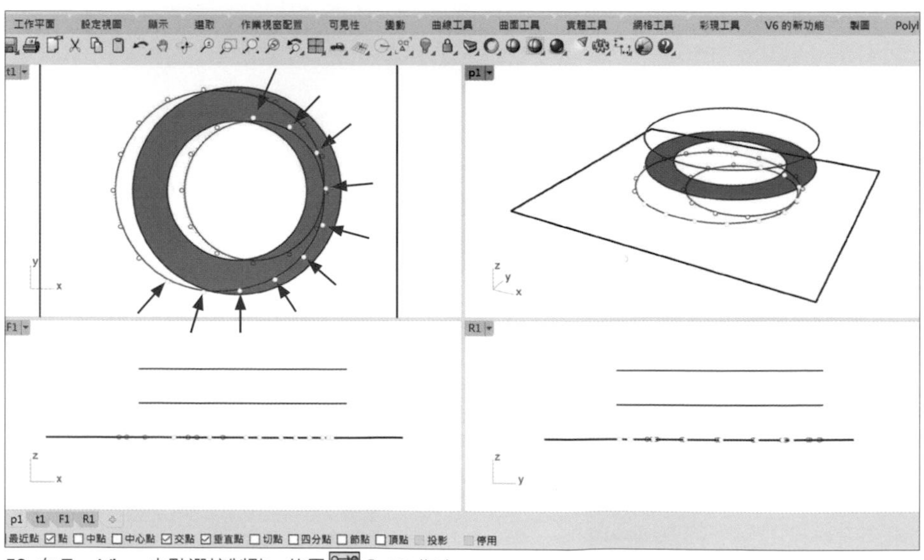

53. 在 Top View 中點選控制點，使用 SetPt 指令

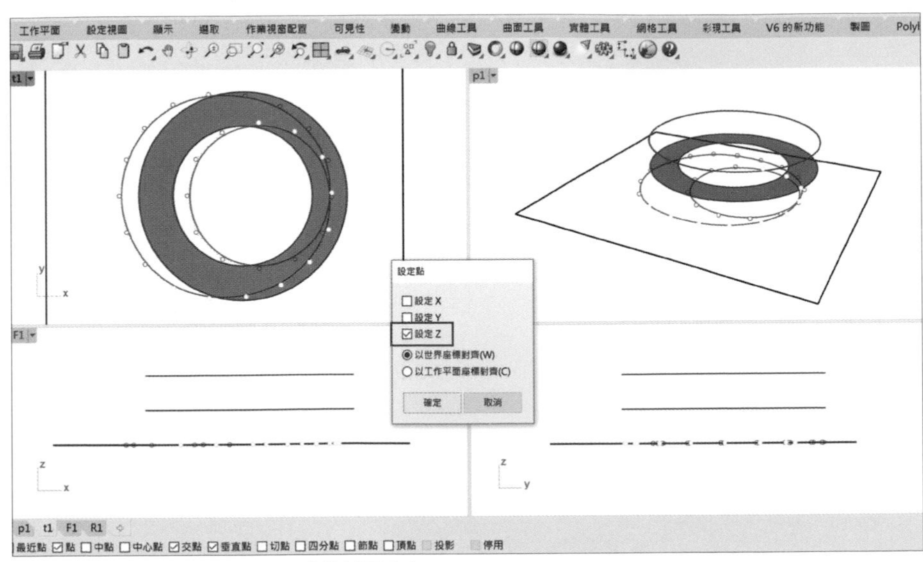

54. 出現設定點的選項，只勾選 Z 軸並按下確定

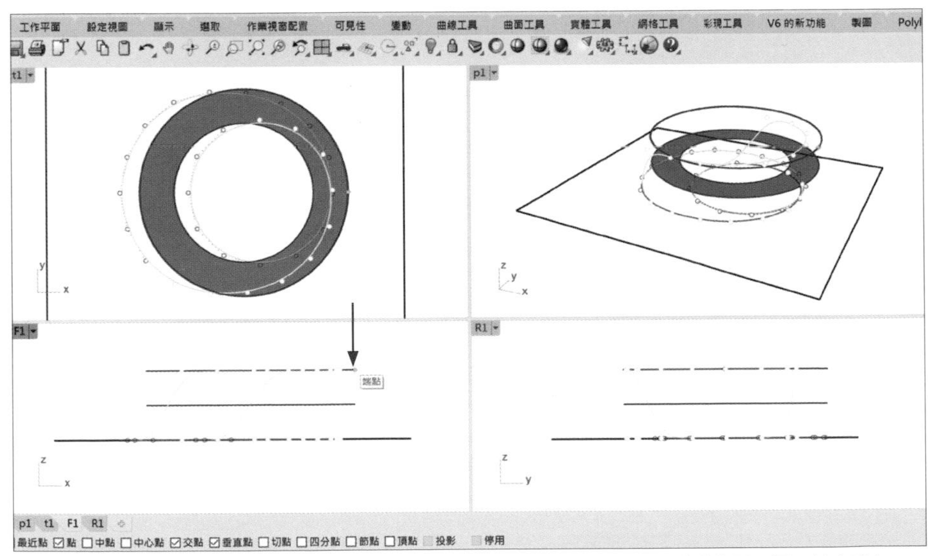

55. 將點指定於最上面的曲線上（使用滑鼠左鍵點選曲線，可以將控制點置於與曲線同一個 Z 軸高度）

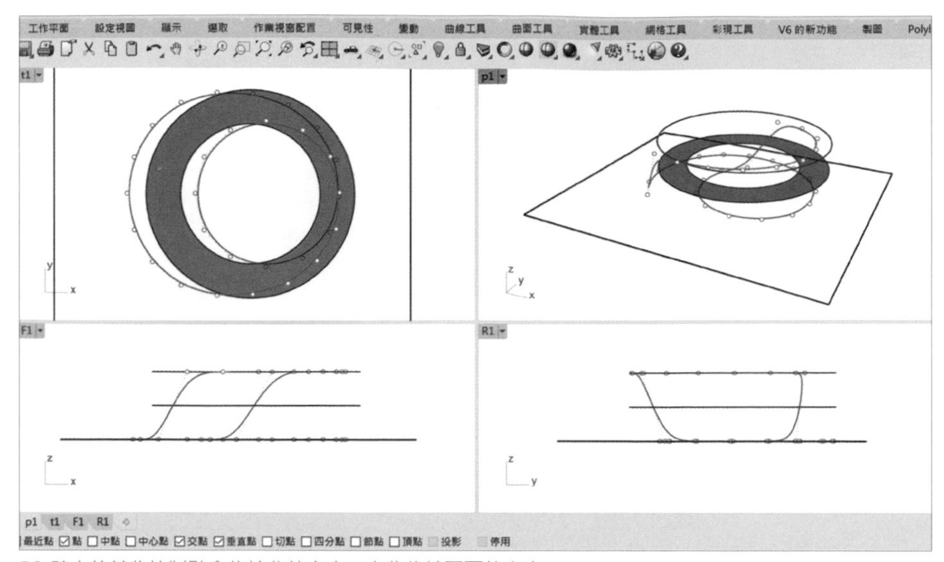

56. 確定後某些控制點會位於曲線高度，有些位於平面的高度

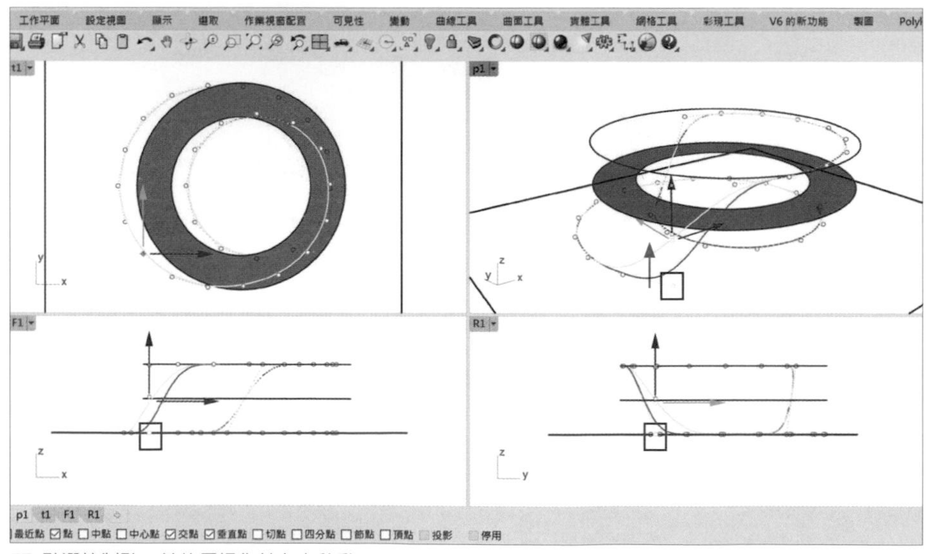

57. 點選控制點，並使用操作軸向上移動

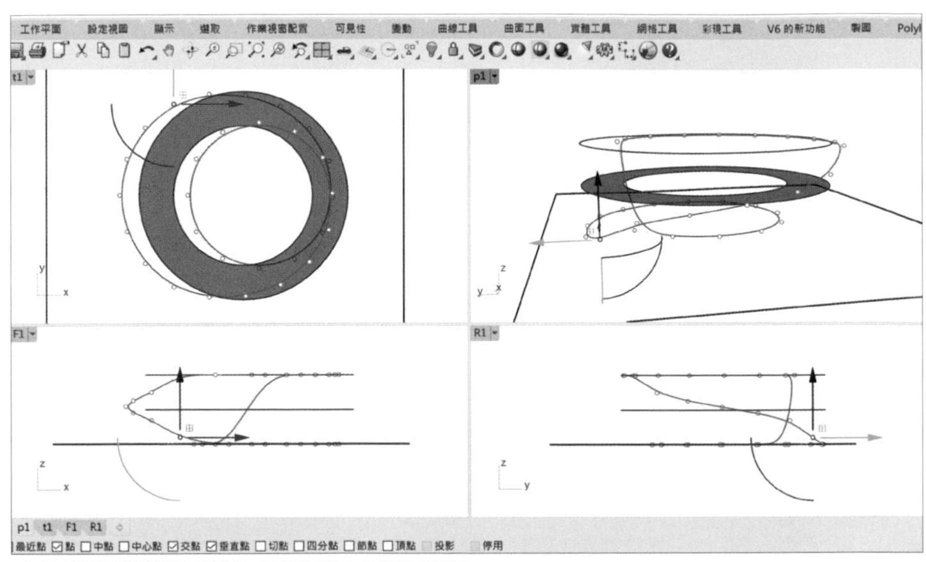

58. 注意不要移動到 X 軸與 Y 軸的距離（曲線會變形）

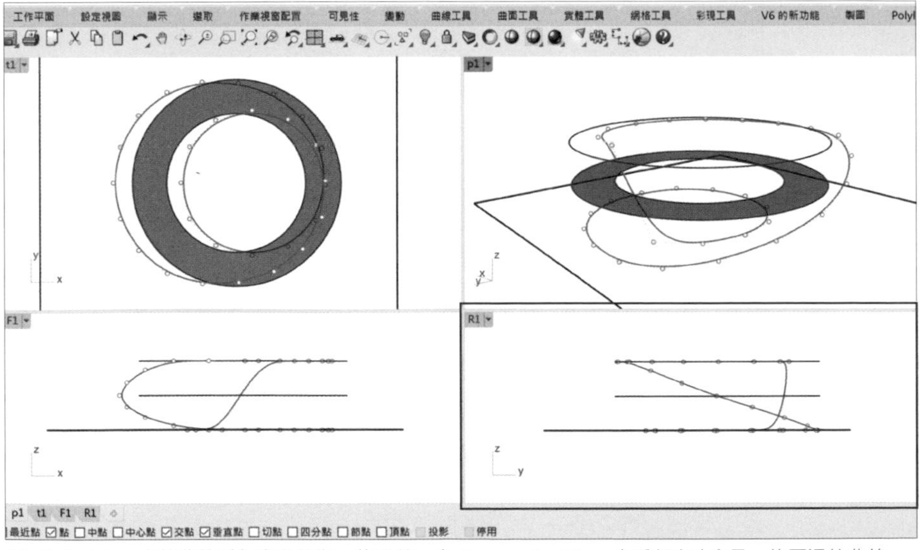

59. Right View 中的曲線看起來必須為一條直線，在 Perspective View 中看起來才會是一條平滑的曲線

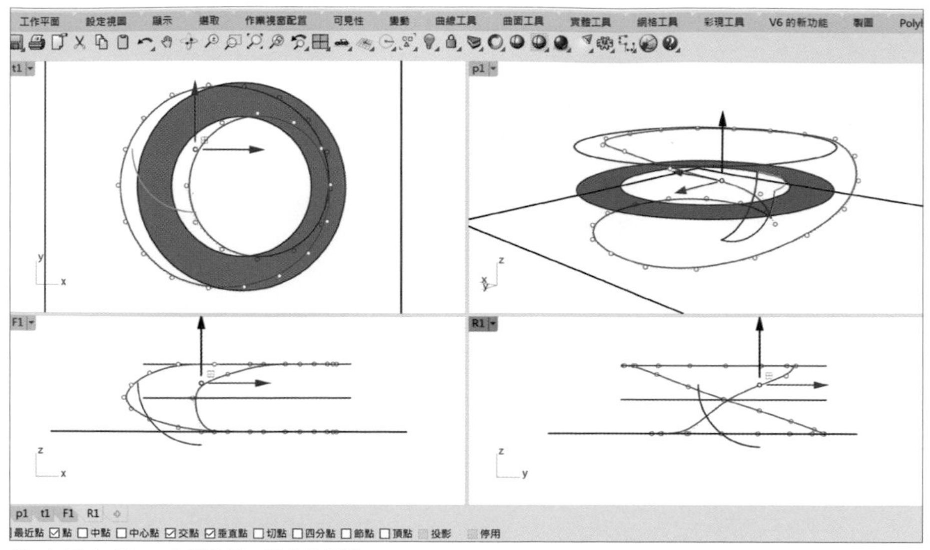

60. 在 Right View 中調整另一邊的控制點

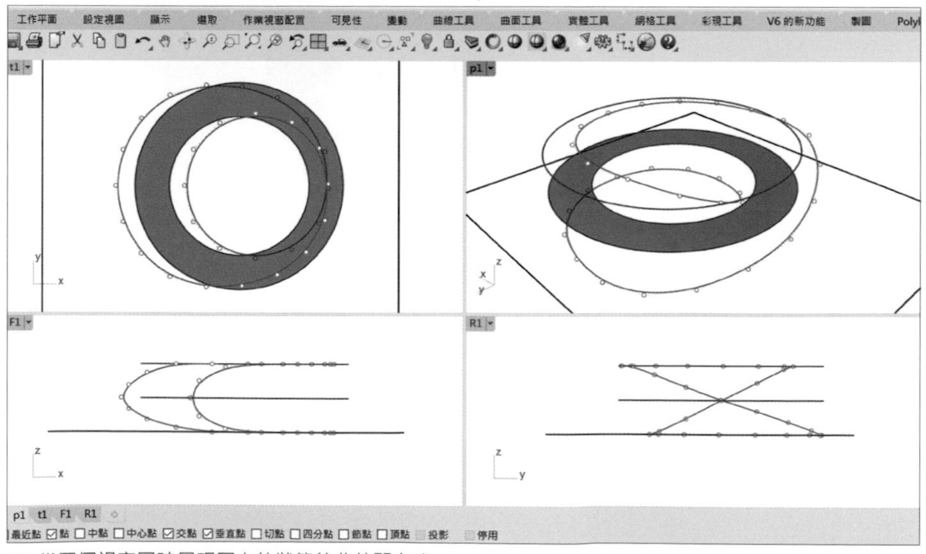

61. 當四個視窗同時呈現圖上的狀態後曲線即完成

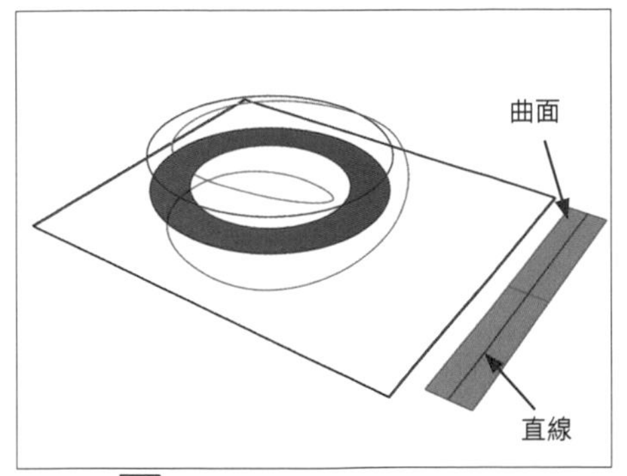

62. 使用 Plane 指令繪製出一個曲面並在中軸繪製直線

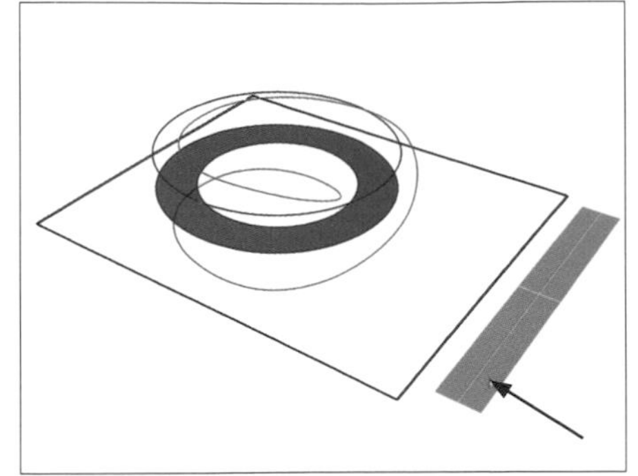

63. 使用 Flow 指令，點選曲面按下 Enter

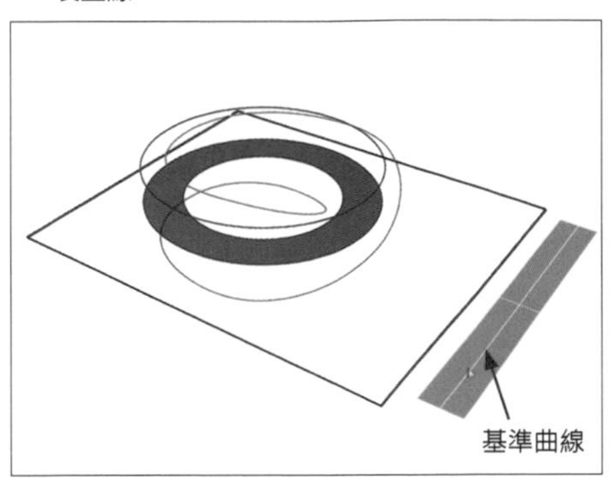

64. 點選基準曲線，選項：硬性 = 否，延展 = 是

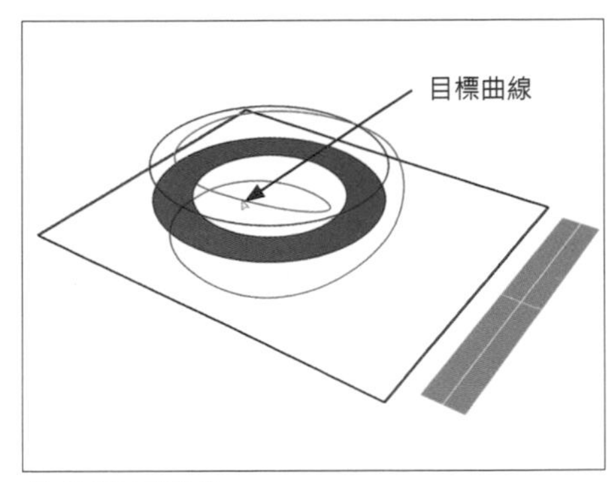

65. 點選目標曲線

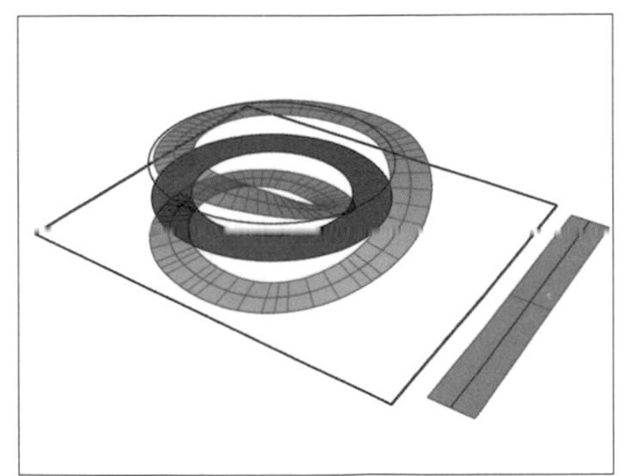

66. 曲面便會沿著基準曲線流動到目標曲線上

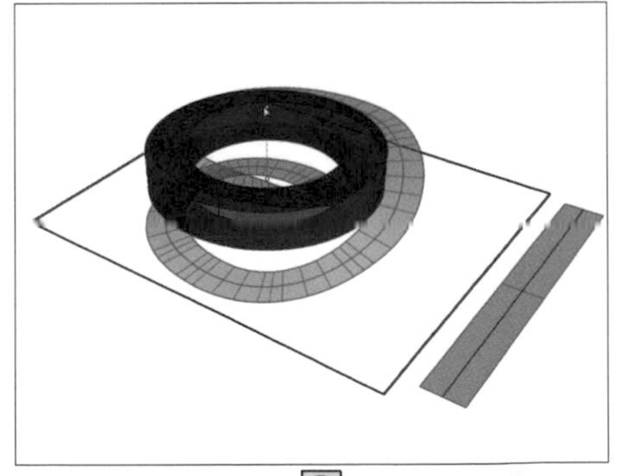

67. 選取環形曲面並使用 ExtrudeSrf 指令

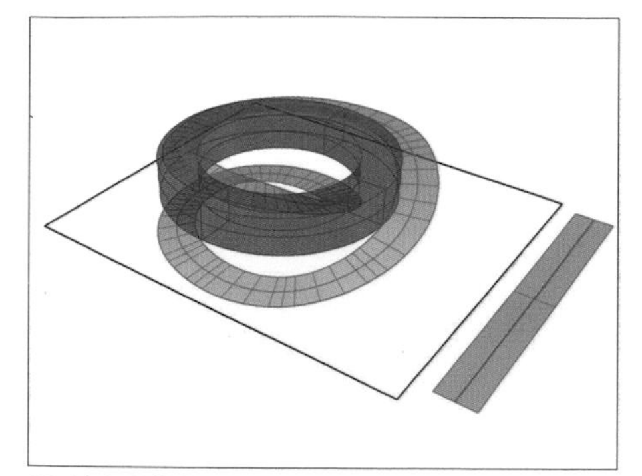

68. 輸入距離後按下 Enter 成形

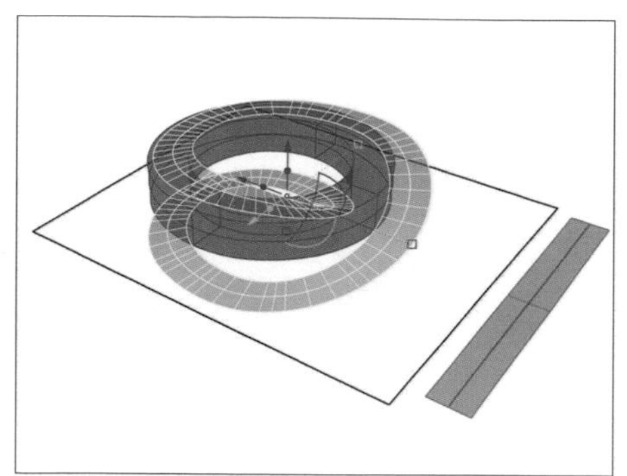

69. 選取曲面，開啟操作軸

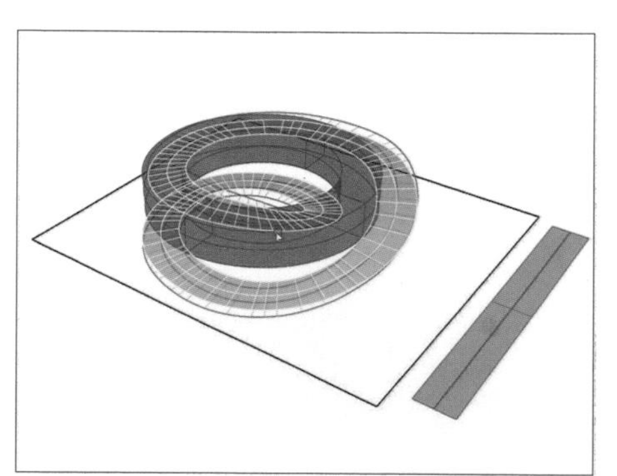

70. 調整 Z 軸方向的小矩形使曲面些微縮小

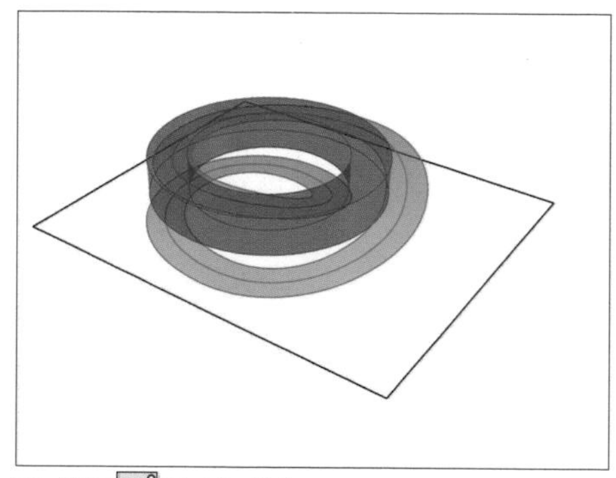

71. 使用 Divide 指令

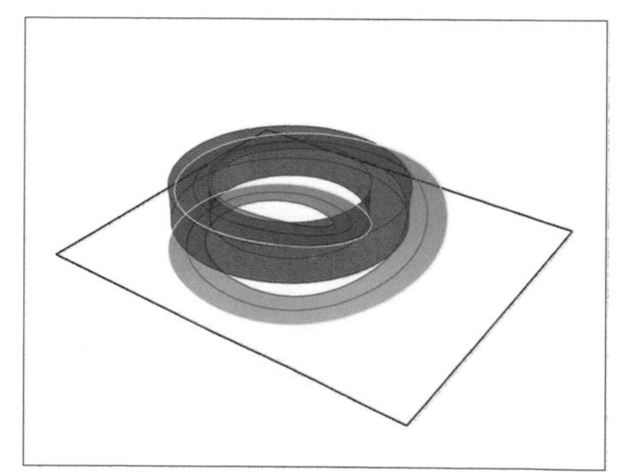

72. 選取要分段的曲線邊緣，按下 Enter

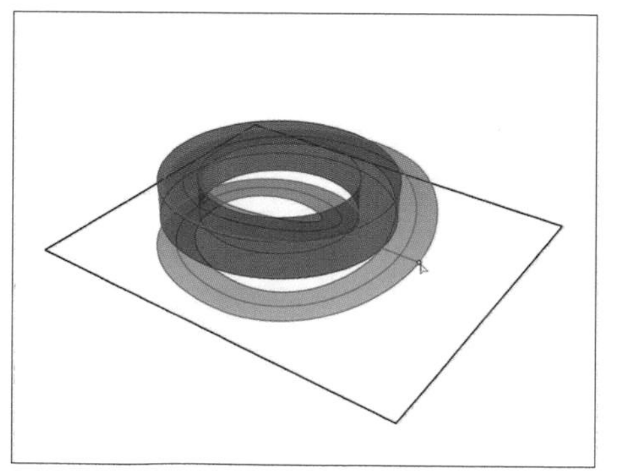

73. 設定好分段數目後按下 Enter，可以移動曲線接縫點

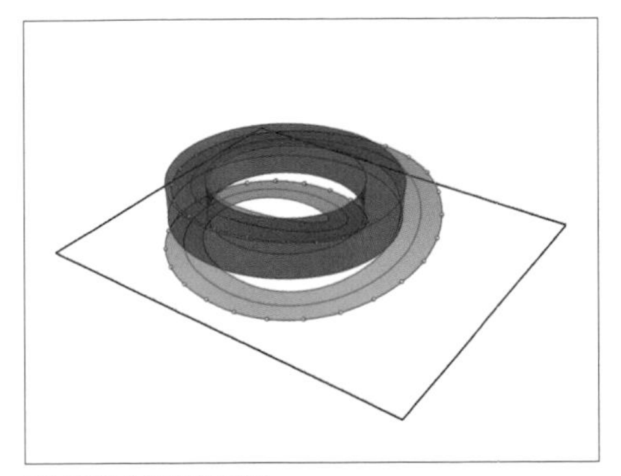

74. 曲線分段後的結果

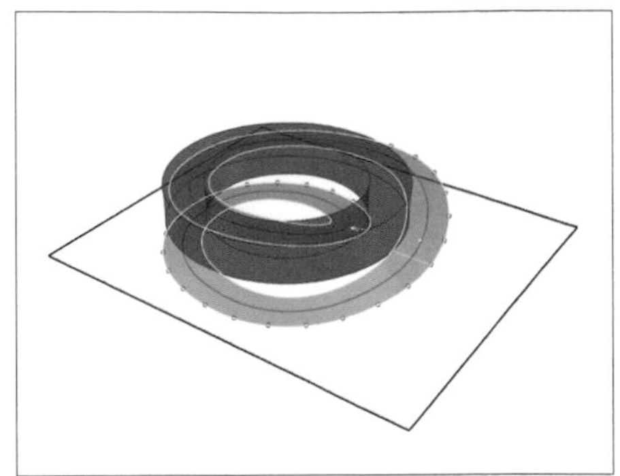

75. 使用 Split 指令，選取要分割的曲面

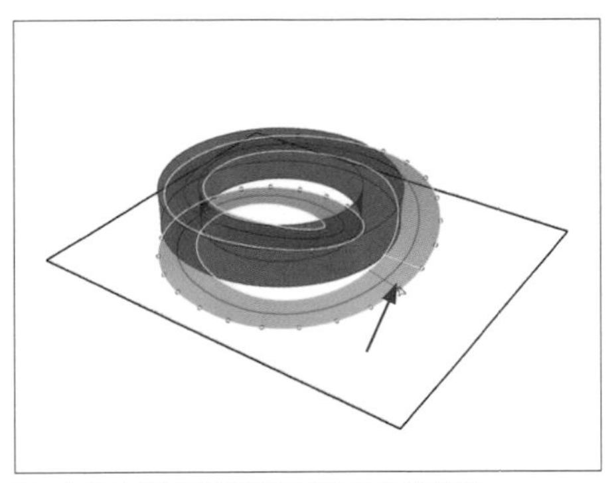

76. 在指令欄選項使用結構線 (I) 切割物件

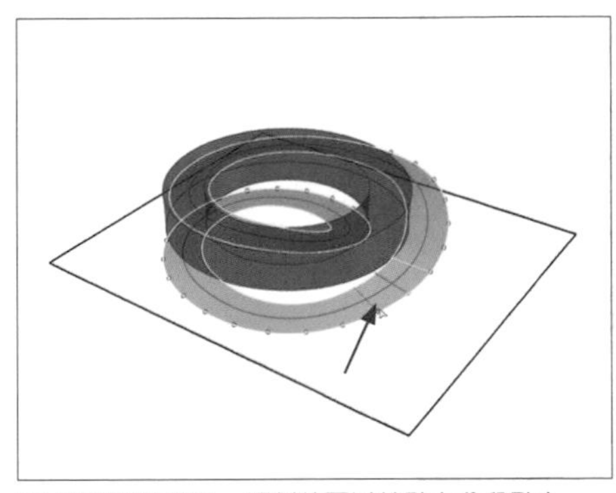

77. 開啟物件鎖點，切割線可以鎖點在分段點上

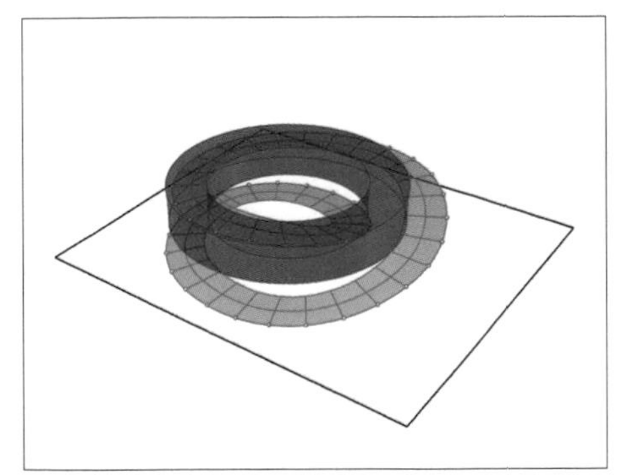

78. 將全部的曲面分割完後按下 Enter 結束指令

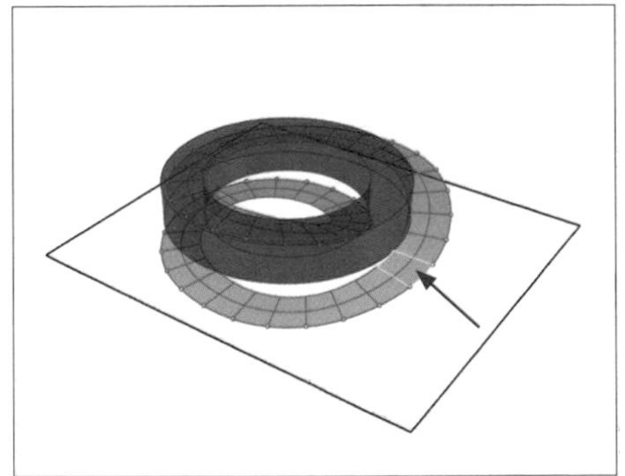

79. 選取其中一個曲面

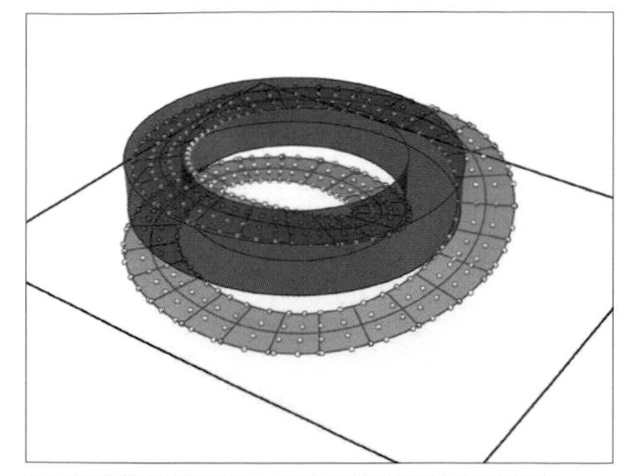

80. 開啟控制點 (F10) 會發現控制點沒有被分割

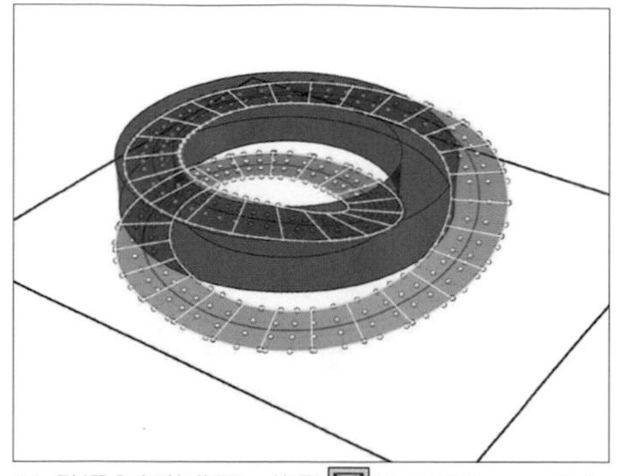

81. 點選全部的曲面，使用 ShrinkTrimmedSrf 指令

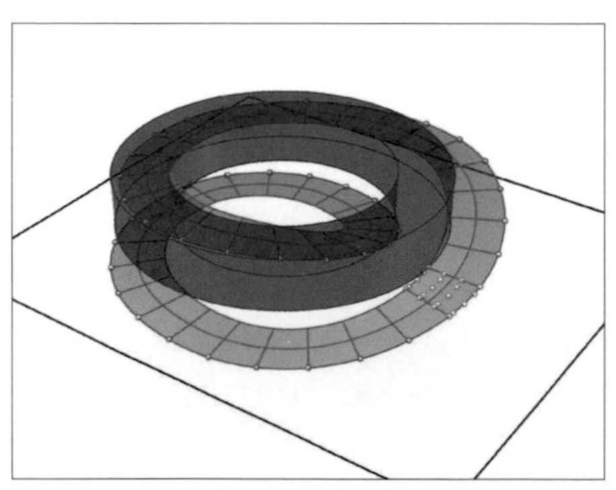

82. 按下 Enter 後曲面的控制點被縮減

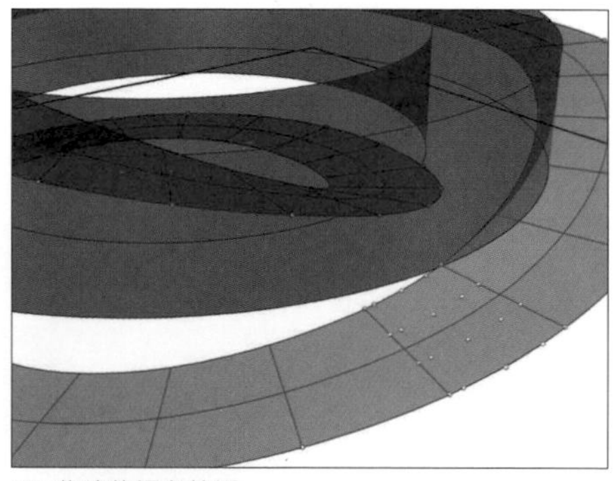

83. 此時將視角拉近

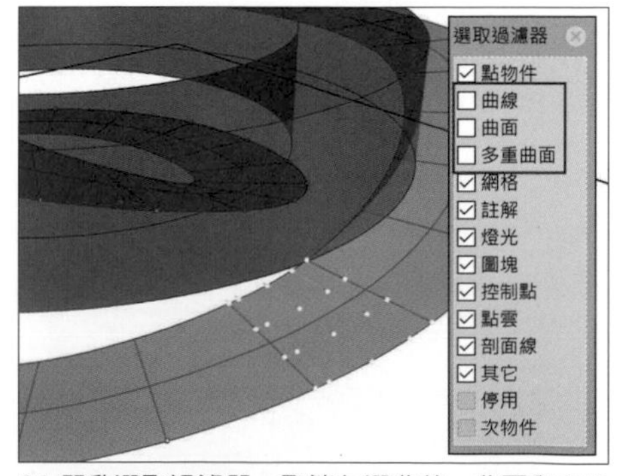

84. 開啟選取過濾器，取消勾選曲線、曲面與多重曲面，可以比較容易選取到控制點

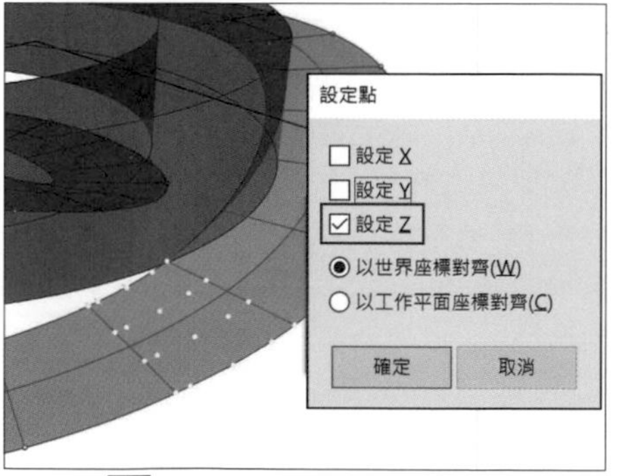

85. 使用 SetPt 指令，勾選設定 Z，按下確定

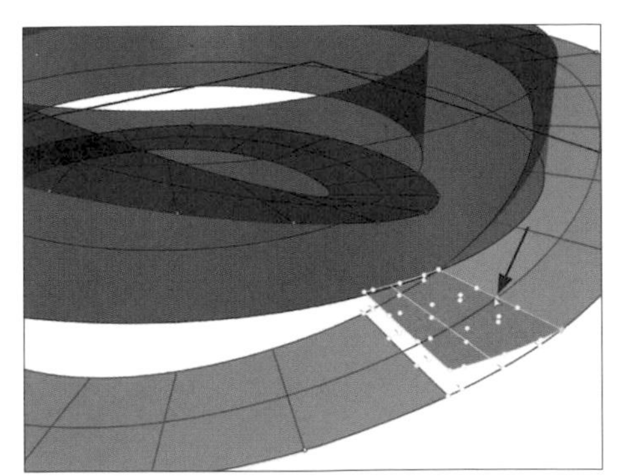

86. 將 Z 軸指定在曲線的頂端

87. 點選後小的曲面會在同一個平面上

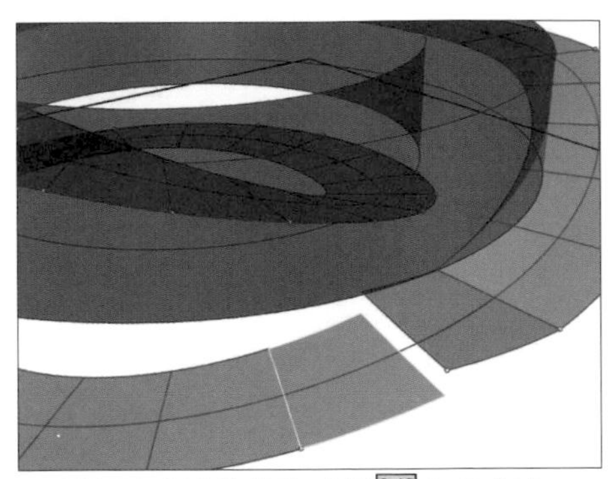

88. 選取下一個小的曲面，使用 SetPt 指令

89. 出現設定點選項，勾選設定 Z，按下確定

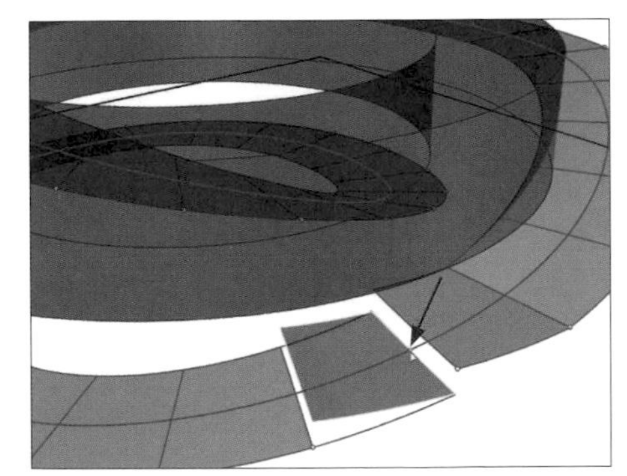

90. 將 Z 軸指定在曲線的頂端

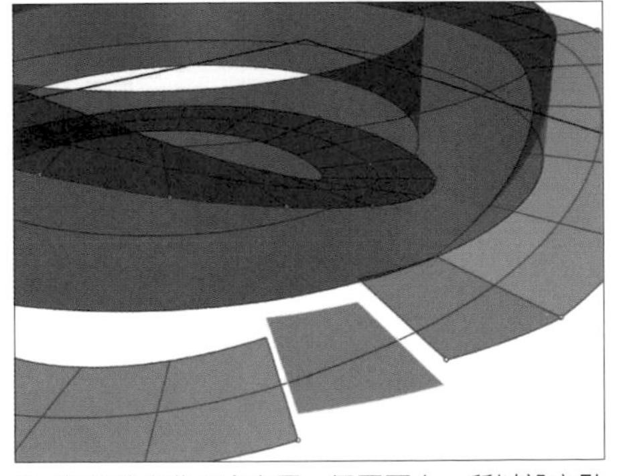

91. 點選後小曲面會在同一個平面上，所以設定點的位置可以使用控制點或直接選擇曲面本身

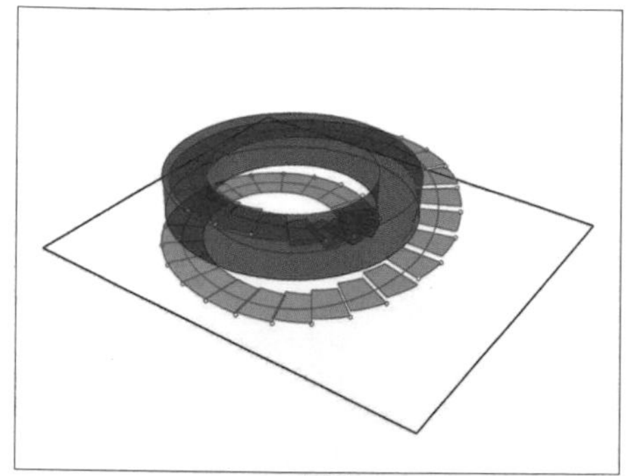

92. 將全部的小曲面使用 SetPt 設定成階梯狀態

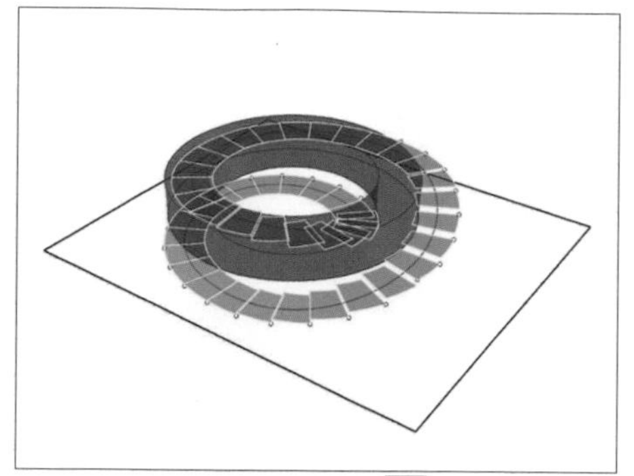

93. 點選全部的曲面並輸入指令 ExtrudeSrf

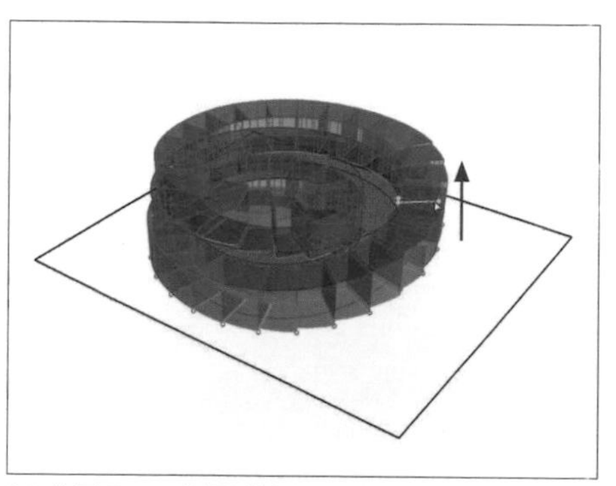

94. 按下 Enter 後可以輸入擠出距離

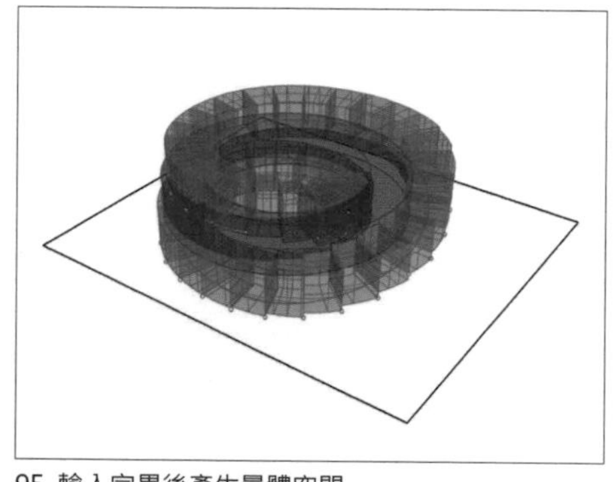

95. 輸入完畢後產生量體空間

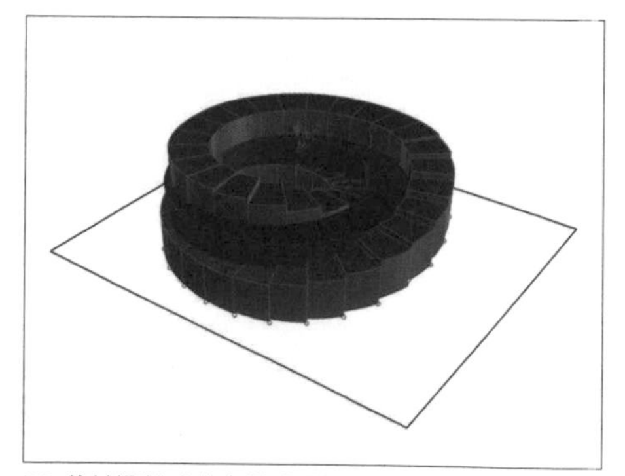

96. 將其調整成著色模式確認

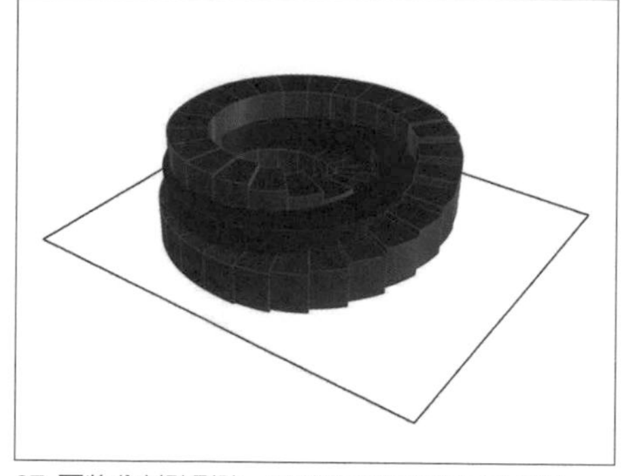

97. 再將分割點刪除，並將綠色與藍色圖層關閉

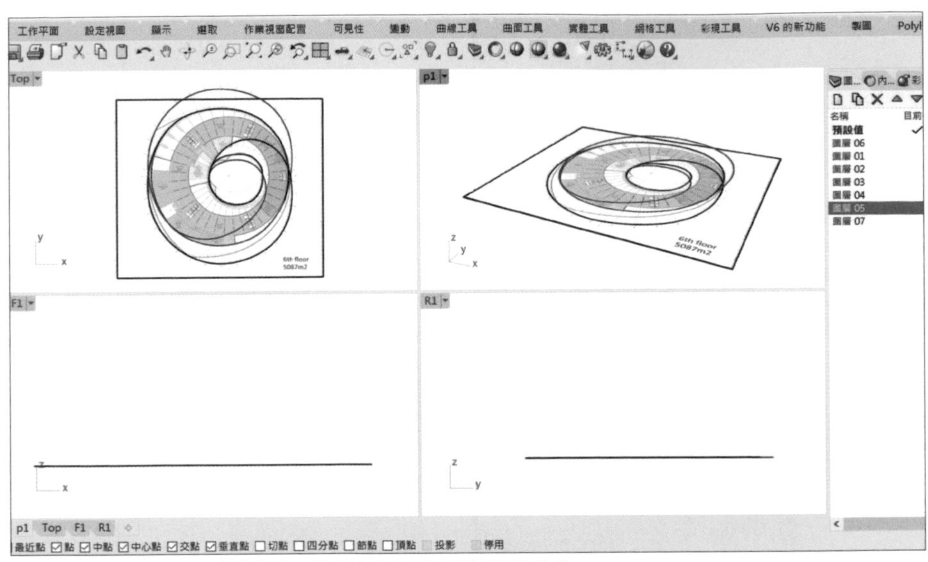

98. 繪製出如 Top View 中的曲線，繪製完畢使用四個視窗的模式

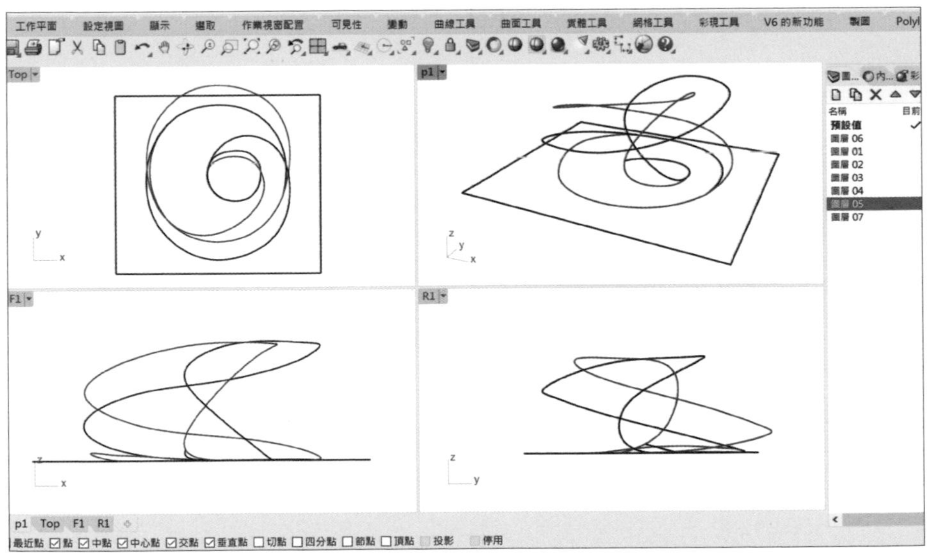

99. 將曲線調整成如圖所示（使用控制點與操作軸調整）

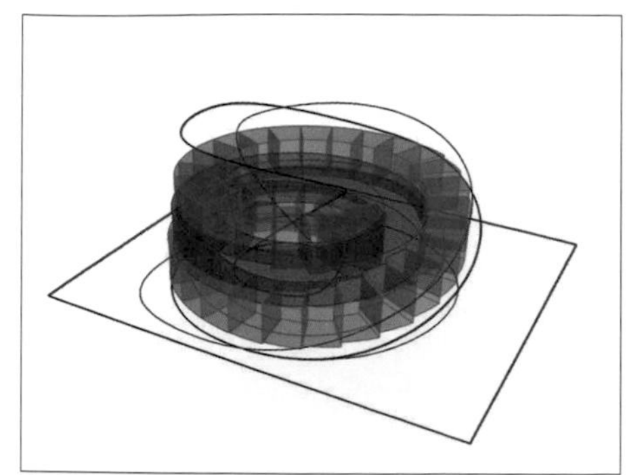

100. 與藍色與綠色圖層的關係如圖所示

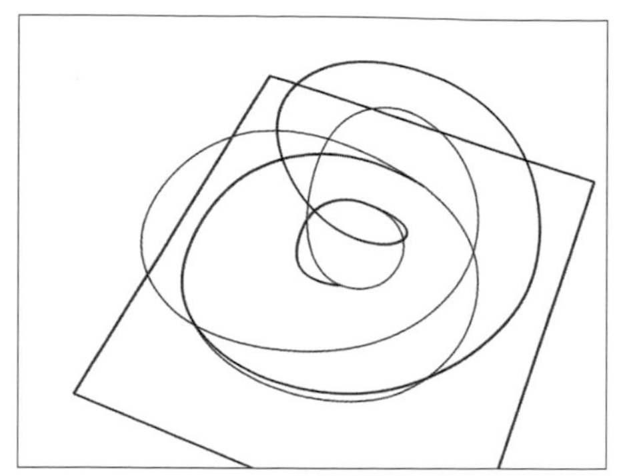

101. 再將藍色與綠色圖層關閉，調整視角

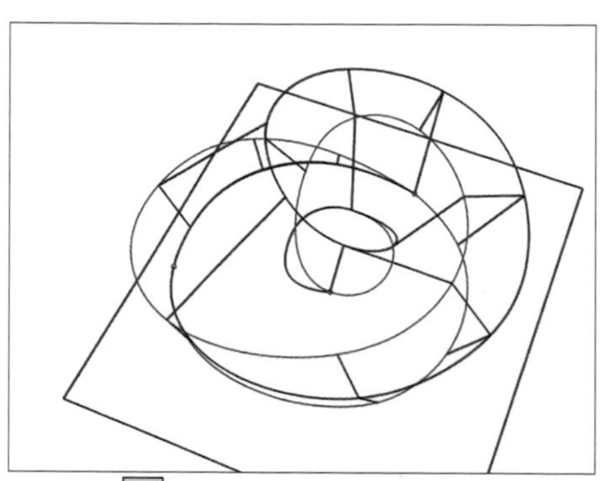

102. 使用 Line 繪製出曲面的斷面

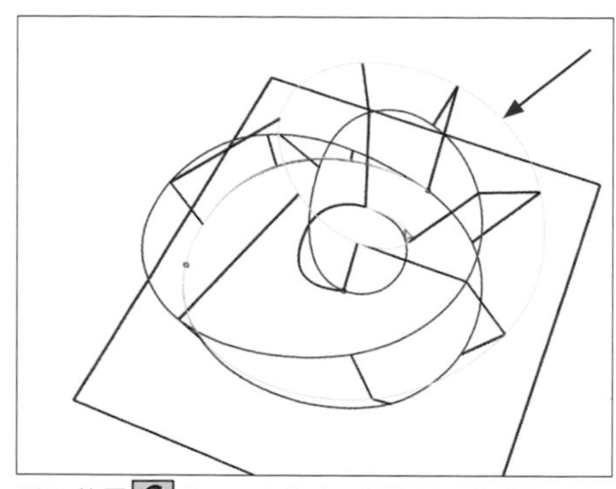

103. 使用 Sweep2 指令，選取第一條路徑

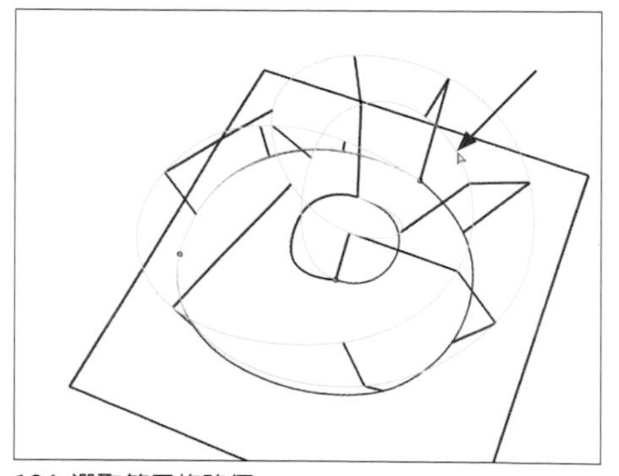

104. 選取第二條路徑

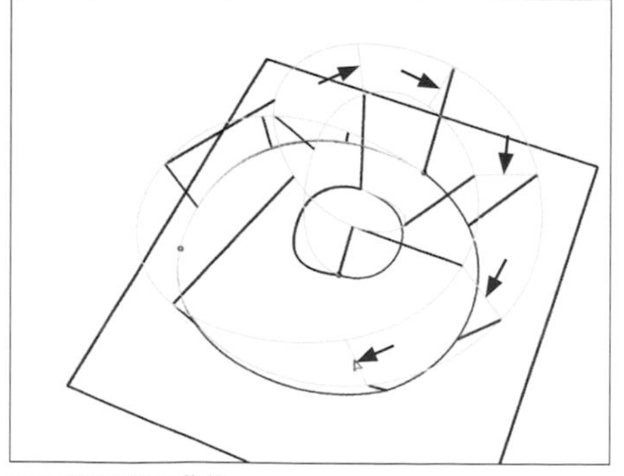

105. 選取斷面曲線

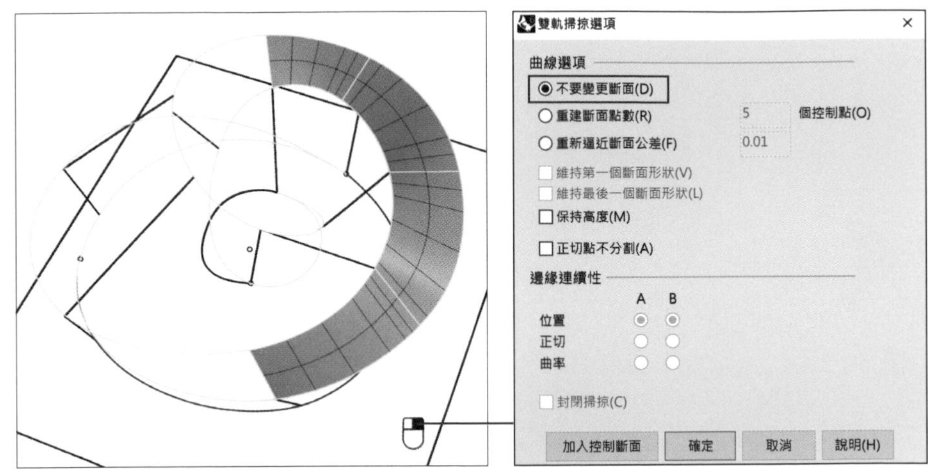

106. 按下 Enter 之後會出現雙軌掃掠選項，按下確定後曲面成形

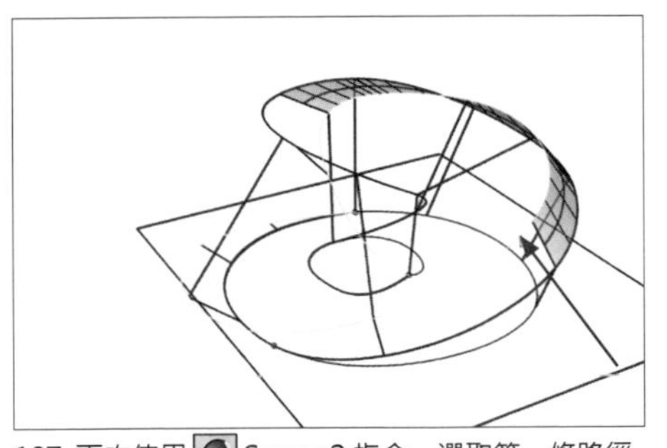

107. 再次使用 Sweep2 指令，選取第一條路徑

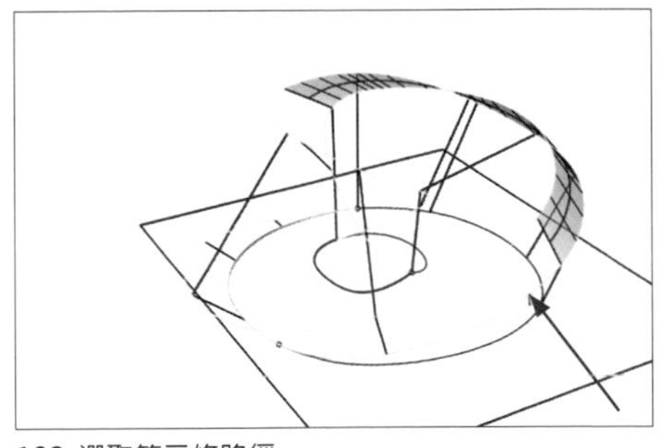

108. 選取第二條路徑

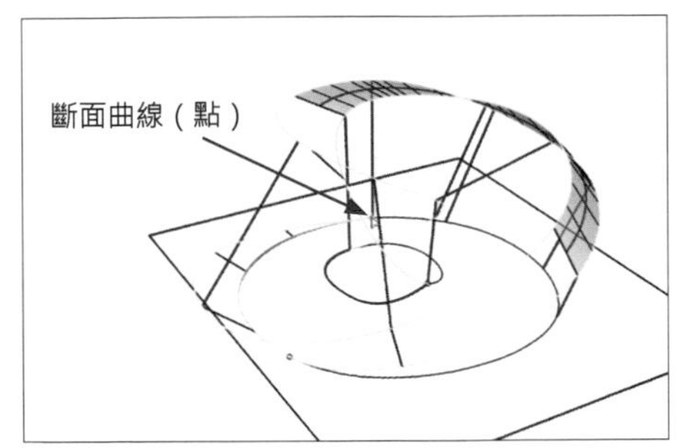

109. 選取斷面曲線（點）

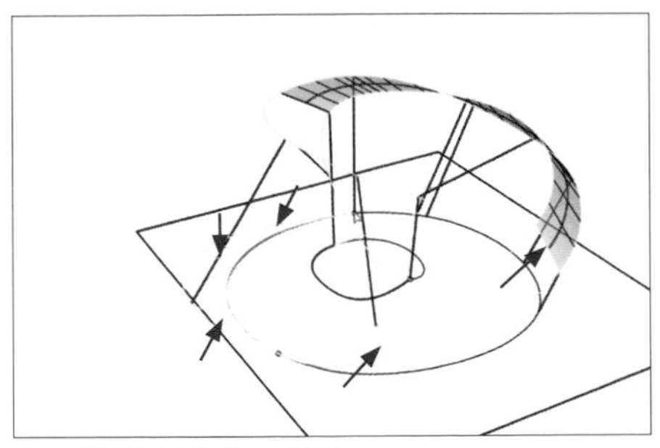

110. 選取斷面曲線（曲線）

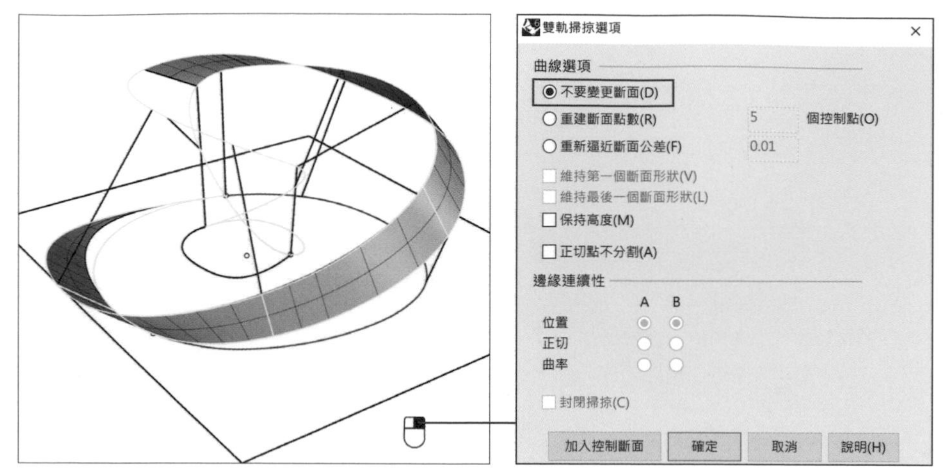

111. 按下 Enter 之後會出現雙軌掃掠選項，再按下確定後曲面成形

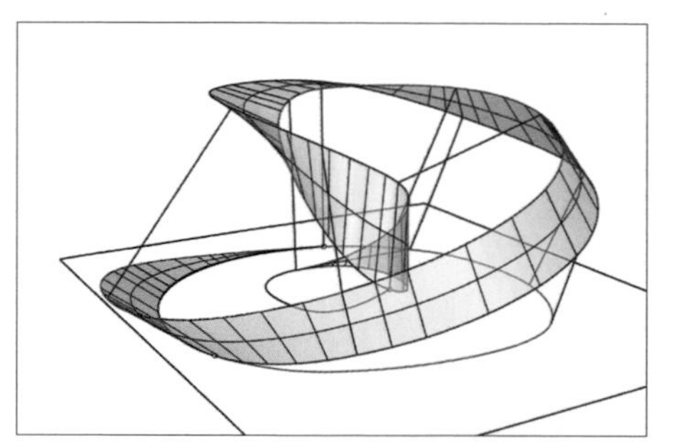

112. 重複步驟 107-111 指令，將曲面成形

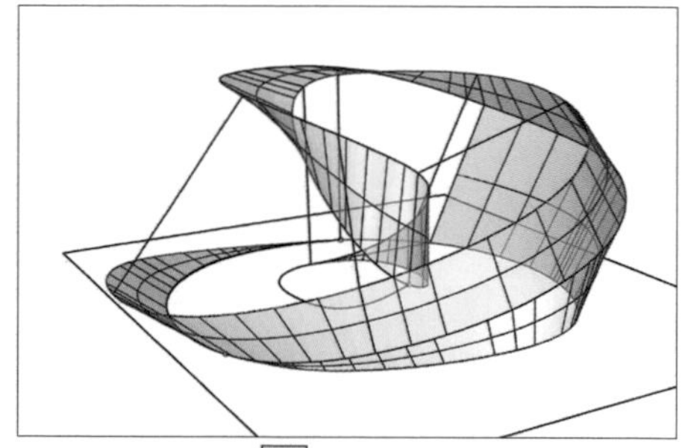

113. 可以分段進行 Sweep2，較不容易失敗

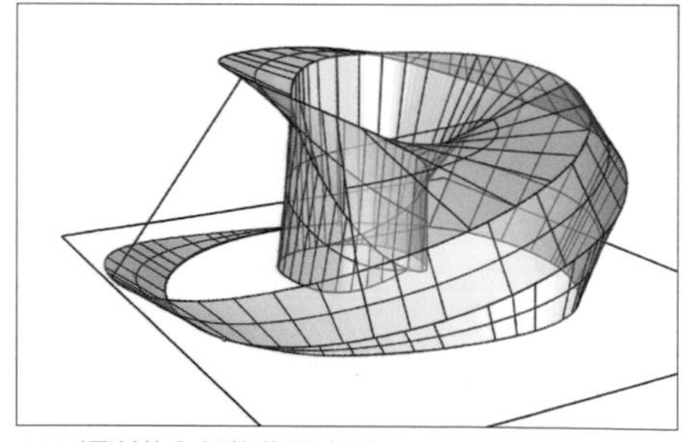

114. 逐漸將全部的曲面成形

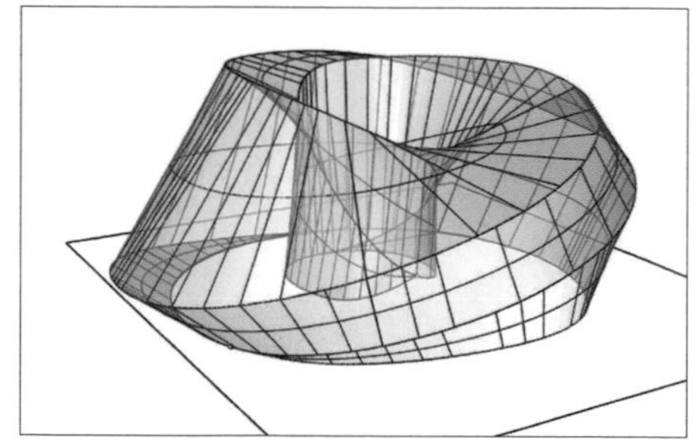

115. 全部的曲面成形後的狀態

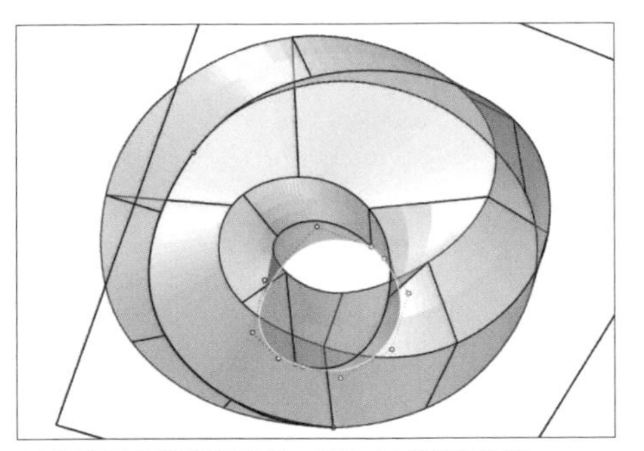

116. 將視角移動到底部，選取上圖所示曲線

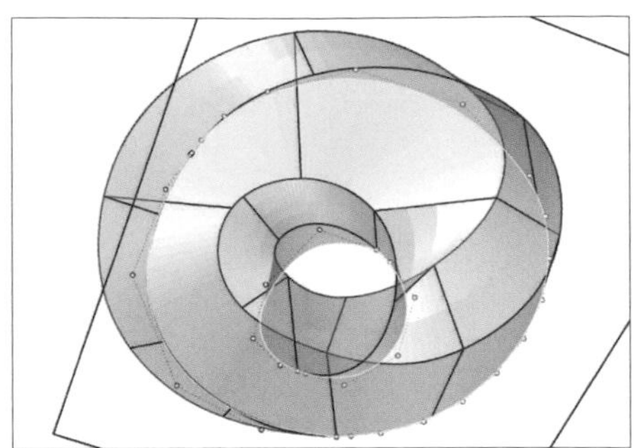

117. 再選取如圖所示曲線（可將原本的曲線分割）

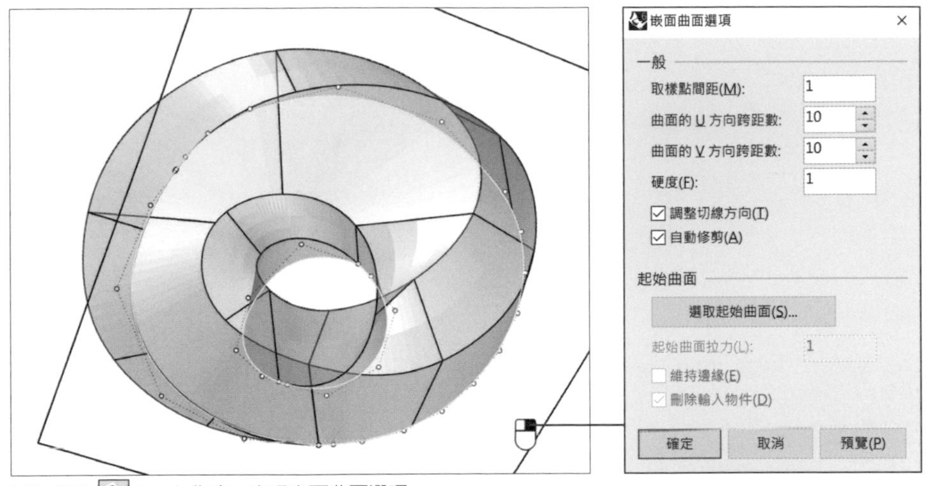

118. 使用 Patch 指令，出現嵌面曲面選項

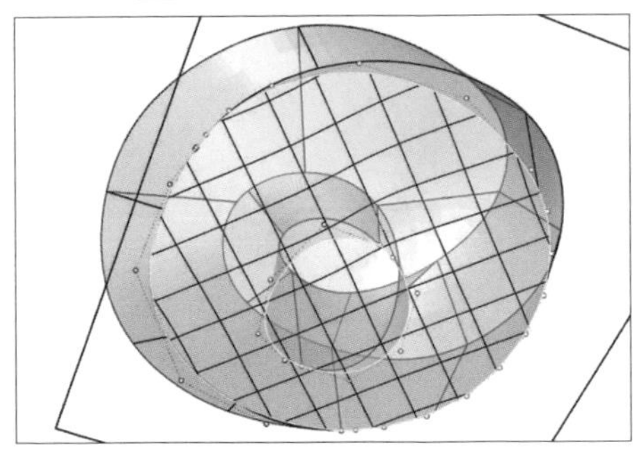

119. 按下確定之後成形

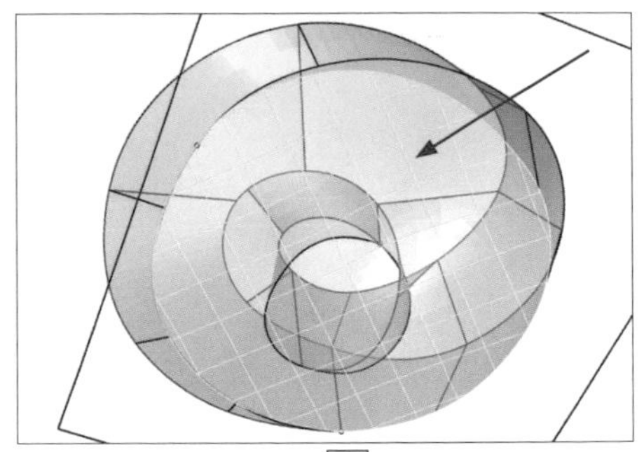

120. 選取嵌面曲面，使用 Split 指令

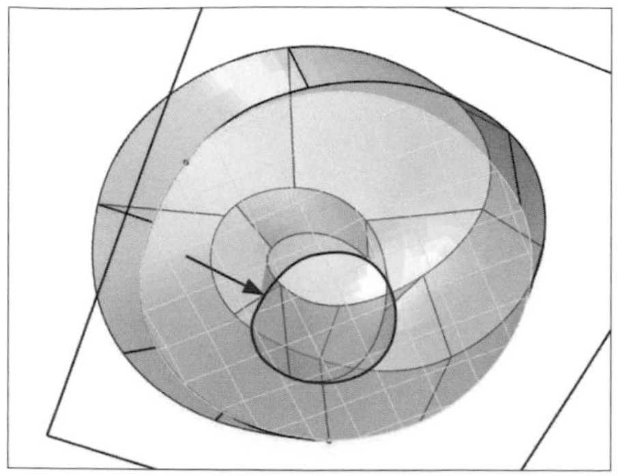

121. 選取分割用的曲線（內部的圓形曲線），按下 Enter

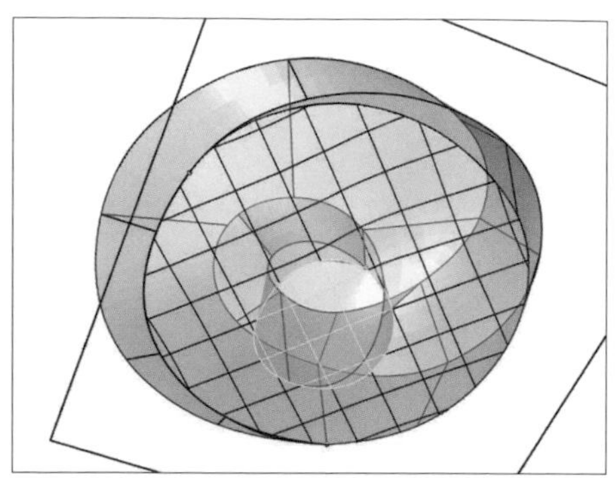

122. 曲面被分割成兩塊，選取內部的曲面

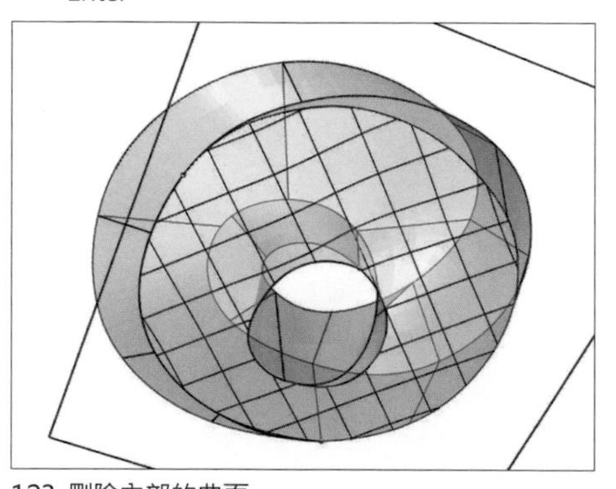

123. 刪除內部的曲面

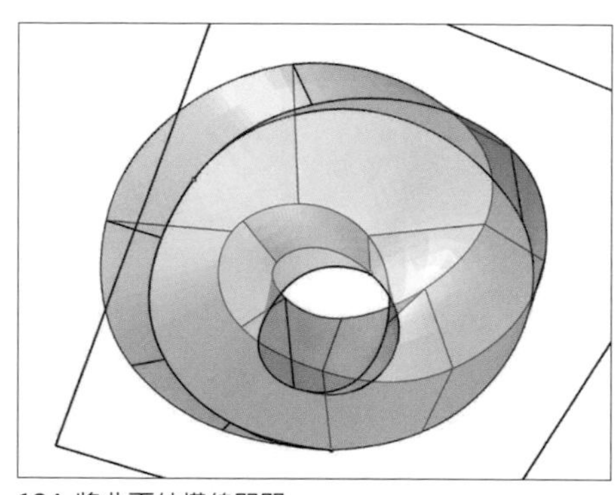

124. 將曲面結構線關閉

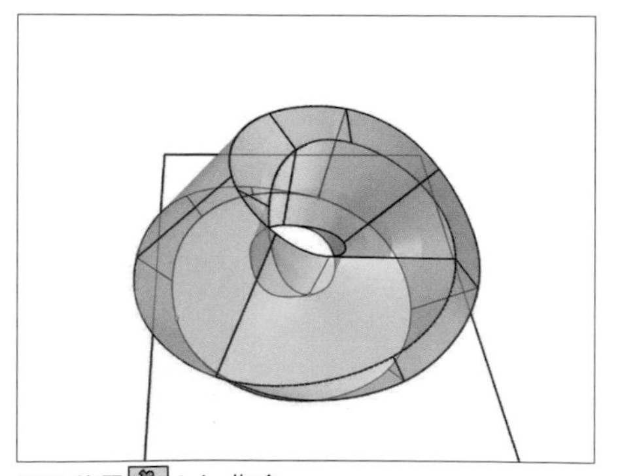

125. 使用 Join 指令

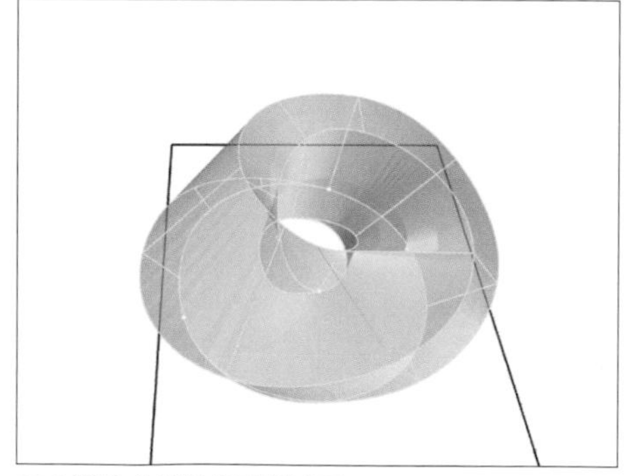

126. 選取全部的曲面並按下 Enter

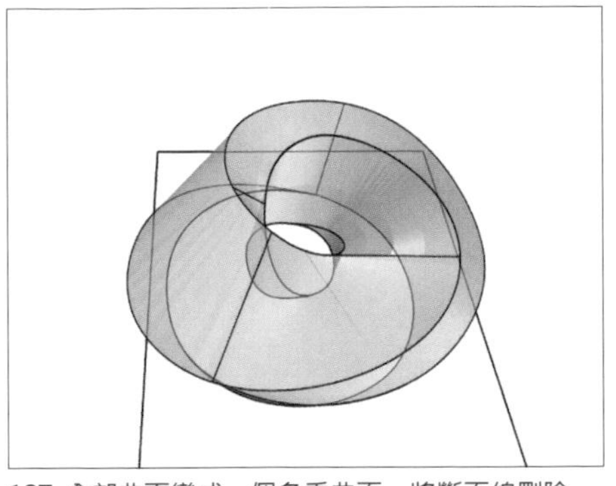

127. 全部曲面變成一個多重曲面，將斷面線刪除

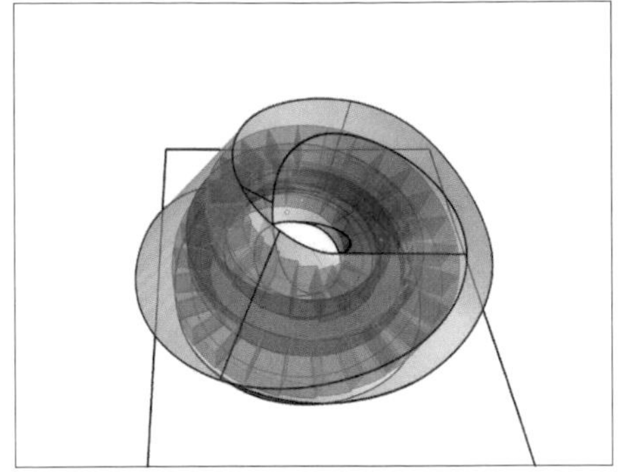

128. 將藍色與綠色的圖層開啟

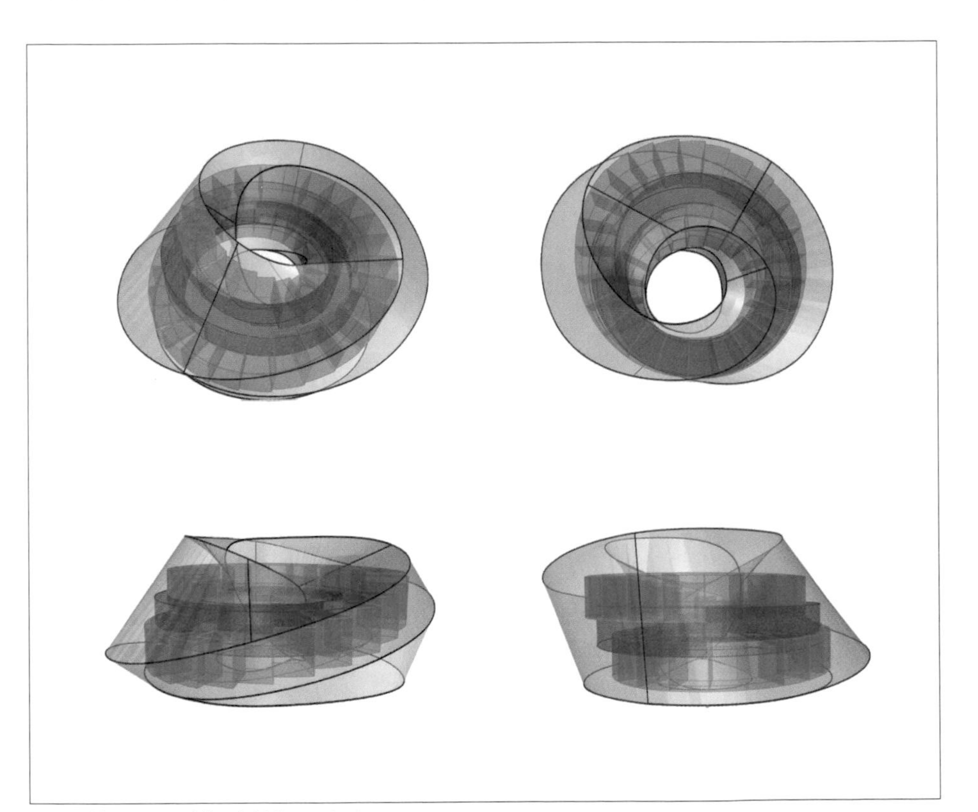

· Kazakhstan Presidential Library in Astana

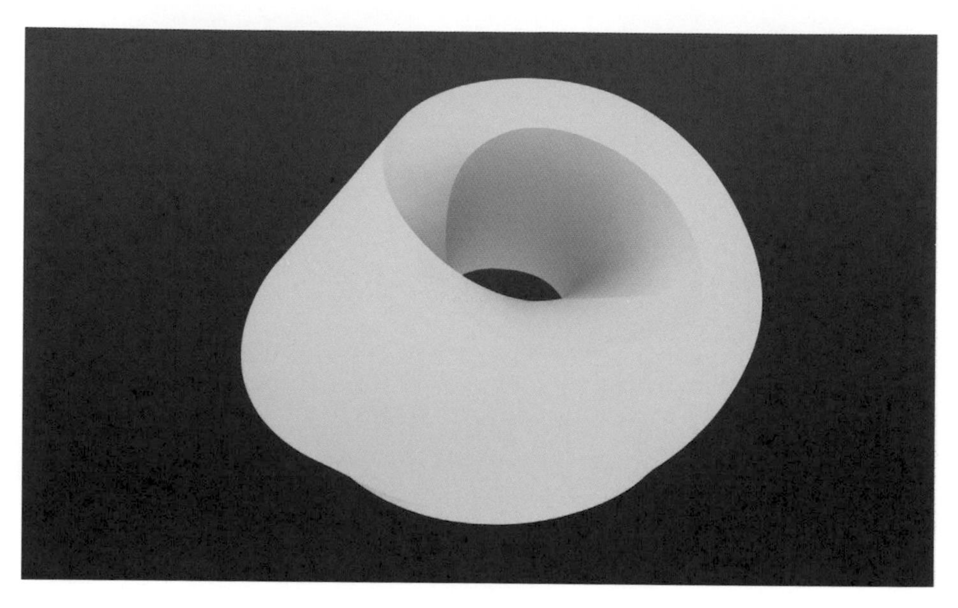

· Kazakhstan Presidential Library in Astana - Exterior View

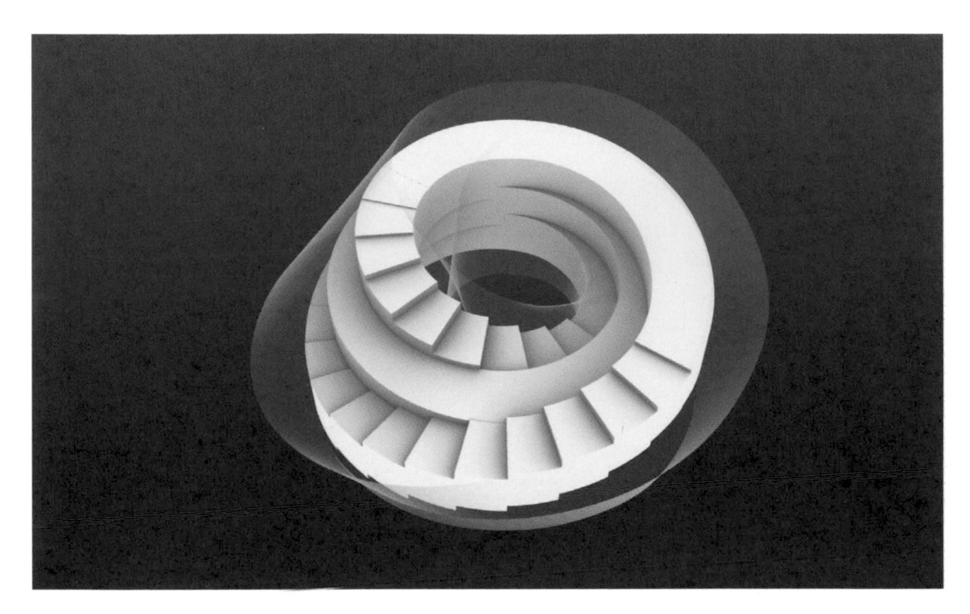

· Kazakhstan Presidential Library in Astana - Interior View

國家圖書館出版品預行編目 (CIP) 資料

Rhinoceros 3D 造型建模實務 / 吳細顏作 . -- 初版 . -- 苗栗市 : 聯合大學建築學系 D&A Lab, 民 109.03　328 面 ; 17 x 23 公分

ISBN 978-986-98531-3-2(平裝)

1. 建築工程 2. 電腦繪圖 3. 電腦輔助設計

441.3029　　109001605

Rhinoceros 3D 造型建模實務

作　者 / 吳細顏

發　行 / 國立聯合大學建築學系 · D&A Lab

編　輯 / 王嘉澍

出　版 / Digital Design of Art and Architecture Laboratory

苗栗市恭敬里聯大一號

037-381626

sywu@nuu.edu.tw

製　圖 / 王嘉澍

印　刷 / 彩之坊科技股份有限公司

I S B N / 978-986-98531-3-2

D&A Lab 臉書專頁

2020 年 (109 年) 3 月初版

定　價 / 880 元